HISTOIRE NATURELLE

DES

ANIMAUX SANS VERTÈBRES.

TOME DEUXIÈME.

IMPRIMÉ CHEZ PAUL RENOUARD, RUE GARANCIÈRE, N. 5.

HISTOIRE NATURELLE

DES

ANIMAUX SANS VERTÈBRES,

PRÉSENTANT

LES CARACTÈRES GÉNÉRAUX ET PARTICULIERS DE CES ANIMAUX,
LEUR DISTRIBUTION, LEURS CLASSES, LEURS FAMILLES, LEURS
GENRES, ET LA CITATION DES PRINCIPALES ESPÈCES QUI S'Y
RAPPORTENT :

PRÉCÉDÉE

D'UNE INTRODUCTION

Offrant la Détermination des caractères essentiels de l'Animal, sa Distinction du végétal et des
autres corps naturels; enfin, l'Exposition des principes fondamentaux de la Zoologie.

PAR J. B. P. A. DE LAMARCK,

MEMBRE DE L'INSTITUT DE FRANCE, PROFESSEUR AU MUSÉUM D'HISTOIRE NATURELLE.

Nihil extrà naturam observatione notum.

DEUXIÈME ÉDITION.

REVUE ET AUGMENTÉE DE NOTES PRÉSENTANT LES FAITS NOUVEAUX
DONT LA SCIENCE S'EST ENRICHIE JUSQU'A CE JOUR ;

Par MM.

G. P. DESHAYES ET H. MILNE EDWARDS.

TOME DEUXIÈME.

HISTOIRE DES POLYPES.

PARIS.

J. B. BAILLIÈRE, LIBRAIRE,

RUE DE L'ÉCOLE DE MÉDECINE, Nᵒ 13 BIS.

A LONDRES, MÊME MAISON, 219, REGENT STREET.

1836.

HISTOIRE NATURELLE

DES

ANIMAUX SANS VERTÈBRES.

CLASSE SECONDE.

LES POLYPES. (Polypi.)

Animaux gélatineux, à corps allongé, contractile, n'ayant aucun autre viscère intérieur qu'un canal alimentaire, à une seule ouverture. (1)

Bouche distincte, terminale, soit munie de cils mouvans, soit entourée de tentacules ou de lobes en rayons.

Aucun organe particulier connu pour le sentiment, la respiration, la fécondation.

Reproduction par des gemmes tantôt extérieurs, tantôt internes, quelquefois amoncelés.

La plupart adhèrent les uns aux autres, communiquent ensemble, et forment des animaux composés.

Animalia gelatinosa, oblonga; corpore contractili; interaneis nullis extrà canalem alimentarium uniforum.

Os distinctum, terminale, vel ciliis motatoriis præditum, vel tentaculis aut lobis radiantibus cinctum.

Organa specialia sensûs, respirationis, fecundationisque nulla aut ignota.

---

(1) Voyez la note page 13.

E.

Tome II.

I

Reproductio gemmis modò externis, modò internis, interdùm acervatis.

Pleraque, ex individuis pluribus simul cohœrentibus, animalia composita sistunt.

OBSERVATIONS. — Les *polypes*, circonscrits d'après les caractères qui viennent d'être exposés, paraissent nous offrir une des plus grandes classes du règne animal; c'est du moins l'une des plus curieuses dans l'état d'organisation et les produits singuliers des animaux qui la composent; l'une des plus nombreuses et des plus diversifiées en espèces; enfin, c'est, après les infusoires, celle qui comprend les animaux les plus simples en organisation et par suite les plus imparfaits.

En effet, en suivant l'ordre indiqué par la connexion des rapports qu'offrent entre eux les animaux, et remontant l'échelle animale depuis ceux de ces êtres qui sont les plus imparfaits, après les infusoires, on arrive nécessairement aux *polypes*, c'est-à-dire, à cette belle et grande classe du règne animal, qui forme la seconde division des animaux *apathiques*.

On a vu dans les infusoires des animalcules infiniment petits, frêles, presque sans consistance, sans forme particulière à leur classe, sans organe spécial intérieur, constant et déterminable, enfin, sans bouche et par suite sans organe particulier pour la digestion.

Ici, dans les *polypes*, l'imperfection et la simplicité de l'organisation, quoique très éminentes encore, sont moins grandes que dans les infusoires; l'organisation a fait évidemment quelques progrès dans sa composition; et déjà la nature a obtenu une forme constamment régulière pour les animaux de cette classe, ainsi qu'un organe particulier intérieur et très déterminable, qui est devenu nécessaire à leur existence.

Tous les *polypes* effectivement, sont munis d'un organe spécial pour la digestion, c'est-à-dire, d'un sac alimentaire propre à recevoir, contenir et digérer les matières dont ils se nourrissent, et d'une bouche qui est l'entrée ou l'ouverture de ce sac et qui sert à-la-fois d'anus. Or, cet organe digestif, ici encore fort imparfait, ne manque nulle part dans les *polypes*, et, dorénavant, on le retrouvera dans tous les animaux des classes suivantes, avec plus ou moins de complication ou de perfectionnement, selon le système d'organisation dont il fera partie.

Que l'on se représente un petit corps allongé, gélatineux, transparent, ayant à son extrémité supérieure une ouverture (une bouche) garnie, soit de cils mouvans, soit d'un organe cilié et rotatoire, soit de tentacules ou lobes en rayons, cette ouverture étant l'unique orifice au dehors d'un tube intérieur; que l'on se figure ensuite que, sauf les gemmes qui sont quelquefois ramassés et contenus dans une poche ou dans une vessie séparable, entre ce tube destiné à la digestion des alimens et la peau même de l'animal, il n'y a, dans toute la longueur de ce corps, aucun organe spécial distinct, soit pour le sentiment, soit pour la respiration, soit pour la fécondation, mais seulement un tissu cellulaire dans lequel se meuvent avec lenteur les fluides nourriciers; et alors on aura l'idée d'un *polype*.

Cette idée que nous nous sommes formée du polype, a pris sa source dans la connaissance que nous avons des *hydres*; or, ceux-ci sont des polypes dont l'organisation, bien des fois examinée, ne laisse aucun doute sur son caractère. Depuis, un grand nombre des animaux qui habitent ce corps particulier auquel on a donné le nom de *polypier*, ayant paru analogues aux hydres, on les a généralement considérés comme des *polypes*.

Que, par méprise et par des apparences externes, l'on ait rangé, parmi les *polypes*, des animaux dont l'organisation intérieure s'éloignerait par une composition plus grande, de celle que je viens d'indiquer; on sent assez que cela est possible, et qu'alors il suffira de reconnaître et de bien constater cette organisation, pour reporter ces animaux au rang qu'ils doivent occuper dans l'échelle. Là, sans doute, des rapports avec les avoisinans confirmeront le rang qui leur appartient.

Cela a déjà eu lieu à l'égard de bien des animaux que l'on rapportait les uns aux *infusoires*, les autres aux *polypes*, les autres aux *radiaires*, les autres encore aux *vers*, et il est probable qu'à ces égards tous les redressemens nécessaires ne sont pas terminés. A l'aide de ces moyens, tout rentrera dans l'ordre, et notre distribution des animaux se perfectionnera de plus en plus.

A la vérité, quoique les efforts pour opérer de nouvelles rectifications dans la méthode naturelle soient fort avantageux à la science, ils sont à craindre lorsqu'ils sont exécutés sur des animaux très petits, gélatineux, transparens, et dans lesquels il est très difficile de distinguer clairement ce qui s'y trouve.

La raison de ce danger provient de ce que bien des naturalistes, s'étant persuadés qu'il n'y a aucun ordre graduel de composition parmi les différentes organisations des animaux, croient pouvoir retrouver à-peu-près partout la même composition organique. Or, les petits animaux dont je viens de parler peuvent leur offrir, dans des linéoles, des points plus obscurs, en un mot, dans des parties à peine distinctes, un champ favorable à des déterminations hasardées, à des attributions de fonctions qui ne s'étaient que sur des suppositions d'analogie. Il est donc prudent de ne point admettre précipitamment, comme positives, les déterminations qu'ils peuvent alors présenter.

Après avoir exposé ce qui paraît caractériser essentiellement les *polypes*, je crois devoir ajouter encore les considérations suivantes, parce qu'elles sont propres à les faire entièrement connaître.

Effectivement, si, pour compléter l'idée que l'on doit se former d'un *polype*, l'on se représente en outre, que le petit corps vivant dont j'ai parlé est, en général, tellement *régénératif* dans ses parties que, coupé en diverses portions, chacune d'elles pourra continuer de vivre en restant dans l'eau, reprendra la forme et la taille de l'individu dont elle provient , et en constituera un particulier; on sentira que ce fait observé montre que tous les points du corps en question jouissent d'une *vie indépendante*, et que conséquemment l'organisation de ce corps doit être extrêmement simple.

En effet, le sac alimentaire, constituant une seconde surface absorbante , n'est ici qu'auxiliaire pour fournir la nutrition à tous les points vivans, les polypes avoisinant de très près des animaux (les infusoires) qui ne vivent que par l'absorption de leur surface extérieure. Ainsi, la portion séparée de leur corps pourra vivre d'abord à la manière des infusoires, et rétablir, en se développant, la seconde surface absorbante qui appartient à leur nature. Une organisation plus compliqué ne saurait certainement remplir ces conditions.

Enfin, une dernière considération achevera de faire connaître les animaux dont il s'agit : elle consiste dans un fait singulier dont on ne trouve guère d'exemple dans le règne animal que parmi eux, et qui s'observe effectivement dans le plus grand nombre de ces animaux.

Plusieurs *polypes* de la même espèce adhèrent les uns aux

autres, soit par des appendices latéraux, soit par leur extrémité postérieure; communiquent entre eux par ces moyens; digèrent en commun les matières nutritives dont chacun d'eux s'est emparé; en un mot, participent à une vie commune, sans cesser de jouir d'une vie indépendante dans tous les points de leur corps. Ils forment donc véritablement des *animaux composés* [Voyez l'Introduction, p. 62]. Lorsque je traiterai des polypes à polypier, je donnerai quelques détails sur certains de ces animaux composés.

Ainsi, quoique les *polypes* soient, après les infusoires les animaux les plus simples et les plus imparfaits de la nature, ils ont déjà des organes particuliers et des facultés dont les infusoires, en général, ne jouissent pas, puisqu'ils peuvent digérer des alimens, qu'ils ont un organe spécial pour cette fonction, et qu'ils peuvent former des animaux composés.

Quelles que soient les variations de grandeur, de forme, de proportion de parties, de nudité ou d'appendices externes, que l'on puisse observer parmi les polypes, il n'en est pas moins vrai pour moi, que le corps gélatineux, allongé, et presque toujours régulier des vrais polypes, n'offre intérieurement aucun autre organe, pour une fonction particulière, qu'un canal alimentaire simple ou composé, n'ayant qu'une seule ouverture au-dehors, qui est la bouche. On pourra supposer dans ce corps tout ce que l'on voudra, et comme je l'ai dit, les attributions arbitraires seront alors d'autant plus à l'abri des contestations que les parties qui en sont le sujet seront moins dans le cas de pouvoir être reconnues pour ce qu'elles sont réellement.

A ces égards, je me guide par l'observation de la nature, qui m'apprend que tous les animaux ne sont point organisés de la même manière; qu'il y a entre l'organisation des uns et celle des autres une énorme disparité; qu'elle les a produits successivement et non tous à-la-fois; et qu'enfin, dans cette production, elle n'a pu compliquer leur organisation que graduellement, en commençant par la plus simple, et terminant par la plus composée et la plus perfectionnée sous tous les rapports. La connaissance de cette vérité me suffit; je reconnais le véritable rang des *polypes*, comme celui des infusoires; j'aperçois les rapports qui les lient les uns aux autres, ainsi que ceux qui lient les familles entre elles; enfin, je conçois les limites que la nature n'a pu franchir dans la composition de l'organisation de ces animaux, d'après celles que je découvre dans ceux des classes supérieures. Je puis donc dire positivement, à l'égard des *polypes,* comme à celui de bien d'autres, ce que la nature n'a pas pu faire.

Tous les *polypes* sont gemmipares; ils n'ont point d'organe fécondateur dont la fonction soit susceptible d'être constatée par aucune observation directe. Tous les individus, sans exception, produisent des gemmes qui varient dans leur situation et leur nombre selon les familles. Dans les vorticelles, les hydres, les corynes, etc., ces gemmes naissent à l'extérieur et à nu; dans les sertulaires et autres genres voisins, ils naissent encore à l'extérieur, et sont enfermés dans des sacs vésiculeux; dans d'autres ensuite, ces gemmes se forment à l'intérieur, dans le canal alimentaire, soit isolés et susceptibles d'être rejetés par la bouche après leur séparation, soit amoncelés dans un sac vésiculeux, et peuvent s'évacuer par la même issue. Dans ce dernier cas, on peut prendre le sac qui les contient ainsi que ces corpuscules reproductifs, pour un ovaire; mais alors il faut que l'on constate que chaque corpuscule renferme sous une enveloppe qui doit s'ouvrir, un *embryon* que la fécondation seule peut rendre propre à posséder la vie. Tant que l'on n'aura point constaté ce fait, je regarderai ces corpuscules comme des gemmes et non comme des œufs.

Les *polypes* ne sont plus réduits, comme les infusoires, à se nourrir uniquement par les absorptions qu'exécutent leurs pores extérieurs, puisqu'ils ont un organe particulier pour recevoir et digérer des alimens concrets; mais leur tissu cellulaire absorbe autour de leur tube alimentaire les matières qui sont digérées. Effectivement, ce tissu cellulaire est composé de vésicules qui communiquent entre elles, et dans lesquelles les fluides nourriciers se meuvent continuellement et avec lenteur, ces vésicules ou utricules ayant la faculté de pomper et de transpirer.

C'est donc dans les *polypes,* que nous voyons, pour la première fois, deux surfaces absorbantes dans le corps animal: l'une extérieure et qui sert encore; l'autre intérieure, comme dans le reste des animaux connus : mais celle-ci dans les *polypes,* paraît n'être qu'auxiliaire et non indispensable, puisque des portions séparées de leur corps peuvent vivre sans elle, jusqu'à ce qu'elles l'aient rétablie; ce qui n'a plus lieu à l'égard des animaux des classes supérieures.

Ainsi, le corps des *polypes,* très régénératif dans toutes ses parties, et possédant une vie indépendante dans chaque portion de sa masse, tient encore de très près aux infusoires par sa nature, et néanmoins possède, pour les progrès de son animalisation, un moyen nouveau qui les lui assure.

L'on peut donc dire que les *polypes* sont des animaux moins imparfaits, moins simples en organisation, et plus avancés en animalisation que les infusoires.

Cependant ces animaux sont encore beaucoup plus imparfaits que ceux des classes qui vont suivre ; car, non-seulement ils n'ont point de tête, point d'yeux, point de sens quelconque ; mais en outre, on ne trouve en eux ni circulation, ni organes particuliers, soit pour la respiration, soit pour la fécondation, soit pour le mouvement des parties ; en un mot, on ne leur connaît ni cerveau, ni nerfs quelconques. La substance de leur corps est en quelque sorte homogène ; et comme elle est constituée par un tissu cellulaire gélatineux et irritable, dans lequel les fluides essentiels à la vie ne se meuvent qu'avec lenteur, le mouvement lent de ces fluides n'y saurait encore tracer des canaux, et y favoriser la formation de nouveaux organes particuliers. *Philos. zool. vol.* 2, *p.* 46.

J'ai assez montré, dans mes leçons et dans ma *Philosophie zoologique* [vol. 1, p. 203], que ce serait très gratuitement, contre toutes les apparences, et contre la raison, qu'on supposerait aux animaux dont il est question, la possession, quoiqu'en petit, de tous les organes spéciaux qui composent l'organisation des animaux les plus parfaits ; et qu'on le ferait dans l'intention de leur attribuer surtout la faculté de *sentir*, et celle de se *mouvoir volontairement*. Ces facultés ne leur sont nullement nécessaires, ils vivent très bien sans les posséder, n'en ont aucun besoin, et dans l'état de faiblesse où se trouvent leur organisation et les parties de leur corps, tout autre organe particulier que le digestif ne leur serait d'aucun usage, et ne saurait exister.

D'après ce que je viens d'exposer, il est évident que les *polypes* ne jouissent pas plus du sentiment que les infusoires, puisque les uns et les autres sont véritablement dépourvus de nerfs, et qu'après eux, les animaux qui offrent les premiers vestiges de nerfs, n'en obtiennent pas encore la faculté de sentir, mais seulement celle des mouvemens musculaires. *Phil. zool. vol.* 2, p. 213 et suiv.

Les *polypes* ne possèdent donc aucun sens quelconque; et conséquemment ils n'ont pas même le sens général du *toucher*, dont les actes ne s'opèrent que par la voie des nerfs. Mais comme ces animaux sont extrêmement irritables, les corps extérieurs, en agissant sur eux, excitent en eux des mouvemens que, par erreur, l'on a pris pour des indices de sensations éprouvées. Ainsi, lorsque la lumière les frappe, ou que le bruit fait parvenir jusqu'à eux les ébranlemens de la matière environnante qui le cause, leur corps reçoit des impressions que suivent des mouvemens qui les désignent; mais il n'en est pas moins très vrai que ces animaux ne sentent, ni ne voient, ni n'entendent.

Parmi les impressions diverses que les *polypes* peuvent éprouver de la part des corps extérieurs qui agissent sur eux, celles qu'ils reçoivent de la lumière, favorisent singulièrement leurs mouvemens vitaux, leur transpiration, et leur sont très avantageuses. Aussi ces animaux se dirigent-ils alors, sans mouvemens subits, mais lentement, vers les lieux, ou vers le côté d'où vient la lumière; et ils le font sans choix, sans volonté, mais par une nécessité, c'est-à-dire, par une cause physique qui les y entraîne. La même chose arrive aux végétaux, quoique plus lentement encore. *Philos. zool.* vol. 1, pag. 206.

J'ai établi dans ma *Philosophie zoologique* [vol. 1, p. 207], démontré dans mes leçons depuis bien des années, et je prouverai en traitant des polypes à polypier, qu'il n'est point du tout convenable de donner aux *polypes* le nom de *zoophytes*, qui veut dire *animaux-plantes;* parce que ce sont uniquement et complètement des animaux; que leur corps n'est pas plus végétatif que celui de l'insecte ou de tout autre animal; qu'ils ont des facultés généralement exclusives aux plantes, comme celle d'être véritablement irritables, c'est-à-dire, d'exécuter des mouvemens subits à toutes les excitations qui les provoquent, et celle de digérer; et qu'enfin leur nature est parfaitement distincte de celle de la plante.

Outre les facultés qui sont généralement le propre de la vie et qui sont communes à tous les corps vivans, si l'on trouve dans des animaux des facultés particulières tout-à-fait analogues aux facultés particulières de certaines plantes, ou n'en doit point inférer que ces animaux soient des plantes, ou que ces plantes soient des animaux; de part et d'autre, la nature animale et la nature végétale sont toujours distinctes. Ainsi, quantité d'animaux se régénèrent par les suites d'un acte de fécondation que des organes sexuels produisent, et quantité de végétaux se reproduisent aussi par cette voie : les premiers n'en sont pas moins d'une nature très différente de celle des seconds. De même, quantité d'animaux ne se régénèrent que par des bourgeons; quantité de végétaux sont encore dans le même cas : il n'y a pas de raison pour tirer de ce second fait une autre conséquence que du premier.

Les *polypes* sont les premiers animaux qui aient la faculté de se former des enveloppes fixées, plus ou moins solides, et dans lesquelles ils habitent. Or, ces enveloppes, que je nomme leur *polypier*, résultent évidemment d'une transsudation de leur corps, en un mot, d'une excrétion, par certains pores de leur peau, de matières assez composées pour former, par leur rapprochement, le corps concret, plus ou moins solides et tout-à-fait inorganique, qui constitue leur *polypier*. (1)

Qu'annonce cette faculté du plus grand nombre des polypes, si ce n'est qu'en eux l'animalisation est bien plus avancée qu'elle ne l'est dans les infusoires; puisque ceux-ci ne sauraient opérer une transsudation capable d'un pareil produit? Si ceux qui terminent la classe, comme les *polypes flottans*, perdent cette faculté, c'est parce que, plus avancés encore en animalisation, le mode de leur organisation commence à changer, et prépare celui des *Radiaires*.

L'histoire particulière des *polypes* est une des parties des sciences naturelles les plus curieuses et qui offrent les considérations les plus intéressantes.

C'est surtout celle des polypes à polypier qui doit le plus nous intéresser, tant par la singulière diversité de cette enveloppe, partout inorganique, que par la matière dont la nature l'a progressivement solidifiée, et par celle pareillement progressive dont elle s'est ensuite servie pour la faire disparaître. Mais l'histoire particulière de ces polypes est encore peu avancée,

---

(1) Dans beaucoup de cas le polypier n'est autre chose que les tégumens de la partie basilaire du corps des polypes dans lesquels se sont déposés des cristaux ou des spicules de carbonate de chaux; d'autres fois le polypier est extérieur et se moule en quelque sorte sur le corps de l'animal.   E.

parce que l'on a trop négligé l'étude du *polypier*, et que, ne présumant pas qu'il fût lui-même capable de nous éclairer sur la forme des polypes qui y ont donné lieu, on n'a cherché en lui que des distinctions à établir.

Les *polypes* à *polypier*, improprement et obstinément appelés *zoophytes*, autrefois pris pour des végétaux, regardés ensuite comme les points de réunion entre le règne animal et le règne végétal, et également méconnus sous ces deux points de vue différens, se rencontrent dans presque tous les climats. Ils sont néanmoins beaucoup plus abondans dans les mers de la zone torride que dans les eaux glacées des pôles.

Si ce ne sont pas eux qui génèrent ou produisent la plus grande partie de la matière calcaire qui existe, ce sont eux du moins qui la recueillent principalement, la rassemblent et en font des dépôts immenses. Ils contribuent, dans les climats chauds, plus puissamment qu'ailleurs, aux changemens des côtes, à accroître les inégalités du fond des mers, et à modifier sans cesse l'état de la surface du globe. Tantôt, en effet, ils bouchent l'entrée d'une rade en y élevant des récifs, c'est-à-dire, des digues impénétrables aux vaisseaux; tantôt ils achèvent la clôture d'un port; et tantôt enfin ils élèvent au milieu des vastes plaines de l'Océan, des îles dont ils étendent continuellement la circonférence et la grandeur.

Ces frêles animaux se multiplient avec une facilité, une promptitude et une abondance si grandes, que la place qu'ils tiennent dans la nature par leur nombre, est en quelque sorte immense, et vraisemblablement de beaucoup supérieure à celle de tous les autres animaux réunis.

L'histoire naturelle des *polypes* est donc véritablement liée à l'histoire physique de notre globe. Aussi j'ai prouvé dans différens de mes ouvrages et dans mes leçons, qu'outre les influences à cet égard des mollusques et des annelides testacés, c'est principalement aux générations successivement entassées des *polypes* à polypier pierreux, que sont dus ces bancs énormes de craie et ces montagnes calcaires qu'on trouve en si grande quantité sur toute la surface du globe; c'est du moins aux abondans produits de ces *polypes*, qu'il faut attribuer la plus grande partie du *calcaire marin*, qui se trouve dans les régions sèches ou découvertes de la terre, et que quelques naturalistes distinguent de celui qu'ils nomment *calcaire d'eau douce* qu'ils y trouvent aussi.

Ainsi, ces animaux, quoique des plus imparfaits, sont des plus nombreux dans la nature ; et si leur nombre ne l'emporte pas en diversité d'espèce sur celui de tous les autres animaux réunis, il l'emporte probablement par la quantité des individus, leur multiplicité dans les mers, surtout des climats chauds, étant immense, inconvenable. Sauf peut-être la classe des *insectes*, qui est aussi très nombreuse, toutes les autres classes du règne animal sont petites comparativement à celle qui comprend les *polypes*.

D'après ce qui vient d'être exposé, on peut donc dire que ce sont les *polypes* qui, de tous les animaux, ont le plus d'influence pour constituer la croûte extérieure du globe dans l'état où nous la voyons.

Après les *infusoires*, les *polypes* sont les animaux les plus anciens de la nature ; car, dans cette branche, elle n'a pu donner l'existence à une organisation plus composée, qu'après avoir amené celle qui constitue leur nature, en un mot, qu'après avoir préparé en eux les moyens d'arriver à la formation des *Radiaires*, et à celle des *Ascidiens*.

Que de monumens, en effet, attestent l'ancienneté d'existence des *polypes* sur presque tous les points de la surface du globe, et la continuité de leurs travaux dans les mers depuis les premiers temps !

On peut juger, d'après ces considérations, combien l'étude des animaux de cette classe est intéressante sous le rapport de l'histoire naturelle, et sous celui de la philosophie.

J'aurais pu diviser la classe des *polypes* en deux ordres, renfermant dans le premier ceux qui ont à la bouche des cils, soit vibratiles, soit rotatoires, et dans le second tous les polypes tentaculés ; mais les deux coupes que je viens de citer sont trop inégales.

Ainsi, je partage la classe des polypes en quatre ordres très distincts, dont le premier offre des animaux non tentaculés, mais qui ont la bouche munie de cils vibratiles ou d'organes ciliés et rotatoires qui agitent ou font tourbillonner l'eau. Les trois autres ordres embrassent des animaux tentaculés, c'est-à-dire, qui ont autour de la bouche des tentacules disposées en rayons; tentacules qui, en général, peuvent arrêter la proie, mais qui ne font point tourbillonner l'eau.

Voici le tableau et les caractères des quatre ordres qui divisent les polypes.

DIVISION DES POLYPES.

Ordre Ier. Polypes ciliés. (*Polypi ciliati.*)

Polypes non tentaculés, mais ayant près de leur bouche ou à son orifice, des cils vibratiles, ou des organes ciliés et rotatoires qui agitent ou font tourbillonner l'eau.

Ire Section.—Les Vibratiles.

Ils ont près de la bouche des cils qui se meuvent en vibrations interrompues.

IIe Section.—Les Rotifères.

Ils ont un ou deux organes ciliés et rotatoires à l'entrée de leur bouche.

Ordre IIe. Polypes nus. (*Polypi denudati.*)

Polypes tentaculés, ne se formant point d'enveloppe ou de polypier, et fixés, soit constamment, soit spontanément.

Ordre IIIe. Polypes a polypier. (*Polypi vaginati.*)

Polypes tentaculés, constamment fixés dans un polypier inorganique qui les enveloppe, et formant, en général, des animaux composés.

Ire Division. Polypiers ou fourreaux d'une seule substance.

1° Polypiers fluviatiles;
2° Polypiers vaginiformes;
3° Polypiers à réseau;
4° Polypiers foraminés;
5° Polypiers lamellifères.

IIe DIVISION. Polypiers de deux substances séparées,
très distinctes.

6° Polypiers corticifères;
7° Polypiers empâtés.

ORDRE IVe. POLYPES FLOTTANS. (*Polypi natantes.*)

Polypes tentaculés, ne formant point de polypier, et
réunis à un corps libre, commun, charnu, vivant et axi-
gère. Le corps commun de la plupart flotte et semble nager dans les eaux.

[Les animaux réunis par Lamarck, dans la classe des polypes, sont loin d'avoir tous le mode d'organisation qu'il leur
suppose. La plupart d'entre eux se distinguent, il est vrai, par
l'existence d'une seule ouverture digestive communiquant
avec une grande cavité abdominale, par la forme allongée de
leur corps et par la manière dont ils se fixent au sol, soit
pour toujours, soit temporairement; mais chez d'autres, la
cavité digestive prend la forme d'un canal ouvert à ses
deux extrémités, et il en est où l'on trouve non-seulement
des organes spéciaux de reproduction, mais aussi des
muscles distincts, et même un système nerveux; enfin,
chez d'autres encore l'animalité est douteuse et il n'existe
rien qui ressemble au corps d'un polype ordinaire.

Si l'on fait abstraction des êtres qui vraisemblablement
appartiennent au règne végétal plutôt qu'au règne animal
(les corallines par exemple) et que l'on sépare aussi des
polypes de Lamarck les éponges, les spongilles et un
grand nombre de ses alcyons, on voit que la plupart des
animaux rangés dans cette classe, se rapportent à trois
types principaux d'organisation. L'une de ces formes appartient évidemment au grand embranchement des animaux articulés et se rencontre chez les furculaires, les
brachions, etc.; un autre mode de structure, qui se reconnaît déjà chez certains polypes voisins des vorticilles et qui
se voit chez les animaux des polypières à réseau, conduit
par des gradations successives, vers la structure propre

aux tuniciers et aux mollusques ; enfin , le troisième type qui nous est offert par la grande majorité des polypes, conduit par des complications successives depuis les hydres jusqu'aux radiaires.

C'est à ce dernier groupe seulement que peut s'appliquer avec justesse la plupart des remarques de notre auteur, et il serait peut-être mieux de rejeter de la classe des polypes tous les animaux dont la structure ne peut se rapporter à ce type. Cette division serait encore très nombreuse et se partagerait naturellement en deux sections principales, suivant que le corps de l'animal ne présente qu'une cavité simple, s'ouvrant directement au dehors par la bouche, comme chez les hydres, les sertulaires, etc., ou bien qu'entre l'ouverture buccale et cette cavité abdominale, il existe un tube alimentaire distinct, entouré de canaux verticaux et donnant insertion à des organes intestiniformes particuliers, comme chez les gorgones, le corail, les lobulaires, etc.

Quant aux ordres établis par Lamarck dans cette classe, il nous paraissent nécessiter également des modifications importantes, ainsi que nous le verrons par la suite.]   E.

ORDRE PREMIER.

POLYPES CILIÉS.

Bouche munie de cils mouvans ou d'organes ciliés et gyratoires, qui agitent ou font tourbillonner l'eau, mais qui n'arrêtent jamais la proie.

Les *polypes ciliés* sont si petits, que *Muller* ne les a point séparés de sa division des infusoires; mais, ayant une bouche distincte, je crois qu'il convient de les rapporter à la classe des polypes, dont ils formeront le premier ordre. Cette opération ne change que la ligne de démarcation classique, et n'intervertit point le rang de ces animaux dans la série des rapports.

Quoique très petits, gélatineux et transparens, ces animaux néanmoins offrent en eux le produit d'une animalisation plus avancée que celle des infusoires appendiculés, et un nouvel état de choses qui les en distingue.

En effet, outre leur analogie générale avec les infusoires du second ordre, tous sont munis d'un organe digestif, au moins ébauché; tous ont une bouche distincte, qui ne laisse aucune incertitude sur son usage; enfin, presque tous ont près de la bouche, ou à son orifice, soit des cils qui se meuvent en vibrations interrompues, soit un ou deux organes ciliés, formés en cercle ou en portion de cercle, qu'ils font rentrer ou saillir comme spontanément, et tourner avec une grande vitesse.

De part et d'autre, les mouvemens de ces organes agitent l'eau ou la font tourbillonner, et pressent son entrée dans la bouche. Voilà donc déjà l'établissement d'organes particuliers qui exécutent une fonction utile à la digestion; puisque, par le moyen de ces cils mouvans, ces animaux excitent dans l'eau un tourbillonnement ou une agitation qui attire dans leur bouche les corpuscules ou les animalcules dont ils se nourrissent.

Ainsi, la nature n'ayant encore pu donner à ces *polypes* les moyens de saisir leur proie, elle les a munis de ceux qui peuvent l'attirer et l'amener dans leur organe digestif; et voilà une première action particulière dont aucun infusoire n'offre d'exemple.

Parmi les *polypes ciliés*, les premiers genres comprennent des animaux vagabonds, non fixés, et qui ne diffèrent des infusoires appendiculés, que parce que leur bouche est distincte.

Mais les autres cilifères, tels que les *vorticelles*, etc. sont encore plus avancés en animalisation; car, outre qu'ils sont plus gros, puisqu'en général on les aperçoit à la vue simple, la plupart sont fixés, soit spontanément, soit constamment, et dans un grand nombre, ils sont ramifiés comme des plantes, formant déjà des animaux composés. Ils se lient évidemment, par ce fait remarquable à divers polypes nus, et aux *polypes à polypier*, qui sont si nombreux dans la nature.

Les *polypes ciliés* font donc réellement le passage entre les infusoires et les polypes à rayons : ils tiennent aux premiers par les rapports des *furculaires*, des *tricocerques* et des *ratules*, avec les *furcocerques* et les *cercaires*; et ils se lient avec les seconds, par les rapports que les *vorticelles* et les *tubicolaires* ont, d'une part avec les *hydres*, et de l'autre avec les *cristatelles*, les *plumatelles*, etc.

Malgré ces considérations, les *polypes ciliés* sont éminemment distingués des infusoires : 1° par leur bouche distincte et terminale; 2° par les cils mouvans, ou les organes ciliés et rotatoires qui accompagnent cette bouche; 3° par l'analogie de leur forme générale, malgré la diversité de celles de leurs races ; 4° enfin, parce qu'ils sont les premiers qui offrent parmi eux des animaux véritablement composés, tels que la plupart des vorticelles.

Réunis aux polypes par les rapports les plus prochains et par le caractère de la classe, les *polypes ciliés* forment un ordre particulier très distinct, puisqu'ils sont les seuls polypes qui n'aient point autour de la bouche des tentacules disposées en rayons et propres à saisir la proie.

Ces polypes se multiplient, pendant les temps de chaleur, par des scissions naturelles de leur corps, et aussi par des gemmes qui souvent restent adhérens et ramifient l'animal. Mais, lorsque les temps froids arrivent, ils produisent des gemmes ou bourgeons oviformes qui se détachent, se conservent dans l'eau pendant l'hiver, et qui, au printemps, donnent naissance à de nouvelles générations; ce qui prouve que la *gemmation* n'est que le système de scission modifié.

Les *polypes ciliés* vivent, les uns dans les eaux douces et stagnantes, et c'est le plus grand nombre ; les autres habitent dans les eaux marines qui sont mélangées avec de l'eau douce.

On a observé et bien constaté que des polypes de cet ordre, étant desséchés promptement, et conséquemment sans vie active, pouvaient être conservés pendant long-temps dans cet état de dessiccation, et néanmoins qu'ils reprenaient ensuite les mouvemens de la vie, lorsqu'on les remettait dans l'eau.

Le rotifère de *Spallanzani*, qui est une furculaire (*furcularia rediviva*, N.), est célèbre par la propriété qu'il a fait voir le premier, de pouvoir rester desséché et sans mouvement pendant des années entières, et de reprendre la vie aussitôt qu'il est de nouveau humecté.

Il est probable que les autres urcéolaires, les autres rotifères, et même tous les infusoires, jouissent de cette même faculté.

Quoique l'on connaisse déjà un assez grand nombre de *polypes ciliés*, on n'a encore établi parmi eux qu'un petit nombre de genres. Je crois cependant devoir partager cet ordre en 2 sections, qui comprennent 8 genres ; et je pense que des observations ultérieures feront sentir la nécessité d'y en ajouter encore quelques autres.

DIVISION DES POLYPES CILIÉS.

Ire SECTION. Les Vibratiles.

Des cils près de la bouche, qui se meuvent en vibrations interrompues.

Ratule.
Tricocerque.
Vaginicole.

IIe SECTION. Les Rotifères.

Un ou deux organes ciliés et rotatoires à l'orifice de la bouche.

Folliculine.
Brachion.

Furculaire.
Urcéolaire.
Vorticelle.
Tubicolaire.

[La classe des polypes ciliés de Lamarck renferme quelques espèces qui établissent le passage entre les infusoires polygastriques et les flustres; plusieurs de ses vorticelles sont dans ce cas ; mais la grande majorité des animalcules dont se compose cette division constituent un groupe naturel qui conduit vers la grande série des animaux articulés, et correspond à-peu-près à la classe des PHYTOZOAIRES ROTATEURS de M. Ehrenberg. Les recherches récentes de cet habile observateur nous ont appris que la structure de ces petits êtres est bien plus compliquée qu'on ne le pensait. Il a constaté qu'ils sont pourvus d'un canal intestinal droit et terminé par deux orifices distincts; la partie antérieure de ce tube est ordinairement simple, et constitue un pharynx plus ou moins globuleux, armé de mâchoires latérales; souvent on distingue aussi un estomac, et quelquefois une sorte de cloaqu . rès de la bouche se trouvent des organes ciliés particuliers, dont la disposition varie, et dont les mouvemens sont rotatoires. Ce savant a découvert aussi chez plusieurs d'entre eux, un vaisseau dorsal donnant naissance à des branches latérales, des points oculiformes colorés par un pigment rouge, des organes qui paraissent être des ganglions nerveux, ainsi qu'un appareil de la génération d'une structure très compliquée; enfin ces animalcules ne sont pas fissipares comme les polygastriques, mais se reproduisent par des œufs.

M. Ehrenberg divise cette classe, comme celle des phytozoaires polygastriques, en deux séries parallèles, suivant que le corps est nu, ou renfermé dans une espèce de coque en gaîne (*lorica*), et il établit dans chacun de ces ordres quatre sections fondées sur la disposition des cils qui entourent la bouche. Pour donner une idée complète de l'ensemble de cette classification, nous reproduirons ici le tableau synoptique que l'auteur en a donné; mais, dans un manuel du genre de celui-ci, nous ne pouvons exposer toutes les observations intéressantes que ce savant a faites sur les petits êtres qui nous occupent, et nous nous bornerons à renvoyer, pour plus de détails, aux mémoires qu'il a publiés dans le recueil de l'académie de Berlin, et qui ont été traduits en français dans nos annales des sciences naturelles (2ᵉ série, tomes I et II).

PHYTOZOAIRES ROTATEURS (*P. rotatoria*).

1ᵉʳ ordre. ROTATEURS NUS. *Nuda.*

2ᵉ ordre. ROTATEURS CUIRASSÉS. *Loricata.*

1ʳᵉ section. MONOTROQUES. *Monotrocha.*

Couronne de cils simple et entière, point variable.

MONOTROQUES NUS. *Nuda monotrocha.*

MONOTROQUES CUIRASSÉS. *Loricata monotrocha.*

1ʳᵉ FAMILLE. ICHTHYDINA.

1ʳᵉ FAMILLE. OECISTINA.

A. Point d'yeux.
  a. Corps glabre.
    a* Queue non bifurquée, tronquée et flexible.

          G. Ptygura.

    a** Queue bifurquée et très courte.

        G. Ichthydium.

  aa. Face dorsale du corps garnie de soies.

      G. Chœtonotus.

B. Deux yeux (queue non bifurquée).

    G. Glenophora.

A. Enveloppe de chaque individu séparée (urcéolée). Deux yeux frontaux transitoires.

        G. OEcistes.

B. Une enveloppe commune pour plusieurs individus; deux yeux persistans, placés sur l'occiput.

      G. Conochilus.

2 section. SCHIZOTROQUES. *Schizotrocha.*

Couronne de cils simple, divisée par lambeaux d'une manière variable.

SCHIZOTROQUES NUS. *Nuda schizotrocha.*

1re FAMILLE. MEGALOTROCHA.

A. Un œil unique (queue simple).
G. *Microcodon.*

B. Deux yeux qui s'effacent avec l'âge
G. *Megalotrocha.*

SCHIZOTROQUES CUIRASSÉS. *Loricata schizotrocha.*

1re FAMILLE. FLOSCULARIA.

A. Point d'yeux (enveloppe du corps gélatineuse).

a. Organe rotateur bilobé ou quadrilobé.
G. *Lacinularia.*

aa. Organe rotateur multifide.

*aa** Organe rotateur à 5 divisions; mandibules dentées.
G. *Stephanoceros.*

*aa*** Organe rotateur à 6 ou à 8 divisions; mandibules non dentées.
G. *Floscularia.*

B. Deux yeux, s'effaçant avec l'âge (enveloppe du corps membraneuse et granuleuse; organe rotateur bilobé ou quadrilobé).
G. *Melicerta.*

3e section. POLYTROQUES. *Polytrocha.*

Plusieurs petites couronnes de cils.

POLYTROQUES NUS. *Nuda Polytrocha.*

1re FAMILLE. HYDATINA.

A. Point d'yeux.
a. Mandibules dentées.
G. *Hydatina.*
aa. Mandibules non dentées.
*aa** Bouche droite terminale.
G. *Enteroplea.*
*aa*** Bouche oblique, inférieure.
G. *Pleurotrocha.*
B. Un œil unique.
b. OEil frontal, queue bifurquée.
G. *Furcularia.*

POLYTROQUES CUIRASSÉS. *Loricata Polytrocha.*

1re FAMILLE. EUCHLANIDOTA.

A. Point d'yeux.
a. Cuirasse déprimée (queue bifurquée).
G. *Lepadella.*
aa. Cuirasse comprimée.
*aa** Queue simple.
G. *Monura.*
*aa*** Queue bifurquée.
G. *Colurus.*
B. Un seul œil.
b. Cuirasse déprimée.

bb. OEil dorsal.

   *bb** Queue simple, garnie de soies.
         G. *Monocerca.*

   *bb*** Queue bifurquée.

   *bb**†* Cils frontaux similaires.
         G. *Notommata.*

   *bb**††* Cils frontaux non simi-
    laires.

   *bb**††* Des cils avec des styles.
         G. *Synchæta.*

   *bb**††* Des cils et des
    crochets.
         G. *Scaridium.*

bbb. OEil placé sur l'occiput; point
   de queue; des cils de chaque
   côté du menton.
         G. *Polyarthra.*

C. Deux yeux.

  c. Yeux frontaux.

   *c** Queue bifurquée.
         G. *Diglena.*

   *c*** Queue simple (front garni de
   deux cirrhes).
         G. *Thriarthra.*

  cc. Yeux dorsaux.

   *cc** Queue simple.
         G. *Rattulus.*

   *cc*** Queue bifurquée.
         G. *Distemma.*

D. Trois yeux.

  d. Un œil dorsal et deux frontaux.
         G. *Eosphora.*

  dd. Les trois yeux dorsaux.
         G. *Norops.*

E. Plusieurs yeux.

  e. Yeux disposés en un cercle unique sur le cou.
         G. *Cycloglena.*

  ee. Yeux réunis en deux groupes
   cervicaux.
         G. *Theorus.*

*b** Queue simple.
         G. *Monostyla.*

*b*** Queue bifurquée.
         G. *Euchlanis.*

bb. Cuirasse gonflée ou anguleuse.

  *bb** Queue soyeuse et simple.
         G. *Mastigocerca.*

  *bb*** Queue bifurquée ou trifurquée.

  *bb**†* Point de cornicule.
         G. *Salpina.*

  *bb**††* Corniculée.
         G. *Dinocharis.*

C. Deux yeux (frontaux).

  c. Tête nue.
         G. *Metopidia.*

  cc. Tête encapuchonnée.
         G. *Stephanops.*

D. Quatre yeux frontaux.
         G. *Squamella.*

4ᵉ section. ZYGOTROQUES. *Zygotrocha.*

Deux petites couronnes de cils.

ZYGOTROQUES NUS. *Nuda Zygotrocha.*

Ire FAMILLE. PHILODINÆA.

A. Point d'yeux.

a. Queue bifurquée et corniculée (une trompe frontale).

G. *Callidina.*

aa. Queue bifurquée; non corniculée.

*aa** Roues céphaliques portées sur des bras frontaux très longs (point de prolongement frontal en forme de trompe).

G. *Hydrias.*

*aa*** Roues céphaliques sessiles et latérales (point de prolongement frontal).

G. *Typhlina.*

B. Deux yeux.

b. Yeux frontaux.

*b** Queue bifurquée et portant deux paires de cornes (d'où il résulte que la queue présente six pointes); un prolongement proboscidien frontal.

G. *Rotifer.*

*b*** Queue trifide et garnie d'une seule paire de cornicules (ayant par conséquent 5 pointes); un prolongement frontal.

G. *Actinurus.*

*b**** Queue bifurquée et sans cornicules (simplement fourchue); point de prolongement frontal

G. *Monolabis.*

bb. Yeux dorsaux.

(Queue bifurquée et portant deux paires de cornicules; un prolongement frontal.)

G. *Philodina.*

ZYGOTROQUES CUIRASSÉS. *Loricata Zygotrocha.*

Ire FAMILLE. BRACHIONÆA.

A. Point d'yeux.

G. *Noteus.*

B. Un seul œil.

b. Point de queue.

G. *Anuræa.*

bb. Queue bifurquée, flexible.

G. *Brachionus!*

C. Deux yeux (frontaux).

G. *Pterodina.*

E.

Première Section.

Des cils près de la bouche, qui se meuvent en vibrations interrompues.

LES VIBRATILES.

Les petits animaux qui composent cette section, sont les plus imparfaits de tous les polypes, ceux qui avoisinent le plus les infusoires appendiculés, et qui s'en distinguent le moins par leur forme générale, mais que leur bouche reconnue autorise à en séparer.

Ces animalcules, gélatineux et transparens, sont tous libres, et ont le corps allongé. Aucun d'eux n'offre à l'orifice de la bouche des organes rotatoires, comme ceux de la 2e section, mais seulement des cils qui se meuvent en vibrations interrompues, et qui agitent l'eau. Je les ai partagés en 3 genres, qui sont les suivans.

RATULE. (Rattulus.)

Corps très petit, oblong, tronqué ou obtus antérieurement; bouche distincte; queue très simple.

Corpus minimum, oblongum, anticè obtusum vel truncatum; os distinctum; cauda simplicissima.

[Les caractères assignés au genre Ratule par M. Ehrenberg sont les suivans :

Phytozoaires rotateurs nus, polytroques, ayant deux yeux placés sur le dos, et une queue simple, terminée par une petite ventouse.   E.]

OBSERVATIONS. — Je n'établis ce genre, sur deux espèces déjà déterminées, que parce qu'il doit être préparé pour recevoir, soit de nouvelles espèces encore inconnues, soit certaines Cercaires en qui des observations ultérieures feraient connaître positivement une bouche.

ESPÈCES.

1. Ratule cariné. *Rattulus carinatus.*

> *R. oblongus, carinatus, anticè crinitus; caudá setiformi longissimá.*
> *Trichoda rattus.* Mull. inf. t. 29. f. 5—7. Encycl. pl. 15. f. 15-17.
> * *Monocerca rattus.* Ehrenberg, Mémoire sur les infusoires, inséré
> dans le recueil des Mem. de Berlin, 1831, p. 130; ejusdem
> Symb. phys. phytoz. tab. 11. fig. 16. (1)
> H. dans l'eau des fossés.

2. Ratule clou. *Rattulus clavus.*

> *R. anticè rotundatus, crinitus, posticè acuminato-caudatus.*
> *Trichoda clavus.* Mull. inf. t. 29. f. 16—18. Encycl. pl. 15. f. 23.
> * *Rattulus cercarioïdes,* Bory. Encyclop. Zoophytes. p. 667.
> H. dans les marécages. Dans cet animalcule, l'existence de la bouche
> n'est encore que supposée.

TRICOCERQUE. (Trichocerca.)

Corps très petit, ovale ou oblong, tronqué antérieurement; bouche rétractile, subciliée; queue fourchue,
quelquefois articulée.

*Corpus minimum, oblongum, anticè truncatum; os re-
tractile, subciliatum; cauda furcata, interdùm articulata.*

OBSERVATIONS. — Les *tricocerques* ressemblent aux *furcocerques* par la queue dont leur corps est terminé; mais leur bouche
est manifeste, et leur cavité alimentaire paraît ébauchée. Ainsi,
j'ai dû les séparer des *infusoires,* et les réunir aux polypes ciliés. Ils se rapprochent en effet beaucoup des rotifères, puisqu'ils ont avec les furculaires des rapports très marqués; ce

---

(1) Dans la méthode de M. Ehrenberg, le genre MONOCERCA,
se compose des Phytozoaires rotateurs qui ont à l'extrémité antérieure du corps plusieurs petits organes ciliés, rotateurs, qui
ne sont pas enveloppés dans une gaîne, qui ont sur le dos un
point oculiforme et dont la queue est longue, sétacée et indivise.
On ne connaît pas bien l'organisation de la Ratule clou, mais
d'après sa forme générale, il est probable qu'elle ne devra
pas être placée dans la même division générique que la Ratule
carinée.   E.

sont donc, avec les ratules, les plus imparfaits des polypes
ciliés.

[Les *tricocerques* de Lamarck présentent tous le mode d'organisation caractéristique de la division des Rotateurs polytroques
de M. Ehrenberg, mais diffèrent beaucoup entre eux; les uns
sont cuirassés, les autres nus, et les recherches de ce naturaliste ainsi que celles de MM. Bory Saint-Vincent et Morren, les
ont fait diviser en plusieurs genres. M. Bory ne conserve le nom
de *Tricocerques*, qu'aux espèces dont le corps est renfermé dans
un fourreau très musculeux, et dont la queue est articulée et munie de cinq appendices, savoir, deux latéraux et un terminal. E.]

Les animalcules dont il s'agit vivent dans l'eau des marais.
On n'en connaît qu'un petit nombre d'espèces.

ESPÈCES.

* *Queue non articulée.*

1. Tricocerque vermiculaire. *Trichocerca vermicularis.*

>   *T. cylindrica, annulata; proboscide exsertili; caudá spina duplici.*
>   *Cercaria vermicularis.* Mull. inf. t. 20. f. 18—20. Encyclop. pl. 9.
>   f. 30—32.
>   * *Leiodina vermicularis.* Bory. op. cit. p. 484. (1)
>   * *Dekinia vermicularis.* Morren. Annales des sc. nat. t. 21. p. 141.
>   pl. 3. fig. 6.
>   H. dans les ruisseaux où croît la lenticule. Point de cils apparens à
>   la bouche.

2. Tricocerque porte-pince. *Trichocerca forcipata.*

>   *T. cylindrica, rugosa; proboscide forcipata exsertili; caudá bicu-
>   spidatá.*

-----

(1) Le genre LEIODINA fondé par M. Bory Saint-Vincent pour
recevoir des tricocerques et des furcocerques dont le corps est
renfermé dans une gaîne musculeuse, la bouche dépourvue de
cils et la queue bifide, a été réformé par M. Morren, mais nécessite-
rait encore une nouvelle révision, car la structure des espèces que
l'on y range n'est pas suffisamment connue pour que l'on puisse
déterminer les rapports naturels de ces petits êtres. Le genre DE-
KINIA de M. Morren diffère principalement de ses Leiodina par
l'existence de cils vibratils bien distincts autour de l'ouverture
orale. On y remarque aussi une espèce de trompe protractile
armée de deux pinces mobiles.

Cercaria forcipata. Mull. inf. t. 20. f. 21—23. Encycl. pl. 9. f. 33 —35.

* *Leiodina forcipata*. Bory. Op. cit. p. 484.

* *Dekinia forcipata*. Morren. Annales des sc. natur. t. 21. p. 136. pl. 3. fig. 3.

* *Distemma forcipata*. Ehrenb. 2ᵉ mém. p. 139. (1)

H. dans l'eau des marais.

** *Queue longue, art'culée.*

3. Tricocerque longue-queue. *Trichocerca longicauda.*

T. cylindrica, anticè truncata et crinita; caudá longá biarticulatá, bisetá.

Trichoda longicauda. Mull. inf. t. 31. f. 8—10. Encyclop. pl. 16. f. 9—11.

* *Furcularia longicauda.* Bory. Op. cit. p. 427.

* *Scaridium longicaude.* Ehrenb. 2ᵉ mém. sur les infusoires, p. 136. (2)

H. dans les marais.

4. Tricocerque gobelet. *Trichocerca pocillium.*

T. oblonga, anticè truncata, crinita; caudá quinque articulatá, biseta.

Trichoda pocillum. Mull. inf. t. 29. f. 9—12. Encyclop. pl. 15. f. 19—22.

* *Dinocharis pocillum.* Ehrenb. 2ᵉ mém. p. 135. (3)

H. dans les marais.

VAGINICOLE. (Vaginicola.)

Corps très petit, ovale ou oblong, cilié antérieurement, muni d'une queue, et renfermé dans un fourreau transparent, non fixé.

---

(1) M. Ehrenberg donne le nom de DISTEMMA aux Rotateurs polytroques nus qui sont pourvus de deux points oculiformes dorsaux et d'une queue bifurquée.

(2) Le genre SCARIDIUM de M. Ehrenberg diffère du précédent par l'existence d'un seul œil dorsal; le front est garni de cils et de deux crochets qui tiennent lieu de lèvre supérieure.

(3) Les DINOCHARIS ont comme les précédens plusieurs petites couronnes de cils, un seul œil, et la queue bifurquée ou trifurquée, mais leur corps, au lieu d'être nu, est renfermé dans une enveloppe renflée, flexible sur les bords.

Corpus minimum, ovatum vel oblongum, anticè cilia-
tum, posticè caudatum, folliculo hyalino inclusum.

OBSERVATIONS. — *Bruguière* avait déjà pensé que les animalcules dont il s'agit ici, et que *Muller* a placés parmi ses tricodes, devaient former un genre particulier. Effectivement, dans
la supposition que ces animalcules soient des infusoires, ils sont
néanmoins très distingués des autres et surtout des tricodes par
le fourreau mince et transparent qui les enveloppe; mais il paraît qu'ils ont réellement une bouche, et même elle n'est point
douteuse dans la première espèce.

Les *vaginicoles* forment une transition des vibratiles aux rotifères, par les folliculines.

[Les *vaginicoles* sont loin d'avoir une organisation analogue à
celle de la plupart des autres animalcules rangés par Lamarck
dans sa division des vibratiles; ils appartiennent à la classe des
polygastriques (V. t. 1, p. 365), et sont pourvus d'un intestin
recourbé, entouré de vésicules stomaçales, et se terminent par
une bouche et un anus distincts, mais contigus. M. Ehrenberg
ne range dans ce genre que les espèces dont la gaîne est membraneuse et dont le corps n'est pas pédicellé.   E.]

ESPÈCES.

1. Vaginicole locataire. *Vaginicola inquilina.*

> *V. folliculo cylindrico hyalino; pedicello intrà folliculum retortili.*
> *Trichoda inquilina.* Mull. zool. dan. v. 1. t. 9. f. 2. Encyclop. pl. 16.
> f. 14—17.
> * Bory. Encyclop. Zooph. p. 768.
> H. dans l'eau de mer.

2. Vaginicole propriétaire. *Vaginicola ingenita.*

> *V. folliculo depresso, basi latiore; animalculo, subinfandibuliformi,*
> *postice in caudam non exsertam attenuato.*
> *Trichoda ingenita.* Mull. inf. t. 31. f. 13—15. Encyclop. pl. 16.
> f. 18—20.
> * Bory. Op. cit. p. 768.
> H. dans l'eau de mer.

3. Vaginicole inné. *Vaginicola innata.*

> *V. folliculo cylindrico; caudá extrà folliculum exsertá.*
> *Trichoda innata.* Mull. inf. t. 31. f. 16—19. Encyclop. pl. 16.
> f. 21—24.
> H. dans l'eau de la mer.

Un ou plusieurs organes en forme de cercle, ciliés et rotatoires à l'entrée de la bouche.

LES ROTIFÈRES.

En arrivant à cette deuxième section, les progrès dans l'animalisation sont si marqués, que tous les doutes sur le caractère classique cessent complètement à l'égard de ces animaux. Effectivement, tous les *rotifères* ont une bouche éminemment distincte, quoique contractile; elle est même tellement ample, qu'il semble que la nature ait fait de grands efforts pour commencer l'organe digestif par cette ouverture essentielle à l'introduction d'alimens.

Cette bouche n'est pont munie de cils simplement vibratiles, comme dans les polypes de la première section; mais elle offre à son orifice un organe en forme de roue, cilié et rotatoire, qui paraît souvent double, qui présente quelquefois trois ou quatre portions de cercle, et qui tourne ou oscille avec une grande vitesse. C'est cet organe singulier qui caractérise les *rotifères* dont il est question. (1)

(1) C'est une illusion d'optique qui donne à cet organe l'apparence d'une roue qui tourne; il n'exécute dans la réalité aucun mouvement semblable, mais les cils vibratiles dont ses bords sont garnis, décrivent chacun, avec une rapidité extrême, des cercles dans le même sens; lorsque ces petits appendices sont posés sur une longue ligne droite comme sur les tentacules des flustres, ils produisent alors l'effet d'une rangée de perles qui roulerait de la base de l'organe vers son extrémité, et lorsqu'ils forment un cercle, ils ressemblent à une roue qui tourne. Quelques naturalistes ont pensé que les mouvemens vibratoires que l'on aperçoit si souvent à la surface de divers animalcules aquatiques, ne dépendent d'aucun appendice filiforme,

En effet, beaucoup de rotifères semblent avoir à l'entrée de leur bouche une paire de roues dentées qu'ils font tourner rapidement ; mais en observant plus attentivement, on s'aperçoit, selon les observations de M. *Dutrochet*, que ce que l'on prenait pour deux roues, n'est réellement qu'un seul organe plié de manière à présenter la figure du chiffre 8 ainsi renversé ∞. Quelquefois, ou selon les espèces, la roue totale se plie en trois ou quatre roues partielles. Il y a donc lieu de croire que dans tous les rotifères, il n'y a qu'un seul organe rotatoire.

Cette roue elle-même n'est qu'un cordon circulaire qui, par des zigzags fréquens forme une multitude d'angles saillans et aigus, qui imitent des dents ciliformes.

Un axe très fin, ramifié supérieurement en autant de branches que la roue peut présenter de lobes, soutient cette roue et lui communique ses mouvemens. L'organe très contractile rentre au fond de la bouche, ou en sort comme au gré de l'animal.

La bouche très ample de ces polypes présente un pavillon tantôt campanulé, tantôt infundibuliforme, qui est très contractile, mais qui ne participe nullement aux mouvemens de son organe rotatoire.

[Aujourd'hui que la structure intime de ces animaux est mieux connue, cette division ne peut guère être conservée, du moins avec les limites que notre auteur y assigne ; car, ainsi-que nous l'avons déjà dit, il faudra en retirer la plupart des vorticelles. E.]

FOLLICULINE. (Folliculina.)

Corps contractile, oblong, renfermé dans un fourreau

---

mais tiennent seulement à des courans déterminés dans l'eau ambiante par les membranes vivantes ; mais dans les cas dont nous venons de parler, cette dernière opinion ne peut être soutenue, car on voit souvent les cils en question droits et immobiles, puis tout-à-coup se mettre en action et produire l'apparence singulière dont nous venons de parler. E.

transparent. Bouche terminale, ample, munie d'organes ciliés et rotatoires.

Corpus contractile, oblongum, folliculo pellucido inclu- sum. Os terminale, amplum, ciliis rotatoriis instructam.

OBSERVATIONS. — Les *folliculines* sont aux urcéolaires ce que les vaginicoles sont aux tricocerques et aux tricodes : de part et d'autre, ce sont des animalcules renfermés dans un fourreau transparent, et qui rarement sont fixés sur des corps étrangers; mais les *folliculines* sont des rotifères, tandis que les vaginicoles, d'après ce qu'on en sait, paraissent à peine distinctes des infusoires.

D'après ces considérations, l'on sent que les *folliculines* doivent venir immédiatement après les vaginicoles; qu'elles doivent commencer les rotifères, et qu'elles conduisent aux brachions qui eux-mêmes, se lient évidemment aux furculaires.

ESPÈCES.

1. Folliculine ampoule. *Folliculina ampulla.*

> *F. folliculo ampullaceo, pellucido, capite bilobo.*
> *Vorticella ampulla.* Mull. inf. t. 40. f. 4—7. Encyclop. pl. 21. f. 5—8.
> * Bory. Encyclop. Zooph. p. 417.
> H. dans l'eau de mer.

2. Folliculine engaînée. *Folliculina vaginata.*

> *F. folliculo subcylindrico, prælongo, hyalino ; animalculo brevi, cau- dato, anticè truncato.*
> *Vorticella vaginata.* Mull. inf. t. 44. f. 12—13. Encycl. pl. 23. f. 32.
> * *Vaginicola vorticella.* Bory. Op. cit. p. 768.
> H. dans l'eau de mer.

3. Folliculine adhérente. *Folliculina folliculata.*

> *F. folliculo cylindraceo hyalino adhærente; animalculo oblongo.*
> *Vorticella folliculata.* Brug. n° 33.
> Trouvée attachée à la queue du cyclope pygmée.

BRACHION. (Brachionus.)

Corps libre, contractile, presque ovale, couvert, au moins en partie, par une gaîne transparente, raide, clypéacée ou capsulaire, et muni antérieurement d'un ou deux organes ciliés et rotatoires.

Corpus liberum, contractile, subovatum, vaginâ capsulari pellucidâ rigidulâque vestitum, vel squamâ clypeiformi partim obtectum; organo ciliato rotatorio unico vel gemino ad orem.

OBSERVATIONS. — Si l'on ne s'est point fait illusion par des attributions arbitraires à l'égard des parties des *brachions*, l'organisation de ces animaux serait beaucoup plus avancée en composition que ne l'est celle des polypes et des vrais rotifères. Dans ce cas, l'on serait fondé à les regarder comme des crustacés microscopiques qui, sous certains rapports, avoisineraient les daphniës.

En effet, on a attribué une tête aux *brachions*, et, à leur bouche, deux mâchoires longitudinales, qui s'ouvrent et se ferment, quoiqu'à des intervalles peu réglés.

On assure qu'ils sont ovipares; que leurs œufs, après que l'animal les a évacués, restent suspendus entre la base du test ou de l'écaille qui les couvre, et l'origine de la queue, ce qui leur donne un nouveau rapport avec les crustacés.

Ces considérations s'opposeraient donc à ce qu'on puisse regarder les *brachions* comme des *polypes*, si elles étaient fondées; car, malgré leurs organes rotatoires, on ne pourrait considérer ces animaux comme étant du même ordre que les *urcéolaires*, les *vorticelles*, etc.; mais probablement ces mêmes considérations ne portent que sur des illusions produites par la petitesse des parties, qui ne permet pas de les examiner suffisamment, et à-la-fois par l'opinion qui suppose inconsidérément que, dans les animaux, il n'y a point de limites essentielles à l'existence des différens organes connus.

Il me paraît vraisemblable que si, malgré l'imperfection de l'organisation des polypes ciliés, la nature a pu, dans les animaux de cet ordre, former la gaîne transparente des *vaginicoles*, et ensuite donner lieu à celle des *folliculines*, elle a pu aussi, sans avoir besoin d'une organisation beaucoup plus composée, former l'écaille transparente, soit capsulaire, soit clypéacée, des *brachions*. Pourquoi, d'ailleurs, trouve-t-on des rapports si remarquables entre les *brachions* munis d'une queue et les *furculaires?*

Quant à la téte attribuée aux *brachions*, c'est à-peu-près la même chose que celle pareillement attribuée aux vers. D'après ces exemples, on voit qu'on ne s'est nullement rendu compte de l'idée que l'on doit attacher à la partie d'un animal qui mérite le nom de téte.

On sait que des mâchoires exigent l'existence d'un système musculaire pour pouvoir agir, et que ce système ne peut lui-même exister sans les nerfs propres à mettre en action les muscles qui le composent. Que de conditions à remplir avant de pouvoir donner le nom de *mâchoires* à des parties observées dans la bouche d'un animal! (1)

Il en est de même des œufs : on sait en effet que chacun d'eux contient un embryon qui ne peut vivre ou recevoir la vie qu'après avoir été fécondé, et qui exige conséquemment, dans les animaux qui produisent ces œufs, l'existence d'organes sexuels, soit réunis, soit séparés, pour que, par le concours de ces organes, sa fécondation puisse être opérée. Enfin, on sait que ce même embryon ne peut acquérir les développemens qui doivent

---

(1) M. Ehrenberg a constaté l'existence de mâchoires chez tous les Rotateurs, à l'exception des genres *Ichthydium*, *Chœtonotus*, et *Enteroplea*. Il existe dans la disposition de ces organes deux modifications principales: tantôt les mâchoires ont la forme d'une simple tige cornée, coudée, implantée dans l'une des masses musculaires du pharynx par sa base, et terminée par une ou plusieurs dents dirigées contre celles du côté opposé; d'autres fois chaque mâchoire, enclavée dans la masse musculaire, a la forme d'un étrier ou d'un arc tendu sur lequel les dents sont disposées comme le seraient des flèches prêtes à partir. M. Ehrenberg donne le nom de *Gymnogomphia* aux Rotateurs qui présentent le premier de ces modes d'organisation, et les divise en *Monogomphia* (lorsqu'il n'y a pour chaque mâchoire qu'une seule dent), et en *Polygomphia* (lorsque ces organes sont terminés par plusieurs dents). Les rotateurs, qui sont pourvus des mâchoires compliquées et en grande partie cachées, dont nous avons parlé en second lieu, sont appelés *Desmogomphia* et divisés en *Zygogomphia* ou rotateurs à deux dents, et en *Lochogomphia* ou rotateurs à plusieurs dents. Les brachions présentent ce dernier mode d'organisation.   E.

le transformer en individu semblable à ceux de son espèce, sans sortir des enveloppes qui le retiennent; et qu'il ne peut en sortir et s'en débarrasser, qu'après les avoir déchirées et rompues. Que de conditions encore à remplir avant de pouvoir donner le nom d'*œufs* à des corpuscules reproductifs observés (2)! Probablement on ne s'est nullement occupé de ces considérations, lorsque, dans des animaux très imparfaits, l'on a déterminé, d'après de simples apparences, les fonctions de parties dont on ignorait la nature. Les botanistes ont fait, à l'égard des plantes cryptogames, ce que les zoologistes ont fait à l'égard des infusoires et des polypes.

Si les *brachions* appartiennent à l'ordre des *polypes rotifères*, ce que je présume fortement, ils n'ont point de tête, point de sens particuliers, point de mâchoires véritables, point de muscles, et ne se régénèrent point par des œufs, mais par des gemmes oviformes qui peuvent être amoncelés dans un lieu particulier, et même renfermés dans une bourse commune, comme on en voit dans les sertulaires, etc.

Les *brachions* sont très variés dans leur forme; et ils la rendent souvent bizarre par les suites des contractions qu'ils font subir, comme à leur gré, à certaines parties de leurs corps.

Quelques-uns sont dépourvus de queue, et paraissent devoir constituer un genre particulier; mais la plupart ont postérieurement une queue simple, ou qui est fourchue, comme dans les furculaires.

La gaîne transparente et plus ou moins complète qui enveloppe les *brachions*, a été, à cause de sa raideur, comparée assez improprement à un *test*; et alors on a distingué ce test en univalve, bivalve et capsulaire, selon sa forme dans les espèces.

Le test qu'on nomme *univalve*, ne couvre que le dos de l'animal, et n'offre qu'une seule pièce. Celui qu'on dit être *bivalve*, est composé de deux pièces jointes ensemble sur toute la lon-

---

(1) Comme nous l'avons déjà dit, un grand nombre de rotateurs se reproduisent au moyen de véritables œufs, ainsi que s'en sont assurés MM. Ehrenberg, Wagner, etc.   E.

gueur du dos. Enfin, le test qu'on nomme *capsulaire* est d'une seule pièce comme le test univalve; mais cette pièce enveloppe tout le corps de l'animal à l'exception de sa partie antérieure où se trouve une ouverture pour le passage de l'organe rotatoire.

Les *brachions* vivent dans les eaux douces et dans l'eau de mer : une seul espèce (le Br. crochet) vit indifféremment dans l'eau salée et dans celle des marais.

[Dans la méthode de M. Ehrenberg, la famille des BRACHIONIENS se compose de tous les rotateurs cuirassés, pourvus de deux couronnes de cils vibratiles, et elle se divise en quatre genres, savoir : les Brachions, les Anures, les Notés et les Ptérodines.

Le genre BRACHION renferme les espèces pourvues d'un œil unique (rouge) et d'une queue bifurquée et flexible.

Il en résulte que les espèces rangées par Lamarck dans les deux premières sections de son genre Brachion s'en trouvent aujourd'hui exclues, et que même la plupart de celles citées par cet auteur dans sa troisième division, se trouvent réparties dans d'autres groupes génériques. Les brachions proprement dits, ont le test déprimé et enveloppant la partie moyenne du corps sans engaîner ni la tête ni la queue; leur front est garni de trois lobes bordés de styles immobiles qu'au premier abord on pourrait prendre pour des divisions des organes rotateurs; leur bouche est armée de deux mâchoires terminées par plusieurs dents libres; le pharynx est gros et suivi d'un court œsophage qui s'ouvre dans un estomac très long; à cette dernière cavité succède un gros intestin qui est dilaté en forme de vessie ou de cloaque, et qui s'ouvre sur la ligne médiane du corps, au-dessus de la racine de la queue; de chaque côté de l'estomac on remarque deux organes pédiculés et d'apparence glandulaire; enfin on distingue aussi à travers les tégumens l'appareil de la génération dont la structure est assez compliquée, des fibres musculaires, etc.

M. Ehrenberg a figuré avec soin toutes ces parties chez le *Brachions urceolaris* (V. son troisième Mém. sur les infusoires, pl. IX, fig. 2. et Annales des scien. nat. 2ᵉ série zool. t. 3. pl. 13. fig. 6.)

E.]

ESPÈCES.

§. *Point de queue.*

1. Brachion strié. *Brachionus striatus.*

> *B. univalvis, testa ovata, striata, apice sexdentata , basi integra ecaudata.*
>
> Mull. inf. t. 47. f. 1—3. Encycl. pl. 27. f. 1—3.
> *Anourella lyra.* Bory. Encyclop. zooph. p. 540.
> *Anuræa striata.* Ehrenb. Mém. de Berlin. 1831. p. 144. (1)
> *Brachionus striatus.* Blainville. Manuel d'actinologie. pl. 9. fig. 3.
> H. dans l'eau de mer.

2. Brachion écaille. *Brachionus squamula.*

> *B. univalvis, testa orbiculari, apice truncata quadridentata, basi in-tegra ecaudata.*
>
> Mull. inf. t. 47. f. 4—7. Encycl. pl. 27. f. 4—7.
> *Anourelle luth.* Bory. Op. cit. p. 540.
> *Anuræa squamula.* Ehrenb. loc. cit.
> H. dans l'eau des marais.

3. Brachion bêche. *Brachionus bipalium.*

> *B. univalvis, testa oblonga inflexa, apice decem-dentata, basi integra ecaudata.*
>
> Mull. inf. t. 48. f. 3—5. Encycl. pl. 27. f. 10—12.
> *Anourella pandurina.* Bory. Op. cit. p. 540.
> H. dans l'eau de mer.

4. Brachion pèle. *Brachionus pala.*

> *B. univalvis, testa oblonga, infernè excavata quadridentata, basi in-tegra ecaudata.*
>
> Mull. inf. t. 48. f. 1—2. Encycl. pl. 27. f. 8—9.

---

(1) **M. Bory Saint-Vincent** a donné le nom d'*Anourella* aux animaux microscopiques dont le corps est protégé par un véritable test capsulaire denté en avant, dépourvus de queue ou d'appendice postérieur et munis antérieurement d'un à trois faisceaux de cils vibratiles. Dans la méthode de M. Ehrenberg, le genre *Anuræa* comprend les rotateurs cuirassés, pourvus de deux couronnes de cils, d'un seul œil et dépourvus de queue; c'est ce dernier caractère qui les distingue des brachions; la disposition du front et des mâchoires est la même que chez ces derniers. E.

3.

*Anourella cithara. Bory. Op. cit. p. 540.
H. dans l'eau des marais.

5. Brachion carré. *Brachionus quadratus.*

B. capsularis, testa quadrangula, apice bidentata, basi bicorni, cauda nulla.
Mull. inf. t. 49. f. 12—13. Encycl. pl. 28. f. 17—18.
*Keratella quadrata. Bory. Op. cit. p. 469. (1)
H. dans l'eau des marais.

§§. *Queue simple et nue.*

6. Brachion cornet. *Brachionus passus.*

B. capsularis, testa cylindracea ; frontis cirris binis pendulis, setáque caudali unicâ.
Mull. inf. 49. f. 14—16. Encycl. pl. 28. f. 14—16.
(* N'appartient certainement pas à cette division.)
H. dans les bourbiers les plus sales.

7. Brachion gibecière. *Brachionus impressus.*

B. capsularis, testa quadrangula, apice integra, basi obtus emarginata, cauda flexuosa.
Mull. inf. t. 50. f. 12—14. Encycl. pl. 28. f. 19—21.
*Siliquella bursa patoris. Bory. Op. cit. p. 684. (2)
H. dans les eaux stagnantes.

8. Brachion patène. *Brahionus patina.*

B. univalvis ; testa orbiculari integrâ ; cauda mutica.
Mull. inf. t. 48. f. 6—10. Encycl. pl. 27. f. 13—17.
*Proboskidia patina. Bory. Op. cit. p. 657.

---

(1) C'est seulement d'après la forme du test, dont l'extrémité postérieure est armée d'appendices prolongés en cornes opposées, que M. Bory caractérise son genre KERATELLA.   E.

(2) Le genre SILIQUELLA, de M. Bory Saint-Vincent, a pour caractères : corps muni antérieurement de deux couronnes, de cils vibratiles, garni d'un test capsulaire, urcéolé mutique antérieurement, arrondi et sub-bilobé postérieurement où il est perforé pour donner passage à une queue subulée et parfaitement simple.   E.

Pterodina patina. Ehrenb. Mém. de Berlin. 1831. p. 147. (1)
H. dans les eaux stagnantes.

9. Brachion bouclier. *Brachionus clypeatus.*

B. univalvis, testa oblonga, apice emarginata, basi integra, cauda mutica.

Mull. inf. t. 48. f. 11—14. Encycl. pl. 27. f. 18—21.
Testudinella clypeata. Bory. Op. cit. p. 738.
Pterodina clypeata. Ehrenb. Mém. de Berlin. 1831. p. 147.
H. dans l'eau de mer.

§§§. *Queue terminée par deux pointes ou deux soies.*

10. Brachion lamellé. *Brachionus lamellaris.*

B. univalvis; testa productâ, apice integrâ, basi tricorni; caudâ bipili.

Mull. inf. t. 47. f. 8—11. Encycl. pl. 27. f. 22—25.
Lepadella lamellaris. Bory. Op. cit. p. 484.
Stephanops lamellaris. Ehrenb. Mém. de Berlin. 1831. p. 137. (2)
H. dans l'eau des marais.

11. Brachion patelle. *Brachionus patella.*

B. univalvis; testa ovata, apice bidentata, basi emarginata, cauda biseta.

Mull. inf. t. 48. . 15—19. Encycl. pl. 27. f. 26—30.
Lepadella patella. Bory. Op. cit. p. 38 et 485.
Brachionus patella. Blainv. op. cit. p. 164. pl. 9. fig. 5.
H. dans l'eau des marais.

---

(1) Le genre PTERODINA, de M. Ehrenberg, se compose des Brachionides pourvus de deux yeux frontaux; le test de ces animalcules est déprimé et flexible sur les bords, la queue présente à son extrémité une fossette en forme de ventouse; enfin les mâchoires sont armées de deux dents enclavées, disposition qui se rencontre chez les rotifères, etc., mais qui n'existe chez aucun autre rotateur à deux roues dont le corps est cuirassé. E.

(2) Le genre STEPHANOPS, Ehrenb., diffère considérablement des précédens, ainsi que des brachions proprement dits; car ici, les cils vibratiles, au lieu de former deux couronnes distinctes, sont divisés en plusieurs groupes, disposition qui est caractéristique de la section des Polytroques. Il existe dans ce genre deux yeux frontaux, et la tête est encapuchonnée. E.

12. Brachion bractée. *Brachionus bractea*.

> *B. univalvis; testá suborbiculari, apice lunatá, basi integrá; cauda spiná duplici.*

Mull. inf. t. 49. f. 6—7. Encycl. pl. 27. f. 31—32.
Squamella limulina. Bory. Op. cit. p. 697.
Squamella bractea. Ehrenb. Mém. de Berlin. 1831. p. 141. (1)
Brachionus bractea. Blainv. op. cit. pl. 9. fig. 4.
H. . . . .

13. Brachion plissé. *Brachionus plicatilis*.

> *B. univalvis; testa oblonga, apice crenulata, basi emarginata; caudá longá bicuspi.*

Mull. inf. t. 50. f. 1—8. Encycl. pl. 27. f. 33—40.
Tricalama plicatilis. Bory. Op. cit. p. 538.
Brachionus plicatilis. Blainv. op. cit. p. 164. pl. 9. fig. 2.
H. dans l'eau de mer.

14. Brachion ovale. *Brachionus ovalis*.

> *B. bivalvis; testa depressa, apice emarginata, basi incisa; cauda cirro duplici.*

Mull. inf. t. 49. f. 1—3. Encycl. pl. 28. f. 1—3.
Mytilina lepidura. Bory. Op. cit. p. 539 et 561.
Lepadella ovalis. Ehrenb. 1er mém. (Acad. de Berlin. 1830). pl. 7. fig. 4. (2)
H. parmi les conferves des marais.

---

(1) Dans la méthode de M. Ehrenberg, le genre squamella, établi par M. Bory Saint-Vincent, prend place à côté des Stephanops et se compose des rotateurs cuirassés polytroques ayant quatre yeux frontaux.   E.

(2) M. Bory Saint-Vincent a donné le nom de lepadelle aux microscopiques dont le corps, pourvu de cils vibratiles disposés en faisceaux et de deux roues distinctes, est protégé par un test en forme de carapace subovalaire et dentée ou échancrée en avant ou en arrière, enfin dont la queue est bifide; mais ce naturaliste a lui-même reconnu que ce groupe était un peu artificiel, et M. Ehrenberg, en l'adoptant, en a modifié les caractères. Dans sa méthode les Lepadelles sont des rotateurs cuirassés polytroques, dépourvus d'yeux, dont la cuirasse est déprimée et la queue bifurquée. La bouche de ces animalcules est armée de deux mâchoires terminées chacune par une seule dent

15. Brachion tricorne. *Brachionus tripos.*

> *B. bivalvis; testa ventrosa, apice mutica, basi tricorne; cauda spinâ*
> *duplici.*
> Mull. inf. t. 49. f. 4—5. Encycl. pl. 28. f. 4—5.
> **Mytilina lymnadia.* Bory. Op. cit. p. 539 et 561.
> H. dans l'eau des marais.

16. Brachion denté. *Brachionus dentatus.*

> *B. bivalvis; testa arcuata, apice et basi utrinque dentata; cauda spinâ*
> *duplici.*
> Mull. inf. t. 49. f. 10—11. Encycl. pl. 28. f. 6—7.
> **Mytilina cytherea.* Bory. Op. cit. p. 539 et 561.
> H. dans les eaux stagnantes, les mares.

17. Brachion armé. *Brachionus mucronatus.*

> *B. bivalvis; testa subquadrata, apice et basi utrinque mucronata,*
> *cauda spinâ duplici.*
> Mull. inf. t. 49. f. 8—9. Encycl. pl. 28. f. 8—9.
> **Mytilina cypridina.* Bory. Op. cit. p. 561.
> **Salpina mucronata.* Ehrenb. Mém. de Berlin. 1831. p. 133. (1)
> H. dans les marais.

---

libre et allongée, disposition qui est rare chez les rotateurs cuirassés.

Les genres MONOCERCA et COLURUS, de M. Ehrenberg, se rapprochent beaucoup des Lepadelles; ce sont aussi des rotateurs cuirassés polytroques dépourvus d'yeux; mais leur test, au lieu d'être déprimé de haut en bas, est comprimé latéralement, ce qui a fait croire, mais à tort, à Muller et à quelques autres naturalistes, qu'il était réellement conformé comme une petite coquille bivalve. Chez les Monocères la queue est simple, allongée et terminée par une fossette remplissant les fonctions de ve- -touse, ainsi que nous l'avons déjà vu chez les Ptérodines, tandis que dans le genre Colurus la queue est bifurquée.   E.

(1) M. Bory Saint-Vincent a donné le nom de MYTILINES à des microscopiques cuirassés dont les cils vibratiles, disposés en faisceaux, ne forment jamais deux couronnes distinctes, et dont le test est bivalve.

Le genre SALPINA, de M. Ehrenberg, comprend les rotateurs cuirassés polytroques pourvus d'un seul œil, d'une cuirasse

FURCULAIRE. (Furcularia.)

Corps libre, contractile, oblong, muni d'une queue courte ou allongée, terminée par deux pointes ou par deux soies. Bouche pourvue d'un ou deux organes ciliés et rotatoires.

Corpus contractile, liberum, oblongum, posticè caudatum; caudâ brevi vel elongatâ, bicuspidatâ aut diphyllâ. Organum unicum vel geminum, ciliatum et rotatorium ad orem.

OBSERVATIONS. — Les *furculaires* rappellent, par leur forme et leur aspect, les *furcocerques* et les *tricocerques*, et ne tiennent aux *vorticelles* que par les organes ciliés et rotatoires dont leur bouche est munie. Il est donc convenable de ne point les confondre dans le même genre avec les *vorticelles*, celles-ci n'étant pas uniquement caractérisées par leurs organes rotatoires; sans quoi les *brachions* devraient y être pareillement réunis.

Si l'on considère l'extrémité postérieure bicuspidée ou diphylle des *furculaires*, on ne les confondra point non plus avec les *urcéolaires*, puisque ces dernières ont le corps simple postérieurement. Elles ont même, par leur queue, plus de rapports avec ceux des brachions qui en sont munis, que les urcéolaires et les vorticelles.

[Cette division correspond à-peu-près à l'ordre des rotateurs nus de M. Ehrenberg, mais dans l'état actuel de la science ne peut plus être conservée; nous y trouverons en effet des animalcules qui non-seulement appartiendront à des genres bien distincts, mais qui devront même être rapportés à des familles différentes.

quadrangulaire, d'une queue bifurquée et dépourvue de cornicules. Le nombre des dents, dont les mâchoires de ces animalcules sont armées, varie suivant les espèces, mais leur disposition est du reste la même que chez les Brachions proprement dits, etc.   E.

M. Ehrenberg réserve le nom de *Furcularia* pour les rotateurs nus polytroques ayant un seul œil situé sur le front, et
une queue bifurquée.   E.

ESPÈCES.

1. **Furculaire larve.** *Furcularia larva.*

> F. *cylindrica, apertura lunata, spinis caudalibus binis.*
> *Vorticella larva.* Mull. inf. t. 40. f. 1—3. Encycl. pl. 21. f. 9—11.
> *Bory. Op. cit. p. 425.
> *Cette espèce appartient probablement à la famille des Hydatines
>   de M. Ehrenberg.
> H. dans l'eau de mer.

2. **Furculaire capitée.** *Furcularia succolata.*

> F. *inversè conica, apertura lunata, trunco posticè bidentato, cauda
>   elongata diphylla.*
> *Bory. Op. cit. p. 426.
> *Vorticella succolata.* Mull. inf. t. 40. f. 8—12. Encyclop. pl. 21. f.
>   12—16.
> H. dans l'eau de mer.

3. **Furculaire oriculée.** *Furcularia aurita .*

> F. *cylindrico-ventrosa ; apertura mutica, ciliis utrinque rotantibus,
>   cauda articulata diphylla.*
> Bory. Op. cit. p. 426.
> *Vorticella aurita.* Mull. inf. t. 41. f. 1—3. Encycl. pl. 21. f. 17.
>   —19.
> *Notommata aurita.* Ehrenb. Mém. de Berlin. 1831. p. 131. (1)
> H. dans les eaux stagnantes où croît la lenticule.

---

(1) Le genre NOTOMMATA, de M. Ehrenberg, se compose des
rotateurs nus ayant un seul œil situé sur le dos , la queue bifurquée et les cils frontaux similaires. On doit à cet habile natura-
listè des observations du plus haut intérêt sur le mode d'organisation de plusieurs espèces de ce genre. Leur corps, de forme
ovalaire, se termine antérieurement par une couronne circulaire
de cils vibratiles disposés ordinairement en huit groupes, et portés sur autant de petites masses arrondies, d'apparence musculaire; l'ouverture buccale, située vers le milieu de ce cercle,
conduit à un pharynx gros et arrondi qui est armé de deux

4. Furculaire hérissée. *Furcularia senta.*

F. inversè conica; apertura spinosa integra; cauda brevi bicuspi.
Vorticella senta. Mull. inf. t. 41. f. 8—14. Encycl. pl. 22. f. 1—7.
Hydatina senta. Ehrenb. 1ᵉʳ Mém. pl. 8, Ann. des sc. nat. 2ᵉ série.

---

mâchoires latérales, formées chacune d'une pièce cornée, coudée et terminée par un nombre variable de dents. Au pharynx succède un œsophage long et rétréci qui s'ouvre dans un estomac très large et garni latéralement d'appendices dont la disposition varie suivant les espèces. Le canal digestif se rétrécit ensuite plus ou moins brusquement, et va se terminer au dehors au-dessus de l'origine de la queue. L'appareil de la génération est également assez compliqué, et présente à-peu-près la même disposition que dans le genre Hydatine, si ce n'est que l'ovaire ne porte pas deux cornes. On distingue aussi des vaisseaux transversaux, des faisceaux musculaires en assez grand nombre, et un appareil particulier qui paraît être composé d'espèces de branchies intérieures; enfin M. Ehrenberg a constaté aussi l'existence d'un système nerveux composé de plusieurs ganglions et de filets très déliés dont l'un va se terminer au point oculiforme, de couleur rouge, qui se voit sur la partie antérieure de la face dorsale du corps. M. Ehrenberg a donné aussi d'excellentes figures de plusieurs espèces nouvelles de ce genre, savoir :

1° *Notommata centrura*, Ehrenb. 3ᵉ Mém., pl. 9, fig. 1; et Annales des sciences naturelles, 2ᵉ série zoologique, t. 3, pl. 13, fig. 5.

2° *Notommata collaris*, Ehrenb., op. cit., pl. 9, fig. 2.

3° *Notommata clavulata*, Ehrenb. op. cit., pl. 10, fig. 1. et ann. des scien. nat. t. 3. pl. 13. fig. 3 et 4.

Le genre SYNCHÆTA, Ehrenb., a beaucoup d'analogie avec le genre Notommata; il se compose aussi d'Hydatiniens ayant un œil dorsal médian et une queue bifurquée, mais la disposition des appendices est différente; il existe des styles (espèces de soies très mobiles, mais ne pouvant exécuter des mouvemens rotatoires), aussi bien que des cils vibratiles au front, et les organes rotateurs ne forment pas un cercle complet autour de la bouche. L'intestin est simple et les mâchoires nues.

Exemple. *Synchœta pectinata*, Ehrenb., 3ᵉ Mém., pl. 10, fig. 3.   E.

Zool. t. 1. pl. 1. fig. 16—20 et Symb. Phys. pl. 6. fig. 1. (1)
H. dans les eaux stagnantes où croit la lenticule.

(1) Le genre HYDATINA, de M. Ehrenberg, est très voisin du précédent, mais s'en distingue par l'absence du point oculiforme caractère qui existe aussi dans les genres Enteroplea et Pleurotrocha, mais chez ceux-ci les mandibules ne sont pas dentées comme chez les Hydatines. C'est sur l'*hydatina senta* que M. Ehrenberg a fait ses premières observations relatives à l'organisation intérieure des infusoires, et il a donné dans les Mémoires de l'Académie de Berlin (1830), une anatomie complète de cet animalcule, travail qui a été publié aussi, par traduction, dans les Annales des sciences naturelles, 2ᵉ série, t. 1.

Le corps de l'*hydatina senta* est formé par une membrane double et diaphane dont l'extérieure est nue, molle et simple, et dont l'intérieure donne attache à 4 paires de muscles qui se dirigent en rayonnant de la partie moyenne du dos et du ventre vers les deux extrémités du corps; à l'extrémité antérieure on voit aussi un nombre considérable (17) d'espèces de gaînes musculaires qui servent à mettre en mouvement les cils vibratiles placés en cercle autour de la bouche. On distingue aussi neufs lignes transversales qui semblent diviser le corps en autant d'anneaux, et qui, au premier abord, pourraient être pris pour des muscles, mais M. Ehrenberg a constaté que ce sont des vaisseaux qui communiquent avec un canal délié étendu le long de la ligne médiane du dos; il ajoute aussi que la circulation et les pulsations d'un cœur, que Corti croyait avoir observé chez les rotifères, n'ont rien de commun avec l'appareil vasculaire, et appartiennent au canal digestif; ils sont produits soit par le pharynx, soit par le canal conduisant de la bouche à cet organe. L'orifice bucal se trouve à la partie antérieure du corps, au centre des organes rotateurs, et dirigé un peu vers le ventre; il est armé de deux mâchoires terminées par six dents nues. Le pharynx est gros et globuleux, et se continue avec un œsophage court et étroit qui s'ouvre dans un estomac dilaté, lequel se rétrécit peu-à-peu et se termine par un intestin s'ouvrant postérieurement dans une espèce de cloaque dont l'orifice extérieur se voit sur le dos de l'animal a une distance assez considérable de son extré-

5. Furculaire frangée. *Furcularia lacinulata.*

F. inversè conica; apertura quadrilobata; setis binis caudalibus.
Vorticella lacinulata. Mull. inf. t. 42. f. 1—5. Encycl. pl. 22.
 f. 8 —12.
 * *Furcularia lobata.* Bory. Op. cit. p. 425.
 * *Notommata lacinulata.* Ehrenb. Mém. de Berlin. 1831. p. 134.
 H. dans les eaux les plus pures.

6. Furculaire étranglée. *Furcularia constricta.*

F. elliptico-ventricosa; apertura integra; cauda annulata diphylla.
Vorticella constricta. Mull. inf. t. 42. f. 6—7. Encycl. pl. 22. f.
 13—14.
 H. dans les eaux stagnantes.

---

mité postérieure. De chaque côté du pharynx il existe aussi un corps blanchâtre, d'apparence glandulaire, qui paraît appartenir aussi à l'appareil digestif. Tous ces animalcules sont évidemment hermaphrodites. Avant la fécondation l'ovaire est condiforme, mais lorsque les œufs se développent, il se partage en deux grosses cornes; il entoure le milieu du tube digestif et se termine par un conduit mince et diaphane qui débouche avec le tube intestinal dans le cloaque. L'appareil mâle consiste en deux organes testiculaires qui commencent près de l'extrémité céphalique, et qui parcourent en serpentant les deux côtés du corps pour se terminer devant l'orifice de l'oviducte dans le col d'une poche musculaire qui semble remplir les fonctions d'un réservoir spermatique. Les œufs de l'*hydatina senta* sont elliptiques et leur enveloppe se fend après la ponte pour laisser échapper le petit. Enfin M. Ehrenberg décrit aussi chez ces animalcules des organes qu'il considère comme étant des ganglions nerveux.

Le genre ESOPHORA, de M. Ehrenberg, a la plus grande analogie avec les Hydatines, seulement ces animalcules, au lieu d'avoir un seul point oculiforme situé au-dessus du pharynx, en ont trois, deux autres étant situés sur le bord du front.

Exemple : *Esophora najas*, Ehrenb., 1ᵉʳ mém., pl. 7, fig. III.

Le genre ENTEROPLEA, Ehr., se rapproche au contraire des Hydatines par l'absence de tout point oculiforme, et s'en distingue par des mâchoires non dentées.   E

7. Furculaire robin. *Furcularia togata.*

F. subquadrata ; apertura integra ; spinis caudalibus binis plerumque unitis.

Vorticella togata. Mull. inf. t. 42. f. 8. Encycl. pl. 22. f. 15.

H. dans les eaux stagnantes.

8. Furculaire longue soie. *Furcularia longiseta.*

F. elongata, compressa ; setis caudalibus binis longissimis.

* Bory. Op. cit. p. 425.

Vorticella longiseta. Mull. inf. t. 42. f. 9-10. Encycl. pl. 22. f. 16-17.

* *Notommata longiseta.* Ehrenb. Mém. de Berlin. 1831. p. 134.

H. dans les eaux.

9. Furculaire révivifiable. *Furcularia rediviva.*

F. cylindrica ; spiculo collari ; cauda longa quadricuspi.

Vorticella rotatoria. Mull. inf. t. 42. f. 11-16. Encycl. pl. 22. f. 18-23. Spallanz. op. 2. t. 4. f. 3-5.

* *Esechielina mulleri.* Bory. Op. cit. p. 536.

* *Rotifer vulgaris.* Ehrenb. 1er mém. Acad. de Berl. 1830. pl. 7. fig. 1.

* *Furuclaria rediviva.* Blainville. Manuel d'actin. pl. 9. fig. 6.

H. dans les eaux douces, dans l'eau de mer et dans les gouttières des toits où l'eau séjourne de temps à autre. C'est le rotifère que *Spallanzani* a rendu célèbre par ses observations.

---

(1) Dans la classification de M. Ehrenberg, le genre ROTIFÈRE se compose des rotateurs nus ayant deux couronnes de cils, deux yeux frontaux et la queue bifurquée, et pourvus de deux paires de cornes, d'où il résulte que cette partie présente six pointes. Ces animalcules ont le corps allongé et portent sur le front un prolongement proboscidien, la bouche est située entre les organes rotateurs près d'un bord antérieur et inférieur, les mâchoires se composent d'une portion basilaire, ayant la forme d'un étrier, et deux dents logées dans son intérieur, enfin le canal digestif se rétrécit beaucoup en arrière du pharynx. Les petits naissent vivans.

Dans le genre PHILODINA, Ehrenb., les yeux, au lieu d'être placés près du bord frontal, sont situés assez loin en arrière, sur le dos ; la queue est aussi bifurquée et pourvue de deux paires de cornicules, et le front armé d'une trompe.

10. Furculaire fourchue. *Furcularia furcata.*

F. cylindrica ; apertura integra ; cauda longiuscula bifida.
Vorticella furcata. Mull. inf. p. 299. Encycl. pl. 22. f. 24-27,
à *Ledermullero.*
H. communément dans l'eau.

11. Furculaire chauve. *Furcularia canicula.*

F. cylindracea, apertura mutica, cauda brevi articulata bicuspi.
Vorticella canicula. Mull. inf. t. 42. f. 21. Encycl. pl. 22. f. 28.
H. lieu natal inconnu.

12. Furculaire plicatile. *Furcularia catulus.*

*F. cylindracea, plicata ; apertura mutica ; cauda perbrevi reflexa
bicuspi.*
* Bory. Op. cit. p. 426.
Vorticella catulus. Mull. inf. t. 42. f. 17-20. Encycl. p. 22.
f. 29-32.
H. dans les eaux marécageuses.

13. Furculaire chatte. *Furcularia felis.*

*F. cylindracea ; apertura mutica, anticè angulata ; spinis caudali-
bus binis.*
Vorticella felis. Mull. inf. t. 43. f. 1-5. Encycl. pl. 23. f. 1-5.
Notommata felis. Ehrenb. Mém. de Berlin. 1831. p. 133.
H. dans l'eau où croît la lenticule.

Exemple : *Philodina Erythrophthalma*, Ehrenb., prem. mém.
(acad. de Berlin 1830), pl. VII, fig. 2.

Dans le genre MONOLABIS du même auteur, les yeux sont placés comme chez les Rotifères, et la queue est bifurquée mais,
simplement fourchue, et ne porte pas de cornicules; il n'y a pas
non plus de prolongement frontal.

Enfin dans le genre THYPHLINA, Ehrenb., il n'y a point d'yeux et
les organes rotateurs ne sont pas portés sur des prolongemens
protractiles.

Exemple : *Typhlina viridis*, Hemp. et Ehrenb., Symb. phys.,
Phytozoa. pl. 1, fig. 17 a.

Tous ces infusoires sont très voisins du genre Rotifère, et
présentent aussi deux couronnes de cils rotateurs.   E.

URCÉOLAIRE. (Urceolaria.)

Corps libre contractile, urcéolé, quelquefois allongé, sans queue et sans pédoncule. Bouche terminale, dilatée, garnie de cils rotatoires.

Corpus liberum, contractile, urceolatum, interdùm elongatum, absque cauda et pedunculo. Os terminale, dilatatum, ciliis rotatoriis donatum.

OBSERVATIONS. — Les *urcéolaires* tiennent plus des vorticelles que les furculaires, et néanmoins il est facile de les en distinguer, puisqu'ils n'ont ni queue ni pédoncule, et que la plupart sont obtus postérieurement et en général fort courts. Ce sont les plus petits des rotifères, et ils semblent n'être en quelque sorte que des tricodes plus animalisés qui ont obtenu une bouche et des cils tournans.

Ces animaux microscopiques sont vagabonds, se fixent rarement par leur extrémité postérieure. On les voit en général nager dans l'eau, souvent avec beaucoup de célérité et en tournant. Ils font rentrer intérieurement ou sortir, comme à leur gré, les organes ciliés et rotatoires qu'ils ont antérieurement; et lorsque ces organes sont sortis, ils les font tourner avec une grande vitesse.

Non-seulement les *urcéolaires* sont distingués des vorticelles par leur défaut de queue ou de pédoncule; mais ils en diffèrent en outre en ce que leur partie supérieure n'offre point un renflement subit et capituliforme, comme on l'observe dans presque toutes les vorticelles.

Les furculaires, qui ont une queue diphylle ou bicuspidée, et les folliculines, qui ont une gaîne enveloppante, ne sauraient se confondre avec les urcéolaires; aussi *Muller* nous paraît avoir eu tort de réunir tous ces animaux dans le même genre.

[M. Bory Saint-Vincent a cru devoir diviser ce groupe en plusieurs genres, savoir : les Myrthines, les Rinelles, les Urcéolaires, les Stentorines; Lamarck y avait effectivement rassemblé des espèces très dissemblables, mais d'après les observations récentes de M. Ehrenberg, il paraîtrait que plusieurs de ces divisions ne peuvent être conservées, car suivant ce naturaliste, elles ne correspondraient qu'à des états transitoires des jeunes Vorticelles. Il a étudié et figuré avec soin les transformations que la *V. convullaria* éprouve pendant son développement, soit qu'elle naisse par un bourgeon, soit qu'elle se forme par la division du corps d'un individu adulte, et il a fait voir qu'en effet les jeunes présentent alors successivement diverses formes que l'on regardait comme propres aux Urcéolaires, aux Kerobalanes, aux Rinelles, aux Criterines et au genre Ecclissa. (V. le premier mémoire de M. Ehrenberg sur les infusoires, académie de Berlin 1830, pl. 5.)   E.

ESPÈCES.

1. Urcéolaire verte. *Urceolaria viridis.*

> *U. cylindracea, uniformis, opaca, viridis.*
> *Vorticella viridis.* Mull. inf. t. 35. f. 1. Encycl. pl. 19. f. 1-3.
> * *Plagiotricha viridis.* Bory. Op. cit. p. 623.
> H. dans les eaux les plus pures.

2. Urcéolaire spéroïde. *Urceolaria sphœroidea.*

> *U. cylindrico-globosa, uniformis, opaca.*
> *Vorticella sphœroidea.* Mull. inf. t. 35. f. 2-4. Encycl. pl. 19. f. 4-5.
> * *Trichoda sphœroidea.* Bory. Op. cit. p. 747.
> H. Dans l'eau gardée avec de la lenticule.

3. Uurcéolaire ceinte. *Urceolaria cincta.*

> *U. trapeziformis, nigro-viridis, opaca.*
> *Vorticella cincta.* Mull. inf. t. 35. f. 5-6. a, b. Encycl. pl. 19. f. 6-9.
> H. dans les eaux marécageuses.

4. Urcéolaire lunulée. *Urceolaria lunifera.*

> *U. viridis, lunata ; medio margine postico mucronato.*
> *Vorticella lunifera.* Mull. inf. t. 35. f. 7-8. Encycl. pl. 19. f. 10-11.
> * *Plagiotricha Phœbe.* Bory. Op. cit. p. 625.
> H. dans l'eau de mer.

5. Urcéolaire bourse. *Urceolaria bursata.*

> *U. viridis, apertura truncata, in centro papillata.*

Vorticella bursata. Mull. inf. t. 35. f. 9-12. Encycl. pl. 19. f. 12-15.
H. dans l'eau de mer.

6. Urcéolaire variable. *Urceolaria varia.*

U. cylindrica, truncata, variabilis, opaca, nigricans.
Vorticella varia. Mull. inf. t. 35. f. 12-15. Encycl. pl. 19. f. 16-18.
* *Urceolaria nigrina.* Bory. Op. cit. p. 765.
H. dans les eaux où croît la lenticule.

7. Urcéolaire crachoir. *Urceolaria sputarium.*

*U. ventrosa ; apertura orbiculari dilatata, ciliis longis raris excentri-
cis munita.*
* Bory. Op. cit. p. 765.
Vorticella sputarium. Mull. inf. t. 35. f. 16–17. Encycl. pl. 19
f. 19-20.
H. Dans l'eau où croît la lenticule.

8. Urcéolaire polymorphe. *Urceolaria polymorpha.*

U. viridis opaca varia ; pustulis seriatis.
Vorticella polymorpha. Mull. inf. t. 36. f. 1-13. Encycl. pl. 19.
f. 21-33.
* *Stentorina polymorpha.* Bory. Op. cit. p. 698.
* *Stentor polymorphus.* Ehrenb. 2ᵉ mém. p. 99. (1)
H. Dans l'eau de rivière.

---

(1) M. Bory Saint-Vincent, dans son grand travail sur les
microcospiques, **a** établi sous le nom de STENTORINA un genre
particulier pour les animalcules non cuirassés dont le corps
évidé antérieurement, atténué en pointe postérieurement, prend
la forme d'un entonnoir ou d'un cornet à bouquin, et dont l'ouverture buccale est garnie de cils vibratiles qui ne sont pas
disposés en roue. D'après les recherches plus récentes de M. Ehrenberg, il paraîtrait que les Stentorines ou Stentors présentent
le même mode d'organisation de l'appareil digestif que les Vorticelles ; aussi les a-t-il rangés également dans la division des
Polygastriques nus, anopisthes, famille des vorticellines, caractérisés par la contiguïté de la bouche et de l'anus ; ils se distinguent de la plupart des vorticellaires en ce qu'ils ne sont point
portés sur un pédoncule et sont aussi caratérisés par la disposition des cils dont leur bord antérieur est garni, car ces appendices au lieu de former un cercle simple, sont disposés en une
spirale conduisant à la bouche.   E.

9. Urcéolaire multiforme. *Urceolaria multiformis.*

 U. viridis opaca variabilis; vesiculis sparsis.
 Vorticella multiformis Mull. inf. t. 36. f. 14-23. Encycl. pl. 19.
  f. 34-43.
  * *Stentorina multiformis.* Bory. Op. cit. p. 698.
 H. dans la mer, sur les rivages.

10. Uurcéolaire noire. *Urceolaria nigra.*

 U. trochiformis, nigra.
 Vorticella nigra. Mull. inf. t. 37. f. 1-4. Encycl. pl. 19. f. 44-47.
 * *Stentorina infundibulum.* Bory. Op. cit. p. 697.
 * *Stentor niger !* Ehrenb. 2e mém. p. 100.
 H. Dans l'eau des fossés où croît la lenticule.

11. Urcéolaire coqueluchon. *Urceolaria cucullus.*

 U. elongata, teres ; aperturâ obliquè truncatâ.
 Vorticella cucullus. Mull. inf. t. 37. f. 5-8. Encycl. pl. 20. f. 1-4.
 * *Stentorina cucullus.* Bory. Op. cit. p. 698.
 H. Dans l'eau de mer.

12. Urcéolaire utriculée. *Urceolaria utriculata.*

 U. viridis, ventricosa, productilis, anticè truncata.
 * Bory. Op. cit. p. 765.
 Vorticella utriculata. Mull. inf. t. 37. f. 9-10. Encycl. pl. 20. f. 5-6.
 H. dans l'eau de mer.

13. Urcéolaire bottine. *Urceolaria ocreata.*

 U. subcubica, infrà angulum obtusum producta.
 * Bory. Op. cit. p. 766.
 Vorticella ocreata. Mull. inf. t. 37. f. 11. Encycl. pl. 20. f. 7.
 H. dans l'eau de rivière.

14. Urcéolaire jambarde. *Urceolaria valga.*

 U. cubica, infrà divaricata.
 * Bory. Op. cit. p. 766.
 Vorticella valga. Mull. inf. t. 37. f. 12. Encycl. pl. 20. f. 8.
 H. dans les eaux des marais.

15. Urcéolaire mamelonnée. *Urceolaria papillaris.*

 U. ventricosa, anticè truncata ; papilla postica et laterali hyalina.
 * Bory. Op. cit. p. 766.
 Vorticella papillaris. Mull. inf. t. 37. f. 13. Encycl. pl. 20. f. 9.
 H. dans les marais où croît la conferve luisante.

16. Urcéolaire sac. *Urceolaria sacculus.*

U. cylindracea, apertura patula, margine reflexo.
Bory. Op. cit. p. 763.
Vorticella sacculus. Mull. inf. t. 37. f. 14-17. Encycl. pl. 20.
f. 10-13.
H. dans les eaux marécageuses.

17. Urcéolaire cirreuse. *Urceolaria cirrata.*

U. ventricosa, apertura sinuata ; cirro utrinque ventrali.
Vorticella cirrata. Mull. inf. t. 37 f. 18-19. Encycl. pl. 20. f. 14-15.
* *Kerobalana Mulleri.* Bory. Encyclop. p. 469. (1)
H. dans l'eau des fossés.

18. Urcéolaire appendiculée. *Urceolaria nasuta.*

U. cylindracea, crateris medio mucrone prominente.
Vorticella nasuta. Mull. inf. t. 37. f. 20-24. Encycl. pl. 20. f. 16-20.
H. dans les eaux douces, parmi les lenticules.

18. Urcéolaire étoile. *Urceolaria stellina.*

U. orbicularis, disco moleculari, periphœria ciliata.
Vorticella stellina. Mull. inf. t. 38. f. 1-2. Encycl. pl. 20. f. 21-22.
Trichodina stellina. Ehrenb. 2e mém. p. 98. (2)
H. lieu incertain.

20. Urcéolaire tasse. *Urceolaria discina.*

U. orbicularis; margine ciliato ; subtùs convexo-ansatá.
Bory. Op. cit. p. 764.
Vorticella discina. Mull. inf. t. 38. f. 3-5. Encycl. pl. 20. f. 23-25.
H. dans l'eau de mer.

21. Urcéolaire gobelet. *Urceolaria scyphina.*

U. crateriformis, crystallina, medio sphœrula opaca.
* Bory. Op. cit. p. 763.
Vorticella scyphina. Mull. inf. t. 38. f. 6-8. Encycl. pl. 20. f. 26-28.
H. dans les eaux où croît la lenticule.

---

(1) D'après M. Ehrenberg, cette espèce ne serait que l'un des états transitoires des jeunes vorticelles. (V. son prem. mém.)

(2) Le genre TRICHODINA, Ehr., appartient à la famille des Vorticellines, et, de même que les Stentors, n'a pas le corps pédiculé; on le distingue de ces derniers par la disposition des cils qui forment une couronne simple, au lieu d'être placée sur une ligne contournée en spirale. E.

22. Urcéolaire cornet. *Urceolaria fritillina.*

U. cylindrica, vacua, apice truncata; ciliis prælongis.
* Bory. op. cit. p. 763.
Vorticella fritillina. Mull. inf. t. 38. f. 11-13. Encycl. pl. 20.
f. 31-33.
H. dans l'eau de mer gardée.

23. Urcéolaire troncatelle. *Urceolaria truncatella.*

U. cylindrica, differta, apice truncata; ciliis breviusculis.
* Bory. op. cit. p. 765.
Vorticella truncatella. Mull. inf. t. 38. f. 14-15. Encycl. pl. 20.
f. 34-35.
H. dans les eaux où croît la lenticule.

24. Urcéolaire armée. *Urceolaria hamata.*

U. Tubæformis, cava; margine aperturæ aculeis rigidis cincto.
* Bory. op. cit. p. 764.
Vorticella hamata. Mull. inf. t. 39. f. 1-6. Encycl. pl. 20. f. 39-44.
H. lieu inconnu.

25. Urcéolaire godet. *Urceolaria crateriformis.*

U. Subquadrata; ciliorûm fasciculis binis, altero postice.
* Bory. op. cit. p. 764.
Vorticella crateriformis. Mull. inf. t. 39. f. 7-13. Encycl. pl. 20.
f. 45-51.
H. dans les eaux marécageuses.

26. Urcéolaire versatile. *Urceolaria versatilis.*

U. elongata, spiculiformis, mox urceolaris.
Vorticella versatilis. Mull. inf. t. 39. f. 14-17. Encycl. pl. 21,
f. 1-4.
* *Ophrydia nasuta.* Bory. Encyclop. p. 583.
* *Ophydium versatile.* Ehrenb. 2ᵉ mém. p. 91. (1)
H. dans les eaux marécageuses.

---

(1) Le genre OPHRYDIE a été établi par M. Bory Saint-Vincent, pour recevoir quelques microscopiques dont le corps arrondi, cylindracé ou turbiné, porte à sa partie antérieure deux
faisceaux de cils opposés, comme chez les urcéolaires, mais qui
ne sont pas creusés en forme de godets. M. Ehrenberg en a
fait le type de sa famille des *ophrydines* qui comprend les polygastriques cuirassés, entérodélés, dont la bouche et l'anus

sont co.. :gus; il range dans cette division les Vaginicoles dont il a déjà été question (page 26), et les genres Tintinnus, Cothurnia et Ophrydium. Ce dernier est caractérisé de la manière suivante: Corps entouré de gélatine et point pédicellé. D'après M. Ehrenberg, les autres espèces, rangées dans ce genre par M. Bory, ne seraient que de jeunes vorticelles.

Dans le genre TINTINNUS, le corps est pédicellé et pourvu d'une gaîne membraneuse, sessile et ouverte à une seule extrémité, et dans laquelle il peut se retirer en entier.

Dans le genre COTHURNIA, la gaîne est également membraneuse, mais est pédicellée.   E.

VORTICELLE. (Vorticella.)

Corps nu, pédonculé, contractile, se fixant spontanément ou constamment par sa base, et ayant l'extrémité supérieure renflée, terminée par une bouche ample, garnie de cils rotatoires.

Corpus nudum, pedunculatum, contractile, corporibus alienis basi spontè vel constanter adhærens; extremitate superiore turgidá, capitulum truncatum, simulante. Apertura terminalis, ampla, crateriformis, ciliis rotatoriis instructa.

OBSERVATIONS. — Comparativement aux parties diverses que l'on observe dans les brachions, les *vorticelles* paraissent avoir une organisation bien plus simple; et cependant, c'est parmi elles que l'on trouve les premiers exemples d'animaux composés d'animaux constamment fixés par leur base, enfin, d'animaux très voisins des polypes par leurs rapports.

Les *vorticelles* ressemblent aux hydres, à beaucoup d'égards; mais au lieu d'avoir autour de leur bouche des tentacules disposés en rayons, doués de mouvemens lents, et qui ne font jamais tourbillonner l'eau, elles ont sur les bords de leur bouche des cils ou deux touffes de cils opposées l'une à l'autre, et auxquelles elles communiquent un mouvement d'oscillation rotatoire, qui s'exécute avec une vitesse inexprimable.

Ces petits animaux nous présentent des corps nus, extrêmement contractiles, la plupart très transparens, pédonculés, fixés constamment ou spontanément par leur pédoncule sur différens corps solides; et par leur extrémité supérieure, ressemblant, en quelque sorte, à des fleurs monopétales.

Ces polypes sont si petits, qu'un amas entier ne paraît à l'œil nu que comme une tache de moisissure.

Les *vorticelles* les plus grandes sont rameuses, c'est-à-dire, ont leur pédoncule diversement divisé, et constituent des animaux composés d'individus réunis, qui participent à une vie commune. Elles sont constamment fixées sur les corps où elles vivent, et Tremblay leur donnait le nom de *polypes à panaches* ou de *polypes à bouquet.* Ces vorticelles paraissent d'une sensibilité exquise, tant elles sont irritables, et se contractent dès que l'on touche l'eau qui les contient.

Les *vorticelles* solitaires ou à pédoncules simples sont en général plus petites que les premières, et la plupart ne sont fixées que spontanément, c'est-à-dire, ont la faculté de se déplacer.

Quelques vorticelles sont presque sessiles; d'autres ont leur pédoncule filiforme, assez long; et toutes sont remarquables par l'extrémité supérieure de leur corps qui est renflée, tronquée, terminée par une ouverture ample, qui ressemble presque à une fleur de muguet. *(Convallaria.)*

La plupart des vorticelles se multiplient par sections ou scissions naturelles : on les voit se séparer en deux portions, dont une reste en place, et l'autre va constituer un nouvel animal à peu de distance. S'il fait chaud, la nouvelle vorticelle se divise elle-même en deux, au bout de peu d'heures, et donne ainsi naissance à un nouvel individu; en sorte que dans les temps chauds, l'on conçoit avec quelle rapidité se fait la multiplication de ces animaux.

Il n'en n'est pas de même lorsque les froids commencent à se faire sentir; alors les vorticelles produisent des bourgeons oviformes, qu'on a effectivement pris pour des œufs, qui se conservent dans l'eau pendant l'hiver, et qui, au printemps, donnent naissance à de nouvelles générations.

Les *vorticelles* vivent dans les eaux douces et stagnantes; on prétend néanmoins qu'il y en a quelques espèces qui vivent dans la mer (1). Il faut les chercher, dans nos climats, depuis le mois de mai jusqu'en août , sur les racines des lenticules *(Lemma)*, sur les tiges des plantes mortes, sur le test des coquillages, etc.

On en connaît un assez grand nombre d'espèces qu'il faut diviser ainsi qu'il suit :

1° Les vorticelles simples, qui ne se fixent que spontanément, ou temporairement;

2° Les vorticelles composées, dont le pédicule se ramifie, et qui sont constamment fixées.

[En étudiant, conjointement avec M. Audouin, les polypes qui se trouvent sur lés côtes de la Manche, nous avons constaté que, dans plusieurs vorticelles, il existe au fond d'une première cavité, plus ou moins profonde, un canal intestinal recourbé sur lui-même et communiquant au dehors par deux ouvertures, dont l'une remplit les fonctions de bouche, l'autre celles d'un anus. (Voy. *Résumé des recherches des animaux sans vertèbres faites en* 1828 *aux îles Chaussay*, par MM. Audouin et Milne Edwards, *Ann. des sciences nat.*, t. 15, p. 5). Quelque temps après M. Ehrenberg est arrivé à un résultat analogue en poursuivant, sur les vorticelles d'eau douce, ses belles observations sur la structure intérieure des infusoires; il a vu que chez toutes les Vorticellines, il existe un canal digestif recourbé sur lui-même, s'ouvrant au dehors par une bouche et un anus distincts, mais contigus et communiquant avec un grand nombre de vésicules cœcales. Ce mode d'organisation diffère peu de celui de quelques autres polypes, et nous paraît conduire vers celui qui est propre aux flustres, aux eschares, etc., lesquels, à leur tour, établissent le passage entre les précédens et les ascidies composés. Nous sommes par conséquent portés à croire que tous ces animaux devraient être rassemblés en une seule série et être considérés comme la dégradation du type des mollusques.

Quoi qu'il en soit le genre Vorticelle, tel que Lamarck l'avait

---

(1) Plusieurs espèces sont asssez communes sur les côtes de la Manche; on les trouve d'ordinaire fixées sur des plantes marines.　　　　　　　　　　　　　　　E.

déjà circonscrit, renferme encore des espèces très dissemblables entre elles, et a été subdivisé par les auteurs plus récens.
M. Ehrenberg réserve ce nom aux infusoires polygastriques nus
qui présentent le mode d'organisation que nous venons d'indiquer, et qui ont le corps porté sur un pédoncule mince, solide
et susceptible de se contracter en spirale. E.]

ESPÈCES.

§. *Vorticelles simples.*

1. Vorticelle trompette. *Vorticella stentorea.*

> *V. caudata, elongata, tubæformis; limbo anticè ciliato.*
> Mull. inf. t. 43. f. 6-12. Encycl. pl. 23, f. 6, 12.
> * *Stentorina stentorea.* Bory. Encyclop. p. 699.
> * *Stentor Mulleri.* Ehrenb. 2ᵉ mém. sur les infusoires. p. 99.
> H. dans les eaux stagnantes.

2. Vorticelle sociale. *Vorticella socialis.*

> *V. caudata, aggregata, clavata; disco obliquo.*
> Mull. inf. t. 43. f. 13-15. Encycl. pl. 23. f. 13-15.
> [*Suivant M. Ehrenberg, cette espèce ne serait que le jeune âge de
> la suivante.]
> H. dans les marais.

3. Vorticelle flosculeuse. *Vorticella flosculosa.*

> *V. caudata, aggregata, oblongo-ovata; disco dilatato pellucido.*
> Mull. inf. t. 43. f. 16-20. Encycl. pl. 23. f. 16-20.
> * *Megalotrocha socialis,* Bory. Encyclop. p. 536. (1)
> H. dans les marais, sur les plantes aquatiques.

---

(1) Les polypes, dont se compose le genre MEGALOTROQUE
(Bory), appartiennent à la classe des Rotateurs, et ont beaucoup
d'analogie avec les Tubicolaires dont il sera question bientôt,
seulement leur corps est toujours nu; de même que ces derniers,
ils sont pourvus d'une couronne simple de cils vibratils divisée
en lobes et leur corps se termine par un pédoncule ou queue
simple et annelé; dans le jeune âge ils ont deux points oculiformes qui disparaissent par la suite; enfin leur bouche est armée de dents nombreuses et serrées.

M. Ehrenberg a donné une belle figure d'une espèce nouvelle

4. Vorticelle citrine. *Vorticella citrina.*

V. simplex, multiformis; orificio contractili; pedunculo brevi.
Mull. inf. t. 44. f. 1-5. Encycl. pl. 23. f. 21-27.
*Bory op. cit. p. 784.
*Ehrenb. 1ᵉʳ mém. (acad. de Berlin 1830) pl. 5. fig. 1. et 2ᵉ mem.
  p. 91.
H. dans les eaux stagnantes.

5. Vorticelle tuberculeuse. *Vorticella tuberosa.*

V. simplex, turbinata, apice bituberculata.
Mull inf. t. 44. f. 8-9. Encycl. pl. 23. f. 28-29.
Volverella astoma. Bory. op. cit. p. 782.
H. dans les eaux marécageuses.

6. Vorticelle calice. *Vorticella ringens.*

V. simplex, obovata; pedunculo minimo; orificio contractili.
Mull. inf. t. 44. f. 10 Encycl. pl. 23. f. 30.
*Bory. op. cit. p. 784.
H. sur les nayades.

7. Vorticelle inclinée. *Vorticella inclinans.*

V. simplex, deflexa; pedunculo brevi; capitulo retractili.
Mull. inf. t. 44. f. 11. Encycl. pl. 23. f. 31.
Convallarina nicotianina. Bory. op. cit. p. 207.
H. sur les nayades.

8. Vorticelle urnule. *Vorticella cyathina.*

V. simplex, crateriformis; pedunculo retortili.
Mull. inf. n°. 339. zool. dan. t. 35. f. 1. Encycl. pl. 24. f. 1-5.
*Bory. op. cit. p. 785.
H. dans l'eau de mer long-temps gardée.

9. Vorticelle globulaire. *Vorticella globularia.*

V. simplex, sphærica; pedunculo retortili.
Mull. inf. t. 44. f. 14. Encycl. pl. 24. f. 6.
Convallarina globularis. Bory. op. cit. p. 207.
H. sur des animaux aquatiques.

10. Vorticelle puante. *Vorticella putrina.*

V. simplex, apice retractili; pedunculo rigido.
Mull. Zool. dan. t. 35. f. 2. Encycl. pl. 24. f. 7-11.

---

de ce genre, le *Megalotrocha alba,* dans ses *Symbolæ physicæ,*
(*Phytozoa,* tab. vi, fig. 5.)   E.

Convallarina putrina. Bory. op. cit. n° 207.
H. dans l'eau de mer corrompue.

11. Vorticelle parasol. *Vorticella patellina.*

V. simplex, patinæformis; pedunculo retortili.
Mull. Zool. dan. t. 35. f. 3. Encycl. pl. 24. f. 12.-17.
*Bory. op. cit. p. 785.
H. dans l'eau de mer long-temps gardée.

12. Vorticelle hémisphérique. *Vorticella lunaris.*

V. simplex, hemisphærica; pedunculo retortili.
Mull. inf. t. 44. f. 15. Encycl. pl. 24. f. 18.
* Bory. op. cit. p. 785.
H. dans les eaux stagnantes avec la lenticule.

13. Vorticelle muguet. *Vorticella convallaria.*

V. simplex, campanulata; pedunculo retortili.
Mull. inf. t. 44. f. 16. Encycl. pl. 24. f. 19.
*Convallarina Convallaria. Bory. op. cit. p. 208.
*V. convallaria. Ehrenb. 1ᵉʳ mem. (acad. de Berlin.) pl. 5. et 2ᵉ mém.
    p. 92.
H. dans les eaux douces et salées.

14. Vorticelle nutante. *Vorticella nutans.*

V. simplex, turbinata, nutans; pedunculo retortili.
Mull. inf. t. 44. f. 17. Encycl. pl. 24. f. 20.
*Convallarina nutans. Bory. op. cit. p. 207.
*Epistylis nutans. Ehrenb. 2ᵉ mém. p. 96. (1)
H. dans les eaux douces et salées.

15. Vorticelle nébuleuse *Vorticella nebulifera.*

V. simplex, ovata; pedonculo circà medium reflexili.
Mull. inf. t. 45. f. 1. Encycl. pl. 24. f. 21.
*Bory op. cit. p. 785.
*Carchesium nebuliferum. Ehrenb. 2ᶜ mém. p. 93. (2)
H. la mer Baltique, sur la conferve polymorphe.

---

(1) Le genre EPISTYLIS, Ehrenb., comprend les Vorticellines dont le pédoncule est rigide, sans tuyau intérieur, et ne se contracte pas en spirale comme chez les vorticelles, etc.   E.

(2) M. Ehrenberg a donné le nom de CARCHESIUM à une division de la famille des Vorticellines qui diffère de celle des vorticelles proprement dites, en ce que le pédoncule est tubulaire, pré-

16. Vorticelle annelée. *Vorticella annularis.*

> *V. simplex, truncata; pedunculo rigido, apice retortili.*
> Mull. inf. t. 45. f. 2-3. Encycl. pl. 24. f. 23-24.
> *Convellarina annularis.* Bory. op. cit. p. 208.
> H. sur les coquilles fluviatiles.

17. Vorticelle baie. *Vorticella acinosa.*

> *V. simplex, globosa; granis nigricantibus; pedunculo rigido.*
> Mull. inf. t. 45. f. 4. Encycl. pl. 24. f. 22.
> *Bory. op. cit. p. 784.
> H. dans les eaux stagnantes.

18. Vorticelle pelotonnée. *Vorticella fasciculata.*

> *V. simplex, viridis, campanulata; margine reflexo; pedunculo*
>   *retortili.*
> Mull. inf. t. 45. f. 5-6. Encycl. pl. 24. f. 25-26.
> *Convellana viridis.* Bory. op. cit. p. 208.
> *Carchesium fasciculatum.* Ehrenb. 2e mém. p. 93.
> H. sur les conferves des rivières, au printemps.

19. Vorticelle citriforme. *Vorticella hians.*

> *V. simplex; citriformis; pedunculo brevi retortili.*
> Mull. inf. t. 45. f. 7. Encycl. pl. 24. f. 29.
> *Convallarina bilobota.* Bory. op. cit. p. 207.
> H. dans le résidu de diverses infusions.

§§. *Vorticelles composées.*

20. Vorticelle conjugale. *Vorticella pyraria.*

> *V. composita, inversè conica; pedunculo ramoso.*
> Mull. inf. t. 46. f. 1-4. Encycl. pl. 25. f. 1-4.

---

sente souvent un muscle intérieur distinct et devient arborescent par les divisions spontanées de l'animal. Cette disposition est communes aux genres Carchesium et Zoocladium; mais chez les premiers, tous les individus, réunis sur un même pied, sont semblables entre eux, tandis que chez les derniers, on trouve sur le même arbuscule des animaux dissemblables; chez le Z. *niveum,* par exemple, les polypes réunis à l'extrémité des rameaux, sont allongés et plus petits que ceux fixés à la tige, lesquels sont globuleux. (Voy. *Symbolæ physicæ, Phytozoa,* tab. 3. fig. 6.)   E.

*Dendrella geminella, Bory op. cit. p. 243.
H. souvent sur les tiges du cératophylle.

21. Vorticelle rose de Jéricho. *Vorticella anastatica.*

V. composita, oblonga, obliquè truncata; pedunculo squamoso rigido.
Mull. inf. t. 46. f. 5. Encycl. pl. 25. f. 5.
Digitalina anastatica. Bory. op. cit. p. 253.
Epistylis anastatica, Ehrenb. 2ᵉ mém. p. 96.
H. fixée sur les animaux et sur les plantes fluviatiles.

22. Vorticelle digitale. *Vorticella digitalis.*

V. composita, cylindrica, cristallina, apice truncata et fissa; pedunculo fistuloso ramoso.
Mull. inf. t. 46. f. 6. Encycl. pl. 25. f. 6.
Digitalina simplex. Bory. op. cit. p. 252.
Epistylis digitalis. Ehrenb. 2ᵉ mém. p. 96.
H. sur le Cyclope à quatre cornes.

23. Vorticelle polypine. *Vorticella Polypina.*

V. composita, ovato-truncata; pedunculo reflexili ramosissimo.
Mull. inf. t. 46. f. 7-9. Encycl. pl. 25. f. 7-9.
*Bory. op. cit. p. 787.
Carchesium polypinum. Ehrenb. 2ᵉ mém. p. 94.
H. dans la mer Baltique, sur le fucus noduleux.

24. Vorticelle œuvée. *Vorticella ovifera.*

V. composita, truncata inversè conica, pedunculo rigido fistuloso ramoso; ramulis oviferis conglomerantibus.
Brug. Encycl. pl. 25. f. 10-15. è Spallanzanio.
Zoothamnia ovifera. Bory. op. cit. p. 817.
H. dans les eaux douces, stagnantes.

25. Vorticelle en grappe. *Vorticella racemosa.*

V. composita, pedunculo rigido; pedicellis ramosissimis longis.
Mull. inf. t. 46. f. 10-11. Encycl. pl. 25. f. 16-17.
Dendrella mullerii. Bory. op. cit. p. 245.
H. dans les eaux stagnantes et dans les ruisseaux.

26. Vorticelle en ombelle. *Vorticella umbellaria.*

V. composita, globosa; pedunculo subumbellato.
Roës. ins. 3. t. 100. Encycl. pl. 26. f. 1-7.
*Bory. op. cit. p. 787.
H. dans les eaux stagnantes.

27. Vorticelle operculaire. *Vorticella opercularia.*

V. composita; pedunculo subarticulato ramosissimo: capitulis ob-longo-ovatis operculum ciliatum exserentibus.

Roës. ins. 3. t. 98. f. 5-6. Encycl. pl. 26. f. 8-9.

Operculina Roëselii. Bory. op. cit. p. 577. (1)

H. dans les étangs.

28. Vorticelle berberine. *Vorticella berberina.*

V. composita, oblongo-ovata; pedicellis superné dilatatis.

Roës. ins. 3. t. 99. f. 3-10. Encycl. pl. 26. f. 10-17.

Dendrella berberina. Bory. op. cit. p. 244.

H. dans les ruisseaux et les fontaines.

[Parmi les Vorticelles marines que nous avons eu l'occasion d'étudier sur nos côtes, il en est une qui, sans différer par sa forme générale des autres polypes de cette famille nous paraît devoir constituer un genre distinct à cause de la manière dont sa pédicule est engaînée, tandis que les branches polypifères restent toujours à découvert. Nous le désignerons sous le nom de VORTICELLIDE, et nous y assignerons les caractères suivans :

† GENRE. VORTICELLIDE. *Vorticellida.*

Vorticellaires pédiculées, réunies en arbuscules et portées sur une tige commune, dont la portion supérieure se contracte en spirale, et dont la base rentre dans une gaîne cylindrique, rigide, droite, un peu évasée au sommet, et fixée par sa base.

OBSERVATIONS. — Le corps de ces polypes est allongé et presqu'en forme de cornet; leur extrémité antérieure est tronquée et très contractile, mais ses bords ne se renversent pas en dehors comme chez un grand nombre de vorticellines; leur pédoncule est filiforme et donne naissance, par ses divisions, à des ra-

---

(1) Cette Vorticellaire est renfermée dans une coque pédiculée, et me paraît devoir se rapprocher du genre Cothurnia de M. Ehrenberg.   E.

meaux plus ou moins nombreux qui semblent partir d'une tige principale dont la base se continue avec la gaîne basilaire ; dans les momens d'extension, cette tige et ses diverses branches sont presque droites, mais souvent on la voit se recourber en spirale et se contracter au point de ramener tous les polypes les uns contre les autres en une seule masse sphérique qui surmonte la gaîne, comme le ferait la pomme d'une canne. Quant à cette gaîne, elle ne reçoit que la portion inférieure de la tige commune ; les polypes eux-mêmes n'y rentrent jamais, et par conséquent, ce genre établit, à certains égards, le passage entre les Vorticellaires et certains polygastriques cuirassés, dont la structure est analogue.

Ce polype, que nous avons observé de concert avec M. Audouin, se trouve aux îles Chausay.   E.

TUBICOLAIRE. (Tubicolaria.)

Corps contractile, oblong, contenu dans un tube fixé sur des corps aquatiques.

Bouche terminale infundibuliforme, munie d'un organe rétractile, cilié et rotatoire.

Corpus oblongum, contractile, tubo corporibus aquaticis affixo inclusum.

Os terminale, infundibuliforme, organo ciliato retractili rotatorioque instructum.

OBSERVATIONS. — Les *tubicolaires* sont des rotifères qui habitent dans des tubes fixés sur des corps étrangers. Elles vivent dans les eaux douces et stagnantes. On les distingue des *vaginicoles* qui, quoique fixées dans leur fourreau, emportent leur enveloppes avec elles et sont errantes dans le sein des eaux.

Sous certains rapports, les *tubicolaires* semblent se rapprocher des tubulaires d'eau douce, que j'ai nommées *plumatelles*; mais les premières sont des rotifères, tandis que les plumatelles sont des polypes à rayons.

L'enveloppe fixée des *tubicolaires* paraît le résultat d'une transsudation de l'animal, laquelle souvent agglutine et incorpore des corpuscules étrangers, comme des grains de sable ou des parcelles de plantes.

Shœffer, par son polype à fleur, avait fait connaître la principale espèce de ce genre. Depuis, des détails intéressans sur la même espèce ont été fournis par M. *Dutrochet*, médecin à Château-Renaud; et il a observé, comme Schœffer, deux filets opposés et tentaculaires sous l'organe rotatoire, ainsi que deux corpuscules saillans et rapprochés plus bas. *(Voyez les Annales du Mus., vol.* 19, *pag.* 355 *et suiv.)*

Les *tubicolaires* nous paraissent devoir terminer les *rotifères*, et offrir la première ébauche d'un polypier; mais l'animal, au lieu d'être adhérent au fond de son tube, paraît s'y fixer lui-même à l'aide de deux petites pointes qui terminent son corps postérieurement.

M. *Dutrochet* attribuent à ces rotifères des yeux pédonculés, un anus, etc., et prétend qu'il faut les ranger dans le voisinage des mollusques (1). Ces attributions nous paraissent analogues à celles qui ont été faites à l'égard des brachions. Le vrai, selon nous, est que la nature et l'usage des parties observées, ne sont ici déterminés que par des suppositions dans lesquelles les lois et les moyens de la nature n'ont été nullement considérés. On peut manquer de moyens pour déterminer la nature et l'usage de certaines parties de l'organisation dans certains corps vivans, et en avoir assez, néanmoins, pour savoir positivement ce que ces parties ne sont pas.

[Le genre Tubicolaire, de Lamarck, paraît correspondre à-peu-près au genre MELICERTA de M. Ehrenberg. Ce groupe se compose des rotateurs cuirassés dont l'organe vibratile est formé d'une couronne simple de cils, et est divisé en deux ou en

---

(1) Les organes que M. Dutrochet a considérés comme étant des yeux pédonculés, paraissent être de simples appendices contractiles n'ayant aucun rapport avec la vision; M. Ehrenberg les désigne sous le nom d'éperon (*calcar*), et en a rencontré de semblables chez plusieurs Rotateurs; quant à l'existence d'un anus et d'une organisation assez compliquée, M. Dutrochet avait entièrement raison de les signaler, car ces animaux ont à-peuprès la même structure que les Rotifères.　　　　E.

quatre lobes, dont la gaîne est membraneuse et granuleuse et dont les jeunes sont pourvus de deux points oculiformes rouges qui disparaissent par les progrès de l'âge.   E.

ESPÈCES.

1. Tubicolaire quadrilobée. *Tubicolaria quadriloba.*

> *T. tubo spadiceo; organo rotatorio quadrilobo; lobis inæqualibus.*
> Rotifère quadricirculaire. Dutrochet, Annales, vol. 19. pl. 18. f. 1-8.
> Polype à fleur. Shœff. insect. 1. p. 333. tab. 1. f. 1-10.
> H. dans l'eau douce, sur les racines de la renoncule aquatique.

2. Tubicolaire blanche. *Tubicolaria alba.*

> *T. tubo albido; organo rotatorio latere inclinato, subsinuato.*
> Rotifère à tube blanc. Dutroch. ann. vol. 19. pl. 18. f. 9 et 10.
> H. dans les eaux douces.

3. Tubicolaire confervicole. *Tubicolaria confervicola.*

> *T. tubo frustulis confervarum obtecto; organo rotatorio indiviso.*
> Rotifère confervicole. Dutroch. ann. vol. 19. pl. 18. f. 11.
> H. dans l'eau douce, sur les conferves.

Obser. Les rotifères suivans sont peut-être de très petites espèces de tubico-laires; sinon, ils appartiennent à un genre particulier que l'on a négligé d'établir.

> *Vorticella limacina.* Mull. inf. p. 275. t. 38. f. 16.
> *Vorticella fraxinina.* Mull. inf. p. 276. t. 38. f. 17.
> *Vorticella cratægaria.* Mull. inf. p. 277. t. 38. f. 18.

---

† Genre LACINULAIRE. *Lacinularia.* Ocken.

Animaux rotateurs, pourvus d'une couronne simple de cils divisés en deux ou en quatre lobes; point d'yeux, le corps renfermé dans une masse gélatineuse.

OBSERVATIONS. — Ces polypes ont beaucoup d'analogie avec les Tubicolaires, mais, par leur forme générale, ils se rapprochent davantage des Vorticelles, car leur corps ovalaire et dilaté antérieurement, est porté sur un long pédoncule ou queue simple et annelée qui s'enfonce dans une masse gélatineuse d'où sortent un grand nombre de ces animaux; ils peuvent aussi s'y retirer en entier, et c'est dans sa substance que s'y déposent les œufs pondus par les polypes adultes. Le bord antérieur du corps est profondément échancré de manière à former 2 ou 4 grands lobes, et est garni, dans toute sa longueur, d'une rangée de cils vibratiles. Exemple : LACINULAIRE SOCIALE. *L. socialis.* Hemp. et Ehrenb. Symb. phys. Phytozoa. tab. 6. fig. 4.

† Genre FLOSCULAIRE. *Floscularia.*

Animaux rotateurs, pourvus d'une couronne simple de cils profondément divisée en six ou huit lobules ; renfermés dans une gaîne cylindrique, dépourvus d'yeux, et armée de mâchoires dentées.

OBSERVATIONS. — Les flosculaires ont le corps ovalaire et terminé par un long pédoncule ou queue annelée qui les fixe au fond d'une gaîne cylindrique de consistance gélatineuse ; l'extrémité antérieure de leur corps est évasée et bordée par 6 ou 8 faisceaux de longs cils disposés en couronne et séparés entre eux par de grandes échancrures. On ne leur voit pas d'yeux, mais chez les jeunes, encore renfermés dans l'œuf, on distingue deux points oculiformes rouges. Exemple le FLOSCULARIA ORNATA. Ehrenberg (3ᵉ mémoire sur les infusoires, pl. 8, fig. 2).

† Genre STÉPHANOCÈRE *Stephanoceros.* Ehrenb.

Animaux rotateurs, logés dans une gaîne cylindrique, et portant à l'extrémité antérieure de leur corps une couronne formée de cinq appendices ou tentacules ciliés.

OBSERVATIONS. — Ces polypes sont extrêmement remarquables, car par la forme générale de leur corps, leur pédoncule articulé, leur gaîne cylindrique, et leur structure interne, ils ressemblent beaucoup aux précédens, mais ils se distinguent du premier coup-d'œil par les cinq appendices tentaculiformes qui bordent l'extrémité antérieure de leurs corps, qui portent des faisceaux de petits cils dans toute leur longueur, et qui ressemblent, par leur forme et par leurs mouvemens, aux tentacules des Sertulaires, des Flustres, etc. Exemple : *Stephanoceros Eichornii.* Ehrenberg (3ᵉ memoire sur les Infusoires. tab. XI, fig. 1).

E.

ORDRE DEUXIÈME.

POLYPES NUS. (Polypi denudati.)

Polypes tentaculés, ne formant point de polypier, très diversifiés dans la forme, le nombre et la situation de leurs tentacules : ils sont fixés, soit constamment, soit spontanément.

OBSERVATIONS. — Je ne rapporte à cette division qu'un petit nombre de polypes connus, desquels même j'écarte considérablement les *actinies*, que je regarde comme de véritables *radiaires* ; et je me trouve forcé de former un ordre particulier avec ces polypes nus, parce qu'ils ne sauraient être convenablement placés dans aucun des trois autres ordres de la classe.

Leurs tentacules n'agitent point et ne font point tourbillonner l'eau ; elles servent, en général, à arrêter la proie et à l'amener à la bouche.

On ne peut confondre ces animaux avec les polypes à polypier, puisqu'ils sont nus ; et on ne les confondra pas non plus avec les polypes flottans, parce qu'ils sont fixés, soit constamment, soit spontanément par leur base, et que leur sac alimentaire est toujours simple.

Ici, le volume des animaux est augmenté : on les voit assez facilement à la vue simple ; et, quoique la considération du volume ne soit d'aucune valeur pour juger du perfectionnement des animaux, on peut remarquer néanmoins qu'à l'avenir l'échelle n'en présentera qu'un petit nombre que nous ne puissions voir qu'avec l'œil armé.

Ici encore, commence la série des polypes tentaculés, de ceux dont les tentacules, presque toujours disposées en rayons autour de la bouche, peuvent se mouvoir indépendamment les unes des autres, c'est-à-dire, ne sont plus bornées à des mouvemens communs.

Ici enfin, les animaux nous offrent un progrès remarquable dans le perfectionnement des parties, puisque les tentacules ne sont plus restreintes à faire mouvoir l'eau, et qu'elles exécutent une fonction nouvelle. En effet, elles ont, en général, la faculté d'arrêter la proie, de la saisir, et même de l'amener à la bouche.

Ainsi, dorénavant, tous les polypes ne nous offriront autour de la bouche que des tentacules en rayons, plus ou moins préhensiles, et diversifiées dans leur nombre, leur forme, leur grandeur, etc.

Les *polypes nus* vivent les uns dans la mer, les autres dans les eaux douces et stagnantes.

On prétend en avoir observé en Italie une espèce qui vit dans les champignons voisins des eaux. Ce fait, pour moi, est difficile à croire.

Les polypes de cet ordre sont tous fixés par leur base sur des corps aquatiques; plusieurs néanmoins peuvent se déplacer, changer de lieu et aller se fixer ailleurs.

Lorsque ces animaux se déplacent ou se meuvent, ce ne peut être par le résultat d'aucun acte de volonté, suite d'un jugement qui discerne, choisit et se détermine; mais c'est toujours par des excitations sur leurs parties irritables, et par des impressions reçues qui les forcent de se diriger vers les lieux les plus favorables à l'entretien de leur vitalité. Ainsi, la lumière, animant leurs mouvemens vitaux, leur est avantageuse; et l'on voit ceux qui peuvent se déplacer, se diriger constamment vers les lieux où ils en reçoivent les impressions.

Comme nous ne connaissons encore que fort peu les polypes marins, il n'y a que quatre genres de *polypes nus*, dont nous ayons connaissance; les actinies, d'après ce qu'on a dit de leur organisation, devant être séparées des polypes. Ces *polypes nus* nous paraissent former une branche isolée, qui naît à la suite des vorticelles; tandis qu'une autre branche, naissant pareillement près des vorticelles, commence et continue la nombreuse série des polypes à polypier.

Voici les quatre genres qui constituent l'ordre des polypes nus:

Hydre.
Corinne.
Pédicellaire.
Zoanthe.

5.

[Cette division est tout-à-fait artificielle : les zoanthes sont, pour ainsi dire, des actinies, tandis que les hydres ont la plus grande analogie avec les sertulaires; dans une classification naturelle, il faudrait placer celles-ci à l'extrémité de la série formée par ces derniers polypes, par les gorgones, etc., et ranger les zoanthes à la téte de cette longue chaîne, après les caryophylées, les astrées, etc.

Quant aux pédicellaires, on ignore leur mode d'organisation et, par conséquent, on ne peut se former une opinion sur leurs rapports naturels.]   E.

____

HYDRE. (Hydra.)

Corps oblong, linéaire ou en cône renversé, se rétrécissant inférieurement, se fixant spontanément par sa base, gélatineux et transparent.

Bouche terminale, garnie d'un rang de tentacules cirrheuses.

Corpus oblongum , lineare S. obversè conicum , infernè attenuatum , basi spontè se affigens, gelatinosum et hyalinum.

Os terminale, tentaculis cirrhatis et uniseriatis cinctum.

OBSERVATIONS. — De tous les polypes, les *hydres* sont à-peuprès les mieux connus, ceux qui ont été le plus observés, et qui nous ont éclairés positivement sur la nature particulière des polypes en général. Ce sont, en effet, des animaux très singuliers et très curieux par leur manière d'être, par les facultés éminemment régénératives de toutes les portions de leur corps, enfin, par leur mode de reproduction.

On les connaît vulgairement sous le nom de *polypes à bras* ou de *polypes d'eau douce*.

La plupart des *hydres*, en effet, vivent dans l'eau douce, et ce sont ces polypes singuliers que *Tremblay* a découverts, et a si bien fait connaître. Leur découverte fit dans le temps beaucoup de sensation, parce qu'elle procura la connaissance des faits relatifs à la reproduction de ces animaux, et aux facultés régénératives de toutes les portions de leur corps ; faits qu'on ne soupçonnait nullement pouvoir existrer dans aucun animal.

Ces faits nous apprirent qu'il n'est point vrai que tout animal provienne d'un œuf, et conséquemment d'une génération sexuelle; car tout œuf contient un embryon qui a exigé une fécondation sexuelle pour être capable de donner naissance à un nouvel individu, et cet embryon est forcé de rompre les enveloppes qui le renferment pour opérer tous ses développemens. On sait assez maintenant que rien de tout cela n'a lieu à l'égard du bourgeon d'une *hydre*.

Le corps des *hydres* est gélatineux, diaphane, linéaire-cylindrique ou en cône renversé et atténué en pointe inférieurement. Il se fixe spontanément par sa base sur différens corps. Son extrémité supérieure présente une bouche évasée, servant à-la-fois d'anus, et qui est entourée de six à douze tentacules filiformes ou sétacés, cirrheux, quelquefois très longs.

Ce corps n'est qu'une espèce de sac allongé, dont les parois sont formées d'un tissu cellulaire ou utriculaire, gélatineux et absorbant. En effet, toute sa substance, étant vue au microscope, n'offre qu'une multitude de petits grains, qui ne sont autre chose que les utricules qui la composent, et non des organes particuliers, comme on l'a supposé.

On sait que les *hydres* se multiplient par bourgeons à la manière de la plupart des végétaux, et que ces bourgeons, pour acquérir leur développement, n'ont aucune enveloppe particulière à rompre, et qu'ils ne font que s'étendre pour prendre graduellement la forme de l'hydre dont ils proviennent.

Ils naissent latéralement sur le corps de l'*hydre* comme une branche sur un tronc, et s'en séparent promptement ou tardivement, selon l'époque de la saison où ils se sont formés. Ceux qui naissent en automne se détachent bientôt sans se développer en hydre, tombent et se conservent dans l'eau pendant l'hiver; mais ceux qui naissent auparavant ne se séparent que tardivement, en poussent eux-mêmes d'autres de la même manière après s'être développés, et alors l'animal se ramifie comme un végétal. Tous ces polypes encore adhérens à leur mère et les uns aux autres, se nourrissent en commun; en sorte que la proie que chacun d'eux saisit et avale, se digère et profite à tous les polypes.

Quant à la formation de ces bourgeons, et ensuite à leur développement, voici ce que l'on observe.

On voit paraître d'abord sur le corps de l'*hydre* une petite excroissance latérale qui bientôt prend la forme d'un bouton. Si la saison n'est pas trop avancée, ce bouton, au lieu de se détacher et de tomber sans développement, s'allonge peu-à-peu, s'amincit ou se rétrécit vers sa base, enfin, s'ouvre et pousse des bras en rayons à son extrémité.

Il est connu que si l'on retranche une partie quelconque d'une *hydre*, elle repousse bientôt. Si l'on coupe l'hydre en deux dans quelque sens que ce soit, chaque moitié redevient une hydre entière. Il en sera de même des plus petites parties du corps de ces polypes que l'on pourra couper: en deux jours, chacune d'elles formera une hydre complète.

Tremblay dit avoir retourné un de ces polypes, comme on retourne un gant, sans qu'il ait cessé de vivre et de faire ses fonctions animales.

Ces polypes vivent de naïdes, de monocles, et d'autres petits animaux aquatiques qu'ils saisissent avec leurs tentacules.

Ils sont sensibles au bruit, et recherchent les impressions de la lumière qui est favorable à l'activité de leurs mouvemens vitaux; mais si tous les points de leur corps sont susceptibles d'être affectés par ces impressions, ils n'en reçoivent pas des sensations réelles.

[Ainsi que l'observe M. de Blainville, la distinction des espèces de ce genre est assez difficile et ne paraît pas être encore suffisamment assurée; nous craindrions par conséquent d'augmenter la confusion qui règne déjà dans cette partie de l'actinologie, en rapportant aux espèces, mentionnées par l'auteur, les anciennes figures que lui-même a négligé de citer, et nous nous bornerons à renvoyer nos lecteurs, pour plus de détails relativement à la synonymie, à l'article *Polype*, publié par M. Bory Saint-Vincent, dans l'*Encyclopédie méthodique (Hist. nat. des Zoophytes.)*   **E.**

ESPÈCES.

1. Hydre verte. *Hydra viridis. l.*

H. viridissima; tentaculis subdenis corpore brevioribus.

Trembl. polyp. 1. t. 1. f. 1. Roës. ins. 3. polyp. t. 88-89. Encycl. pl. 66. f. 1 à 8.

*Polype vert. Cuvier. Rég. anim. 2ᵉ édit. t. 3. p. 95.

* Bory. Encyclop. vers. p. 633.

* Hydra viridis. Blainville Manuel, d'actinologie. p. 494. pl. 85. fig. 1.

* Ehrenb. Mém. sur les polypes de la Mer-Rouge (in 4° Berlin, 1834.) p. 67.

H. les eaux douces, sous les feuilles des plantes aquatiques. Elle est petite, a 8 ou 10 tentacules.

2. Hydre commune. *Hydra grisea. l.*

H. tentaculis longioribus subseptenis; corpore lutescente.

Ellis. act. angl. 57. t. 19. Trembl. pol. 1. t. 1. f. 2. Encyl. pl. 67.

* *Polypus briareus.* Bory. op. cit. p. 634.

H. les eaux douces. Ses tentacules varient dans leur nombre et leur longueur.

3. Hydre brune. *Hydra fusca. l.*

H. tentaculis suboctonis longissimis albidis.

Trembl. pol. 1. t. 1. f. 3. 4. Ellis. coral. pl. 28. fig. C. Roës. ins. 3. t. 84-85-87. Encycl. pl. 69. f. 1 à 8.

* *Polypus megalochirus.* Bory. op. cit. p. 635.

H. les eaux douces. Elle est d'un brun grisâtre, et a ses tentacules capillacées et extrêmement longues.

4. Hydre pâle. *Hydra pallens.*

H. tentaculis subsenis mediocribus.

Roës. ins. t. 76-77. Encycl. pl. 68.

* *Polypus Isochirus.* Bory. op. cit. p. 634.

H. les eaux stagnantes, et est rare.

5. Hydre gélatineuse. *Hydra gelatinosa.*

H. minuta cylindrica, lactea; tentaculis duodecim corpore brevioribus.

Mull. zool. dan. 3. p. 25. t. 95. f. 1-2.

* M. Ehrenberg pense que ce polype n'appartient pas à ce genre, mais devrait être rapproché des alyconelles.

H. la mer du Nord et se trouve attachée sous les fucus.

6. Hydre jaune. *Hydra lutea.*

H. lutea: capitulo magno, tentaculis subtrigenis brevissimis circum-cincto.

Bosc. hist. nat. des vers, vol. 2. p. 236. pl. 22. f. 2.

H. l'Océan atlantique. Attachée au fucus natans.

* Ce polype n'est certainement pas une hydre, et me paraît devoir être rapporté à un genre nouveau, que je proposerais d'établir sous le nom de *Lusie.* (1)

7. Hydre corynaire. *Hydra corynaria.*

H.alba ; capitulo magno, tentaculis senis brevibus et glandulosis basi cincto.

Bosc. hist. des vers, t. 2. p. 236. pl. 22. f. 3.

H. l'Océan atlant. sur les fucus.

* Ce polype n'est certainement pas une hydre, mais il n'est pas suffisamment connu pour qu'on puisse lui assigner une place dans une classification naturelle.

CORINE. (Coryne.)

Corps charnu, pédiculé, terminé au sommet par un renflement en massue vésiculeuse.

Massue garnie de tentacules éparses. Bouche terminale.

Corpus carnosum, pediculatum, apice clavato-vesiculosum.

Clava tentaculis sparsis. Os terminale.

----

(1) Je désigne sous le nom de LUSIE *(Lusia),* des polypes nus, pédiculés, qui, par leur forme générale, se rapprochent un peu de certaines vorticelles, mais qui ont le bord antérieur du corps garni d'une couronne de tentacules ciliées, et qui, par leur organisation intérieure, se rapprochent beaucoup des flustres. L'espèce qui m'a servi de type pour l'établissement de ce genre, se trouve fixée sur les plantes marines aux îles Chausay, où M. Audouin et moi l'avons observé. En 1828, nous l'avons fait connaître à l'Académie des sciences, et depuis lors un observateur, très habile, M. Lister, a eu l'occasion d'étudier sur les côtes de l'Angleterre, un autre polype très voisin du nôtre; il l'a figuré, mais sans y attacher aucun nom (*Trans. of the phil.,* soc. 1834, tab. XII, fig. 6). C'est probablement à ce groupe qu'il faudrait aussi rapporter le polype représenté par Ellis, dans son ouvrage sur les corallines, pl. 38, fig. E, F. Dans un des prochains cahiers des *Annales des sciences naturelles,* je donnerai une description détaillée de ces polypes.   E.

OBSERVATIONS. — Quoique très rapprochées des hydres par leurs rapports, les *corines* en sont fortement distinguées par la massue vésiculeuse qui les termine, et par leurs tentacules éparses sur cette massue. Elles n'ont pas dans leur pédicule la raideur particulière qu'on observe dans celui des pédicellaires. Leur bouche, qui est très apparente et terminale, a un mouvement de contraction et de dilatation remarquable.

Ces polypes sont souvent composés et par suite plus ou moins rameux. Ils produisent des bourgeons graniformes qui restent quelque temps attachés au bas de la vésicule qui les termine.

On connaît six espèces de *corines*, que l'on trouve fixées sur différens corps marins. M. *Bosc* en a découvert trois espèces nouvelles, sur des fucus dans la haute mer. *Hist. nat. des vers, vol.* **2** *pl.* 22.

[Tous les polypes, désignés par Lamarck et ses prédécesseurs, sous le nom de Corines, n'ont pas le corps et le pédoncule nus et mous comme chez la Coryne écailleuse qui est le type du genre; il en est qui sont pourvus d'une gaîne membraneuse, rameuse et en forme de tube; cette disposition, qui avait déjà été entrevue par Gaertner et par M. de Blainville, a été constatée récemment par M. Sars, et ce dernier naturaliste a établi, sous le nom de *Stipula*, une nouvelle division générique pour recevoir les polypes qui la présentent. M. Ehrenberg a adopté ce genre en le désignant sous le nom nouveau de *Syncoryna*.　　　　　　　　　　　　　　　　　E.]

ESPÈCES.

1. Corine écailleuse. *Coryne squamata.*

> *C. pedunculis simplicibus, clavá ovata-oblongá, basi gemmifera; tentaculis setaceis.*
>
> *Hydra squamata.* Mull. zool. dan. t. 4. Encycl. pl. 69. f 10-11.
> H. l'océan Boréal.

† 2. Corine hérissée. *Coryne aculcata.*

> *C. priori simillima, trilincaris, flavicans, papilloso-aculcata.*
> Wagner. Isis. 1833.
> Ehrenberg. Mém. sur les Polypes de la mer Rouge. p. 70.
> H.....

3. Corine multicorne. *Coryne multicornis.*

C. pedunculis simplicibus brevibus clavá oblongá terminatis; tentaculis numerosis subcirratis.

Encycl. pl. 69. f. 12-13. Forsk. anim. p. 131 et Ic. t. 26. fig. B. b.

* M. Ehrenberg pense que cette espèce ne diffère pas de la C. écailleuse.

H. au fond de la mer, entre des fucus.

† 4. Corine rameuse. *Coryne ramosa.*

C. pallio tubuloso, ramuloso; clavá cylindrica filamentis apice nodiferis obsita, basi gemmifera; nigricans; semipollicaris.

Chamisso et Eysenhardt. Acta phys. med. nat. cur. v. x. tab. xxxii. fig. 3.

Syncoryna chamissonis. Ehrenberg. Mém. sur les Polypes de la mer Rouge. p. 71.

Cette espèce, très voisine de la précédente, ne paraît pas devoir être confondue avec celle décrite par Sars sous le même nom spécifique. (1)

H. la Manche.

5. Corine glanduleuse. *Coryne glandulosa.*

C. filiformis subramosa; clavá ovatá; tentaculis brevibus apice globosis.

Tubularia Coryna. Gmel. n°. 13. Pall. Spicileg. zool. 10. t. 4. f. 8. Encycl. pl. 69. f. 15-16.

* *Coryna glandulosa.* Blain. Manuel. d'actinol. p. 471. pl. 85. fig. 3.

* *Syncoryna pusilla.* Ehrenberg. Mémoire sur les polypes de la mer Rouge p. 70.

H. l'Océan, sur les fucus, les sertulaires.

6. Corine amphore. *Coryne amphora.*

C. pediculo brevissimo; clavá oblongo-turbinatá maximá; tentaculis numerosis apice globosis.

Bosc. hist. des vers, 2. p. 240. pl. 22. f. 6.

* Ce polype diffère beaucoup des corynes, et me paraît devoir se rapporter à un autre genre.

H. l'Océan atlant. sur les fucus.

---

(1) La *Synchoryna ramosa.* Eh. (*Stipula ramosa.* S.) a deux pouces de long et est hyalin ; ses branches sont contractées à leur base et ses capitules sont peu allongées avec les germes éparses à leur surface. Elle habite la mer de la Norvège.

7. Corine sétifère. *Coryne setifera.*

C. calvis oblongis sessilibus fuscis; tentaculis setaceis erectis.

Bosc. hist. de vers, 2. p. 240. pl. 22. f. 7.

* Cette espèce n'est connue que par une très mauvaise figure de Bosc,
et il serait difficile de se former une opinion sur sa nature, mais il
est fort douteux que ce soit une Corine, et il faudrait peut-être le
rapprocher du genre *Acrochordium* de M. Mayen.

H. sur les fucus natans.

8. Corine prolifique. *Coryne prolifica.*

*C. pedunculis subsimplicibus prælongis; capitulis elongatis ; tentaculis
brevibus globuliferis; globis inæqualibus.*

Bosc, hist. des vers, 2. p. 239. pl. 22. f. 8.

H. l'Océan atlant. sur les fucus. (Voyez *Clava parasitica.* Gmel. syst.
nat. 5. p. 3131.)

* Cette espèce pourrait bien être la même que la *C. glandulosa*, observée à une époque de l'année où des bourgeons reproducteurs se
développent sur le renflement céphalique ; du reste la figure d'a-
près laquelle nous en parlons, est trop mauvaise pour que nous
puissions avoir une opinion arrêtée à cet égard.

PÉDICELLAIRE. (Pedicellaria.)

Corps fixé, constitué par un pédicule raide, qui se termine au sommet par un renflement en massue ou en tête.

Massue garnie d'écailles ou de barbes rayonnantes. Bouche terminale.

*Corpus pediculo rigido fixum, apice clavato-capitatum ;
clavâ squamis aut aristis radiantibus terminatâ. Os terminale.*

OBSERVATIONS. — Ce genre laisse en quelque sorte de l'incertitude sur son caractère de polype nu, et sur sa véritable
famille.

En effet, les *pédicellaires* ont le corps grêle, raide, un peu
dur et nullement contractile; ce qui est très singulier, et semble
indiquer que ce que l'on prend pour leur corps n'est réellement
qu'un fourreau qui contient le polype : c'est au moins une peau
durcie par des particules calcaires qui s'y sont déposées.

Ce corps est terminé au sommet par un renflement en massue ou en tête, ce qui fait paraître le polype pédiculé.

Selon les espèces, le renflement terminal est tantôt presque nu, tantôt garni de lobes aristés, ou d'écailles rayonnantes; et dans le milieu se trouve une ouverture terminale, qui est la bouche du polype, ou peut-être seulement l'orifice de son fourreau.

[La plupart des naturalistes ne partagent pas l'opinion de l'auteur sur les pédicellaires de Muller, et doutent de leur animalité; c'est un point à éclaircir par de nouvelles observations.]

E.

ESPÈCES.

1. **Pédicellaire globifère.** *Pedicellaria globifera.*

> P. *capitulo sphærico, pedunculo nudo sextuplo longiore.*
> Mull. zool. dan. t. tab. 16. f. 1-5. Encycl. pl. 66. f. 1.
> Se trouve sur un oursin dans la mer du Nord.

2. **Pédicellaire triphylle.** *Pedicellaria triphylla.*

> P. *rubens; collo flexuoso, p.dicellato, capitulum trilobum terminato;*
> *lobis brevibus subovatis.*
> Mull. zool. dan. 1. t. 16. f. 6 à 9. Encycl. pl. 66. f. 2.
> Se trouve sur un oursin dans la mer du Nord.

3. **Pédicellaire trident.** *Pedicellaria tridens.*

> P. *capitulo trilobo; lobis aristatis, collo tereti longioribus.*
> Mull. zool. dan. 1. t. 16. f. 10 à 15. Encycl. pl. 66. f. 3.
> * M. de Blainville, dict. des s. nat. actinozoaires, pl. 57. fig. 4.
> Habite sur un oursin dans la mer du Nord.

4. **Pédicellaire rotifère.** *Pedicellaria rotifera.*

> P. *capitulo peltato quadrilobo, rotam dentatam referente; pedicello*
> *nudo.*
> Je l'ai observé sur un oursin de nos mers; il s'en trouvait plusieurs entre ses épines. Le pédicule, long de trois lignes, raide et un peu dur, soutient, à son extrémité, un plateau orbiculaire, horizontal, dentelé, divisé en quatre lobes, ayant une ouverture au centre.
> * M. de Blainville pense que le pédicellaire rotifère de Lamarck, n'est autre chose que les cirrhes tentaculaires de l'oursin, sur lequel ce naturaliste l'avait observé. (Dict. des scien. nat. t. 38. p. 207.)

ZOANTHE. (Zoantha.)

Corps charnu, subcylindrique, grèle inférieurement, épaissi en massue à son sommet, et fixé constamment par sa base, le long d'un tube charnu et rampant, qui lui donne naissance.

Bouche terminale, entourée de tentacules en rayons et rétractiles.

Corpora carnosa, subcylindrica, infernè gracilia, apice clavata, basi tubo repenti carnoso et prolifero adhærentia.

Os terminale, tentaculis radiatis retractilibus cinctum.

OBSERVATION. — On doit séparer des actinies, non les espèces qui ont le corps aminci inférieurement, comme le dit *M. Cuvier* de ses zoanthes [tableau des animaux, p. 653]; mais séulement celles dont les individus sont constamment fixés par leur base, le long d'un tube rampant qui les produits, et par lequel ils communiquent les uns avec les autres. Ce caractère indique, pour les animaux qui sont dans ce cas, un mode particulier d'existence, et probablement des particularités d'organisation que ne possèdent point les actinies.

Les *zoanthes* paraissent avoisiner les actinies par leurs rapports; car leur bouche, leurs tentacules et leurs corps charnu sont à-peu-près les mêmes. Cependant les zoanthes constituent des animaux composés qui participent à une vie commune, et ne sauraient se déplacer : pourquoi ne seraient-ils pas des polypes?

[Ces animaux ont la ressemblance le plus grande avec les actinies, et ne peuvent en être éloignés dans une méthode naturelle; leur structure intérieure a été étudiée par M. Lesueur. E.]

ESPÈCES.

1. Zoanthe d'Ellis. *Zoantha Ellisii*. Bosc.

> *Z. corporibus tubæformibus e tubo pendulis.* (* *tentaculis filiformibus.*)
> *Actinia sociata.* Ellis. act. angl. 57, t. 19. f. 1-2.
> Soland. el Ell. tab. 1. f. 1-2. Encycl. pl. 70. f. 1.
> *Hydra sociata.* Gmel.
> *Lamoroux. Expos. méthod. des polypiers, pl. 1. fig. 1 et 2.
> * *Z. sociata?* Lesueur. acad. de Philadelphie, t. 1. p. 176.

* Ehrenberg, Mém. sur les polypes de la Mer-Rouge, p. 45.

Habite dans les mers d'Amérique. Les individus attachés à leur tube, pendent aux voûtes des cavités des rochers. Ne connaissant point leur organisation intérieure, leur rang est encore un problème pour moi.

† 2. Zoanthe de Solander. *Z. Solanderi.* Lesueur.

> *Z. corporibus clavatibus, flavis rubidis, disco fusco, tentaculis 60, brevibus.*
>
> Lesueur, loc. cit, p. 177. tab. 8 fig. 1.
>
> Blainville Manuel d'actinologie, p. 329. pl. 50. fig. 2.
>
> Habite les côtes d'Amérique.

† 3. Zoanthe de Bertholet. *Z. Bertholetii.* Ehrenb.

> *Z. corporis subcylindrici, tentaculis clavatis, stotonibus reticulati.*
>
> Savigny. Egypte. Polypes, pl. 11. fig. 3.
>
> *Polythoa Bertholetii.* Audouin, explication des planches de M. Savigny, dans le grand ouvrage sur l'Égypte.
>
> *Zoanthe Bertholetii.* Ehrenb. Polype de la Mer-Rouge. p. 46.
>
> Habite la Mer-Rouge.
>
> * Ajoutez *Z. dubia.* Lesueur, loc. cit. p. 177.
>
> * M. Cuvier place dans ce genre d'autres polypes charnus qui, au lieu de s'élever d'une tige rampante naissent d'une expansion lamelliforme et qui constituent le genre *Mamilifère* de Lesueur ; ces animaux se rapprochent encore plus que les précédens des actinies, et par conséquent, nous renverrons au volume suivant ce que nous aurons à en dire ; c'est aussi à côté des actinies que doivent prendre place les genres *Polythoa, Corticifera,* etc.

ORDRE TROISIÈME.

POLYPES À POLYPIER. (Polypi vaginati.)

Polypes tentaculés, constamment fixés dans un polypier inorganique qui les enveloppe, et formant, en général, des animaux composés.

Les *polypes à polypier* présentent la plus grande des coupes que l'on puisse former parmi les polypes, coupe que l'on peut considérer comme un ordre particulier, très naturel dans l'ensemble des objets qu'il embrasse, parce que ces objets sont évidemment liés les uns aux autres par les plus grands rapports. Cette coupe néanmoins comprend une énorme quantité d'animaux divers, dont nous n'avons encore observé qu'un petit nombre, les autres ne nous étant connus que par le *polypier* inorganique et infiniment diversifié qui les enveloppe. Mais ce *polypier*, varié comme les races qui le produisent, nous montre lui-même les rapports que ces races ont entre elles, et il suffit pour nous faire connaître combien il est convenable de les comprendre toutes dans le même ordre, quoique cet ordre soit divisible en section et familles nombreuses.

Ici, nos études des animaux commencent à sortir de l'obscurité qui enveloppe encore les connaissances que nous avons pu nous procurer sur les *infusoires*, et même sur les premiers genres des *polypes ciliés*; car la plupart des polypes à polypier que nous avons pu observer, nous ont appris que ces animaux sont très voisins des *hydres*, par la simplicité de leur organisation, et que l'organisation est en eux si clairement déterminable, qu'elle prête moins à l'arbitraire des suppositions et de l'opinion que celle même des infusoires. Ainsi, les difficultés qui retardent tant nos connaissances à l'égard des polypes de cet ordre, proviennent principalement du peu d'occasion que nous avons de les observer, la plupart vivant dans les mers des climats chauds; elles proviennent encore de la nécessité où l'on est de les étudier dans le lieu même qu'ils habitent, c'est-à-dire dans le sein même du liquide dans lequel ils vivent; enfin, elles proviennent du peu d'attention que nous avons donnée à la nature du polypier, ne l'ayant considéré que pour en obtenir des moyens de distinction.

Les polypes à polypier sont des animaux en général analogues aux hydres, sous le rapport de leur forme principale et de la simplicité de leur organisation. Ils sont délicats, gélatineux, transparens, très contractiles, et tous généralement fixés dans le polypier que les enveloppe, et qu'ils forment par une transsudation de leurs corps (1). Ils en augmentent sans cesse l'étendue et la masse à mesure qu'ils se multiplient, c'est-à-dire par les générations des individus qui se succèdent continuellement.

Ces polypes, en général, groupés ou agglomérés plusieurs ensemble, communiquent entre eux par leur base, participent à une vie commune, à l'entretien de laquelle chaque polype contribue de son côté, et constituent véritablement des animaux composés.

Quoique ces animaux aient presque tous des tentacules non articulés, disposés en rayons autour de leur bouche, et le plus souvent sur une seule rangée, ils n'offrent aucune partie rayonnante dans leur intérieur; ils y sont probablement aussi simples en organisation que les hydres, et n'y présentent guère d'autre organe que leur sac alimentaire, qui les traverse longitudinalement, ce qui les distingue des *radiaires*. (2)

Leurs tentacules, tantôt simples, tantôt dentés ou ciliés, au nombre de 5, de 8, ou plus nombreux encore, leur servent comme des espèces de bras, à arrêter et même à amener la proie ou leurs corpuscules qui en tiennent lieu. Ces bras saisissent indistinctement et sans choix tous les corps qu'ils rencontrent, et les polypes,

---

(1) Souvent le polypier n'est pas une simple transsudation de matière calcaire ou cornée qui se moule à la surface extérieure ou intérieure de l'animal, mais bien l'enveloppe tégumentaire de ces êtres qui se durcit par le dépôt de carbonate de chaux dans la profondeur de la substance.   E.

(2) Cette simplicité d'organisation se rencontre effectivement dans toute la grande famille qui a pour type les sertulaires, et qui se lie aux hydres et aux corines; mais chez les autres polypes, la structure intérieure est plus compliquée ainsi que que nous le verrons en traitant des flustres, des lobulaires (E.).

après avoir avalé ces corps, les rejettent s'ils n'ont pu les
digérer, ou ils en rejettent les débris qui n'ont pu servir
à leur nutrition commune.

La nature ayant produit les polypes *ciliés*, dont les
plus composés sont les *rotifères*, a pu facilement, à l'aide
de ces derniers, amener l'existence des polypes tentaculés,
ou à rayons (1). En effet, quoique les rotifères soient tres
distincts des polypes tentaculés, les rapports qui les lient
les uns aux autres sont tellement remarquables, qu'on
sent qu'il n'y avait qu'un pas à faire pour changer les cils
rotatoires de la bouche en tentacules, dont les mouvemens ne font plus tourbillonner l'eau, mais deviennent
propres à arrêter la proie et à l'amener dans l'organe digestif.

Les polypes à polypier sont contenus dans les loges ou
cellules du polypier, presque toujours commun, qu'ils
ont formé; et quoiqu'ils adhèrent les uns aux autres postérieurement, chaque polype est presque toujours isolé
antérieurement dans sa cellule particulière. Leur polypier, tantôt simplement membraneux, tantôt corné et
encore flexible, et tantôt en partie ou tout-à-fait pierreux,
est sans cesse augmenté en étendue et en masse par les
générations successives des individus.

Ces polypes produisent des gemmes qu'ils déposent
diversement, selon les races, sur les bords de leurs cellules, soit à nu, soit à des vésicules particulières, ou qu'ils
laissent tomber sur les corps voisins. Très souvent, les
gemmes dont il s'agit ne se séparent point du polype qui
les a produits, et ne font, en se développant, qu'augmenter le nombre des animaux particuliers agglomérés, et adhérens, qui vivent en commun. Il en résulte que le polypier qui les contient s'augmente peu-à-peu, s'étendant,

---

(1) On sait aujourd'hui que les Rotifères ont au contraire une
organisation plus compliquée que les polypes tentaculés.   E.

tantôt en croûte qui recouvre les corps marins sur lesquels il est fixé, et tantôt en masse relevée, diversement lobée, ramifiée ou dendroïde, selon les espèces.

Le polypier dont il s'agit offre, soit à sa surface, soit le long de ses lobes ou de ses rameaux, soit enfin à leur extrémité, des cellules très distinctes, dans chacune desquelles se trouve la partie antérieure d'un polype que termine une bouche entourée de tentacules en rayons.

Quant aux polypiers [*polyparia*], j'ai établi dans mes démonstrations, et d'après l'examen des pièces, que ce sont des corps non organisés, non vivans, et qui ne font nullement partie du corps des animaux qu'ils contiennent (1). Ils sont constitués par la réunion ou l'amoncellement varié des cellules des polypes. Les uns sont de substance entièrement ou partiellement pierreuse et calcaire: les autres sont de matière cornée; et d'autres encore sont simplement membraneux, quelquefois même presque uniquement gélatineux.

Ils présentent, comme je l'ai dit, des masses diversement ramifiées ou dendroïde, quelquefois simplement crustacées ou foliacées, ou seulement réticulaire.

La plupart de ces polypiers sont fixés sur des corps solides et marins, et souvent les uns sur les autres. Ceux qui sont libres et simplement gisant sur le sable, sont, comparativement aux premiers, en très petit nombre.

Les cellules de ces *polypiers* sont tantôt courtes, tantôt plus ou moins longues, tubuleuses, à orifice régulier ou irrégulier, ou à parois intérieures, soit simples, soit striées longitudinalement, soit enfin lamellées en étoile.

Nous sommes réduits à ne posséder que ces polypiers dans nos collections, pour les étudier comparativement,

---

(1) Cette opinion nous paraît inadmissible pour un grand nombre de polypes tels que les flustres, les cornulaires, les lobulaires, etc.   F.

afin de nous former une idée de la diversité des genres et des espèces des polypes qui les ont formés; parce qu'il est impossible de conserver les animaux qui les habitent, ces animaux périssant, séchant et disparaissant dès que leur polypier est hors de l'eau (1). Mais il en est de ces polypiers comme des coquilles à l'égard des mollusques qui les ont formées; des polypes parfaitement semblables, c'est-à-dire, de la même espèce, ne peuvent former des polypiers qui diffèrent de leur caractère essentiel; et des polypes d'espèces différentes ne peuvent habiter des polypiers parfaitement semblables. (2)

Pendant long-temps, les naturalistes prirent pour des plantes marines les diverses masses polypifères et plus ou moins rameuses qui appartiennent aux animaux de cet ordre. *Tournefort* même y fut trompé comme les autres, et en fit mention parmi ses genres de plantes, dans ses élémens de botanique, et dans ses *Institutiones rei herbariæ*; ce qui lui donna lieu de former les neuf derniers genres de sa 17. classe. [*Acetabulum, Corallina, Corallum, Madrepora, Lithophyton, Tubularia, Spongia, Eschara, Alcyonium.*]

Ce ne fut qu'en 1727 que Peyssonnel découvrit que les coraux constituaient les habitations d'un grand nombre de

---

(1) En plaçant les polypes dans de l'alcool il est souvent possible de les conserver de manière à ce qu'ils restent tout-à-fait reconnaissables, et il serait à désirer que les naturalistes voyageurs voulussent bien enrichir nos musées de préparations semblables; MM. Quoy et Gaimard en ont rapporté beaucoup qu'ils ont recueillis pendant leur voyage à bord de l'*Astrolabe*. E.

(2) Cela est incontestable, mais des différences en apparence légères dans la forme des polypiers paraît coïncider quelquefois avec des différences très grandes dans le mode d'organisation des animaux, et par conséquent la considération du polypier seul peut conduire à des rapprochemens très erronés. E.

6.

petits animaux qui ne pouvaient vivre ailleurs. Tremblay étendit en quelque sorte cette découverte, en faisant connaître les *polypes* d'eau douce, tels que les vorticelles, plusieurs hydres, etc.; et Ellis, excité par les observations très curieuses de Tremblay, découvrit enfin les animaux analogues qui habitent les *Sertulaires*, les *Escares*, les *Gorgones*, etc.; ce qui conduisit bientôt à la connaissance de ceux qui habitent les *Madrépores*, les *Millépores*, etc.

Ainsi jusqu'à *Tournefort* inclusivement, les polypiers ayant été pris pour des plantes marines, la découverte de *Peyssonnel* fit changer totalement l'opinion des naturalistes; et *Réaumur, Bernard de Jussieu, Donati, Ellis*, etc., reconnurent et prouvèrent que, malgré la configuration rameuse de la plupart, tous les polypiers n'étaient généralement que des habitations d'une multitude de petits animaux vivant ensemble, et que ces polypiers avaient été formés par ces petits animaux, qui en augmentaient sans cesse l'étendue en s'y multipliant.

On était enfin parvenu à connaître la vérité relativement à la nature de ces objets intéressans, lorsque *Linné*, et ensuite *Pallas*, considérant de nouveau la configuration rameuse de la plupart des polypiers, la gemmation des polypes à la manière des plantes, et croyant reconnaître dans différens polypiers une écorce et des racines, introduisirent une nouvelle erreur à leur égard.

En effet, Linné et Pallas, prenant un terme moyen entre l'opinion ancienne qui considérait les polypiers comme des productions purement végétales, et l'opinion nouvelle de leur temps, qui plaçait ces objets parmi les productions uniquement animales, se persuadèrent que les objets dont il s'agit, participaient de la nature de l'animal et de celle de la plante. En conséquence, ils donnèrent à ces mêmes objets le nom de *zoophytes*, qui veut dire animaux-plantes, et ils les regardèrent effectivement comme des animaux végétant, fleurissant, croissant sous les formes et à-peu-près par les mêmes voies que les plantes, en un mot, comme des êtres dont la nature participe en partie de celle de la plante et de celle de l'animal.

Comme il s'agit ici d'une erreur importante pour les progrès de la zoologie et de l'histoire naturelle ; comme ensuite nos connaissances actuelles sur la véritable nature des animaux et sur celle des végétaux, nous mettent maintenant en état de reconnaître cette erreur, et par conséquent de la détruire ; enfin, comme je puis présenter des observations qui sont décisives à cet égard , j'invite mes lecteurs à donner à cette discusssion toute l'attention possible, afin qu'ils puissent savoir positivement à quoi s'en tenir sur cet objet.

Je puis assurer et prouver qu'il n'y a rien, dans les prétendus *zoophytes* les mieux ramifiés, qui tiennent de la configuration extérieure. Tout y est animale ou production animale. ⟨1⟩

Le *polypier* est tout-à-fait distinct des animaux qu'il contient, comme le guêpier l'est des guêpes qui l'habitent ; il leur est de même toujours et tout-à-fait extérieur, ce que je vais prouver dans l'instant ; et quelles que soient la configuration de ce polypier et sa consistance, il n'offre, dans sa nature, qu'une production véritablement animale,

---

(1) Il est cependant un grand nombre de ces êtres dont l'animalité est si douteuse que les naturalistes ne savent réellement dans quel règne il faudrait les placer ; ces êtres ambigus semblent même établir le passage entre les animaux les plus simples et des végétaux inférieurs, et la ligne naturelle de démarcation est bien difficile à établir. Mais, du reste, en employant le mot Zoophyte pour désigner les animaux radiaires, les auteurs modernes n'entendent pas établir que ces animaux sont analogues aux plantès par leur nature intime, mais bien qu'ils leur ressemblent souvent par leur forme et par certaines particularités dans leur manière de vivre E.).

ce que l'analyse atteste, et ce que constate sa structure, qui n'offre aucune trace d'organisation.

Quant aux polypes qui habitent ce polypier, ce sont évidemment et uniquement des animaux, puisqu'ils jouissent de la faculté d'exécuter des *mouvemens subits* aux provocations des causes extérieures, qu'ils sont éminemment irritables, et qu'ils ont une bouche et un sac alimentaire très distincts. Par le moyen de leurs espèces de bras, ils arrêtent la nourriture qui leur est nécessaire, la saisissent, la retiennent, l'avalent, en digèrent les parties qui en sont susceptibles, et rejettent ensuite tout ce qui ne leur convient pas. Ces facultés et ces caractères sont assurément propres et exclusifs aux animaux.

Les polypes dont il s'agit sont renfermés chacun dans une petite cellule du polypier qu'ils ont formé par une transsudation de leur corps; et, quoiqu'ils soient individuellement isolés dans leurs cellules, il communiquent ensemble par leur partie postérieure, au moins dans la plupart des races.

Jamais ces polypes ne sortent de leurs cellules; mais étant très contractiles, tantôt il font saillir l'extrémité antérieure de leur corps où est leur bouche, et tantôt ils les font rentrer dans leurs cellules.

Puisque le *polypier* est un objet si important pour l'étude et la connaissance des polypes qui le forment, et surtout pour décider la question de savoir si ce corps est organisé ou non, examinons sa formation et sa structure.

Structure et formation du polypier.

Selon les faits que je citerai dans l'instant, l'on verra que c'est par des dépôts successifs de matières qui transsudent du corps des polypes, que se forme, toujours à l'extérieur de ces animaux, le polypier qui les enveloppe, et que c'est par des additions pareillement successives des nouvelles générations de ces mêmes polypes, qu'ils en augmentent presque sans cesse le volume.

Lorsque le *polypier* est simplement membraneux ou corné, il est alors éminemment flexible. Dans ce cas, il présente, soit des expansions allongées, grèles, simples ou rameuses, et qui ressemblent à des plantes, soit des expansions crustacées, lobées ou folliiformes. Sa configuration extérieure, entièrement végétale, a dû facilement tromper sur sa nature.

S'il forme des tiges grèles et phytoïdes, ce polypier flexible est alors, soit fistuleux, soit constitué par un axe plein et central, avec une pulpe ou une croûte enveloppante. On distingue donc deux sortes de ces polypiers phytoïdes et flexibles : savoir; le polypier *fistuleux*, dont le centre vide est occupé par les corps des polypes, et le polypier *axifere*, dont les polypes ne se trouvent que dans la pulpe corticiforme qui recouvre l'axe plein et central. Voyons ce qui a lieu dans l'un et l'autre cas.

Lorsque le polypier est fistuleux, il renferme alors, dans sa cavité centrale, les corps des polypes qui, quoique distincts les uns des autres, communiquent réellement entre eux ; et chaque polype a néanmoins une issue particulière pour faire saillir au dehors sa partie antérieure, c'est-à-dire sa bouche et ses tentacules rayonnantes.

Ainsi, le polypier fistuleux est une enveloppe tout-à-fait extérieure, dans laquelle les polypes sont renfermés, et l'examen de cette enveloppe montre qu'elle est entièrement inorganique.

Il y a, par conséquent, sur ce polypier, autant d'issues ou d'ouvertures particulières, qu'il y a de polypes qui vivent dans son intérieur. Toutes ces issues sont les entrées des loges ou cellules que l'on observe effectivement, tantôt sur le côté de ces tiges fistuleuses et de leurs rameaux, et tantôt seulement aux extrémités de ces parties.

La nombreuse famille des sertulaires présente des exemples de ces polypiers fistuleux, et l'on peut s'assurer, en les examinant, que les polypes qu'ils contiennent sont tout-à-fait intérieurs ; qu'ils n'y adhèrent pas plus qu'une amphitrite n'adhère au fourreau qu'elle s'est formé (1); qu'il n'y a aucune communication immédiate entre ces polypes et leur polypier, et qu'enfin la substance de celui-ci, membraneuse ou cornée et transparente, est parfaitement continue dans ses parties, et n'offre point le moindre vestige d'organisation, pas plus que le tube d'une serpule, le fourreau d'un taret, ou la coquille d'une hélice.

En outre, on peut encore assurer, d'après l'examen des objets, que tout polypier quelconque est toujours extérieur à l'animal, toujours inorganique, toujours sans communication intime avec lui, quoiqu'il y adhère ; que tantôt le polypier forme, autour du corps des polypes, une enveloppe simple [les polypiers vaginiformes, à réseau, foraminé, etc.], et tantôt une enveloppe compliquée ou divisée latéralement [les polypiers lamellifères.]

Considérons maintenant les *polypiers corticifères*, et voyons si, lorsque ces polypiers rameux et phytoïdes sont pleins, au lieu d'être fistuleux, et présentent un axe central avec un encroûtement qui enveloppe cet axe, voyons, dis-je, si ces polypiers sont plus organisés que les précédens, s'ils communiquent plus avec les polypes, et s'ils fournissent aux partisans des *animaux-plantes,* un seul motif raisonnable pour persister dans leur opinion.

En examinant ce polypier, on voit d'abord qu'il est

---

(1) Les sertulaires adhèrent d'une manière intime au fond de chaque cellule, et il y a lieu de croire que, même chez ces polypes, la gaîne n'est pas un simple dépôt de matière transsudée comme celui que forment les coquilles, mais un état particulier de la membrane tégumentaire générale, analogue à ce qui se voit chez les crustacés et les insectes.   E.

constitué par deux sortes de matières, dont l'une, assez homogène, occupe le centre, y forme un axe longitudinal ; et l'autre, plus hétérogène, se trouve à la circonférence, et y forme un encroûtement corticiforme, qui enveloppe l'axe de toutes parts.

Si nous examinons l'axe séparément, nous observons d'abord qu'il est tantôt tout-à-fait corné, tantôt en partie corné et en partie pierreux, et tantôt tout-à-fait pierreux. Nous voyons ensuite que cet axe, toujours strié longitudinalement à sa surface, n'est nullement organisé ; que sa substance est continue, n'a aucune cavité, aucun pore quelconque ; et nous avons des moyens de nous assurer, non-seulement qu'il ne contient jamais les polypes, mais, en outre, qu'aucune de leur partie ne saurait pénétrer dans sa masse, en un mot, dans son intérieur.

Cependant, comme la nature varie partout ses moyens pour les approprier aux plus petites différences des organisations, considérons la nature et l'état de plusieurs de ces axes.

Dans le *Corail*, où l'axe du polypier est tout-à-fait pierreux, cet axe est tellement plein, solide, sans cavité quelconque, que sa cassure présente partout la même continuité de partie que celle d'un bâton de cire d'Espagne.

Dans les polypiers dont l'axe central est en partie pierreux et en partie corné, comme dans l'*Isis hippuris*, les portions cornées de l'axe présentent encore une substance continue sans cavité quelconque.

Dans les *Antipates*, où l'axe central est tout-à-fait corné, la substance homogène de cet axe est encore pleine, solide, et serait partout continue, si elle n'offrait quelquefois des couches concentriques résultantes des dépôts postérieurement formés par les nouvelles générations de polypes qui ont accru son diamètre. Mais, de l'extérieur de cet axe, l'observation constate qu'il n'y a aucun point de communication à son intérieur, à celui d'aucune couche, pas même par les extrémités du polypier.

Enfin, dans les *Gorgones*, où l'axe central du polypier est encore corné, mais très flexible, parce que les dépôts de matière transsudée, qui ont donné lieu à cet axe, étaient plus mélangés de matière gélatineuse que dans les Antipates; outre les couches concentriques, on voit souvent au centre de l'axe même, l'apparence d'un vide, en un mot, d'une espèce de canal longitudinal. C'en est assez pour que les partisans des *animaux-plantes* se persuadent trouver ici des preuves de quelque organisation dans le polypier.

Mais nous allons voir que rien à cet égard n'est fondé, qu'il n'y a réellement point de vide, point de cavité, point de canal dans le centre de l'axe; qu'en outre de l'extérieur de cet axe, où se trouvent les polypes, il n'y a aucun point de communication pour eux avec sa prétendue cavité centrale.

En effet, si l'on choisit une de ces Gorgones desséchées qui offrent alors, dans le centre de leur axe, l'apparence d'une cavité longitudinale, et qu'on examine d'abord son empâtement sur la pierre ou sur d'autres corps solides, on se convaincra que cet empâtement n'offre aucune issue au prétendu canal de l'axe. Si, ensuite, on examine les extrémités bien entières des rameaux de la gorgone, on verra, après avoir enlevé, avec précaution, l'encroûtement qui termine ces rameaux, qu'il n'y a encore aucune issue pour le canal de l'axe, et que ce n'est qu'en rompant cet axe que l'on peut trouver l'apparence dont il s'agit.

À quoi donc tient cette apparence? le voici :

Les polypes des *Gorgones* déposent par leur transsudation un mélange de matière cornée et de matière gélatineuse; ce dont on ne saurait douter, puisque l'axe est corné, et que l'encroûtement qui l'enveloppe se compose

de matière gélatineuse et de matière comme terreuse mélangées, dont les parties cornées sont exclues.

Or, à mesure que les particules cornées se rapprochent,
pour former, par leur aggrégation, la masse solide qui
constitue l'axe, une portion de la matière gélatineuse
transsudée[et c'est la moindre]se trouve enveloppée et re-
tenue au centre de l'axe, tandis que le reste est repoussé
au dehors, et y concourt à la formation de l'encroûtement. Il y a donc alors dans l'axe une ligne centrale et
longitudinale de matière gélatineuse, qui complète le
plein de cet axe, mais qui n'est point cornée, ou qui ne
l'est que partiellement. Ainsi, il n'y a point là de vide, ni
de véritable canal; mais dans ces polypiers desséchés, le
retrait qu'a subi la matière gélatineuse du centre de l'axe,
par sa dessiccation, doit offrir alors dans l'intérieur de
l'axe, l'apparence d'une cavité, d'un canal, mais sans issue au dehors; ce qui a lieu effectivement.

Maintenant que nous avons considéré la structure et la
formation de l'*axe* dans les polypiers à encroûtement, examinons l'encroûtement lui-même qui enveloppe cet axe.

D'abord, nous voyons que ce même encroûtement est la
seule partie du polypier qui nous présente, dans son
épaisseur, les cellules des polypes. (1)

---

(1) Les expériences de Cavolini s'accordent très bien avec
l'opinion de Lamarck, touchant la nature de l'axe central des
polypiers corticifères; c'est évidemment dans la plupart des cas,
sinon toujours un simple dépôt de matières, sécrétées par la
surface interne de la portion corticale du polypier; mais des
observations récentes prouvent qu'il en est tout autrement pour
cette dernière partie. La couche corticale du corail, des gorgones, etc., est réellement la membrane tégumentaire des polypes qui ici devient très épaisse et commune à tous les individus
d'un même pied; loin d'être inorganique comme le pensait
Lamarck, elle est le siège de la reproduction gemmipare, à l'aide

Bientôt après, l'observation nous montre que les polypes de ce polypier, se trouvent uniquement contenus
dans cette croûte corticiforme; car, devant communiquer
les uns avec les autres, au moins par leur partie postérieure, et leur corps ne pouvant pénétrer dans l'axe central, puisque sa surface extérieure n'est nullement perforée, ce corps, après avoir traversé sa cellule, se courbe
nécessairement en arrivant à l'axe, et se prolonge ensuite
le long de sa surface jusqu'à ce qu'il se soit réuni à celui
d'un autre polype. Or, la partie du corps de chaque polype, qui se trouve placée entre l'axe et la croûte du polypier, et qui y fait ses mouvemens d'allongement et de
contraction presque continuels, a dû laisser à la superficie de l'axe des traces de sa présence; et c'est effectivement ce que les stries longitudinales de cette superficie
attestent. (1)

Quant à la substance de l'encroûtement, qui contient
les cellules et les polypes, on voit que c'est un mélange
de matière gélatineuse et de matière comme terreuse, qui

---

de laquelle le polypier s'accroît. Quant à sa nature intime, et
à son mode d'organisation, la croûte corticale de ces polypes
ne diffère pas de la masse charnue qui constitue les lobulaires, etc.   E.

(1) Dans les polypiers corticifères, le mode d'union entre les
polypes réunis en une seule masse, n'est pas celui que suppose
l'auteur; ces petits animaux ne se joignent point par l'extrémité postérieure de leur corps, et ne se retirent pas entre l'axe
et la couche corticale. La cavité abdominale de chaque polype
se dirige perpendiculairement à l'axe solide, et se termine en cul-
de-sac avant que d'arriver à sa surface, et sa portion tégumentaire seule s'élargit latéralement de manière à se continuer
avec le tissu des polypes voisins. Quant aux stries que l'on remarque à la surface de l'axe du polypier, ils correspondent
à des lignes saillantes, et à des canaux creusés dans la portion
corticale.   E.

forme une masse encroûtante, en quelque sorte charnue dans l'état frais, et qui, dans l'état sec, devient plus ou moins friable.

Au lieu d'attribuer au polype différentes sortes d'excrétions séparées qui exigeraient des organes particuliers, il est probable que la matière excrétée par ce polype, et qui sert à la formation de son polypier, est alors un mélange liquide de matière cornée, de matière gélatineuse, et de particules terreuses. Aussitôt après son évacuation, les parties de ce mélange tendent à se rapprocher et à se concréter ; l'affinité, réunissant les matières de même nature, anéantit le mélange ; èt, comme plus dense, la matière cornée est rejetée au centre, tandis que la matière gélatino-terreuse est fixée à la circonférence.

Ainsi, à l'égard des polypiers qui ont un axe solide ou plein, et un encroûtement comme pulpeux et moins dense qui l'enveloppe, ces deux sortes de parties du polypier ne sont devenues distinctes et séparées que parce que l'affinité a opéré leur séparation, et a fixé le lieu qu'elles devaient occuper à l'instant ou les matières se rapprochaient pour se concréter.

L'axe solide qui occupe le centre de ces polypiers est évidemment constitué par une substance continue, sans organisation quelconque, sans cellulosités, et dont les cassures sont lisses et comme vitreuses, ce que constate surtout l'examen du *Corail.* On y voit clairement que le corps des polypes n'y a jamais pénétré ; et comme le corps de chaque polype s'est étendu seulement sur la surface extérieure de cet axe et y a laissé son empreinte, cette surface est striée longitudinalement sous sa croûte. Ce même axe est donc le résultat de matières déposées, aggrégées successivement après leur dépuration, et ne s'est point formée par *intus-susception*, puisque aucune trace de vaisseaux n'interrompt la continuité de sa substance.

De même, la croûte gélatino-terreuse qui recouvre l'axe

dont il vient d'être question est encore le résultat de matières excrétées et déposées, mais d'une autre sorte que celles de l'axe : elle ne tient rien de l'organisation, soit vasculaire, soit cellulaire; (1) car ce n'est que dans son état de dessèchement qu'elle est poreuse, et, sous aucune considération, elle ne peut être comparée à une écorce végétale.

C'est uniquement dans cette croûte enveloppante que se trouvent les polypes, et qu'ils communiquent entre eux par leur partie postérieure; aussi conserve-t-elle dans son dessèchement les cellules qui contenaient les individus.

Les polypes de ces polypiers ont le corps très simple, sans appendices latéraux, et s'ils adhèrent les uns aux autres, ce n'est que par leur extrémité postérieure. L'axe de leur polypier, ainsi que la croûte qui le recouvre, sont donc tout-à-fait extérieurs aux polypes; or, nous verrons dans l'instant qu'il en est de même à l'égard des polypiers pierreux.

Loin que les polypes à polypier soient des animaux assez imparfaits pour pouvoir être considérés comme intermédiaires entre les animaux et les végétaux, ils sont, au contraire, bien plus avancés en animalisation que les *infusoires*, puisqu'ils sont capables de transsuder une matière assez composée pour pouvoir donner lieu à l'axe

---

(1) La couche corticale se compose d'un tissu gélatineux dans les mailles duquel se sont déposés des cristaux irréguliers, et plus ou moins granuleux de carbonate de chaux; mais elle est organisée et vivante, et on y trouve même un lacis très compliqué de vaisseaux à l'aide desquels les divers polypes d'un même pied communiquent entre eux. (Voyez mes recherches sur les polypes, présentées à l'Académie des sciences, le 6 février 1835; ce travail paraîtra dans un des prochains cahiers des Annales des sciences naturelles.).

corné du polypier et à la croûte gélatino-terreuse qui enveloppe cet axe. Or, ils n'ont pas pris probablement une telle matière toute formée dans les alimens dont ils font usage.

Relativement aux polypiers tout-à-fait *pierreux*, qui n'ont ni axe central ni croûte recouvrante, et qui, conséquemment, n'offrent qu'une seule substance solide, sans flexibilité remarquable, ces polypiers sont souvent très poreux, et souvent encore leurs cellules sont cohérentes les unes aux autres; en sorte que beaucoup parmi eux semblent ne présenter chacun qu'une masse dans laquelle le polypier et les polypes sont confondus. Le polypier lui-même, dans les masses agglomérées, recouvert au-dehors par une chair animale, vivante et irritable, semble alors intérieur aux animaux, et s'être formé comme eux par la voie de l'organisation. Il n'en est cependant rien ; ce polypier, comme les autres, est réellement extérieur aux animaux qui l'ont produit, et toutes ses parties, attentivement examinées, sont parfaitement inorganiques. Son état et l'apparence qu'il a d'être intérieur aux polypes dans les races citées, tiennent à la forme particulière de ces polypes; ce que je vais ici simplement exposer, et ce que j'espère démontrer en traitant des polypiers lamellifères.

Les polypes qui forment ces polypiers lamellifères, quoique aussi simples en organisation interne que les autres polypes à polypier, n'ont point le corps isolé et simple au dehors, comme ceux dont je viens de faire mention. En effet, l'étude de leur polypier montre, d'une manière évidente, que ces polypes ont des appendices latéraux et lacuneux : en sorte que, s'ils adhèrent les uns aux autres par leur extrémité postérieure, on est forcé de reconnaître qu'ils adhèrent aussi entre eux par ces appendices latéraux de leur corps. On conçoit de là qu'en adhérant ainsi les uns aux autres par tant de points, tous les polypes d'un de ces polypiers ne forment qu'une masse commune partout très lacuneuse. Or, comme, entre les corps de chacun d'eux et les appendices lacuneux par lesquels ils se tiennent latéralement, il existe une multitude de vides qui communiquent tous entre eux, ces animaux déposent dans ces vides les matières de leur polypier. Dès-lors, ces matières déposées se rapprochent, s'aggrègent, se concrètent, se solidifient, et constituent les parties et les lames pierreuses du polypier solide dont il est question.

Ainsi, quoique les nombreux polypes d'un Madrépore, d'une Astrée, d'une Méandrine, etc., adhèrent ensemble, et même enveloppent leur polypier, remplissant de leur chair gélatineuse les interstices de ses parties, le polypier néanmoins leur est véritablement extérieur, et toutes ses parties quelconques sont les résultats de matières excrétées, déposées hors du corps de chacun de ces animaux : le polypier n'a donc pas été formé par *intus-susception*.

La même chose arrive à la coquille des balanites, des coronules et des tubicinelles, dont les parties remplissent les lacunes du corps de l'animal, sans qu'on puisse dire que cette coquille soit une partie végétante, comme on l'a dit des polypiers.

Un naturaliste des plus distingués, qui a fait faire à la zoologie de grands progrès par ses recherches, s'exprime ainsi dans l'un de ses ouvrages :

« La partie dure, ou du moins la croûte qui revêt les polypes, paraît faire partie de leur corps, et croître avec eux par *intus-susception;* en sorte que les branches qui naissent çà et là du tronc, dans les espèces qui ne restent pas simples, sont de véritables végétations, et non des additions que les habitans construiraient contre celles qui existaient déjà. C'est donc assez justement que les animaux dont il est question ont été nommés *Zoophytes* ou animaux-plantes. La partie solide a pris, par une expression figurée, le nom de tige, et la tête des polypes, ou plutôt leur partie mobile, pourvue de tentacules, celui de fleur. »—(Cuvier, *Tableau élémentaire d'Hist. nat.*, p. 663.)

Rien de tout cela n'est fondé; ce dont il est facile de se convaincre en examinant attentivement la structure des polypiers (1). Les faits bien constatés attestent que les Polypes à *polypier* sont aux *Hydres* ce que les *Mollusques testacés* sont aux *Mollusques nus.* De part et d'autre, ceux qui ont des enveloppes solides les forment par des excrétions de leur corps, et ces enveloppes ne croissent pas comme eux par *intus-susception;* elles sont inorganiques et toujours complètement extérieures aux animaux qu'elles contiennent. Mais le savant que je viens de citer, n'ayant pas eu le temps sans doute d'examiner lui-même les objets, s'en est rapporté à l'opinion de *Linné* et de *Pallas :* achevons cette discussion.

Ce qu'on a pris pour des racines dans certains *polypiers* n'a, de cet organe des végétaux, que la simple apparence. Ces fausses racines ne sont point organisées, ne sont nullement perforées, et ne pompent aucun suc pour les transmettre dans l'intérieur du polypier. Ce ne sont que les premiers dépôts de matières excrétées par des Polypes, nouvellement tombées sur des corps étrangers; dépôts d'abord étalés en expansions crustacées qui se fixent, mais qui, bientôt après, par le rapprochement et la rencontre des nouveaux Polypes générés par les pre-

---

(1) En étudiant sur le vivant, et non sur la dépouille desséchée la manière dont les polypiers croissent, on voit que pour un grand nombre de ces animaux, sinon pour tous, l'opinion de Cuvier est préférable à celle de Lamarck; lors de la formation des bourgeons reproducteurs, c'est même dans la portion tégumentaire des polypes que le développement du jeune individu commence; on voit son tissu s'accroître dans un point déterminé par extension et non par additions de couches nouvelles; ce n'est que plus tard que le petit polype se montre; or, pour s'accroître de la sorte, il faut nécessairement que ce tissu soit vivant et se nourrisse. E.

miers, se réunissent en un ou plusieurs troncs sur lesquels ces Polypes vivent en commun, se multipliant les uns sur les autres.

Chaque Polype néanmoins a sa partie antérieure enfermée dans sa propre cellule.

Ces expansions en empâtement, rarement divisées en ramifications radiciformes, se trouvent appliquées latéralement sur les corps étrangers sur lesquels elles ont été formées; elles sont, comme le polypier, sans organisation dans leur intérieur, ne servent qu'à fixer ce polypier, et ne sont nullement propres à pomper aucun suc pour la nourriture de l'animal.

Le *Polype*, en effet, reçoit ses alimens uniquement par la bouche, et ne les prend jamais par son polypier : il n'avait donc pas besoin de racines, et n'en a réellement pas.

Ce qu'il y a de bien remarquable dans les Polypes à polypier, c'est que tous, ou au moins la plupart, constituent des *animaux composés*, qui vivent et se nourrissent en commun, adhérant les uns aux autres, et communiquant tous ensemble.

Le premier exemple de ce singulier état de choses parmi les animaux s'est montré dans les *Vorticelles* rameuses qui appartiennent au premier ordre des Polypes. Nous avons ensuite retrouvé le même état de choses parmi les Polypes du second ordre, dans les Hydres et les Corines; enfin, nous le rencontrons encore, et plus fortement employé, dans tous ou presque tous les Polypes à polypier, ainsi que dans tous les Polypes flottans.

A l'égard de l'hypothèse par laquelle on prétend qu'un embryon contient en raccourci toutes les parties que doit avoir l'individu, et même tous les individus qui peuvent en provenir, il est évident que cette hypothèse, si elle était fondée, ne serait applicable qu'aux êtres vivans simples, et non à ceux qui sont composés d'individus réunis, qui se multiplient par des régénérations successives.

Ainsi, il n'est pas vrai que le *gemma* d'une Astrée, d'une Méandrine, contienne en raccourci tous les individus qui doivent se générer successivement à la suite du premier individu que ce *gemma* tout-à-fait développé a produit. Il ne l'est pas non plus que l'embryon d'un gland de chêne puisse contenir en raccourci toutes les parties d'un gland de chêne, parce que ces parties ne se sont formées qu'à la suite des générations successives des individus annuels qui ont vécu sur le corps commun, constitué par le tronc et les branches de cet arbre. Voy. l'*Introduction*, p. 69 et suiv. (1)

De la forme particulière de chaque polypier.

La flexibilité ou la solidité d'un polypier quelconque est sans doute le résultat de la nature de sa substance, soit membraneuse, soit cornée, soit pierreuse; mais, quant à sa forme générale, il est évident qu'elle tient, dans le plus grand nombre, au mode particulier dont les gemmes de chaque race sont produits ou sont déposés.

En effet, tous les Polypes à polypier produisent des gemmes ou bourgeons, qui tantôt naissent et se développent sans se séparer de leur mère, et tantôt sont déposés sur les bords des cellules ou sont rejetés au-dehors et tombent sur les corps voisins. On sait qu'en se développant ces gemmes deviennent des Polypes semblables à ceux dont ils proviennent. Or, on peut faire voir que, selon le mode dont les gemmes sont disposés en naissant, et selon celui dont ils sont déposés, la forme ou la figure générale du polypier en résulte nécessairement.

---

(1) Les nombreux travaux sur l'embryogénie, publiés en France et en Allemagne depuis l'époque à laquelle Lamarck écrivait, tendent tous à renverser la théorie de la préexistence des germes que notre auteur combat ici : aujourd'hui la théorie de l'épigénèse est généralement adoptée.　　　　　E.

Les gemmes reproductifs et oviformes des Polypes qui ont un polypier tubuleux au lieu d'être à nu, comme dans les *Hydres*, sont enfermés dans une espèce de vessie ouverte à son sommet ou d'un côté. Cette vessie se détache et tombe avec eux, dans ceux qui ne doivent point conserver leur adhérence. (1)

Cette même vessie n'est point une enveloppe complète qui doit se rompre pour laisser sortir un embryon que la fécondation a rendu propre à posséder la vie; mais c'est un jeune fourreau, soit particulier à un bourgeon, soit commun à plusieurs. Lorsqu'il est commun à plusieurs, il se détache et tombe, à une certaine époque, avec les bourgeons qu'il contient, et ces bourgeons qui ont chacun leur fourreau particulier, se développent en nouveaux individus. Ces vessies gemmifères, que l'on a observées dans les *Plumatelles* et dans les *Tubulaires*, naissent de l'intérieur, s'en détachent et sont rejetées au dehors. Dans les *Sertulaires*, etc., elles se forment à l'extérieur, et restent assez long-temps adhérentes au polypier commun. On les a prises pour des *ovaires*, parce qu'on a supposé inconsidérément qu'elles renfermaient des œufs.

La forme même du Polype contribue de son côté à la configuration générale du polypier; car les Polypes fort allongés donnent nécessairement lieu à des cellules tubuleuses, proportionnellement longues. Mais ce qui influe principalement sur la forme générale du plus grand nombre des polypiers, c'est la manière particulière aux races, dont les gemmes sont disposés, lorsqu'ils conservent leur adhérence, ou sont déposés lorsqu'ils se détachent.

---

(1) D'après les travaux récens de M. Lister sur le développement des Sertulariées, et d'après quelques observations que nous avons eu l'occasion de faire sur le même sujet, nous sommes porté à croire que la vésicule dont il est ici question ne tombe pas, mais laisse sortir les gemmes contenus dans son intérieur, puis se flétrit et est absorbée.   **E.**

En effet, les gemmes non accumulés sur les cellules, mais toujours disposés à côté d'elles au dehors et dans tous les sens, sur le support commun, donnent lieu à la configuration des polypiers crustacés, c'est-à-dire, étalés en croûte, qui couvre les corps voisins.

Si les gemmes sont jetés régulièrement sur deux points opposés du bord des cellules, ils donneront au polypier, en pullulant succesivement, une forme aplatie, soit flabelliforme s'il y a isolement dans les gemmes, soit foliiforme s'il y a contiguité dans ces gemmes. Si, au contraire, les gemmes sont disposés sans régularité sur le bord des cellules, tantôt d'un côté et tantôt de l'autre, ils donneront lieu par leur pullulation successive, à un polypier composé de ramifications éparses.

On conçoit de là, tous les cas qui peuvent avoir lieu à raison du nombre et de la situation des gemmes disposés, à raison de la régularité ou de l'irrégularité de leur disposition, soit sur le bord des anciennes cellules, soit sur leur côté, soit sur leur support commun, enfin à raison de la forme même des polypes qui se développent de chaque gemme.

Ces considérations suffisent pour faire apercevoir la cause de la diversité infinie des formes des polypiers; celle de la disposition régulière ou vague de leurs ramifications; celle de leur épaisseur, leur finesse, leur élégance, leur multiplicité; celle, enfin, de leur cohérence ou de leur continuité plus ou moins interrompue.

Les Polypes à polypiers ont, comme les Mollusques testacés, des pores excrétoires par le moyen desquels ils rejettent et filtrent des sucs superflus ou excrémentitiels, et qui, hors de l'animal, prennent une consistance quelconque, relative à leur nature. Ces sucs, en effet, par le rapprochement, l'agglutination ou l'agrégation de leurs particules les plus solides, se transforment, après leur sortie de l'animal, en une matière simplement gélatineuse ou membraneuse dans les uns, cornée dans les autres, et tout-à-fait pierreuse dans d'autres encore.

C'est tantôt tout-à fait à l'extérieur des Polypes à corps simples, que se forment ces dépôts de matières excrétoires qui, bientôt après, se concrètent ou se solidifient; et tantôt ces dépôts s'effectuent dans les lacunes qui existent entre les corps de beaucoup de Polypes agglomérés, et les appendices extérieurs de ces corps, comme dans les polypiers lamellifères.

La nature, qui ne fait rien que graduellement, a formé d'abord les polypiers les plus frèles, les plus éminemment flexibles; mais d'une seule substance presque entièrement animale, et y a admis peu-à-peu des particules étrangères, sans en former un corps séparé. Ainsi, elle produisit, dans cet ordre, les polypiers gélatineux, ensuite les polypiers membraneux, enfin, les polypiers cornés; et y ajoutant de plus en plus des particules crétacées, elle a ensuite progressivement solidifié les polypiers qu'elle continuait de produire, et les a amenés à l'état tout-à-fait pierreux.

Jusque-là chacun de ces polypiers n'offrit qu'une seule sorte de substance, soit uniquement animale, soit constituée par un mélange de matière animale et de matière crétacée (1); mais à mesure que l'animalisation fit des progrès parmi les Polypes de cet ordre, la nature composa le polypier de deux substances distinctes et séparées. Alors elle ramollit graduellement cette enveloppe, en faisant dominer de plus en plus la matière animale sur la matière

---

(1) Nous ne pouvons partager en tous points l'opinion de notre auteur à ce sujet; dans les Sertulariées aussi bien que dans les Gorgones, le polypier se compose de deux substances dont l'une est plus ou moins cornée, l'autre plus ou moins pulpeuse; seulement, chez les premiers la substance molle se trouve cachée dans l'intérieur du tube formé par la substance dure, tandis que, dans les polypiers corticifères, c'est le contraire. E.

crétacée, fit disparaître celle-ci, et termina insensiblement l'existence du polypier, après l'avoir amené à l'état gélatineux le plus fugace. Le polypier ne se montra plus ensuite nulle part ; les Polypes du dernier ordre de la classe n'offrirent qu'un corps commun à nu à l'extérieur, et dans les classes suivantes la nature passa à des animaux isolés, dont les organes devinrent de plus en plus nombreux et composés eux-mêmes.

Cet ordre de choses me paraît être celui qu'a nécessairement suivi la nature, et c'est aussi celui que je présente dans le rang que j'assigne aux sept sections qui partagent les Polypes à polypiers.

Ainsi, je divise les Polypes à polypiers en sept sections ou familles, de la manière suivante :

§. *Polypiers d'une seule substance.*

Ire Section. — Polypiers fluviatiles.
II_e Section. — Polypiers vaginiformes.
IIIe Section. — Polypiers à réseau.
IVe Section. — Polypiers foraminés.
Ve Section. — Polypiers lamellifères.

§§. *Polypiers de deux substances séparées.*

VIe Section. — Polypiers corticifères.
VII Section. — Polypiers empâtés.

—————

[Lorsque Lamarck adopta cette classification des Polypes, la science ne possédait que des notions très incomplètes sur le mode d'organisation de ces petits êtres, et aujourd'hui, que leur structure est mieux connue, on a vu la nécessité de les ranger d'une manière différente dans le catalogue méthodique du règne animal. Les observations intéressantes de M. Grant sur les Éponges, dont nous avons vérifié l'exactitude, ont prouvé que ces êtres ne sont pas, comme on le disait, la demeure de Polypes semblables à ceux des Alcyons, et que même ils ne présentent rien qui puisse être comparé au corps d'un Polype; on ne pouvait donc les laisser dans la même classe, et aujourd'hui la plupart des naturalistes s'accordent à les séparer. Du reste, M. de Blainville l'avait déjà fait depuis long-temps, car dans sa Méthode, les Spongiaires prennent place dans la division des Amorphozoaires.

En 1828 (dans un travail fait en commun avec M. Audouin), nous avons constaté que chez les Flustres le canal alimentaire, au lieu d'être droit, et à une seule ouverture, comme chez les Sertulaires, les Lobulaires, etc., est recourbé sur lui-même, et se termine par une bouche et un anus distincts, mais rapprochés l'un de l'autre à l'extrémité antérieure du corps; nous avons par conséquent proposé aux zoologistes de séparer ces animaux pour en former une famille distincte. (Résumé des recherches faites aux îles Chaussay. Ann. des sciences naturelles 1re série, t. 15.) Cette innovation ne fut pas adoptée par Cuvier dans la seconde édition de son *Règne animal*, ni par M. de Blainville dans son *Manuel d'actinologie*. Mais M. Ehrenberg (sans avoir connaissance, à ce qu'il paraît, de notre travail) vient de suivre une marche analogue. Il divise la classe des Polypes en deux groupes principaux qu'il désigne sous les noms de *Antozoa* et de *Bryozoa*: les premiers sont ceux dont la cavité digestive ne présente qu'une seule ouverture, et dont le corps est (en général) garni intérieurement de lamelles radiées; les seconds, ceux dont le canal digestif est complet, et s'ouvre au dehors par une bouche et un anus distincts.

Les Bryozoaires s'éloignent beaucoup par leur organisation du type propre aux animaux radiés en général, et établissent le passage vers les Tuniciers. On doit rapporter à ce groupe les Vorticelles, les Alcyonelles, probablement les Cristatelles, les Cellaires, les Sérialaires et les Polypes à réseau de Lamarck. En traitant de ces divers genres, nous reviendrons sur l'organisation de ces animaux.

La division des ANTOZOAIRES comprend non-seulement tous les Polypes à polypier de Lamarck, moins les Spongiaires, les Corallines, etc., les polypes à réseau, les Alcyonelles, etc.; mais aussi les Zoanthes, les Actinies et les autres animaux voisins de ces derniers. Chez tous ces Polypes, le corps est terminé antérieurement par une couronne de tentacules au milieu de laquelle se trouve l'ouverture unique de la cavité digestive; mais la structure de cette cavité et la disposition de ces tentacules varient beaucoup, et pour que cette partie de la classification du règne animal soit naturelle, c'est-à-dire, soit la représentation des principales modifications de structure que présentent ces êtres, il nous paraît convenable de les diviser en trois familles, savoir :

1° Les SERTULAIRIENS, dont la bouche s'ouvre directement dans la grande cavité abdominale tubiforme, sur la paroi interne de laquelle on ne distingue pas de lamelles longitudinales saillantes (remplissant les fonctions d'ovaires), ni de corps intestiniformes (organes biliaires?). Dans ce groupe, les tentacules sont nombreux, en général longs, et très irrégulièrement ciliés; nous y rangeons les Hydres, les Corynes, les Campanulaires, les Sertulaires, les Plumulaires, etc.

2° Les ALCYONIENS, dont la bouche s'ouvre dans un tube vertical à parois distinctes, communiquant avec la grande cavité abdominale sur la paroi interne de laquelle se trouvent huit lamelles saillantes (qui remplissent les fonctions d'ovaires) et le même nombre de corps intestiniformes, d'apparence glandulaire. Dans cette famille, les tentacules sont en général au nombre de huit, et sont garnis de chaque côté d'une rangée de cils gros et courts; elle se compose des Polypes corticifères, des Polypes tubifères et des Polypes flottans de Lamarck.

3° LES ZOANTAIRES, dont la bouche est également sé-parée de la cavité abdominale par un canal plus ou moins long, dont cette cavité est garnie intérieurement d'un très grand nombre de lamelles ou de replis longitudinaux, et dont les tentacules sont simples et très nombreux. Dans cette famille, déjà établie par M. de Blainville, prennent place les Actinies, les Zoanthes et les Polypes lamellifères de La-marck.   E.

Première Section.

———

POLYPIERS FLUVIATILES.

Polypiers, soit libres, isolés et flottans dans les eaux, soit fixés et glomérulés en masses celluleuses sur les corps aquatiques; composés d'une seule sorte de substance.

Polypes à tentacules nombreux, ne complétant point le cercle autour de la bouche.

OBSERVATIONS. — La connaissance de plusieurs polypiers très singuliers, et celle des rapports qui se trouvent entre les Polypes de plusieurs de ces polypiers, m'ont forcé de les réunir en un groupe séparé pour en former une section particulière.

Les Polypes qui forment ces polypiers n'habitent que dans les eaux douces, et principalement dans celles qui sont vives, fluviatiles.

Des quatre genres que je rapporte à cette section, le premier seul est encore trop imparfaitement connu pour assurer soit la famille, soit même la classe à laquelle il appartient. Il semble néanmoins tenir au second par l'habitude qu'ont les animalcules des deux genres d'errer dans les eaux. Les deux derniers genres offrant un polypier glomérulé et fixé sur les corps aquatiques, ont été associés avec des polypiers marins de la section des *empâtés*. Cependant la nature de ces polypiers, étudiée avec soin, et ceux de leurs Polypes qui ont été observés, m'ont paru s'opposer à cette association; c'est pourquoi je les en ai distingués ; et même considérablement éloignés. Voici les quatre genres, qui composent cette section.

[1] Polypiers libres, flottans dans les eaux :

> Difflugie.
> Cristatelle.

[2] Polypiers fixés sur les corps aquatiques :

> Spongille.
> Alcionelle.

———

DIFFLUGIE. (Difflugia.)

Corps très petit, gélatineux, contractile, enfermé dans un fourreau testacéiforme. Partie antérieure sortant hors du fourreau, et étendant irrégulièrement 1 à 10 bras tentaculaires, inégaux et rétractiles.

Fourreau ovale ou subspiral, tronqué et ouvert à sa base, agglutinant souvent des grains de sable à sa surface externe.

Corpus minimum, gelatinosum, contractile, vagina testaceiformi inclusum. Corporis pars antica extrà vaginam exiliens, et brachia plura [1—10] *tentacularia inæqualia retractiliaque variè porrigens.*

Vagina obovata vel subspiralis, basi truncata et aperta, externa superficie arenulosa sæpè agglutinans.

OBSERVATIONS. — D'après les observations que M. *Leclerc* a récemment présentées à l'Institut, la *Difflugie* est un animal microscopique encore très imparfaitement connu, et déjà très singulier par ceux de ses caractères qu'on a pu apercevoir.

Cet animalcule, dont les plus grandes dimensions n'excèdent pas un dixième de ligne, paraît contenu dans un fourreau, probablement membraneux, mais qui a la forme d'un test, étant un peu en spirale supérieurement, et tronqué à sa base. Lorsque ce fourreau s'est recouvert de grains de sable agglutinés, sa forme spirale ne paraît plus, et alors il présente une masse ovoïde, dont l'ouverture est à l'extrémité tronquée. C'est de cette ouverture que l'on voit sortir, avec une diffluence singulière, des bras tentaculaires, inégaux, d'un blanc de lait, variant irrégulièrement depuis un jusqu'à dix.

La bouche de cet animalcule n'a pas été observée. Il est pr bable néanmoins qu'elle existe, et qu'elle se trouve à la partie antérieure du corps, au centre des points d'où les bras tentaculaires se déploient.

Connaissant encore trop peu les caractères de ce petit animal, on ne peut prononcer sur la classe à laquelle il appartient réellement. Je remarquerai seulement que son mode d'être, n'est point du tout celui des infusoires. Il ne paraît guère s'en rapprocher que par sa taille; mais bien d'autres sont dans le même cas. On sait qu'à l'égard de l'état de l'organisation, la taille est d'une médicore importance; elle l'est moins encore que la consistance des parties.

Comme la *Difflugie* mérite d'être signalée et proposée aux nouvelles recherches des observateurs, je la range provisoirement parmi les Polypes, et je considère son fourreau comme son polypier.

[Ce Polype n'est que très imparfaitement connu et ne serait suivant M. Raspail, qu'un jeune Alcyonelle encore imparfaitement développé, état dans lequel cet animal aurait aussi été décrit et figuré par Muller, sous le nom de *Leucophra hétéoroclite.* (*Voy.* Mém. de la Soc. d'hist. nat. de Paris. t. 4. p. 98.) M. Ehrenberg range ce genre parmi les Polygastriques anenthérés.] (*Voy.* t. 1, p. 363).   E.

ESPÈCE.

1. **Difflugie protéiforme.** *Difflugia protœiformis.*

> *Difflugia.* Leclerc, mém. mss. (*Mémoires du Muséum, t. 2. p. 474. pl. 17, et Isis 1817. p. 980. pl. 7. C. fig. 1-5).
>
> * Encyclopédie méthodique. Atlas des vers, mollusques, etc. pl. 472. fig. 1.
>
> * Schweigger Handbuch der Naturgeschichte. p. 404.
>
> * Blainville. Manuel d'actinologie, p. 492. pl. 85. fig. 5, et Atlas du Dict. des sciences nat. Zoophytes, pl. 57. fig. 5.
>
> * Ehrenberg, 2e Mém. sur les Infusoires (in-fol). p. 90.
>
> Habite en Europe, dans les eaux douces, peuplées de plantes aquatiques, entre lesquelles l'animal se meut avec lenteur.

* Ajoutez *Difflugia oblonga,* Ehrenberg, loc. cit.; et *Difflugia ac-
cuminata,* ejusdem loc. cit., espèces dont on n'a pas encore publié
de figures.

CRISTATELLE. (Cristatella.)

Polypiers globuliformes, gélatineux, libres, à superficie chargée de tubercules courts, épars, polypifères.

Du sommet de chaque tubercule sort un Polype, dont
l'extrémité se divise en deux branches rétractiles, arquées,
garnies de tentacules disposées en dents de peigne.

Bouche située au point de réunion des deux branches
tentaculaires.

*Polyparii globuliformes, gelatinosi, non affixi, vagantes;
tuberculis brevibus separatis sparsis polypiferis.*

*Ex apice cujusque tuberculi polypum exseritur extremite
divisum in duos ramos retractiles, arcuatos, tentaculis unilateralibus pectinatos.*

Os in axillâ ramorum.

OBSERVATIONS. — Les Polypes que ROESEL nous a fait connaître, et dont le genre *Cristatelle* a été formé, sont des Polypes
composés très singuliers et qui semblent à peine appartenir à
l'ordre des Polypes à polypier.

Ils nous présentent un très petit corps globuleux, gélatineux,
jaunâtre et muni de quelques tubercules courts et épars. Ces
petits corps sont libres, nagent ou se déplacent dans les eaux,
et semblent ainsi se mouvoir à l'aide des deux branches tentaculaires de chacun de leurs Polypes.

Ces Polypes avoisinent considérablement les *vorticelles*, et cependant ne sont plus réellement des Rotifères.

Effectivement, sans posséder un organe uniquement rotatoire à leur bouche, les *Cristatelles* y en présentent un qui est
moyen entre celui des Rotifères et les tentacules en rayons des
autres Polypes, et surtout des *Plumatelles*, avec lesquelles on
sent qu'elles ont déjà des rapports. Ce qui appuie cette considération, c'est que, si les deux branches pectinées des *Cristatelles* représentent les deux demi-cercles ciliés des Rotifères, elles

ne se bornent point aux mêmes fonctions ; car ces parties peuvent se contracter et se mouvoir indépendamment les unes des autres, et n'ont que des mouvemens semi-rotatoires.

Le corps globuleux et commun des *Cristatelles* a une enveloppe mince, submembraneuse et transparente qui en forme le *Polypier*, et qui fournit à chaque tubercule de ce corps un tube très court qui est la cellule de chaque Polype. Cette considération indique les rapports des *Cristatelles* avec les *Plumatelles*, dont le Polypier tubuleux est bien connu. Elle montre que les *Cristatelles*, ainsi que la Difflugie, offrent réellement les ébauches ou les plus imparfaits des Polypiers, et en même temps la singulière particularité d'avoir un Polypier libre, qui nage avec elles.

Mais une observation qui me fut communiquée par le docteur *Vahl*, célèbre professeur de botanique à Copenhague, m'apprit que, d'après un naturaliste allemand nommé *Lichtenstein*, les Polypes de Roësel, qui constituent nos *Cristatelles*, sortaient de ces productions particulières connues sous le nom d'*Éponges fluviatiles*, qu'ils avaient probablement formées.

Ne connaissant pas l'ouvrage de *Lichtenstein*, et trouvant dans le fait singulier qu'il énonce de grandes difficultés que je ne puis résoudre, je m'en tiens pour les *Cristatelles* à ce que nous apprend Roësel.

On ne connaît encore qu'une seule espèce de *Cristatelles*, qui est celle que Roësel a observée.

[D'après les observations de M. Raspail, il paraîtrait que les *Cristatelles*, de même que les *Difflugies*, etc., ne sont que de jeunes Alcyonelles ; en traitant de ce genre, nous indiquerons les faits sur lesquels cette opinion est fondée.]   E.

ESPÈCE.

1. Cristatelle vagabonde. *Cristatella vagans.*

> Roës. Ins. 3. p. 559. tab. 91.
> * *Cristatella mucedo*. Cuvier. Règne anim. 1re éd. t. 4. p. et 2e éd. t. 3. p. 296.
> * *C. Vagans* Schweigger. Handbuch der naturgeschichte, p. 423.
> * Lamouroux. Encycl. méthod. Zooph. p. 226.
> * Blainville. Man. d'actinologie, p. 489. pl. 85. fig. 7, et Atlas du

Dict. des sc. nat. pl. 57. fig. 7.

Habite dans les eaux douces soit vives, soit stagnantes.

SPONGILLE. (Spongilla.)

Polypier fixé, polymorphe, d'une seule sorte de substance, à masse irrégulière, lacuneuse et celluleuse, constituée par des lames membraneuses, subpilifères, formant des cellules inégales, diffuses et sans ordre.

Des grains libres et gélatineux dans les cellules. Polypes inconnus.

Polyparium fixum, homogeneum, polymorphum, massâ irregulari lacunosâ et cellulosâ constitutum, Cellulæ inæquales imperfectæ diffusæ inordinatæ, laminis membranaceis, subpiliferis compositæ.

Granula plurima gelatinosa non affixa in cellulis. Polypi ignoti.

[Masses polymorphes, fixes, spongieuses, dépourvues de polypes et composées de globules vertes empâtant des faisceaux de spicules réunis de manière à former des cellules irrégulières et incomplètes dans lesquelles se trouvent des grains sphériques, libres et remplis de granules.]
  E.

OBSERVATIONS. — Sous le nom de *Spongille*, je comprends ces corps singuliers, spongiformes, celluleux, pilifères et verdâtres, que l'on trouve fixés dans les eaux douces et vives, sur les pierres et autres corps solides, et que l'on connaît depuis longtemps sous les noms de *Spongia fluviatilis*, *Spongia lacustris*, etc.

Ces corps ne me paraissent point appartenir au genre des Éponges marines, malgré l'analogie apparente que leur donne leur forme avec les Éponges.

Effectivement, ces mêmes corps, mollasses dans l'état frais, et très fragiles dans l'état sec, ne se composent point de deux substances distinctes, savoir: de fibres cornées, enlacées ou croisées, tenaces et plus ou moins empâtées d'une pulpe gélatino-terreuse, comme les Éponges marines; d'ailleurs, tous contiennent dans leurs cavernosités ou cellules une multitude de petits grains gélatineux, jaunâtres, et qui m'ont paru libres, tandis que rien de semblable n'a encore été observé dans les véritables Éponges.

Les petits grains observés dans les *Spongilles* seraient-ils des gemmes propres à produire les *Cristatelles,* comme l'observation de *Lichtenstein* semble l'indiquer?

On a cherché à constater en France l'observation de *Lichtenstein*, et l'on n'a point réussi (1). En effet l'on m'a assuré n'avoir vu aucune Cristatelle sortir des Spongilles ou y rentrer; et cependant l'on a observé des Cristatelles nageant dans les eaux qui contenaient les Spongilles. Ainsi, les Polypes des *Spongilles* ne sont pas encore connus.

Malgré l'analogie des formes des *Spongilles* avec les Éponges, il n'est pas encore constaté que ces corps fluviatiles soient des productions animales; on peut néanmoins les présumer telles d'après les apparences et d'après les grains gélatineux qu'ils contiennent.

Comme ces *Spongilles* constituent un genre très distinct, je les rapporte ici provisoirement, étant persuadé que si ce sont des productions d'animaux, elles appartiennent à des Polypes et probablement à des Polypes de cette section.

On en trouve quelquefois qui sont adhérentes à des Alcyonelles, et mélangées avec elles.

[C'est à tort que notre auteur regarde les Spongilles comme étant formées d'une seule substance; lorsqu'on étudie leur tissu au microscope, on voit qu'il se compose d'une masse molle et celluleuse, formée de globules et soutenue par un grand nombre de spicules solides, qui s'entrecroisent par faisceaux et remplissent les fonctions d'une espèce de charpente intérieure. M. Raspail a constaté que ces spicules sont des cristaux de silice. Sous ce rapport, comme sans beaucoup d'autres, les Spongilles ont la plus grande analogie avec diverses Éponges. A certaines époques, on trouve aussi dans leur intérieur des corps sphériques jaunâtres, et assez consistans, dont la surface ne paraît

---

(1) C'est accidentellement que des Cristatelles se trouvent quelquefois dans des Spongilles.   E.

pas adhérer avec les parties voisines, et dont l'intérieur est rempli de globules d'une petitesse extrême. Suivant MM. Raspail, Linck, etc., ces corps seraient des ovules ou gemmes; M. Dutrochet les regarde comme étant des espèces de réservoirs de matière nutritive destinée à servir au développement de la Spongille et à sa reproduction; mais M. Grant pense que ces singuliers êtres se multiplient par de petits globules hyalins et blancs, doués de mouvemens spontanés. Ces deux derniers naturalistes ont observé aussi l'exis tence de courans qui s'échappent de la surface de la Spongille par des oscules, de la même manière que cela se voit chez les Éponges.

D'après ce que nous venons de dire de la structure et des fonctions des Spongilles, on voit que nos connaissances à cet égard sont encore bien incomplètes. On peut affirmer que ces êtres ne présentent pas de véritables Polypes, comme Lamarck paraît le supposer; mais il est plus difficile de se prononcer sur leur nature, et plusieurs auteurs récens, parmi lesquels nous citerons MM. Gray, Dutrochet et Link les rangent dans le règne végétal.

Ce genre a été primitivement établi par Oken sous le nom de *Tupha*, et a été désigné par Lamouroux sous celui d'*Ephydatie*, antérieurement à la publication de l'ouvrage de Lamarck; mais le nom de Spongille, employé par ce dernier naturaliste, est généralement adopté.]   E.

ESPÈCES.

1. Spongille pulvinée. *Spongilla pulvinata.*

> *Sp. subincrustans, sessilis, crassa, convexa, sublobata; osculis majusculis, sparsis.*
>
> Mus. n.°
>
> Habite dans les rivières, près des moulins, sur les pierres, aux environs de Saint-Quentin. (M. *de Vieuville.*)

Elle forme des masses sessiles, irrégulières, épaisses, convexes, un peu lobées, et ne se ramifie point. Elle est très poreuse, lacuneuse, verdâtre dans l'état frais, et n'a de fibres qu'à sa surface. Ce peut être le *Spongia fluviatilis* de Pallas, Zooph. n.° 231; mais je n'ai vu aucun individu se ramifier.

* MM. Eudes Delonchamps et de Blainville, réunissent cette espèce à la suivante.

2. Spongille friable. *Spongilla friabilis.*

*Sp. sessilis, convexa, obsoletè lobulata, intus fibrosa; fibris longitudi-
nalibus, ramuloso-cancellatis.*

Spongia friabilis. Esper. Suppl. tab. 62.

* *Ephydatia friabilis.* Lamouroux. Hist. des polypiers flexibles. p. 6,
et Exposition méthod. des genres de polypiers, p. 28.

* Delonchamps. Encycl. méthod. Zoophytes, p. 324.

* *Spongilla friabilis.* Schweigger. Handbuch der Naturgeschichte,
p 421.

* Grant. Edinb. Phil. Journ. Vol. 14. p. 270.

* Blainville. Man. d'actinologie. p. 534.

* *Halichondria fluviatilis.* Fleming. Brit. anim. p. 524.

Habite dans les étangs. Elle est granifère, et n'a presque point de
parenchyme entre ses fibres.

3. Spongille rameuse. *Spongilla ramosa.*

Sp. sessilis, ramis elongatis subteretibus inæqualibus, lobulatis.

Spongia lacustris. Esper. 2. tab. 23. (1)

B. Eadem, massis digitatis ramulosis.

Spongia. Pluk. Alm. t. 112. f. 3. an Esper. 2. t. 23 *A.*

V. Eadem, ramis gracilibus ramulosis.

* *Ephydatia fluviatilis.* Lamouroux. Hist. des polypiers. p. 6.

* Delonchamps. op. cit. p. 324.

* *Spongilla ramosa.* Dutrochet. Annales des sc. nat. première série
t. 15. p. 205.

* Raspail. Expériences de chimie microscopique; Mém. de la soc. d'hist.
nat. de Paris. t. 4. p. 205. pl. 21.

* *Spongilla fluvatilis.* Blainville. op. cit. p. 534. pl. 92. fig. 6.

Habite dans les étangs, les lacs d'eau douce. Elle n'est point rare, se
ramifie constamment, et paraît distincte des deux précédentes.

ALCYONELLE. (Alcionella.)

Polypier fixé, encroûtant; à masse épaisse, convexe et
irrégulière; constitué par une seule sorte de substance, et
composé de l'agrégation de tubes verticaux, subpenta-
gones, ouverts à leur sommet.

Polypes à corps allongé, cylindrique, offrant à leur ex-

(1) Lamouroux et M. de Blainville, regardent la Spongia lacustris
comme formant une espèce distincte.

trémité supérieure quinze à vingt tentacules droits, disposés, autour de la bouche, en un cercle incomplet d'un
côté.

*Polyparium fixum, incrustans, in massam homogeneam,
crassam, convexam et irregularem extensum, tubis verticalibus aggregatis membranaceis apice hiantibus et subpentagonis compositum.*

*Polypi elongati, cylindrici; tentaculis, circà orem, 15 ad
20; erectis, fasciculum turbinatum vel infundibuliformem,
uno latere imperfectum componentibus.*

OBSERVATIONS. — L'*Alcyonelle* est un polypier qui ne tient de
l'Alcyon qu'une apparence de masse, mais qui n'offre nullement dans sa composition deux sortes de substances distinctes,
comme des fibres cornées et empâtées par une pulpe qui les
enveloppe ou les recouvre; ce qui est le propre des vrais
Alcyons.

Ici le Polypier n'est qu'une masse de tubes serrés les uns contre les autres, et dont la substance paraît identique. Ces tubes
sont un peu irréguliers, à cavité cylindrique, obscurément
pentagones à l'ouverture.

Les Polypes font sortir à l'entrée des tubes leurs tentacules,
qui se montrent par faisceaux un peu ouverts en entonnoir. Ces
tentacules n'oscillent point, paraissent immobiles, mais rentrent
dans le tube dès qu'on les touche.

Je ne connais qu'une seule espèce de ce genre, et que *Bruguière* avait déjà décrite. Elle m'a été communiquée, dans l'état
frais, par *M. de Beauvois*, membre de l'Institut, qui l'a recueil-
lie dans l'étang de Plessis-Piquet, près de Paris.

[On doit à M. Raspail des observations très intéressantes sur
la structure et la physiologie de l'Alcyonelle. Il a constaté que
ces Polypes ont une bouche et un anus distincts, situés à l'extrémité antérieure du corps, et communiquant avec une cavité digestive enfermée dans une espèce de gaîne formée par
la membrane tégumentaire de l'animal. Sous ce rapport,
les Alcyonelles paraissent se rapprocher des Flustres; mais ils
en diffèrent par leur mode de reproduction, car les bourgeons

8.

peuvent se développer sur toutes les parties libres de la surface externe du corps, et il en résulte des agrégats de Polypes dont les gaînes communiquent par leur base. Les ovules ou gemmes se forment dans la partie inférieure de l'espèce de tube que constitue cette gaîne.

En suivant le développement de l'Alcyonelle, M. Raspail a observé des états dans lesquels ce Polype ressemble exactement aux infusoires décrits par Muller, sous les noms de *Leucophra heteroclita*, et de *Trichoda floccus*, à la *Difflugie* de Leclerc, au *Polype à pannache* de Trembley, au *Plumatelle* de Lamarck, à la *Tubulaire rampante* de Muller, et à la *Cristatelle* ; aussi, d'après ce naturaliste, toutes ces espèces ne seraient-elles que de jeunes Alcyonnelles. Il nous paraît en effet probable que ces Polypes, observés à des périodes diverses de leur développement, ont été pris pour des animaux différens et décrits sous des noms particuliers. Mais il serait possible aussi que les formes transitoires de l'Alcyonelle décrites par M. Raspail se rencontrassent d'une manière permanente chez d'autres Polypes, et par conséquent, on ne peut encore rayer des catalogues zoologiques la longue suite d'espèces mentionnées ci-dessus.]

E.

ESPÈCE.

1. **Alcyonelle des étangs.** *Alcyonella stagnarum.*

> *Alcyonium fluviatile.* Brug. Dict. p. 24. n° 10.
> * Lamouroux. Hist. des polypiers flex. p. 354.
> * *Alcyonella stagnarum.* Lamouroux. Expos. méth. des Polyp. 71 et Encycl. méthod. de Zooph. p. 38.
> * Schweigger. Handbuch der Naturgeschichte. p. 423.
> * *Alcyonella fluviatilis.* Raspail. Mém. de la soc. d'hist. nat. de Paris t. 4. p. 75. pl. 12 à 15.
> * Blainville. Manuel d'actinologie. p. 491. pl. 85. fig. 8.
> Habite dans les étangs et dans les eaux de fontaine, aux environs de Paris.

Deuxième Section.

POLYPIERS VAGINIFORMES.

Polypier d'une seule substance, à tiges grêles, fistuleuses, membraneuses ou cornées, flexibles, phytoïdes; contenant les Polypes dans leur intérieur.

La section des *polypiers vaginiformes* est très naturelle; elle peut être considérée comme une grande et belle famille de Polypes que l'on ne saurait écarter les uns des autres.

Les polypiers dont il s'agit offrent, en général, des productions allongées, grêles, cauliformes, flexibles, transparentes, rarement simples, le plus souvent ramifiées très finement, et qui représentent des plantes très délicates. ces productions sont fistuleuses, ainsi que leurs rameaux, inorganiques, d'une substance presque toujours cornée, et contiennent les Polypes ou le corps commun auquel lés Polypes se réunissent par leur partie postérieure; mais la partie antérieure de chaque Polype rentre et sort, soit par l'extrémité ouverte des tiges et des rameaux du polypier, soit par des ouvertures latérales qui présentent comme autant de cellules particulières. Ces ouvertures latérales sont, le plus souvent, saillantes au dehors, et imitent de petits calices, plus ou moins en saillie, le long des tiges et des rameaux de ces polypiers.

Ces mêmes polypiers ne sont plus grêles et plus délicats que les polypiers glomérulés, que parce qu'ils ne sont point ramassés, et que leurs parties ne sont point resserrées en paquet dense; mais ils sont plus animalisés dans leur substance, puisque cette substance est évidemment cornée dans la plupart, tandis que celle des polypiers glomérulés ne l'est nullement.

Les Polypes contenus dans les *polypiers vaginiformes* communiquant les uns aux autres par leur partie postérieure, donnent probablement lieu à l'existence d'un corps commun, vivant, très frêle, et dont la vie est indépendante de celle des individus qu'elle anime. On est, en effet, autorisé à croire que les tubes de ces polypiers sont remplis par un corps gélatineux (1), vivant, plus durable que les individus qu'il produit, périssant peu-à-peu par une extrémité, et s'accroissant en même temps par l'autre. Or, c'est à ce corps commun que chaque Polype est adhérent par son extrémité postérieure.

A mesure que les Polypes qui adhèrent se multiplient par des gemmations qui ne se séparent point, le corps commun s'oblitère et se dessèche progressivement dans sa partie inférieure; mais il continue de vivre dans le reste de son étendue, s'accroissant même dans sa partie supérieure, en développant sans cesse de nouveaux individus. Ainsi, nourrissant tous les Polypes et en produisant continuellement de nouveaux, ce corps vivant et médullaire accroît ou agrandit successivement le polypier, multiplie ses ramifications, et produit périodiquement, outre les gemmes isolés non séparables, ces bourses ou vessies particulières qui en contiennent d'autres, et qui, en se détachant et tombant sur les corps voisins, vont multiplier le polypier.

Il résulte de cet ordre de choses, qu'à mesure que le polypier vieillit par la continuité de nouvelles générations de Polypes qui s'y succèdent, les tiges de certains d'entre eux se remplissent d'abord inférieurement de matière cornée, et ensuite s'épaississent presque entièrement, de-

---

(1) Il existe effectivement dans l'intérieur du tube un parenchyme vivant dont le centre est occupé par un canal qui communique avec la bouche de ces Polypes et qui est le siège de courans plus ou moins rapides.

viennent comme frutiqueuses, plus raides et plus dures ; mais leurs sommités et surtout leurs ramifications restent fistuleuses.

J'ai dit que le corps commun des Polypes de ces polypiers produisait successivement deux sortes de gemmes : les uns non séparables, et qui multiplient les Polypes du même polypier ; les autres qui doivent s'en séparer et donner lieu à d'autres polypiers de la même espèce. Ces derniers naissent ordinairement ramassés plusieurs ensemble, comme en paquet ou en petite grappe, et sont renfermés dans des bourses ou vessies particulières que l'on observe en certain temps sur les tiges, les rameaux ou dans les aisselles de ces polypiers. Ces bourses gemmifères se détachent et tombent au temps de leur perfectionnement complet, et donnent lieu à de nouveaux polypiers fixés sur les corps marins du voisinage, à mesure que les Polypes se développent et se multiplient.

[Pour rendre cette famille parfaitement naturelle, il suffirait d'en retirer un petit nombre de genres sur l'organisation de plusieurs desquels on n'est pas fixé, mais que l'on sait n'avoir que peu de rapports avec la plupart des Polypes dont il est ici question ; ainsi réformée elle correspondrait à-peu-près à la famille des *polypiers membraneux, phytoïdes* ou *Sartulariées*, de M. de Blainville, et prendrait place dans l'ordre naturel des SERTULARIENS. (*Voy.* p. 100.)

L'organisation de ces animaux a la plus grande analogie avec celle des Hydres et des Corynes, dont ils ne paraissent guère différer que par l'existence d'une gaîne de consistence cornée, formée par une membrane tégumentaire vivante, mais plus ou moins durcie. Ils se composent essentiellement d'une cavité tubiforme dont la tunique interne, d'une texture molle et délicate, se termine antérieurement par une espèce de trompe protractile percée par l'ouverture buccale et entourée d'un cercle de tentacules

garnis de petits cils très courts, épars et non vibratiles;
la tunique externe, ordinairement de consistance semi-
cornée et articulée, s'élargit en général à son extrémité
antérieure, pour former une sorte de cellule dans laquelle se retire la portion terminale et contractile du Polype. La disposition des tentacules dont nous venons de
parler varie un peu suivant les genres, et leur nombre
varie avec l'âge. La bouche communique avec la cavité
tubulaire qui occupe l'axe de la portion mobile du Polype,
et qui règne aussi dans toute la longueur de l'espèce de
pédoncule formée par la portion immobile et tubiforme
de son corps. Cette cavité est le siège de courans irréguliers, et se continue dans les branches latérales formées
par le développement de nouveaux Polypes sur la tige
mère.

La famille des SERTULARIÉES ainsi circonscrite comprendrait les genres Sertulaire, Campanulaire, Plumulaire,
Antennulaire, etc. Les Cornulaires, que Lamarck place
dans cette division appartiennent à la famille des Alcyoniens, et il en est probablement de même des Tubulaires;
les Cellaires, les Anguinaires, et probablement les Sérialaires et les Plumatelles sont des Bryzoaires; et quant aux
Acétabules, aux Dichotomaires, etc., ils nous paraissent
devoir être exclus de la classe des Polypes.]   **E.**

Comme les *polypiers vaginiformes*, d'abord très frêles
et presque membraneux dans les premiers genres, deviennent ensuite cornés dans les suivans, et bientôt après
acquièrent un enduit calcaire qui augmente leur consistance et les rend un peu fragiles, ces considérations nous
autorisent à les ranger et les diviser de la manière
suivante.

DIVISION DES POLYPIERS VAGINIFORMES.

* *Polypiers nus, non vernissés ni encroûtés à l'extérieur.*

[1] Cellules terminales.

> Plumatelle.
> Tubulaire.
> Cornulaire.
> Campanulaire.

[2] Cellules latérales.

> Sertulaire.
> Antennulaire.
> Plumulaire.
> Sérialaire.

** *Polypiers vernissés ou légèrement encroûtés à l'extérieur.*

> Tulipaire.
> Cellaire.
> Anguinaire.
> Dichotomaire.
> Tibiane.
> Acétabule.
> Polyphyse.

PLUMATELLE. (Plumatella.)

Polypier fixé par sa base, grêle, tubuleux, rameux, submembraneux, ayant les extrémités des tiges et des rameaux terminées chacun par un Polype.

Polypes à bouche rétractile, munie de tentacules ciliés, disposés sur un seul rang, et dépourvus de bourrelet à leur origine.

Polyparium basi affixum, gracile, tubulosum, ramosum, submembranaceum, caulium ramulorumque ex apicibus singularilus polypum exserens.

Polypi ore retractili; tentaculis ciliatis uniseriatis et annulo destitutis.

OBSERVATIONS. — Depuis *Roësel* et *Schœffer*, qui ont observé et fait connaître des Tubulaires d'eau douce, M. *Vaucher* a observé avec beaucoup de détails, dans les eaux du Rhône et dans quelques eaux stagnantes et douces, deux espèces de Tubulaires d'eau douce, dont une paraît nouvelle.

Il résulte de toutes les observations qui font connaître ces Tubulaires d'eau douce, que ces Polypes doivent être distingués, comme genre, des Tubulaires marines.

Ces Polypes paraissent très voisins des *Cristatelles* par leurs tentacules, et ils le sont aussi des *Alcyonelles*, qui n'en diffèrent que parce que les tubes de chaque Polype sont agrégés et réunis en masse.

En considérant le panache plumeux que forment les tentacules de ces Polypes, nous leur avons assigné le nom de *Plumatelle* pour désigner leur genre.

Dans les *Plumatelles*, il n'y a point de bourrelet visible à l'origine des tentacules, et ces tentacules sont, en général, pourvus de cils, soit verticillés, soit disposés en plume; caractères que n'offrent point les Polypes des Tubulaires. D'ailleurs, les Plumatelles peuvent rentrer dans leur tube, et y retirer entièrement leurs tentacules : faculté que n'ont point les Tubulaires. (Voyez le *Bulletin des sciences*, n° 81, p. 157.)

Les gemmes reproductifs et oviformes des Plumatelles sont enveloppés chacun dans une membrane en forme de vessie, qui s'ouvre sans se déchirer. Ils naissent de l'intérieur, et sortent entre les tentacules par la bouche du Polype.

Les tubes, plus ou moins rameux, qui constituent le polypier des Plumatelles, sont membraneux, frêles et très délicats.

[La science réclame de nouvelles observations sur ces Polypes; ainsi que nous l'avons déjà dit, M. Raspail les considère comme des Alcyonelles.]   E.

ESPÈCES.

1. Plumatelle à panache. *Plumatella cristata.*

*Pl. stirpe brevi, ramosá, subpalmatá; tentaculorum serie campanula-
tá, lunatá.*
Polype à panache. Trembley. Polyp. 3. pl. 10. f. 8-9.
Tubularia reptans. Blumenb. Natur. p. 440. n.° 1.
* Vaucher. Bulletin de la Soc. philomatique. n° 81. an xii.
* *Naïsa reptans.* Lamouroux. Hist. des Polypes flex. p. 223, et Expos.
méthod. des Polyp. p. 16. pl. 68. fig. 3 et 4.
* Delonchamps. Encyclop. Zooph. p. 562.
* *Plumatella cristata.* Schweigger. Handbuch. p. 424.
* Blainville. Dict. des scienc. nat. t. 42. p. 12 ; et Manuel. d'actin.
p. 490.
Se trouve dans l'eau des étangs.

2. Plumatelle campanulée. *Plumatella campanulata.*

*Pl. stirpe alternatim ramosá; tentaculorum serie campanulatá, lunatá,
cristatá.*
Roësel. Ins. 3. p. 447. t. 73. 75. Encycl. pl. 472. fig. 4.
Tubularia campanulata. Gmel. Syst. nat. VI. p. 3834.
* Cuvier. Règ. anim. 1ᵉʳ éd. t. 4. p. 72, et 2ᵉ éd. t. 3. p. 299.
* *Naïsa campanulata.* Lamouroux. Hist. des Polyp. p. 224.
* Delonchamps. Encyclop. Zooph. p. 562.
* *Plumatella campanulata.* Schweg. op. cit. p. 424.
* Blainville. Dict. des scienc. nat. t. 42. p. 12 ; et Manuel. d'actin.
p. 490. pl. 85. fig. 6.
Se trouve dans les eaux douces et stagnantes, fixée sous la lenticule.
Elle est très voisine de la précédente par ses rapports.

3. Plumatelle rampante. *Plumatella repens.*

*Pl. stirpe ramosá, filiformi, repentè; tentaculis subfasciculatis, verticil-
lato ciliatis; gemmarum vesiculis elongatis.*
Tubularia repens. Gmel. Syst. nat. VI. p. 3835.
Schœff. Armop. 1754. t. 1. f. 1. 2.
Vaucher. Bullet. des sc. an xii. 3. pl. XIX. f. 1. 5.
* *Plumatella repens.* Bosc. Vers. t. 3. p. 80.
* Cuvier. Règne animal. 2ᵉ éd. t. 3. p. 299.
* *Naïsa repens.* Lamouroux. Polyp. flex. p. 223 et Expos. méthod.
des Polyp. p. 16. pl. 68. fig. 2.
* Delonchamps. Encyclop. p. 561.
* *Plumatella reptans.* Blainville. Dict. des scienc. nat. t. 42. p. 12;
et man. d'Actin. p. 490.
* Fleming. British animals. p. 552.
Se trouve dans les eaux douces, sous les feuilles du nénuphar.

4. Plumatelle lucifuge. *Plumatella lucifuga.*

> *Pl. stirpe ramosâ, filiformi repente; tentaculis subfasciculatis, verticil-*
> *lato-ciliatis, aquam agitantibus; gemmarum vesiculis suborbiculatis*
> *complanatis.*
>
> *Tubularia lucifuga.* Vauch. Bullet. des sc. 3. pl. 19. f. 6.10.
> * Cuvier. Reg. anim. 1ᵉʳ éd. t. 4 p. 72, et 2ᵉ éd. t. 3. p. 299.
> * *Naïsa lucifuga.* Lamouroux. Polypes flex. p. 224. pl. 6. fig. 5.
> * Delonchamps. Encyclop. p. 562.
> * *Plumatella lucifuga.* Blainville. Dict. des scienc. nat. t. 42. p. 12;
> et Manuel. d'actin. p. 490.
>
> Se trouve dans les eaux douces, sous les pierres.

TUBULAIRE. (Tubularia.)

Polypier fixé par sa base, grêle, tubuleux, simple ou rameux, corné; ayant les extrémités des tiges et des rameaux terminées chacune par un Polype.

Polypes à bouche munie de deux rangs de tentacules nus, non rétractiles, et pourvus d'un bourrelet à leur origine.

Polyparium basi affixum, gracile, tubulosum, corneum, simplex vel ramosum, caulium ramulorumque apicibus singularibus polypum exserens.

Polypi ore tentaculis nudis, biseriatis, non retractilibus, subtùs annulo instructis.

OBSERVATIONS —Les *Tubulaires* sont des Polypes marins, très voisins, par leurs rapports, des Plumatelles, mais qui en sont bien distincts, et qui forment évidemment le passage des *Plumatelles* aux *Sertulaires.* Leur polypier, constamment fixé par sa base, consiste en tubes grêles, simples ou rameux, cornés, flexibles, lisses, réunis plusieurs ensemble, et dont l'extrémité supérieure de chaque tige et de chaque rameau se termine par un Polype. Ce polypier diffère de celui des Sertulaires en ce qu'il n'est point denté sur les côtés par des cellules saillantes et calyciformes.

Ainsi, les Polypes des *Tubulaires* sont constamment terminaux, et ils se distinguent de ceux des Plumatelles en ce que leurs tentacules, nus et disposés sur deux rangs, ne peuvent point rentrer entièrement dans le tube ou fourreau du Polype, et qu'ils ont à leur origine une espèce de collet.

Les tentacules des Tubulaires sont ordinairement nombreux et l'on remarque que ceux du rang extérieur ou inférieur sont ouverts et rayonnans, tandis que ceux du rang intérieur ou supérieur sont relevés en faisceau, et représentent en quelque sorte le pistil d'une fleur.

Les gemmes reproductifs et oviformes des *Tubulaires* sont enveloppés chacun dans une membrane en forme de vessie, naissent de l'intérieur, et sortent entre les tentacules inférieurs et le tube.

On prétend que les Polypes des *Tubulaires* sont peu contractiles. Il se peut que l'intensité de leur irritabilité soit dans un degré inférieur à celui des autres Polypes ; mais ils sont irritables ou ont des parties irritables, sans quoi ces êtres ne seraient point des animaux. Il ne peut y avoir d'exception à cet égard.

[D'après quelques observations récentes faites par M. Lister, il paraîtrait probable que la structure intérieure de ces Polypes se rapproche beaucoup de celle des Cornulaires, des Lobulaires, etc.; ce naturaliste a en effet aperçu dans la cavité abdominale tubiforme de la *Tubularia indivisa*, des stries longitudinales qui semblent être analogues aux replis ovifères des Alcyoniens, parties qui n'existent pas chez les Polypes de la famille des Sertulairiées. M. Ehrenberg divise ce petit groupe en deux genres : le premier, auquel il conserve le nom de *Tubularia*, comprend les espèces à tubes simples ; le second, qu'il nomme *Eudendrium*, se compose des espèces rameuses.]E.

ESPÈCES.

1. Tubulaire chalumeau. *Tubularia indivisa.*

> *T. tubulis aggregatis, simplicibus, sursùm leviter dilatatis, basi attenuatis implexis.*
>
> Ellis. Corall. p. 31. t. 16. *fig. C.* et Act. angl. 48. t. 17. *fig. D.*
> *Tubularia indivisa.* Lin.
> * *Tubularia calamaris.* Pallas. Elen. zooph. p. 2. n° 38.
> * *Tubularia indivisa.* Lamouroux. Polyp. flex. p. 230 ; et Expos. méth. des polyp. p. 17.

* Delonchamps. Encycl. zooph. p. 757.
* Fleming. British animals. p. 512.

Tubulaire chalumeau. Blainv. Man. d'actin. p. 470; et Dict. des sc. nat. t. 56. p. 28.

* *Tubularia indivisa. Lister.* Trans. philos. 1834. p. 366. tab. 8. fig. 1.

* *Tubularia calamaris.* Ehrenberg. Mém. sur les Polypes de la mer Rouge. p. 71.

Se trouve dans l'Océan européen et dans la Méditerranée.

† 1ᵃ. Tubulaire couronnée. *Tubularia coronata.*

T. *sesqui pollicaris rosea, tubulis erectis, simplicibus tortuosis 1/3 lin. crassa, prole fœconda racemosa, intus læte rubra.*

Abildgaard. Muller Zool. danica. vol. 4. p. 25. tab. 141.

Ehrenberg. Mém. sur les Polyp. de la mer Rouge. p. 71.

Habite les mers du Nord.

2. Tubulaire trachée. *Tubularia larynx.* Sol.

T. tubulis simplicibus aggregatis, hinc indè annuloso rugosis, infernè attenuatis. Soland. et Ellis. Corall. p. 31.

Ellis. Corall. t. 16. *fig. b.* et Act. angl. 48. t. 17. *fig. C.*

Tubularia muscoïdes. Lin. Esper. Tub. suppl. t. 4 et 4. *A.*

* Lamaroux. Polyp. flex. p. 230.

* Fleming. Brit. anim. p. 552.

* Blainville. Man. d'actin. p. 470; et Dict. des scienc. nat. t. 56 p. 29.

* *Eudendrium bryoides.* Ehrenberg. Mém. sur les Polyp. de la mer Rouge. p. 72.

Se trouve dans l'Océan européen. Ses tubes sont vermiformes.

3. Tubulaire rameuse. *Tubularia ramosa.*

T. tubulis ramosis, axillis ramulorum contortis. Sol.

Ellis. Corall. tab. 16. *fig. a.* et tab. 17. *fig. a A.*

Soland. et Ellis, n° 3. *Tub. ramosa.* Lin.

*Lamouroux. Poly. flex. p. 231. Ce naturaliste distingue de la *T. ramosa.* figurée par Ellis, pl. 17, l'espèce représentée par le même auteur pl. 16. *fig. a*, et mentionnée par Pallas (Elec. Zooph. p. 34); il désigne cette dernière sous le nom de *T. trichoides.*)

* Fleming. Brit. anim. p. 552.

* Blainville. Man. d'act. p. 470; et Dict. des scienc. nat. t. 56. p. 29.

* *Eudendrium ramosum.* Ehrenberg. Mém. sur les Polypes de la mer Rouge. p. 72.

Se trouve dans l'Océan européen.

4. Tubulaire splachne. *Tubularia splachnea.*

T. culmis, capillaribus simplicissimis; peltá terminali lævi membranaceá.

Esper. Suppl. tubul t. **8.**

Habite la Méditerranée. Elle semble du même genre que l'Acétabule; mais son plateau membraneux n'est point composé de cellules tubuleuses et rayonnantes. Polypes inconnus.

* Suivant M. de Blainville, ce prétendu Tubulaire ne serait qu'un byssus de moule.

┼ 5. Tubulaire à anneaux. *Tubularia annulata.*

T. tubulis simplicibus, annulatis, pennæ corvinæ crassitie.

Lamour. Polyp. flex. p. 229. n° 366. pl. 7. fig. 4.

Delonch. Encycl. zooph. p. 757.

Blainv. Dict. des sc. nat. t. 56. p. 29.

Trouvé sur les côtes de la Catalogne. D'après M. de Blainville, ce prétendu polypier ne serait qu'un tube d'Annélide (Voy. son Manuel d'actinologie, p. 240.)

✝ 6. Tubulaire pygmée. *Tubularia pygmæa.*

T. tubis solitariis annulatis, paululùm flexuosis, pariem ramosis; ramis brevibus.

Lamour. Polyp. flex. p. 232. n° 372.

Delonch. Encycl. zooph. p. 758. n° 8.

Blainv. Man. d'Act. p. 471. et Dict. des sc. nat. t. 576. p. 29.

✝ **Ajoutez :**

L'*Eudendrium splendidum.* Ehrenb. (Mém. sur les Polyp. de la mer Rouge). p. 72 ; et peut-être le *Tubularia hyalina* et le *T. calyculata* de M. Risso (Hist. nat. de l'Europe mérid. t. 5. p. 308); mais ces deux dernières espèces sont trop imparfaitement connues pour qu'on puisse se former une opinion sur leur nature.

Observ. La *tubularia magnifica* (Act. soc. Linn. vol. 5.) est, dans notre système, rangée parmi les Amphitrites.

* Les *Tubularia fistulosa* (Esper. tub. pl. 11), *T. subulata* (Esper. pl. 12). *T. angulosa* (Esp. pl. 13), *T. compressa* (Esp. pl. 14), *T. bullata* (Esp. pl. 15), *T. clalhratra* (Esp. pl. 16), *T. triquetra* (Esp. pl. 18), *T. clavata* (Esp. 22), *T. cochleœrformis* (pl. 28), etc., sont des amas d'œufs de Mollusques.

CORNULAIRE. (Cornularia.)

Polypier fixé par sa base, corné ; à tiges simples ,

infundibuliformes , redressées , contenant chacune un Polype.

Polypes solitaires, terminaux; à bouche munie de huit tentacules pinnés, disposés sur un seul rang.

Polyparium basi affixum, corneum; surculis simplicibus, infundibuliformibus, erectiusculis, polypum unicum singulis continentibus.

Polypi solitarii, terminales ; ore tentaculis octo dentato-pinnatis, uniserialibus.

OBSERVATIONS. — Les Polypes de ce genre ne peuvent être associés aux Tubulaires dont la bouche est environnée de tentacules nombreux, disposés sur deux rangs. La rangée unique et le petit nombre de leurs tentacules les rapprochent de ceux des Sertulaires et des genres avoisinans.

Les *Cornulaires* ne sont pas probablement des Polypes simples, car il paraît que leurs jets communiquent ensemble à leur base par un tube rampant dont *Cavolini* représente une portion.

Ces jets, dans l'espèce connue, sont cornés, jaunâtres, ridés transversalement et comme par anneaux, et vont en s'élargissant insensiblement vers leur sommet, d'où sort le Polype qu'ils contiennent.

[La structure des Cornulaires a la plus grande analogie avec celle des Lobulaires, et, dans une classification naturelle, il faudrait nécessairement les rapprocher. La bouche de ces Polypes communique avec un canal vertical qui est ouvert à ses deux extrémités et qui est suspendu à la partie supérieure de la cavité abdominale. Huit cloisons verticales s'étendent des parois de ce tube à celles de la cavité où il est logé, et constituent ainsi huit canaux qui se rendent de cette dernière cavité dans les tentacules; inférieurement ces cloisons se continuent, sous la forme de replis membraneux, sur les parois de la cavité abdominale, et logent, dans leur épaisseur, huit corps filiformes et très flexueux qui naissent du tube alimentaire; la portion cornée ou basilaire du Polype est traversée par un lacis vasculaire et doit principalement sa consistance à des spicules calcaires dont sa substance est hérissée ; c'est cette partie spongieuse

qui se continue avec les prolongemens radiciformes, et y donne
naissance aux germes reproducteurs.]   E.

ESPÈCE.

1. **Cornulaire ridée.** *Cornularia rugosa.*

> *Tubularia cornucopiæ.* Pallas El. zooph. p. 80, n° 37.
> Cavol. Pol. mar. p.250. t. 9. f. 11. 12.
> Esper. Suppl. tab. XXVII. f. 3.
> * Lamouroux. Polyp. flex. p. 229. pl. 7. fig. 5. Très mauvaise fig.
> * *Cornularia rugosa.* Lamouroux. Exp. méth. des Polyp. p. 17.
>   pl. 78. fig. 4 ; et Encycl. Zooph. p. 219.
> * *Cornularia cornucopiæ.* Cuvier. Règne anim. 2ᵉ éd. t. 3. p. 300
> * Schweigger. Handbuch der naturgeschichte. p. 425.
> * *Cornularia rugosa.* Blainv. Man. d'actin. p. 499. pl. 82. fig. 4 ; et
>   *Tubularia cornucopiæ.* Ejusdem op. cit. p. 470.
> Se trouve dans la Méditerranée.

† Le Polype décrit par M. Lesson, sous le nom de ZOANTHE DES MOL-
LUSQUES (*Zoantha thalasanthos.* Less. Voy. de la Coquille. Zooph. pl. 1.
fig. 2), paraît devoir se placer dans le genre Cornulaire; la portion basilaire
des Polypes est claviforme, striée longitudinalement, et fixée sur une
tige commune grèle et rampante; enfin, la portion molle se termine par
huit tentacules filiformes et pennées.

* MM. Quoy et Gaimard, ont donné le nom de Cornulaires à plusieurs Polypes
qui ne peuvent être rangés dans ce genre, et dont nous aurons occasion de
parler en traitant des Polypes tubifères.   E.

CAMPANULAIRE. (Campanularia.)

Polypier phytoïde, filiforme, sarmenteux, corné; à tiges
fistuleuses, simples ou rameuses.

Calyces campanulés, dentés sur les bords, soutenus par
des pédoncules longs et tortillés.

*Polyparium phytoïdeum, filiforme, sarmentosum, corneum;
surculis tubulosis, simplicibus aut ramosis.*

*Calyces campanulati, margine dentati, pedunculis elon-
gatis contortisque elevati.*

[Polypes de la famille des Sertulariens terminés par une
couronne simple de tentacules irrégulièrement subciliées, en-

TOME II.   9

tourant une bouche proboscidiforme simple, et se retirant dans des cellules campanuliformes portées sur des pédoncules longs et grèles qui naissent directement d'une souche rampante ou d'une tige dressée dont ils ne diffèrent pas sensiblement, et dont ils semblent être de simples prolongemens ou branches.   **E.]**

OBSERVATIONS. — Les *Campanulaires* ont sans doute de grands rapports avec les *Sertularia* de Linné; ce qui fait qu'on les a confondues parmi les espèces rapportés en ce genre; mais elles s'en distinguent éminemment, n'ayant point leur tige ni ses rameaux dentés latéralement par des calyces sessiles et en saillies. Les calyces ou cellules des *Campanulaires* sont, au contraire, soutenus par des pédoncules latéraux, souvent assez longs, et tortillés, surtout vers leur base.

Les calyces de ces Polypiers sont, d'ailleurs, un peu grands, campanulés, dentelés en leur bord, et polypifères.

Enfin, on voit naître sur ces Polypiers des vésicules gemmifères, axillaires, ovales-tubuleuses, plus ou moins tronquées à leur sommet.

[Ce genre, établi à-peu-près à la même époque par Lamarck sous le nom de *Campanulaire*, et par Lamouroux sous le nom de *Clythie*, se lie d'une manière intime avec les Sertulaires, dont ce dernier naturaliste a formé son genre *Laomedée* ; chez tous, les cellules sont pédicellées et la tige est ordinairement rameuse; la longueur du pédicelle, comparativement à celle de la cellule, ne suffit pas toujours pour les distinguer; il en est de même de la nature rampante ou non volubile de la tige, et, dans l'état actuel des choses, la limite entre ces deux groupes nous paraît un peu arbitraire, au point que nous ne pouvons trouver aucune raison suffisante pour éloigner des Campanulaires certaines Laomedées de Lamouroux (le *L. Lairii,* par exemple); mais cependant nous sommes loin de penser qu'il soit opportun de réunir dans un seul genre tous ces Polypes, car ils offrent deux types d'organisation bien distincts. Ce qui nous paraît caractériser surtout les Campanulaires, est la manière dont le pédicelle de leurs cellules, s'unit à la tige commune; ces pédicelles, ordinairement très longs, se continuent sans interruption avec la tige qui les porte, et semblent en être de simples prolongemens plutôt que des appendices. Chez les Laomedées, au contrair la tige commune présente, de distance à distance, une espèce de large dentelure ou de tronçon de branche, de la surface supérieure de laquelle naît le pédoncule de la cellule correspondante ; ce pédoncule, grêle et en général très court, paraît comme implanté sur la tige, et ne peut être considéré comme en étant un simple prolongement ; enfin la tige, au lieu d'être tubulaire et simple ou annelée, comme chez les premiers, présente des traces plus ou moins distinctes d'une articulation au-dessus et au-dessous de l'origine de chaque pédoncule polypifère. Il est aussi à noter que les dentelures du bord de la cellule, indiquées par Lamarck comme caractéristiques, n'existent pas dans toutes les espèces.

Les Polypes de ce genre ont la plus grande analogie avec ceux des Sertulaires ; ils portent antérieurement une couronne simple de longs tentacules, irrégulièrement ciliés tout autour et en nombre variable ; au milieu de l'espèce d'entonnoir lisse qui supporte ces tentacules, se trouve une saillie considérable perforée à son sommet par la bouche ; la forme de cette partie change beaucoup. En général, elle ressemble à une boule pédonculée, mais d'autres fois elle s'avance comme une trompe cylindrique, ou s'évase en forme d'entonnoir sans jamais être garni d'appendice tentaculiformes. Le corps du Polype s'élargit un peu vers le fond de la cellule qui le loge et y adhère, mais se continue au-delà dans l'axe de son pédoncule et dans la tige commune où il se confond avec la portion analogue des autres Polypes du même Polypier. Cette portion inférieure du Polype est creusée dans toute sa longueur d'un canal central dans lequel se voit une liqueur en mouvement, et ce canal communique supérieurement avec l'estomac (ou cavité postbuccale) de l'animal ; mais il paraîtrait cependant que l'ouverture par laquelle cette communication s'établit est ordinairement contractée, car, en général, le liquide qui monte et descend alternativement dans la tige, s'arrête au-dessous de la cellule terminale.   E.]

ESPÈCES.

1. **Campanulaire verticillée.** *Campanularia verticillata.*
C. stirpe alternâ ramosa ; ramis summitatibusque pedunculiferis ;
*pedunculis verticillatis cellulâ unicâ (* denticulatâ) terminatis ;*
*(* ovariis ovatis).*

9.

Ellis. Corall. p. 23. tab. 13. *fig. a. A.*

Sertularia verticillata. Linn.

* *Clythia verticillata.* Lamouroux Polyp. flex. p. 202. Encyclop: Zooph. p. 201.

* *Laomedea verticillata.* Blainville. Man. d'actin. p. 475. pl. 84. fig. 3.

Habite dans l'Océan européen.

2. Campanulaire grimpante. *Campanularia volubilis.*

*C. stirpe volubili subramosá; pedunculis alternis longis cellulá unicá (* denticulatá) terminatis; vesiculis ovatis subrugosis.*

Ellis. Corall. tab. 14. f. 21. *a. A.* Soland. et Ellis, tab. 4. *fig. c, f, E, F.*

Sertularia volubilis. Lin.

* Esper. Zooph. Sert. pl. 30.

* *Sertularia uniflora.* Pallas. Elen. Zooph. p. 115.

* *Clythia volubilis,* Lamouroux Pol. flex. p. 202. Expos. méthod. des Polyp. p. 13. pl. 4. fig. e, f. *E, F, et* Encyclop. Zooph. p. 203.

* *Campanularia volubilis.* Schweigger. op. cit. p. 425.

* Blainv. man. d'actinol. p. 472. pl. 84. fig. 2.

Habite dans l'Océan, autour des fucus, etc.

3. Campanulaire oblique. *Campanularia syringa.*

C. stirpe volubili; pedunculis alternis brevibus, cellulá oblonguá et obliquè truncatá terminatis.

Ellis. Corall. t. 14. *fig, b. B.*

Sterularia syringa. Lin.

* *Clythia syringa.* Lamouroux. Polyp. flex. p. 202; Encyel. p. 202.

* *Campanularia syringa.* Blainv. op. cit. p. 472.

Habite dans l'Océan européen.

4. Campanulaire dichotome. *Campanularia dichotoma.*

C. stirpe filiformi longa (simplici), ramosá, subdichotomá; pedunculis annulosis, calyce campanulato terminatis; vesiculis obovatis axillaribus.

Ellis. Corall. p. 37. t. 12. nº 18. *fig. a, c. A, C.* (*et pl. 38. fig. A, B, C.*)

Sertularia dichotoma. Lin.

* *Madrepora plantæformis;* Lœfling. Mém. de l'Acad. de Stokholm. 1752. pl. 3. fig. 5. 10.

* *Sertularia longissima.* Pallas. Elenchus Zoophytorum. p. 119.

* Boddardt Lyst der Plant-dieren. pl. 5. fig. 2.
* *Sertularia geniculata.* Muller. Zool. Danica. t. 3. p. 61. pl. 117. fig. 1. 4.
* *Laomedea dichotoma.* Lamouroux Polyp. flex. p. 207.
* Delonchamps. Encycl. Zooph. p. 482.
* Blainville. Manuel d'actinol. p. 374.
* *Campanularia dichotoma.* Lister. Transactions of the Philosoph. society, 1834. tab. IX, et X.
* Meyen. Nov. act. Acad. naturæ curiosum. V. 17. sup. p. 193. tab. XXX.
* *Monopyxis geniculata.* Ehrenberg. Mém. sur les Polyp. de la mer Rouge. p. 73.

Habite dans l'Océan septentrional et la Méditerranée.

* La Sertulaire, décrit et figurée sous le nom de *S. dichotoma* par Cavolini (Mém. *per servire alla Stor. d'é Polipi. marini. p.* 194. *tab.* 7. fig. 5. 8), et par M. Delle Chiaje (*animali senza vertebre del regno di Napoli, t.* 4. *p.* 126 *et* 146. *pl.* 63. *fig.* 7, 18, 19), me paraît être une espèce distincte de la précédente ; elle y ressemble par le port, par la disposition de la tige et la forme des cellules polypifères, mais les vesicules gemmifères, au lieu d'être allongées et assez semblables à une de nos bouteilles ordinaires qui serait renversée, sont beaucoup plus courtes, plus grosses, et ont presque la forme d'une boule largement tronquée au sommet. Cette espèce se trouve aussi sur les côtes de la Manche.   E.

† 5. Campanulaire de Cavolini. *Campanularia Cavolinii.*

C. stirpe longiusculo simplici, flexuoso, ad ramos annuloso, ramosá, subdichotomá ; pedunculis annulosis calyce campanulato terminatis ; calycis margine integro ; vesiculis axillaribus ovatis collo truncato terminatis.

Sertularia. geniculata, Cavolini. Polyp. mar. p. 205. tab. 8. fig. 1. 4. Delle Chiaje. op. cit. p. 143. pl. 64. fig. 22. 24 et 28.

Habite la baie de Naples et les côtes de la Provence. Cette espèce est très voisine de la C. dichotome, dont elle se distingue principalement par la forme des vésicules gemmifères qui ressemblent un peu à des vases antiques.

† 6. Campanulaire de Fleming. *Campanularia Flemingii.*

C. stirpe crasso, explurimis tubulis facto, ad ramos subnodoso ; pedunculis annulosis brevibus calyce campanulato terminatis ; calycis margine integro ; vesiculis obovatis axillaribus.

Sert. gelatinosa. Fleming. Edinb. philos. journal. vol. 2. p. 84. et
Philos. of zool. t. 1. pl. 5. fig. 3.

Campanularia gelatinosa. Flem. Brit. anim. p. 549.

Habite les côtes d'Angleterre. M. Fleming pense que cette espèce
est la même que le *Sert. gelatinosa* de Pallas; mais cela ne nous
paraît pas probable, car il faudrait admettre que Pallas aurait pris
les extrémités des tentacules pour des dentelures marginales de la
cellule polypifère.

† 7. Campanulaire gélatineuse. *Campanularia gelatinosa.*

*C. stirpe ex plurimis tubulis facto, ramosissimâ, ramis decompositis
divaricatis, sparsis; calycialis campanulatis, margine eleganter
crenati.*

Pallas. Elen. Zooph. p. 116.

Lin. Gmel. Syst. nat. p. 3851. n° 51.

Laomedea gelatinosa. Lamour. Polyp. flex. p. 208.

Delonch. Encycl. zooph. p. 482.

Habite les côtes de la Belgique. Espèce très voisine de la C. dichotome, dont elle diffère cependant par sa tige composée et ses cellules
dentelées.

† 8. Campanulaire à grappes. *Campanularia racemosa.*

*C. stirpe recta, tereti, ramosa; pedunculis calcyum longis; calyci-
bus campanulatis, margine dentato; vesiculis racemosis, ramis
subarcuatis.*

Sert. racemosa. Cavolini Polypi marini. p. 160. pl. 6. fig. 1. 4.

Lamouroux Polyp. flex. p. 196.

Delonchamps Encycl. p. 683.

Blainv. Manuel d'actinol. p. 430.

Delle Chiaje. Anim. sanza vert. di Napoli. t. 4. p. 142. pl. 63.
fig. 4. et 26.

* *Eudendrium racemosum.* Ehrenberg. Mém. sur les Polypes de la
mer Rouge. p. 72.

Habite la Méditerranée. Cette espèce et les deux précédentes établissent le passage entre les Campanulaires et les Laomedées.

† Campanulaire olivâtre. *Campanularia olivacea.*

*C. ramosa; cellulis margine integro, dessiccatione eroso; pedicellis
prælongis, unitis simplicibus, rarè contortis, rarè contractis;
ovariis acutis.*

Clytia olivacea. Lamour. Expos. méth. des Polyp. p. 13. pl. 67.
fig. 1. et 2. et Encycl. méth. Zooph. p. 202.

Laomedea olivacea. Blainv. Manuel d'actinologie. p. 475.

Cette espéce est très voisine de la C. verticillée, et présente, comme elle, un caractère remarquable dans sa tige complexe.

Habite le banc de Terre-Neuve.

† 8. Campanulaire urnigère. *Campanularia urnigera.*

C. caule flexuoso, stolonifero; cellulis longè pedunculatis, globosis truncatis; ovariis ovoideis; ore minuto prælongo truncato.

Clytia urnigera. Lamour. Polyp. flex. p. 203. pl. 5. fig. 6. et Encycl. zooph. p. 202.

Campanularia urnigera. Blainv. op. cit. p. 473.

Habite sur les Hydrophytes de l'Australasie.

† 9. Campanulaire ondulée. *Campanularia undulata.*

C. ramosissima, stolonifera; cellulis margine integro, longè pedunculatis; pedunculis undulatis; ovariis ovato-lanceolatis.

Clytia undulata. Lamour. Encycl. zooph. p. 202.

Quoy et Gaymard. Voy. de l'Uranie. pl. 94. fig. 5.

Voisine de l'espèce précédente.

Habite sur les plantes marines du port Jackson.

† 10. Campanulaire à grandes cellules. *Campanulara macrocythra.*

C. reptans; caule simplici; cellulis magnis campanulatis, solitariis raris, ore marginato quadridentato; pedunculo tortili.

Clytia macrocythara. Lamour. Encycl. Zooph. p. 202.

Quoy et Gaymard. Voyage de l'Uranie. pl. 93. fig. 4 et 5.

Camp. macrocythara. Blainv. op. cit. p. 473.

Habite sur le Zostera antarctica, sur les côtes de l'Australasie.

† 11. Campanulaire de Lair. *Campanularia Lairii.*

C. cellulis sparsis, divaricatis, longè pedonculatis, margine integro.

Laodicea Lairii. Lamour. Polyp. flex. p. 207; Expos. méth. des Polyp. p. 14. pl. 67. fig. 3.

Delonch. Encycl. Zooph. p. 482.

Habite les mers d'Australasie.

† Ajoutez :

* La *Tubularia cycloides.* Quoy et Gaymard. Voyage de *l'Uranie.* pl. 95. fig. 6. 8; espèce très voisine de la Campanulaire dichotome; mais qui, si la figure qu'on en a donnée est exacte, serait remarquable par l'extrême brièveté des tentacules de ses Polypes;

* La *Campanularia major.* Meyen. Nov. act. acad. naturæ curiosorum. Vol. 16. Suppl. p. 196. pl. 32. fig. 1. 4. Espèce qui se rapproche aussi de la C. dichotome, mais s'en distingue faci-

lement par la grandeur des cellules et leur forme plus évasée, **par**
la brièveté des pédoncules qui sont divisés, dans toute leur longueur, en un petit nombre d'anneaux, et par l'absence de divisions
annulaires sur la tige. Elle habite les côtes du Brésil ;

    * La *Campanularia brasiliensis* ejusdem. op. cit. pl. 32. fig. 5, qui
ne paraît différer de la C. dichotome que par la forme des vésicules
gemmifères et la brièveté des tentacules.

[M. Meyen vient de fonder, sous le nom de SILICULARIA
un genre de Sertulariées comprenant deux espèces nouvelles
qui ont beaucoup de rapports avec les Campanulaires à tige
rampante, dont il ne faudrait peut-être pas les distinguer;
du reste ces Polypes sont remarquables par la grandeur et la
forme de leurs vésicules gemmifères. (Voy. le *Silicularia rosea*,
Meyen, op. cit. pl. 35, fig. 1-11 ; et le *S. gracilis*, M. op. cit. pl.
35, fig. 12 et 13.)   E.]

SERTULAIRE. (Sertularia.)

Polypier phytoïde, corné : à tiges grêles, fistuleuses,
simples ou rameuses, et garnies, ainsi que leurs rameaux,
de cellules dentiformes, séparées et latérales.

Cellules calyciformes, saillantes comme des dents, sessiles ou subpédiculées, et disposées sur deux rangs opposés, ou éparses.

Vésicules gemmifères, plus grosses que les calyces.

*Polyparium phytoïdeum, corneum : surculis gracilibus,
tubulosis, simplicibus aut ramosis, ad latera dentatìm celluliferis.*

*Cellulæ calyciformes, distinctæ, dentatìm prominulæ,
sessiles vel subpedicellatæ, bifariæ vel sparsæ.*

Vesiculæ gemmiferæ, calycibus majores.

[Polypes de la famille des Sertulariens, terminées par
une couronne simple de tentacules irrégulièrement subciliés, entourant une bouche proboscidiforme, simple et se
retirant dans des cellules plus ou moins évasées, non pédicu-

lées et disposées sur deux rangs, sur le tronc ou les branches d'une tige commune, fistuleuse, grèle, simple ou rameuse.   E.]

OBSERVATIONS. — Les *Sertulaires* constituent un très beau g enre parmi les Polypiers flexibles, non pierreux. Ce genre est n ombreux en espèces, malgré les réductions qu'il a été convenable de lui faire subir.

Ces Polypiers ressemblent, en général, à de petites plantes fort jolies et très délicates, qui seraient dépourvues de feuilles, ou dont les feuilles seraient extrêmement petites, et dentiformes. Leur substance est d'une nature cornée ; plongée dans le vinaigre, elle n'y offre aucune effervescence.

Les tiges des Sertulaires, sont en général, transparentes, fistuleuses, très menues, et la plupart finement ramifiées à la manière des plantes. Elles paraissent dentées dans leur longueur, ou au moins dans celle de leurs rameaux, par les cellules saillantes, calyciformes, séparées et latérales dont elles sont garnies. Ces cellules sont petites, nombreuses, tantôt opposées les unes aux autres, et tantôt alternes; elles sont disposées, soit sur deux rangs opposés, soit d'une manière éparse. Elles varient dans leur forme, selon les espèces, et de chacune d'elles sort un Polype presque semblable à une Hydre.

Outre les cellules en forme de dents dont les tiges et les rameaux des *Sertulaires* sont garnis, on trouve encore, dans certaines saisons de l'année, sur les ramifications de ces Polypiers, des vésicules particulières qui servent à la multiplication de leurs Polypes. Ces vésicules contiennent des bourgeons qui paraissent disposés en petites grappes, et que l'on prend pour des œufs.

On trouve les *Sertulaires* adhérentes aux rochers, aux coquilles, aux fucus et autres corps marins sur lesquels elles forment ordinairement des touffes d'une extrême finesse, et souvent très élégantes.

[La conformation des Polypes est essentiellement la même dans les Sertulaires et les Campanulaires, et sous le rapport du mode de groupement de ces animaux et de la disposition des cellules, il existe entre ces deux genres un passage presque insensible; aussi les limites qu'on leur assigne sont-elles nécessairement un peu arbitraires. Nous pensons qu'il faudrait conserver le nom de Sertulaires seulement aux espèces dont les cellules sont sessiles et réunies dans une division intermédiaire entre ce genre et les Campanulaires, celles dont les cellules polypifères tiennent à leur tige commune par un court pédoncule, ou du moins ne s'y implantent que par un prolongement étroit de leur base qui simule un pédoncule; cette dernière division correspondrait à-peu-près au genre Laomedée de Lamouroux et il pourra en conserver le nom. Elle se distingue des Campanulaires non-seulement par la brièveté du pédoncule des cellules, mais par leur mode d'union avec la tige dont ils naissent ; chez les Campanulaires, ces pédoncules semblent être un simple prolongement de cette tige, dont ils ne diffèrent pas sensiblement, tandis que chez les Laomedées ces parties sont bien distinctes, et le pédoncule semble s'être implanté sur une troncature latérale de la tige. Lamouroux a circonscrit encore davantage le genre Sertulaire, car il en sépare, sous le nom Dynamène, les espèces dont les cellules sont disposées par paires régulièrement opposées, et il ne conserve le nom de Sertulaire qu'à celles dont les cellules sont alternes. La plupart des auteurs ont adopté cette classification, mais il est essentiel de noter que les caractères d'après lesquels on a fondé ces deux genres peuvent varier dans les diverses parties d'un même Polypier; il existe en effet plusieurs espèces dont certaines branches offrent la disposition propre aux Dynamènes de Lamouroux, et d'autres celle de ses Sertulaires proprement dites.

E.]

ESPÈCES.

§. *Cellules subpédicellées.* (1)

1. Sertulaire antipate. *Sertularia antipathes.*

> *S. stirpe durâ, rigidâ, ramoso-paniculatâ; ramis pinnatis; pinnulis subcetaceis celluliferis; cellulis pedicellatis.*

---

(1) Cette division correspond à-peu-près au genre Laomedée (*Laomedea*) de Lamouroux, circonscrit, comme nous l'avons indiqué ci-dessus, et comprenant les *Polypes de la famille des Sertulariées terminées par une couronne simple de tentacules*

* *Laomedea antipathes.* Lamouroux. Polyp. flex. p. 206. pl. 6. fig. 1. *a. B.*
* Delonchamps. Encyclop. Zooph. p. 481.
* Blainville. Manuel d'actinologie, p. 474.

Mus. n°.

Habite les mers Australes ou de la Nouvelle-Hollande. *Péron et Lesueur.* Aspect dendroïde, d'un gris-noirâtre, et ressemblant presque à un antipate. Hauteur, douze à quinze centimètres.

2. Sertulaire lâche. *Sertularia laxa.*

S. alternè ramosa; ramis simplicibus; calycibus alternis, remotis, tubulosis truncatis pedicellatis.

Sertularia fruticosa. Esper. Suppl. 2. (* *Sertularia*) tab. 34.

* *Laomedea Sauvagii.* Lamouroux. Polyp. flex. p. 206.
* Delonchamps. Encyclop. Zooph. p. 481.
* *Laomedea fruticosa.* Blainv. op. cit. p. 474.

Habite.... Ma collection. Ses tiges sont transparentes, jaunâtres, munies de rameaux alternes, simples, filiformes. Hauteur, deux décimètres et plus.

† Ajoutez :

* La SERTULAIRE RAMPANTE. *Sertularia reptans.* (*Leomedea reptans.* Lamouroux. Expos. méthod. des Polyp. p. 14. pl. 67. fig. 4.—Delonchamps, Encyclop. p. 483; *Campanularia reptans,* Blainville op. cit. p. 473), dont la tige est rampante, très grèle, et divisée par une articulation au-dessus de l'origine de chaque prolongement latéral, donnant naissance aux pédoncules polypifères; ces prolongemens ressemblent à un tronçon de cylindre très court; les pédoncules qui en partent sont très petits, coniques et composés d'un seul article; enfin les capsules sont semi-elliptiques et à bords entiers. Cette espèce habite les côtes de l'Australasie.

* La SERTULAIRE ARTICULÉE. *Sert. articulata* (*Laomedea articulata,* Quoy et Gaymard. Voy. de l'Uranie, pl. 91. fig. 5), dont la tige subgéniculée porte à chaque coudure un petit pédoncule contourné, d'où naît une grande cellule allongée, presque cylindrique et terminée par un bord entier.

* La SERTULAIRE PROLIFÈRE. *Sert. prolifera.* (*Campanularia prolifera.*

---

irrégulièrement subciliés, entourant une bouche proboscidiforme, simple, et rentrant dans des cellules campanuliformes portées sur des pédoncules très courts, qui, à leur tour, s'insèrent sur des troncatures situées de chaque côté des branches ou du tronc d'une tige commune dressée.   E.]

Meyen. op. cit. p. 198. pl. 33), dont la tige présente de chaque côté de grandes dentelures triangulaires, qui alternent entre elles sans laisser d'intervalle, et portent à leur bord supérieur, un pédoncule gros, cylindrique et articulé, terminé par une cellule campanuliforme; cette espèce, très remarquable, habite les côtes du Chili.

* C'est aussi à ce groupe que doivent se rapporter la *Sertulaire géni-culée* dont il sera question plus bas. (Voyez n° 19.) Et plusieurs espèces nouvelles que je me propose de publier incessamment dans les Annales des sciences naturelles.

§§. *Cellules sessiles.* (1)

3. Sertulaire pectinée. *Sertularia pectinata.*

S. pinnatá; pinnulis crebris alternis filiformibus; denticulis subop-positis tubulosis arcuatis; vesiculis angulatis, apice quadri-dentatis.

B. eadem; pinnulis brevioribus. Sert. pinaster.

Soland. et Ellis. p. 55. tab. 6. fig. b. B.

* *Dynamena pinaster.* Lamour. Polyp. flex. p. 177; Expos. méth. des Polyp. p. 12. pl. 6. fig. b. B. et Encycl. p. 288.

* Blainv. op. cit. p. 483.

Habite l'Océan des Grandes-Indes. *Sonnerat.* Ma collection. Elle est d'un noir rougeâtre, à jets simples, largement pinnés et pectinés. Hauteur, 12 centimètres.

* Dans cette espèce, les cellules ne sont pas régulièrement opposées partout; sur les branches supérieures, elles sont presque alternes; de façon que des portions différentes du même polypier présen-

---

(1) Cette division se compose principalement des Sertulaires proprement dites et des Dynamènes de Lamouroux, et si l'on ne conserve pas ces groupes comme des genres, on pourra au moins se servir avec avantage des caractères que fournit la dis-position alterne ou opposée des cellules pour établir, parmi les Sertulaires, des divisions propres à en faciliter les détermina-tions spécifiques.

Les *Sert. à cellules alternes* sont la S. sapinette (n° 4), la S. mille-feuille (n° 5), la S. polyzone (n° 7), la S. divergente (n° 8), la S. cupressine (n° 10), la S. filicule (n° 15), la S. dis-tante (n° 24), la S. tridentée (n° 25), la S. luisante (n° 26), la S. arbrisseau (n° 27), la S. de Gay (n° 28), la S. de Gaudi-

tent les caractères des deux genres Sertulaire et Dynàmène établis par Lamouroux, dans cette division des Sert. de Lamarck.

4. Sertulaire sapinette. *Sertularia abietina.*

S. alternatim pinnata; denticulis suboppositis, ovato-tubulosis; vesiculis ovalibus.

Sertularia abietina, Lin. Soland. et Ellis. p. 36.

Ellis Corall. t. 1. n° 2. fig. *b. B.*

Esper. Suppl. 2. tab. 1.

* Pallas. Elen. Zooph. p. 133.

* Lamour. Polyp. flex. p. 186. et Expos. méth. des Polyp. p. 12.

* Delouch. op. cit. p. 680.

* Cuvier. Règ. anim. 2e éd. t. 3. p. 301.

* Schweigger. op. cit p. 427.

* Blainv. op. cit. p. 480.

* *Dynamena abietina.* Fleming. Brit. anim. p. 543.

Habite les mers d'Europe. Ma collection. Espèce très connue; elle est souvent chargée de la *Spirorbe-perle.*

5. Sertulaire millefeuille. *Sertularia millefolium.*

S. surculis eleganter pinnatis; pinnulis brevibus distichis; denticulis subalternis tubulosis; vesiculis bicornibus.

Mus. n°.

* *Seriularia scandens?* Lamour. Polyp. flex. p. 189.

* Delouchamps. Encycl. Zooph. p. 681.

* Blainville. op. cit. p. 481.

Habite les mers Australes ou de la Nouvelle–Hollande. *Péron* et *Lesueur.* Cette espèce semble être arborescente, ses jets nombreux

---

chaud (n° 29), la S. unilatérale (n° 30), la S. de Templeton (n 31).

Les *Sert. à cellules subalternes* sont la S. pectinée (n° 3), la S. lycopode (n° 6), la S. argentée (n° 9). La Dynamène sertularoïde de Lamouroux (Polyp. flex. p. 299. et Encycl. p. 289.), devra probablement se rapporter aussi à cette division.

Les *Sert. à cellules opposées* sont : la S. operculée (n° 11), la S. scie (n° 12), la S. rosacée (n° 13), la S. naine (n° 14), la S. ciliée (n° 23), et la S. tubiforme (n° 33), la S. Pelagique (n° 34), la S. tamarisque (n° 35), la S. divergente (n° 36), la S. de Lamarck (n° 37), la S. turbinée (n° 38), la S. distique (n° 39), la S. à courtes cellules (n° 40), la S. d'Evans (n° 41), et la S. oblique (n° 43), et les espèces suivantes.

étant disposés alternativement le long d'une tige raide et dure, qui paraît lui appartenir, et qui lui est étrangère. Ces mêmes jets sont élégamment pinnés, comme dans la *Sert. filicula* de Solander, p. 57, et ressemblent à des rameaux latéraux et ouverts.

6. Sertulaire lycopode. *Sertularia lycopodium.*

S. surculis numerosis filiformibus elongatis in plano pinnatis; pinnis angustis proliferis; pinnulis creberrimis brevibus; dentibus suboppositis; vesiculis ovatis bidentatis.

* *Sertularia elongata.* Lamour. Polyp. flex. p. 189. pl. 5. fig. 3.

* Deblnch. Encycl. Zooph. p. 681.

* Blainv. op. cit. p. 481.

Mus. n°.

Habite les mers de la Nouvelle-Hollande. *Péron* et *Lesueur.* C'est une espèce très remarquable, et qui ressemble à certains Lycopodes par son aspect. Ses jets filiformes ressemblent à des plumes étroites, allongées, planes, prolifères vers leur sommet. Les calyces dentiformes sont très petits. Longueur, douze à quinze centimètres.

* Cette espèce est très remarquable aussi par la forme des vésicules gemmifères et les épines qui garnissent le bord et l'ouverture des cellules. De même que la Sertulaire pectinée, elle établit le passage entre les Dynamènes et les Sertulaires de Lamouroux; car les cellules sont disposées par paires plutôt qu'alternes; celles d'un côté n'étant que de fort peu plus élevées que celles de l'autre côté.

7. Sertulaire polyzone. *Sertularia polyzonias.* (1)

S. pumila, sparsè ramosa; ramis subflexuosis; denticulis alternis ovato-conicis; vesiculis obovatis transversè rugosis.

Sertularia polyzonias. Lin. Soland. et Ell. p. 37.

---

(1) On a confondu sous ce nom deux espèces de Sertulaires bien distinctes, figurées l'une et l'autre sur la même planche et sous le même numéro dans l'ouvrage d'Ellis sur les Corallines. Celle à laquelle nous croyons devoir conserver le nom de *S. polyzonias,* est représentée par cet auteur, fig. a, A, pl. 2, et fig. I, A, pl. 38, et par Cavolini (op. cit. pl. 8, fig. 12 et 13).

La seconde espèce, que je désignerai sous le nom de SERTULAIRE D'ELLIS, *S. Ellisii* (Ellis, op. cit. pl. 2, fig. B, 6), se distingue de la précédente par sa tige géniculée, ses cellules un peu ventrues, mais à peine rétrécies vers le bout, à large ouverture

Ellis coralt. t. 2. n₀ 3. *fig. a. b. A. B.*

Esper. suppl. 2. tab. 6.

* *Sertularia ericoides.* Pallas. Elen. Zooph. p. 129.
* *Sertularia Polyzonias.* Lamour. Polyp. flex. p. 190.
* Delonch. op. cit. p. 681.
* Fleming. Brit. anim. p. 542.
* Blainv. op. cit. p. 480.

Habite les mers d'Europe. Ma collection. Taille petite ou moyenne; rameaux alternes, rares; cellules dentiformes, alternes, distantes.

8. Sertulaire divergente. *Sertularia divaricata.*

S. humilis, fuscata, ramoso-divaricata; cellulis campanulatis, alternis, remotiusculis.

* *Sertularia rigida?* Lamour. Polyp. flex. **p. 190.**
* Delonch. Encycl. Zooph. p. 681.
* Blainv. op. cit. p. 481.

Mus. n°.

Habite les mers Australes. *Péron* et *Lesueur.* Elle forme un petit buisson lâche, d'un brun noirâtre, à ramifications divergentes, rigidules. Hauteur, 3 centimètres.

9. Sertulaire argentée. *Sertularia argentea.*

S. ramis compositis elongato-caudatis; ramulis alternis confertis paniculatis; denticulis suboppositis appressis mucronatis; vesiculis ovalibus.

---

et à bords bien distinctement quadridentées; enfin par ses vésicules dont l'ouverture, au lieu d'avoir un bord entier, est quadridentée.

La *Sertularia polyzonias* d'Esper (Sertul., tab. 6) me paraît appartenir à la première de ces espèces à raison de la forme de ses cellules; mais cependant les vésicules gemmifères semblent avoir l'ouverture dentelée, comme dans la seconde.

Cet auteur y rapporte avec raison comme synonyme le *S. Ericoides* de Pallas; mais cependant il figure plus loin (pl. XII), sous ce même nom et avec cette même citation, une autre espèce de Sertulaire qui a également les vésicules gemmifères, annelées, et qui, par la forme des cellules, se rapproche de la *Sertularia Ellisii.* E.]

Sertularia argentea. Lin. Soland. et Ell. p. 38.

Ell. coral. t. 2. n° 4.

Esper. suppl. 2. t. 27. *fig. mala.*

* Lamouroux. Polyp. flex. p. 192.

* Delonchamps. op. cit. p. 682.

* Cuvier. Règne anim. 2e ed. t. 3. p. 301.

* Blainville. op. cit. p. 480.

* *Dynamena argentea.* Flem. Brit. anim. p. 544.

Mus. no.

Habite les mers d'Europe et d'Amérique. Ma collection. Elle se divise, dès sa base, en branches allongées, caudiformes, atténuées en pointe à leur extrémité, et garnies latéralement de rameaux paniculés, serrés les uns contre les autres. Les cellules dentiformes sont oblongues, presque opposées, brillantes, resserrées contre leurs rameaux, mucronées à leur angle extérieur. Longueur, 18 à 20 centimètres.

10. Sertulaire cupressine. *Sertularia cupressina.*

S. ramis compositis, elongatis ; ramulis alternis divisis , denticulis suboppositis, obliquè truncatis subdivaricatis ; vesiculis obovatis.

Sertularia cupressina. Lin. Soland. et Ell. p. 38.

Ellis corall. t. 3. n° 5. *fig. a. A.*

Esper. suppl. 2. t. 3.

* Pallas. Elenc. Zooph. p. 141.

* Lamour. Polyp. flex. p. 192.

* Delonch. Encycl. Zooph. p. 682.

* Cuvier. Règne anim. 2e ed. t. 3. p. 301.

* Blainville. op. cit. p. 480.

* *Dynamena cupressina.* Flem. Brit. anim. p. 543.

Habite les mers d'Europe. Ma collection. Cette Sertulaire se distingue plus de la précédente par son aspect que par des caractères essentiels. Elle est moins grande.

11. Sertulaire operculée. *Sertularia operculata.*

S. capillacea , ramosissima ; surculis capillaribus prælongis alternè-ramosis ; denticulis oppositis angulo mucronatis ; vesiculis obovatis operculatis.

Sertularia operculata. Lin. Soland. et Ell. p. 39.

Ellis corall. t. 3. n° 6.

Esper. suppl. 2. t. 4.

* *Sertularia usneoides.* Pallas. op. cit. p. 132.

* *Dynamena operculata.* Lamour. Polyp. flex. p. 176. Exp. méth.
des Polyp. p. 12. et Encycl. Zooph. p. 288.
* Cuvier. Règne anim. 2ᵉ éd. t. 3. p. 301.
* Fleming. op. cit. p. 544.
* Blainville. op. cit. p. 483. pl. 83. fig. 5.
Mus. nº.
Habite les mers d'Europe et d'Amérique. Ma collection. Espèce très
distincte et bien connue. Ses touffes capillacées et très fines, sont
fort amples. Longueur, 2 décimètres et plus.

12. Sertulaire scie. *Sertularia serra.*

S. humilis, capillacea, subfastigiata; surculis capillaribus dicho-
tomo-ramosis, acutè serratis; cellulis oppositis, mucronatis.
* *Dynamena serra.* Blainv. op. cit. p. 484.
Habite l'Océan, sur l'Anatife lisse. Ma collection. Elle se rapproche
de la Sertulaire naine, nº 14; mais elle est plus fine, à jets capil-
lacés et dichotomes, et à cellules petites, très aiguës. Hauteur,
4 centimètres.

13. Sertulaire rosacée.. *Sertularia rosacea.*

S. alternè ramosa; denticulis oppositis tubulosis truncatis; vesiculis
coronato-spinosis.
Sertularia rosacea. Lin. Soland. et Ell. p. 39.
Ellis. Act. angl. vol. 48. t. 23, f. 5. et Corall. t. 4.
Sert. nigellastrum. Pall. Zooph. p. 129.
Esper. Suppl. 2. t. 20.
* *Dynamena rosacea.* Lamour. Polyp. flex. p. 178. et Encycl.
p. 289.
* Cuvier. Règn. anim. 2ᵉ éd. t. 3. p. 301.
* Fleming. op. cit. p. 544.
* Blainville. op. cit. p. 484.
Habite l'Océan Européen, la Méditerranée. Ma collection. Elle est
grêle, rameuse, et n'a que 6 ou 7 centimètres de longueur.

14. Sertulaire naine. *Sertularia pumila.*

S. surculis numerosis, tenellis, simplicibus et ramosis; denticulis op-
positis mucronatis recurvatis; vesiculis ovatis.
Sertularia pumila. Lin. Soland. et Ell. p. 40.
Ellis act. angl. vol. 48. t. 23. f. 6. et vol. 57. t. 19. f. 11. et corall.
t. 5. nº 8. *fig. a, A.*
Esper. suppl. 2. t. 10. (1)

____

(1) Si la figure donnée par Esper est exacte, elle me paraît
devoir se rapporter à une espèce distincte de la *Sertularia pumila*

* *Dynamena pumila.* Lamouroux. Polyp. flex. p. 179. et Encycl. p. 290.
* Cuvier. Règne anim. 2ᵉ éd. t. 3. p. 301.
* Fleming. op. cit. p. 544.
* Blainville. op. cit. p. 484.
* *Sertularia pumila.* Lister. Trans. of the phil. soc. 1834. tab. 8. fig. 3.

Habite l'Océan européen, sur des fucus. Ma collection. Ses jets sont nombreux, délicats, les uns simples, les autres un peu rameux. Longueur, 3 centimètres.

15. Sertulaire filicule. *Sertularia filicula.*

S. surculis flexuosis, ramoso-pinnatis; pinnis ex angulis alternis; denticulis subalternis ovato-acutis; vesiculis obovatis.

Sertularia filicula. Soland. et Ell. p. 57. tab. 6. *fig. c.* et *C. I.*
* Lamour. Polyp. flex. p. 188. et Expos. méth. des Polyp. p. 12. pl. 6. *fig. c. C.*
* Delonchamps. op. cit. p. 680.
* Cuvier. Règn. anim. 2ᵉ éd. t. 3. p. 301.
* Fleming. op. cit. p. 544.

Habite sur les côtes d'Angleterre. Ma collection. Cette Sertulaire est frèle, délicate, à jets filiformes, fléchis en zigzag, pinnés, un peu rameux. Longueur, 4 à 6 centimètres.

16. Sertulaire halécine. *Sertularia halecina.*

S. ramoso-pinnata, rigidula; ramulis alternis subulato-setaceis; denticulis alternis remotis tubulosis articulatis; vesiculis ovalibus.

Sert. halecina. Lin. Soland. et Ell. p. 46.
Ellis corall. t. 10. et act. angl. vol. 48. t. 17. *fig. E. F. G.*
Esper. suppl. 2. t. 21.

---

d'Ellis et de Lamarck. Dans cette dernière, chaque segment de tige, portant une paire de cellules, est simple et sans articulations; enfin les vésicules gemmifères sont lisses, comme on peut le voir dans les figures d'Ellis et de M. Lister, et comme je m'en suis assuré par l'examen des échantillons conservés dans la collection de Lamarck au Muséum d'Histoire naturelle. Dans la figure d'Esper, il existe entre chaque segment polypifère de la tige un petit anneau distinct; chaque segment est divisé inférieurement en trois lobes, et les vésicules gemmifères sont annelées.

E.

* *Halecium halecinum*. Oken; Schweigger Handbuch der naturges-
   chichte. p. 426.
* *Thoa halecina*. Lamour. Polyp. flex. p. 211; Expos. méthod.
   p. 14. (1)
* Delonch. Encycl. zooph. p. 742.
* Blainv. op. cit. p. 488. pl. 84. fig. 4.
* *Sert. halecina*. Flem. Brit. anim. p. 542.
Mus. n°.
Habite les mers d'Europe. Ma collection. Elle est rameuse, pinnée,

---

(1) Le genre Thoée (*Thoa*), établi par Lamouroux et adopté
par M. de Blainville, se compose de Sertulariées qui ont beaucoup d'analogie avec certaines Campanulaires, mais qui paraissent manquer de cellules pour loger les Polypes; ceux-ci sont
saillans à l'extrémité des ramuscules analogues aux pédicelles
des cellules des Campanulaires, et ne semblent pas pouvoir se
retirer dans le dernier article de leur pédoncule, qui n'est pas
plus grand ni plus évasé que les précédens. Mais il serait bien
possible que cette particularité apparente ne fût pas réelle, et
que la cellule polypifère, petite et transparente, eût échappé à
l'observation. La disposition des ovaires est la même que chez
les Sertulaires proprement dites et les Campanulaires. Voici, du
reste, les caractères que Lamouroux assigne à ce genre :
   « Polypier phythoïde, rameux; tige formée de tubes nom-
» breux, entrelacés; cellules presque nulles; ovaires irréguliè-
» rement ovoïdes; polypes saillans. »
Lamouroux rapporte à cette division générique une seconde
espèce, sous le nom *Thoa Savignyi* (*Tubularia ramea*, Pallas;
Eclen., p. 83; *Thoa Savignyi*; Lamouroux, Polyp. flex. pl. 6,
fig. 2, et Expos. méthod. pl. 67, fig. 5 et 6); mais, comme l'observe avec raison M. de Blainville, ce Polype est trop imparfaitement connu, et les figures qu'on en a données sont trop mau-
vaises pour qu'il soit possible de se former une opinion arrêtée
sur ses rapports naturels.
   C'est probablement ici que devra prendre place la *Sertularia
muricata* (Ellis et Sol. Zooph. 59, pl. 7, fig. 3; Esper. Sert.
pl. 31. *Laomedea muricata*, Lamouroux; Expos. méthod. p. 14,
pl. 7, fig. 3 et 4), qui semble établir un passage entre les Thoées
et les Tubulaires.   E.

                              10.

et a un peu de raideur dans ses tiges et ses rameaux. Inférieurement, ses tiges sont composées de tubes réunis, entortillés et en-
tremêlés. Longueur, 8 à 10 centimètres.

17. Sertulaire épineuse. *Sertularia spinosa.*

*S. surculis filiformibus elongatis ramosis; ramis lateralibus panicu-
latis, subflexuosis, ad apices spinulosis; denticulis alternis obsoletis distantibus.*

Sert. spinosa. Lin. Soland. et Ell. p. 48.

Ellis corall. t. XI. n° 17. *fig. b. B. C. D.*

Esper. suppl. 2. t. 28.

* *Sert. sericea.* Pallas. Elench. Zooph. p. 114.

* *Laomedea spinosa.* Lamour. Polyp. flex. p. 208.

* Delonch. op. cit. p. 482.

* Blainv. op. cit. p. 474.

* *Sert. spinosa.* Schweigger. op. cit. p. 427.

* *Valkeria spinosa.* Fleming. Brit. anim. p. 551. (1)

---

(1) M. Fleming a établi, sous le nom de VALKERIE, *Valkeria,* une nouvelle division générique pour recevoir cette espèce
et quelques autres Polypes dont les cellules sont oviformes et
fixées par une base étroite sur une tige mince, et dont les tentacules, au nombre de huit, sont régulièrement ciliées. Ce genre
nous paraît devoir être adopté, en modifiant légèrement les
caractères qu'on y a assignés. Ces Polypes se rapprochent beaucoup des Sérialaires, tant par leur forme générale que par leur
organisation intérieure; aussi ne doivent-ils pas rester entiers
dans la famille des Sutulariées.

Le naturaliste que nous venons de citer range dans le genre
Valkerie la *Sertulaire épineuse,* n° 17, qui se distingue par sa
structure de la tige principale du Polypier, laquelle est composée de plusieurs tubes agglutinés; la *Sertulaire ovifère (Grape
coralline* Ellis, Corol. p. 43, pl. 15, fig. C. D.; *Sert. acinaria,* Pallas, op. cit., p. 123; Sert. uva, Gmelin, p. 3854; *Clythi uva,* Lamouroux, Polyp. flex. p. 203, et Encyclop. p. 203; *Valkeria uva,*
Fleming, op. cit. p. 551), dont la tige est simple et rampante et
les ovaires ovalaires rétrécis supérieurement; et la *Sertularia cuscuta* (Ellis, pl. 14, fig. C; Muller, Zool. danica, t. 3. p. 60. pl. 117,
fig. 1-3; *Valkeria cuscuta,* Fleming, Wern. mem. t. 4, pl. 15, fig.
2), dont la tige donne naissance à des branches subverticellées, et
dont les cellules sont en général disposées par paires opposées. E.

Habite les mers d'Europe. Ma collection. Celle-ci est frele, allongée, quelquefois volubile, à ramifications latérales, courtes, divisées, paniculées, subépineuses. Longueur, 18 centimètres.

18. Sertulaire confervoïde. *Sertularia confervæformis.*

S. surculis gracilibus elongatis alternè ramosis ; ramis divisis subpaniculatis setaceis; denticulis obsoletis ; vesiculis ventricosis.

Sert. confervæformis. Esper. suppl. 2. t. 33.

Habite l'Océan européen. Ma collection. Elle est assez fine, très rameuse, à denticules rares. Longueur, 10 à 12 centimetres.

19. Sertulaire géniculée. *Sertularia geniculata.*

S. pumila ; surculis tenellis flexuosis geniculatis; denticulis alternis calyciformibus; vesiculis axillaribus, ovatis, collo truncato terminatis.

Sert. geniculata. Lin. Soland. et Ell. p. 49.

Ellis act. ang. vol. 48. t. 22. f. 1 et corall. t. 12. no 19. *b. B.*

* Pallas. Elench. Zooph. p. 117.

* *Laomedea geniculata.* Lamour. Polyp. flex. p. 208.

* Delonch. Encycl. zooph. p. 482.

* Blainv. op. cit. p. 474.

* *Campanularia geniculata.* Flem. Brit. anim. p. 548.

* Le nom de *Sertulaire géniculée* a été donné à plusieurs espèces distinctes de la famille des Sertulariées, aussi règne-t-il beaucoup de confusion dans la synonymie de ces Polypiers. L'espèce d'Elli, (pl. 11. n° 19. b. B.), à laquelle on doit conserver ce nom, me paraît appartenir au genre Laomédée ; mais du reste, elle n'est qu'imparfaitement connue ; car dans l'individu figuré par Ellis, les cellules polypifères n'existaient pas ; on voit seulement la tige, les pédoncules des cellules, et les vésicules gemmifères.]

Habite les mers d'Europe. Ma collection. Ses jets, très frèles, filiformes, la plupart simples, tantôt rampent sur les fucus, et tantôt y sont en saillie.

20. Sertulaire ridée. *Sertularia rugosa.*

S. minima ; denticulis alternis subclavatis transversè rugosis ; vesiculis ovato-ventricosis, rugosissimis, tridentatis.

Sert. rugosa. Lin. Soland. et Ell. p. 52.

Ellis corall. t. 15. n° 23. *fig. a. A.*

Esper. suppl. 2. t. XI.

* Pallas. Elench. Zooph. p. 126.

* *Clythia rugosa.* Polyp. flex. p. 204. et Encycl. zooph. p. 203.

* *Sert. rugosa.* Flem. Brit. anim. p. 542.

* *Campanularia rugosa.* Blainv. op. cit. p. 473.

* Cette espèce n'est que très imparfaitement connue, mais doit probablement être rapportée au genre Laomedée ou Campanulaire. Les parties qu'Ellis considère comme les cellules polypifères, me paraissent être seulement des vésicules gemmifères dont le développement n'est pas terminé.]

Habite les mers d'Europe. Ma collection. Les cellules en saillie sont sont un peu en fuseau ou presque en massue; les vésicules, plus renflées, semblent en provenir.

21. Sertulaire quadridentée, *Sertularia quadridentata.*

S. minima, repens; surculis simplicibus articulatis, nodosis; denticulis quaternis oppositis ventricosis; articulis basi contortis.

Sert. quatridentata. Soland. et Ell. p. 57. t. 5. *fig. g. G.*

Esper. suppl. 2. t. 32.

* *Pasythea quadridentata* (1). Lamour. Polyp. flex. p. 156. pl. 3. fig. 8; Expos. méth. des Polyp. p. 9. Pl. 5. *fig. g. G.*

* Delonch. Encycl. Zooph. p. 603.

* *Tuliparia quadridentata.* Blainv. op. cit, p. 485.

Habite l'Océan d'Afrique, et près de l'île de l'Ascension, sur des fucus. Ma collection.

22. Sertulaire bicuspidée, *Sertularia bicuspidata.*

S. minima, ramosa, nodulifera; denticulis oppositis acutis.

Habite... ma collection, sur un fucus. Espèce extrêmement petite, comme nodulifère, rameuse. Les petits nœuds, bien séparés, sont formés de deux cellules opposées, à pointes divergentes en dehors. Longueur, 12 millimètres.

---

(1) Le genre PASYTHÉE (*Pasythea*) de Lamouroux comprend les Tulipaires de Lamarck et l'espèce de Sertulaire dont il est ici question, Polypes qui paraissent différer beaucoup entre eux; aussi ne peut-on l'adopter tel que le premier de ces naturalistes l'avait établi, mais nous croyons qu'il ne faudrait pas le rejeter complètement, et qu'il serait convenable de conserver sous ce nom une division générique qui comprendrait les Sertulariées dont les cellules, sessiles et régulièremennt opposées, sont disposées par groupes de deux paires le long d'une tige articulée. Ainsi circonscrit, le genre Pasythée ne comprendrait qu'une seule espèce connue (le *P. quadridenté*), et prendrait place à côté du genre Dynamène.   E.

23. Sertulaire ciliée. *Sertularia ciliata.*

S. minima, dichotomo-ramosa : denticulis crebris, sparsis, turbinatis, calyciformibus, margine ciliatis.

* *Dynamena barbata.* Lamour. Polyp. flex. p. 178 ; et Encycl. zooph. p. 289.

* Blainv. op. cit. p. 484.

Habite.... Ma collection. Cette espèce et la précédente m'ont été communiquées par M. *Lamouroux.* Longueur, 2 centimètres.

† 24. Sertulaire distante. *Sertularia distans.*

S. cellulis campanulatis, distantibus, gibbosis ; margine dentato ; ore stricto.

Lamour. Polyp. flex. p. 191
Delonch. Encycl. p. 681.
Habite l'Australasie.

† 25. Sertulaire tridentée. *Sertularia tridentata.*

S. cellulis ad marginem tridentatis.
Lamour. Polyp. flex. pl. 187.
Delonch. Encycl. p. 680.
Habite l'Australasie. Tige droite, simple, pinnée ; pinnules divergentes.

† 26. Sertulaire luisante. *Sertularia splendens.*

S. caule ramoso, articulato ; cellulis tridentatis ; ovariis subteretibus.

Lamour. Polyp. flex. p. 191.
Delonch. Encyl. p. 681.
Habite la baie de Cadix. Grandeur, 2 à 4 centimètres ; deux cellules presque alternes à chaque articulation de la tige ; cellules presque cylindriques ; la dent de leur bord extérieur est beaucoup plus longue que les latérales.

† 27. Sertulaire arbrisseau. *Sertularia arbuscula.*

S. cellulis minutis, campanulatis, gibbosis ; ore integro.
Lamour. Polyp. flex. p. 191.
Delonch. Encycl. p. 681.
Blainv. Manuel d'Actinol. p. 481.
Habite les mers de l'Australasie. Tige grosse, courte, rameuse dès sa base ; rameaux et ramuscules courts et épars ; ovaires ovoïdes allongées, avec une petite ouverture au sommet.

† 28. Sertulaire de Gay. *Sertularia Gayi.*

> *S. caule tereti, scabro, parùm ramoso; ramis sparsis divergentibus,*
> *subpinnatis; ramulis subsimplicibus, alternis, inæqualiter elonga-*
> *tis; cellulis gibbosis, subinflexis, margine quadridentato.*

Lamour. Expos. méth. des Polyp. p. 12. pl. 66. fig. 8. 9.
Delonch. Encycl. zooph. p. 682.
Habite les côtes de la Manche.

† 29. Sertulaire de Gaudichaud. *Sertularia Gaudichaudii.*

> *S. arbusculata, ramis ramulisque capillaceis gracilibus, alternis; cel-*
> *lulis distantibus; ore quadridentato; ovariis subpedicellatis trans-*
> *versè rugosis.*

Quoy et Gaymard. Voyage de l'Uranie. pl. 90. fig. 5.
Delonch. Encycl. zooph. p. 682.
Habite les côtes des îles Malouines. Cette espèce paraît être très voisine de la *Sert. ericoïdes* d'Esper (Sert. pl. 12.), dont elle se distingue cependant par l'espace considérable qui sépare les cellules,
et par quelque différence dans la forme des vésicules.

† 30. Sertulaire unilaterale. *Sertularia unilateralis.*

> *S, pumila, flexuosa, inæqualiter teres, parùm ramosa; articulis lon-*
> *giusculis; cellulis ad unam faciem conversis; ovariis ovatis, pedi-*
> *cellatis.*

Quoy et Gaym. Voyage de l'Uranie. pl. 90. fig. 2. 3.
Delonch. Encycl. p. 682.
Habite les côtes des îles Malouines.

† 31. Sertulaire de Templeton. *Sertularia Templetoni.*

> *S. pumila, subramosa, cellulis productis tubulatis; ovariis pedicella-*
> *tis ovatis summitati aculeatis.*

Flem. Edinb. Phil. journ. t. 2. p. 88. et Brit. anim. p. 543.
Habite les côtes d'Angleterre.

† 32. Sertulaire crésioïde. *Sertularia cresioide.*

> *S. pumila, cornea; ramulis articulatis trānsflucentibus; cellulis ore*
> *dentato elongatis, ad caulem alternis, suboppositis ad ramos.*

Dynamena crisioides. Quoy et Gaym. Voyage de l'Uranie. pl. 90.
   fig. 12.
Lamour. Encycl. zooph. p. 291.
Habite les côtes des îles Molluques. Cette espèce est remarquable en
ce que, par la position des cellules, elle établit un passage entre
les Sert. à cellules alternes et les Sert. dynamènes, et, par leur forme, elle se rapproche un peu des Crisies.

† 33. **Sertulaire tubiforme.** *Sertularia tubiformis.*

> *S. pinnata; pinnis simplicibus alternis; cellulis tubiformibus paulu-*
> *lùm arcuatis, ore integro; articulis conoideis elongatis.*
>
> *Dynamena tubiformis.* Lamour. Expos. méth. des Polyp. p. 12. pl. 66.
> fig. 6. et 7. et Encyl. zooph. p. 289.
>
> Blainv. op. cit. p. 885.
>
> Habite sur les hydrophytes de l'Australasie.

† 34. **Sertulaire pélagique.** *Sertularia pelagica.*

> *S. ramosa, flexuosa; ramis alternis; cellulis tubulosis, margine hori-*
> *zontali.*
>
> Bosc. vers. t. 3. p. 102. pl. 29. fig. 3.
>
> *Dynamena pelagica.* Lamour. Polyp. flex. p. 181. Encycl. p. 291.
>
> Blainv. vers. p. 484.
>
> Habite sur le fucus natans.

† 35. **Sertulaire tamarisque.** *Sertularia tamarisca.*

> *S. alternatim ramosa; cellulis tubulosis, longis proeminentibus, cre-*
> *natis; ovariis ovato truncatis bidentatis, ore tubuloso.*
>
> Ellis. corall. p. 17. pl. 1. fig. 1. *a. A.* Ellis et Soland. p. 36.
>
> Pallas. Elench. Zooph. p. 129.
>
> Lamour. Polyp. flex. p. 188.
>
> Delonch. Encycl. p. 680.
>
> *Dynamena tamarisca.* Blainv. op. cit. p. 483.
>
> Flem. Brit. anim. p. 543.
>
> Habite les mers d'Europe.

† 36. **Sertulaire divergente.** *Sertularia devergens.*

> *S. forte flexuosa; ramis divaricatis alternis; cellulis ovatis, margine*
> *subdentato.*
>
> *Dynamena divergens.* Lamour. Polyp. flex. p. 180. pl. 5. fig. 2.; En-
> cycl. zooph. p. 290.
>
> Blainv. op. cit. p. 484.
>
> Habite les côtes de l'Australasie.

† 37. **Sertulaire Lamouroux.** *Sertularia lamourousii.*

> *S. pygmæa, diaphana; cellulis distantibus, ore integro.*
>
> *Dynamena distans.* Lamour. Polyp. flex. p. 180. pl. 5. fig. 1. Encycl.
> p. 290.
>
> Savigny. Egypte, Polyp. pl. 14, fig. 2.
>
> Blainv. op. cit. p. 484.
>
> Habite sur les fucus de l'Océan atlantique, etc. M. Audouin a rap-

porté, avec un point de doute, à la *Dynamena distans* de Lamouroux , l'espèce figurée par M. Savigny, dans le grand ouvrage sur l'Égypte (Polyp. pl. 14. fig. 1). Elle paraît effectivement s'en rapprocher par la distance qui sépare les cellules et le rétrécissement de la tige cellulifère à la base de chaque article; mais, si la caractéristique donnée par Lamouroux est exacte, elle se distingue de la *D. distans* par la forme de l'ouverture des cellules qui, au lieu d'être entière, est bidentée.

† 38. Sertulaire turbinée. *Sertulariá turbinata.*

S. surculosa, pumila ; cellulis paululùm elongatis, ore dilatato, margine integro.

Dynamena turbinata. Lamour. Polyp. flex. p. 180. et Encycl. p. 290.
Habite l'Australasie.

† 39. Sertulaire distique. *Sertularia disticha.*

S. pumila, caule simplici, cellulis subtriangularibus, extremitate incurvatá.

Sertulaire distique. Bosc. vers. t. 3. p. 101. pl. 29. fig. 2.
Dynamena disticha. Lamour. Polyp. flex. p. 181. et Encycl. zooph. p. 290.
Dysamea..... Savigny. Egypte. Polyp. pl. 14. fig. 2. (*Dynamena disticha.* Audouin. Expl. des pl. de M. Savigny.)
Dynamena disticha. Blainv. op. cit. p. 484.
Habite sur les fucus de l'Atlantique et des côtes d'Egypte.

† 40. Sertulaire à courtes cellules. *Sertularia brevicella.*

S. parùm ramosa, dichotoma, capillacea rigida, cellulis distantibus, vix exsertis, oculo nudo invisibilibus, ore bidentato.

Lamour. Encycl. zooph. p. 288.
Habite les îles Malouines.

† 41. Sertulaire d'Evans. *Sertularia Evansii.*

S. ramosa ; ramis cellulisque brevibus oppositis ; ovariis ramosis, lobatis oppositis, ex tubulo reptanti enascentibus.

Sol. et Ellis. p. 58.
Dynamena Evansii. Lamour. Polyp. flex. p. 177. et Encycl. p. 289.
Flem. Brit. anim. p. 545.
Blainv. op. cit. p. 484.
Habite les côtes de l'Angleterre.

† 42. Sertulaire oblique. *Sertularia obliqua.*

S. simplex, erecta, cellulis ovatis, paululùm arcuatis, ore subverticali.

Dynamena obliqua. Lamour. Polyp. flex. p. 179. Encycl. p. 290. Blainv. op. cit. p. 484.

Habite l'Australasie. Ressemble à la *D. nacre* par son port.

* Ajoutez : la *Sertularia picta* (Sertulaire proprement dite) et la *Sertularia indivisa* (Dynamène) , espèces nouvellement décrites, par M. Meyen, dans les Mémoires des Curieux de la Nature de Bonn. (T. 16. suppl. 1. pl. 34.); la *Sertularia nigra* d. Pallas (Elen. Zooph. p. 135 ; Lamouroux. Polyp. flex. p. 196 ; Delonchamps. Encyclop. p. 683.) qui est imparfaitement connue et ne paraît pas être confondue avec le *Dynamena nigra* de MM. Jameson (Wern. mém.) et Fleming (Brit. anim. p. 545.) , et plusieurs autres espèces incomplètement décrites ou mal figurées par Baster (opus. subs.), Pallas, M. Risso, etc.

ANTENNULAIRE. (Antennularia.)

Polypier phytoïde, corné ; à tiges fistuleuses, simples ou rameuses, articulées, et munies de ramuscules piliformes. Les ramuscules verticillés, garnis d'un seul côté de dents saillantes, calyciformes et polypifères.

Polyparium phytoideum, corneum ; surculis tubulosis simplicibus aut ramoris, articulatis, ramusculis piliformibus circumvallatis. Ramusculis verticillatis, dentibus prominulis, secundis calyciformibus et polypiferis instructis.

OBSERVATIONS. — Les *Antennulaires* sont très remarquables en ce qu'elles portent des filets ou ramuscules verticillés, qui sont les seules parties de ces Polypiers sur lesquelles se trouvent les cellules ou dents calyciformes d'où sortent les Polypes. Elles sont en cela très distinguées des Sertulaires, puisque leurs calyces polypifères ne se trouvent que sur ces filets piliformes, et que ces mêmes filets sont verticillés aux articulations du Polypier, tandis que dans les Sertulaires, les cellules saillantes et calyciformes viennent le long des tiges mêmes et de leurs rameaux.

Les cellules dentiformes des *Antennulaires* sont fort petites ; et comme elles sont disposées d'un seul côté sur les filets verticillés qui les portent, elles offrent, par cette disposition, un rapport avec les Plumulaires.

Aux aisselles des verticilles naissent des vésicules gemmifères, ovales, pédicellées, qu'on n'observe que dans la saison favorable à leur développement.

ESPÈCES.

1. Antennulaire simple. *Antennularia indivisa.*

A. surculis fasciculatis, simplicibus, prælongis ; setulis verticillorum brevibus.

Sertularia antennina. Lin.

Ellis corall. t. 9. *fig. a.* Pluk. t. 48. f. 6.

* Pallas Élen. Zooph. p. 146.

* *Nemertesia antennina.* Lamouroux. Polyp. flex. p. 163 ; Expos. méth. des Polyp. p. 10.

* Delonchamps. Encyclop. Zooph. p. 566.

* *Antennularia indivisa.* Schweigger. op. cit. p. 42.

* Blainv. Manuel d'Actinol. p. 486. pl. 83. fig. 3.

* *Antennularia antennina.* Fleming. Brit. anim. p. 546.

Habite dans l'Océan.

2. Antennulaire rameuse. *Antennularia ramosa.*

A. surculis ramosis; setulis verticillorum longis capilliformibus.

Sertularia antennina. B. Ellis corall. t. 9. nº 14. b. *act.* angl. 48. t. 22.

* *Nemertesia ramosa.* Lamouroux. Polyp. flex. p. 164.

* Delonchamps. op. cit. p. 566.

* Blainville. op. cit. p. 486.

Habite dans l'Océan.

3. Antennulaire de Janin. *Antennularia Janini.*

A. Caulibus parùm ramosis, verticillis distantibus, seticulis longissimis.

Nemertesia Janini. Lamouroux. Polyp. flex. p. 163. pl. 4. fig. 3. Expos. méthod. des Polyp. p. 11. pl. 66. fig. 2. 5.

Delonchamps. op. cit. p. 566.

Blainville. op. cit. p. 486.

Habite la Baie de Cadix.

———

[Lamouroux a établi sous le nom de CYMODOCÉE (*Cymodocea*) un genre voisin des Antennulaires, mais qui nous paraît être trop peu connu pour être adopté dans l'état actuel de la science. Cette division comprend, dans le système de ce naturaliste : « les Polypiers phytoïdes à cellules cylindriques plus ou moins longues, filiformes, alternes ou opposées, portées sur une tige fistuleuse annelée inférieurement, unie dans la partie supérieure dans la majeure partie des espèces et sans cloison intérieure.» Nous n'avons pas eu l'occasion d'étudier ces Polypiers par nous-même; mais, à en juger par les figures que Lamouroux en a publiées, nous sommes porté à croire qu'il a rassemblé dans ce genre, des espèces très dissemblables, et qu'il a pris pour des particularités caractéristiques des dispositions dépendantes seulement de la mutilation des échantillons qu'il avait observés. En effet les cellules cylindriques filiformes dont il parle nous paraissent être non pas des cellules polypifères, mais simplement le pédoncule de ces cellules, lesquelles auraient été détruites ou détachées par quelque accident, état dans lequel on rencontre souvent diverses Sertulariées. Lamouroux décrit quatre espèces de ce genre.

1° La Cymodocée chevelue (*cymodocea comata.* Lamouroux Expos. méthod. des Polyp. p. 15, pl. 67 fig. 12,13,14, Encyclop. p. 236; — Blainville op. cit. p. 487), qui se trouve dans la Manche et ressemble assez à une Antennulaire par sa tige droite et garnie de ramifications verticillées et articulées; mais chacune de ces articulations, au lieu de porter une cellule sessile, comme chez ces derniers, donne naissance à un prolongement cylindrique qui, suivant Lamouroux, serait une cellule polypifère, mais qui ressemble davantage à un pédoncule de cellule semblable à ceux de certaines Campanulaires.

2° La Cymodocée rameuse (*Cymodocea ramoa* Lamouroux. Polyp. flex. p. 216, pl. 7, fig. 1; Blainv. op. cit. p. 487), dont la tige annelée dans presque toute sa longueur, porte à chaque anneau deux appendices qui alternent d'anneau en anneau, et qui, suivant Lamouroux, sont des cellules polypifères. Cette espèce habite la mer des Antilles.

3° La CYMODOCÉE ANNELÉE (*Cymodocea annulata* Lamouroux, Expos. méthod. des Polyp. p. 15, pl. 67, fig. 10, 11, et Encyclop. p. 236), dont la tige, égale en grosseur à une plume de corbeau, est simple, raide et articulée; chaque article est annelé et porte deux petits appendices opposés, qui, suivant Lamouroux lui-même, ne sont peut-être que des débris de cellules.

4° La CYMODOCÉE SIMPLE (*Cymodocea simplex* Lamouroux Polyp. flex. p. 216, pl. 7, fig. 2 et Encyclop. p. 237; — Blainville op. cit. p. 487, pl. 81, fig. 4), qui, d'après M. Fleming, ne serait autre chose que la *Campanulaire dichotome* mutilée (brit. anim. p. 548) , mais nous paraît être plutôt une espèce de Laomédée dont les cellules campaniformes seraient tombées.   E.

PLUMULAIRE. (Plumularia.)

Polypier phytoïde et cornée; à tiges grêles, fistuleuses, simples ou rameuses, garnies de ramilles calycifères. Calices saillans, dentiformes, subaxillaires, disposés d'un seul côté sur les ramilles-

Vésicules gemmifères, subpédiculées.

Polyparium phytoïdeum, corneum; surculis tubulosis gracilibus, simplicibus aut ramosis, ramulis calyciferis instructis. Calyces prominuli, secundi, dentiformes, subaxillares.

Vesiculæ gemmiferæ subpedunculatæ.

OBSERVATIONS. — Les *Plumulaires* sont tellement voisines, par leurs rapports, des Sertulaires, que si ces dernières n'étaient pas aussi nombreuses en espèces qu'elles le sont, il ne serait peut-être pas convenable de les en séparer. Quoi qu'il en soit, les Polypiers dont il s'agit se distinguent facilement des Sertulaires par la disposition des cellules ou dents calyciformes qui toutes sont rangées d'un seul côté le long des ramilles. On reconnaît même, au premier aspect, la plupart des *Plumulaires*, en ce que leurs ramilles sont, en général, disposées comme les barbes d'une plume. D'ailleurs, plusieurs espèces se réunissant d'une manière évidente sous le caractère cité, indiquent l'existence d'un groupe particulier, qu'il est utile de considérer comme un genre, puisqu'il est très distinct.

Chaque calice naît dans l'aisselle d'un appendice étroit, bractéiforme, tantôt plus court, tantôt plus long que le calice même.

[L'organisation des Plumulaires est essentiellement la même que celle des Sertulaires, mais on a rangé parmi ces polypes quelques espèces d'une structure très différente dont il devient nécessaire de les séparer. Ce genre ne doit se composer que des Sertulariées dont l'ouverture buccale est entourée d'une couronne simple de tentacules et dont l'aggrégation des individus donne naissance à un polypier présentant les caractères indiqués par Lamarck.] E.

Voici les principales espèces de ce genre :

ESPÈCES.

1. **Plumaire myriophylle.** *Plumularia myriophyllum.*

Pl. surculis inarticulatis pinnatis ; pinnulis alternis, longis, arcuatis, confertis, secundis; cellulis truncatis, basi stipulatis, unilateralibus.

Sert. myriophyllum. Lin. Soland. et Ell. p. 44.

Esper. suppl. 2. t. 5.

Ellis corall. t. 8.

* *Aglaophenia myriophylla.* Lamouroux. Polyp. flex. p. 168. et Encycl. zooph. p. 17.

* Cuvier. Règne anim. 2e éd. t. 3. p. 301.

* *Plumularia myriophylla.* Blainville. Manuel d'Actinologie. p. 477.

* Fleming. British anim. p. 547.

Habite l'Océan européen et la Méditerranée. Ma collection. Ses jets, nus inférieurement, striés et pinnés, s'élèvent à quinze ou dix-huit centimètres. Les pinnules sont longues, filiformes, arquées, sur deux rangées unilatérales. Je n'ai pas encore vu ses vessies gemmifères.

* Il existe beaucoup de confusion dans la synonymie de cette Plu-

mulaire ; la figure, qu'Esper en a donnée, appartient évidemment à une espèce différente de celle observée antérieurement par Ellis, et se rapproche davantage de la Plum. brachiée ; car les cellules sont courtes et à bords crénelés, tandis que dans la figure d'Ellis, elles sont très allongées et terminées par un bord droit. Enfin le *Sert. myriophyllum*, de M. Delle chiaje (op. cit. t. 4 pl. 63. fig. 2. et 13.), me paraît être une espèce distincte des précédentes ; car les cellules, au lieu d'être sessiles et adhérentes dans toute leur longueur à la branche qui les porte, sont fixées par leur base seulement et libres latéralement. Enfin la figure donné par M. Savigny dans l'ouvrage sur l'Egypte (Polypes pl. 14. fig. 3), et rapporté avec doute par M. Audouin à la *Plumalaria Myriophylla*, en est encore une espèce distincte.]

2. Plumulaire à godet. *Plumularia urceolifera.*

Pl. surculis simplicibus articulatis pinnatis ; pinnis bifariis secundis ; vesiculis urceolatis truncatis brevibus sessilibus.

Habite..... l'Océan indien. Ma collection. Son aspect la rapproche de la précédente ; mais ses tiges, cylindriques et d'un brun noirâtre, sont articulées ; ses vessies courtes, urcéolées et nombreuses, sont sessiles sur le rachis ; entre les pinnules. Longueur, 2 décimètres.

* Les cellules polypifères sont très courtes, leur bord présente en dehors deux petites dents, et leur dent basilaire est obtuse et à peine saillante.

3. Plumulaire en faux. *Plumularia falcata.*

Pl. surculis ramosis flexuosis ; ramis alternis pinnatis ; cellulis tubulosis truncatis secundis subimbricatis.

Sert. falcata. Lin. Soland. et Ell. p. 42.

Esper. suppl. 2. t. 2.

Ellis corall. t. 7. n° 11. *fig. a. A.*

* Pallas. op. cit. p. 144.

* *Aglaophenia falcata.* Lamour. Polyp. flex. p. 174. et Encycl. p. 20.

* *Sert. falcata.* Schweigger. op. cit. p. 427.

* *Plumul. falcata.* Flem. op. cit. p. 546.

* Blainv. op. cit. p. 477.

Habite les mers d'Europe. Ma collection. Outre que ses jets sont plus grêles et bien plus rameux que dans les deux précédentes, ses pinnules sont plus courtes, et leurs cellules sont plus serrees.

* Cette espece ne doit pas appartenir au genre Plumulaire, mais se rapproche des Sérialaires.

† 4. Plumulaire à crête. *Plumularia cristata.*

> *Pl. laxè ramosa, subdichotoma; ramis pinnatis rectiusculis; rachi lævigata; cellulis campanulatis secundis; vesiculis cristatis.*

Sert. *pluma.* Lin. Soland. et Ell. p. 43.

Esper. Suppl. 2. t. 7.

Ellis. Corall. t. 7. n° 12. *fig. b. B.*

* Pallas. Elen. Zooph. p. 149.

* Cavolini. Polypi marini. p. 210. pl. 8. fig. 5. 6. (Il serait possible que cette figure se rapportât à l'espèce suivante).

* *Aglaophenia pluma.* Lamour. Polyp. flex. p. 169. Expos. méth. des Polyp. p. 11. et Encycl. p. 17.

* *Plumul. pluma.* Fleming. Brit. anim. p. 546.

* Blainv. Man. d'Actin. p. 477.

* *Sert. pluma?* Delle Chiaje. Anim. senza vert. di Napoli. t. 4. p. 145. pl. 63. fig. 1. et 12.

Habite les mers d'Europe. Ma collection. Cette espèce ne tient à la suivante que par ses vésicules en crêtes; mais elle en est très distincte.

* La *Plumul. pennatula,* Flemm. (Brit. anim. p. 546.), me paraî être un double emploi de l'espèce précédente; on ne peut la rapporter à la *P. pennatula* de Lamarck, ni à la *P. myriophyllum* comme l'a fait Lamouroux. (Encycl. p. 17.)

* Lamouroux réunit à cette espèce la *Sertularia echinata* de Pallas. (Elen. Zooph. p. 152. n° 94.)

5. Plumulaire crochue. *Plumularia uncinata.*

> *Pl. volubilis, ramosa, subpaniculata; ramis pinnatis falcato-uncinatis; rachi denticulis scabra; pinnulis scabra; vesiculis cristatis.*

Sert. *pennaria.* Esper. Suppl. 2. t. 25.

* *Aglaophenia pennaria.* Lamour. Polyp. flex. p. 167. et Encycl. p. 16.

Habite..... la Méditerranée. Ma collection. Elle est volubile, s'entortille autour des fucus, et a ses rameaux plus penniformes et plus élégans que dans l'espèce qui précède. La *Sert. pennaria* de Gmelin, figurée dans Cavolini, tab. 5. fig. 1. 6, paraît différer de celle-ci. (1)

---

(1) Le *Sertularia pennata* de Cavolini (Polypi marini, p. 134, pl. 5, fig. 1-5) diffère en effet beaucoup de l'espèce de Plumulaire dont il est ici question, et forme le type d'un genre particulier, établi par M. Goldfuss sous le nom de PENNARIA; les Polypes se terminent par une couronne de tentacules semblables

* **Cette espèce** diffère aussi de la précédente par le nombre des dentelures marginales des cellules, elle a été très bien figurée par M. Savigny dans le grand ouvrage sur l'Egypte. (Polypes pl. 14. fig. 4.)

6. Plumulaire échinulée. *Plumularia echinulata.*

Pl. nana ; surculis subsimplicibus pinnatis ; pinnis alternis ; denticulis secundis hispidulis ; vesiculis cristato-serratis.

* Blainv. op. cit. p. 477.

Habite l'Océan européen. Ma collection. Je la dois à M. *Deschamps.* Elle est petite comme la Plum. sétacée ; mais elle en est très distincte.

7. Plumulaire bipinnée. *Plumularia bipinnata.*

Pl. surculis ramosis bipinnatis ; pinnis pinnulisque bifariis confertis ; vesiculis tereti-ovatis, subscabris.

* *Aglaophenia cupressina.* Lamour. Polyp. flex. p. 169. et Encycl. p. 16.

* *Plumul. cupressina.* Blainv. op. cit. p. 478. et *Plumul. bipinnata.* ejusdem loc. cit.

Habite l'Océan indien. *Sonnerat.* Ma collection. Cette espèce à l'aspect d'un Lycopode ou d'une Fougère. Ses jets soutiennent quelques rameaux alternes, courbés, bipinnés, et à pinnules serrées

à ceux des Sertulaires ; mais la trompe qu'ils entourent, au lieu d'être simple, est garnie de petites tentacules éparses, et le pédoncule polypifère est à peine évasé à son extrémité, de façon que les tentacules ne peuvent pas rentrer dans la cellule incomplète dont ils naissent. On voit que, sous ces rapports, ces Polypes se rapprochent un peu des Tubulaires, mais on ne peut les confondre avec ces derniers, à cause de leur disposition en série régulière sur le bord supérieur de rameaux simples qui, à leur tour, naissent d'une tige commune, dressée et simple. M. Delle Chiaje a également figuré ce Sertularié, mais moins bien que son prédécesseur Cavolini, et en le confondant avec le *Plumularia uncinata* (Voyez *Memorie su la storia e notomia degli animali senza vertebre del regno di Napoli,* vol. iv, p. 145, pl. 63, fig. 3.) M. Ehrenberg mentionne cette espèce sous le nom de *Pennaria Cavolinii.* (Mém. sur les Polypes de la Mer-Rouge 50 70.)

les unes contre les autres. Celles qui portent les cellules sont très courtes. Les vésicules sont nombreuses, cerclées, échinulées. Couleur brune; longueur, 15 à 20 centimètres.

8. Plumulaire anguleuse. *Plumularia angulosa.*

Pl. stirpe flexuosâ, basi nudâ; ramis alternis, subcompressis, pinnatis; pinnis bifariis secundis appressis.

Mus. n°.

B. *var. stirpe longissimâ.*

Mus. n°.

* *Aglaophenia angulosa.* Lamour. Polyp. flex. p. 166. et Encycl. Zooph. p. 15.

* *Plumul. angulosa.* Blainv. op. cit. p. 478.

Habite les mers Australes. *Péron* et *Lesueur.* Cette Plumulaire est remarquable par sa tige droite, fléchie en zigzags fréquens, non divisée, mais munie de rameaux alternes, ouverts ou ascendans, pinnés et quelquefois presque bipinnés. Les pinnules sont courtes et serrées. Leurs cellules sont unilatérales et ont une petite épine à leur base.

La variété B. offre dans ce genre la tige la plus allongée que l'on connaisse; cette tige a environ six décimètres de longueur. Ses rameaux latéraux sont d'une longueur médiocre.

9. Plumulaire brachiée. *Plumularia brachiata.*

Pl. stirpe rectâ, basi nudâ; ramis opposito-geminatis, longis pinnatis patentibus; pinnulis tenuibus breviusculis bifariis subappressis; vesiculis cylindraceis.

* *Aglaophenia crucialis.* Lamour. Polyp. flex. p. 165, et Encycl. p. 17.

* *Plumularia brachiata.* et *Plumul. crucialis.* Blainville. op. cit. p. 478.

Mus. no.

Habite les mers Australes. *Péron* et *Lesueur.* La singularité frappante de cette espèce est d'avoir les rameaux opposés, non sur les côtés de la tige, mais sur des points communs de cette tige; en sorte que ces rameaux sont véritablement géminés. Ces mêmes rameaux sont très ouverts, viennent par paires écartées, et ce sont les inférieurs qui sont les plus longs. Les vésicules sont allongées, cylindracées, cerclées, hérissées sur leurs cercles. Hauteur, 25 à 30 centimètres.

10. Plumulaire frangée. *Plumularia fimbriata.*

11.

Pl. stirpe ramisque pinnato-fimbriatis ; ramis alternis bifariis patentibus ; pinnulis creberrimis ciliiformibus.

* Blainv. op. cit. p. 478.

Mus. n°.

Habite les mers Australes. *Péron* et *Lesueur*. Elle est moins grande que celle qui précède, et a ses rameaux alternes plus fréquens, et ses pinnules ciliiformes plus ouvertes. Ses vésicules sont à peu près les mêmes.

11. Plumulaire scabre. *Plumularia scabra.*

Pl. surculis infernè nudis muricato-scabris ; supernè ramoso-cymosis ; ramis divisis pinnatis ascendentibus ; cellulis minutissimis.

* Blainv. op. cit. p. 478.

Mus. n°.

Habite les mers Australes. *Péron* et *Lesueur*. Le port particulier de cette espèce la distingue éminemment. Ses tiges nues, scabres, ramifiées en cime vers leur sommet; ses pinnules très fines, serrées et ascendantes; enfin, ses cellules mutiques et extrémement petites, la caractérisent. Hauteur, 12 centimètres.

12. Plumulaire pinnée. *Plumularia pinnata.*

Pl. humilis, surculis simplicibus pinnatis sabarticulatis ; pinnis alternis laxiusculis ; denticulis semi-campanulatis secundis ; vesiculis ovatis ore coronatis.

Sert. pinnata. Soland. et Ell. p. 46.

Ellis. Corall. tab. XI. f. 16. a. A.

* *Sert. setacea.* Pallas. Elen. Zooph. p. 148.

* *Aglaophenia pinnata.* Lamour. Polyp. flex. p. 172. Encycl. p. 19.

* *Plumul. pinnata.* Blainv. op. cit. p. 477.

Habite les côtes de France et d'Angleterre, dans la Manche. Ma collection. Elle s'élève à peine à 4 ou 5 centimètres.

13. Plumulaire sillonnée. *Plumularia sulcata.*

Pl. stirpe ramoso sulcato ; ramis erectis ; ramulis lateralibus distantibus subpinnatis; uno latere celluliferis.

* Blainv. op. cit. p. 478.

Mus. n°.

Habite les mers Australes. *Péron* et *Lesueur.* Cette espèce est maigre, lâche dans toutes ses parties. Sa tige et ses branches offrent des sillons ascendans et ondés. Hauteur, 15 ou 16 centimètres.

14. Plumulaire filamenteuse. *Plumularia filamentosa.*

Pl. surculis numerosis, filiformibus, erectis, ramosis ; ramis apice pinnatis spicæformibus ; pinnulis secundis brevibus.

Mus. n$_0$.

B. *var. surculis filamentosis longissimis.*

Mus. n°.

* Blainv. op. cit. p. 478.

Habite les mers Australes. *Péron* et *Lesueur*. Elle forme une touffe
de jets filiformes, noirâtre ou brune, comme spicifère, et haute
d'environ 12 centimètres. La variété B. offre des jets beaucoup
plus longs et plus frêles. Les pinnules des épis sont courtes,
serrées.

15. Plumulaire pennatule. *Plumularia pennatula.*

*Pl. filiformis, tenella, pinnata ; pinnis crebris, ascendentibus, appres-
sis ; articulatis ; cellulis secundis, campanulatis, stipulá corniformi
suffultis, purpureis.*

Mus. n°.

Sert. pennatula. Soland. et Ell. p. 56. t. 7. f. 1. 2.

* *Aglaophenia pennatula.* Lamour. Polyp. flex. p. 168. Expos. méth.
des Polyp. p. 11. pl. 7. fig. 1. et 2. Encycl. Zooph. p. 17.

* *Plumul. pennatula.* Blainville. op. cit. p. 478.

Habite l'Océan indien, la côte occidentale de la Nouvelle-Hollande.
Péron et *Lesueur*. Espèce petite, délicate, fort jolie, et comme
sanguinolente ou teinte de pourpre. Ses jets naissent sur des filets
tubuleux, rampans, entortillés et radiciformes. Ils sont nus inférieurement, et portent deux rangées de pinnules articulées, ascendantes, courbées, resserrées. Les cellules sont unilatérales, campanulées, subdentées, et sessiles dans l'aisselle d'une stipule.
Hauteur, 5 à 8 centimètres.

16. Plumulaire élégante. *Plumularia elegans.*

*Pl. ramosa ; surculis ramisque pinnatis ; pinnulis alternis, distichis
setaceis patentibus ; denticulis secundis campanulatis spinulá, suffultis.*

Mus. n°.

Habite..... Elle semble se rapprocher de la *Sert. frutescens.* Soland.
et Ell. p. 55. t. 6. *fig. a. A.*; mais ses pinnules sont plus longues,
plus lâches, plus ouvertes, et offrent, toutes ensemble, la forme
élégante d'une plume à barbes séparées. Ma collection.

17. Plumulaire sétacée. *Plumularia setacea.*

*Pl. simplex, pinnata ; pinnis alternis subincurvatis ; denticulis obsole-
tis remotissimis secundis ; vesiculis oblongis axillaribus.*

Sert. setacea. Soland. et Ell. p. 47.

Ellis. corall. t. 38. f. 4.

Shaw Miscellan. 2. t. 71.

* *Aglaophenia setacea.* Lamour. Polyp. flex. p. 171. Encycl. p. 18.

* *Plumul. setacea.* Blainv. op. cit. p. 477.

* Flem. op. cit. p. 547.

Habite les mers d'Europe. Ma collection. C'est la plus petite des espèces de ce genre. Ses jets pinnés et à pinnules lâches, très ouvertes, n'ont guère plus de 2 centim. de longueur.

† 18. Plumulaire frutescente. *Plumularia frutescens.*

*Pl. ramosa, tubulosa, pinnata; pinnulis setaceis, alternis, arrectis;
cellulis cylindrico campanulatis.*

Sert. fructescens. Soland. et Ell. p. 55. pl. 6. fig. 1. et pl. 9.
fig. 12.

Aglaophenia frutescens. Lamour. Polyp. flex. p. 173. Expos. méth.
des Polyp. p. 11. tab. 6. fig. a. et pl. 9. fig. 1,2. Encycl. p. 19.

Flem. op. cit. p. 547.

Plumul. frutescens. Blainv. op. cit. p. 477.

Habite les côtes de l'Angleterre.

† 19. Plumulaire en épi. *Plumularia spicata.*

*Pl. caule erecto, paululùm cretaceo; ramis alternis, rectis, numerosis,
spicatis.*

Aglaophenia spicata. Lamour. Polyp. flex. p. 166. et Encycl. Zooph.
p. 15.

Plumul. spicata. Blainv. op. cit. p. 478.

Habite l'Océan indien. Les cellules campanulées, dit Lamouroux,
semblent renfermées dans un calice, à cause de la forme de
l'appendice inférieur.

† 20. Plumulaire flexueuse. *Plumularia flexuosa.*

*Pl. caule flexuoso et ramoso; ramis pinnulisque recurvatis; cellulis
dentatis.*

Aglaophenia flexuosa. Lamour. Polyp. flex. p. 167. et Encycl.
p. 16.

Plumul. flexuosa. Blainv. op. cit. p. 478.

Habite la mer des Indes.

21. Plumulaire arquée. *Plumularia arcuata.*

*Pl. ramosá, dichotomá; ramis parum numerosis, arcuatis; cellulis
caliculatis.*

Aglaophenia arcuata. Lamour. Polyp. flex. p. 167. pl. 4. fig. 4. et
Encycl. p. 16.

Habite la mer des Antilles. Les cellules sont placées entre deux appendices; l'inférieur forme un coude avec deux dents opposées
placées dans l'angle de la courbure; le supérieur est très court.

† 22. Plumulaire pélagique. *Plumularia pelagica.*

> *Pl. caule simplici; cellulis ovatis; ore minuto; ovariis ovatis, lœvibus.*

> *Aglaophenia pelagica.* Lamour. Polyp. flex. p. 170. et Encycl. p. 18.

> Se trouve sur les feuilles du *Fucus natans.* Ressemble beaucoup à la Plumul. plume.

† 23. Plumulaire de Gaymard. *Plumularia Gaymardi.*

> *Pl. pennata, articulata; pinnulis forte articulatis; cellulis brevibus campanulatis; ore lato; ovariis elongatis, lœvibus acutis.*
> *Aglaophenia Gaymardi.* Lamour. Encycl. Zooph. p. 18.
> Quoy et Gaymard. Voyage de l'Uranie, pl. 95. fig. 9. et 10.
> Se trouve sur les grandes Hydrophytes du cap de Bonne-Espérance. Les cellules ont une large ouverture ronde avec un appendice court et aigu à leur base.

† 24. Plumulaire spécieuse. *Plumularia speciosa.*

> *Pl. pinnata, rigida; pinnis subsecundis incurvis, cellulis campanulato-effusis, dentatis, stipulaceis.*
> *Sert. speciosa.* Pallas. Elen. Zooph. p. 152.
> Bosc. Vers. t. 3. p. 94.
> *Aglaophenia speciosa.* Lamour. Polyp. flex. p. 170. en Encycl. p. 18.
> *Plumul. speciosa.* Blainv. op. cit. p. 478.
> Habite les côtes de l'île Ceylan.

† 25. Plumulaire gélatineuse. *Plumularia gelatinosa.*

> *Pl. pinnulis approximatis, alternis; cellulis minutis inappendiculatis.*
> *Aglaophenia glutinosa.* Lamour. Polyp. flex. p. 171. et Encycl. p. 18.
> *Plumul. gelatinosa.* Blainv. op. cit. p. 478.
> Se trouve dans les mers des Indes et de l'Australasie.

† 26. Plumulaire délicate. *Plumularia gracilis.*

> *Pl. simplex, pinnata; cellulis minutissimis, distantibus, inappendiculatis.*
> *Aglaophenia gracilis.* Lamour. Polyp. flex. p. 171. et Encycl. p. 18.
> *Plumul. gracilis.* Blainv. op. cit. p. 479.
> Se trouve dans l'Océan indien.

27. Plumulaire secondaire. *Plumularia secundaria.*

Pl. minima, alba; stirpe incurvá; cellulis campanulatis; ovariis axil-
 laribus,

Sert. secundaria. Cavol. Polypi mar. p. 226. pl. 8. fig. 15. et 16.

Aglaophenia secundaria. Lamour. Polyp. flex. p. 291. et Encycl.
 p. 19.

Plumul. secundaria. Blainv. op. cit. p. 477.

Sert. secundaria. Delle Chiaje. Anim. senza vert. di Napoli. t. 4.
 pl. 63. fig. 8. et 20.

Habite les côtes de Naples.

† 28. Plumulaire hypnoïde. *Plumularia hypnoides.*

Pl. ramosa, ramis pinnatis; pinnulis creberrimis; cellulis campanu-
 latis, dentatis, rostratis.

Sert. hypnoides. Pallas. Elen. Zooph. p. 155.

Aglaoph. hypnoides. Lamour. Polyp. flex. p. 173; Encyclop. p. 19.

Plumul. hypnoides. Blainv. op. cit. p. 479.

Se trouve sur les côtes de l'île Ceylan.

† 29. Plumulaire amathioïde. *Plumularia amathioides.*

Pl. caule ramoso; cellulis simplicibus ovato-elongatis, 3-6 agglome-
 ratis, sed distinctis; ovariis pyriformibus.

Aglaophenia amathioides. Lamour. Polyp. flex. p. 173. et Encycl.
 p. 20.

Plumul. amathioides. Blainv. op. cit. p. 478.

Se trouve dans la baie de Cadix.

M. Fleming a décrit, sous le nom de *Plumularia bullata* (Mém. de
la Soc. Wernerienne de Londres. t. 5. pl. 9), une espèce nouvelle qui a été
trouvée par le capitaine Parry, dans le détroit de Hudson, et qui est très
remarquable par ses grosses vésicules, d'où naissent des filamens radiciformes et des branches dentelées qui, à leur tour, portent d'autres vésicules; les dentelures des branches et de la tige sont disposées sur un seul
rang et portent chacune un article qui paraît être une cellule polypifère,
urcéolée.

SÉRIALAIRE. (Sérialaria.)

Polypier phytoïde et corné; à tiges grêles, fistuleuses,
rameuses, garnies de loges cylindracées, saillantes, parallèles, cohérentes sérialement, disposées soit par masses
séparées, soit en spirale continue.

Polyparium phytoïdeum, corneum; surculis gracilibus,

*fistulosis, ramosis, calyciferis. Calyces cylindracei, promi-
nuli, paralleli, seriatim cohærentes , in massas distinctas
vel in spiram continuam dispositi.*

OBSERVATIONS. — Les *Sérialaires,* quoique voisines des Sertulaires par leurs rapports, constituent un genre particulier
bien distinct, et facile à reconnaître par la disposition des cellules des Polypes. Dans ce genre, les cellules, au lieu d'être
séparées les unes des autres, et de représenter, le long des
jets et des rameaux, des dents, soit opposées, soit alternes, sont
tubuleuses, sont parallèles et cohérentes plusieurs ensemble,
tantôt par rangées séparées et diverses, dans certaines espèces,
et tantôt ne formant qu'une rangée non interrompue, qui
tourne en spirale autour des tiges et des rameaux dans d'autres
espèces.

Dans les espèces dont les rangées de cellules forment des
masses séparées, on est tenté de prendre chaque rangée pour
des vésicules gemmifères propres à reproduire ces Polypes.

[Ces Polypes diffèrent beaucoup des Sertulaires , des Campanulaires et des Plumulaires, et me paraissent avoir le même
mode d'organisation que les Cellaires et les Flustres. Les tentacules sont garnies de chaque côté d'une série linéaire de petits cils vibratiles, et la bouche s'ouvre dans un tube alimentaire
qui se recourbe sur lui-même, et revient se terminer sur le côté
externe de l'espèce de vestibule qui porte les tentacules. Les
Sérialaires appartiennent, par conséquent, à la division des Bryozoaires.   E.]

ESPÈCES.

§. *Cellules cohérentes par masses séparées.*

1. Sérialaire lendigère. *Serialaria lendigera.*

*S. ramosissima , diffusa ; ramis filiformibus articulatis subdichotomis ;
     cellularum seriis distinctis ; calycibus sensim brevioribus.*
Sert. lendigera. Lin. Esper. Suppl. 2. t. 9.
Ellis. Corall. t. 15. n° 24. *fig. b. B.*
* Pallas. Elen. Zooph. p. 124.
* *Sert. lendinosa.* Cavol. Polypi mar. p. 229. pl. 9. fig. 1. 2.

* *Amathia lendigera.* Lamour. Polyp. flex. p. 159 Expos. méthod. p. 10 et Encycl. méth. Zooph. p. 43.
* *Serialaria lendigera.* Schweigger. Handbuch der naturgescheichte. p. 426.
* Cuvier. Règne anim. 2ᵉ éd. t. 3. p. 301.
* Fleming. Brit. anim. p. 547.
* *Sert. lendigera.* Delle Chiaje. Anim. senza vert. di Napoli. t. 4. p. 146. pl. 63. fig. 6. et 16.

Habite les mers d'Europe. Ma collection. Elle est très fine, très rameuse, à ramifications presque capillacées.

2. Sérialaire cornue. *Serialaria cornuta.*

S. ramosissima, articulata, subcrispa, ramis alternis; ramulis secundis incurvis; cellularum seriis distinctis; ultimis extermitate bisetis.

* *Amathia cornuta.* Lamour. Polyp. flex. p. 159. pl. 4. fig. 2. et Encycl. Zooph. p. 43.

Mus. nᵒ.

Habite..... l'Océan asiatique. Je la crois du voyage de MM. *Lesueur* et *Péron.* Elle est un peu plus forte et moins capillacée que la précédente, à extrémités courbées et comme frisées.

† 2 a. Sérialaire unilatérale. *Serialaria unilateralis.*

S. ramosissima; ramis eleganter arcuatis; conglomerationibus cellularum approximatis unilateralibus.

Amathia unilateralis. Lamour. Polyp. flex. p. 160. Expos. méthod. des Polyp. p. 10. pl. 66. fig. 1. et 2. Encycl. méthod. Zooph. p. 43.

Habite les côtes de la Méditerranée. M. de Blainville pense que cette espèce est une véritable Plumulaire (Manuel p. 476). Mais cette opinion nous parait tout-à fait inadmissible.

† 2 b. Sérialaire alterne. *Serialaria alternata.*

S. ramosissima; conglomerationibus cellularum alternatis, approximatissimis, subcohærentibus; cellulis numerosis subæqualibus.

Amathia alternata. Lamour. Polyp. flex. p. 160. Expos. méth. des Polyp. p. 10. pl. 65. fig. 18. et 19. Encycl. p. 44.

Habite la mer des Antilles.

† 2 c. Sérialaire entassée. *Serialaria acervata.*

S. pumila, parum ramosa, subdichotoma; ramis capillaceis, tenuissimis; cellulis subsejunctis, in massam distinctam distantemque congregatis.

Amathia acervata. Lamour. Encycl. p. 45.
Serial. acervata. Blainv. op. cit. p. 476.

Habite la mer du Japon. Les groupes de cellules, éloignés les uns des autres d'un millimètre au moins, sont composés de près de vingt cellules entassées sans ordre autour des tiges, et isolées dans la majeure partie de leur longueur.

2 d. Sérialaire chapelet. *Serialaria precatoria.*

S. cespitosa, ramosissima; ramis elongatis, ramosis, tenuissimis; conglomerationibus cellularum ovalibus, distinctis, precatoriis; cellulis subsejunctis, aliquoties unilateralibus.

Amathia precatoria. Lamour. Encycl. p. 45.
Serial. precatoria. Blainv. op. cit. p. 476.

Trouvée sur les côtes de Bretagne.

† 2 e. Sérialaire à demi contournée. *Serialaria semi-convoluta.*

S. ramosa, capillacea; ramis sparsis; conglomerationibus cellularum longissimis, distinctis, convolutis vel semi-convolutis.

Amathia semi-convoluta. Lamour. Encycl. Zooph. p. 44.

Habite la Méditerranée. Cette espèce établit le passage entre les deux divisions du genre Sérialaire; les tiges et les ramifications sont filiformes ou capillacées, et les groupes de cellules sont très distincts quoique rapprochés; les cellules sont toutes de la même longueur.

§§. *Cellules cohérentes par masses continues, spirales.*

3. Sérialaire convolute. *Serialaria convoluta.*

S. stirpe alternatim ramosâ; ramis simplicibus filiformibus; cellulis cohærentibus in spiram continuam, angustam, ramos involventem.

* *Amathia spiralis*. Lamour. Polyp. flex. p. 161. pl. 4. fig. 2. Expos. méth. des Polyp. p. 10. pl. 65. fig. 16. et 17. et Encycl. p. 44.

* *Serial. convoluta*. Schweigger. op. cit. p. 426.

* *Serial. spiralis*. Blainv. op. cit. p. 476.

Mus. n°.

Habite les mers de la Nouvelle-Hollande. *Péron* et *Lesueur*. Ma collection. Sa tige, longue de quinze à dix-huit centimètres, soutient des rameaux alternes, simples, filiformes, entourés d'une spirale étroite et grimpante que forment les cellules cohérentes en série continue.

4. Sérialaire crépue. *Serialaria crispa.*

> *S. stirpe ramoso-paniculatâ; cellulis cohærentibus in spiram plicato-crispam, subfimbriatam.*
>
> * *Amathia convoluta.* Lamour. Polyp. flex. p. 160. et Encycl. p. 44.
> * *Serial. convoluta.* Blainv. op. cit. p. 476.
> Mus. no.
> Habite les mers de la Nouvelle-Hollande. *Péron* et *Lesueur.* Ma collection. Celle-ci est un peu moins grande que celle qui précède; elle est rameuse, paniculée, et a sa spirale moins régulière, moins étroite, plissée, presque frangée, et quelquefois interrompue.

Les Polypes dont MM. Quoy et Gaymard ont formé le genre DÉDALE, *Dedalæa* ont beaucoup d'analogie avec les Sérialaires, ils naissent par groupes distinctes d'une tige rampante qui se ramifie et s'anastomose; chaque groupe se compose de deux rangées latérales, de Polypes entassés les uns sur les autres; ces Polypes ont une enveloppe tégumentaire assez consistante, mais membraneuse et transparente qui constitue une espèce de cellule oviforme fixée par sa base et livrant passage par son extrémité opposé aux tentacules et à la portion antérieure du canal digestif, lequel se recourbe sur lui-même pour former une anse, et s'ouvre au bout par un anus distinct situé près de la base du prolongement tentaculifère. Ces Polypes sont, comme on le voit, des Bryozoaires, et ils se rapprochent beaucoup des Valkeries de M. Fleming.

L'espèce qui a servi à l'établissement de ce genre a été désignée sous le nom de DÉDALE DE MAURICE *Dedalæa mauritiana,* Quoy et Gaymard (*Voyage* de l'Uranie t. 4 p. 290. Zooph. pl. 26 fig. 1 et 2. Blainville Man. d'actin. p. 493). Les naturalistes qui l'ont découvert en ayant déposé un nombre considérable dans les collections du muséum, j'ai pu, grâce à l'obligeance de M. Valenciennes, en faire l'anatomie.

§§. *Polypiers vernissés ou légèrement encroûtés à
l'extérieur.*

Ces Polypiers sont enduits d'un encroûtement extrêmement mince, le plus souvent luisant comme un vernis, et
qui les rend en quelque sorte lapidescens. Le peu d'épaisseur de leur encroûtement ne permet pas qu'il contienne
seul les cellules des Polypes, comme cela arrive aux Polyp-
piers corticifères. Certains d'entre eux sont même si singuliers, qu'ils n'offrent extérieurement aucune cellule
apparente.

Voici les principaux genres qui se rapportent à cette
2ᵉ division des Polypiers vaginiformes.

TULIPAIRE. (Liriozoa.)

Polypier phytoïde, lapidescent ; à tiges tubuleuses ,
articulées, adhérentes à un tube rampant. Cellules allongées, pédicellées, fasciculées trois à trois ; à faisceaux
opposés, situés au sommet des articulations.

*Polyparium phytoïdeum, lapideum ; caulibus tubulosis ,
articulatis, tubo repentè adhærentibus. Cellulæ oblongæ,
pedicellatæ, fasciculatìm ternæ ; fasciculis ex apicibus
articulorum.*

OBSERVATIONS. — Le Polypier singulier et assez élégant dont
il s'agit ici ne peut appartenir au genre des Sertulaires, étant
lapidescent, et ayant ses cellules fasciculées trois à trois ; l'on ne
saurait non plus le réunir convenablement à celui des Cellulaires,
puisque ses cellules ne sont ni adnées ou décurrentes par
leur partie inférieure, ni incrustées à la surface des tiges.
Il faut donc en former un genre particulier, comme l'a
déjà fait M. *Lamouroux*, dans un mémoire qui n'est pas
encore publié.

[On ne connaît pas les Polypes dont la gaîne tégumentaire
a servi pour l'établissement de ce genre, mais d'après la forme
des cellules nous sommes porté à croire que ces animau

doivent se rapprocher des Sérialaires et des Cellaires plutôt
que des Sertulariées.   E.]

Voici la citation de la seule espèce connue qui appartienne
à ce genre.

ESPÈCE.

1. **Tulipaire des Antilles.** *Liriozoa caribœa.*

> *T. lapidea, subdiaphana, articulis clavatis; cellularum fasciculis
> oppositis, et terminalibus.*
>
> *Cellaria tulipifera.* Soland. et Ell. nº 15. tab. 5. *fig. a. A.*
>
> * *Pasythea tulipifera.* Lamour. Polyp. flex. p. 155. pl. 3. fig. 7.
> Expos. méth. des Polyp. p. 9. pl. 5. *fig. a. A.*
>
> * *Tulipaire tulipifère.* Blainv. Manuel d'Actinol. p. 485. pl. 83.
> fig. 1.
>
> Habite l'Océan des Antilles.

———

CELLAIRE. (Cellaria.)

Polypier phytoïde, à tiges tubuleuses, rameuses, subarticulées, cornées, luisantes, lapidescentes.

Cellules sériales, soit concaténées, soit adnées ou incrustées à la surface du polypier.

Vessies gemmifères nulles, ou constituées par des bulles
qui se trouvent sur certaines espèces.

*Polyparium phytoideum; surculis ramosis, tubulosis, sub-
articulatis, corneis, nitidis, lapidescentibus.*

*Cellulæ seriales, vel concatenatæ, vel adnatæ, plus mi-
nusve incrustatæ ad superficiem polyparii.*

*Vesiculæ gemmiferæ nullæ, nisi bullæ quæ in nonnullis
speciebus extant.*

OBSERVATIONS. — C'est avec raison que l'on a séparé les *Cellaires* des Sertulaires que Linné confondait dans le même genre.
Ces jolis Polypiers en sont éminemment distingués, non-seulement par leur aspect luisant ainsi que par l'enduit particulier
qui les couvre, et qui, comme ferait un vernis, les fait paraître

brillans et lapidescens; mais ils en diffèrent en outre par leurs cellules non entièrement libres sur les côtés des tiges, comme celles des Sertulaires. En effet, les cellules des *Cellaires* sont, tantôt incrustées et presque sans saillie à la surface des tiges et des rameaux, et tantôt adnées au Polypier; elles sont décurrentes par leur base, quoique leur partie supérieure soit rejetée en dehors et plus ou moins saillante.

Ces Polypiers ressemblent à de petites plantes extrêmement déliées, à ramifications subarticulées, souvent très fines. Ils présentent de petites touffes brillantes et fort jolies.

On distingue aisément les *Cellaires* des Corallines, en ce que, dans celles-ci, les cellules des Polypes ne s'aperçoivent point au simple aspect, tandis que celles des *Cellaires* sont toujours perceptibles.

On peut partager les *Cellaires* en deux groupes, soit comme section d'un même genre, soit comme formant deux genres particuliers, en distinguant celles dont les cellules sont incrustées et presque sans saillie, de celles dont la partie supérieure des cellules est saillante au dehors.

[Les Polypes dont cette division générique se compose diffèrent beaucoup des Sertulaires, des Plumulaires, etc., et sont très voisins des Flustres et des autres Polypiers à réseaux. La cellule dans laquelle chacun de ces petits animaux est en quelque sorte logé, n'est pas une simple exsudation calcaire comparable à la coquille d'un Mollusque, mais l'enveloppe tégumentaire du Polype encroûté de carbonate de chaux et se continuant avec l'appareil digestif. Cet appareil se compose d'une première cavité, analogue jusqu'à un certain point au sac respiratoire des Ascidies, dont l'ouverture extérieure est garnie d'une couronne simple de longs tentacules bordés latéralement d'une rangée de cils vibratils; d'un tube alimentaire qui communique avec le fond de cette cavité et présente bientôt un renflement stomacal; enfin, d'un intestin faisant suite à l'estomac, se recourbant sur lui-même et se terminant par une ouverture anale, distincte, située près de la surface externe de la première cavité dont il a déjà été question ; on remarque aussi au bas de l'anse, formé par l'intestin, un organe particulier qui pourrait bien être un ovaire destiné à produire des gemmes reproducteurs.

Des faisceaux musculaires entourent aussi la portion antérieur du canal digestif et vont se fixer sur la face interne de l'enveloppe tégumentaire, dans laquelle ils font rentrer par leur contraction la partie tentaculifère de l'animal. Quant à la conformation de cette enveloppe ou cellule et au mode d'agrégation des Polypes entre eux, on trouve dans cette division des différences très grandes, et on s'en est servi pour subdiviser les Cellaires de notre auteur en plusieurs genres distincts.

Dans la méthode de Lamouroux, le genre Cellaire ne comprend que les espèces dont les cellules polypifères sont éparses sur toute la surface d'un Polypier cartilagino-pierreux, cylindrique, articulé et rameux; on y range les trois premières espèces décrites par Lamarck; ce sont, de tous les animaux de cette famille, ceux qui se rapprochent le plus des Flustres et des Eschares.

Les autres Cellaires de Lamarck ont été répartis en plusieurs genres sur les limites desquelles les auteurs ne s'accordent pas, et pour les classer d'une manière naturelle, il est nécessaire d'en faire l'objet d'une étude approfondie. Nous nous proposons de publier sous peu, dans les Annales des Sciences naturelles, les observations que nous aurons faites sur leur organisation et leurs affinités.   E.]

ESPÈCES.

1. Cellaire salicorne. *Cellaria salicornia.*

> *C. dichotoma, articulata ; articulis cylindricis; cellulis rhombeis obtectis.*
>
> *Cellaria farciminoides.* Soland. et Ell. p. 26.
>
> *Tubularia fistulosa.* Lin.
>
> Ellis. Corall. t. 23.
>
> Esper. Suppl. 2. t. 2.
>
> * *Cellaria salicornia.* Pallas. Elen. Zooph. p. 61. n° 21.
>
> * Boddaert. Lyst der plant-dieren, etc. p. 76. pl. 3. fig. 1.
>
> * *Salicornaria salicornia.* Cuv. Règ. anim. 1. éd. t. 4. p. 75.
>
> * *Salicornia dichotoma.* Schweigger. Handbuch der naturgeschichte. p. 428.
>
> * *Cellaria salicornia.* Lamour. Polyp. flex. p. 127. Expos. méthod. des Polyp. p. 5. et Encycl. Zooph. p. 178.
>
> * *Farcimia fistulosa.* Flem. Brit. anim. p. 534.

* *Cellaria salicornia.* Blainv. Man. d'Act. p. 455. pl. 77. fig. 1.

* Savigny, Egypte. Polypes. pl. 6. fig. 7.

Mus. n°.

Habite l'Océan européen et la Méditerranée. Ma collection. Espèce bien connue; ses articulations sont un peu fusiformes.

2. Cellaire céréoïde. *Cellaria cereoides.*

C. ramosa, articulata; articulis subcylindricis; cellulis apice obliquatis: subprominulis.

Cellaria cereoides. Soland. et Ell. p. 26. t. 5. *fig. b. B. C. D. E.*

* *Cellularia opuntioides.* Pallas. Elin. Zooph. p. 61.

* *Sert. cereoides* et *S. opuntioides.* Gmel. Lin. Syst. nat. p. 3862. et 3863.

* *Cellaria cereoides.* Lamour. Polyp. flex. p. 127. Expos. méthod. des Polyp. p. 5. pl. 5. fig. 6. et Encycl. Zooph. p. 178.

* Delle Chiaje, Anim. senza vertebre di Napoli. t. 3. p. 45. pl. 48. fig. 83. 85.

* Blainv. op. cit. p. 455. pl. 75. fig. 7.

Habite la Méditerranée, sur les côtes de Barbarie. Ma collection.

* Suivant M. Delle Chiaje, le Polype de la Cellaire céréoïde est pourvu d'une couronne de douze tentacules, du centre de laquelle s'élève une trompe rétractile. Dans les autres espèces de ce genre, et même de cette famille, nous n'avons vu rien de semblable, et nous doutons de l'exactitude de l'observation. E.

3. Cellaire délicate. *Cellaria tenella.*

C. dichotomo-ramosissima, diffusa, articulata; articulis filiformibus; apicibus cellularum subprominulis.

Mus. n°.

Habite.... les mers Australes? du voyage de MM. *Péron* et *Lesueur.* Elle est frèle, délicate, très fine, à ramifications dichotomes, et tient à la précédente par ses rapports.

4. Cellaire filifère. *Cellaria filifera.*

C. ramosissima, dichotoma, flabellata; ramulis subscabris, ad latera filiferis; cellulis minimis distichis imbricatis subprominulis.

B. var. ramulis depressis, nudiusculis.

* *Canda arachnoides.* Lamour. Polyp. flex. p. 132. pl. 2. fig. 6. Expos. méth. des Polyp. p. 5. pl. 64. fig. 19. 22. et Encycl. p. 164. (1)

---

(1) Le genre *Canda* de Lamouroux se compose des Cellariées dont les cellules, non saillantes, réunies et alternes, sont placées sur une seule face de rameaux réunis par de petites fibres

* Blainv. Man. d'Act. p. 457. pl. 79. fig. 2.
Mus. n°.
Habite l'Océan asiatique, austral. *Péron* et *Lesueur*. Ma collection.
Ses jets, très divisés et flabelliformes, n'ont que 3 centimètres de
longueur. La variété B. n'est presque point filifère.

5. Cellaire barbue. *Cellaria barbata.*

*C. dichotoma, erecta, setis articulatis barbata; ramulis teretibus
subsquarrosis; cellulis subprominulis unisetis.*

* *Caberea dichotoma?* Lamour. Expos. méthod. des Polyp. pl. 64.
fig. 17, 18 . et Encyclop. p. 163. (1)

---

latérales et horizontales, et formant par leur ensemble un
Polypier frondescent, flabelliforme, dichotome. Cette division
a été adoptée par M. de Blainville, qui a eu l'occasion d'observer
l'individu décrit par Lamouroux et conservé dans le musée de
Caen ; mais cet échantillon était probablement altéré par la
dessiccation, car ni l'un ni l'autre de ces naturalistes n'indiquent
la conformation de l'ouverture des cellules; on ignore également
la disposition des vésicules gemmifères ; du reste les Canda
sont évidemment très voisins des Acamarchis.   E.

(1) Les caractères assignés par Lamouroux à son genre
Caberée *Caberea* sont les suivans : « Polypier frondescent cylindrique ou peu comprimé; cellules sur une seule face, face
opposée sillonnée ; sillon longitudinal droit et penné. » M. de
Blainville, qui a examiné les espèces décrites par cet auteur,
assure que ce sillon n'est qu'une disposition de ces tubes radiciformes, mais que ces petits Polypes sont remarquables par la
manière dont les cellules sont empilées obliquement sur une face
seulement du Polypier qu'elles forment, et par la manière dont
elles sont soutenues par un faisceau de tubes radiciformes occupant la face opposée ou dorsale du Polypier. Lamouroux a
décrit deux espèces de ce genre; 1° la *Caberea dichotoma* Lamouroux (Polyp. flex. p. 130 pl. 2. fig. 5; expos. méthod. des
Polyp. p. 5. pl. 64. fig. 17 et 18, et Encyclop. p. 162 ; Blainville
Manuel d'actin. p. 457. pl. 77. fig. 4). 2° La *Caberea pinnata*
Lamouroux (Polyp. plex. p. 130, et Encyclop. p. 162; Blainv.
loc. cit.). M. de Blainville assure aussi que la figure donnée par
Lamouroux de la Cabrée dichotome est tout-à-fait inexacte,

* Blainv. op. cit. p. 457. pl. 77. fig. 4.

Mus. nº.

Habite l'Océan asiatique? du voyage de MM. *Péron* et *Lesueur*. Ma collection. Elle est très fragile, à barbes longues, ascendantes.

* Cette espèce diffère beaucoup des précédentes : Les loges polypifères sont tubiformes et réunies en quatre stries longitudinales qui sont intimement unies entre elles, et constituent un cylindre sur la surface duquel les ouvertures des cellules sont un peu saillantes et sont disposées d'une manière alterne; immédiatement au-dessous de chacune de ces ouvertures, il naît une soie très longue, et chaque cylindre porte à son extrémité deux cylindres semblables. M. de Blainville a réuni, avec un point de doute, cette espèce avec la *Caberea dichotoma* de Lamouroux ; mais d'après les caractères qu'il assigne à cette division, ce rapprochement ne nous paraît pas motivé.

6. Cellaire loriculée. *Cellaria loriculata.*

C. articulata, ramosissima ; cellulis oppositis, subcuneatis, adnatis, obliquè truncatis,

Ellis corall. t. 21. nº 7. *fig. b. B.*

Sert. loriculata. Lin.

Esper. suppl. 2. t. 24.

* *Cellularia loriculata.* Pallas. Elen. Zooph. p. 64.
* *Crisia loriculata.* Lamour. Polyp. flex. p. 140.
* *Loricaria europæa.* ejusdem. Expos. méth. des Polyp. p. 7.
* *Loricula loricata.* Cuvier, Règ. Anim. 2ᵉ éd. t. 3, p. 303.
* *Notamia loriculata.* Fleming. op. cit. p. 541.
* *Gemicellaria loriculata.* Blainv. op. cit. p. 461. pl. 78. fig. 4. (1)

---

et que la *Caberea pinnata* de la collection de Lamouroux, est toute différente de la C. idchotome (manuel p. 458).   E.

(1) La division générique établie par Lamouroux sous le nom de *Loricaria*, et appelée ensuite *Notamia* par M. Fleming, et *Gemicellaria* par M. de Blainville (son nom primitif ayant déjà été employé en ichtyologie) se distingue facilement par la disposition des cellules Polypifères, qui sont ovales, à ouverture oblique subterminale, réunies deux à deux par le dos, et formant ainsi les articulations d'un Polypier phytoïde dichotome adhérant par des fibrilles radiciformes. M. de Blainville pense que ce genre passe aux Sertulaires de la division des Dynamènes, et mérite à peine d'être conservé (Manuel d'actin. p. 461). Nous

Habite l'Océan européen. Ma collection. Longueur, sept à huit centimètres. Les oscules des cellules sont latérales un peu au-dessous de leur sommet.

7. Cellaire caténulée. *Cellaria catenulata.*

C. ramosissima, subcespitosa, crispa; ramulis articulatis concatenatis, apice convolutis; cellulis ovalibus nitidis superimpositis, hinc depressis.

Mus. n°.

B. *var. fusca; ramulis rectioribus.*

Mus. n°.

Habite les mers de la Nouvelle-Hollande. *Péron* et *Lesueur.* Espèce remarquable, très élégante, offrant des touffes très rameuses, luisantes, argentées, blondes, roussâtres et comme frisées par l'enroulement de ses petites ramifications. Les cellules sont ovoïdes, subturbinées, comme dentées à l'ouverture, convexes d'un côté, un peu déprimées de l'autre. Insérées les unes au dessus des autres, elles donnent aux rameaux l'aspect de petites chaînes. La variété B est rembrunie, et n'est point frisée. Hauteur, 6 à 9 centimètres.

* Cette espèce, très remarquable, présente les mêmes caractères génériques

---

ne partageons pas cette opinion, et nous sommes porté à croire que les Polypes dont il est ici question, au lieu de ressembler aux Sertulaires doivent avoir une structure analogue à celle des Flustres; du reste, ces animaux n'ont pas encore été décrits.

Lamouroux a fait connaître une seconde espèce de Gemicellaire très voisine de la précédente, mais qui s'en distingue par l'absence du bourlet, qui, chez celle-ci, entoure l'ouverture des cellules; c'est le *Loricaria americana*, Lamouroux (Expos. méthod. des Polyp. p. 7. pl. 65. fig. 8 et 9).

Le Polypier figuré par M. Savigny, sous le nom générique de *Gemellaire* Egypte. Polyp. pl. 13. fig. 4), et désigné par M. Audouin sous le nom de *Loricaria Egyptiaca* (Aud. explic. des pl. de M. Savigny), paraît être aussi une espèce distincte des précédentes.

Le *Gemicellaire boursette* de M. de Blainville (op. cit. p. 461) est une véritable Sertulaire de la division de Dynamènes. (Voy. p. 190, n° 19.)   E.

que les Polypiers figurés par M. Savigny sous le nom de *Catenaires,* que
M. de Blainville a changé en celui de *Catenicelle.* (1)

---

(1) Les caractères que M. de Blainville assigne au genre CA-
TENICELLE sont les suivans : « Cellules cornées, ovales, à orifice
non terminal, marginé, naissant l'une de l'autre et bout à bout
ou transversalement, et forment une sorte de réseau ou de chaîne
appliquée ou adhérente à la surface des corps marins ; » mais
cette définition, qui est exactement la même que celle du genre
Hippothoé de Lamouroux, ne convient pas à toutes les espèces
que le premier de ces naturalistes y range ; car l'une d'elles, la
Catenicelle de Savigny, Blainv., loin d'être appliquée ou adhérente à la surface des corps marins, s'élève en forme de petit
arbrisseau touffu, tandis que la *Catenicelle divergente,* Blainv.,
qui est le type du genre Hippothoé, est un Polypier encroûtant.
Nous pensons donc qu'il conviendrait de modifier les caractères
assignés au genre Catenicelle de manière à les distinguer des
Hippothoés, et à y faire entrer seulement les *Polypiers fixés par
leurs bases, et dont les cellules, de forme plus ou moins ovalaire et
à ouverture étroite et latérale, naissent les unes des autres et forment des séries linéaires isolées et dressées, qui se divisent en branches et simulent ainsi un arbuscule plus ou moins rameux.* Ce genre,
ainsi circonscript, comprendra : 1° le *Cellaria catenulata* de Lamarck (n° 7); 2° le *Cellaria vesiculosa* du même (n° 20); 3° le
Catenicelle de Savigny (*Catenaria* Savigny, Egypte Polyp. pl. 13.
fig. 1; *Eucratea contei,* Audouin, Expl. des pl. de l'Egypte; *Ca-
tenicella Savigny,* Blainv. Man. d'actin. p. 462. pl. 78. fig. 1); et
4° la *Menipea hyalea,* Lamouroux (Polyp. flex. p. 146. pl. 3. fig.
1; Blainv. *op. cit.* p. 463. pl. 79. fig. 1). On pourrait peut-être
y rapporter aussi l'*Eucratea cordierii,* Audouin, figuré par M. Savigny dans l'ouvrage de l'Egypte (Polyp. pl. 13. fig. 3). Mais
cependant ce Polype présente un caractère très particulier dans
sa tige, formée d'articles sans ouverture qui semblent être des
cellules avortées.

Les Catenicelles sont très voisins des Eucratées et des Gemi-
cellaires.

Les HIPPOTHOÉES de Lamouroux diffèrent des Catenicelles en
ce qu'elles sont rampantes et adhérentes aux corps sous-ma-

8. Cellaire en scie. *Cellaria serrata*.

*C. ramosissima, subcrispa; ramis dichotomis, apice digitato-palma-
tis, ramulis serratis; articulis compressis, acutangulis, hinc concavis.*

Mus. n°.

Habite les mers de la Nouvelle-Hollande. *Péron* et *Lesueur*. Cette
espèce se rapproche tellement de la précédente par ses rapports,
qu'à son aspect je la prenais d'abord pour une de ses variétés. Cependant ses articulations, tout-à-fait aplaties, minces, concaves
d'un côté, convexes de l'autre, et ses ramuscules éminemment
en scie des deux côtés, l'en distinguent fortement. Elle forme des
touffes très garnies, un peu crépues, grisâtres ou blondes, hautes
de 5 à 6 centimètres. Les cellules paraissent adnées dans le côté
concave des ramuscules.

9. Cellaire dentelée. *Cellaria denticulata*.

*C. tenella, ramosa, dichotoma, albo-nitida; surculis ramisque filifor-
mibus, ad latera denticulatis; cellulis bifariam imbricatis, apice
prominulis.*

Habite l'Océan d'Europe, sur les côtes de France. Ma collection.
Elle paraît avoir des rapports avec la cellaire céréoïde; mais
elle est très frèle, et éminemment dentelée sur les côtés par
les pointes saillantes des cellules. Hauteur, deux à trois centimètres.

* Cette espèce a beaucoup de rapports avec les *Cerisies* de M. de Blainville.
Les cellules tubulaires sont dirigées à droite et à gauche des branches du

---

rins par la face postérieure des cellules, qui sont fusiformes.

L'espèce type de ce genre est l'Hippothoe divergente (*Hippothoa divergens*, Lamouroux, Expos. Méthod. des Polyp. p. 82.
pl. 80. fig. 15 et 16; et Encyclop. p. 455), dont les cellules, en
forme de fuseau ou de navette, présentent sur leur face supérieure, près de leur sommet, une ouverture ronde, très petite.

M. Fleming donne le nom d'*Hippothoa catenularia* (Brit.
anim. p. 534),à une espèce des côtes d'Angleterre qu'il croit être
le *Tubipora catenularia* de M. Jameson (Wern. Mém. t. 1. p. 561),
et qui diffère de l'*H. divergens* de Lamouroux par la forme des
cellules qui sont plus grosses et plus larges à leur extrémité
antérieure; leur ouverture est ovale et un peu épaissie et élevée
sur les bords.   E.

Polypier, et anticipent beaucoup les unes sur les autres, de façon à donner à ces branches une largeur assez considérable.

10. **Cellaire pectinifère.** *Cellaria pectinifera.*

> **C,** *minima, ramosa; ramis ramulisque pinnatis; pinnis uno latere pectinatis brevissimis.*
>
> **Habite....** Ma collection, communiquée par M. *Lamouroux.* Son aspect singulier et étranger me fait présumer qu'elle provient du voyage de MM. *Péron* et *Lesueur.*

11. **Cellaire pictenée.** *Cellaria pectinata.*

> **C.** *surculis ramosis, pinnato-pectinatis; pinnis alternis, linearibus, distantibus, patentissimis, bifariam dentatis; vesiculis ovato-truncatis, plicatis, costatis.*
>
> * *Idia pristis.* Lamour. Polyp. flex. p. 199. pl. 5. fig. 5. et Expos. méth. des Polyp. p. 11. pl. 66. fig. 10, 13.
>
> * *Sert. pristis.* Schweigger. op. cit. p. 426.
>
> * *Idia pristis.* Blainv. op. cit. p. 483. pl. 84. fig. 1.
>
> Mus. n°.
>
> Habite l'Océan asiatique, austral. *Péron* et *Lesueur.* Cette cellaire a un aspect tout-à-fait particulier qui peut aisément la faire reconnaître. Ses jets, tantôt simples et élégamment pectinés, tantôt soutenant quantité de rameaux alternes, pareillement pectinés, sont remarquables par leurs ramilles ou pinnules linéaires, très ouvertes, écartées entre elles, et dentées des deux côtés comme l'os terminal du *prestis* ou poisson-scie. Les dents de ces pinnules paraissent être l'extrémité saillante et pointue des cellules tubuleuses et décurrentes de ce polypier. Les vessies gemmifères sont ovales-tronquées, plissées et striées sur les côtés. Longueur. 5 à 8 centimètres. Ma collection. (1)

(1) Dans une note fixée à un échantillon de la *Cellaria pectinata* dans la collection de Lamarck, ce savant l'indique comme synonymie de l'*Idia pritis*, et l'examen que j'en ai fait confirme cette opinion en tant qu'on peut juger du Polypier de Lamouroux par la mauvaise figure que cet auteur en a donnée. M. de Blainville avait déjà reconnu que la description et la figure de l'*Idia pristis* étaient l'une et l'autre incomplètes et fautives, et il regardait ce Polypier comme une véritable Sertulaire à cellules plus serrées, plus saillantes sur les côtés, et alternes ainsi que les rameaux. Ne connaissant pas la structure des Polypes nous ne pouvons

12. Cellaire operculée. *Cellaria operculata.*

> *C. ramosissima, striata; ramis pinnato-pectinatis; pinnis alternis li-*
> *nearibus distantibus patentissimis, bifariam denticulatis; vesiculis*
> *lævibus; ovatis truncatis operculatis.*

Mus. n°.

Habite..... Je la crois du voyage de MM. *Péron* et *Lesueur.* Cette
Cellaire n'est peut-être qu'une variété de la précédente : cependant ses vessies gemmifères sont si différentes; et, d'ailleurs, moins
élégante et plus diffuse, les dents latérales de ses pinnules étant
très petites, il paraît convenable de la distinguer.

13. Cellaire ivoire. *Cellaria eburnea.*

> *C. ramis articulatis patulis; cellulis alternis, tubulosis, decurrentibus,*
> *supernè obliquis, prominulis, truncatis.*

Sertularia. eburnea. Lin. Esper. suppl. 2. t. 18.

Ellis Corall. t. 21. n° 6. *fig. a.A.*

* *Cellulaire ivoire.* Brug. Encycl. méth. vers. p. 452.

* *Cellaria eburnea.* Pallas. op. cit. p. 75.

* *Sert. d'ivoria.* Cavol. Polyp. mar. p. 240. pl. 9. fig. 5. 6. 7.

* *Crisia eburnea.* Lamour. Polyp. flex. p. 138. et Encycl. p. 224.(1)

---

nous prononcer sur la place que ces animaux doivent occuper
dans la méthode naturelle, mais nous croyons qu'on devra les
rapprocher des *Biscriaires;* la *Cellaria pectinata* de la collection de Lamarck a en effet la plus grande analogie avec la *Sertularia lichenatrum* figurée par Esper.(Voy. p. 186. n. 15).   E.

(1) Le genre Crisie, tel qu'il a été fondé par Lamouroux,
comprenait tous les Cellariées dont les cellules sont à peine
saillantes et ont l'ouverture sur la même face du Polypier
phytoïde et dichotome ou rameux qu'elles forment par leur
réunion; mais les limites en ont été beaucoup resserrées par MM.
Fleming et de Blainville. Ces naturalistes n'y laissent que les
espèces dont les cellules terminées par une ouverture tubulaire
et saillante, sont disposées sur deux rangs alternes; ainsi
circonscrit ce genre a beaucoup d'affinité avec les Tubalipares
de Lamarck; il est à ce genre ce que les Cellaires proprement
dites sont aux Escarhes. On range dans le petit groupe des
Chrisies la *Cellaria eburnea* (n. 13), et une espèce nouvelle qui
a été décrite par M. Fleming sous le nom de *Crisia luxata* (British

* Blainv. op. cit. p. 460. pl. 78. fig. 3.

Habite les mers d'Europe. Ma collection. Elle est très délicate, et n'a que 2 à 3 centimètres de longueur.

14. Cellaire thuia. *Cellaria thuia.*

C. stirpe rigidâ, flexuosâ, supernè paniculatâ; ramulis alternis dichotomis; denticulis distichis adpressis alternis.

Sert. thuia. Soland. et Ell. p. 41.

Esper. suppl. 2. t. 23.

Ellis corall. t. 5. n° 9. *fig. b. B.*

* Othon Fabricius, Fauna Groen. p. 444.

* *Sert. thuia.* Pallas. Elen. Zooph. p. 140.

* Boddært. Syst. der Plant-dieren. pl. 5. fig. 3.

* Lamour. Polyp. flex. p. 193.

* Delonchamps. Encycl. Zooph. p. 682.

* *Thuiaria thuia.* Fleming. Brit. anim. p. 545.

* *Biseriaria thuia.* Blainv. Man. d'actinol. p. 482. (1)

Habite les mers d'Europe. Ma collection. Sa tige est dure, opaque, flexueuse. Ses rameaux sont transparens, moins pinnés que dans la Cellaire lonchite.

---

animals, p. 540), et qui ne diffère guère de la précédente que par un peu plus de largeur et d'épaisseur des branches, par ses cellules plus courtes, plus rapprochées et à ouvertures moins élevées, par la couleur noire des articulations et par les anneaux de même couleur qui se remarquent sur les racines tubiformes.

Le *Cellaria denticulata* de Lamarck, devrait aussi prendre place dans ce genre. Enfin le Polype figuré par M. Lister sous le nom de *Tibiane* (Philos. Trans. 1834. pl. 12. fig. 5) me paraît devoir se rapprocher des Crisies.   E.

(1) Le genre Thuiaria de M. Fleming ou Biseriaire de M. de Blainville a pour caractères : des cellules sessiles, non saillantes, appliquées et placées à sa file, sur deux rangs, le long des rameaux et ramuscules d'un Polypier phytoïde corné, fixé par des filamens radiciformes. On ne connaît pas le mode de conformation des Polypes, par conséquent il serait difficile d'indiquer avec précision leurs affinités naturelles, mais il est probable qu'ils se rapprochent des Sertulaires plutôt que des Cellariées. Les naturalistes que nous venons de citer rangent aussi dans ce genre la Cellaire lonchite (n. 15).   E.

15. Cellaire lonchite. *Cellaria lonchitis.*

C. pinnata , articulata; tenticulis alternis , distichis appressis; vesiculis ovatis operculatis.

Sert. lonchitis. Soland. et Ell. p. 42.

* Ellis corall. pl. 6. n$_0$ 10.

Sert. lichenastrum. Lin. Esper. suppl. 2. t. 35.

* Pallas. Elen. Zooph. p. 138.

* Lamour. Polyp. flex. p. 194.

* Delonch. Encycl. Zooph. p. 683.

* *Thuiaria articulata.* Flem. Brit. anim. p. 545.

* *Biseriaria articulata.* Blainv. op. cit. p. 482.

Habite la mer des Indes , etc. Je n'ai point vu cette espèce. Voyez *Sert. articulata.* Esper. suppl. 2. tab. 8.

* On a probablement confondu ici deux espèces ; celle figurée par Ellis, sous le nom de *Lonchitis*, paraît être le *S. articulata*, de Pallas et d'Esper, le *S. lichenastrum* de Lamouroux, et habite les côtes de l'Angleterre. Le *S. lichenastrum*, de Pallas et d'Esper, en diffère notablement. Du reste, on ne connait les Polypes ni de l'une ni de l'autre.

16. Cellaire ciliée. *Cellaria ciliata.*

C. ramosissima, dichotoma , subserrata; cellulis alternis , infernè adnatis, supernè obliquis et prominulis , ore patulo ciliato.

Cellaria ciliata. Soland. et Ell. p. 24.

Sert. ciliata. Lin.

Esper. suppl. 2. t. 14.

* Othon Fabricius, Fauna Groen. p. 446,

Ellis corall. t. 20. no 5. *fig. d. D.*

* Pallas. Elen. Zooph. p. 74.

* *Crisia ciliata.* Lamour. Polyp. flex. p. 139. et Encycl. Zooph. p. 225.

* *Cellularia reptans.* Flem. op. cit. p. 540.

* *Bicellaria ciliata.* Blainv. op. cit. p. 459. (1)

---

(1) Le genre CELLULARIA de M. Fleming ou BICELLARIA de Blainville se compose des Cellariées dont les cellules, peu ou point saillantes, sont disposées sur deux rangs alternes, s'ouvrent du même côté et constituent par leur réunion un Polypier crétacé phytoïde, dichotome, fixé par des filamens radiciformes. Ce qui le distingue principalement des Crisies est le mode de terminaison des cellules, qui, au lieu de se prolonger en forme de tube, ne sont libres que par une petite portion du bord de leurs

Habite les mers d'Europe. Ma collection. Elle est très rameuse, verdâtre presque comme un *Hypnum*, à ramifications grèles, en scie spinuleuse. Longueur, 3 à 4 centimètres.

17. Cellaire cornue. *Cellaria cornuta.*

C. ramosa, articulata; cellulis tubulosis curvatis, altera suprà alteram; setá ad osculum longissimá.

Sert. cornuta. Lin. Esper. suppl. 2, t. 19.

Ellis corall. t. 21. n° 10. fig. c. C.

* Esper. pl. 19. f. 1.

* *Cellularia falcata.* Pallas. op. cit. p. 76.

ouvertures, qui est très oblique d'arrière en avant. On range dans ce genre la *Cellaria Ciliata* (n. 16), la *C. plumosa* (n. 21), la *C. scruposa* (n. 25), la *C. reptans* (n. 24), et plusieurs Polypiers figurés par M. Savigny, dans le grand ouvrage sur l'Egypte, mais encore non décrites (Voy. Polyp. pl. 11). Cependant il est à noter que ces divers Polypiers diffèrent beaucoup entre eux et pourraient être reportés en deux divisions génériques distinctes. Nous pensons qu'il conviendrait de réserver le nom de Bicellaires aux espèces dont les cellules sont très évasées comme dans la *C. Ciliata.* Les Polypes des Bicellaires ont la même structure interne que celle des Cellaires proprement dites, de Flustres, etc. Celles dont les cellules ont la forme d'un carré long se rapprodes Acamarchis.

C'est probablement dans le voisinage des Bicellaires que doit être rangé un petit genre établi par M. Fleming aux dépens du genre Crisia de Lamouroux, et nomme TRICELLAIRE *Tricellaria*; il se compose de Cellariées dont les cellules, à ouverture ovale et terminale, sont disposées sur trois rangs pour former les articulations d'un Polypier phytoïde dichotome fixé par des fibules radiculaires; on y range :

1° *Cellaria ternata*, Ellis et Sol. p. 30. (*Crisia ternata.* Lamouroux. Polyp. flex. p. 242. *Tricellaria ternata*, Fleming. Brit. anim. p. 450. Blainville. op. cit. p. 458.)

2° La *Tricellaria tricythra*, Blainville. op. cit. p. 458. *Crisia tricythra*, Lamouroux. Polyp. flex. p. 142. pl. 3. fig. 3.　　E.

    * *Eucratea cornuta.* Lamour. Polyp. flex. p. 149. Expos. méthod. des Polyp. p. 8. et Encycl. p. 378. (1)

---

(1) M. Lamouroux a désigné sous le nom d'*Eucratea,* une division générique comprenant les Polypiers phytoïdes articulés, dont chaque articulation est formée d'une seule cellule simple, arquée, à ouverture oblique et dont chacune de ces cellules, en forme de cornet, donne naissance près de son extrémité supérieure à une autre cellule à base très étroite. Ce genre, très remarquable, a beaucoup d'analogie avec les Bicellaires, dont il se distingue du reste très facilement par la disposition des cellules en séries simples. Mais ils avaient surtout le genre Catenicelle dont il ne diffère que par la disposition de l'ouverture des cellules. Le genre Eucratie comprend, outre l'espèce indiquée ci-dessus (n. 17). Le *Cellaria chelata* (n. 18). Le *Cellaria appendiculata* (n. 18 a), et une espèce nouvelle figurée par M. Savigny dans l'ouvrage de l'Egypte (Polypes pl. 13. fig. 2), et désigné par M. Audouin, sous le nom d'*Eucratea Lafontii.*

M. de Blainville réunit dans son genre Unicellaire les Eucratées de Lamouroux et le genre Lafoea du même auteur mais les caractères qu'il y assigne ne nous paraissent pas être applicables à ce dernier, car on voit dans la figure du *Lafœa cornuta* (Lamouroux, Expos. méthod. des Polyp. pl. 65. fig. 12 et 14), que les cellules sont éparses tout autour d'une tige commune cylindrique. Lamouroux caractérise son genre *Lafœa* de la manière suivante : Polypier phytoïde rameux ; tige fistuleuse, cylindrique, cellules éparses, allongées, en forme de cornet à bouquin. Il n'en décrit qu'une espèce, la *L. cornuta* (op. cit. p. 8. pl. 65. fig. 12-14 ; Encyclop. p. 480. *Unicellaria lafoyi,* Blainville, manuel d'Actin. p. 462. pl. 78. fig. 7), qui a été trouvée sur le banc de Terre-Neuve.

Le genre Alecto de Lamouroux est également très voisin des Eucratées, mais les cellules, au lieu d'être très atténuées inférieurement, sont d'un diamètre presque égal dans toute leur longueur et séparées entre elles par une cloison. Il a été établi d'après un Polypier fossile adhérent et rampant qui se trouve dans le calcaire Jurassique supérieur de Caen, et qui a été nommé *Alecto dichotome* (Lamouroux, Expos. méthod. des Polyp. p. 84.

* Flem. op. cit. p. 541.

* *Unicellaria cornuta.* Blainv. op. cit. p. 46.

Habite les mers d'Europe.

18. Cellaire multicorne. *Cellaria chelata.*

C. ramosa; cellulis corniformibus, uno latere ramulorum adnatis; ore marginato.

Sert. loricata. Lin. Esper. suppl. 2. t. 29.

Ellis corall. t. 22. fig. 9. *b. B.*

* *Cellaria chelata,* Pallas Elen. Zooph. p. 77.

* *Eucratea chelata.* Lamour. Polyp. flex. p. 149. pl. 3. fig. 5. Expos. méthod. des Polyp. p. 8. pl. 65. fig. 10. et Encycl. p. 378.

* *Eucratea loricata* Flem. op. cit. p. 541.

* *Unicellaria chelata.* Blainv. op. cit. p. 461. pl. 77. fig. 2.

Habite les côtes d'Angleterre, sur les fucus.

† 18 *bis.* Cellaire appendiculée. *Cellaria appendiculata.*

C. ramosa, articulata; cellulis tubulosis curvatis, altera supra alteram; setâ juxta cellulam adhærente et longiore.

Eucratea appendiculata. Lamour. Expos. méth. des Polyp. p. 8 pl. 65. fig. 11. et Encycl. Zooph. p. 378.

Unicellaria appendiculata. Blainv. op. cit. p. 462.

Trouvée sur le banc de Terre-Neuve. Cette espèce, très voisine des deux précédentes, mais surtout de la C. cornue, se distingue par ses cellules en forme de cornet à bouquin, et par l'appendice filiforme qui part de la base de la cellule, y adhère dans toute sa longueur et la dépasse de beaucoup.

19. Cellaire bursifère. *Cellaria bursaria.*

C. ramosa, articulata; cellulis oppositis pellucidis carinatis, tubulo adnato subclavato anctis. Soland. et Ell. p. 25.

Sert. bursaria. Lin. Ellis corall. t. 22. nº 8. *fig. a. A.*

* *Dynamena bursaria.* Lamour. Polyp. flex. p. 179. Encycl. p. 289.

* *Gemicellaria bursaria.* Blainv. op. cit. p. 461. et *Dynamena bursaria.* ejusdem. loc. cit. p. 483. (Double emploi.)

Habite les côtes d'Angleterre. (* Cette espèce paraît être une Sertulaire de la division des Dynamènes.)

---

pl. 81. fig. 12, 13 et 14; et Encyclop. p. 41. Fleming, Brit. anim. p. 534. — Blainville, Manuel d'actin. p. 464. pl. 65. fig. 2.)

M. de Blainville a donné le nom d'*Alecto ramca* (Man. d'actin. p. 464. pl. 78. fig. 6), à une seconde espèce qui se trouve à l'état fossile dans la craie de Meudon. E.

20. Cellaire vésiculeuse *Cellaria vesiculosa*.

C. tenella, ramosa, articulata; articulis subglobosis, vesiculosis, sub-bicarinatis, pellucidis, purpureo-punctatis.

Vorticella polypina? Esper. suppl. 2. t. 1.

Mus. n°.

Habite .... Elle parait avoir beaucoup de rapport avec l'espèce précédente; cependant ses articulations, qui semblent formées de deux cellules réunies, sont enflées, vésiculeuses, et non aplaties comme dans la cellaire bursifère. Ses ramifications ressemblent à des portions de chapelet. Longueur, quatre centimètres ou environ.

La figure, citée d'Esper, ne présente point la *Vorticella polypina* de Linné, mais un polypier presque semblable à notre Cellaire vésiculeuse. (* Cette espèce appartient à la division des Catenicelles. *Voy.* p. 181).

21. Cellaire plumeuse. *Cellaria plumosa*.

C. cellulis unilateralibus alternis extrorsùm acutis; ramis dichotomis erectis fastigiatis. Soland. et Ell. n° 1.

Ellis corall. t. 18.

Sert. fastigiata. Lin.

* *Cellularia plumosa.* Pallas. op. cit. p. 66.

* *Sert. fastigiata?* Cavol. op. cit. p. 237. pl. 9. fig. 3. 4.

* *Crisia plumosa.* Lamour. Polyp. flex. p. 143, et Encycl. p. 226.

* *Cellularia fastigiata.* Flem. op. cit. p. 539.

* *Bicellaria fastigiata.* Blainv. op. cit. p. 459.

Habite les mers d'Angleterre.

* Cette espèce se rapproche des *Acamarchis* de Lamouroux.

22. Cellaire néritine. *Cellaria neritina*.

C. ramosa, dichotoma, ferruginea; ramis uno latere cellulosis; cellulis extrorsùm mucronatis; vesiculis heliciformibus cellulis interjectis.

Ellis corall. t. 19.

Sert. neritina. Lin.

* *Cellaria neritina.* Pallas. Elen. Zooph. p. 67.

* *Cellularia neritina.* Brug. Encycl. vers. p. 449.

* Esper. tab. 13. fig. 1. 2. 3.

* *Acamarchis neritina.* Lamour. Polyp. flex. p. 135. pl. 3. fig. 2. Expos. méthod. des Polyp. p. 6. et Encyclop. Zooph. p. 2. (1)

---

(1) Le genre ACAMARCHIS de Lamouroux comprend les Cellariées dont les cellules ayant toutes leurs ouvertures dirigées

* *Cellularia neritina*, Flem. Brit. anim. p. 539.
* *Acamarchis neritina*. Blainv. op. cit. p. 459. pl. 77. fig. 3.
B. *eadem, minor, ramosissima, flabellata, plumbea.*
* *Acamarchis dentata*. Lamour. Polyp. flex. p. 135. pl. 3. fig. 3.
Expos. méth. p. 6. pl. 65. fig. 1. 3. et Encycl. p. 2.
* Blainv. op. cit. p. 459.
Habite sur les côtes d'Amérique. La variété B. vient des mers de la
Nouvelle-Hollande. *Péron.*

23. Cellaire aviculaire. *Cellaria avicularia.*

C. ramosa, articulata, nitida; cellulis alternis bisetis; ore avium ca-
pitum instar galeato.
Ellis corall. t. 20. *fig. a. A.*
Sert. avicularia. Lin.
* *Cellularia avicularia.* Pallas. Elen. Zooph. p. 68.
* Boddaert. Syst. der Plant'dieren p. 84. pl. 3. fig. 5.
* *Crisia avicularia.* Lamour. Polyp. flex. p. 141. et Encycl. Zooph.
p. 225.
* *Flustra avicularis.* Fleming Brit. anim. p. 536.
* Blainville, Man. d'actin. p. 457.
Habite dans les mers d'Europe, où elle est commune.
* Cette espèce, très voisine de la précédente, est remarquable par
les organes singuliers qui sont fixés à la partie latérale de la plupart
des cellules, et qui ressemblent un peu à une tête d'oiseau; pendant
la vie, ces organes exécutent continuellement des mouvemens de
flexion et d'extension; on rencontre des appendices semblables
sur plusieurs autres Cellariées.

24. Cellaire rampante. *Cellaria reptans.*

C. repens, dichotoma articulata; cellulis alternis unilateralibus; os-
culis bisetis. Soland. et Ell. n° 4.

---

du même côté, sont unies entre elles, disposées sur deux rangs
alternes, terminées par une ou deux pointes latérales, et
surmontées d'une vésicule gemmifère en forme de coque ou de
coquille. Ces Polypes, comme on le voit, ne diffèrent que fort
peu des Bicellaires (p. 186, note). Ils sont aussi très voisins du
genre Canda (Lamouroux), dont il a déjà été question page 177,
note; leur structure intérieure est la même que celle des Flustres.

M. Savigny a figuré plusieurs espèces qui n'ont pas encore été
décrites (voyez le grand ouvrage sur l'Egypte, Polypes pl. 12).

E.

Ellis corall. t. 20. n° 3. *fig. b. B.*
Sert. reptans. Lin.
* *Cellularia reptans.* Pallas. op. cit. p. 73.
* Flem. Brit. anim. p. 540.
* *Crisia reptans.* Lamour. Polyp. flex. p. 140.
* *Bicellaria reptans.* Blainv. op. cit. p. 459.
Habite les mers d'Europe.

25. Cellaire raboteuse. *Cellaria scruposa.*

C. repens, ramosa, uno latere cellulosa; cellulis alternis extrorsùm angulatis.

Ellis corall. t. 20. n° 4. *fig. c. C.*

Sert. scruposa. Lin.
* *Cellularia scruposa.* Pallas. op. cit. p. 72.
* Esper. Zooph. p. 13. fig. 1. 2. 3.
* Bosc. vers. t. 3. p. 110. pl. 29. fig. 7.
* *Crisia scruposa.* Lamour. Polyp. flex. p. 139, et Encycl. p. 225.
* *Bicellaria scruposa.* Blainv. op. cit. p. 459.
Habite dans les mers d'Europe.

26. Cellaire nattée. *cellaria texta.*

C. surculis semi-teretibus, erectis, dichotomis, rariter pilosis, uno latere bifariam textis; altero celluloso.

Ma collection.

Habite dans l'Océan asiatique, austral. *Péron* et *Lesueur.*
* Cette espèce se rapproche beaucoup des Acamarchis, mais elle présentent plusieurs rangées de cellules sur la même branche.

27. Cellaire cirreuse. *Cellaria cirrata.*

C. articulata, ramosa, dichotoma, incurvata; articulis subciliatiis ovato-truncatis, uno latere planis, celluliferis.
* *Cellularia crispa.* Pallas op. cit. p. 71.
* *Sert. crispa* et *S. cirrata.* Gmel. Syst. nat. p. 3860. n° 68. et 3862. n° 74.
* *Tubularia crispa.* Esper. pl. 7. fig. 1. 3.
* *Menipea cirrata,* Lamour. Polyp. flex. p. 145. et Expos. méthod. des Polyp. p. 7. pl. 4. *fig. d. D.* (1)

---

(1) Le genre MENIPÉE *Menipea,* Lamouroux, est un démembrement des Cellaires, remarquable par la disposition des cellules polypifères, qui ont toutes leurs ouvertures dirigées du même côté, et sont (à ce que l'on assure) réunies plusieurs ensemble en

* Delonch. Encycl. Zooph. p. 514.
* Blainv. op. cit. p. 460.
Habite dans les mers de l'Inde. Elle varie; à articulations non ciliées.
Ma collection.

28. Cellaire éventail. *Cellaria flabellum.*

C. ramosa, dichotoma, articulata; articulis subcuneiformibus, uno latere cellulosis.
Soland. et Ell. p. 28. n° 16. tab. 4. *fig. c. C.*
* *Sert. flabellum.* Gmel. Lin. Syst. nat. p. 3862. n° 73.
* *Menipea flabellum.* Lamour. Polyp. flex. p. 146. et Expos. méth. des Polyp. p. 7. pl. 4. *fig. c. C.*
* Delonch. Encycl. op. cit. p. 515.
* Blainv. op. cit. p. 463.
Habite dans l'Océan.

[Le genre VINCULAIRE *Vincularia* de M. Defrance, qui correspond au genre *Glauconome* de M. Goldfuss, a la plus grande analogie avec les Cellaires proprement dites, ou Salicornaires (Cuv.). La composition de ces polypiers fossiles est essentiellement la même, mais comme on n'en

---

masses concatenées qui à leur tour forment un Polypier rameux, articulé.

Outre les deux espèces mentionnées ci-dessus (n° 27 et 28.) Lamouroux rapporte à ce genre :

1° La MENIPÉE PELOTONNÉE (*M. floccosa* , Lamouroux, Polyp. flex. p. 146 ; et Encyclop. p. 515 ; *Cellularia floccosa,* Pallas Elen. p. 70), dont les articulations subcunéiformes sont légèrement dentelées sur les bords, et les cellules ovales et placées sur deux rangs. Elle habite l'Océan Indien.

2° La MENIPÉE HYALE (*Menipea hyalœa,* Lamouroux, Polyp. flex. p. 146. pl. 3. fig. 1; Blainville, op. cit. p. 463. pl. 79. fig. 4), qui ne nous paraît pas avoir les caractères assignés par Lamouroux à son genre Ménipée, car chaque articulation ne semble être formée que d'une seule cellule, comme chez les Catenicelles, dispositions qui du reste a été indiquée par M. de Blainville comme étant propre à tous ces Polypes.   E.

trouve que des fragmens très petits on ne sait pas si les cylindres résultant de la soudure d'un certain nombre de rangées longitudinales de cellules sont articulés ou non ; dans ce dernier cas, on devra conserver cette division générique; mais nous pensons que, dans le cas contraire, il n'y aurait aucune raison suffisante pour la distinguer des Cellaires proprement dites.

On connaît quatre espèces de Vinculaires, savoir :

1o La VINCULAIRE FRAGILE (*Vincularia fragilis* Defrance. Dict. des Sc. Nat. t. 58, p. 214, pl. 45, fig. 3; Blainville, Manuel, p. 454; *Glauconome tetragona* Munster, Goldfuss, Petref. p. 100, pl. 36, fig. 7) qui a quatre faces formées chacune par une rangée de cellules hexagonales, et qui a été trouvée dans le calcaire grossier de la Westphalie avec les espèces suivantes.

2o La VINCULAIRE HEXAGONE (*Glauconome hexagona.* Munster, Goldfuss op. cit. p. 101, pl. 36, fig. 8; *Vincularia hexagona*, Blainv. loc. cit.) qui présente six faces également formées chacune d'une rangée de cellules ovalaires et alternées.

3o La VINCULAIRE RHOMBIFÈRE ('*Vincul. rhombifera* , *Glauconome rhombifera.* Munster, Goldfuss Petref. p. 100, pl. 36, fig. 6; *Vincularia rhombifera*, Blainv. loc. cit.) qui est subcylindrique et présente un nombre considérable de rangées alternées de cellules elliptiques.

4° La VINCULAIRE MARGINÉE *Glauconome marginata.* Munster, Goldfuss, Petref. pag. 100, pl. 36, fig. 5. *Vincularia marginata.* Blainv. loc. cit.) qui diffère de la précédente par des cellules hexagonales et quelquefois aussi larges que longues.

———

Le polypier fossile dont M. Defrance a formé le genre INTRICAIRE, *Intricaria,* paraît également se rapprocher des Cellaires proprement dites, surtout de la C. Salicorne.

Mais il a aussi des rapports avec certains Rétépores. Il se compose de cellules hexagonales à bords relevés qui couvrent toute la surface d'un polypier assez solide, fistuleux intérieurement, et composé d'un nombre considérable de rameaux cylindriques, non articulés et anastomosés irrégulièrement. On n'en a décrit qu'une seule espèce : l'INTRICAIRE DE BAYEUX, *Intricaria Bajacencis* (Defr. Dict. des Sc. Nat. t. 23, p. 546 et pl. 46, fig. 1, sous le nom d'Intricaire d'Ellis ; Lamouroux, Encyclop. p. 463 ; Blainville, Man. d'Actin. p. 456) qui a été découvert par M. de Gerville dans le département de la Manche.   E.

ANGUINAIRE. (Anguinaria.)

Polypier phytoïde, rampant, grèle, fistuleux. Cellules droites, filiformes, tubuleuses, distantes, un peu en massue, à ouvertures placées latéralement au-dessous de leur sommet.

Polyparium phythoideum, repens, gracile, fistulosum. Cellulæ erectæ, distantes, filiformes, subclavatæ, tubulosæ, lateraliter infra apicem apertæ.

[Polypes dont l'ouverture buccale est terminée par une couronne de longs tentacules régulièrement ciliés sur les bords, dont la structure intérieure paraît être analogue à celle des Cellaires et dont la portion terminale se retire dans une gaîne tubiforme, subclaviforme, fendue au sommet et fixée par sa base sur une souche rampante. E.]

OBSERVATIONS. — Il n'est pas possible de ranger convenablement l'*Anguinaire*, ni parmi les Sertulaires, ni parmi les Cellaires, tant elle en diffère par le caractère de ses cellules. En conséquence, après l'avoir examinée moi-même, j'ai pensé qu'il était nécessaire d'en former un genre particulier, quoiqu'il n'ait encore qu'une espèce, si le Polype de *Cavolini* [Cav. pol. 3. p. 221. tab. 8. f. 11.] n'en est pas une seconde.

13.

L'*Anguinaire* présente des jets très grêles , filiformes , un peu dilatés par espaces , fistuleux, sublapidescens , rampans ou grimpans, et attachés le long des rameaux de certains *Fucus.*

Il s'élève de ces jets des cellules distantes, éparses , filiformes, un peu en massue et spatulées au sommet, au-dessous duquel est une ouverture elliptique et latérale. Ces cellules font paraître les jets comme pinnés irrégulièrement , et ont l'aspect de rameaux simples ou un peu courts.

[Jusqu'en ces derniers temps on ne connaissait que la gaîne tégumentaire de ces Polypes , mais un observateur habile dont nous avons déjà eu l'occasion de citer les travaux , M. Lister, vient d'en publier une bonne figure dessinée d'après le vivant, et de constater l'analogie de structure qui existe entre ces animaux et les Cellaires, les Flustres, etc. Guidé par la forme extérieure des Anguinaires, et ignorant encore leur véritable nature, M. Meyen a cru pouvoir rapprocher ces Polypes de son genre *Acrocordium* (1) et les placer avec ce groupe dans une classe qu'il propose d'établir sous le nom de *Polypozoa agastrica ;* mais les observations récentes de M. Lister prouvent que la structure des Anguinaires n'est pas du tout telle que M. Meyen la supposait.   E.]

ESPECE.

1. **Anguinaire spatulée.** *Aguinaria spatulata.*

Ellis. Corall. t. 22. n° 11. *fig. c. C. D.*
Sertularia anguina. Lin.

---

(1) M. Meyen a donné le nom d'ACROCORDIUM à des animaux polypiformes qui consistent en un tube rampant , d'apparence cornée, ramifiés latéralement, terminés par un corps en massue dont la surface est couverte de courts tentacules renflés et arrondis au bout; ces corps ne présentent , suivant lui , aucune trace de bouche ni de cavité digestive, proprement dite; mais dans leur intérieur on distingue un liquide en mouvement. On n'en connaît qu'une espèce trouvée par M. Meyen sur de tiges de *fucus natans* et appelée par ce voyageur *Acrocordium album* (Nov. act. Acad. Cæsareæ Léopod. Carol. naturæ curiosorum, vol. XVI. supplém. tab. XXVIII. fig. 8).   E.

Cellaria anguina. Soland. et Ell. no 12.

Esper. suppl. t. 16.

* *Cellularia anguinea.* Pallas. Elen. Zooph. p. 78.

* *Ætea anguina.* Lamour. Polyp. flex. p. 153. pl. 3. f. 6. Expos. méth. des Polyp. p. 9. pl. 65. f. 15. et Encycl. p. 12.

* *Anguinaria spalutata.* Schweigger Handbuch. p. 425.

* *Anguinaria anguina.* Fleming. Brit. anim. p. 542.

* Cuvier. Règne anim. 2e éd. t. 3. p. 30.

* Blainville. Man. d'actinol. p. 467.

* Lister Trans. of. th. Philos. Soc. 1834. pl. 12. f. 4.

Habite dans les mers d'Europe. Ma collection.

DICHOTOMAIRIE. (Dichotomaria.)

Polypier phytoïde, à tiges tubuleuses, subarticulées, dichotomes, enduites d'un encroûtement calcaire. Cellules des Polypes non apparentes.

Polyparium phytoïdeum; caulibus tubulosis subarticulatis dichotomis, crustâ calcareâ indutis. Cellulæ polyporum nullæ.

OBSERVATIONS. —Les *Dichotomaires* ont beaucoup embarrassé les zoologistes qui ont essayé de les rapporter à des genres connus; aussi les uns en ont fait des Tubulaires, et d'autres les ont rangées parmi les Corallines. Quoique les Polypes de ces Polypiers ne soient nullement connus, leur encroûtement calcaire les distingue éminemment des Tubulaires, et leurs tiges fistuleuses les éloignent évidemment des Corallines ; il est donc nécessaire de les considérer comme constituant un genre particulier que nous croyons convenablement placé dans cette division.

Les *Dichotomaires* de la première section sont éminemment tubuleuses, et articulées ou subarticulées. On remarque qu'il n'y a point d'ouverture à l'extrémité des rameaux, sauf les fractures ; que, conséquemment, les Polypes ne sortent point par ces extrémités. Cette particularité les distingue de tous les autres vaginicoles.

Quant aux *Dichotomaires* de la deuxième section, et dont M. *Lamouroux* forme ses liagores, je crois qu'on peut, en effet, les distinguer, n'étant point articulées, et paraissant souvent non tubuleuses. Je présume néanmoins qu'elles sont fistuleuses, et que la compression a pu rendre ainsi leurs tiges et leurs rameaux comme aplatis.

Ces *Dichotomaires* inarticulées ont été regardées comme des Fucus lichénoïdes. Je pense, malgré cela, que ce sont des Polypiers, et comme elles paraissent avoir beaucoup de rapports avec celles de la première section, je ne les en séparerai pas provisoirement.

[Il existe encore une grande incertitude sur la nature des Dichotomaires, des Corallines, etc.; on ne découvre chez ces êtres aucune trace de Polypes, et tout porte à croire qu'ils n'appartiennent même pas au règne animal, mais devront prendre place parmi les végétaux; car lorsque, par l'action de l'acide hydrochlorique on les dépouille du dépôt calcaire dont ils sont encroûtés, on voit que leur tissu se compose de vésicules analogues aux cellules du parenchyme des plantes et ne ressemblant à rien de ce qui se rencontre chez les animaux. Cavolini, Spallanzani, Olivi et plusieurs autres naturalistes avaient déjà émis l'opinion que ces corps étaient réellement des végétaux plutôt que de véritables Polypiers; Schweigger, dans un travail plus récent, a apporté de nouveaux argumens à l'appui de cette manière de voir, et dernièrement encore, un botaniste habile de Berlin, M. Link, a publié de nouvelles observations tendant toutes à prouver que les Dichotomaires, de même que les Corallines, etc., sont des Algues.

Les Dichotomaires de la première section, celles dont Lamouroux a formé son genre *Galaxaura*, sont très ramifiées et dans l'état frais, elles ont, d'après M. Link, les articulations rondes, tandis que par la dessiccation ces parties se présentent aplaties, creuses et traversées par des membranes irrégulières; leurs deux faces, l'externe et l'interne, sont recouvertes d'une couche calcaire qui n'existe pas dans les premiers temps de la vie; vues sous la loupe, on y remarque des trous disséminées irrégulièrement, souvent très rapprochés les uns des autres, qui, selon le naturaliste que nous citons ici, servent peut-être à la sortie de la semence, comme, dans les Fucus.

Lorsque le dépôt calcaire est enlevé au moyen de l'acide hydro-chlorique, on voit distinctement, avec un fort grossissement, que tout le corps du végétal est composé de lamelles entrelacées sur lesquelles se trouvent de grandes cellules vésiculeuses; enfin ces lamelles elles-mêmes paraissent se terminer par des cellules vésiculeuses, et lorsqu'on n'enlève pas complètement la matière calcaire on voit que les cellules en sont presque entièrement remplies.

Le genre *Liagore*, de Lamouroux, établi aux dépens des Dichotomaires de la seconde section, se distingue des précédens par l'absence d'articulations. Le tronc de ces êtres est ramifié et recouvert de chaux; le *L. complanata*, la seule espèce observée par M. Link, est comprimé et à branches vertes d'un côté, calcaires de l'autre; lorsqu'on met ces branches dans l'acide hydrochlorique pendant plusieurs jours on parvient à diviser toute la subtance en grandes cellules vésiculeuses qui, sous le microscope, paraissent être lâchement réunies entre elles par une membrane. Si on n'enlève qu'une partie du dépôt calcaire et qu'on examine aussitôt la branche, on trouve une membrane dont le bord est recouvert de vésicules et dont la surface est parsemée de petits amas de carbonate de chaux. (Voy. Schweigger *Beobachtungen auf naturhistorischen Reisen*, § 19, et Link, Mémoires de l'Acad. de Berlin 1831, et Annales des Sciences naturelles, 2ᵉ série, Botanique, t. 11. p. 321.) E.

ESPECES.

§. *Dichotomaires tubuleuses, subarticulées*. (1)

1. Dichotomaire fragile. *Dichotomaria fragilis*.

> *D. ramosissima, dichotoma, subfastigiata; articulis cylindricis : ultimis apice subcompressis.*

---

(1) Cette division, comme nous l'avons déjà dit, correspond au genre *Galaxaura* de Lamouroux, rangé par cet auteur dans l'ordre des Corallinées, division des Polypiers flexibles (ou non entièrement pierreux, à substance calcaire mêlée avec la substance animale ou la recouvrant et toujours apparente), et caractérisé de la manière suivante:«Polypier phytoïde, dichotome, articulé, quelquefois biarticulé; cellules toujours invisibles. » E.]

Tubularia fragilis? Gmel. p. 3832.
Corallina tubulosa? Pall. Zooph. p. 430.
Tubularia umbellata? Esper. suppl. 2. t. 17.
Mus. n⁰

Habite les mers d'Amérique. Ma collection. Elle présente des touffes
extrêmement garnies, très rameuses, dichotomes, en cime corymbiforme, blanches ou d'un vert blanchâtre. Longueur, six à neuf
décimètres. (* Suivant Lamouroux, cette espèce ne devrait pas être
distinguée de la Dic. ridée, n° 3.)

2. Dichotomaire obtuse. *Dichotomaria obtusata.*

D. *corymboso-ramosa, dichotoma, articulata; articulis oblongo-ovatis,*
subvesiculosis, exsiccatione compressis.
Corallina obtusata. Soland. et Ell. p. 113. t. 22. f. 2.
Tubularia obtusata. Esper. suppl. 2. tab. 5.
* *Galaxaura obtusata.* Lamour. Expos. méth. des Polyp. p. 21. pl.
22. f. 2. Et Encycl. Zooph. p. 428.
* Cuvier. Règne anim. 2ᶜ éd. t. 3. p. 307.
* Blainville. Man. d'Actuologie. p. 154.
Habite sur les côtes des îles Bahama. Ma collection. Elle est blanchâ-
tre, très rameuse, dichotome, et en cime corymbiforme, comme
la précédente; mais ses ramifications sont plus grosses, à articula-
tions renflées, comme vésiculeuses.

3. Dichotomaire ridée. *Dichotomaria rugosa.*

D. *ramosa, dichotomo-cymosa; articulis cylindricis annulato-rugulo-*
sis, subcontinuis, apicibus compressis.
Corallina rugosa. Soland. et Ell. 1. 115. t. 22. f. 3.
Tubularia fragilis. Esper. suppl. 2. t. 3.
Tubularia dichotoma. Esper. suppl. 2. t. 6. (1)
* *Galaxaura rugosa.* Lamour. Expos. méth. des Polyp. p. 21. pl. 22.
f. 3. Et Encycl. p. 429.
* Blainv. op. cit. p. 554.
Habite les mers d'Amérique, les côtes de la Jamaïque. Ma collection.
L'on a pris ses synonymes pour ceux de la *dich.* fragile, dont il
paraît qu'on n'a pas encore donné de bonnes figures.

---

(1) Lamouroux fait remarquer que le *Tubularia dichotoma*
d'Esper, est une variété de la *D. rugosa* dont il a fait, à tort,
une espèce distincte sous le nom de *Galaxaura annulata.* Voy.
Encyclop. Zooph. p. 429.   E.

4. Dichotomaire lapidescente. *Dichotomaria lapidescens.*

D. ramosa, dichotomo-fastigiata, subarticulata, fusco-virens; articulis cylindricis, induratis, tomentoso-hispidis. Corallina lapidescens. Soland. et Ell. p. 112. t. 21. *fig. g.* et tab. 22. f. 9.

Mus. no

* *Galaxaura lapidescens.* Lamour. Expos. méth. des Polyp. p. 21. pl. 2. f. 9 et 22. Encycl. p. 429.

* Blainv. op. cit. p. 555.

Habite les côtes de Ténériffe. *Le Dru.* Ma collection. Celle-ci forme des touffes d'un brun verdâtre, avec des places blanchâtres, et semble lapidescente par la raideur de ses ramifications. Un duvet tomenteux, presque hispide, recouvre ses parties et les colore. Là où le duvet manque, les parties sont blanches. Longueur, six centimètres.

† 4 a. Dichotomaire oblongue. *Dichotomaria oblongata.*

D. dichotoma, articulis oblongis, teretibus, dessiccatione compressis; cortice rubido.

Corallina oblongata. Sol. et Ellis. p. 114. pl 22. fig. 1.

Galaxaura oblongata. Lamouroux. Polyp. flex. p. 262 ; Expos. méthod. des Polyp. p. 20. pl. 22. fig. 1 ; et Encyclop. Zooph. p. 428.

Blainville. op. cit. p. 554.

Habite les Antilles.

† 4 b. Dichotomaire ombellée. *Dichotomaria umbellata.*

D. dichotoma, ramis corymbosis ; articulis longissimis.

Tubularia umbellata. Esper. Zooph. Tubul. tab. 17.

Galaxaura umbellata. Lamouroux. Polyp. flex. p. 262; et Encyclop. p. 426.

Blainville. op. cit. p. 554.

Habite les Antilles.

† 4 c. Dichotomaire cylindrique. *Dichotomaria cylindrica.*

D. dichotoma, articulis cylindricis, subæqualibus, lævibus.

Corallina cylindrica. Sol. et Ellis. p. 114. tab. 22. fig. 4.

Galaxaura cylindrica. Lamouroux. Expos. méthod. des Polyp. p. 22. pl. 22. fig. 4; et Encyclop. p. 429.

Habite les mers des Antilles.

† 4 d. Dichotomaire endurcie. *Dichotomaria indurata.*

D. dichotoma, ramis subcontinuis, teretibus, lævibus, divaricatis, apice bifurcatis.

Corallina indurata. Sol. et Ellis. p. 116. tab. 22. fig. 7.
Galaxaura indurata. Lamouroux. Expos. méthod. des Polyp. p. 22.
  pl. 22. fig. 7; Encyclop. p. 430.
Blainville. op. cit. p. 555.
Habite les côtes des iles de Bahama.

† 4 *e*. Dichotomaire janioïde. *Dichotomaria janioides.*

D. dichotoma caulibus cespitosis, ramis filiformibus, paululùm articulatis.

Galaxaura janioides. Lamouroux. Polyp. flex. p. 265; Encyclop.
  p. 430.
Blainville. op. cit. p. 555.
Habite les mers de l'Australasie.

† 4 *f*. Dichotomaire lichenoïde. *Dichotomaria lichenoides.*

D. dichotoma, intricata, ramis continuis, rugosiusculis, teretibus, dessiccatione supernè complanatis.

Corallina lichenoides. Sol. et Ellis. p. 116. tab. 22. fig. 8.
Lin. Gmelin. p. 3841.
Galaxaura lichenoides. Lamouroux. Expos. méthod. des Polyp. p.22.
  pl. 22. fig. 8.
Blainville. op. cit. p. 555.
Habite les côtes des iles de Bahama.

§§. *Dichotomaires lichenoïdes, non articulées.*

5. Dichotomaire alterne. *Dichotomaria alterna.*

D ramosa, canescens; ramis ramulisque cylindricis : ramulis alternis sensim brevioribus.

Liagora canescens. Lamouroux. mss.
* *Liagora albicans.* Lamouroux. Polyp. flex. p. 240. pl. 7. fig. 7
* Schweigger. Handbuch. p. 438.
* Delonchamps. Encyclop. p. 490.
* Blainville. Manuel d'Actinol. p. 560.
Habite les mers des climats chauds (* des Indes). Ma collection.
  D'après un morceau communiqué par M. Lamouroux.

6. Dichotomaire bordée. *Dichotomaria marginata.*

D. dichotoma-ramosa, corymbosa, albida; ramis, complanatis, margine involutis : ultimis brevissimis obtusis.

Corallina marginata. Soland. et Ell. p. 115. tab. 22. f. 6.
* *Galaxaura marginata.* Lamouroux. Expos. méthod. des Polyp. p.
  21. pl. 22. fig. 6; et Encyclop. p. 429.

* Blainville. op. cit. p. 555.

Habite sur les côtes de Bahama. Ma collection. Ses ramifications sont aplaties, et leurs bords sont relevées, presque roulés en dedans, ce qui les fait paraître canaliculés.

7. Dichotomaire fruticuleuse. *Dichotomaria fruticulosa.*

D. ramosa, dichotomo-corymbosa; ramis teretibus rigidulis : ultimis brevissimis subacutis.

Corallina fruticulosa. Soland. et Ell. p. 116. tab. 22. f. 5.

* *Galaxaura fruticulosa,* Lamouroux. Expos. méthod. des Polyp. p. 22. pl. 22. fig. 5; et Encyclp. p. 430.

* *Dichotomaria fruticulosa.* Blainville. op. cit. p. 558.

B. var. ramis gracilioribus; ramulis ultimis subulatis.

Habite, sur les côtes des îles Bahama, l'Océan atlantique. Ses ramifications sont grêles, cylindriques, rigidules, blanches, rembrunies aux extrémités. Longueur, six ou sept centimètres. Ma collection.

8. Dichotomaire usnéale. *Dichotomaria usnealis.*

D. ramosissima, dichotoma, diffusa, incana; ramis filiformibus perangustis complanatis; apicibus attenuatis.

Ma collection.

* Blainville. op. cit. p. 559.

Habite..... elle offre des touffes très fines, très rameuses, diffuses, à ramifications aplaties, fort étroites et blanchâtres. Longueur, six à huit centimètres.

9. Dichotomaire féniculacée. *Dichotomaria fœniculacea.*

D. ramosissima, diffusa, viridula; ramis plano-concavis; ramulis brevibus subalternis, apice acutis.

* *Liagora fœniculacea.* Blainville. Manuel d'Actin. p. 559.

Ma collection.

Habite..... elle est petite, verdâtre ou grisâtre, et semble avoir des rapports avec la *Corallina lichenoides* de Soland et Ell., p. 116. t. 22. f. 8 (* Voy. p. 202. n° 4 f.). Longueur, quatre ou cinq centimètres.

10. Dichotomaire divariquée. *Dichotomaria divaricata.*

D. ramosissima, dichotomo-corymbosa, incano-viridula; ramis divaricatis, continuis, partim teretibus, partim compressis et canaliculatis; apicibus acutis.

* Blainville. Manuel d'Actin. p. 558.

Mus. n°

Habite..... la Méditerranée ? Ma collection. Elle est d'un blanc verdâtre, lichénoïde ou féniculacée, à ramifications divergentes, en partie cylindracées, et en partie aplaties et en canal. Le Muséum en possède une variété qui provient de l'herbier de *Vaillant*, dont presque toutes les ramifications sont comprimées.

11. Dichotomaire corniculée. *Dichotomaria corniculata.*

D. ramosissima, diffusa, implexa, incano-viridula; ramis tenuibus, teretibus, subcontinuis; apicibus furcatis, corniculatis.

Corallina mollior albida, cortice gypseo, corniculata; Lippii. n° 83. *ex herb. Vaillantii.*

Mus. n°

Liagora versicolor. Lamouroux. mss. (*Polyp. flex. p. 237 ; et Exp. méthod. des Polyp. p. 18.)

* Lamouroux distingue deux variétés de cette espèce, savoir :

* Var. A. *Ramis sparsis.*

* *Fucus lichenoides.* Desfontaines. Flora. atlant. t. 2. p. 427.

* Turner. Hist. Fuc. n° 118.

* *Fucus viscidus.* Forskael. Flor. Egypt. Arab. p. 193.

* Var. B *Ramis compressis dichotomis, flexibilibus.*

* *Fucus lichenoides.* Esper. Icones. Fucor. p. 102. tab. 50.

* Gmelin. Hist. Fucor. p. 120. tab. 8. f. 1 et 2.

* *Liagora complanata.* Agard.

* Link. Annales des sc. nat. 2e série botanique. t. 2. p. 324.

* *Liagora versicolor.* Blainville. Manuel d'Actin. ol. p. 559.

Habite la Méditerranée; les côtes du levant, de l'Egypte. Ma collection. Elle se rapproche, par la forme de ses parties, de la *dichot.* fruticuleuse; mais elle est plus molle, à ramifications plus fines, très rameuses, mêlées, diffuses, et forme des touffes très garnies, vertes et blanchâtres.

12. Dichotomaire de Madagascar. *Dichotomaria ramospongia.*

D. alba, ramoso-dichotoma; ramis subcarnosis, compressis, apice obtusis.

* Blainville. op. cit. p. 559.

Mus. n°

Habite les côtes de Madagascar. Elle était dans l'herbier de Vaillant, sous le nom de *Ramo-spongia* de Madagascar. Longueur, cinq centimètres.

† 13. Dichotomaire céranoïde. *Dichotomaria ceranoides.*

D. caule dichotomo; dichotomiis numerosis approximatis; extremitatibus bifurcatis.

Liagora cerenoides. Lamouroux.Polyp. flex. p. 239.
Delonchamps. Encyclop. Zooph. p. 490.
Dichotomaria ceramoides. Blainville. Manuel d'Actin. p. 559.
Habite sur les côtes de l'île St-Thomas. Rameuse de la grosseur d'un
poil de sanglier. Grandeur, deux pouces.

† 14. Dichotomaire orangée. *Dichotomaria aurantiaca.*

D. *ramosa, ramis numerosis, sparsis, leviter spinosis; color aurantio.*
Liagora aurentiaca. Lamouroux. Polyp. flex. p. 239.
Delonchamps. op. cit. p. 490.
Blainville. Manuel d'Actin. p. 560.
Habite la Méditerranée.

† 15. Dichotomaire Physcioïde.*Dichotomaire Physcioides.*

D. *ramosa, lœvis; ramis sparsis, parùm numerosis; colore bruneo.*
Liagora physcioides. Lamouroux. Polyp. flex. p. 239.
Delonchamps. Encyclop. Zooph. p. 490.
Blainville. Manuel d'Actinol. p. 559.
Habite la Méditerranée.

† 16. Dichotomaire farineuse. *Dichotomaria farinosa.*

D. *caule ramoso, subspinoso; colore olivaceo pulverulento.*
Liagora farinosa. Lamouroux. Polyp. flex. p. 240.
Delonchamps. op. cit. p. 490.
Blainville. Manuel d'Actinol. p. 560.
Habite la mer Rouge.

† 17. Dichotomaire étalée. *Dichotomaria distenta.*

D. *caule teretiusculo , filiformi , æquali , gelatinoso , ramosissimo ;
ramis ramulisque distentis, apicibus furcatis.*
Liagora distenta. Lamouroux. Polyp. flex. p. 240; et Expos. méthod.
des Polyp. p. 18.
Delonchamps. Encyclop. p. 490.
Blainville. Manuel d'Actinol. p. 560.
Habite la baie de Cadix.

† 18. Dichotomaire articulée. *Dichotomaria articulata.*

D. *caule ramisque teretibus, sparsis ; cortice crasso , dessi catione
diversè articulato.*
Liagora articulata. Lamouroux. Expos. méthod. des Polyp. p. 19.
tab. 68. fig. 9.
Delonchamps. Encyclop. p. 490.
Habite l'île de Bourbon.

TIBIANE. (Tibiana.)

Polypier fixé, tubuleux, membraneux ou corné, légère-ment encroûté à l'extérieur, perforé sur les côtés, à ouver-tures alternes, amples, un peu saillantes.

Polyparium fixum, tubulosum, membranaceum aut corneum, extùs crustula calcarea vel furfuracea indutum, ad latera perforatum; osculis alternis amplis, subpromi-nulis.

OBSERVATIONS. — Ce nouveau genre, auquel j'avais d'abord donné le nom de *Sacculine*, ne connaissant alors que l'espèce singulière à tube rameux, paraît avoir des rapports avec les Tubulaires. Mais ces tubes sont perforés latéralement comme certaines flûtes. Leurs ouvertures sont alternes, terminent tantôt des angles, tantôt des saillies turbinées, sacciformes, et ressem-blent à des cellules sans fond.

Ainsi, quoique nous ne connaissions pas encore les Polypes de la Tibiane, nous savons qu'ils communiquent ensemble dans le tube membraneux ou un peu corné qui les contient.

[On ignore encore la structure des Polypes qui paraissent devoir habiter l'intérieur de ces tubes; M. de Blainville pense que chaque coude est formé par une cellule, mais il n'a pas eu l'occasion de s'assurer s'il existe effectivement des cloisons intérieures qui diviseraient la cavité de ces tubes en autant de loges particulières. L'extrémité inférieure du Polypier est fixée par des radicules.   E.]

ESPÈCES.

1. **Tibiane rameuse.** *Tibiana ramosa.*

> *T. tubo membranaceo subflexuoso, supernè ramoso albo; cellulis prominulis sacciformibus.*
>
> * Lamouroux. Polyp flex. p. 219.
> * Schweigger. Beobachtungen auf naturhistorischen Reisen. pl. 6. fig. 56; Handbuch. p. 425.
> * Delonchamps. Encyclop. Zooph. p. 743.
> * Blainville. Manuel d'Actinologie. p. 469.

Mus. n₀

Habite les mers de la Nouvelle-Hollande. *Péron* et *Lesueur.*

2. Tibiane fasciculée. *Tibiana fasciculata.*

> *T. tubis plurimis, infernè coalitis, supernè distinctis, flexuoso-angulatis; osculis ad basim angulorum.*

* Lamouroux. Polyp. flex. p. 219. pl. 7. fig. 5; et Expos. méthod. des Polyp. p. 16. pl. 68. fig. 1.
* Schweigger. Beobachtungen. pl. 6. fig. 55; et Handbuch. p. 425.
* Delonchamps. Encyclop. p. 743.
* Blainville. Manuel d'Actinologie. p. 469. pl. 81. fig. 2.

Mus. n₀

Habite..... de la Collect. stathoudérienne. Elle est plus petite que la précédente.

ACÉTABULE. (Acetabulum.)

Polypier fungoïde, enduit d'un encroûtement calcaire; à tige simple, filiforme, fistuleuse, terminée par un plateau orbiculaire, enfoncé au centre.

Plateau ayant des stries rayonnantes en dessus et en dessous, perforé dans le bord (1), et composé de tubes réunis orbiculairement.

Polyparium fungoides, crustâ calcareâ indutum; stipite simplici, filiformi, fistuloso; peltâ terminali orbiculatâ, centroque supernè excavato.

Tubuli numerosi, orbiculatìm coaliti, peltam utrinquè radiatìm striatam, et margine perforatam constituunt.

Les *Acétabules* appartiennent évidemment à la division des Polypiers vaginiformes, et constituent un genre particulier, singulièrement distinct.

Ces Polypiers ressemblent à de petits champignons blanchâtres, dont le pédicule, filiforme, très grêle, long et tubuleux, soutient un petit plateau orbiculaire, presque cyathiforme. Ce plateau

---

(1) Ainsi que l'observe Cuvier, il n'existe pas d'ouverture à l'extrémité de ces tubes.   E.

est formé par une rangée de tubes réunis, dont les ouvertures se trouvent dans le bord.

Ces tubes sont-ils les loges de différens individus qui communiqueraient entre eux dans le tube du pédicule; ou, selon ce que l'on peut présumer des observations de *Donati*, n'y a-t-il qu'un seul animal dans le Polypier, dont les tentacules, nombreux et d'une extrême finesse, ont des issues dans l'excavation centrale du plateau ?

[On n'est pas encore fixé sur la nature des Acétabules ; M. Sewheigger pense que ces êtres singuliers appartiennent au règne végétal, et M. Link les range parmi les Algues; cette opinion paraît en effet très probable, mais pour l'établir complètement il faudrait faire de nouvelles observations sur la structure et le mode de reproduction des Acétabules. Quoi qu'il en soit, il est bien certain que ces êtres ne ressemblent en rien aux Sertulariées ou aux Cellaires avec lesquels ils sont associés ici.   E.]

ESPÈCES.

1. Acétabule méditerranéen. *Acetabulum mediterraneum.*

A. peltarum margine regulari recto; culmis erectis.
Acetabulum marinum. Tournef. Inst. R. herb. t. 318.
Callopilophorum. Donat. Adr. p. 28. t. 3.
Tubularia acetabulum. Gmel.
* *Corallina androsace.* Pallas Elen. Zooph. p. 430.
* *Corallina acetabulo.* Cavolini. Polyp. mar. p. 254.
* *Olivia androsacea.* Bertholoni. Variorum Italiæ plantarum Dec. 3. p. 117.
* *Acetabularia mediterranea.* Lamouroux. Polyp. flex. p. 249.
* *Acetabularia integra.* ejusdem. Expos. méthod. des Polyp. p. 19; et Encyclop. Zooph. p. 6.
* *Acetabulum mediterraneum.* Schweigger. Handbuch. p. 438.
* Delle Chiaje. Anim. senza vertebre di Napoli. t. 1. p. 64. fig. 16 et 18.
* Cuvier. Règne animal. 2e édit. t. 3. p. 308.
* Blainville. Manuel d'Actinol. p. 556. pl. 66. fig. 3.
* Link. Annales des Sciences naturelles. 2e série. Botanique. t. 2. p. 325.
Habite dans la Méditerranée, sur les pierres, etc.

2. Acétabule des Antilles. *Acetabulum caribœum.*

> *A. peltarum margine subcrispo, replicato; culmis prælongis.*
> Brown. Jam. 74. t. 40. *fig. A.*
> *Tubularia acetabulum.* Esper. Tubul. pl. 1.
> * *Acetabulum crenulata.* Lamouroux. Polyp. flex. p. 249. pl. 8. fig 1;
> Expos. méthod. des Polyp. flex. p. 20. pl. 69. fig. 1; et Encyclop.
> p. 6.
> * *Acetabulum caribœum.* Blainville. op. cit. p. 556.
> Habite dans l'Océan des Antilles. Ma collection. Elle est un peu
> plus grande que celle qui précède; le bord de l'ombrelle est presque
> crénelé.

† 3. Acétabule à petit godet. *Acetabulum Caliculus.*

> *A. pumila, peltá caliculiforme, margine crenato.*
> Lamouroux. Encyclop. Zooph. p. 7.
> Quoy et Gaymard. Voyage de l'Uranie. Zool. pl. 90. fig. 6 et 7.
> Blainville. op. cit. p. 556.
> Trouvée dans la baie des Chiens-Marins par MM. Quoy et
> Gaymard.

POLYPHYSE. (Polyphysa.)

Polypier fungoïde, enduit d'un encroûtement calcaire;
à tige simple, filiforme, fistuleuse, terminée par un amas
de cellules bulloïdes.

Cellules vésiculeuses, inégales, ramassées en tête.

*Polyparium fungoides, crustá calcareá indutum; stipite
simplici, filiformi, fistuloso, cellulis bullæformibus termi-
nato.*

Cellulæ vesiculares, inœquales, in capitulum congestœ.

OBSERVATIONS. — La *Polyphyse* dont il s'agit ressemble tellement aux Acétabules par son port, que j'ai été tenté de la réunir
à leur genre. Mais au lieu d'un plateau orbiculaire, rayonné
en dessus et en dessous, l'on voit au sommet de chaque tige de
la Polyphyse un amas de petites vessies subglobuleuses, bien
séparées en tête terminale. Cette forme et cette disposition des
cellules de la Polyphyse me paraissent si particulières, que je
crois devoir distinguer ce Polypier comme formant un genre
séparé mais voisin des Acétabules.

TOME II.   14

[Les Polyphyses devront probablement suivre les Acétabules et être rangées avec les Corallines dans le règne végétal. E.]

ESPÈCES.

1. Polyphyse australe. *Polyphysa australis.*

> P. *culmis numerosis erectis fasciculatis; capitulis inæqualibus termi-nalibus.*
>
> * *Fucus peniculus.* Dawson-Turner. Fuci icones Descrip. etc. t. 4. p. 77, pl. 228. fig. *a. c.*
> * *Polyphyse aspergilosa.* Lamouroux. Polyp. flex. p. 252. pl. 8. fig. 2; et Expos. méthod. des Polyp. p. 20. pl. 69. fig. 2. 6.
> * Cuvier. Règne animal. 2ᵉ édit. t. 3. p. 309.
> * Delonchamps. Encyclop. Zooph. p. 649.
> * *Polyphysa australis.* Schweigger. Handbuch. p. 438.
> * Blainville. Manuel d'Actin. p. 557.
> Mus. nº .
> Habite les mers de la Nouvelle-Hollande, sur une *Vénus. Péron* et *Lesueur.* Elle est blanche comme les Acétabules. Ses tiges, fili-formes et fistuleuses, n'ont que quatre centimètres de longueur. Les vessies paraissent turbinées, rétrécies vers leur base, arrondies à leur sommet.

† 2. Polyphyse rougeâtre. *Polyphysa rubescens.*

> P. *vesiculis globosis rubescentibus, solitariis, pedunculatis.*
> *Physidrum rubescens.* Raffinesque Schamaltz. Car. di alcune nov. gen. e sp. di Anim. Sic. p. 97. pl. 20. fig. 11.
> *Polyphysa rubescens.* Delle Chiaje. Anim. senza vert. di Nap. t. 1. p 71.
> Blainville. Manuel d'Actin. p. 557.
> Habite les côtes de Sicile : fixée sur des coquilles.

Troisième Section.

POLYPIERS A RÉSEAU.

Polypiers lapidescens, subpierreux, à expansions crus-tacées ou frondescentes, sans compacité intérieure.

Cellules petites, courtes ou peu profondes, tantôt sériales, tantôt confuses, et, en général, disposées en réseau à la surface des expansions, ou sur les corps marins.

OBSERVATIONS. — Les *Polypiers à réseau* appartiennent à une famille de Polypes très voisine de celle qui précède, par ses rapports, et qui se lie naturellement avec la suivante sous les mêmes considérations. Elle est, malgré cela, bien distinguée de l'une et de l'autre par la forme et par la consistance des Polypiers qui s'y rapportent, et sans doute par les Polypes eux-mêmes.

Ici, le Polypier ne forme plus de tige fistuleuse, comme ceux de la section précédente. Ce Polypier, lapidescent ou sub-pierreux, tantôt offre des expansions crustacées, c'est-à-dire qui s'étendent en forme de croûte mince sur les corps marins ; tantôt constitue des expansions aplaties, frondescentes, simples, ou se divisant en lobes ou en lanières ; et tantôt ses expansions aplaties sont portées sur une tige pleine, comme articulée.

Dans tous les cas les cellules sont petites, sessiles, rarement diffuses, le plus souvent sériales ou disposées en réseau à la surface des expansions, soit sur une seule de leurs faces, soit sur les deux faces opposées. Ces cellules sont courtes, subtubuleuses, droites ou obliques, tantôt contiguës et disposées par rangées régulières ou d'une manière diffuse, et tantôt sont isolées ou écartées les unes des autres. Leur ouverture terminale est un orificice tantôt orbiculaire, régulier, simple, et tantôt ellipsoïde, subtrigone et irrégulier, à bord souvent denté ou cilié. Quelquefois cet orifice est en partie fermé par un tympan ou diaphragme operculaire.

Malgré tant de particularités diverses, on reconnaît que la section des *Polypiers à réseau* embrasse une famille très naturelle, qui conduit aux Polypiers foraminés.

C'est surtout parmi les différens genres de cette section que l'on voit en quelque sorte s'accroître progressivement la consistance du Polypier, lequel devient de plus en plus solide et presque tout-à-fait pierreux à mesure que l'on avance dans la section. Aussi, les premiers genres de cette famille n'offrent-ils que des Polypiers minces, délicats, lapidescens et flexibles ; tandis que les derniers en présentent de plus solides et de plus

14.

pierreux, quoique sans compacité intérieure. En examinant la substance de ces différens Polypiers, on voit que la matière crétacée l'emporte progressivement en abondance sur la matière membraneuse ou animale; et, quoique encore flexibles, surtout au moment où on les sort de l'eau, ils deviennent ensuite de plus en plus raides, cassans, et même plusieurs sont déjà en grande partie pierreux.

Assez souvent il arrive que les expansions de ces Polypiers sont divisées en ramifications ou en lanières qui s'anastomosent entre elles avec des répétitions fréquentes. Il en résulte que le Polypier offre lui-même une véritable réticulation, ou qu'il est percé à jour par une multitude d'ouvertures semblables et en forme de fenêtres.

Il paraît que les Polypes de ces Polypiers ne communiquent point les uns avec les autres, n'ont point de corps commun, distinct de celui des individus, et ne constituent point des animaux composés. Ils ont le corps court ou peu allongé, puisque leurs cellules sont peu profondes, et que les expansions de leur Polypier ont, en général, peu d'épaisseur.

[Les Polypiers à réseau se lient de la manière la plus étroite avec les Cellaires de Lamarck, et c'est avec raison que M. de Blainville les réunit dans une même famille. La structure des Polypes est tout-à-fait la même que chez les Cellaires proprement-dites, les Acamarchis, etc., comme nous le verrons en parlant des Flustres.   E.]

Voici les genres que je rapporte à cette section, parmi lesquels les derniers font évidemment une transition aux Polypiers foraminés.

[Lamarck divise ses Polypiers à réseau en dix genres, savoir:

> Les Flustres.
> Les Tubulipores.
> Les Discopores.
> Les Cellepores.
> Les Eschares.
> Les Adeones.
> Les Rétépores.
> Les Alvéolités.

Les Ocellaires.
Les Dactylopores.]

FLUSTRE. (Flustra.)

Polypier submembraneux, flexible, lapidescent, frondescent ou en croûte mince ; constitué par des cellules contiguës, adhérens, disposées par rangées nombreuses, soit sur un seul plan, soit sur deux plans opposés.

Cellules sessiles, courtes, obliques ; à ouverture terminale, irrégulière, souvent dentée ou ciliée sur le bord. (1)

Polyparium submembranaceum, flexile, lapidescens, frondescens aut in crustam tenuem expansum, cellularum seriebus numerosis uno vel utroque latere dispositis quasi contextum.

Cellulæ sessiles contiguæ, adhærentes, breves, obliquatæ; ore terminali subringente, in non nullis dentato vel ciliato.

OBSERVATIONS. — Les *Flustres*, auxquelles on donnait autrefois le nom d'*Eschares*, viennent tantôt en croûte mince, à la surface de différens corps marins, sur lesquels elles forment un réseau délicat et alvéolaire, et tantôt leurs cellules, s'appuyant les unes contre les autres, soit sur deux plans opposés, soit sur un seul plan, forment des expansions aplaties, foliacées, constituées, tantôt par le support membraneux et septifère des cloisons, et tantôt par la cohérence seule des cellules.

Ainsi, les cellules des *Flustres* ne s'amoncèlent point confusément les unes sur les autres ; mais, disposées par séries régulières et subquinconciales, elles forment des croûtes minces et

---

(1) Notre auteur paraît avoir confondu ici l'espèce de cadre entourant une portion plus ou moins considérable de la paroi antérieure de la cellule, avec l'ouverture par laquelle saillent les tentacules du Polype ; celle-ci est d'une forme très régulière, semi-circulaire, et ne présente jamais de dentelures, tandis que le cadre dont nous venons de parler en offre souvent,

transparentes, quelquefois des verticilles, et plus souvent des espèces de feuilles plus ou moins lobées ou découpées. Elles sont
rarement perpendiculaires au plan de position.

Chaque cellule contient un Polype hydriforme, mais qui a
nécessairement le corps court.

On a observé sur les cellules des *Flustres*, de petites bulles
qui paraissent être les vésicules gemmifères de ces Polypes. Ces
bulles, après s'être détachées, tombent sans doute sur le plan
de position à côté des autres cellules; car, dans ce genre, les cellules ne s'amoncèlent point les unes sur les autres. Il est même
probable que chaque Polype ne produit qu'une seule fois sa
bulle gemmifère, et qu'il périt ensuite. De là, on peut penser
qu'il n'y a que les Polypes voisins des bords d'une expansion
qui soient vivans.

Les *Flustres* n'étant point des Polypiers fistuleux, sont, en
cela, très distinguées des Polypiers vaginiformes. Elles commencent la forme particulière des Polypiers à réseau, qui deviennent graduellement plus pierreux.

[Les Polypes dont il est ici question n'étaient que très imparfaitement connus lorsque Lamarck publia cet ouvrage, et on
ignorait combien est grande la similitude qui se remarque entre
ces animaux et les Cellaires. En 1828, M. Audouin et nous,
avons constaté l'existence d'une ouverture anale située près de
l'extrémité orale du corps des Flustres, et nous avons signalé
l'analogie qui existe entre leur structure et celle des Ascidies
composées; vers la même époque M. Grant a décrit aussi la
disposition générale de leur cavité intestinale, mais sans parler
du point qui nous semble être le plus important, savoir : la
double ouverture de ce canal; enfin, l'année dernière, M. Lister
a pleinement confirmé nos premières observations, et nous avons
nous-même constaté quelques faits nouveaux touchant le mode
d'organisation de ces animaux. La cellule que l'on considère
généralement comme une sorte de coque extérieure et inorganique, n'est autre chose qu'une portion des tégumens de l'animal, qui, dans la majeure partie de son étendue, est encroûté
de carbonate de chaux, mais qui se continue sans interruption
avec la membrane externe de la portion molle et rétractile
des Polypes. On peut comparer cette tunique externe, ou man-

teau, à un doigt de gant dont la base tronquée serait entourée par des tentacules et pourrait rentrer dans la portion terminale, qui serait devenue inflexible par le dépôt de quelque substance dure dans les mailles de son tissu; le point de jonction de la portion rétractile et de la portion inflexible constitue, lorsque l'animal est contracté, une ouverture appelée d'ordinaire la bouche de la cellule, et présente une sorte de lèvre mobile, ou plutôt un petit repli valvulaire, de consistance cornée que l'on nomme opercule; deux faisceaux musculaires se fixent à la face interne de cette valvule, et l'abaissent lorsque l'animal rentre en entier dans la portion inférieure de son sac tégumentaire, à laquelle les muscles en question s'insèrent par leur extrémité inférieure. Le canal digestif est suspendu dans la cavité formée par ce sac; son ouverture orale est très évasée et entourée d'un certain nombre de longs tentacules garnies latéralement d'une rangée de cils vibratiles. Au-dessous de cette couronne tentaculaire, le canal alimentaire a la forme d'une espèce de poche cylindrique à parois ordinairement froncées, et comparable au sac branchial des Ascidies; du fond de cette cavité, que l'on peut appeler pharyngienne, descend un intestin étroit, qui bientôt se renfle pour former un estomac souvent globuleux, puis forme une anse à laquelle est comme suspendu un appendice cœcal gros et court, puis se dirige vers l'extrémité orale de l'animal, et se termine par une ouverture étroite sur le côté de la gaine tentaculaire derrière le sac pharyngien.

Ce mode d'organisation se retrouve, du reste, chez les Cellaires, les Eschares, les Rétépores, etc., et ce n'est guère que d'après la conformation des cellules et leur mode d'agrégation que l'on peut établir des distinctions entre ces divers genres. Notre auteur, comme on l'a vu, prend pour base principale de sa division entre les Flustres et les Escarhes la consistance membraneuse, ou la texture pierreuse du Polypier; mais, comme on passe par des degrés intermédiaires de l'un de ces états à l'autre, la limite, ne peut être qu'arbitraire, et ce caractère, du reste, nous semble d'une médiocre importance; il nous paraîtrait préférable d'avoir plutôt égard à la structure des cellules, marche qui a été suivie par M. de Blainville. Ce naturaliste a été conduit ainsi à modifier les limites des genres Flustre et Eschare, et à établir sous le nom de *Membranipore* une troisième division générique; mais les caractères qu'il y assigne ne nous paraissent pas avoir toute la précision desirable; voici comment il s'exprime à cet égard : *Genre Flustre* « loges complètes, distinctes, très plates, formées par un rebord plus épais, plus résistant, sertissant une partie membraneuse dans laquelle est percée l'ouverture subterminale et transverse, se disposant régulièrement et en quinconce, de manière à former un Polypier membraneux, flexible, étalé en croûte, non limité ou relevé en expansions frondescentes, fixées par des fibules radiculaires. » *Genre Membranipore* « cellules distinctes dans leur bord, non saillantes, fermées à leur face supérieure par une membrane fort mince, très fugace dans laquelle est percée l'ouverture, formant par leur réunion une sorte de Polypiers membraneux non circonscrit, s'étalant en lame à la surface des corps marins. » *Genre Eschare.* « Cellules non saillantes, non distinctes à l'extérieur, à ouverture circulaire enfoncée, poriforme, operculée, formant par leur réunion régulière en quinconce un Polypier calcaire, chartacé, friable, porreux, diversiforme. »

D'après ces définitions on voit que le caractère principal des Eschares consisterait dans la forme arrondie de l'ouverture des cellules et dans l'absence de traces extérieures indicatives des limites respectives des cellules ; or, comme je me propose de le montrer plus au long dans une autre occasion, cette disposition n'arrive que dans l'extrême vieillesse de ces animaux, et ne se voit pas dans les jeunes rameaux du Polypier. Quant à la distinction des Flustres et des Membranipores, il suffit de comparer les deux définitions rapportées ci-dessus pour voir combien elle repose sur des différences difficiles à bien saisir. Il nous paraît donc nécessaire de chercher d'autres caractères pour nous servir de guide dans la distribution méthodique de ces êtres.

Dans un travail que nous préparons sur la classification des Polypes basée sur l'anatomie, nous avons pris pour type du genre Flustre proprement dite la Flustre foliacée qui est une des espèces les plus anciennement connues et la première dont on a observé les animaux : les cellules de cette espèce sont juxtaposées et ne se recouvrent pas; leur périphérie est occupée par une espèce de cadre ou de rebord souvent saillant, qui s'unit intimement à celui des cellules voisines; leur paroi antérieure est formée par une lame mince, de consistance semi-cornée dans laquelle est percée l'ouverture destinée à livrer passage aux tentacules de l'animal; cette ouverture est semi-lunaire, un peu épaissie vers les bords; enfin sa lèvre inférieure qui s'avance en demi-cercle, et qui est mise en mouvement par des muscles particuliers se continue avec la portion de la paroi de la cellule située au-dessous, sans qu'on observe dans ce point aucun changement de texture.

Un assez grand nombre d'autres espèces présentent aussi tous ces caractères et devront se grouper autour de la Flustre foliacée pour former le genre Flustre proprement dite.

D'autres espèces auxquels on pourra conserver le nom générique de *Membranipore* déjà employé par M. de Blainville, diffèrent des Flustres proprement dites par l'ossification complète de la portion marginale des cellules, tandis qu'une partie plus ou moins considérable de leur surface antérieure, est tout-à-fait membraneuse; chez nos Flustres au contraire la portion marginale et saillante des cellules ne diffère guère de la partie centrale que par son épaisseur, mais non par sa texture. Du reste la disposition de l'ouverture est la même et le bord adhérent de sa lèvre inférieure ne se distingue pas des parties voisines de la paroi antérieure de la cellule. Ce mode d'organisation nous a été offert par une espèce bien connue sur nos côtes rangée jusqu'ici parmi les Flustres par tous les naturalistes sous le nom de Flustre dentée. Elle se retrouve aussi dans la Flustre pileuse, la Flustre à dents épaisses, le Discopore petits-rets, etc.

Une troisième modification nous est présentée par les espèces dont les parois des cellules deviennent calcaires jusqu'au pourtour de l'ouverture servant au passage des tentacules. Ici on ne voit pas d'élévation marginale autour de ces loges; leur surface antérieure est bombée; et la différence de texture qui se remarque entre la lèvre inférieure et semi-circulaire de l'ouverture et les parties situées immédiatement au-dessous, donnent à cette lèvre l'apparence d'un opercule qui serait enchâssé dans un trou plus ou moins rond et masque, pour ainsi dire, la disposition véritable de cette ouverture; celle-ci conserve bien dans la réalité sa forme semi-lunaire et ne consiste que dans la fente comprise entre les deux lèvres, mais elle semble occuper tout l'espace rempli par la lèvre inférieure et encadrer cette valvule mobile. Du reste cette ouverture est toujours beaucoup plus étroite que la cellule et les cellules, couchées parallèlement à la surface du Polypier, sont simplement juxtaposées où ne se recouvrent qu'à peine, et ne sont libres dans aucun point de leur contour. L'*Eschara vulgaris* de Moll peut être prise pour type de cette division générique que nous désignerons sous le nom d'*Escharine*.

Le passage entre nos Escharines et les Cellépores de Lamarck, est établi par d'autres espèces de la même famille, qui constituent le genre Cellépore tel que Lamouroux l'admettait, et qui pourront être désignées sous le nom d'*Escharoïdes*. Ces Polypiers ne diffèrent guère des Escharines par leur conformation individuelle, si ce n'est que leur ouverture est plus terminale et en général beaucoup plus grande ; mais ce qui les en distingue c'est leur position et leur mode d'agrégation ; en effet les cellules disposées avec peu de régularité, sont très obliques, par rapport à la surface du Polypier, se recouvrent en partie les unes les autres, et sont libres sur les bords vers leur extrémité antérieure. Cependant elles ne forment qu'une seule couche et ne croissent pas les unes au-dessus des autres comme cela a lieu chez les Cellépores de Lamarck.

Les Discopores se rapprochent aussi beaucoup des Escharines ; mais les parois des cellules s'épaisissent au point d'effacer les traces extérieures de leur union et de transformer le Polypier en une lame continue dont la surface est à peine sillonnée.

Enfin les Eschares, avec cette même tendance à l'épaississement dans les parois des cellules, présentent toujours deux plans de loges adossées les unes aux autres, et se correspondant exactement, tandis que lorsque chez les Flustres où les Membranipores, il se forme une double couche semblable, les cellules, ainsi adossées, n'ont entre elles aucun rapport constant et déterminé.

Il y aurait encore quelques autres divisions génériques à établir parmi les Polypes rangés jusqu'ici sous les noms de Flustre, d'Eschare ou de Discopore ; dans quelques espèces les cellules présentent dans leur intérieur une cloison transversale incom-

plète qui n'existe pas d'ordinaire, et qui correspond probable-
. quelque modification dans la structure des parties molles; mais ne connaissant pas encore les animaux de ces Eschariens, ce serait peut être prématuré que d'en former un
genre nouveau.

Du reste nous nous contenterons d'indiquer ici les réformes
dont il vient d'être question, sans chercher à y plier la méthode de Lamarck; nous ne pourrions le faire sans bouleverser
toute cette partie de l'ouvrage que nous devons nous borner à
annoter.   E.

ESPÈCES.

§. *Expansions foliacées, relevées, non encroûtantes.*

1. Flustre foliacée. *Flustra foliacea.*

> *Fl. foliacea, ramosa, inciso-lobata, utrinquè cellulosa; lobis cunei-*
> *formibus, apice rotundalis.*
> * *Porus Cervinus.* De Jussieu. Mémoires de l'Acad. des Sciences.
> 1742. pl. x. fig. 3.
> *Fl. foliacea.* Lin. Esper. suppl. 2. t. 1.
> Ellis corall. t. 29. *fig. a. A. B. C. E.*
> *Eschara foliacea.* Pall. Zooph. p. 52.
> * Othon Fabricius. Fauna Groenlandica. p. 436.
> De Moll.. t. 2. f. 7.
> * *Fl. foliacea.* Lamour. Expos. méth. des Polyp. p. 3. pl. 2. fig. 8.
> * Schweigger. Handbuch. p. 430.
> * Grant. Edinburgh philos. Journal. v. 3. p. 107.
> * Fleming British. Anim. p. 535.
> * Cuvier. Règne anim. 2e éd. t. 3. p. 304.
> * Blainv. Man. d'Actnologie. p. 450. pl. 75. fig. 1.
> Mus. n°.
> Habite les mers d'Europe. Espèce grande, commune et bien connue.
> Le bord des cellules est muni de quatre ou cinq épines courtes.
> Ma collection.
> * Voyez ce qui a été dit ci-dessus relativement à la structure de
> cette espèce, qui est le type du genre des Flustres proprement
> dites (p. 126).

2. Flustre tronquée. *Flustra truncata.*

Fl. foliacea, dichotoma; laciniis linearibus truncatis; basi tubulis radiciformibus.

Fl. truncata. Lin. Esper. suppl. t. 2. f. 3.

(* Cette figure, qui est très mauvaise, pourrait bien ne pas se rapporter à l'espèce représentée par Ellis, car les cellules, au lieu d'être en quinconce, sont disposées par rangées transversales alternes.)

Ellis corall. t. 28. *fig. a. A. B.*

Eschara securifrons. Pall. Zooph. p. 56.

* Lamour. Polyp. flex. p. 103; et Encycl. p. 409.

 * Risso. Hist. nat. de l'Eur. mérid. t. 5. p. 334.

* Grant. loc. cit.

* Fleming. Brit. anim. p. 535.

* Cuvier. Loc. cit.

* Blainv. Op. cit. p. 450.

Ma collection.

Habite les mers d'Europe. Elle est plus petite et à découpures plus étroites que celle qui précède. Les deux côtés sont cellulifères.

* Cette espèce, qui a évidemment beaucoup d'analogie avec la suivante, se rapporte aussi à la division des Flustres proprement dites ; mais devra être rangée dans une section différente de celle comprenant la Flustre foliacée, à raison de la forme des cellules.

3. Flustre bombycine. *Flustra bombycina.*

Fl. frondescens; frondibus obtusis, dichotomis et trichotomis, confertis, radicantibus, uno tantùm strato cellulosis. Soland. et Ell. p. 14. tab. 4. *flg. b. B. B. 1.*

Ellis. Corall. tab. 38. f. 8. *bona.*

Eschara papyracea. Pall. Zooph. p. 56.

Flustra papyracea. Esper. Suppl. 2. t. 2. (Suivant Lamouroux, cette figure se rapporterait plutôt à la F. frondiculeuse.)

Ma collection.

Habite les mers d'Europe et celles d'Amérique. Elle vient en touffe diffuse, et n'est guère plus grande que celle qui précède. Les cellules sont mutiques, à ouvertures étroites en croissant.

* Lamouroux remarque avec raison que notre auteur confond ici deux espèces bien distinctes; savoir :

1° Le *Flustra bombycina*, ayant les caractères indiqués ci-dessus, (Ellis et Soland. pl. 4. fig. *b. B. B¹.* — Lin. Gmel. Syst. nat. p. 3828. n° 9. Lamouroux. Expos. méth. des Polyp. p. 3. pl. 4. fig. *b. B. B¹.* et Encyclop. p. 410.)

2° Le *Flustra papyracea*, dont les cellules ont la forme d'un carré long et sont disposées sur deux rangs. (*Fl. papyracea.* Sol. et

Ell. p. 13.—Ellis. Corall. pl. 38. fig. 8 *P. O.*—*Fl. chartacea.* Lin.
Gmel. Syst. nat. p. 3828, n° 7.—Lamouroux Polyp. flex. p. 104.
et Encycl. p. 410. Risso.— Hist. nat de l'Eur. mérid. t. p. 533.
Fl. papyracca. Fleming. Brit. anim. p. 535. — Blainville. Manuel
d'ac. p. 451.— Lister Phil. Trans. 1834. pl. 12. fig. 3.)
Du reste ces deux espèces appartiennent au genre Flustre proprement dite, tel que nous avons proposé de restreindre ce groupe.

† 3*a.* Flustre frondiculeuse. *Flustra frondiculosa.*

*Fl. frondescens; frondibus obtusis trichotomis confertis uno tantum
strato cellulosis.*
Seba. Thes. t. 3. p. 96. fig. 6.
Eschara frondiculosa. Pallas. Elen. zooph. p. 55. n₀ 17.
Flustra frondiculosa. Lamour. Polyp. flex. 105. n₀ 200. et Encyclop.
p. 411. ne 26.
Habite la mer des Indes. Les cellules sont oblongues, presque rhom-
boïdales.

* Lamouroux pense que cette espèce pourrait bien appartenir à son
genre Pheruse, et il fait remarquer que la *F. Papyracea* d'Esper
(*Flustra*, tab. 2) y ressemble beaucoup, tandis qu'elle diffère considérablement de celle figurée par Ellis. Cette espèce n'est que
très imparfaitement connue, mais paraît devoir appartenir à la
division des Flustres proprement dites.

† 3*b.* Flustre pyriforme. *Flustra pyriformis.*

*F. foliacea, dichotoma, apicibus truncatis, cellulis pyriformibus, in-
fernè acutis.*
Lamour. Polyp. flex. p. 103. pl. 1. fig. 4. et Encycl. p. 409.
Blainv. Man. d'actin. p. 451.
Habite les mers de l'Australasie; les cellules forment deux lames
appliquées l'une contre l'autre, et ont, suivant Lamouroux, une
ouverture ronde à leur sommet.

4. Flustre voile. *Flustra carbassea.*

*Fl. foliacea, dichotoma, cespitosa; laciniis lineari-cuneatis, obtusis;
cellulis uno strato dispositis.*
Flustra carbassea. Soland. et Ell. p: 14. t. 3. 6-7.
* Lamouroux. Polyp. flex. p. 104. Expos. méth. des Polyp. pl. 4.
p. 3. fig. 6. et 7. et Encyclopf p. 410.
* Fleming. Brit anim. p. 595.
B. var. laciniis longis linearibus raris truncatis.
Ma collection.

Habite sur les côtes de l'Ecosse. Cette espèce vient aussi en touffe et
offre des expansions foliacées, allongées dichotomes, étroites,
quelquefois en forme de cornes de daim, comme dans la variété
B. Les cellules sont oblongues-ovales, à ouvertures petites, non
en croissant. (* Lamarck se trompe lorsqu'il dit que l'ouverture
des cellules n'est pas en croissant, elle a cette forme et ne présente rien de remarquable ; à la base de chaque cellule on voit un
gros tubercule saillant et pyramidal. Du reste cette espèce se
rapproche de la

† 4*a.* Flustre comprimée. *Flustra impressa.*

*Fl. lapidescens, membranacea ; lamellis simplicibus cumulatis ; cellulis
seriatis subrhombœis, longiusculis, oblique impressis.*

Moll. *Eschara.* p. 51. n° 7. pl. 2. fig. 9.

Lamour. Polyp. flex. p. 107. n° 205. et Encycl. p. 412 n° 30.

Habite..... Les cellules, disposées sur un seul plan, sont couvertes
de granulations à la surface supérieure, et entourées d'une bordure élevée et filiforme, formant un réseau général simple ; la bouche est semi-circulaire ; et, au-dessus, on remarque de chaque côté
un trou arrondi. Nous ne connaissons cette espèce que par la fig.
que Moll en a donnée ; mais nous n'hésitons pas à la ranger dans
la division des Flustres proprement dites.

5. Flustre lobes-étroits. *Flustra angustiloba.*

*Fl. foliacea ; frondibus dichotomis perangustis linearibus, uno latere
cellulosis ; cellulis graniferis.*

Ellis. corall. tab. 38. *fig.*

* *Crisea flustroides.* Lamour. Polyp. flex. p. 141.

Habite les mers d'Europe. Ma collection. Elle est petite, délicate,
dichotome, à découpures très étroites et linéaires. Les cellules,
sur un seul côté de ses expansions, sont éminemment granifères.
[* La plupart des auteurs regardent cette espèce comme étant une simple variété de la *Cellaria avicularia*, mais c'est avec raison que
Lamarck l'en distingue ; elle en est très voisine, et présente, comme
cette dernière, des appendices latéraux en forme de tête d'oiseau,
mais en diffère par la forme des cellules. Du reste, on doit nécessairement les ranger dans la même division générique et par la
structure des cellules, elles se distinguent des Flustres proprement
dites.

6. Flustre spongiforme. *Flustra spongiformis.*

*Fl. ramosa, spongiosa ; lobis cuneiformibus obtusis ; cellulis oblongis,
crustá porosá obtectis, apice pertusis.*

Flustra frondosa? Esper. suppl. 2. t. 8.

Habite..... Ma collection. Cette espèce s'éloigne de toutes les autres par son tissu; et cependant elle appartient évidemment au genre des Flustres. Elle se ramifie et offre des lobes aplatis, cunéiformes, obtus, spongieux, et moins minces que dans les espèces qui précèdent. Hauteur, 4 ou 5 centimètres.

† 6*a*. Flustre céranoïde. *Flustra ceranoides.*

Fl. floridescens, dichotoma, apicibus bifidis ; extremitatibus obtusis ; cellulis elongatis, ore sublineari, marginibus contortis.

Lamour. Polyp. flex. p. 103. et Encycl. p. 410.

Habite les mers de l'Australasie.

† 6*b*. Flustre pierreuse. *Flustra petræa.*

Fl. foliacea, flabelliformis, prolifera ; apicibus rotundis ; cellulis alternis papilliferis.

Lamour. Polyp. flex. p. 105. et Encycl. p. 410.

Habite sur les hydrophytes de la Nouvelle-Hollande. Cette espèce, dit Lamouroux, est très voisine des Eschares de Lamarck.

§§. *Expansions encroûtantes ou enveloppantes, rarement libres.*

7. Flustre toile de mer. *Flustra telacea.*

Fl. incrustans, telam araneosam æmulans ; cellulis filis decussantibus conditis, oblongo-quadrangulis ; ore subnudo.

An Flustra membranacea? Lin.

Mus. n°.

Habite l'Océan d'Europe, sur des ulva, des fucus à larges feuilles Elle s'étend, comme une toile mince, sur les feuilles des plantes marines, et n'offre, dans ses restes, qu'un réseau fin, à mailles oblongues, quadrangulaires.

Cette espèce appartient au groupe des Flustres proprement dites.

† 7*a*. Flustre déprimée. *Flustra depressa.*

F. crustacea, lapidescens, unilamellata ; cellulis ovalibus, alternis, horizontalibus, subtilissimè punctatis, flavis, transverse, æqualiter divisis ; osculo semilunari, valvula fuscescente clauso.

Eschara depressa. Moll. Eschara. p. 69. n° 18. pl. 4. fig. 21.

Flustra depressa. Lamour. Polyp. flex. p. 115. n° 228 ; Encycl. p. 415. n° 48.

Habite la mer Adriatique. Chaque cellule est entourée d'une bordure mince et distincte de celle des cellules voisines. Cette espèce paraît devoir appartenir à la division des flustres proprement dites.

† 7 *b*. Flustre mamillaire. *Flustra mamillaris.*

Fl. incrustans; cellulis subplanis; ore bimammeato; mamillis obtusis, lateralibus; colore bruneo.

Lamour. Polyp. flex. p. 110. pl. 1. fig. 6. Encycl. p. 412.

Trouvée sur des zostères de l'Australasie. Cellule carrée, formée par une membrane très mince, et à ouverture arrondie (?). Appartient au genre Flustre proprement dite.

8. Flustre dentée. *Flustra dentata.*

Fl. incrustans, interdùm subfrondescens, lapidescens nitida; cellulis ore elliptico multidentato, raro pilifero.

Flustra dentata. Soland. et Ell. p. 15.

Ellis. corall. t. 29. *fig. D. D.* 1. Act. angl. 48. tab. 22. f. 4. *D.*

An Flustra lineata ? Esper. suppl. 2. t. 6.

* Muller Zool. Dan. t. 3. p. 24. pl. 95. fig. 1 et 2. B.

* Lamour. Polyp. flex. p. 109. et Encycl. zooph. p. 406.

Mus. n₀.

Habite les mers d'Europe, sur des fucus, ou enveloppant leurs tiges. Elle n'est pas rare. Ma collection. (*M. Fleming pense que le *F. dentata* n'est autre chose que le *F. pilosa,* dont le long poil médian manque. Ces deux espèces se ressemblent en effet beaucoup, mais elles nous paraissent cependant être distinctes.)

L'une et l'autre appartiennent à la division des Membranipores.

9. Flustre dents épaisses. *Flustra crassidentata.*

Fl. crustacea, lapidescens, glabra; cellulis ovalibus : margine brevi crasso paucidentato.

Mon cabinet.

Habite la mer de la Guyanne, sur un fucus. Cette espèce est très distincte de la précédente. Les cellules ont le bord épais, muni de deux ou quatre dents courtes, épaisses et obtuses (* Elle appartient au genre Membranipore.)

10. Flustre pileuse. *Flustra pilosa.*

Fl. incrustans aut subfrondescens, varie divisa; cellularum ore dentato pilifero.

Flustra pilosa. Lin. Soland. et Ell. p. 13.

Ellis corall. t. 31.

Esper. suppl. 2. t. 4.

Eschara pilosa. (" *Var. Læflingiana et Ellisiana.*) de Moll. Monogr.
  p. 37. t. 1. f. 5.
* *Flustra pilosa.* Lamour. Polyp. flex. p. 105. et Encycl. p. 411.
* Fleming. Brit. anim. p. 537.
* Blainv. Manuel d'actinol. p. 450.
* Lister. Phil. trans. 1834. pl. 12. fig. 2.
Mus. n°.

Habite les mers d'Europe, sur les fucus, etc. Cette espèce est quelquefois très velue, presque tomenteuse. Parmi les cellules, on en aperçoit dont l'ouverture est en partie fermée par un diaphragme mince.
  Les bords de cette ouverture ont de très petites dents, dont une
  ou deux se terminent en poil fort long (Voy. le n° 8.)

† 10 *a.* Flustre membraneuse. *Flustra membranacea.*

*Fl. plano foliacea, indivisa, adnata; cellulis quadrangulis oblongis,
  membrana hyalina tectis, margine calcareo cinctis.*
Muller. Zool. Dan. Prod. n° 3054. et Zoologia Danic. t. 3. p. 63.
  pl. 117. fig. 1 et 2.
Othon Fabricius Fauna Groenlandica. p. 437.
Lamour. Polyp. flex. p. 107. et Encycl. p. 412.
Flustra unicornis. Fleming. Brit. anim. p. 536.
Membranipora unicornis. Blainv. Man. d'actinol. p. 447. et *Flustra
  membranacea* ejusdem. Op. cit. p. 450. (Double emploi.)
Habite sur les hydrophytes de la mer Baltique. On remarque, au
  milieu du bord inférieur de l'espèce de cadre crétacé qui sépare
  les cellules, une petite dent dirigée en avant. Cette espèce paraît
  devoir rentrer dans la division des Membranipores.

† 10 *b.* Flustre ériophore. *Flustra eriophora.*

*F. incrustans, cellulis minutis, imbricatis, alternis, piliferis; pilis
  densis inæqualibus, cum longioribus raris.*
Lamour. Polyp. flex. p. 110. pl. 1. fig. 5. et Encycl. p. 407.
Trouvée sur les côtes de la Nouvelle-Hollande. Les cellules de cette
  espèce de Flustre sont petites et presque semi-cylindriques; Lamouroux dit qu'elles sont terminées par une grande ouverture
  ronde, bordée de poils; mais d'après l'inspection de la figure qu'il
  en a donnée, nous sommes porté à croire que l'espace vide en
  question est plutôt la portion occupée par la membrane dans laquelle l'ouverture, livrant passage aux tentacules du Polype, se
  trouve percée. Dans ce cas elle prendra place dans le genre Membranipore.

† 10 *c*. Flustre à seize dents. *Flustra sedecimdentata*.

Fl. crustacea, sublapidescens (potius spongiosa?) unilamellata; cellulis subturbinatis, sive obversè conicis, subaliernis, parum elevatis; osculo marginato patulo, longitudinaliter ovali obliquo, sedecies dentato, membranulá clauso.

Eschara sedecimdentata. Moll. Esc. p. 62. n° 13. pl. 3. fig. 16.

Cellepora sedecimdentata. Lamour. Polyp. flex. p. 93. n° 185. et Encycl. p. 183. n° 17.

Habite la Méditerranée; ce que Moll appelle l'ouverture des cellules est l'espèce de cadre formée par la portion calcaire de la paroi antérieure, qui s'avance plus que chez la plupart des Membranipores dont on ne doit cependant pas éloigner cette espèce; les cellules sont granuleuses.

† 10 *d*. Flustre hispide. *Flustra hispida*.

F. frondescens, spongiosa; frondibus ramosis, hinc muricatis, ligulis hispidissimis.

Eschara hispida. Pallas. Elen. zooph. p. 49. n° 14.

Flustra hispida. Lin. Gmel. p. 38 29. n° 17.

Lamour. Polyp. flex. p. 105. n° 201. et Encycl. p. 411. n° 27.

Habite la Méditerranée. Cette espèce n'est celluleuse que d'un côté. Elle ne paraît pas devoir être confondue avec le *Flustra hispida* de MM. Jameson et Fleming (Jameson Wern. mem. t. 1.   . 563. Fleming. Brit. anim. p. 537). Cette dernière espèce qui appartient au genre Flustre proprement dite, est incrustante et de consistance charnue; les cellules sont terminées par une espèce de bordure anguleuse, sertissant une portion centrale saillante et ovoïde; leur ouverture est resserrée et semi-lunaire; leur sommet est armé de deux appendices spiniformes; enfin les Polypes ont de 20 à 30 tentacules.

† 10 *e*. Flustre triacantha. *Flustre triacantha*.

F. incrustans, cellulis ovato rotundatis, 2-spinis superne lateralibus, 1-inferne.

Lamour. Polyp. flex. p. 109. et Encycl. p. 407.

Trouvée sur les Hydrophytes de la Nouvelle-Hollande. Nous ne pouvons juger d'après cette courte description si la F. triacanthe appartient au genre Flustre proprement dite ou à quelque autre division de la même famille.

† 10 *f*. Flustre épineuse. *Flustra acanthina*.

F. cellulis planis, concavis, lineá prominente ciliatá, limitatis; ciliis seu aculeis radiantibus rigidis gracilibus fragilissimis.

Quoy et Gaymard. Voy. de l'Uranie. pl. 89. f. 1 et 2.

Lamouroux. Encycl. Zooph. p. 414.

Trouvée aux îles Malouines, sur des coquilles. Cette espèce nous paraît appartenir au genre Membranipore.

11. Flustre verticillée. *Flustra verticillata.*

Fl. adnata, sæpè frondescens; frondibus linearibus subcompressis; cellulis turbinatis dentato-ciliatis, annulatim digestis.

Flustra verticillata Soland. et Ell. p. 15. t. 4. fig. a. *A.*

Sertularia verticillata. Esper. suppl. 2. t. 26.

De Moll. Monogr. tab. 2. f. 6. (* *Eschara pilosa,* varietas *Reaumuriana.*)

* *Electra verticillata.* Lamour. Polyp. flex. p. 121. pl. 2. fig. 2. Expos. méth. des Polyp. p. 4. pl. 4. *fig. a. A.* et Encycl. zooph. p. 316. (1)

* Schweigger Handbuch. p. 427.

* Cuvier. Règne animal. 2ᵉ édit. t. 3. p. 303.

* Risso. Hist. nat. de l'Eur. mérid. t. 5. p. 316.

* Blainv. Manuel d'actinol. p. 449. et *Flustra verticillata* ejusdem op. cit. p. 450.

Mus. nᵒ.

Habite les mers d'Europe. Celle-ci, quoique voisine de la précédente (nᵒ 10) par ses rapports, en est très distincte, surtout par la disposition et la forme de ses cellules. Elle n'est point rare.

La *Flustra tomentosa,* Muller. (Zool. Dan. t. 3. p. 24. pl. 95 fig. 1 et 2; Lamour. Polyp. flex. p. 106. et Encycl. p. 411.) es t trop imparfaitement connue pour que l'on puisse avoir une opi-

---

(1) Le genre ELECTRE de Lamouroux se distingue des véritables Flustres et des autres groupes génériques dont il a été question ci-dessus. (Voy. 217) par la disposition des cellules, qui sont placées par rangées transversales sur deux plans opposés, de façon à composer un Polypier phythoïde subrameux verticillé. Ces cellules sont composées de deux substances d'une portion périphérique qui a la forme d'un large cornet tronqué et garni de longs cils sur le bord, et d'une portion membraneuse qui occupe l'espace vide laissée par la portion cornée et décrite ordinairement comme étant l'ouverture de la cellule. C'est dans cette portion membraneuse que se trouve l'ouverture semi-circulaire par laquelle passent les tentacules du Polype; la lèvre inférieure de cette ouverture constitue une espèce d'opercule. E.

15.

nion arrêtée sur ses véritables caractères ; suivant Muller, ses cellules sont à peine visibles et sa consistance est molle. Lamouroux demande si ce ne serait pas une variété de la *F. pilosa*; cela ne nous paraît guère probable.

Espèces fossiles dont le genre paraît douteux.

— Flustre mosaïque. *Flustra tessellata.*

> *Fl. incrustans, septis anticè rotundatis ; cellulis supernè depressis; ore subrotundo exiguo.*

> Fl. mosaïque. *Desmarets* et *Lesueur,* Bull. des sc. 1814. p. 53. pl. 2. f. 2.

> * Lamour. Polyp. flex. p. 133. Encycl. p. 412.

> * Blainv. Man. d'act. p. 451.

> Habite..... sur les corps fossiles, tels que les Oursins, les Bélemnites, des environs de Paris. (*Trouvé aussi dans la craie de Boulogne.)

— Flustre en réseau. *Flustra reticulata.*

> *Fl. frondescens crassiuscula ; frondibus utrinque celluliferis ; cellulis ovato-elongatis ; septis prominulis ; ore subtransverso.*

> Fl. en réseau. *Desmarets* et *Lesueur,* Bull. des sc. 1814. p. 53. pl. 2. f. 4.

> * Lamour. Polyp. flex. p. 113. et Encycl. p. 413.

> * Blainv. op. cit. p. 452.

> Habite.... les sables des environs de Valognes, avec les Baculites, les Bélemnites, etc.

— Flustre carrée. *Flustra quadrata.*

> *Fl. incrustans, radiata; cellulis quadratis vel parallelogrammibus.*

> Fl. à cellules carrées. *Desmarets* et *Lesueur,* Bull. des sc. 1814. p. 53. pl. 2. f. 10.

> * Lamour. Polyp. flex. p. 109. et Encycl. zooph. p. 408.

> * Blainv. op. cit. p. 451.

> Habite..... sur un moule int. de coquille bivalve (* Lamouroux a fait connaître une variété récente qui, suivant ce naturaliste, ne paraît différer en rien de celle qu'on trouve à l'état fossile.)

— Flustre épaisse. *Flustra crassa.*

> *Fl. incrustans, crassa ; septis prominulis supernè depressis ; cellulis brevibus ; ore amplo lunato.*

> Fl. épaisse. *Desmarets* et *Lesueur.* Bull. des sc. 1814. p. 53. pl. 2. f. 1.

> * Lamour. Polyp. flex. p. 112. et Encycl. p. 412.

> * Blainv. op. cit. p. 452.

> Habite..... sur une Huître fossile de Grignon, etc.

— Flustre crétacée. *Flustra cretacea.*

> *Fl. incrustans; crassa; cellulis ovato-oblongis.*
> Fl. crétacée. *Desmarets* et *Lesueur.* Bull. des sc. 1814. p. 53. n° 6.
>   pl. 2. f. 3.
>   * Lamour. Polyp. flex. p. 113. et Encycl. p. 408.
> Habite... sur un murex fossile des environs de Plaisance.

— Flustre utriculaire. *Flustra utricularis.*

> *Fl. incrustans; cellulis obovatis depressiusculis, posticè latioribus;*
>   *ore parvulo anteriori.*
> Fl. utriculaire. *Desmarets* et *Lesueur.* Bull. des sc. 1814. p. 54.
>   pl. 2. f. 8.
>   * Lamour. Polyp. flex p. 114. et Encycl. p. 413.
>   * Blainv. op. cit. p. 452.
> Habite... sur les Oursins fossiles de la craie. (* Env. de Paris.)

† Flustre bifurquée. *Flustra bifurcata.*

> *F. foliacea; fronde dichotomâ, apicibus bifurcatis truncatis; cellulis*
>   *hexagonalibus, ore rotundato.*
> Desmarest et Lesueur. Bull. de la soc. Philom. 18 14. t. 4. p. 53.
>   pl. 2. fig. 6.
> Lamour. Polyp. flex. p. 114; et Encycl. p. 409.
> Trouvé dans le calcaire à Cérithes de Grignon.

† Flustre mince. *Flustra gracilis.*

> *F. incrustans, cellulis planis hexagonalibus latere marginatis quincun-*
>   *cialibus; ostiolis semicircularibus.*
> *Cellepora gracilis.* Goldfuss petrefacta. p. 102. n° 13. pl. 36. f. 13.
> Trouvé dans les amas de fragmens de coquilles et de Polypiers dans
>   la craie et le calcaire grossier près de Nantes.

† Flustre tissée. *Flustra contexta.*

> *F. incrustans, cellulis ore ovali inermi.*
> Goldfuss petref. p. 32. pl. 2. fig. 10.
> Fossile du Brabant.

† Flustre lancéolée. *Flustra lanceolata.*

> *F. Crustaceo-frondescens, fronde lineari-lanceolata obtusa ; cellu-*
>   *larum vealium scriebus divergentibus vel rectis.*
> Goldfuss petref. p. 104. pl. 37. fig. 2.
> Fossile du calcaire compacte (de transition ?); trouvé dans le Gro-
>   ninge.

† Flustre mince. *Flustra gracilis.*

> *F. incrustans ; cellulis planis hexagonalibus latere marginatis,*
> *quincuncialibus ; ostiolis semicircularibus.*
> *Cellepora gracilis.* Goldfuss petref. p. 102. pl. 36. fig. 13.
> Fossile de la formation crétacée et du calcaire grossier des environs
> de Nantes.

[Les Polypiers à réseau dont nous avons proposé ci-
dessus de former le genre ESCHARINE (voy. p. 217), établissent en quelque sorte le passage entre les Flustres de
Lamarck et ses Discopores, tandis que d'un autre côté ils
se lient aux Escharoïdes et par l'intermédiaire de ceux-ci
aux Cellipores. Ce groupe peut être caractérisé de la manière suivante :

† GENRE ESCHARINE. *Escharina.*

Polypier lamelleux, plus ou moins lapidescent, ordinairement adhérent, composé de cellules couchées horizontalement sur un même plan, ne se recouvrant que
peu ou point et disposées régulièrement. Cellules bombées, distinctes entre elles, sans rebord marginal, ayant
les parois crustacées sertissant immédiatement la lèvre
inférieure de l'ouverture de manière à donner à cette lèvre
l'aspect d'un opercule.

Les espèces que nous rassemblons dans cette division ont
été jusqu'ici dispersées, à-peu-près arbitrairement, dans les
genres Flustres et Cellepore, mais elles ont entre elles une
ressemblance très grande et forment un groupe très naturel. La conformation des cellules ne permet pas de les confondre avec les Flustres proprement dites, les Membranipores, et les Electres chez lesquels la lèvre inférieure se
continuant par sa base avec la portion membraneuse de la
paroi autour de la cellule, ne s'en distingue pas, et ne
constitue pas un véritable opercule comme cela a lieu chez
les Escharines, les Eschares ; les Discopores, etc. La disposition de ces loges dont les limites respectives restent

toujours reconnaissables à l'extérieur, distingue aussi les Escharines des Discopores et même des Eschares. Ce genre est moins nettement séparé du groupe que nous désignons sous le nom d'Escharoïde, mais nous paraît néanmoins en être distingué à raison de la direction des cellules, de leur forme et de leurs rapports qui ne sont pas les mêmes dans ces deux divisions; dans les Escharines ces loges sont couchées parallèlement à la surface générale du Polypier, et ne sont que peu ou point imbriquées; leur ouverture est étroite et latérale plutôt que terminale et elles forment des séries linéaires rayonnantes très régulières, tandis que chez les Escharoïdes les cellules sont placées très obliquement, empilées les unes sur les autres et disposées d'une manière très irrégulière; enfin leur ouverture est plutôt terminale et dirigée dans la direction de leur axe que latérale comme chez les Flustres proprement dites, les Eschares, les Escharines, etc.

ESPÈCES.

1. Escharine vulgaire. *Escharina vulgaris.*

E. crustacea, lapidescens, unilamellata; cellulis ovalibus convexis, sublævibus, alternis; osculo semi-orbiculari, labio inferiori fisso; foraminibus duobus secondariis.

Eschara vulgaris. Moll. Esc. p. 55. no 8. pl. 3. fig. 10.

Cellepora vulgaris. Lamour. Polyp. flex. p. 94. n° 187. et Encycl. p. 184. n° 19.

Flustre..... Savigny. Egypte. Polypes. pl. 9. fig. 2.

Flustra Dutertrei. Audouin. Explication des planches de M. Savigny.

Habite la Méditerranée; souvent les deux trous latéraux livrent passage à un appendice piliforme, et quelquefois il existe quatre ou six dents sur le bord supérieur de l'ouverture. Cette espèce que Lamouroux range parmi les Cellépores se rapproche des Flustres de Lamarck plus que de ses Cellépores et peut être prise pour type de la nouvelle division générique que nous proposons d'établir sous le nom d'Escarine.

2. Escharine pallasienne. *Escharina pallasiana.*

E. crustacea, lapidescens, unilamellata; cellulis ovalibus parum con-

*vexis, punctatis; osculo supra orbiculari et infra transverse oblongo
ad utrumque latus coarctato.*

Eschara pallasiana. Moll. Esc. p. 57. n° 10. pl. 3. fig. 13.

Cellepora pallasiana. Lamour. Polyp. flex. p. 94. n° 189. Encyclop.
p. 184. n° 21.

Se trouve dans la Méditerranée. On remarque au-dessous de la lèvre
inférieure une ouverture médiane et plus bas, sur le côté, un
appendice piliforme dirigé obliquement en bas.

3. Escharine à bouche arrondie. *Escharina cyclostoma.*

*E. crustacea, lapidescens, unilamellata, cellulis ovalibus, convexis,
alternis minutim punctatis; osculo orbiculari, integro et (mox
uno, mox duobus) foraminibus secundariis..*

Flustra cyclostoma. Moll. Esc. p. 54. n° 9. pl. 3. fig. 12.

Cellepora cyclostoma. Lamour. Polyp. flex. p. 94. n° 108. et Encycl.
p. 184.

Habite sur les productions marines, dans la Méditerranée.

4. Escharine percée. *Escharina pertusa.*

E. incrustans; cellulis globosis, ore minuto rotundato.

Esper. op. cit. Cellep. pl. 10.

Lamour. Polyp. flex. p. 89. n° 173. et Encycl. p. 182. n° 6.

Recouvre de ses plaques rondes et éparses les Hydrophytes des mers
d'Europe. Paraît être très voisine de la *E. cyclostoma.*

5. Escharine radiée. *Escharina radiata.*

*E. crustacea, lapidescens, unilamellata; cellulis subovalibus, sub-
radiatis, granulatis, subconvexis; osculo semi-orbiculari sæpè 4 vel
6 dentata.*

Eschara radiata. Moll. Esch. p. 63. pl. 4. fig. 17.

Cellepora radiata. Lamour. Polyp. flex. p. 92. n$_e$ 183. et Encyclop.
p. 183.

Se trouve en plaques arrondies, dans la Méditerranée. La Flustre
figurée par M. Savigny dans la neuvième pl. des Polypes de l'E-
gypte, sous le n° 12, et nommé *Flustra Pouilletii* par M. Audouin,
me paraît se rapporter à cette espèce.

6. Escharine bornienne. *Escharina borniana.*

*E. crustacea, lapidescens, lamellis simplicibus, hinc indè accu-
mulatis, crispato undulatis; cellulis ovalibus, convexis, alternis;
majusculis, transparentibus, rotundis emimentiis, osculo sub-
quadrato, ovali, utrinque coarctato, membranulá subtiliter punc-
tatá clauso.*

Moll. op. cit. p. 58. n° 11. pl. 3. fig. 14.
Lamour. Polyp. flex. p. 95. n° 190. et Encycl. p. 184. n° 22.
Habite la Méditerranée.

7. Escharine otto - mullérienne. *Escharina otto -mulleriana.*

E. crustacea, lapidescens, unilamellata plana ; cellulis ovalibus alternis , parum convexis, eminentiis majusculis convexis, confertis, non transparentibus ; osculo longiusculo, supra laxiore, membranulá lœvi clauso.

Eschara otto-mulleriana. Moll. Esc. p. 60. n$_0$ 12. pl. 3. fig. 15.

Cellepora otto-mulleriana. Lamour. Encycl. p. 184. n° 23.

Habite la Méditerranée. Lamouroux pense que cette espèce et la précédente devront former un genre distinct.

8. Escharine à diadème. *Escharina diademata.*

E. incrustans, cellulis ovalibus ; ore superne rotundato, longe ciliato ; 7 ad 8 radiantibus fragilissimis, nigrescentibus, rare integris.

Quoy et Gaym. Voy. de l'Ur. pl. 89. f. 3. 6.

Lamour. Encycl. p- 407.

Trouvée aux îles Malouines. Les cellules sont courtes, renflées et couvertes de très petites granulations. Souvent l'on voit sur un de leurs côtés, un trou ou un petit tube dirigé en avant ; mais, suivant Lamouroux, cette disposition n'existerait que là où il n'y a point de vésicules gemmifères.

9. Escharine margaritifère. *Escharina margaritifera.*

E. cellulis approximatis, tuberculosis ; tuberculo prominente, obtuso, vitreo seu margaritaceo, infernè radiato.

Quoy et Gaymard. Voy. de l'Uranie. pl. 92. fig. 7 et 8.

Trouvée aux îles Malouines. Cellules très saillantes , portant à leur partie inférieure un tubercule très saillant du pourtour duquel partent des stries rayonnantes ; ouverture ovalaire ou transverse.

10. Escharine granuleuse. *Escharina granulosa.*

E. incrustans, cellulis ovato-elongatis, ore minuto ; ovariis ovato-rotundatis sublobosis, acutè granulosis.

Lamour. Encycl. p. 407.

Trouvée en plaques arrondies sur des plantes marines aux îles Malouines et au cap de Bonne-Espérance par MM. Quoy et Gaymard.

11. Escharine globifère. *Escharina globifera.*

E. incrustans, cellulis minutis, ovato-elongatis, lævibus; ovariis sphæricis, prominentibus.

Quoy et Gaym. Voy. de l'Uranie. pl. 89. fig. 9 et 10.
Lamour. Encycl. p. 408.
Trouvée aux îles Malouines.

12. Escharine gentille. *Escharina pulchella.*

E. incrustans, cellulis minutis, regularibus, subsparsis, ovato-elongatis, subteretibus; ore rotundo, margine crasso.

Quoy et Gaym. Voy. de l'Uranie. pl. 92. fig. 5 et 6.
Lamour. Encycl. p. 414.
Trouvée sur des coquilles aux îles Malouines.
Cette espèce paraît être très voisine du *E. globifera*, seulement les vésicules gemmifères (ou ovaires) sont beaucoup moins développées, moins larges et moins saillantes. La surface des cellules est lisse et entièrement crétacée.

13. Escharine à petits sillons. *Escharina sulcata.*

E. incrustans, cellulis ovato-elongatis, transversè sulculatis; ovariis globulosis, inæqualibus, lucidis.

Quoy et Gaym. Voy. de l'Uranie. pl. 92. fig. 3 et 4.
Lamour. Encycl. p. 408.
Trouvé aux îles Malouines. Les cellules, sans ovaires, dit Lamouroux, semblent différer de celles qui en sont pourvues; les premières placées à la circonférence sont aplaties ou peu saillante, leur forme est un ovale allongé un peu pointu inférieurement; leur ouverture est ronde et moyenne et leur surface marquée de légers sillons transverses et réguliers. Les cellules à ovaires presque entièrement cachées par des vésicules, sont globuleuses, très saillantes et inégales; leur ouvertuve est plus grande, et leur surface unie et luisante.

14. Escharine à collier. *Escharina torquata.*

E. orbicularis, radians, cellulis subdistantibus, longè ovalibus; superficie granulosa; ore rotundato, margine lævi.

Quoy et Gaym. Voy. de l'Uranie. pl. 89. fig. 7 et 8.
Lamour. Encycl. p. 407.
Trouvé aux îles Malouines.

15. Escharine perlée. *Escharina perlacea.*

E. incrustans, cellulis subcylindraceis, ore orbiculato marginato, tuberculato-perlaceis.

Cellepora perlacea. Delle Chiaje. Anim. senza vert. di Nap. t. 3.
p. 37. pl. 34. fig. 4 et 6.
Blainville. Man. d'actinol. p. 444.
Habite la Méditerranée.

16. Escharine de Macry. *Escharina Macry.*

E. incrustans, lamellata, cellulis subcompressis, tuberculatis, aperturá
semilunari, operculo corneo communitis.
Cellepora Macry. Delle Chiaje. Anim. senza vert. di Nap. t. 3.
p. 38. pl. 34. fig. 9 et 10.
Habite la Méditerranée.

17. Escharine imbriqué. *Escharina imbricata.*

E. incrustans lapidea, 1 lamellata, cellulis romboideo-squamosis im-
bricatis, aperturá-denticu a o-cyathiformi.
Cellepora imbricata. Delle Chiaje. Anim. senza vert. di Nap. t. 3.
p. 37. pl. 34. fig. 11 et 12.
Blainv. Man. d'actinol. p. 444.
Habite la Méditerranée.

18. Escharine de Ronchi. *Escharina Ronchi.*

E. incrustans, 2 lamellata; cellulis ovatis subcompressis apice incur-
vatis, imbricatisve; aperturá denticulato-cyathiformi.
Cellepora Ronchi. Delle Chiaje. Anim. senza vert. di Nap. t. 3. p. 38.
pl. 34. fig. 19 et 20.
Habite la Méditerranée. C'est avec beaucoup de doute que nous
rapportons cette espèce à notre genre Escharine.

19. Escharine ondulée. *Escharina ondulata.*

E. incrustans, cellulis elongatis, supernè undulatis; ore minimo rotun-
dato: ovariis globulosis, lœvibus, ore arcuato.
Lamour. Encycl. p. 413.
Trouvée sur des plantes marines aux iles Malouines par MM. Quoy
et Gaymard.

20. Escharine perlifère. *Escharina baccata.*

E. incrustans, cellulis elongatis gibbosis; ore parvulo.
Lamour. Polyp. flex. p. 108.
Trouvée sur des Hydrophytes à la Nouvelle-Hollande et aux
Antilles.

21. Escharine à gibecière. *Escharina marsupiata.*

E. incrustans, cellulis distantibus quincuncialibus, eminentibus,

*labiatis vel marsupiiformibus; superficie porosá lucidá inter
cellulas; poris irregularibus, marginatis.*

Quoy et Gaym. Voy. de l'Uranie. pl. 95. fig. 1 et 2.

Lamour. Encycl. p. 414.

Trouvée près des îles Malouines. N'ayant pas eu l'occasion d'observer
cette espèce nous-même, nous avons dû rapporter textuellement
les caractères que Lamouroux y a assignés; mais d'après l'inspection
des figures citées ci-dessus nous sommes persuadé que les parties
décrites par ce naturaliste comme étant les cellules polypifères sont
les vésicules gemmifères, et la partie poreuse qu'il croit placée
entre ces cellules est formée par la paroi de ces cellules elles-
mêmes.

22. Escharine à petit nid. *Escharina nidulata.*

*E. incrustans, cellulis sportæformibus vel nidulatis, distantibus,
superficie, lævi.*

Quoy. et Gaym. Voy. de l'Uranie. pl. 95. fig. 4 et 5.

Lamour. Encycl. p. 414.

Trouvée près des îles Malouines. Ici encore nous croyons que Lamouroux a pris les vésicules pour les cellules polypifères, et que
l'espace granulé qu'il décrit comme les séparant, est formé par les
parois antérieures des véritables cellules.

23. Escharine à petit vase. *Escharina vasculata.*

*E. cellulis paululùm distantibus, simplicibus, vasculiformibus; super-
ficie tuberculosá; ore rotundato magno.*

Quoy et Gaym. Voy. de l'Uranie. pl. 91. f. 6. et 7.

Lamour. Encycl. p. 414.

Trouvée près des îles Malouines. Lamouroux dit que l'intervalle
entre les cellules est lisse et uni, et qu'il y a au-dessous de chaque
cellule un petit trou allongé dont on ignore la destination; mais
il se pourrait que les parties saillantes considérées par ce naturaliste comme des cellules, ne fussent que les vésicules développées
au point de couvrir presque en entier la cellule voisine, et que
le trou dont il vient d'être question fût placé à la paroi externe
de la cellule véritable, comme on en voit dans plusieurs espèces.

24. Escharine à masque. *Escharina personata.*

E. cellulis palato depresso, perimetro pertuso; aperturá ringente.

Flustra personata. Delle Chiaje. Anim. seuza vert. di Nap. t. 3.
p. 39. n° 17. pl. 34. fig. 18 et 19.

Habite la Méditerranée.

25. Escharine concentrique. *Escharina concentrica.*

*E. incrustans, cellulis in lineas flexuosas concentricas; ore minuto
irregulariter rotundato.*
Lamour. Polyp. flex. p. 108. et Encycl. p. 406.
Trouvée sur les fucus de l'Australasie.

26. Escharine (?) tubuleuse. *Escharina tubulosa.*

*E. incrustans, cell lis simplicibus, ovalibus, eminentibus; ore
marginato subpentagono.*
Flustra tubulosa. Bosc. vers 3. p. 118. pl. 3. fig. 2.
Lamouroux. Polyp. Flex. p. 108. et Encycl. p. 406.
Trouvée sur le *fucus natans* entre les deux tropiques.

27. Escharine à plusieurs dents. *Escharina multidentata.*

*E. incrustans, cellulis latis ovato-rotundatis, ore multidentato; den-
tibus longis inæqualibus.*
Lamour. Polyp. flex. p. 110. et Encycl. p. 407.
Trouvée sur des Hydrophytes de la Nouvelle-Hollande.

28. Escharine à une dent. *Escharina unidentata.*

*E. incrustans, cellulis imbricatis, terctibus, seriatis; ore magno, uni-
dentato.*
Lamour. Polyp. flex. p. 111; et Encycl. p. 407.
Trouvée sur des Hydrophytes de la Nouvelle-Hollande. Les cellules
sont cylindriques, longues et larges, avec une ouverture (ou espace membraneux) qui en occupe toute la largeur.

Parmi les Polypiers figurés par M. Savigny dans le
grand ouvrage sur l'Egypte, mais dont la description n'a
pas été publiée, il s'en trouve un assez grand nombre
qui appartiennent à notre genre Escharine. Ces espèces
ont été désignées sous les noms suivans dans l'explication
sommaire que M. Audouin a donné des planches de
M. Savigny.

Cellepora Jacotini. Aud. Sav. Egypt. Polyp. pl. 7. fig. 8.
Cellepora Persevalii. Aud. Sav. Op. cit. pl. 7. fig. 9.
Cellepora Raigii. Aud. Sav. Op. cit. pl. 7. fig. 10.
Flustra Cecilii. Aud. Sav. Op. cit. pl. 8. fig. 3.
Flustra Duboisii. Aud. Sav. Op. cit. pl. 8. fig. 4.
Cellepora Malusii. Aud. Sav. Op. cit. pl. 8. fig. 8.

Flustra Legentilii. Aud. Sav. Op. cit. pl. 9. fig. 1.
Flustra Leperci. Aud. Sav. Op. cit. pl. 9. fig. 3.
Flustra Marcelii. Aud. Sav. Op. cit. pl. 9. fig. 4.
Flustra Genisii. Aud. Sav. Op. cit. pl. 9. fig. 5.
Flustra Coronata. Bory. Sav. Op. cit. pl. 9. fig. 6.
Flustra Ombracula. Bory. Sav. Op cit. pl. 9. fig. 7.
Flustra Balzaci. Aud. Sav. Op. cit. pl. 9. fig. 8.
Flustra Jaubertii. Aud. Sav. Op. cit. pl. 9. fig. 9.
Flustra Nouetii. Aud. Sav. Op. cit. pl. 9. fig. 10.
Flustra Bouchardii. Aud. Sav. Op. cit. pl. 9. fig. 11.
Flustra Pouilletii. Aud. Sav. Op. cit. pl. 9. fig. 12.
Flustra Becquerelii. Aud. Sau. Op. cit. pl. 9. flg. 13.
Flustra Montferandii. Aud. Sav. Op. cit. pl. 9, fig. 14.
Flustra Gaÿii. Aud. Sav. Op. cit. pl. 10. fig. 2.
Flustra Poissonii. Aud. Sav. Op. cit. pl. 10. fig. 5.
Flustra...... Sav. Op. cit. pl. 10. fig. 7.

[Lamouroux a proposé d'établir sous le nom de MOLLIE une nouvelle division générique comprenant deux Polypes très remarquables, décrits par Moll. comme des Eschares, et qui nous paraissent établir le passage entre les Flustres et les Eucratées, les cellules dont ils sont formés étant presque libres ou pédoncellées, et réunies les unes aux autres par un seul point de leur bord.

La première de ces espèces est le Flustre patellaire (*Eschara patellaria.* Moll. Esch. p. 68. pl. 4. fig. 20); elle est encroûtante, pierreuse et composée de cellules ovales, horizontales, planes et légérement granulées supérieurement, convexes inférieurement, entourées d'une petite bordure unie qui, dans cinq ou six points de sa circonférence se soude directement ou par l'intermédiaire d'un prolongement avec la cellule voisine, et dont l'ouverture est semi-circulaire et fermée par une membrane.

La seconde espèce est la Flustre aplatie (*Eschara planula.* Moll. op. cit. p. 67. pl. 4. fig. 9) qui est également encroûtante et celluleuse, mais aplatie, à bords contournés et fermés par une membrane. Ces cellules

sont surmontées d'une vésicule gemmifère, globuleuse et
lisse; enfin, elles laissent entre elles de grands espaces
vides.

Le Polypier figuré par M. Savigny dans le grand ouvrage
sur l'Égypte (Polyp. pl. 10. fig. 6) est désigné par M.
Audouin sous le nom de *Flustra Brongnartii* offre
aussi le caractère distinctif des Mollies, car les cellules
ovoïdes et horizontales ne se touchent pas et ne sont unies
entre elles que par une espèce de réseau; du reste cette
espèce diffère des précédentes aussi par la forme des
cellules dont la face supérieure est lisse et bombée et par
la disposition de leur ouverture dont la lèvre inférieure
se prolonge en une sorte de corne médiane.

Enfin on devra probablement y rapporter aussi le
Cellepora, Folineæ de M. Delle Chiaje (Anim. senza vert. di
Nap. t. 3. p. 39. fig. 29 et 30) dont les cellules urcéolées
et terminées par une ouverture elliptique, armée d'une
dent médiane et de six épines, présentent de chaque côté
un long prolongement triangulaire et sont très éloignées
entre elles.

[C'est aussi à la suite du genre Flustre que paraissent
devoir prendre place les genres Elzérine et Phéruse de
Lamouroux dont les Polypes sont, du reste, encore inconnus et dont même les cellules n'ont été décrites et
figurées que d'une manière très incomplète.

† Genre Elzerine. *Elzerina.*

Cellules grandes, éparses, presque point saillantes, à
ouverture ovale, formant par leur réunion un Polypier
frondescent, dichotome, cylindrique, non articulé.

OBSERVATIONS. — M. de Blainville a constaté que les cellules
des Elzérines sont très molles, ovales allongées, subhexago-
nales, rebordées, avec un tympan membraneux dans lequel

est percée l'ouverture, qui est sigmoïde; elles se réunissent circulairement en quinconce, et ne diffèrent que très peu des Flustres.

ESPÈCES.

Elzérine de Blainville. *Elzerina Blainvillii.*

> *E. frondescens, dichotoma, teres; cellulis subexsertis, sparsis.*
> Lamour. Polyp. flex. p. 123. n° 233. pl. 2. fig. 3; Expos. méth. des Polyp. p. 3. pl. 64. f. 15 et 16; Encycl. Zooph. p. 317.
> Schweigger Handbuch. p. 430.
> Blainv. Man. d'Act. p. 453. pl. 80. f. 2.
> Habite l'Australasie.
> M. Risso a décrit sous les noms de *Elzerina venusta* (Hist. nat. de l'Europe mérid. t. 5. p. 319. n° 35) et de *Elzerina mutabilis* (Op. cit. t. 5. p. 320. n° 36), deux polypiers qu'il croit nouveaux et qu'il regarde comme appartenant à ce genre. Mais à moins d'avoir eu l'occasion de les observer, il serait difficile de les distinguer ou de se former une opinion arrêtée sur leur place naturelle. Il en est du reste le même pour la plupart des Zoophytes mentionnés par ce naturaliste, ce qui nous a empêché d'en parler ici.

---

† Genre Phéruse. *Pherusa.*

Polypes inconnus, contenus dans des cellules ovales, terminées par une ouverture irrégulière, saillante et tubuleuse, réunies par séries obliques sur un seul plan, et formant ainsi un Polypier frondescent, membraneux et très flexible.

OBSERVATIONS. — Cette petite division générique établie par Lamouroux, paraît établir le passage entre les Flustres et les Tubipores. Les cellules sont en effet tubuleuses et saillantes dans leur partie supérieure comme chez ces derniers, tandis que dans leur partie inférieure elles sont comprimées, larges et soudées entre elles, comme chez les Flustres. La face dorsale du Polypier est plane, luisante et marquée de nervures correspondantes aux cloisons intercellulaires.

ESPÈCES.

Phéruse tubuleuse. *Pherusa tubulosa.*

> *P. adnatá, membranaced; cellulis simplicibus, ovato oblongis; oscu-*
> *lis tubulosis erectis.*
>
> *Flustra tubulosa.* Ell. et Soland. p. 17. n₀ 11.
>
> Esper. op. cit. Flustre. pl. 9.
>
> *Pherusa tubulosa.* Lamour. Polyp. flex. p. 119. n° 23. pl. 2. fig. 1.
> et Expos. méth. des Polyp. p. 3. pl. 64. f. 12. 14.
>
> Delonch. Encycl. Zooph. p. 616.
>
> Blainv. Man. d'Actin. p. 453. pl. 80. fig.
>
> Trouvé dans les mers de l'Amérique, de la Chine, etc. M. Risso men-
> tionne cette espèce comme se trouvant sur les côtes de Nice (Hist.
> de l'Europe mérid. t. 5. p. 316); mais ce qu'il en dit est insuffi-
> sant pour le faire reconnaître, et comme il indique en synonymie
> la fig. 10. pl. 9, de Cavolini, qui se rapporte à la *Flustra papy-*
> *racea,* je pense qu'il s'est mépris dans sa détermination.   E.

TUBULIPORE. (Tubulipora.)

Polypier parasite ou encroûtant; à cellules submembraneuses, ramassées, fasciculées ou sériales, et en grande
partie libres.

Cellules allongées, tubuleuses; à ouverture orbiculée,
régulière, rarement dentée.

Polyparium parasiticum, vel incrustans; cellulis submem-
branaceis, confertis, fasciculatis vel serialibus, ad latera
disjunctis.

Cellulæ oblongæ, tubulosæ; ore orbiculato, regulari, rarò
dentato.

OBSERVATIONS. — Les *Tubulipores* sont de très petits Polypiers qui semblent se rapprocher des Cellépores, mais qui sont
beaucoup plus frêles, et qu'il en faut distinguer, parce que leurs
cellules sont allongées, tubuleuses, libres, c'est-à-dire sont dés-
unies et n'ont entre elles aucune adhérence sur les côtés, et que
leur ouverture est ronde, régulière.

Les cellules des *Tubulipores,* quoique en grande partie libres, sont ramassés fasciculées, verticillées, et quelquefois disposées par rangées lâches. Elles forment sur les fucus, les corallines, etc., des amas divers et fort petits ; elles sont soutenues par une base en croûte très mince et qui a peu d'étendue. Leur ouverture est rarement resserrée.

On ne peut ranger ces petits Polypiers parmi les *Flustres*, qui ont toujours leurs cellules adhérentes, avec un orifice à bords inégaux, plus ou moins ringent, et qui, par leur disposition, présentent ordinairement un réseau régulier. Ce ne sont point non plus des *Cellépores*, puisque ces Polypiers sont à peine lapidescens, et que leurs cellules sont libres, allongées, peu ou presque point ventrues. Enfin, ce sont encore moins des *Millépores*, ceux-ci étant des Polypiers tout-à-fait pierreux.

[On ne connaît pas encore la structure des Polypes qui appartiennent à ce genre, mais d'après la disposition du Polypier, il est probable qu'elle doit se rapprocher de celle des Cellaires, des Sérialaires, et surtout de la *Cellaria eburnea,* dont on a fait le genre Crisie.]   E.

ESPÈCES.

1. Tubulipore transverse. *Tubulipora transversa.*

> *T. cellulis tubulosis, serialiter coalitis ; seriebus transversis ; crustá repente.*

Millepora tulubosa. Soland. et Ell. **p. 136.**

Ellis corall. t. 27. *fig. e. E.*

Planch. Conch. chap. 25. tab. 18. *fig. n. N.*

Mus. n°

* *Millepora liliacea.* Pallas. Elen. Zooph. p. 248.

* *Tubulipora serpens.* Lin. Syst. nat. n° 3. p. 3754.

* Lamouroux. Expos. méth. des Polyp. p. 1. pl. 64. fig. 1.

* Delonchamps. Encycl. Zooph. p. 759.

* *Tubulipora serpens.* Fleming. Brit. anim. p. 529.

* *Tubulipora transversa.* Blainville. Dict. des sc. nat. t. 56. p. 33. Man. d'actinol. p. 424.

Habite la Méditerranée, sur des fucus, etc. Ma collection. Ce Polypier très petit, rampe et se ramifie un peu sur les corps marins, et a sa face supérieure tubulifère. Ses tubes sont droits, courts, disposés par rangées transverses, et réunis entre eux dans leur partie inférieure.

2. Tubulipore frangé. *Tubulipora fimbria.*

T. cellulis tubulosis, longis, distinctis, longitudinaliter seriatis; crustâ repente, subramosâ.

Cellepora ramulosa. Gmel. p. 3791.

Esper. vol. 1. (* *Cellepora*) t. 5.

* Delonch. Encycl. p. 759.

* Blainv. Dict. des Sc. nat. t. 56. p. 33.

Mus. n°.

Habite la Méditerranée, l'Océan d'Europe et de l'Inde, sur des fucus, etc. Ma collection. Il tient beaucoup à l'espèce précédente par ses rapports; mais ses tubes sont plus longs, plus libres, et forment plutôt des franges longitudinales que des rangées transverses.

3. Tubulipore orbiculé. *Tubulipora orbiculus.*

T. subincrustans; cellulis tubulosis in orbiculum hemisphæricum aggregatis; osculo subdentato.

Orbiculus Seba. mus. 3. t. 100. f. 7.

Madrep. verrucaria. Esper. vol. 1. t. 17. *fig. B. C.*

* *Tubulipora orbiculus.* Delonch. Encycl. p. 759.

* Blainv. Dict. des Sc. nat. t. 56. p. 33; et Man. d'Act. p. 424.

Habite la Méditerranée, l'Océan d'Europe, sur des fucus. Ma collection. Cette espèce offre des amas orbiculaires et convexes de tubes droits, libres et distincts dans leur moitié supérieure, et dont l'orifice est tantôt muni d'une à trois dents, et tantôt n'en présente aucune.* (A en juger par la figure d'Esper, cette espèce se rapporterait à notre genre Escharoïde.)

4. Tubulipore foraminulé. *Tubulipora foraminulata.*

T. incrustans; tubulis creberrimis coalitis, radiatim inclinatis, ad latera foraminulosis; ore mutico.

* Delonch. Op. cit. p. 759.

* Blainv. Dict. des Sc. nat. t. 56. p. 33. pl. 40. f. 3. Man. d'Act. p. 425. pl. 62. fig. 3.

Mus. no.

Habite la Méditerranée, etc., sur le *Retepora cellulosa.* Espèce voisine de la précédente, par sa disposition en plaques suborbiculaires et encroûtantes; mais très singulière en ce que ses tubes, cohérens les uns aux autres, inclinés et divergens de tous côtés comme des rayons, sont foraminulés latéralement, et offrent quelquefois des côtes transverses et latérales, ou des cils lorsque les tubes sont usés latéralement.

16.

5. Tubulipore patène. *Tubulipora patina.*

> *T. crustâ tenui, suborbiculatâ; concavâ, indivisâ, supernè striatâ;*
> *disco tubulis aggregatis et inferne coalitis obtecto.*

Millepora verrucaria. Soland. et Ell. p. 137.

Madrep. verrucaria. Esper. vol. 1. t. 17. *fig. A.*

Lin. Pall. zooph. p. 280.

* *Tubulipora patina.* Delonch. op. cit. p. 759.

* Blainv. Dict. des sc. nat. t. 56. p. 33; et Man. d'Actin. p. 425.

Habite la Méditerranée, etc., sur des fucus. Ma collection. Il présente une expansion crustacée, mince, presque orbiculaire, concave en dessus comme une soucoupe, et dont le disque est occupé par une masse de tubes réunis inférieurement. Cette patène est de la largeur de l'ongle du petit doigt. Ses bords sont ondés, souvent irréguliers, à limbe intérieur, strié.

* Ce polypier ne présente pas la disposition qui semble devoir être liée d'une manière nécessaire à la structure des Polypes de la famille qui nous occupe ici. Dans les très jeunes individus, il a la forme d'une petite capsule évasée dont le fond est occupé par une sorte de réseau calcaire dont les mailles constituent des cellules peu régulières, et dont la surface présente des élévations rayonnantes. Dans les individus plus développés, cette masse centrale s'élève davantage, et les interstices, dont nous venons de parler, deviennent des tubes qui descendent jusqu'au fond du polypier, mais sont toujours dépassés de beaucoup par la bordure de la capsule; celle-ci est striée longitudinalement, et nous ne comprenons pas comment elle pourrait exister, si le polypier n'était constitué que par des Polypes semblables à ceux des Flustres, etc. (1)

---

(1) Le petit Polypier figuré par M. Savigny dans l'ouvrage sur l'Egypte (Polypes. pl. 6. fig. 3) et désigné par M. Andouin, sous le nom de *Melobesia radiata* (Explic. des pl. de M. Savigny), à la plus grande analogie avec l'espèce dont il vient d'être question. Quant aux Melobésies de Lamouroux leur nature nous paraît problématique et il est à présumer que cet auteur a rassemblé sous le même nom générique de corps n'ayant de commun que l'aspect général.

L'*Obelie rayonnante* de MM. Quoy et Gaymard (Voyage de l'Uranie. pl. 89. fig. 12) est aussi très voisine des deux espèces dont il vient d'être question.

6. Tubulipore patellé. *Tubulipora patellata.*

> *T. turbinato-explanata, orbiculata; margine laciniis fimbriato; disco tubulis confertis, contortis, clausis difformibus.*
>
> * Delonch. op. cit. p. 759.
> * Blainv. Dict. des sc. nat. t. 56. p. 34; et Man. d'Act. p. 425.
>
> Habite les mers de la Nouvelle-Hollande. *Péron* et *Lesueur.* Mon cabinet. Ce polypier n'est pas plus large que celui qui précède, et semble s'en rapprocher à plusieurs égards. Il est cependant si singulier, que l'on peut encore douter de son véritable genre. Les tubes de son disque ressemblent aux serpens d'une tête de Méduse Il est lapidescent.
>
> * Les tubes, dont Lamarck parle ici, ne méritent pas ce nom, car ils ne sont pas ouverts à leur extrémité; ce sont de simples prolongemens irrégulièrement rayonnaus; et nous sommes persuadé que lorsque l'animal de ce polypier sera connu, on trouvera que ce n'est pas ici la place qu'il doit occuper dans une méthode naturelle.

7. Tubulipore annulaire. *Tubulipora annularis.*

> *T. incrustans; cellulis subclavato-cylindricis, annulatim digestis; osculo biverrucoso.*
>
> *Eschara annularis.* Pall. zooph. p. 48. n° 13.
> De Moll. *Monog. de Eschara.* p. 36. tab. 1. f. 4.
> * Blainv. Dict. des sc. nat. t. 56. p. 34.
>
> Habite la mer de l'Inde et du cap de Bonne-Espérance, sur des fucus. Je ne le connais que par les ouvrages cités.
>
> † C'est au genre Tubulipore de Lamarck que nous paraissent devoir se rapporter les polypiers dont M. Savigny a donné de très belles figures dans le grand ouvrage de l'Egypte (Polypes, pl. 6. fig. 4. 5. et 6.), et dont M. Audouin a proposé de former un genre nouveau sous le nom de *Proboscina.* (Explication des planches de l'Egypte.)

———

[Le genre Obelie de Lamouroux ne diffère que fort peu des Tubulipores; il ne paraît s'en distinguer que par la disposition pyriforme du polypier résultant de l'agglutination des cellules. Voici, du reste, les caractères qu'il y assigne.

† Genre Obélie. Obelia.

Polypier encroûtant, subpiriforme, presque demi cylin

drique; surface couverte de petits points et de tubes redressés, presque épars au sommet, ensuite rapprochés en lignes transversales, régulières ou irrégulières; un sillon longitudinal semble les partager en deux parties égales.

Il est à noter que le nom d'*Obélie* a été employé aussi par Peron et Lesueur, pour désigner l'un des genres établi par ces deux naturalistes dans la famille des Médusaires et adoptés par Lamarck.

ESPÈCES.

Obélie tubulifère. *Obelia tubulifera.*

> *O. incrustans, tubulifera; tubulis erectis ad extremitatem subsparsis, deinde in lineas transversales approximatis.*
>
> Lamour. Expos. méth. des Polyp. p. 81. pl. 80. fig. 7 et 8. Delonch. Encycl. p. 573.
>
> Blainville. Man. d'actin. p. 424.
>
> Habite la Méditerranée.

———

Le genre RUBULE, établi par M. Defrance pour recevoir un petit fossile trouvé dans le calcaire de Heuteville, paraît devoir se rapprocher des Tubulipores, dont il ne faudrait peut-être pas le séparer. Ce naturaliste a donné, à la seule espèce connue, le nom de *Rubula Soldanii* (Def. Dict. des sc. nat. t. 46. p. 396. pl. 44. fig. 2. Blainv. Man. d'Act. p. 426. pl. 66. fig. 2.)   E.

———

DISCOPORE. (Discopora.)

Polypier subcrustacé, aplati, étendu en lame discoïde, ondée, lapidescente; à surface supérieure cellulifère.

Cellules nombreuses, petites, courtes, contiguës, favéolaires, régulièrement disposées par rangées subquinconciales; à ouverture non resserrée.

Polyparium subcrustaceum, complanateum, in laminam

*discoideam , undatam et lapidescentem extensum ; supernâ
superficie celluliferâ.*

*Cellulæ numerosæ, parvæ, breves, favosæ, contiguæ,
seriebus regularibus vel in quincunces dispositæ ; ore non
constricto.*

OBSERVATIONS. — Les *Discopores,* moins flexibles, plus lapidescens et plus fragiles que les Flustres, à cellules plus immergées et moins libres que dans les Tubulipores, sont des Polypiers
qui avoisinent les Cellépores, et avec lesquels néanmoins on ne
doit pas les confondre.

Plus disciformes que les Cellépores, et n'offrant presque jamais comme eux des expansions lobées, convolutes et diversement rameuses, les *Discopores* s'en distinguent en ce que leurs
cellules ne sont jamais confuses, mais sont rangées régulièrement en quinconces ou par séries, imitant, en quelque sorte,
celles d'un gâteau d'abeilles.

[Notre auteur a rangé dans son genre Discopore des Polypiers
qui diffèrent beaucoup entre eux, et qui ne paraissent se ressembler que lorsqu'on les examine très superficiellement. Les
uns ne peuvent évidemment être séparés de ses Flustres, et d'autres se rapprochent du genre Eschare; mais il en est d'autres
encore qui se distinguent assez de tous les types voisins pour
pouvoir constituer une division générique. Ces espèces, auxquelles on devra conserver le nom de Discopore, n'ont pas les
cellules distinctes extérieurement comme chez les Flustres, mais
tellement encroûtées de matière calcaire, que la surface libre
du Polypier ne présente que de faibles ondulations dans les lignes correspondantes à leur soudure, et que la position de ces
loges n'est guère indiquée que par leur ouverture. Ces ouvertures, qui sont percées directement dans l'espèce de disque pierreux formé par les cellules ainsi confondues, sont du reste disposées régulièrement en quinconce, et occupent toutes la même
surface du Polypier; du reste, elles sont garnies d'un opercule
semi-corné, semblable à celui des Eschares, et leur forme
varie avec l'âge. Il est également essentiel de noter que
les cellules ne sont rangées que sur un seul plan, disposition
qui les distingue des Cellépores de Lamarck. On ne connaît pas

les Polypes des Discopores, mais il est probable que leur structure est analogue à celle des Flustres, etc.]   **E.**

ESPÈCES.

1 Discopore verruqueux. *Discopora verrucosa.*

> D. *crustacea, lamelliformis, suborbiculata, undata; cellulis obliquis
> subquincuncialibus; fauce hinc subdentato.*
>
> *Cellepora verrucosa.* Lin. Esper. vol. 1. t. 2.
>
> * *Discopora verrucosa.* Lamour. Expos. méth. des Polyp. p. 42. et
> Encycl. zooph. p. 254.
>
> * Schweigger Handbuch. p. 431.
>
> * Blainv. Man. d'actinol. p. 446.
>
> B. *var. cellulis fauce edentulo.*
>
> (* Ce Polype que Lamarck regarde comme une simple variété nous
> paraît constituer une espèce distincte, facile à reconnaître par la
> forme de l'ouverture des cellules et par les pores dont leur sur-
> face supérieure est criblée.
>
> Mus. nº.
>
> Habite la Méditerranée, l'Océan européen et indien. Mon cabinet.
> Il forme des lames suborbiculaires, crustacées, ondées, assez
> minces, cassantes, et en partie fixées sur des corps marins. Les
> cellules s'ouvrent uniquement à la surface supérieure de ces lames;
> elles sont quinconciales, inclinées obliquement, à ouverture peu
> resserrée, et leur bord en devant offre une dent conique, quel-
> quefois accompagnée de deux autres plus petites. Larg., 3 à 4 cen-
> timètres; couleur fauve ou blanchâtre.
>
> * Le Polypier que Lamarck décrit ici, et que l'on voit dans la collec-
> tion du Muséum, ne me paraît pas être l'espèce figurée par Esper
> (t 1. Cellul. tab. 2) sous le nom de *Cellepora verrucosa.* L'ouver-
> ture des cellules présente en dessous une grosse dent, ou plutôt
> une espèce de lèvre inférieure très saillante, qui en occupe toute
> la largeur, et qui se termine par deux tubercules inégaux; dans
> les cellules nouvellement formées, cette grosse dent n'existe pas
> encore, et l'ouverture, au lieu d'être très enfoncée, est à fleur de
> la surface du Polype; on y remarque alors sur le bord antérieur
> de petites granulations qui disparaissent par la suite, et en arrière
> une série de petites dentelures qui, pour la plupart, se perdent
> dans les progrès de l'âge, ou, du moins, sont cachées par le pro-
> longement labial dont il a déjà été question. Dans cet état, les cel-
> lules ressemblent davantage à celles figurées par Esper, mais elles

sont bien moins distinctes , et ne présentent pas inférieurement les stries rayonnantes qu'on remarque dans la planche de cet auteur.

2. Discopore réticulaire. *Discopora reticularis.*

D. crustacea, lamelliformis, tenuis, undata, subconvoluta; cellulis superficialibus, faveolatis, contiguis, in retem dispositis; ore mutico, subovali.

* Lamour. Encycl. p. 254.

Mus. n°.

Habite.. ... Cette espèce constitue, comme la précédente, une expansion en lame mince, suborbiculaire, ondée, quelquefois contournée. Cette lame, très fragile, présente à sa surface supérieure un réseau régulier , formé par des cellules en fossettes arrondies et superficielles. Elle est en grande partie libre, et n'est fixée que par une portion de sa surface inférieure.

(* Cette espèce ne parait pas devoir rester dans le genre Discopore; elle se rapproche davantage des Membranipores, mais s'en distingue par l'existence d'une cloison transversale qui divise intérieurement chaque cellule en deux parties.)

3. Discopore fornicin. *Discopora fornicina.*

D. crustacea lamelliformis, adnata; cellulis seriatis, contiguis suborbiculatis; labio superiori fornicato, prominulo.

* Lamour. Encycl. p. 254.

* Blainv. Man. d'actin. p. 446.

Mus. n°.

..... *conf. cum Eschará forniculosá.* Pallas, zooph. p. 47.

Habite les mers de la Nouvelle-Hollande. *Péron* et *Lesueur.* Celui-ci présente encore une lame crustacée, suborbiculaire, en partie fixée sur des corps marins, et cellulifères à sa face supérieure. Mais il est très distinct par ses cellules dont le bord supérieur est le seul apparent, et s'avance en voûte ou en arcade saillante. L'ensemble de toutes ces arcades a un aspect singulier.

* Ce joli Polypier ne présente presque aucun des caractères les plus essentiels du genre Discopore tel que nous les avons indiqués. Les cellules sont formées : 1° par une sorte de cadre calcaire, qui en haut, au-dessus de la bouche, est saillant et arrondi, tandis qu'en bas il devient à peine distinct ; 2° par une membrane mince et poreuse qui remplit cette espèce de cadre, et qui présente en avant une ouverture semi-lunaire pour laisser passer les tentacules de l'animal. Le Polypier figuré par M. Savigny dans l'ouvrage d'Egypte (Polyp. pl. 10. fig. 8), et désigné par M. Audouin sous le nom de *Flustra Latreillii* se rapproche beaucoup de cette espèce.

4. Discopore crible. *Discopora cribrum.*

D. crustacea lamelliformis, alba ; supernâ superficie foraminibus distantibus pertusâ.

* Lamour. Encycl. p. 454.

* Blainv. Man. d'act. p. 446.

Mus. n°.

..... *an Flustra arenosa ?* Soland. et Ell. p. 17.

Habite..... Cette espèce fait, en quelque sorte, douter de son genre lorsqu'on la regarde en dessus; mais, en dessous, l'on distingue facilement, par la transparence de la lame, les cellules contiguës et sériales de ce Discopore, dont il n'y a qu'une partie qui s'ouvre à sa superficie. Les ouvertures de ces cellules ne sont que des troncatures qui les coupent obliquement, et ne laissent aucun bord en saillie. Il en résulte que la face supérieure de la lame est perforée comme un crible. Largeur de la lame, 4 à 5 cent.

* Le *Flustr arenaria* que Lamarck croit pouvoir rapporter à cette espèce n'est pas un Polypier, mais un amas d'œufs de Mollusques qui, suivant M. Hogg, appartiennent à la *Neretina glaucina* (Voy. les Mém. de la soc. Linn. de Londres. t. 14. pl. 9. fig. 1. 2.)

5. Discopore râpe. *Discopora scobinata.*

D. lamelliformis, undata, convoluto-tubulosa, extùs cellulifera ; cellulis prominulis quincuncialibus distantibus.

* Lamour. Encycl. p. 255.

* Blainv. Man. d'act. p. 446.

Mus. n$_0$.

Habite...... Je crois qu'il provient, ainsi que le précédent, du voyage de *Baudin*. La surface extérieure de celui-ci ressemble à celle d'une petite râpe par la petite saillie des cellules, qui sont tubuleuses, distantes les unes des autres et quinconciales. La lame que forme cette espèce est contournée ou roulée en cornet, et, d'ailleurs, elle est mince et fragile comme dans les espèces précédentes.

* Ce Polypier, qui est un véritable Discopore, est très remarquable par l'appendice en forme de corne située à peu de distance de l'ouverture de chaque cellule, et laissant dans son point d'insertion, lorsqu'il s'est détaché, une ouverture triangulaire.

6. Discopore petits-rets. *Discopora reticulum.*

D. incrustans, alba ; filis calcariis cancellatim anastomosantibus.
Millepora reticulum. Gmel. p. 3788.
Esper. vol. 1. p. 205. tab. 11.

¶ *Discopora reticulum.* Lamour. Encycl. p. 255.

***** *Membranipora reticulum.* Blainv. Man. d'act. p. 447.

Mus. n°.

Habite la Méditerranée, l'Océan atlantique, sur des fucus, des coquilles. Cette espèce forme rarement une lame libre ou en partie libre, comme celles qui précèdent ; mais elle s'étend et s'applique comme une croûte à la surface des corps marins. Elle est fort petite, blanche, tout-à-fait rétiforme, et les mailles de son réseau sont de véritables cellules dont le fond, très mince et membraneux, ne paraît point dans le Polypier jeune, mais ensuite devient très apparent. Les côtes de ces mailles ou cellules prennent aussi une certaine épaisseur dans le Polypier complètement formé. Etendue, 3 à 6 millim. Mon cabinet.

(* Ce Polypier, qui ne peut évidemment rester dans le genre Discopore, a la plus grande analogie avec le *Flustra crassidentata* de Lamarck ; il ne s'en distingue guère que par le peu d'épaisseur du cadre des cellules et des tubercules dont leur pourtour est hérissé.)

7. Discopore coriace. *Discopora coriacea.*

D. lamelliformis, rotundato-lobata, tenuissima, pellucida ; cellulis seriatis prostratis apice pertusis.

Flustra coriacea. Esper. supp. 2. tab. 7.

* *Discopora coriacea.* Lamour. Encycl. p. 255.

* Blainv. Man. d'act. p. 446.

Habite..... Il est mince et transparent comme une pelure d'ognon, et n'est fixé qu'en partie sur les corps marins. Ce qui le rend très remarquable, c'est que la lame qu'il constitue est composée de cellules tubuleuses, sériales, couchées, et qui s'ouvrent à leur sommet par un pore.

(* M. de Blainville pense que cette espèce appartient au genre Flustre.)

8. Discopore arénulé. *Discopora arenulata.*

D. lamelliformis, undata, subpellucida ; cellulis parvulis seriatis obliquis apice semi-clausis ; ore semi-rotundo.

* *Discopora arenulata.* Lamour. Encycl. p. 255.

* Blainv. Man. d'act. p. 446.

Mon cabinet.

Habite..... Il présente une lame libre, arrondie, ondée, assez transparente, dont la surface supérieure est ornée de cellules quinconciales, mutiques. Ces cellules sont inclinées, comme enfoncées obliquement, et se terminent par une ouverture demi-ronde.

(* Suivant M. de Blainville, cette espèce serait aussi un Flustre.)

9. Discopore rude. *Discopora scabra.*

> *D. lamelliformis, undata, cellulosa, tuberculis apice foratis asperata ;*
> *cellulis ovalibus, quincuncialibus.*
> * Lamour. Encycl. p. 255.
> * Blainv. Man. d'act. p. 446.
> Mon cabinet.
> Habite..... Cette espèce est distincte du Discopore verruqueux par
> ses cellules plus petites, ovales, dont les bords ou les interstices
> portent de petits tubercules élevés, écartés et percés au sommet
> comme des tubes.

† 10. Discopore muriqué. *Discopora muricata.*

> *D. cellularum superficie continuatá, echinato-spinulosá ; aperturá*
> *semi-lunari.*
> *Cellepora muricata.* Delle Chiaje. Anim. senza vert. di Nap. t. 3. p. 38.
> pl. 35. fig. 10.
> Se trouve sur des fucus dans la Méditerranée.

†? 11. Discopore à rostre. *Discopora rostrata.*

> *D. cellulis continuis complanatis, ore dentibus quatuor quarum supe-*
> *rior, longe rostratus.*
> *Cellepora rostrata.* Delle Chiaje. Anim. senza vert. di Nap. t. 3.
> p. 39. pl. 34. fig. 21 et 22.
> Habite la Méditerranée.

† *Espèces fossiles.*

† 12. Discopore crustulent. *Discopora crustulenta.*

> *D. incrustans, explanata; cellulis immersis; ostiolis subquincuncialibus*
> *ovalibus diformibus minimis.*
> *Cellepora crustulenta.* Goldfuss. op. cit. t. 1. p. 27. pl. 9. fig. 6.
> *Eschara crustulenta.* Blainv. Man. d'actinol. p. 429.
> Même localité.

† 13. Discopore hippocrepse. *Discopora hippocrepsis.*

> *D. incrustans; cellulis superficie planis, margine semicirculari cinctis ;*
> *ostiolis terminalibus transversis semilunaribus.*
> *Cellepora hippocrepsis.* Goldfuss. op. cit. t. 1. p. 26. pl. 9. fig. 3.
> Montagne Saint-Pierre.

† 14. Discopore orné. *Discopora ornata.*

*D. explanata, simplex, crassa; cellulis oblique subdivergentibus quin-
cuncialibus ; ostiolis semi-circularibus, labio superiori annulo,
inferiori asterisco dimidiato prominulis cinctis.*

Cellepora ornata. Goldfuss. Petrefacta. t. 1. p. 26. pl. 9. fig. 1.
Montagne Saint-Pierre.

† 15. Discopore annelé. *Discopora annulata.*

*D. incrustans; cellulis quincuncialibus immersis; ostiolis subovalibus
prominulis.*

Cellepora annulata. Goldfuss. Petref. p. 101. pl. 36. fig. 11.
Trouvé dans les couches marneuses de la formation du calcaire
grossier dans la Westphalie. Se rapproche de la *Berenicea
diluviana* de Lamouroux.

† 16. Discopore voile. *Discopora velamen.*

*D. incrustans, explanata ; cellulis contiguis, ostiolis apertis subova-
libus margine tumidulo annulari cinctis.*

Cellepora velamen. Goldfuss. op. cit. t. 1. p. 26. pl. 9. fig. 4.
Montagne Saint-Pierre. Il est probable que cette espèce se rappro-
chait par sa structure du Discopore petits-rets ; aussi le rappor-
tons-nous à ce genre plutôt qu'à aucune autre division établie par
Lamarck, mais nous pensons que ce n'est pas ici sa place naturelle, et qu'elle devra rentrer dans le genre *Membranipore.*

† 17. Discopore denté. *Discopora dentata.*

*D. explanata, incrustans; cellulis verticalibus contiguis apertis hexa-
gonis ; ostiolis non constrictis, quadridentatis.*

Cellepora dentata. Goldfuss. op. cit. t. 1. p. 27. pl. 9. fig. 5.
Membranipora dentata. Blainv. Man. d'actinol. p. 447.
Même localité.

† 18. Discopore bipunctué. *Discopora bipunctata.*

*D. explanata, incrustans ; cellulis ovatis contiguis verticalibus
apertis basi apiceque transversim bipunctatis ; ostiolis ovalibus
marginatis.*

Cellepora bipunctata. Goldfuss. op. cit. t. 1. p. 27. pl. 9. fig. 7.
Membranipora bipunctata. Blainv. Man. d'actinol. p. 447.
Même localité.

† 19. Discopore antique. *Discopora antiqua.*

*D. incrustans, explanata; cellulis ovatis contiguis verticalibus apertis
longitudinaliter impresso-bipunctatis ; ostiolis ovalibus.*

Cellepora antiqua. Goldfuss. op. cit. t. 1, p. 27. pl. 9. fig. 8.
Membranipora antiqua. Blainv. op. cit. p: 447.
Calcaire de transition de l'Eifel.

† 20. Discopore hexagonale. *Discopora hexagonalis.*

D. incrustans; cellulis superficie planis margine hexagono elevato cinctis, ostiolis orbicularibus centralis.
Cellepora hexagonalis. Goldfuss. op. cit. p. 102. pl. 36. fig. 16.
Trouvé dans le sable ferrugineux de la formation du calcaire grossier des montagnes de la Bavière orientale. Ce fossile, à en juger par la figure et la description que M. Goldfuss en a donné, diffère beaucoup des Discopores ordinaires, des Cellépores, des Eschares ou des Flustres, et nous paraît devoir en être séparé.

CELLÉPORE. (Cellepora.)

Polypier presque pierreux, poreux intérieurement, étendu en croûte ou relevé et frondescent; à expansions aplaties, lobées ou rameuses, subconvolutes, non flexibles; à surface externe, cellulifère.

Cellules urcéolées, submembraneuses, ventrues, un peu saillantes, contiguës, confuses; à ouverture resserrée.

Polyparium sublapideum, intùs porosum, in crustam expansum, aut surrectum et frondescens; frondibus complanatis, lobatis vel ramosis, subconvolutis; externá superficie ex cellulis uno strato coalitis contextá.

Cellulæ urceolatæ, ventricosæ, submembranaceæ, exserentes, confusæ; ore constricto.

OBSERVATIONS. — Les *Cellépores* ont été confondus par quelques naturalistes avec les *Millépores*, et par d'autres avec les *Flustres*. Ils sont cependant réellement distincts des uns et des autres. Ces Polypiers sont moins pierreux et surtout moins compactes intérieurement que les Millépores, et leurs cellules sont toujours saillantes, quoique plus ou moins. Ils ne sont point flexibles comme les Flustres, mais raides et cassans; et leurs cellules, en général, confuses, urcéolées, à orifice resserré, les en distinguent.

C'est des Discopores que les *Cellépores* se rapprochent le plus ; et c'est ensuite avec les Eschares et les Rétépores qu'ils ont des rapports les plus prochains. On sent qu'ils tiennent déjà de très près aux Polypiers tout-à-fait pierreux.

En effet, les expansions des *Cellépores* sont pierreuses, mais avec un mélange de matière animale qui les rend assez molles et flexibles dans les eaux. Néanmoins elles deviennent raides et très fragiles lorsqu'elles sont exposées à l'air, et elles sont très poreuses dans leur épaisseur.

Les *Cellépores* encroûtent ou enveloppent différens corps marins sur lesquels ils sont fixés. Quelques-uns néanmoins forment des expansions relevées, aplaties, frondescentes, contournées ou convolutes, sinueuses, plus ou moins rameuses.

[Les Polypiers que Lamarck rassemble ici sous le nom de Cellépores, sont très remarquables par le mode d'agrégation de leurs cellules ; ces cellules, plus ou moins ellipsoïdes et presque verticales, sont à peine distinctes extérieurement, et s'amoncèlent les unes sur les autres sans suivre aucun ordre régulier. Il en résulte que la surface du Polypier est très inégale, et que ce corps, au lieu d'être formé d'une seule couche de cellules comme dans les Discopores, ou de deux couches adossées comme les Eschares, en présente plusieurs qui, toutes dirigées dans le même sens, se recouvrent et peuvent acquérir ainsi une épaisseur considérable.

La plupart des auteurs qui ont écrit sur ce sujet, depuis Lamarck, ne paraissent pas avoir bien connu les Polypiers dont il parle ici, et ont rangé dans le genre Cellépore un grand nombre d'espèces qui en diffèrent notablement et qui semblent établir le passage entre ces Polypiers, les Discopores et les Flustres. Ces Polypiers ont en effet les cellules ordinairement ovoïdes et à ouverture plus ou moins resserrée, mais elles sont parfaitement distinctes à l'extérieur simplement imbriquées et disposées sur un seul plan comme chez la plupart des Flustres, seulement avec moins de régularité. On devra en former par la suite un groupe distinct que nous proposerons de désigner sous le nom d'Escharoïdes (1) ; mais afin de ne pas multiplier

____

(1) Voy. p. 217.

sans nécessité absolue les innovations, nous nous bornerons ici
à les ranger dans une division particulière du genre Cellépore.

Quant à la structure intérieure de tous ces Polypes, elle semble ne différer en rien d'essentiel de ce que nous avons déjà vu
chez les Flustres.   E.]

ESPÈCES.

* §. *Espèces dont les cellules sont très confuses et amoncelées sur plusieurs couches superposées.* (1)

1. Cellépore ponce. *Cellepora pumicosa.*

> *C. incrustans, aut explanatione convoluta, tubulosa, ramosa;
> externâ superficie cellulis confusis, ventricosis et mucronatis
> scabrâ.*
>
> *Millepora pumicosa.* Soland et Ell. p. 135.
> Ellis corall. tab. 27. *fig. f. F.* (tab. 30. fig. D.)
> Borlas. Cornwall. t. 24. f. 7. 8.
> * Pallas Elenc. Zooph. p. 254. n° 157.
> * *Cellepora pumicosa.* Lamour. Polyp. flex. p. 91. n° 180, et Encycl.
> p. 183.
> * Blainv. Man. d'actinologie. p. 443.
> Mus. n°.
> Habite l'Océan européen, la Méditerranée. Mon cabinet. Espèce
> commune, polymorphe, rarement épaisse, très fragile, à
> surface hérissée par les cellules. On la rencontre dans différentes
> mers.

2. Cellépore épais. *Cellepora incrassata.*

> *C. ramosa lobata, intùs cellulosa; ramis crassis teretibus fractis;
> cellulis confusis, ovatis, muticis.*
>
> Marsil. hist. t. 32. f. 150. 151.
> *An Cellepora leprosa.* Esper. vol. 1. t. 4.
> * Blainv. Man. d'actinol. p. 443.
> Mus. n°
> Habite la Méditerranée. Mon cabinet. Il forme des expansions épaisses,
> pleines, comme pierreuses, mais celluleuses intérieurement, cylin-

---

(1) Cette division correspond au genre Cellépore tel que Lamarck l'a établi.

dracées, lobées ou rameuses. Les cellules de la superficie sont les seules polypifères; elles sont confuses, très inégales, mais mutiques à leur orifice. MM. *Péron* et *Lesueur* en ont rapporté de Timor une variété qui s'étale en plaque irrégulière, bosselée et ondée en dessus.

3. Cellépore olive. *Cellepora oliva.*

C. simplex, cylindraceo - turbinata ; extremitate crassiore truncatá, foveá terminatá; cellulis confusis muticis.

* Blainv. Man. d'actinol. p. 443.

Mus. n₀.

Habite les mers de la Nouvelle-Hollande. *Péron* et *Lesueur*. Celui-ci est remarquable par sa forme presque régulière; car il ressemble à une olive ou à un gland hors de sa cupule. Il est un peu cerclé transversalement, et son gros bout offre une fossette orbiculaire. Longueur, 3 centimètres.

4. Cellépore oculé. *Cellepora oculata.*

C. incrustans, ramosissima, subcespitosa ; ramis sparsim oculatis ; cellulis confusis echinatis.

* Blainv. Man. d'actinol. p. 443.

Mus. n°.

Habite l'Océan austral. *Péron* et *Lesueur*. Ce polypier enveloppe des tiges de gorgone, de fucus, etc., et de sa croûte s'élèvent des ramifications cylindriques, subdichotomes, qui forment de petites touffes arrondies et assez élégantes. Toutes ces ramifications sont percées çà et là de trous ronds, comme dans certaines éponges. Etendue, quatre à cinq centimètres.

5. Cellépore endive. *Cellepora endivia.*

C. complanata, lobato-foliacea, subplicata, variè contorta ; cellulis confusis subglobosis; ore mutico.

Mus. n°.

Habite l'Océan austral. *Péron* et *Lesueur*. Mon cabinet. Celui-ci forme des expansions un peu épaisses, comme pierreuses, aplaties, lobées, foliacées, plissées, et diversement contournées. Les cellules sont confuses, mutiques, comme entremêlées de duvet pulvériforme Etendue, quatre à sept centimètres.

6. Cellépore à crêtes. *Cellepora cristata.*

C. incrustans, multiloba; lobis verticalibus rotundatis, compressis, carinatis, subspiralibus, utroque latere echinatis.

* Blainv. Man. d'actinol. p. 443.

TOME VII,   17

Mus. n°.

Habite l'Océan austral. *Péron* et *Lesueur.* Cette espèce semble perfoliée par les tiges des plantes marines qu'elle enveloppe; et, comme ses lobes sont verticaux, arrondis, comprimés, carénés et en crêtes, il ressemblent presque aux pas d'une vis de pressoir. Ses crêtes sont hérissées des deux côtés, et n'ont que quelques millimètres de hauteur.

7. Cellépore spongite. *Cellepora spongites.*

C. basi incrustans ; explanationibus è crusta surgentibus tubuloso-turbinatis, ramosis, variè coalescentibus; cellulis seriatis ; osculo suborbiculari.

Millepora spongites. Soland. et Ell. p. 132.

Porus anguinus, etc. Gualt. Ind. *post.* tab. 70.

Eschara spongites. Pall. zooph. p. 45.

De Moll. t. 1. f. 3.

Cellepora spongites. Lin. Esper. vol. 1. t. 3.

B. *eadem ? humilior, tenuior, subcrispa.*

Seba. mus. 3. tab. 100. f. 12.

Soland. et Ell. tab. 41. f. 3.

* Lamour. Expos. méth. des Polyp. p. 2. pl. 41. fig. 3.

* Schweigger Handbuch. p. 431.

* *Eschara spongites.* Blainv. Man. d'actinol. p. 429.

* *Cellepora spongites.* Delle Chiaje. Anim. senza vert. di Nap. t. 3. p. 37. pl. 35. fig.

Mus. n°.

Habite la Méditerranée, et sa variété, la mer des Indes. Ma collection. Sa base est une plaque qui recouvre les pierres, etc. Il s'en élève des expansions tubuleuses, turbinées, irrégulières, diversement divisées et coalescentes. Les cellules sont sériales, toujours un peu ventrues, et ont leur ouverture le plus souvent orbiculaire, quelquefois semi-orbiculaire. Cette espèce devient assez grande. Elle est mollasse ou un peu flexible sous l'eau, pendant la vie des Polypes.

† 8. Cellépore rameuse. *Cellepora ramulosa.*

C. dichotoma, fasciculata; ramulis teretibus, obtusis; tubis confertissimis cylindricis.

Muller. Prod. n° 3049.

Lin. Gmel. Syst. nat. p. 3791. n° 1.

Lamour. Polyp. flex. p. 88. n° 169.

Blainv. Dict. des Sc. nat. t. 7. p. 554.

Se trouve dans les mers du Nord ; cette espèce n'est connue que par le peu de mots que Muller en a dit, et pourrait bien ne pas devoir prendre place ici.

§§. * *Espèces dont les cellules sont rangées sur un seul plan et sont libres ou du moins bien distinctes dans une grande partie de leur longueur.* (Genre Escharoïde E. Voyez p. 216.)

† 9. Cellépore ovoïde. *Cellepora ovoïdea.*

C. incrustans; cellulis ovatis, ore pumilo rotundo.
Lamour. Polyp. flex. p. 89. n° 172. pl. 1. fig. 1. Expos. méth. des Polyp. p. 2. pl. 64. fig. 4. 5. et Encycl. p. 182.
Blain. Man. d'actin. p. 444.
Delle Chiaje. Anim. senza vert. di Nap. t. 3. p. 38. pl. 34. fig. 33 (?).
Originaire de la Nouvelle-Hollande. Surface des cellules lisses.

† 10. Cellépore tuberculée. *Cellepora tuberculata.*

C. cellulis ventricosis, pone apicem tuberculo 4 quetro ; aperturá cyathyformi.
Delle Chiaje. Anim. senza vert. di Napoli. t. 3. p. 38. pl. 34. fig. 23. 24.
Habite la Méditerranée.

† 11. Cellépore rouge. *Cellepora coccinea.*

C. incrustata, coccinea ; cellulis urceolatis punctatis, ore dente unico brevi supero.
Abilgard-Muller. Zoologia Danica. t. 4. p. 30. pl. 146. fig. 1 et 2.
Lamour. Polyp. flex. p. 92. n° 181. et Encycl. p. 183.
Berenicea coccinea. Johnston. Edinb. Phil. journ. t. 13. p. 222.
Fleming. Brit. anim. p. 533.
Blainv. Man. d'actin. p. 445.
Habite les mers du Nord.

† 12. Cellépore brillante. *Cellepora nitida.*

C. cellulis subcylindricis, pellucidis annulatis ; ore simplici terminali.
Othon Fabricius. Fauna Groenlendica. p. 435. n° 443.
Lin. Gmel. Syst. nat. p. 3792. n° 7.
Lamour. Polyp. flex. p. 88. n° 170. Encycl. p. 181.
Blainville. Dict. des sc. nat. t. 7. p. 335.
Berenicea nitida. Flem. Brit. anim. p. 533.
Blainville. Man. d'actin. p. 445.

Habite les mers du Nord.

† 14. Cellépore labiée. *Cellepora labiata.*

*C. subverticillata; cellulis ovoideis, radiatis seu verticillatis, imbri-
catis; ore labiato.*

Lamour. Polyp. flex. p. 89. n₀ 174. pl. 1. fig. 2; Expos. méth. des
Polyp. p. 2. pl. 64. fig. 6. 9; Encycl. p. 182. n° 7.

Delle Chiaje. Anim. senza vert. di Napoli. t. 3. p. 39. pl. 34.
fig. 13. 14. (Nous doutons beaucoup de cette espèce, qui habite
la Méditerranée, soit la même que celle de l'Australasie décrite
par Lamouroux.)

Trouvée sur des Sertulariées de l'Australasie. Les cellules sont disposées de manière à rayonner ou à s'imbriquer, suivant le corps
auquel elles adhèrent, et forment des petites roses ou des verticilles; leur ouverture est grande, latérale et a deux lèvres dont la
supérieure est en voûte, l'inférieure courte et redressée.

† 15. Cellépore de Mangneville. *Cellepora mangnevillana.*

*C. incrustans, subverticillata; cellulis ovatis, surperficie verrucosá,
ore magno.*

Lamour. Polyp. flex. p. 89. n° 175. pl. 1. fig. 3; Expos. méth. des
Polyp. p. 2. pl. 64. f. 2. 3; et Encycl. p. 182.

Delle Chiaje. Anim. senza vert. di Napoli. t. 3. p. 38. pl. 24. f. 34
et 35.

Cuvier. Règne anim. 2ᵉ édit. t. 3. p. 304.

Blainv. Man. d'Actin. p. 444.

Habite la Méditerranée.

† 16. Cellépore caliciforme. *Cellepora caliciformis.*

*C. cellulis ovoideis; superficie paululùm rugosá; ore magno supero
dentato.*

Lamour. Polyp. flex. p. 92. n₀ 182; et Encycl. p. 183. n° 14.

Habite la baie de Cadix; par son facies, dit Lamouroux, cette espèce
ressemble au Cellépore de Mangneville.

† 17. Cellépore sillonnée. *Cellepora sulcata.*

C. cellulis recurvatis, eminentibus, sulcatis; ore rotundo.

Lamour. Polyp. flex. p. 88. n° 171; Encycl. Zooph. p. 182.

Trouvée à la Nouvelle-Hollande.

† 18. Cellépore bipointue. *Cellepora bimucronata.*

C. crustacea lapidescens, unilamellata; cellulis oblongo subovalibus, punctatis transverse ruditer seriatis; osculo in apice suborbiculari, opposite bimucronato.

Eschara bimucronata. Moll. p. 65. n₀ 15. pl. 3. f. 18.

Cellepora bimucronata. Lamour. Polyp. flex. p. 93. n 186; et Encycl. p. 184.

Blainv. Dict. des Sc. nat. t. 7. p. 356.

Habite la Méditerranée. Remarquable par la forme utriculaire des cellules.

† 19. Cellépore ailée. *Cellepora alata.*

C. verticellata; cellulis verticillatis, ventricosis, lateraliter alatis; ore rotundo tuberculoso.

Lamour. Expos. méth. des Polyp. p. 2. pl. 64. fig. 10. 11; Encycl. p. 183. n° 12.

Habite l'Australasie.

Cellules gibbeuses; ouverture ronde avec un tubercule très gros et moniliforme de chaque côté.

† Ajoutez un assez grand nombre d'espèces qui ont été représentées d'une manière admirable dans les planches de l'ouvrage de l'Egypte par M. Savigny, mais qui n'ont pas encore été décrites. Voy. Polyp. pl. 7. fig. 1, 2, 3, 4, 5, 6, 7 et 11. pl. 8. fig. 1, 5, 7 et 9; et pl. 10. fig. 3 et 4.

Espèces que je n'ai point vues.

— Cellépore transparente. *Cellepora hyalina.*

C. reptans, subincrustans, cellulis seriatis ovato-oblongis diaphanis, ore obliquo simplici.

Cavol. Pol. p. 242. t. 9. f. 8. 9.

Esper. vol. 1. tab. 1. (*Ce polypier diffère beaucoup de celui figuré par Cavolini, et ne paraît pas devoir appartenir à la même espèce.)

* Lamour. Polyp. flex. p. 8 7 et Encycl. p. 181.

* Cuvier. Règne anim. 2ᵉ édit. t. 3. p. 304.

Habite l'Océan..... sur des fucus. Il faudra peut-être le ranger parmi les Tubulipores. (* Nous n'avons pas eu l'occasion d'observer cette espèce; mais d'après ce que les auteurs en disent, elle nous paraît appartenir au genre Escharine plutôt que de se rapporter au genre Cellépore.)

Espèces fossiles.

— Cellépore mégastome. *Cellepora megastoma.*

C. incrustans, cellulis irregulariter acervatis, obovatis, distinctissimis; ore amplo.

Cellép. Mégastome. *Desmarets* et *Lesueur*. Bull. des Sc. p. 54. pl. 2; f. 5.

* Lamour. Polyp. flex. p. 90. n° 177; et Encycl. p. 182. n° 9.
* Cuvier. Règne anim. 2ᵉ édit. t. 3. p. 304.

Habite.... sur les corps fossiles de la craie des environs de Paris.

— Cellépore globuleuse. *Cellepora globulosa.*

C. incrustans; cellulis globulosis distinctis; ore transverso.

Cellép. globuleux. *Desmarests* et *Lesueur*. Bull. des Sc. p. 54. pl. 2. f. 7.

* Lamour. Polyp. flex. p. 90. n° 178; et Encycl. p. 182. n° 10.
Cuvier. loc. cit.

Habite.... sur les fossiles de la craie.

† Cellépore orbiculaire. *Cellepora orbiculata.*

C. incrustans; orbicularis; cellulis e centro radiantibus; ostiolis, obliquis, prominulis ovalibus.

Goldfuss. Petrefacta. t. 1. p. 28. pl. 12. f. 2.
Calcaire jurassique, à Streitberg.

† Cellépore escharoïde. *Cellepora escharoïdes.*

C. incrustans seu lamellosa; cellulis irregularibus crebris immersis; ostiolis annularibus, prominulis.

Goldf. op. cit. t. 1. p. 28. pl. 12. f. 3.
De la Marne argileuse de la Westphalie.

† Céllépore urcéolée. *Cellepora urceolaris.*

C. incrustans; cellulis seriatis imbricatis, contiguis ovato-oblongis; ore infra-apicali orbiculari mutico. Celleporæ hyalinæ similis, differt autem magnitudine duplo maiori et cellularum ore mutico.

Cellepora urceolata. Goldf. op. cit. p. 26. pl. 9. f. 2.
Même gisement que l'espèce précédente.

† Cellépore tristome. *Cellepora tristoma.*

C. incrustans; cellulis ovalibus, radiantibus imbricatis; ostiolo terminali orbiculari; binis (vel singulo) minoribus lateralibus.

Goldf. op. cit. p. 102. pl. 36. f. 12.
Se trouve avec la précédente.

† Cellépore pustuleuse. *Cellepora pustulosa.*

C. incrustans; cellulis ovato-oblongis, quincuncialibus imbricatis hinc inde vesicula clausa vel ostiola notatis; ore orbiculari.

Goldf. op. cit. p. 102. pl. 36. f. 15.

Se trouve avec les précédentes. Cette espèce nous paraît devoir appartenir à la division des Escharines.

† Cellépore hérissée. *Cellepora echinata.*

C. repens, ramosa; cellulis tubulosis, ostiolis orbicularibus erectis.
Goldf. op. cit. p. 102. n° 14. pl. 36. f. 14.
Trouvé dans le sable marneux, à Astrupp.

[Lamouroux a donné le nom de Bérénice à des Polypiers qui ressemblent beaucoup à ses Cellépores, mais qui
s'en distinguent par des cellules distantes les unes des autres, particularité qui les rapproche de ses Mollies (Voy.
p. 238). M. Fleming a modifié les caractères de ce genre, de
manière a devoir en exclure les espèces pour lesquelles
on l'avait primitivement établi, et à rendre les limites qui
les séparent des Discopores très vagues; enfin, M. de
Blainville, tout en adoptant à-peu-près les caractères assignés par Lamouroux, y range les espèces que M. Fleming
y avait rapportées, et qui cependant ne présentent pas les
particularités d'organisation en question. Voici du reste ce
que Lamouroux en dit :

† BÉRÉNICE. (Berenicea.)

Polypier encroûtant, très mince, formant des taches
arrondies, composé d'une membrane crétacée couverte
de très petits points et de cellules saillantes, ovoïdes o
pyriformes, séparées et distantes les unes des autres,
éparses ou presque rayonnantes; ouverture petite, ronde,
située près de l'extrémité de la cellule.

ESPÈCES.

1. Bérénice saillante. *Berenicea proeminens.*

B. cellulis in parte supra proeminentibus.
Lamour. Expos. méth. des Polyp. Suppl. p. 80. pl. 80. f. 1 et 2 ;
Encycl. Zooph. p. 140. n° 2.

Blainv. Man. d'Actin. p. 445. pl. 71. f. 6.
Habite la Méditerranée ; forme des taches blanches presques rondes
sur des Hydrophytes.

2. Bérénice annelée. *Berenicea annulata.*

B. cellulis ovalibus annulatis.
Lamour. Expos. méth. des Polyp. Suppl. p. 81. pl. 80. f. 5 et 6 ;
Encycl. p. 140. n° 3.
Blainv. Man. d'Act. p. 445.
Habite la Méditerranée, sur les mêmes Hydrophytes que la précé-
dente ; plus épaisse.

3. Bérénice urcéolée. *Berenicea urceolata.*

B. cellulis ovato-ventricosis punctatis distinctis ; aperturâ lineari.
Cellepora urceolata. Delle Chiaje. Anim. senza vert. di Napoli. t. 3.
p. 39. pl. 33. f. 8 et 9.
Habite la Méditerranée.

Espèce fossile.

4. Bérénice du déluge. *Berenicea diluviana.*

B. fossilis ; cellulis piriformibus ; ore polyposo, grandiusculo.
Lamour. Expos. méth. des Polyp. p. 81. pl. 80. f. 3 et 4 ; Encycl.
p. 140. n° 1.
Blainv. Man. d'Act. p. 445. pl. 65. f. 4.
Trouvée sur les Tubercules et autres productions marines du calcaire-
polypier des environs de Caen.

Le genre Spirophore *Spirophora* de M. de Blainville
paraît être aussi très voisin des Cellépores ; il comprend
quelques Polypiers fossiles diversiformes et adhérens,
composés de couches superposées de cellules, et hérissés
en dessus de tubercules épineux entre lesquels se trouvent les cellules poriformes. M. Blainville y rapporte le
Ceriopora mitra Goldf. (petref. p. 39. pl. 30. fig. 13 ;
Blainville Manuel p. 416. pl. 70. fig. 3) et deux espèces
encore inédites.

ESCHARE. (*Eschara.*)

Polypier presque pierreux, non flexible, à expansions aplaties, lamelliformes, minces, fragiles, très poreuses intérieurement, entières ou divisées.

Cellules des Polypes disposées en quinconces sur les deux faces du polypier.

Polyparium sublapideum ; explanationibus rigidulis, lamelliformibus, tenuibus, fragilibus, intùs porosissimis ; integris aut divisis.

Polyporum cellulæ quincunciales, in utráque superficie polyparii.

OBSERVATIONS. — Les *Eschares* sont distingués des Cellépores et des Rétépores, parce que les deux surfaces de leurs expansions sont également garnies de cellules; tandis que dans les Cellépores et les Rétépores, les cellules ne se trouvent que sur une de leurs surfaces.

Ces Polypiers présentent des expansions aplaties, minces, lamelliformes, non flexibles, mais fragiles, très poreuses intérieurement, c'est-à-dire dans leur épaisseur, tantôt entières, diversement contournées ou anastomosées, et tantôt divisées en lanières rameuses.

Les cellules dont les deux surfaces de ces expansions sont garnies, sont petites, presque superficielles et régulièrement disposées en quinconces.

Les *Eschares,* bien moins pierreux que les Millépores, puisque leur substance est partout très poreuse intérieurement, ont dû en être séparés, ainsi que les Cellépores, les Rétépores, etc., pour former autant de genres particuliers. *Pallas* et **M. le baron** *de Moll* les ont mal-à-propos, confondus avec les Flustres, qui sont des Polypiers flexibles, dont les cellules ont une forme très différente.

[L'organisation de ces Polypes est essentiellement la même que celle des Flustres, des Escharines, etc., et ils ne sont caractérisés que par leur disposition sur deux plans régulièrement adossées et le mode de croissance des parois de leurs cellules, qui, d'abord distinctes des cellules voisines et bombées, ne tardent pas à devenir plates et à se confondre entièrement avec les parties voisines; les bords de l'ouverture de ces loges s épaississent en même temps et par les progrès de l'âge, celle-c change de forme, et au lieu d'être saillante, devient tout-à-fait enfoncée au-dessous de la surface générale du Polypier.   E.

ESPÈCES.

1. Eschare bouffant. *Eschara foliacea.*

> *E. lamellosa, conglomerata; laminis plurimis variè flexuosis et coalescentibus; poris quincuncialibus interstitio separatis.*

Millepora foliacea. Soland. et Ell. p. 133. n° 6.

Ellis corall. t. 30. *fig. a. A. B. C.*

Eschara fascialis. Pall. Zooph. p. 42.

De Moll. t. 1. f. 2.

Cellepora lamellosa. Esper. vol. 1. t. 6.

* *Eschara foliacea.* Lamouroux. Expos. méth. des Polyp. p. 40. Encyclop. Zooph. p. 374.

* Schweigger. Handbuch de naturgeschichte. p. 431.

* Cuvier. Règn. anim. 2e édit. t. 3. p. 316.

* Blainv. Man. d'Actin. p. 428. pl. 75. fig. 3.

* *Eschara retiformis.* Fleming. Brit. anim. p. 531.

Mus. n°.

Habite l'Océan européen. Mon cabinet. Ce polypier forme de grosses masses comme enflées, caverneuses, légères et fragiles. Ses pores sont fort petits, arrondis, séparés.

2. Eschare cartacé. *Eschara chartacea.*

> *E. complanata, subsimplex; laminis perpaucis, magnis, undato-flexuosis, coalescentibus; poris contiguis, quadratis.*

* Lamouroux. Encyclop. p. 374. n° 2.

* Blainv. Man. d'Actin. p. 429.

Mus. no.

Habite les mers de la Nouvelle-Hollande. *Péron* et *Lesueur.* Ses expansions présentent un petit nombre de lames, grandes; ondées, coalescentes, légères, fragiles, et qui ressemblent à des pièces de carton réunies angulairement. Pores très grands.

* Cette espèce me parait se rapprocher des Flustres plutôt que des Eschares; les cellules sont à peine calcaires et les deux plans dont le Polypier est formé, sont simplement juxtaposés, sans

être soudés entre eux , et sans qu'il y ait aucun rapport constant entre les cellules adossées.

3. Eschare croisé. *Eschara decussata.*

> *E. complanata, lamellosa; laminis tenuibus, integris, undatis, va-riè decussantibus; poris minutis subprominulis.*
>
> * Lamouroux. Encyclop. p. 374.
> * Blainv. Man. d'Actin. p. 429.
> Mus. n°.
>
> Habite l'Océan austral. *Péron* et *Lesueur.* Ses cellules sont un peu saillantes, presque comme celles des *Cellépores.* Sa taille et sa forme sont à-peu-près les mêmes que celles du *Millepora agari-ciformis.*
> * Cette espèce se rapproche de l'Eschare foliacé par son aspect gé-néral , mais s'en distingue par la forme des cellules.

4. Eschare à bandelettes.. *Eschara fascialis.*

> *E. plano-compressa, ramosissima; ramis tænialibus, angustis, flexuo-sis, variè coalitis, subclathratis; poris impressis.*
>
> *Millepora fascialis.* Lin.
> *Eschara fascialis.* de Moll. t. 1. f. 1.
> *Millepora tænialis.* Soland. et Ell. p. 133.
> Ellis. corall. t. 30. *fig. b.*
> Bonan-mus. Besl. t. 286. f. 13.
> Marsil. hist. t. 33. f. 160. n° 1-3.
> * *Eschara fascialis.* Pallas. Elen. Zooph. p. 42. n° 9. var. A.
> * Lamouroux. Encyclop. p. 375. n° 4.
> * Blainv. Man. d'Actin. p. 428.
> * Fleming. Brit. anim. p. 531.
> Mus. n°.
>
> Habite la Méditerranée. Il forme des touffes larges , élégantes , très divisées et subcancellées par l'anastomose des bandelettes et de leurs divisions. Pores non saillans. Mon cabinet.

5. Eschare cervicorne. *Eschara cervicornis.*

> *E. ramosissima, subcompressa; ramis perangustis; poris prominu-lis, subtubulosis.*
>
> *Millepora cervicornis.* Soland. et Ell. p. 134. n° 8.
> Marsil. hist. t. 32. f. 152.
> *An Millepora aspera?* Lin.
> * *Eschara cervicornis.* Lamouroux. Encyclop. p. 374.
> * Blainv. Man. d'Actin. p. 428.
> * *Cellepora cervicornis.* Fleming. Brit. anim. p. 532.

Mon cabinet.

Habite la Méditerranée. Il forme des touffes assez fines, très divisées, fort jolies. Le *Millepora aspera*, Esper. suppl. 1. t. 18, n'appartient point à cette espèce.

* Lamouroux a trouvé dans le calcaire à polypiers des environs de Caen, un Eschare fossile qui a la plus grande analogie avec celui-ci, et doit être considéré, d'après ce naturaliste, comme appartenant à la même espèce.

6. Eschare grêle. *Eschara gracilis.*

E. *ramosa, subdichotoma, gracilis, cylindracea; ramis obsoletè compressis; poris vix prominulis.*

Millepora tenella. Esper. suppl. 1. t. 20.

* *Eschara gracilis.* Lamouroux. Encyclop. p. 375.

* Blainv. Man. d'Actin. p. 428.

Mon cabinet.

Habite..... Quoique très voisin du précédent par ses rapports, il constitue une espèce distincte. Sa tige et ses rameaux sont cylindracés, obscurément comprimés, et offrent des pores tantôt superficiels, tantôt un peu saillans, plus rapprochés entre eux vers le sommet que ceux de la base de ce polypier.

(* Lamouroux est d'opinion que cette espèce devrait appartenir au genre Millepore; mais elle ne diffère que très peu de la précédente, tant par son port que par la structure de ses cellules.)

7. Eschare lichénoïde. *Eschara lichenoides.*

* E. *cespitosa, ramosissima; ramulis complanatis lobatis obtusis; poris superficialibus asperulatis.*

Seba. mus. 3. t. 100. f. 10.

* Lamouroux. Encyclop. p. 375.

* Cuvier. Règne anim. 2e ad. t. 3. p. 316.

* Blainv. Man. d'Actin. p. 428.

Mus. n°.

Habite l'Océan indien *Péron* et *Lesueur.* Il constitue de très petites touffes lichéniformes, élégamment découpées et lobées; ses ramifications sont tortueuses. Il s'en trouve à ramifications coalescentes. C'est une espèce différente de celle qui suit. Couleur, blanchâtre.

8. Eschare lobulé. *Eschara lobulata.*

E. *nana, subramosa, compressa, palmato-lobata; lobis aspice dilatatis, obtusis; superficiebus utrisque granulato-asperatis.*

* Lamouroux. Encyclop. p. 375.

* Blainv. Man. d'Actin. p. 428.

Mus. n°.

Habite les mers de la Nouvelle-Hollande. *Péron* et *Lesueur*. Sa base enveloppe et encroûte les tiges des plantes marines, etc., et il s'en élève des expansions aplaties, subrameuses, lobées, palmées, élargies et obtuses à leur sommet. Ces expansions n'ont qu'un à quatre centimètres de hauteur. Leur couleur est d'un cendré violâtre ou bleuâtre.

9. Eschare petite râpe. *Eschara scobinula.*

E. lamelliformis, ovato-rotundata, undata, sublobata; cellulis creberrimis, obliquè prominulis.

* Lamouroux. Encyclop. p. 375. n° 9.

* *Mesenteripora scobinula.* Blainv. Man. d'Actin. p. 432.

Mus. n°.

Habite..... D'une base encroûtante et médiocre s'élève un lobe lamelliforme, ovoïde, arrondi, ondé, et dont les deux surfaces sont hérissées par la saillie des cellules. Ces cellules sont très petites, serrées, quinconciales. Elles ressemblent un peu à celles des cellépores.

10. Eschare porite. *Eschara porites.*

E. lamellosa, undato-lobata; lobis rotundatis; cellulis superficialibus in reticulum dispositis; margine denticulato.

* Lamouroux. Encyclop. p. 376. n° 10.

Mus. n°.

Habite..... Il est petit, et offre des lames assez minces, ondées, contournées diversement, arrondies en crête. Les deux surfaces de ces lames sont garnies de cellules en réseau comme dans le *cellepora reticularis*, et l'on voit de petites dents sur le bord des cellules.

11. Eschare encroûtant. *Eschara incrustans.*

E. incrustans, deformis, raro lobata; poris impressis, distinctis; quincuncialibus.

* Lamouroux. Encyclop. p. 376. n° 11.

Mus. no.

Habite..... Cette espèce provient du voyage de Baudin. Elle encroûte les tiges et branches des plantes marines, et leur donne l'aspect d'incrustations calcaires.

12. Eschare lobé. *Eschara lobata.*

E. lobata, incrustans; lamellis simplicibus, marginibus undatis vel

lobatis; cellulis subradiatis, subpyriformibus, paululùm prominen-
tibus; ore infernè emarginato.

* Lamouroux. Expos. méth. des Polyp. p. 40. pl. 72. fig. 9-12.
* Cuvier. Règne anim. 2ᵉ édit. t. 3. p. 316.

Trouvé sur le Fucus nodosus à Terre-Neuve. Les cellules sont séparées par des lignes profondes et ponctuées.

✝ Ajoutez:

Le *Cellepora palmata* de M. Fleming (Brit. anim. p. 532), dont les
cellules sont armées d'une dent et le polype arrondi, mais s'élargissant et devenant comprimé presque immédiatement.

Le *Cellepora ramulosa*, du même (op. cit. p. 532), dont les branches sont dichotomes, rondes et confluentes, et les cellules saillantes et armées d'une dent.

Le *Cellepora levis*, du même (op. cit. p. 532), dont les branches sont
dichotomes et cylindriques, et l'ouverture des cellules lisse et déprimé.

* §. *Espèces fossiles.*

✝ 13. Eschare cyclostome. *Eschara cyclostoma.*

E. explanata; simplex; laminis tenuibus integris; ostiolis quincun-
cialibus orbiculatis; interstitiis angustis longitudinalibus elevatiori-
ribus costæformibus.

Goldfuss. Petrefacta Germaniæ. t. 1. p. 23. pl. 8. fig. 9.
Bancs crétacéo-sablonneux de la montagne Saint-Pierre.

✝ 14. Eschare pyriforme. *Eschara piriformis.*

E. explanata; simplex; cellulis piriformibus quincuncialibus; semi-
clausis; ostiolis semicircularibus; interstitiis angustis, decussanti-
bus carinatis.

Faujas. Mont. Saint-Pierre. p. 202. pl. 39. fig. 6. ?
Goldfuss. Petrefacta. t. 1. p. 24. pl. 9. fig. 10.
Montagne Saint-Pierre.

✝ 15. Eschare stigmatophore. *Eschara stigmatophora.*

E. explanata, simplex, cellulis quincuncialibus, in superficie ovato-
truncatis, semiclausis, sulcocinctis, osculis semicircularibus.

Goldfuss. Petrefacta. t. 1. p. 24. pl. 9. fig. 11.
Même localité.

✝ 16. Eschare sexangulaire. *Eschara sexangularis.*

E. lamellosa, explanata, simplex; cellulis suborbiculatis, margine tenui
hexagono cinctis semiclausis; ostiolis semicircularibus.

Faujas. Montagne Saint-Pierre. p. 201. pl. 39. fig. 4.
Goldfuss. Petrefracta. p. 24. pl. 9. fig. 12.
Même localité.

† 17. Eschare à grillage. *Eschara cancellata.*

*E. flabelliformis, simplex, crassiuscula, cellulis obovatis imbricatis
seriatis lineis elevatis cancellatim cinctis, osculis excentricis orbiculatis minutis.*
Goldfuss. Petrefacta. p. 24. pl. 8. fig. 13.
Même localité.

† 18. Eschare arachnoïde. *Eschara arachnoïdea.*

*E. flabelliformis, simplex; cellulis ovatis longitudinaliter seriatis rete
lineolarum elevatarum inductis, osculis lateralibus orbiculatis mar-
ginatis alternatim retis lineolis impositis.*
Faujas. Op. cit. p. 203. pl. 39. fig. 8.
Goldfuss. Petrefacta. p. 24. pl. 8. fig. 14.
Même localité.

† 19. Eschare dichotome. *Eschara dichotoma.*

*E. ramosa, dichotoma, compressa, ramis angustis; cellulis quincun-
cialibus suborbiculatis in ambitu subhexagonis sulco cinctis semi-
clausis, ostiolis semicircularibus.*
Goldfuss. Op. cit. p. 25. pl. 8. fig. 15.
Même localité.

† 20. Eschare strié. *Eschara striata.*

*E. ramosa, furcata compressa subtilissime striata; ramis angustis;
cellulis quincuncialibus ambitu superficiali obsoleto, ostiolis punctiformibus.*
Goldfuss. Op. cit. p. 25. pl. 8. fig. 16.
Même localité.

† 21. Eschare filograne. *Eschara filograna.*

*E. ramosa, dichotoma, compressa; ramis angustis; cellulis distiche
divergentibus orbiculatis, punctorum minimorum coronâ rhomboï-
dali cinctis, ostiolis punctiformibus.*
Goldfuss. Op. cit. p. 25. pl. 8. fig. 17.
Même localité.

† 22. Eschare distique. *Eschara disticha.*

*E. ramosa, dichotoma compressa; cellulis verrucoso-prominulis dis-
tiche divergentibus, orificiis punctiformibus subduplicatis.*

Goldfuss. Op. cit. p. 25. pl. 3o. fig. 8.
Craie de Meudon.

† 23. Eschare substrié. *Eschara substriata.*

> *E. ramosa, furcata, compressa; cellulis quincuncialibus, orificiis orbicularibus armulo appendiculato cinctis.*

Goldfuss. Op. cit. p. 1o1. pl. 36. fig. 9.
Couches marneuses de la formation du calcaire grossier de la West=
phalie.

† 24. Eschare celléporacé. *Celleporacea.*

> *E. ramosa, furcata, compressa; cellulis ovatis sine ordine dispositis; orificiis orbiculari us,.*

Goldfuss. Op. cit. p. 1o1. pl. 36. fig. 10.
Se trouve avec la précédente.

ADEONE. (Adeona.)

Polypier presque pierreux, caulescent, frondescent ou flabelliforme.

Tige subarticulée, à articulations comme encroûtées, obscurément granuleuses; à expansions foliacées ou flabellées, couvertes de cellules sur les deux faces.

Cellules très petites, serrées, sériales ou en quinconces; à oscule rond.

Polyparium sublapideum, caulescens, frondescens aut flabelliforme.

Caulis subarticulatus; articulis crustá superficiali indutis, obsoletè granulosis; explanationibus foliiformibus vel flabellatis, in utráque superficie celluliferis.

Cellulæ minimæ, contiguæ, seriales, quincunciales, osculo rotundo pertusæ.

OBSERVATIONS. — Les *Adéones* sont des Polypiers tellement voisins des Eschares par leurs rapports, qu'on serait autorisé à les réunir dans le même genre, si la tige très singulière des *Adéones* ne les distinguait pas considérablement des Eschares.

Les *Adéones* tiennent aussi beaucoup des Rétépores, et même l'Adéone crible est fenestrée comme le Rétépore manchette de mer (*Retepora cellulosa*); mais les expansions des Adéones offrent des cellules sur les deux faces, ce qui n'a pas lieu dans les Rétépores.

J'ai adopté le nom générique *Adeona*, donné par M. *Lamouroux* à l'une des espèces de ce genre; mais je ne puis partager son opinion en plaçant l'*Adeona* dans la famille des Isis, qui sont de véritables corticifères. Il s'en est, sans doute, laissé imposer par la tige singulière des Adéones, ne considérant pas que leurs expansions et leurs cellules sont parfaitement analogues à celles des Eschares. Ces cellules ne sont point immergées dans un encroûtement partout distinct de l'axe qu'il enveloppe comme dans les Isis. C'est seulement sur la tige de l'*Adéone* que des cellules anciennes et presque effacées, forment, par leur contiguïté, l'espèce de croûte annulaire et granuleuse, qui fait paraître la tige articulée. Cette tige semble se perdre dans l'expansion aplatie qui la termine, ou dans celles qui en émanent latéralement. Elle y forme quelques nervures peu saillantes.

ESPÈCES.

1. Adéone foliifère. *Adeona foliifera.*

> *A. caule subramoso, frondifero ; frondibus laciniato-palmatis; lobis oblongis, subacutis, inæqualibus.*
>
> *Frondiculina.* Ext. du C. de zool. p. 25.
>
> * *Adeona foliana.* Lamour. Polyp. flex. p. 482. n$_o$ 624; Expos. méth. des Polyp. p. 40; Encycl. p. 11.
>
> * *Adeona follicolina.* Cuv. Règ. anim. 2e éd. t. 3. p. 317.
>
> * *Adeona foliifera.* Schweig. Beobachtungen auf naturhistorischen Reisen. pl. 2. f. 5. — Handbuch. p. 433.
>
> * Blainv. Man. d'Act. p. 431. pl. 76. f. 2.
>
> Mus. n°.
>
> Habite les mers de la Nouvelle-Hollande. *Péron* et *Lesueur.* Ce beau polypier ressemble entièrement à un arbuste, portant des feuilles alternes, découpées à-peu-près comme celles du *Cratægus azerola.* Ses expansions foliiformes conservent en partie l'apparence d'une nervure qui n'est que l'extrémité couverte d'une ramification de la tige. Elles ont d'ailleurs la structure de celles des Eschares.

TOME II . 18

2. Adéone crible. *Adeona cribriformis.*

A. caule subsimplici, supernè in laminam flabellatam, proliferam et fenestratam explanato.

Adeona. Lamour. Nouv. bull. des Sc. n° 63. p. 188. no 40.

* *Adeona grisea.* Lamour. Polyp. flex. p. 481. n° 622. pl. 19. f. 2. Expos. méth. des Polyp. p. 40. pl. 70. f. 5; Encycl. p. 11.

* Cuv. Règ. anim. 2e éd. t. 3. p. 317.

* *Adeona cribriformis.* Schweigger Beobachtungen. pl. 2. fig. 5.

* Blainv. Man. d'Act. p. 431.

Mus. n°.

Habite les mers de la Nouvelle-Hollande, côte du sud-est. *Péron* et *Lesueur.*

Au premier aspect, ce polypier paraît devoir être distingué du précédent, comme constituant un genre particulier, tant il en diffère par la forme de ses expansions. Effectivement sa tige soutient une lame flabelliforme, ob-ronde, assez grande, bordée de crénelures tronquées, et percée à jour dans son disque, à la manière d'un crible, par quantité de trous ronds, assez larges. Cette lame est prolifère, en ce que, souvent, il s'en élève d'autres semblables de son disque même.

Malgré cette forme singulière des expansions de cette Adéone, et dont on a un exemple dans le *Retepora cellulosa*, les cellules de ce polypier sont tout-à-fait du même ordre que celles de la première espèce.

Au reste, cette forme de crible ou de réseau à jour, n'est que le résultat de bandelettes régulièrement anastomosées.

† 3. Adéone allongée. *Adeona elongata.*

A. caule tortuoso, longissimo, aliquoties ramoso; fronde ovato-elongato; osculis ovoideis.

Lamour. Polyp. flex. p. 481. n° 623.

Blainv. Man. d'Act. p. 431.

Habite la Nouvelle-Hollande.

RÉTÉPORE. (Retepora.)

Polypier pierreux, poreux intérieurement, à expansions aplaties, minces, fragiles, composées de rameaux quelquefois libres, le plus souvent anastomosés en réseau ou en filet.

Cellules des polypes disposées d'un seul côté, à la surface supérieure ou interne du polypier.

Polyparium lapideum, intùs porosum; explanationibus tenuiusculis, fragilibus, vel in ramos liberos, vel in reticulum præstantibus.

Cellulæ polyporum unilaterales, ad supernam vel internam superficiem polyparii pertusæ.

OBSERVATIONS. — Quoique pierreux, les *Rétépores* ont leur substance bien moins solide que celle des Millépores; car elle est celluleuse ou poreuse intérieurement, et d'une structure analogue à celle des Eschares, des Adéones, des Cellépores, etc.

Ces polypiers présentent des expansions en général aplaties, minces, fragiles, tantôt frondiculées, tantôt réticulées ou percées en crible, enfin, diversement contournées et unies entre elles. Celles qui sont réticulées paraissent composées de rameaux anastomosés sous cette forme.

En général, ces Polypiers sont délicats, fragiles, assez élégans et ne présentent que des masses peu considérables.

On a observé à leur égard, comme à celui des Eschares et des Cellépores, que tant qu'ils sont dans l'eau avec leurs Polypes vivans, leur partie supérieure est mollasse et flexible; mais en les sortant de l'eau, tout le Polypier s'affermit, se solidifie et devient cassant.

Les *Rétépores* se distinguent des Adéones et des Eschares, en ce qu'ils n'ont leurs cellules polypifères que sur une seule des faces de leurs expansions. Ils ne sont point encroûtans comme les Cellépores.

[Lamarck a réuni ici des Polypiers à cellules semblables à celles des Eschares et d'autres composés de tubes. Les premiers, qui forment le genre Rétépore proprement dit, ont la plus grande analogie avec les Eschares tant par la structure des parties molles que par celle de leurs cellules, dont l'ouverture est également garnie d'un opercule.   E.]

ESPÈCES.

1. Rétépore réticulé. *Retepora reticulata.*

R. explanationibus clathratis undato-convolutis; internâ superficie verrucosâ porosissimâ.
Millepora reticulata. Lin. Soland. et Ell, p. 138.

18.

Esp. vol 1. Millep. tab. 2.

Marsil. hist. t. 34. f. 165. 166.

* Cuvier. Règn. anim. 2e éd. t. 3. p. 316.

* *Krusensternia verrucosa.* Lamour. Expos. méth. des Polyp. p. 41. pl. 26. f. 5. et pl. 74. f. 10. 13 ; Encycl. p. 478.

* *Frondipora verrucosa.* Blainv. Man. d'Act. p. 406. (1)

Mus. n°.

Habite la Méditerranée. Mon cabinet. Ce Rétépore présente des expansions grossièrement treillissées, irrégulièrement contournées en cornet ou en coupe, et qui ont une de leurs surfaces lisse, tandis que l'autre est très poreuse et verruqueuse.

* M. de Blainville pense que l'espèce figurée par Lamouroux et provenant des mers du Kamtchatka, est distincte de celle de la Méditerranée.

2. Rétépore dentelle de mer. *Retepora cellulosa.*

R. explanationibus submembranaceis, tenuibus, reticulatim fenestratis, turbinatis, undato-crispis, basi subtubulosis ; interná superficie porosá.

Millepora cellulosa. Lin. Esp. vol. 1. t. 1.

Retepora. Ellis. Corall. t. 25. f. d. D. F.

Rumph. Amb. 6. t. 87. f. 5.

Soland. et Ell. t. 26. f. 2.

Knorr. Delic. tab. A. III. f. 3.

Manchette de Neptune. Daubent. ic. t. 23.

* *Millepora cellulosa.* Cavolini. Polypi marini. p. 64. pl. 3. f. 12 et 13.

* *Millepora retepora.* Pallas. Elen. Zooph. p. 243.

* *Retepora cellulosa.* Lamouroux. Expos. méth. des Polyp. p. 41. pl. 26. f. 2.

* Delonchamps. Encycl. Zooph. p. 669.

* Cuvier. Règn. anim. 2e éd. t. 3. p. 316.

* Schweigger. Handb. p. 431.

* Blainville. Man. d'Actin. p. 433. pl. 76. f. 1.

---

(1) Le genre FRONDIPORE *Frondipora,* Blainv. a été établi par Lamouroux sous le nom de *Krusensternia,* en l'honneur du voyageur Krusenstern ; son principal caractère consistant à avoir les cellules contiguës, alvéoliformes, groupées à la face interne, ou vers l'extrémité des rameaux anastomosés, flabelliformes et striés en travers à la face non cellulifère.

* Johnston , London's. Mag. of. nat. hist. vol. 7. p. 639. fig. 69.
Mus. n°.

Habite la Méditerranée et l'Océan indien. Mon cabinet. Ce Rétépore
   est élégant, délicat, presque membraneux, et remarquable par les
   trous elliptiques dont ses expansions sont régulièrement percées.
MM. *Péron* et *Lesueur* en ont rapporté des mers de l'Inde, des variétés fort jolies. Il y en a de couleur pourpre; parmi celles qui
   sont d'un blanc fauve, les unes sont en entonnoir simple; d'autres
   sont turbinées et prolifères intérieurement; d'autres plus petites,
   sont tubuleuses, et même à tubes rameux et dichotomes. (* Ces
   Rétépores doivent constituer des espèces distinctes. La fig. de
   Rumph, citée par Lamarck, paraît devoir se rapporter à l'une
   d'elles.)

3. Rétépore frondiculé. *Retepora frondiculata.*

*R. ramosissima; ramis polychotomis , subflabellatis; interná superfi-
   cie poris prominulis scabrá; externá levi, fissuris lineatá.*
Millepora lichenoides. Lin. Soland. et Ell. t. 26. f. 1.
   * Pallas. Elen. Zooph. p. 145.
Millepora tubipora. Soland. et Ell. p. 139.
Esper. vol. 1. tab. 3. Millep.
Ell. Corall. t. 35. *fig. b. B.*
Seba. Mus. 3. t. 100. f. 4. 5. 6.
   * *Hornera frondiculata.* Lamour. Expos. méth. des Polyp. p. 41.
   pl. 74. f. 7. 9. et pl. 26. f. 1; Encycl. Zooph. p. 460. Atl. pl. 480.
   f. 4. (1)
   * Blainville. Man. d'Actin. p. 419.
Mus. n°.

---

(1) Lamouroux a établi, sous le nom de HORNÈRE, *Hornera,*
une nouvelle division générique pour ce Polypier qui, en effet,
diffère considérablement des Rétépores, et se rapproche même
davantage des Tubulipores, car il se compose d'une multitude
de cellules tubiformes à ouverture terminale et arrondie; mais
ces tubes, au lieu d'être agglutinés par leur base seulement, et
de n'affecter entre eux aucun ordre régulier, sont intimement
soudés ensemble dans toute leur longueur, et sont tous dirigés
du même côté de façon à former un polypier très rameux dont
une seule surface est garnie de cellules. Sur les bords des bran-

Habite la Méditerranée. Mon cabinet. Ce Rétépore est dendroïde, finement ramifié, très délicat et fort joli. Ses ramifications sont flabelliformes, irrégulièrement contournées, scabres, et sub-épineuses en leur face interne; lisses en leur face extérieure avec des linéoles qui ressemblent à des fissures. Hauteur, cinq à sept centimètres.

---

ches, l'extrémité de ces cellules tubiformes est beaucoup plus saillante que sur le plein, et il en résulte que le Polypier paraît denticulé latéralement.

On connaît aussi des Polypiers fossiles qui présentent la disposition caractéristique des Hornères, et qui ont été trouvés sur des coquilles dans des couches du calcaire coquillier grossier. Tels sont :

La HORNÈRE HIPPOLYTE. *Hornera hippolyta*, Defr. (Dict. des Sc. nat. t. 21. p. 432. pl. 46. fig. 3. Blainv. Man. d'Act. p. 419. pl. 68. fig. 3) dont la tige, poreuse et arrondie, n'a que la grosseur d'un fil moyen, et se subdivise en 15 ou 16 rameaux; l'une des surfaces du Polypier est garnie de cellules rondes et proéminentes; l'autre est sillonnée longitudinalement. Trouvée à Grignon (dép. de Seine-et-Oise) et à Hauteville (Manche).

La H. CRÉPUE. *Hornera crispa*, Defr. (loc. cit.) qui ne paraît différer de la précédente que par la saillie des cellules tubiformes, et qui a été trouvée à Orglandes (Manche).

La H. ÉLÉGANTE. *Hornera elegans*, Defr. (loc. cit.), dont l'une des surfaces de la tige arrondie est couverte de cellules grandes, serrées et disposées par rangées obliques, l'autre lisse et garnie de quelques légères carènes obliques. Trouvée à Hauteville.

La H. OPUNTIA. *Hornera opuntia*, Defr. (loc. cit.), dont la tige est aplatie, la face postérieure lisse, et l'antérieure garnie de cellules rondes, proéminentes et disposées en lignes parallèles. (Même localité.)

La H. RAYONNANTE. *Hornera radians*, Defr. (loc. cit.), dont la tige s'étale en une étoile divisée en 15 ou 16 rameaux inégaux, et dont la surface externe présente des cellules arrondies de deux grandeurs, et dont la surface opposée est légèrement striée en long. Trouvée dans la falunière de Laugnan, près de Bordeaux.

4. Rétépore versipalme. *Retepora versipalma.*

> *R. nana, ramosissima; ramis ramuloso-palmatis; palmis brevibus variè versis; internâ superficie poris prominulis scabrâ; externâ sublœvigatâ.*
>
> * Delonch. Encycl. Zooph. p. 669.
>
> * *Hornera versipalma.* Blainv. Man. d'Act. p. 419.
>
> Mus. n°.
>
> Habite les mers Australes. *Péron* et *Lesueur.* Cette espèce, beaucoup plus petite que la précédente, est néanmoins plus grande que celle qui suit, et semble tenir à l'une et à l'autre par ses rapports, sans cesser d'en être distincte réciproquement. Le dos de ses ramifications n'offre point de linéoles en forme de fissures comme dans le Rétépore frondiculé. Etendue, 3 à 4 centim.
>
> * Nous sommes porté à croire que ce Polype ne doit pas être rangé dans le genre Hornère, ainsi que le veut M. de Blainville; il nous paraît se rapprocher davantage des vrais Rétépores.

5. Rétépore rayonnant. *Retepora radians.*

> *R. pumila; ramis è basi radiatim divaricatis patentissimis, dichotomo-ramulosis; latere superiore spinis serialibus muricato.*
>
> * *Hornera radiata.* Blainv. Man. d'Act. p. 419.
>
> Mus. n°.
>
> Habite les mers de la Nouvelle-Hollande. *Péron* et *Lesueur.* Cette espèce, très petite et fort jolie, tient à la précédente par ses rapports; mais au lieu de s'élever en ramifications droites, elle s'étale élégamment en une étoile rameuse, épineuse et celluleuse en sa surface supérieure. Diamètre, 2 à 4 centimètres; couleur rougeâtre ou bleuâtre.
>
> * Ce joli petit polypier se rapproche des Hornères de Lamouroux; ses branches prismatiques paraissent formées de longs tubes soudés entre eux, et portent, sur leur bord antérieur, une série de cellules tubiformes très saillantes et dirigées alternativement à droite et à gauche.

6. Rétépore frustulé. *Retepora frustulata.*

> *R. frustulis explanatis, fenestratis, uno latere poriferis.*
>
> * Defrance. Dict. des Sc. nat. t. 45. p. 282.
>
> * Delonch. Encycl. Zooph. p. 669.
>
> * Blainv. Man. d'Act. p. 434.
>
> Habite..... Fossile des environs d'Angers, communiqué par M. *Ménard.* Mon cabinet. On ne le trouve qu'en petits morceaux.

7. Rétépore ambigu. *Retepora ambigua.*

R. membranacea, concava, irregularis, reticulatim fenestratá; internâ superficie poris magnis quincuncialibus ; externè gibbosulâ, tenuissimè porosâ.

* Delonch. Encycl. Zooph. p. 669.

Mus. n°.

Habite.... Provient du voyage de MM. *Péron* et *Lesueur.* Ce Rétépore est percé en crible comme l'espèce précédente, et comme la deuxième espèce d'Adéone, et il paraît qu'il n'a point de tige. Ses ouvertures en crible sont beaucoup plus grandes et plus arrondies que celles du Rétépore dentelle de mer. Ce qui le rend très remarquable, c'est que le côté extérieur de ses expansions est bosselé, et très finement poreux. Des grains oviformes se trouvent en grand nombre sur sa surface intérieure, en certains temps, et contiennent probablement les gemmes reproducteurs des Polypes.

† 8. Rétépore fendillé. *Reteposa vibicata.*

R. subcyathiformis , reticulata , maculis rhombeis; ramificationibus susterne poris sparsis impressis , infernè vibicibus transversis

Goldfuss. Petref. p. 103. pl. 36. fig. 18.

Fossile des couches marneuses de la formation des calcaires grossiers de la Westphalie. Cette espèce se rapproche beaucoup de la *Retepora cellulosa.*

† 9. Rétépore à fenêtre. *Retepora fenestrata.*

R. membranacea, infundibuliformis , reticulatim fenestrata , externa superficie glabrâ , internâ undique porosâ.

Goldf. Petref. p. 30. pl. 30. f. 9.

Fossile des couches crétacées supérieures , à Cléom , près Nantes. Cette espèce appartient bien certainement à la division des Rétépores proprement dits.

† 10. Rétépore cyathiforme. *Retepora cyathiformis.*

R. cyathiformis, crassiuscula, reticulato-fenestrata , maculis irregularibus ovalibus.

Goldf. Petref. p. 28. pl. 9. f. 11.

Blainville. Man. d'Act. p. 434.

Fossile trouvé près d'Arles.

† 11. Rétépore antique. *Retepora antiqua.*

R. explanata, tenuis, reticulatim fenestrata , maculis ovalibus oblique quincuncialibus.

Goldf. Petref. p. 28. pl. 9. f. 10.
Blainv. Man. d'Act. p. 434.
Fossile du calcaire de transition d'Eifel.

† 12. Rétépore distique. *Retepora disticha.*

R. ramosa (?), ramulis subdichotomis; poris alternis lateris oblique
vel transversim seriatis distichis tubulosis.
Goldf. Petref. p. 29. pl. 9. f. 15.
Idmonea disticha. Blainv. Man. d'Actin. p. 420. (1)

---

(1) Le genre IDMONÉE, *Idmonea,* de Lamouroux, a beaucoup
d'analogie avec les Hornères, dont il ne paraît même différer
que par la disposition des cellules tubiformes, lesquelles, au lieu
d'être disposées par stries longitudinales, alternes (ou en quinconce), sont placées par rangées transversales; elles n'occupent
aussi qu'une seule face du Polypier dont la face opposée est légèrement cannelée.

M. de Blainville mentionne une espèce de ce genre, l'I. *vi-*
rescens, De Haan; qui est vivante et a été rapportée du Japon
par M. Siebold, mais on n'en a publié jusqu'ici, ni la description ni la figure.

Toutes les autres Idmonées sont fossiles. L'espèce qui a servi
de type pour l'établissement de ce genre, est:

L'ID. TRIQUÈTRE *Id. triquetra,* Lamour. (Expos. méth. des Polyp. p. 80. pl. 79. fig. 13, 15. — Defr. Dict. des Sc. nat. t. 22.
p. 564. pl. 46. fig. 2.—Blainv. Man. d'Act. p. 420.); c'est un Polypier divisé en rameaux contournés et courbés, et a trois faces,
dont deux de ces côtés sont couverts de cellules saillantes, coniques et disposées en lignes transversales, parallèles, et dont
l'autre face est légèrement canaliculée. Elle a été trouvée dans
le calcaire à Polypier des environs de Caën.

L'ID. A ECHELONS *Id. gradata,* Defr. (Dict. des Sc. nat. t. 22.
p. 565. pl. 46. fig. 5.), est très voisine de l'espèce précédente
dont elle ne paraît guère différer que par moins de longueur
dans ses branches (ce qui ne semble pas devoir être considéré
comme un caractère spécifique), et la position un peu oblique des
rangées transversales de cellules qui forment un peu le V. Elle a
été trouvée à Hauteville (Manche).

L'ID. CORNE DE CERF, *Id. coronopus,* Defr. (op. cit. t. 22.

Fossile de la craie de la montagne Saint-Pierre. Cette espèce paraît appartenir au genre Idmonea ; mais parmi les fragmens figurés par M. Goldfuss, il s'en trouve qui ont un caractère différent ; ceux désignés par les lettres *a* et *b* se rapprochent beaucoup de la *Retepora radians* de Lamarck (n° 5.)

† 13. Rétépore grillé. *Retepora cancellata.*

R. clathrata ; ramificationibus transversis terethibus , longitudinibus subtus compresso-subcarinatis , pororum seriebus transversis ad latera interiora dispositis.

Goldsfuss. Petref. p. 103. pl. 36. fig. 17.

Fossile de la craie de Maëstricht. Cette espèce paraît appartenir au genre Idmonea de Lamouroux.

† 14. Rétépore ancien. *Reteposa prisca.*

R. explanata, latere superiore reticulatim fenestrata maculis subquincuncialibus, inferiore longitudinaliter costata.

Goldfuss. Petref. p. 103. pl. 36. fig. 19.

Fossile du calcaire de transition d'Eifel. Cette espèce est très remarquable et paraît se rapprocher des Hornères plus que des Rétépores proprement dits, mais pourra bien n'appartenir ni à l'un ni à l'autre de ces genres. Les espaces situées entre les mailles dans le sens du grand diamètre de celles-ci, sont très larges, mais n'offrent pas de cellules apparentes, tandis que les cotes flexueuses longitudinales en présentent une double série.

† 15. Rétépore treillissé. *Retepora clathrata.*

R. clathrata, cyathyformis, ramificationibus interne carinatis porisque crebris minutis ad carinæ latera impressis, maculis rhombeis.

Goldf. Petref. p. 29. pl. 9. f. 12.

Fossile de la montagne Saint-Pierre, près Maëstricht. Nous doutons beaucoup que cette espèce soit un Rétépore.

---

p. 565) a les cellules rhomboïdales et disposées en rangées opposées sur une des surfaces du Polypier, où la réunion de ces rangées forme une sorte de crête. » Du calcaire tertiaire des environs de Paris.

Le genre CRICOPORE, de M. de Blainville, doit prendre place à côté des Idmonées ; mais comme c'est un démembrement du genre Sériatopore de Lamarck, nous n'en parlerons qu'en traitant de ce dernier groupe.

[Le *Retepora lichenoides* Goldfuss (Petref. p. 29. pl. 9. fig. 13) ne nous paraît pas appartenir à ce genre, mais devra peut-être prendre place dans une nouvelle division générique; car les ouvertures très petites, circulaires, sans rebords saillans, et disposées par séries transversales que l'on y remarque, n'occupent que les parties latérales de l'une des faces des rameaux gros et trapus du Polypier.

Le *Retepora truncata* du même auteur (op. cit. p. 29. pl. 9. fig. 14), que M. de Blainville range dans le genre Idmonée, nous semble tout-à-fait différent des Polypiers dont l'histoire vient de nous occuper. Le fragment de branche, d'après lequel la description et la figure citées ont été faites, présente, il est vrai, de chaque côté une série de prolongemens cylindriques; mais ces prolongemens, au lieu de se composer d'une série transversale de petites cellules tubiformes, paraissent seulement criblés de pores irréguliers.

Ces deux espèces se trouvent à l'état fossile dans les carrières de la montagne St.-Pierre, près de Maëstricht.

M. Defrance rapporte aussi au genre Rétépore, mais avec un point de doute, plusieurs autres Polypiers fossiles; savoir: le *Retepora Ellisium* (op. cit. p. 283), trouvé à Orglandes dans le département de la Manche, dans un terrain analogue à celui de la montagne Saint-Pierre. Il présente, dit cet auteur, une expansion plate, percée de trous arrondis, anastomosés en réseau, et qui diffèrent de ceux du *R. frustulata;* les pores sont très peu apparens sur la surface qui en est couverte, et celle de dessous en est dépourvue.

Le *Retepora ameliana* Defr. (loc. cit.), qui a des rapports avec celui représenté par Faujas de Saint-Fond. (Hist. nat. de la montagne de Saint-Pierre, pl. 39. fig. 3.)

Le *Retepora? Antiquissima* Defr. (loc. cit.), qui, trouvé dans le marbre ancien de Valognes, est très remarquable, dit M. Defrance, en ce que l'une des surfaces est anastomosée en réseau à petites mailles, tandis que l'autre, qui est celle qui paraît dépourvue de pores, est divisée en rameaux bifurqués.

Le *Retopora ? Ramosa.* Defr. (op. cit. p. 283. — Faujas de St.-Fond. mont. St.-Pierre, pl. 35. fig. 5 et 6), dont les tiges sont garnies latéralement d'une dentelure composée de rameaux courts. (D'après la figure citée, ce fossile ne paraît avoir aucune analogie avec les Rétépores.)

Le *Retepora ? Solanderi* Defr. (op. cit. p. 284). Polypier rameux et un peu aplati, dont la surface non celluleuse est couverte de petites lignes longitudinales.

M. Risso a également donné les noms de *Retepora solanderi* et *R. Ellisia* à deux espèces vivantes, qu'il a observées dans la Méditerranée, et qu'il croit nouvelles (Voy. Hist. nat. de l'Europe Mérid. t. 5. p. 344). Cet auteur a décrit plusieurs autres espèces de Rétépores ; mais d'une manière trop succincte et trop vague pour suppléer au défaut de bonnes figures.

M. de Blainville s'est assuré que les LICHÉNOPORES de M. Defrance sont des Polypes très voisins des Rétépores, et il pense même que ce ne sont peut-être que des jeunes individus du *Retepora reticulata.* Il a observé une espèce qui vit dans la Méditerranée, mais ne l'a pas encore décrite. Voici les caractères qu'il assigne à ce genre.

† Genre LICHÉNOPORE. *Lichenopora.*

Animaux inconnus, contenus dans des cellules poriformes assez grandes, quelquefois subglobuleuses, subpolygones, serrées et irrégulièrement éparses à la surface interne seulement d'un Polypier calcaire fixé, orbiculaire, cupuliforme, et tout-à-fait lisse en dehors.

M. Defrance a décrit trois espèces de Lichénopores fossiles, savoir :

1° Le Lichénopore turbiné, *Lichenopora turbinata* (Defr. Dict. des sc. nat. t. 26. p. 257. pl. 4. fig. 46), qui a la forme d'un verre à patte, est lisse extérieurement et sur les bords, et présente des pores larges et rapprochés.

2° Le Lichénopore crépé. *Lichenopora crispa* (Ejusdem. loc. cit.), qui s'attache par toute sa surface inférieure, et a sa surface supérieure couverte de petites aspérités formées par le prolongement des pores. Ces deux espèces ont été trouvées dans les falunières de Hauteville et d'Orglandes (Manche).

3° Le Lichénopore des craies. Le *Cretacea* Defr. (loc. cit.), qui forme de jolies rosaces sur les corps qu'on rencontre dans la craie, et qui ne présente pas de pores sur les petites crêtes dont il est garni. Craie de Meudon et de Maëstricht.   E.

ALVÉOLITE. (Alvéolites.)

Polypier pierreux, soit encroûtant, soit en masse libre, formé de couches nombreuses, concentriques, qui se recouvrent les unes les autres.

Couches composées chacune d'une réunion de cellules tubuleuses, alvéolaires, prismatiques, un peu courtes, contiguës et parallèles, et offrant un réseau à l'extérieur.

Polyparium lapideum, vel incrustans, vel in massam liberam, è tabulis plurimis concentricis invicèm sese involventibus compositum.

Tabulæ ex cellulis tubulosis, alveolatis, prismaticis, breviusculis, contiguis et parallelis formatæ, extùs reticulatìm concatenatæ.

OBSERVATIONS. — Les Polypes, qui forment les *Alvéolites*, paraissent avoir le corps moins allongé que ceux qui produisent les Tubipores, et même que ceux des Favosites, puisqu'ils donnent lieu à des loges un peu courtes, dont la réunion forme des couches enveloppantes qui, souvent, se recouvrent les unes les autres.

Ces loges constituent des tubes prismatiques, courts, parallèles, contigus les uns aux autres ; et les couches qu'elles forment par leur réunion sont enveloppantes ou recouvrantes, et constituent des masses, soit allongées, soit subglobuleuses ou hémisphériques, plus ou moins considérables.

Les *Alvéolites* ont beaucoup de rapports avec les Favosites ; ce sont, de part et d'autre, des Polypiers pierreux ; néanmoins les Alvéolites, ayant leur substance bien moins compacte, ou plus poreuse intérieurement que celle des Favosites, doivent encore faire partie des Polypiers à réseau.

La plupart des Alvéolites ne sont encore connues que dans l'état fossile.

ESPÈCES.

1. Alvéolite escharoïde. *Alveolites escharoides.*

> *A. subglobosa; superficie cellulis rhombeis reticulatá; cellularum margine biporoso.*
>
> * Lamour. Encycl. Zooph. p. 42.
>
> * Blainv. Man. d'Act. p. 404.
>
> Habite..... Fossile des environs de Dusseldorf. Mon cabinet. Masse subglobuleuse, irrégulière, de la grosseur d'une pomme moyenne, composée de couches assez minces, nombreuses, qui s'enveloppent les unes les autres.

2. Alvéolite suborbiculaire. *Alveolites suborbicularis.*

> *A. hemispherica; superficie cellulis obliquis subimbricatis perforatá.*
>
> * Lamour. Encycl. p. 42.
>
> * *Escharites spongites.* Schlot. p. 345.
>
> * *Calamopora spongites. Var. tuberosa* Goldf. Petref. p. 80. pl. 28. f. 1.
>
> * *Alveolites suborbicularis.* Blainv. Man. d'Act. p. 404.
>
> Habite..... Fossile des environs de Dusseldorf. Mon cabinet. Les masses de celle-ci sont assez grandes, convexes et presque turbinées d'un côté, aplaties et même un peu concaves de l'autre, he-

misphériques, irrégulières et composées de différentes couches assez épaisses, dont les intérieures sont les moins grandes. Les tubes qui, par leur réunion, forment ces couches, sont très inclinés.

3. Alvéolite madréporacée. *Alveolites madreporacea.*

A. tereti-oblonga, subramosa, superficie reticulatim alveolata.
Guett. Mém. 3. pl. 56. f. 2.

* Lamour. Expos. méth. des Polyp. p. 46. pl. 71. f. 6. 8.
* *Madreporites cornigerus.* Schlotheim. Petrefactenkunde. p. 363.
* *Calamopora polymorpha. Var. Tuberosa-ramosa.* Goldf. op. cit. p. 79. pl. 27. f. 3.
* *Alveolites madreporacea.* Blainv. Man. d'Act. p. 405. pl. 65. fig. 2.

Habite..... Fossile des environs de Dax. Mon cabinet. Cette alvéolite a l'aspect d'un Madrépore allongé, roulé, fossile, à cellules non saillantes comme dans le *Madrep. porites;* mais l'examen de son intérieur présente de grandes différences, et montre que sa masse n'est qu'un composé de cellules tubuleuses, pentagones et hexagones, par couches superposées.

* M. Goldfuss regarde ce polypier comme une simple variété de son *Calamopora polymorpha,* espèce à laquelle il rapporte quatre autres variétés, savoir : — *Var. Tuberosa, tubis majoribus et elongatis.* Goldf. loc. cit. pl. 27. f. 2 ; —*Var. Ramoso-divaricata, tubis obconicis.* Goldf. loc. cit. pl. 27. f. 4 (*Fongite infundibuliforme.* Guet. t. 2. pl. 9. f. 12 ; *Milleporites celleporatus.* Schlot. loc. cit. p. 365 ; *Escharit.* et *Cellularit.* Tilesius Naturhist abhand. Cassel. tab. 6. f. 1 et 2).—*Var. gracilis, ramis gracilibus elongatis.* Goldf. loc. cit. pl. 27 f. 5.(*Madreporites.* Schröter. Einleitung. 3. p. 472. pl. 8. f. 6; *Milleporites polyforatus.* Schröt. p. 365.)

M. de Blainville pense, au contraire, que ces prétendues variétés doivent constituer autant d'espèces distinctes.

4. Alvéolite encroûtante. *Alveolites inscrustans.*

A. corpora marina incrustans ; superficie reticulatim alveolatá ; cellulis verticalibus inæqualibus, prismaticis confertis.
* Lamour. Encycl. p. 42.
Mus. n°.

Habite..... Elle enveloppe et encroûte des corps marins, tels que des Madrépores, des Gorgones, etc.; et son encroûtement se compose d'une seule couche de tubes serrés. A l'extérieur, sa surface présente un réseau assez fin de mailles petites, inégales, pentagones ou hexagones.

† 5. Alvéolite tubiporacée. *Alveolites tubiporacea.*

*A. tuberoso-subcylindracea , ostiolis majusculis orbiculato-subhexa-
gonis æqualibus inordinatis approximatis.*
Ceriopora tubiporacea. Goldf. Petref. p. 35. pl. 10. f. 13.
Alveolites tubiporacea. Blainv. Man. d'Act. p.
Fossile de la montagne Saint-Pierre, près Maëstricht.

† 6. Alvéolite infundibuliforme. *Alveolites infundibuli-formis.*

*A. tuberosa , tubis extus prismaticis intus cylindraceis , dissepimentis
infundibuliformibus, e siphone proliferis poris communicantibus
seriatis alternis.*
Calamopora infundibulifera. Goldf. Petref. p. 78. pl. 27. f. 1.
Alveolites infundibuliformis. Blainv. Man. d'Act. p. 404.
Calcaire de transition de l'Eiffel et du voisinage de Bensberg.

† 7. Alvéolite milleporacée. *Alveolites milleporacea.*

*A. cylindrica, ramoso-furcata, truncata, ostiolis quincuncialibus ma-
jusculis orbiculatis approximatis.*
Ceriopora milleporacea. Goldf. Petref. p. 34. pl. 10. f. 10.
Alveolites milleporacea. Blainv. Man d'Act. p. 405.
Fossile de la montague Saint-Pierre.

† 8. Alvéolite en massue. *Alveolites clavata.*

*A. clavata, poris inordinatis subangulatis subæqualibus parvis con-
fertis.*
Ceriopora clavata. Goldf. Petref. p. 36. pl. 10. f. 15.
Alveolites clavata. Blainv. Man. d'Act. p. 404.
Fossile des montagnes calcaires des environs de Thurn.

　　† M. de Blainville rapporte aussi à ce genre le *Ceriopora gracilis*
de M. Goldfuss (Petref. p. 35. pl. 10. f. 11.), et le *Ceriopora madreporacea*, du même, (loc. cit. pl. 10. f. 12.); mais ces deux espèces nous paraissent différer beaucoup des véritables Alvéolites,
et M. de Blainville lui-même mentionne une seconde fois l'une
d'elles comme devant rentrer dans son genre *Pustulopore* (V. p. 418).

　M. Goldfuss rapproche aussi des Alvéolites de Lamarck, dans son
genre Cériopora, plusieurs autres fossiles dont la structure est
tout-à-fait différente.

　Enfin, M. Risso a mentionné, sous le nom d'*Alvéolite cellulaire*, un
polypier qui vit dans la Méditerranée et qui, d'après cet auteur,
serait une nouvelle espèce vivante d'Alvéolite. (Hist. nat. de l'Eur.
mérid. t. 5.)

[Le genre PÉLAGIE, établi par Lamouroux, paraît, d'après les observations de M. de Blainville, avoir beaucoup d'analogie avec les Alvéolites dont il diffère, en ce que le Polypier est libre, et a les cellules placées sur les bords de lames disposées radiairement à sa face supérieure. Ce naturaliste s'est assuré que les caractères assignés à ce genre, par son fondateur, sont inexacts, et il le définit de la manière suivante.

† Genre PÉLAGIE. *Pelagia.*

« Animaux inconnus, contenus dans des cellules subpolygonales, serrées, irrégulières, occupant le bord convexe de lames ou crêtes verticales, nombreuses, disposées radiairement, et constituant un Polypier calcaire, libre, fongiforme, excavé, et lamellifère en dessus, convexe, pédicellé et radié circulairement en dessous. »

On ne connaît qu'une espèce de ce genre : c'est la PÉLAGIE BOUCLIER. *P. Clypeata* Lamouroux. (Expos. Méthod. des Polyp. p. 78. pl. 79. fig. 5.7 ; Defrance. Dict. des sc. nat. t. 38. p. 279. pl. 41. fig. 3 ; Delonchamps. Encyclop. p. 606 ; Blainville. Man. d'Actin. p. 410. pl. 63. fig. 3 et 69. fig. 3.)

Comme l'observe avec raison M. de Blainville, le genre APSENDESIE, *Apsendesia* de Lamouroux, a été fort mal caractérisé et figuré par cet auteur ; et au lieu de se rapprocher des Méandrines, il est réellement fort voisin des Alvéolites. M. de Blainville définit ainsi ce groupe : « Cellules subpolygonales, petites, fusiformes, irrégulièrement disposées, et occupant le bord supérieur et externe de crêtes ondulées, sinueuses, lisses d'un côté, plissées de l'autre, constituant un Polypier calcaire, globuleux ou hémisphérique, divergent de la base à la circonférence. (Man. d'Actinol. p. 408.)

TOME VII.

Outre l'*Apsendesia crustata* Lamouroux (Expos. Méth. des Polyp. p. 82, pl. 80. fig. 12-14), qui est le type du genre, M. de Blainville mentionne deux espèces, savoir : l'*Apsendesia dianthus* Blainv. (op. cit. p. 409. pl. 59. fig. 2) et l'*Apsendesia cerebriformis* Ejusdem (loc cit.). Un échantillon de cette dernière espèce est conservé dans la Collection du Muséum, et se compose d'une multitude de petits tubes parallèles naissant les unes des autres, et soudés entre eux, de façon à former d'épaisses lames ou cloisons verticales, contournées sinueusement, et unies de manière à simuler grossièrement les circonvolutions des hémiphères du cerveau.

L'*Apsendesia cristata* et l'*A. dianthus* sont des fossiles du calcaire à Polypiers des environs de Caen ; l'*A. cerebriformis* provient du calcaire tertiaire de l'Anjou.   E.

OCELLAIRE. (Ocellaria.)

Polypier pierreux, aplati en membrane, diversement contourné, subinfundibuliforme, à superficie arénacée, muni de pores sur les deux faces.

Pores disposés en quinconces, ayant le centre élevé en un axe solide.

Polyparium lapideum , explanato-membranaceum, variè convolutum , subinfundibuliforme; superficie arenaceâ , utroque latere porosâ.

Pori quincunciales, cylindrici ; centro in axem solidum elevato.

OBSERVATIONS. — On ne connaît de ce genre de Polypier que deux espèces, l'une et l'autre dans l'état fossile.

Elles offrent l'aspect d'un Eschare ou d'un Rétépore; mais ces Polypiers s'en distinguent particulièrement en ce qu'il s'élève de chacun de leurs pores, un axe central, solide, qui atteint jusqu'à l'orifice du pore, et qui y forme une espèce de papille.

[M. Delouchamps, qui a eu l'occasion d'étudier plusieurs espèces de ce genre conservées dans le Musée de Caen, s'est assuré
que l'axe solide, qui remplit assez ordinairement les trous et
qui a été pris pour une partie du Polypier lui-même, n'est que
la gangue qui s'est moulée dans ces trous et qui s'est cassée au
niveau de la surface du Polypier, lorsque celui-ci a été détaché
de la masse qui le renfermait. E.]

ESPECES.

1. Ocellaire nue. *Ocellaria nuda.*

O. infundibuliformis, variè expansa et ramosa.
Ramond. Voyage au mont Perdu. p. 128. pl. 2. f. 1. et p. 345.
Bullet. des sc. p. 177. n° 47.
* Lamour. Expos. méth. des Polyp. p. 45. pl. 72. f. 4 et 5.
* Schweiger Beobachtungen. pl. 6. f. 59; et Handbuch. p. 431.
* Delonch. Encycl. Zooph. p. 573.
* Blainv. Man. d'Act. p. 430. pl. 76. f. 4.
Habite.... Se trouve dans la pierre calcaire du mont Perdu, aux Py-
rénées.

2. Ocellaire enveloppée. *Ocellaria inclusa.*

O. conica, siliceobvallata.
Guett. Mém. 3. pl. 41.
Ramond. Voyage au mont Perdu. pl. 2. f. 2.
Bullet. des sc. p. 177.
* Lamour. Expos. méth. des Polyp. p. 45. pl. 72. f. 1. 3.
* Delonch. op. cit. p. 574.
* Blainv. loc. cit.
Habite.... Trouvée en Artois, renfermée dans un étui siliceux,
moulé sur sa superficie.

DACTYLOPORE. (Dactylopore.

Polypier pierreux, libre, cylindracé, un peu en massue
et obtus à une extrémité, plus étroit et percé à l'autre.
Surface extérieure réticulée, à mailles rhomboïdales, à
réseau poreux en dehors.
Pores très petits.

19.

Polyparium lapideum , liberum, cylindraceo-clavatum , extremitate angustiore perforatum.

Externa superficies reticulato - scrobiculata ; scrobiculis rhombæis ; rete extrorsùm poroso.

Pori minimi.

OBSERVATIONS. — Le Dactylopore, par son réseau porifère, et par ses mailles distinctes des cellules, semble se rapprocher beaucoup des Rétépores. Ce n'est, malgré cela, qu'une apparence ou qu'un rapport assez éloigné ; car le *Dactylopore* est un Polypier libre, simple, sans lobe, sans ramifications, sans frondescence, et qui a une conformation très particulière ; tandis que les Rétépores sont des Polypiers fixés, frondescens, lobés ou rameux, et qui n'ont pas, comme le *Dactylopore*, une ouverture unique et essentielle au Polypier.

Le réseau, dont se compose le Dactylopore, est double, l'un intérieur et l'autre extérieur, et c'est près de l'ouverture de ce Polypier que ces deux réseaux s'unissent. Il était donc nécessaire qu'une entrée particulière donnât issue à l'eau qui va porter la nourriture aux Polypes du réseau intérieur.

[La structure de ce singulier fossile n'est pas exactement celle que notre auteur indique ici. Les Dactylopores n'ont pas deux réseaux, mais les parois du cylindre, constituant le Polypier, sont traversées perpendiculairement à son axe, par un grand nombre de trous infundibuliformes, lesquels forment en dehors une sorte de réseau à mailles hexagonales, et, à l'intérieur, sont disposées par rangées transversales ; les branches qui séparent ces trous, présentent, à leur surface extérieure, quelques pores arrondis et très petits, que M. de Blainville considère comme pouvant être les cellules polypifères. Si cette opinion est exacte, les Dactylopores auraient beaucoup d'analogie avec les Rétépores, mais si ces petits trous sont de simples pores ne servant pas à loger les Polypes, on ne saurait pas trop à quel Polypier vivant comparer ces fossiles. E.]

ESPÈCES.

1. Dactylopore cylindracé. *Dactylopora cylindracea.*

D.

Rétéporite. Bosc. Journ. de phys. juin 1806.

* *Reteporites digitata.* Lamour. Expos. méth. des Polyp. p. 44. pl. 72. f. 6. 8.

* Delonch. Encycl. Zooph. p. 670.

* *Dactylopora cylindracea.* Schweigg. Beobachtungen. pl. 6. f. 57 ; et Handbuch. p. 428.

* Def. Dict. des sc. nat. t. 12. p. 443. pl.   f.

* Cuv. Règn. anim. 2ᵉ éd. t. 3. p. 320.

* Goldf. Petref. p. 40. pl. 12. f. 4.

* Blainv. Man. d'Act. p. 437. pl. 72. f. 4.

Habite..... Fossile dans le calcaire tertiaire de Grignon.

[Le genre POLYTRIPE établi par M. Defrance, d'après un petit fossile des terrains tertiaires, paraît devoir prendre place à côté des Dactylopores ; il peut être caractérisé de la manière suivante :

† Genre POLYTRIPE. *Polytripa.*

Polypier crétacé, subcylindrique, creux, ouvert aux deux extrémités, et criblé de pores arrondis, disposés par rangées transversales, peu régulières à la surface externe, mais très régulières à la face interne.

OBSERVATIONS. → Lorsqu'on examine à la loupe une coupe longitudinale de ce polypier, on voit que chaque pore de la surface intérieure du cylindre, correspond à deux sillons divergens qui se dirigent vers la face extérieure, et semblent circonscrire des cellules coniques dont le pore correspondant à la surface extérieure, serait l'ouverture, et dout l'intérieure aurait été remplie par un dépôt calcaire.

On ne connaît qu'une espèce de ce genre, c'est le POLYTRIPE ALLONGÉ. *P. elongata.* Defrance. (Dict. des sc. nat. t. 42. p. 453. pl. 48. f. 1; Blainv. Man. d'Act. p. 440. pl. 73. f. 1.) qui se trouve dans le calcaire tertiaire de Valognes.

Le même naturaliste a donné le nom de VAGINOPORE à un autre genre de Polypiers fossiles, qui se rapproche des précédens, mais qui présente de grandes singularités. M. de Blainville, qui l'a également observé, le caractérise de la manière suivante :

† Genre VAGINOPORE. *Vaginopora.*

« Animaux inconnus, contenus dans des cellules assez régulières, hexagonales, alvéoliformes, à ouverture très petite, arrondie, subcentrale, réunies en quinconces, de manière à former un encroûtement cylindrique autour d'un axe également cylindrique, tubuleux, et formé lui-même de cellules oblongues, disposées en anneaux articulés. »

OBSERVATIONS. — Le tube intérieur de ce singulier polypier est libre et flottant dans l'intérieur du tube extérieur ; ses cellules sont aussi toutes différentes, par leur forme et leur dimension, de celles de la portion superficielle; chacune des premières est assez longue pour correspondre à l'ouverture interne de 2 ou 3 cellules extérieures.

On ne connaît aussi qu'une espèce de ce genre, c'est le VAGINOPORE FRAGILE. *V. fragilis.* Defrance. (Dict. des sc. nat. t. 56. pl. 47, fig. 3; Blainv. Man. d'Act. pl. 72. f. 3.) , dont on a trouvé des fragmens dans le calcaire grossier de Paris.

C'est encore dans le voisinage des Dactylopores que paraît devoir prendre place le fossile dont M. de Munster a formé le genre CONULINA, nom auquel M. de Blainville a substitué celui de Conipore. Ce dernier naturaliste, qui a examiné le fossile en question dans la Collection de Bonn, caractérise ce genre de la manière suivante :

† Genre CONIPORE. *Conipora.*

« Animaux inconnus, formant un corps crétacé, obco-nique pyriforme, creux, composé d'une croûte mince, percée de trous poriformes disposés en quinconces. »

OBSERVATIONS. — Ce fossile , dit M. de Blainville , ressemble à une figue un peu allongée et cotelée sans qu'il y ait d'ouverture terminale; il est probable qu'il était fixé par son extrémité alternée. Les parois sont entièrement composées de cellules quadrangulaires assez distinctes , assez régulièrement disposées par séries alternes, transpercées, avec une ouverture extérieure, en général transverse.

On n'a découvert jusqu'ici qu'une seule espèce de ce genre; c'est le **CONIPORE STRIÉ.** *Conipora striata. (Conodictyum striatum.* Goldf. Petref. p. 104. pl. 37. f. 1 ; Blainv. op. cit. p. 438. pl. 71. fig. 4.)

M. de Blainville rapproche aussi des Dactylopores, sous le nom générique de VERTICILLOPORE, un autre fossile de nature problématique, décrit par M. Defrance, sous le nom de *Verticellite d'Ellis* (Dict. des Sc. nat. t. 58. p. 5. pl. 44. lig. 1. *Verticillipora cretacea.* Blainv. Man. d'At. p. 436), qui paraît être composée de lames infundibuliformes réticulées à leur surface supérieure, empilées les unes dans les autres et laissant au centre un axe creux rempli par le moule du Polypier. Ces naturalistes rapportent également à ce genre le *Porite grand chapeau* de Guettard (*Mem.* t. 3. pl. 11. fig. 1 et 2.)

Quatrième Section.

POLYPIERS FORAMINÉS.

Polypiers pierreux, solides, compactes intérieurement. Cellules perforées ou tubuleuses, non garnies de lames.

En arrivant à cette quatrième section, nous trouvons les Polypiers tout-à-fait pierreux, solides, et dont la substance entre les cellules est, en général, pleine ou compacte.

Quelle énorme différence entre ces Polypiers et ceux des premières sections dans lesquels la matière membraneuse ou cornée était la seule dominante, et même d'abord la seule existante! En effet, on a vu dans les *Polypiers fluviatiles* une substance uniquement membraneuse, et dans les *Polypiers vaginiformes* des tubes simplement membraneux ou cornés. Ensuite, les *Polypiers à réseau* ont offert une substance encore cornée, mais mélangée de particules pierreuses ; en sorte que ces derniers Polypiers, quoique encore flexibles, étaient lapidescens, et offraient, de genre en genre, plus de consistance, et une substance de plus en plus pierreuse.

Ici, les Polypiers sont des masses solides, non flexibles, tout-à-fait pierreuses, dans lesquelles là matière membraneuse ou cornée, loin d'être dominante, est tellement réduite, qu'elle ne paraît même plus.

La compacité de la substance de la plupart des *Polypiers foraminés* ne permet pas de croire que tous les polypes vivans qu'ils contiennent, puissent communiquer ensemble. Ainsi, il paraît certain que tous les Polypes à Polypier ne sont pas généralement des animaux composés.

Dans la section suivante, tous les Polypiers sont encore tout-à-fait pierreux ; mais, outre que leur substance est lacuneuse et poreuse entre les cellules, ils sont bien distincts de ceux-ci par les lames rayonnantes dont leurs cellules sont garnies.

Assurément les Polypes qui transsudent une matière capable de former autour d'eux une enveloppe aussi solide, sont plus avancés en animalisation que ceux des trois sections précédentes.

Dans les *Polypiers foraminés*, les cellules sont, en général, fort petites, et ne paraissent que des pores à leur ouverture. Elles ne sont point garnies de lames à l'intérieur, et semblent simplement perforées, n'offrant que des trous subcylindriques, à parois lisses ou quelquefois striées.

Par ce caractère des cellules, les Polypiers dont il s'agit se rapprochent des Polypiers à réseau ; et si, par leur substance tout-à-fait pierreuse, ils tiennent aux Polypiers lamellifères, ils en sont bien distingués par leurs cellules non lamelleuses.

Il n'est pas possible d'assigner aucune forme générale aux *Polypiers foraminés*, parce que ces Polypiers, véritablement multiformes, se présentent presque sous autant de formes particulières qu'on en connaît d'espèces. Tantôt ils recouvrent ou encroûtent simplement des corps marins, tantôt ils constituent des masses irrégulièrement lobées, plus ou moins finement divisées, et tantôt ils présentent des expansions rameuses ou frondescentes comme des plantes pierreuses.

Puisque les cellules des *Polypiers foraminés* ne sont point garnies de lames, on en peut conclure que les Polypes qui ont habité ces cellules n'ont point leur corps muni d'appendices extérieurs, comme doit l'être celui des Polypes qui forment les Polypiers lamellifères ; car il est évident que la forme des cellules résulte de celle des Polypes qu'elles contenaient.

On ne connaît que huit genres qui appartiennent à cette section ; ce sont les suivans :

Ovulite.
Lunulite.
Orbulite.
Distichopore.
Millépore.
Favosite.
Caténipore.
Tubipore.

[Cette décision est tout-à-fait artificielle ; par leur organisation les Millépores se rapprochent extrêmement des Eschares, tandis que les Tubipores et probablement aussi les Favosites et les Caténipores appartiennent à la famille des Zoanthaires.   E.]

OVULITE. (Ovulites.)

Polypier pierreux, libre, ovuliforme ou cylindracé, creux intérieurement, souvent percé aux deux bouts.

Pores très petits, régulièrement disposés à la surface.

Polyparium lapideum, liberum, ovuliforme aut cylindraceum, intùs cavum, extremitatibus sæpiùs perforatum.

Pori minutissimi, ad superficiem examussìm dispositi.

OBSERVATIONS. — Les *Ovulites* sont de petits corps ovoïdes, plus ou moins allongés, quelquefois cylindracés, bien réguliers, creux intérieurement, et le plus souvent ouverts ou percés aux deux extrémités. Ces petits corps n'ont que deux à six millimètres de longueur.

On les prendrait d'abord pour des coquilles; mais en les examinant attentivement, on s'aperçoit que leur surface est chargée d'une multitude de pores extrêmement petits, régulièrement disposés les uns à côté des autres : ainsi ce sont des polypiers.

Les Ovulites ne sont connues que dans l'état fossile; elles sont blanches, fragiles, et se trouvent à *Grignon*. Tous les individus ne sont pas percés, et l'on a lieu de croire que ceux qui le sont ne le doivent qu'à des cassures.

[M. Schweigger pense que ces petits fossiles pourraient bien être des articulations de Cellaires, mais cette opinion n'est pas étayée de preuves suffisantes, et on est incertain sur leur nature.   E.]

ESPÈCES.

1. Ovulita perle. *Ovulites margaritula.*

> *O. ovalis; poris minutissimis.*
> * Encycl. p. 479. fig. 7.
> * Lamour. Expos. méth. des Polyp. p. 43. pl. 71. fig. 9 et 10.
> * Schweigg. Beobachtungen. pl. 6. fig. 58.
> * Delonch. Encycl. Zooph. p. 593.
> * Defrance. Dict. des sc. nat. t. 37. p. 135. pl. 48. fig. 2.
> * Goldf. Petref. p. 40. pl. 12. fig. 5.
> * Blainv. Man. d'Act. p. 439. pl. 73. fig. 3.

Mus. n°. Velin. n° 48. f. 8.

Habite.... Fossile de Grignon.

2. **Ovulite allongée.** *Ovulites elongata.*

> O. *cylindracea ; alterá extremitate truncatá.*
>
> Velin. n° 48, fig. 10. Mus. n°.
>
> * Lamour. Expos. méth. des Polyp. p. 43. pl. 71. fig. 11 et 12.
> * Defrance. Dict. des sc. nat. t. 37, p. 134. pl. 48. fig. 3.
> * Delonch. Encycl. p. 593.
> * Blainv. Man. d'Act. p. 439. pl. 73. fig. 3.
>
> Habite.... Fossile de Grignon.
>
> † Ajoutez l'*Ovulites globosa* Defrance (loc. cit.) petit fossile de la grosseur d'un grain de moutarde dont les deux trous sont à peine visibles ; trouvé à Grignon et dans quelques autres localités.

LUNULITE. (Lunulites.)

Polypier pierreux, libre, orbiculaire, aplati, convexe d'un côté, concave de l'autre.

Surface convexe, ornée de *stries rayonnantes* et de pores entre les stries ; des rides ou des sillons divergens à la surface concave.

Polyparium lapideum, liberum, orbiculare, uno latere convexum, altero concavum.

Convexa superficies radiatìm striata ; poris interstitialibus ; concava rugis aut sulcis divergentibus radiata.

OBSERVATIONS. — Les *Lunulites* sont de véritables Polypiers, et paraissent avoir des rapports assez considérables avec les Orbulites. Elles sont, en effet, libres, orbiculaires, et d'un petit volume comme les Orbulites ; mais on les en distingue : 1° par les tries rayonnantes et les sillons divergens de leurs surfaces ; 2° parce que leurs pores ou cellules polypifères ne paraissent que sur leur face convexe.

On ne connaît ces Polypiers que dans l'état fossile.

[Les Lunulites paraissent avoir beaucoup de rapport avec les Discopores et les autres Polypiers à réseau ; aussi M. de Blainville les range-t-il à côté des Flustres. M. Gray en a décrite une espèce récente. E.]

ESPÈCES.

1. Lunulite rayonnée. *Lunulites radiata.*

L. latere concavo, striis radiata, superne porosa.
Vélin. n° 49. f. 10.
* Lamour Expos. méth. des Polyp. p. 44. pl. 73. fig. 5. 8.
* Defrance. Dict. des sc. nat. t. 27, p. 360. Atlas. pl. 50. fig. 5.
* Delonch. Encycl. Zooph. p. 501.
* Goldf. Petref. p. 41. pl. 12. fig. 6.
* Blainv. Man. d'Act. p. 449. pl. 75. fig. 5.
Habite..... Fossile de Grignon et des environs de Magnitt. Mon
cabinet.

2. Lunulite urcéolée. *Lunulites urceolata.*

L. cupulæformis; latere convexo clathrato porosissimo.
* Cuvier et Brongniart, Descript. géolog. des environs de Paris. pl.
8. fig. 9.
* Defrance. Dict. des sc. nat. t. 27. p. 360.
* Lamour. op. cit. pl. 73. fig. 9. 12.
* Delonch. Encycl. p. 561.
* Goldf. op. cit. p. 41. pl. 12. fig. 7.
* Blainv. Man. d'Act. p. 449.
Habite...... Fossile de Parnes et de Liancour, communiqué par
M. *Beudant.* Il ressemble à une cupule de gland ou à un dé à
coudre.

† 3. Lunulite d'Owen. *Lunulites Owenii.*

*L. suborbiculata, margine denticulata; supra convexa, clathrato,
porosissima infra concava, radiatim substriata, centro rugoso.*
Gray. Spicil. Zool. p. 18. pl. 6. fig. 2.
Habite les côtes d'Afrique.

† 4. Lunulite perforée. *Lunulites perforatus.*

*L. cupulæformis, utrinque sulcis perosis interistitialibus radiatus;
cellulis orbicularibus, inferne omnino apertis, superne orificii cen-
tralibus pertusis.*
Goldfuss. Petref. p. 106. pl. 37. fig. 8.
Fossile des sables ferrugineux de la formation du calcaire grossier des
environs de Cassel.

† 5. Lunulite rhomboïdale. *Lunulites rhomboidalis.*

L. suborbicularis, explanatus, inferne sulcis ramosis radiantibus exaratus ; cellulis subrhomboidalibus contiguis margiatis ; orificiis ovalibus terminalibus.

Goldfuss. Petref. p. 1o5. pl. 37. fig. 7.

Fossile de la Meuse locatile. Cette espèce diffère beaucoup des précédentes par la disposition des cellules, qui ressemblent extrêmement à celles des Flustres et des Membranipores ; elle a aussi beaucoup d'analogie avec la *Lunulite en parasol* de M. Defrance. (Dict. de sc. nat. t. 27. p. 364. pl. 47. fig. 1.)

† Ajoutez les espèces suivantes décrites par M. Defrance, mais non figurées.

Lunulites cretacea. Defrance. loc. cit. Fossile trouvé au Péhore (Départ. de la Manche et dans la montagne Saint-Pierre).

Lunulites pinea. Defrance (loc. cit.). Fossile du Piémont.

Lunulites Cuvieri Defrance (loc. cit.) Fossile trouvé à Thoringer (Départ. de Maine-et-Loire).

Lunulites conica. Defr. (op. cit.) Fossile dont le gisement est inconnu.

ORBULITE. (Orbulites.)

Polypier pierreux, libre, orbiculaire, plane ou un peu concave, poreux des deux côtés ou dans le bord, ressemblant à une Nummulite.

Pores très petits, régulièrement disposés, très rapprochés, quelquefois à peine apparens.

Polyparium lapideum, liberum, orbiculare, planum s. concavum, utrinquè vel margine porosum, nummulitem referens.

Pori minimi, adamussim dispos it conferti, interdùm vix conspicui.

OBSERVATIONS. — Les *Orbulites* sont de petits Polypiers pierreux ; non adhérens, orbiculaires, aplatis comme des pièces de monnaie, quelquefois concaves d'un côté et convexes de l'autre, et poreux, soit à la superficie des deux côtés, soit seulement dans leur bord. Leurs pores sont très petits, régulièrement disposés, et chacun d'eux semble occuper la maille d'un treillis très fin. Ils sont souvent enc. oûtés de particules calcaires qui les rendent à peine perceptibles.

On distingue ces Polypiers des Nummulites par leurs pores ouverts à l'extérieur, et parce que ces petites cavités ou cellules ne forment point une rangée spirale.

Sauf une seule espèce, découverte par M. *Sionest*, de Lyon, les autres Orbulites ne sont connues que dans l'état fossile.

[M. de Blainville pense que les petits corps crétacées que l'on trouve dans la Méditerranée, et que l'on rapporte à ce genre, pourraient bien ne pas être de véritables Polypiers, mais seulement quelque pièce intérieure qui s'accroît par la circonférence; suivant ce naturaliste, il n'y aurait pas de cellules proprement dites, à moins de regarder, comme telles, les deux plans de locules qui occupent le bord et qui n'offrent rien de régulier; tout le reste est couvert d'une légère couche crétacée qui ferme les anciens pores.

Le nom d'Orbulite étant déjà consacré à un genre de Mollusques, on y a substitué celui d'ORBITOLITE ou d'ORBITULITE que Lamarck avait d'abord employé.   E.]

ESPÈCE.

1. Orbulite marginale. *Orbulites marginalis.*

> *O. utrinque plana ; margine poroso.*
> * Lamour. Expos. méth. des Polyp. p. 44.
> * Delonch. Encycl. Zooph. p. 584.
> * Blainv. Man. d'Act. p. 411.
> Habite les mers d'Europe, sur les corallines, fucus, etc. *Sionest.* Cette espèce est la seule connue vivante; elle n'a que 2 millimètres de largeur. Mon cabinet.

2. Orbulite plane. *Orbulites complanata.*

> *O. tenuis, fragilis, utrinquè plana et porosa.*
> Guett. Mém. 3. p. 434. t. 13. f. 30. 32.
> * Lamour. Expos. méth. des Polyp. p. 45. pl. 73. fig. 13. 16.
> * Delonch. Encycl. p. 584.
> * Schweigger. Beob. pl. 6. fig. 60.
> * *Orbitulites complanata.* Defrance. Dict. des sc. nat. t. 36. p. 294. pl. 47. fig. 2.
> * Blainv. Man. d'Act. p. 411. pl. 72. fig. 2.
> Habite..... Fossile de Grignon où elle est très commune. Mon cabinet.

3. Orbulite lenticulée. *Orbulites lenticulata.*

O. *lentiformis, supernè convexa, subtùs planiusculâ.*
* Lamour. loc. cit. pl. 72. fig. 13. 16.
* Delonch. Encycl. p. 584.
* Def. op. cit. p. 295.
* Blainv. Man. d'Act. p. 411.
Habite..... Se trouve fossile à la perte du Rhône, près du fort de l'Ecluse, à huit lieues de Genève. Elle y forme des masses considérables. M. *Brard.* Mon cabinet.

4. Orbulite soucoupe. *Orbulites concava.*

O. *uno latere convexa, subantiquata ; altero concave.*
* Delonch. Encycl. p. 585.
* *Orbitolites concava.* Defrance. Loc. cit.
Habite.... Fossile de la commune de Ballon, département de la Sarthe, à quatre lieues N. E. du Mans. Communiquée par MM. *Menard* et *Desportes.* Sa surface convexe offre souvent des cercles concentriques d'accroissement.

5. Orbulite macropore. *Orbulites macropora.*

O. *complanata, centro depressa ; poris utroque latere majusculis.*
* Delonch. Encycl. p. 585.
* *Orbitolites macropora.* Defrance. Dict. des sc. nat. t. 36. p. 295.
* Goldf. Petref. p. 41. pl. 12. fig. 8.
* Blainv. Man. d'Act. p. 411.
Habite.... Fossile de la montagne Saint-Pierre, d'après M. Defrance et de Grignon, suivant M. Goldfuss. Mon cabinet.

6. Orbulite calotte. *Orbulites pileolus.*

O. *uno latere convexa, altero concava ; margine sulco exarato.*
* Delonch. Encycl. p. 585.
* *Orbitolites pileolus* Def. loc. cit.
* Blainv. loc. cit.
Habite..... Fossile de. .. Mon cabinet. Ses pores ne sont point apparens.

M. Goldfuss a donné le nom de STOMATOPORE, *Stomatopora,* a un genre nouveau comprenant un corps fossile sur la nature duquel il s'est élevé beaucoup de doutes. D'après cet auteur, ce serait un Polypier calcaire, hémisphérique ou subglobuleux, composée de couches concentriques d'une substance compacte, et d'un amas fongiforme de petits pores agglomérés; mais suivant M. de Blainville, ce pourrait bien ne pas être un véritable Polypier. M. Goldfuss n'en décrit qu'une espèce, le STOMATOPORE CONCENTRIQUE. *S. concentrica* Goldf. (op. cit. p. 22. pl. 8. fig. 5; Bourguet. Petref. pl. 6. fig. 32. 33 et pl. 8. fig. 38. 39 ? Knor. Petref. 1. pl. F. 2. fig. 4. 5. et F. IV. fig. 5 ? Blainv. Op. cit. p. 413). Si ce fossile est réellement un Polypier, il devrait se placer parmi les Foraminés de Lamarck.　　　　　　　　　　　　　　　　E.]

DISTICHOPORE. (Distichopora.)

Polypier pierreux, solide, fixé, rameux, un peu comprimé.

Pores inégaux, *marginaux*, disposés sur deux bords opposés, en séries longitudinales et en forme de sutures.

Des verrues stelliformes, ramassées par places, à la surface des rameaux.

Polyparium lapideum, solidulum, ramosum, fixum, compressiusculum.

Pori inæquales, marginales, longitudinaliter seriati, suturam disticham mentientes.

Verrucæ stellatæ, ad superficiem ramorum passim acervatæ.

OBSERVATIONS. — Je ne puis résister à la nécessité de séparer des Millépores, le *Millepora violacea* de Pallas, et d'en former un genre particulier. Ce Polypier offre des caractères si singuliers dans la forme et la disposition de ses pores polypifères, que, quoiqu'il soit encore la seule espèce connue dans ce cas, il est probable qu'on en découvrira d'autres qui appartiendront au même genre. Par ses caractères, il s'éloigne autant des vrais Millépores que les Rétépores et les Eschares; mais sa substance est plus solide, on ne peut convenablement le rapporter à aucun des genres connus parmi les Polypiers pierreux.

[On ne sait encore rien de positif sur la nature de cette singulière production.   E.]

ESPÈCE.

1. Distichopore violet. *Distichopora violacea.*

> *D. ramosa; ramulis ascendentibus flexuosis, tereticompressis.*
> *Millepora violacea.* Pall. Zooph. p. 258.
> Soland. et Ell. p. 140.
> * Lamour. Expos. méth. des Polyp. p. 46. pl. 26. fig. 3 et 4; et En-
> cycl. zooph. p. 256.
> * Schweigg. Beobachtungen. pl. 6. fig. 61; Handbuch. p. 413.
> * Cuv. Règn. anim. 2ᵉ éd. t. 3. p. 316.
> * Blainv. Man. d'Act. p. 416. pl. 55. fig. 2.
> Habite l'Océan des Grandes-Indes et austral. Mon cabinet.
> † M. Michelin a découvert récemment une seconde espèce de Disti-
> chopore qui se trouve à l'état fossile, dans le calcaire grossier in-
> férieur des environs de Chaumont (dép. de l'Oise).

MILLÉPORE. (Millepora.)

Polypier pierreux, solide intérieurement, polymorphe,
rameux ou frondescent, muni de pores simples, non
lamelleux.

Pores cylindriques, en général très petits, quelquefois
non apparens, perpendiculaires à l'axe ou aux expansions
du Polypier.

*Polyparium lapideum, intùs solidum, polymorphum,
ramosum aut frondescens, poris simplicibus non lamellosis
terebratum.*

*Pori cylindrici, ut plurimùm minimi, interdùm non
perspicui, axi vel explanationibus polyparii perpendi-
ulares.*

OBSERVATIONS. — Avant Linné, presque tous les Polypiers
pierreux portaient le nom de Madrépores; mais cet habile naturaliste, commençant, ici comme ailleurs, à introduire un ordre
convenable dans les distinctions, sépara, sous le nom de *Millépores*, les Polypiers pierreux, non tubuleux, qui n'offrent, pour
cellules des Polypes, que des pores simples non lamelleux.

Néanmoins , cette coupe, déjà utile, n'était pas suffisante, surtout depuis que les découvertes des voyageurs naturalistes se
sont plus étendues, et que nos collections se sont plus enrichies.
Aussi, de même que j'ai cru convenable de diviser en plusieurs
genres les *Madrépores* de Linné, il m'a paru pareillement nécessaire de partager ses *Millépores* en plusieurs genres particuliers.

Maintenant, les *Millépores* réduits et distingués des Rétépores,
des Eschares, etc., sont des Polypiers pierreux assez solides,
dont les rameaux ou les expansions frondescentes sont garnis
de pores perpendiculaires à l'axe des rameaux ou au plan des
expansions ; et ces pores sont, en général, épars vers les sommités du polypier. Ces mêmes pores sont cylindriques ou turbinés, très petits, quelquefois même peu remarquables et à peine
apparens. Ils constituent des cellules qui indiquent que le corps
des Polypes qu'elles contenaient est allongé, cylindrique et extrêmement grêle.

Les *Millépores* nous présentent des masses pierreuses très
variées dans leur forme selon les espèces. Ce sont tantôt des expansions assez simples, presque crustacées ; tantôt des expansions
aplaties, frondescentes et comme foliacées : tantôt enfin, et plus
souvent, ce sont des ramifications phytoïdes ou dendroïdes ; en
sorte que le caractère de ce genre de Polypier n'emprunte rien
de la forme des masses.

[La réforme que Lamarck a si bien commencée dans le genre
Millépore a été poussée plus loin par ses successeurs : aujour-
d'hui tous les naturalistes en rejettent les espèces, que notre auteur range dans sa seconde division sous le nom de *Nullipores*,
et M. de Blainville a été même jusqu'à former deux genres aux
dépens des Millépores de la première section. On ne connaît pas
encore le mode d'organisation de ces divers polypes, mais d'après
la disposition de leur dépouille solide on doit croire en effet que
leur structure est très différente; les uns, auxquels M. de Blainville
donne le nom de MYRIAPORES , ont la plus grande ressemblance
avec les Eschares, etc. ; ce sont des animaux pourvus de tentacules longs et ciliés , logés dans des cellules dont l'ouverture est
garnie d'un opercule ; et ce sont ces cellules qui constituent essentiellement le Polypier ; les autres, dont ce savant a formé le

genre PALMIPORE, semblent devoir se rapprocher au contraire
des Madrépores; les cellules polypifères, très petites et éloignées
les unes des autres, sont complètement immergées dans la substance pierreuse commune du Polypier; leur ouverture montre
des traces de la disposition rayonnée, et la majeure partie du
Polypier est composée d'un tissu lacuneux qui semble avoir de
l'analogie avec celle de la tige de certains Madrépores; aussi
est-ce à côté de ces derniers que M. de Blainville range cette
nouvelle division générique, qui correspond à-peu-près au genre
Millépore, tel que M. Ehrenberg le définit.   E.]

ESPÈCES.

§ *Pores polypifères toujours apparens.*

1. Millépore squarreux. *Millepora squarrosa.*

> *M. compressa, subfoliacea; frondibus erectis, basi verrucosis, utra-*
> *que superficie lamellosis; lamellis longitudinalibus, verticalibus*
> *distantibus.*
>
> * Delonch. Encycl. Zooph. p. 545.
> * *Palmipora squarrosa.* Blainv. Man. d'Act. p. 391.
> Mus. n°.
> Habite..... Je le crois des mers de l'Amérique. Ce Millépore se rap-
> proche du suivant par ses rapports, et en est extrêmement dis-
> tinct. Ses expansions aplaties et subfoliacées sont contournées
> et ont sur les deux faces des lames longitudinales élevées et un peu
> distantes.

2. Millépore aplati. *Millepora complanata.*

> *M. compressa, latissima, lævis; lobis erectis, planis, apice divisis,*
> *subplicatis, rotundato-truncatis; poris sparsis; obsoletis.*
> An Moris. hist. 3. sect. 15. t. 10. f. 26. *non bene.*
> Sloan. jam. hist. 1. t. 17. f. 1.
> *Frustulum.* Knorr. delic. t. A. XI. f. 4.
> *Millep. alcicornis.* var. *V.* Pall. zooph. p. 261.
> B. *eadem lobis angustis, elongatis.* Esper. vol. 1. t. 8.
> * Delonch. Encycl. p. 544.
> * *Palmipora complanata.* Blainv. Man. d'Act. p. 391.
> * *Millepora complanata.* Ehrenb. Mém. sur les Polypes de la mer
> Rouge. p. 124.
> Habite les mers d'Amérique. Mon cabinet.
> C'est le plus grand des Millépores connus. Il est élevé, très large,

aplati, composé de lobes foliacés, droits, plissés et légèrement
divisés à leur sommet qui est comme tronqué. Quoique ayant des
rapports avec le suivant, il en est fortement distinct. Je n'en connais aucune bonne figure.

   * Cette espèce diffère très peu de la suivante; en général cependant,
les pores sont plus nombreux et plus rapprochés.

3. Millépore corne d'élan. *Millepora alcicornis.*

M. lævis, multifrons; frondibus laciniato-palmatis, subramosis; laci-
niis acutis; poris sparsis minimis.

Millep. alcicornis. Lin. Pall. zooph. p. 260.

Esper. vol. 1. t. 5. 7. et Suppl. 1. t. 26.

B. eadem frondibus tenuiter divisis, ramosissimis.

   * *Millep. dichotoma?* Forskal. Descrip. anim. p. 138.

   * Delonch. Encycl. p. 545.

   * Schweigg. Handb. p. 413.

   * Cuv. Règ. anim. 2e éd. t. 3. p. 316.

   * *Palmipora alicornis.* Blainv. Man. d'Act. p. 391. pl. 58. fig. 2.

   * *Millep. alcicornis.* Ehrenb. Mém. sur les Polypes de la Mer Rouge.
pl. 126.

Mus. n°.

Habite l'Océan des Antilles. Mon cabinet. Ce Millépore forme des
touffes très élégantes, lâches, à foliations palmées, multifides,
écartées, quelquefois divergentes, un peu piquantes aux extrémités.

La figure d'Esper, vol. 1. t. 9, paraît appartenir à quelque race particulière, qui ne m'est pas encore connue.

4. Millépore rude. *Millepora aspera.*

M. ramosissima, subcompressa; ramulis brevibus, tuberculosis et mu-
ricatis; poris hinc fissis prominulis.

Esper. Suppl. 1. t. 18.

Gualt. ind. t. 55. *in verso.*

   * Delonch. Encycl. p. 546.

   * Cuv. Règ. anim. 2e éd. t. 3. p. 316.

   * *Madrepora aspera.* Ehrenb. op. cit. p. 126.

Mus. n°.

Habite la Mer Méditerranée. Il est blanc, à ramifications un peu flabellées, mais sur plusieurs plans. Sa hauteur est d'environ un décimètre.

5. Millépore tronqué. *Millepora truncata.*

M. ramosa, dichotoma, ramis teretibus truncatis; poris quicunciali-
bus operculatis. Soland. et Ell. t. 23. f. 1. 8.

Millep. truncata. Lin. Esper. vol. 1. t. 4.

Marsil. hist. p. 145. t. 32. f. 154. 156.

Cavol. Pol. 1. t. 3. f. 9. 11. 21. et t. 9. f. 7.

* Pall. Elen. Zooph. p. 249.

* Boddaert. Syst. der Plant Jier. en. pl. 8. fig. 4. (très mauvaise.)

* Lamour. Expos. méth. des Polyp. p. 47. pl. 23. fig. 1.

* Delonch. Encycl. p. 546.

* Cuv. Règ. anim. 2e éd. t. 3. p. 316.

* *Myriozoon truncatum.* Ehrenb. op. cit. p. 154.

* Delle Chiaje. Anim. senza vert. di Napoli. t.3. p. 40. pl. 33. fig. 16 et 17.

* *Myriapora truncata.* Blainv. Man. d'Actin. p. 427. pl. 471. f. 2.

Mus. no.

Habite la Méditerranée. Mon cabinet. Il est commun et vient en petits buissons lâches, de trois à cinq pouces de hauteur. Dans l'eau, et pendant la vie des Polypes, il paraît rouge; alors les pores sont operculés.

6. Millépore tubulifère. *Millepora tubulifera.*

M. ramosa, solida; poris tubulosis sparsis; ramis confluentibus extremo attenuatis, scabris. Pall. Zooph. p. 259.

Marsill. hist. t. 31. f. 147. 148.

* Delonch. Encycl. p. 546.

Habite la Méditerranée. Il est blanc, solide, haut de 4 à 5 pouces. Ses rameaux sont coniques, courbés, scabres.

7. Millépore pinné. *Millepora pinnata.*

M. dichotoma erecta; poris tubulosis, pinnalatim digestis. Pall. Zooph. p. 247.

* Delonch. Encycl. p. 546.

Marsill. Hist. t. 34. f. 167. n° 1. 3. 5. et f. 168. n° 1. 3.

Habite la Méditerranée. Il est fort petit, et ne s'élève qu'à environ un pouce de hauteur.

8. Millépore rouge. *Millepora rubra.*

M. minima, sublobata; poris crebris minutis punctata. Soland. jo Ell. p. 137.

* Pall. Elin. Zooph. p. 251.

Millep. miniacea. Gmel. Esper. vol. 1. t. 17.

* Delonch. Encycl. p. 546.

* *Polytrema corallina;* Risso. Hist. nat. de l'Europe mérid. t. 5. p. 340.

* *Polytrema miniacca.* Blainv. Man. d'Act. p. 410. pl. 69. fig. 16.

Habite l'Océan américain, indien, etc., sur les coraux. Ma collection.

* Les Polypes de cette espèce ne sont pas connus, mais on peut néanmoins être certain qu'elle ne pourra rester dans le genre Millépore. Elle est très connue dans la Méditerranée.

† Ajoutez le *Millepora platyphylla*; le *M. porulosa*, le *M. cavaria* et le *M. cancellata* de M. Ehrenberg, espèces dont on n'a pas encore de figures et qui paraissent devoir se rapporter au genre Palmipore de M. de Blainville.

* Le *Millepora ovata* de M. Delle Chiaje (Anim. Senza vert. di Nap. t. 3. p. 44. pl. 33. fig. 18 et 19) me paraît appartenir au genre Escharine.

* *Espèces fossiles.*

† 8 *a*. Millépore comprimée. *Millepora compressa.*

M. ramosa, dichotoma subcompressa, ramis truncatis, ostiolis inæqualibus sparsis.

Goldf. Petref. p. 21. pl. 8. fig. 3.

Fossile trouvé à Maëstricht.

† 8 *b*. Millépore madréporacée. *Millepora madreporacea.*

M. ramosa, compressa; ramis truncatis, ostiolis in superficie minutis sparsis in summitate truncata majoribus biserialis contiguis.

Goldf. Petref. p. 21. pl. 8. fig. 4.

Même localité.

† 8 *c*. Millépore à grosse tige. *Millepora macrocáule.*

M. fossilis, dendroïdea, ramosa; ramis crassissimis, teretibus, scabris; poris inæqualibus, sparsis, sæpe glomeratis.

Lamour. Expos. méth. des Polyp. suppl. p. 86. pl. 83. fig. 4.

Defr. Dict. des sc. nat. t. 81. p. 83.

Calcaire à Polypier des environs de Caen.

† 8 *d*. Millépore en corymbe. *Millepore corymbosa.*

M. fossilis, dendroïdea, caulescens, ramosa; ramis numerosissimis lævibus, teretibus, sparsis, corymbosis; poris oculo armato visibilibus, angulosis, subæqualibus tubulosis; tubulis radiantibus.

Lamour. Expos. méth. des Polyp. p. 87. pl. 83. fig. 8. 9.

Defr. Dict. des sc. nat. t. 31. p. 83.

Même localité.

† Ajoutez plusieurs autres espèces décrites par M. Defrance, sous les noms de *M. dispar, M. Spissa, M. elegans* et *M. antiqua*, mais dont on n'a pas encore donné de figures. (Voy. Dict. des sc. nat.

t. 31. p. 84). Le *Millepora gibbertii* Mantell. (Geol. of Sussex.
p. 106) et plusieurs espèces décrites, mais non figurées par Wahlenberg. (*Petrificata telluris suecanæ.* Nova acta Upsaliensis. t. 4.
p. 95.)

§§ *Pores polypifères peu ou point apparens.* Nullipores. (1)

9. Millépore informe. *Millepora informis.*

*M. irregularis, glomerata, solida; ramulis grossis, brevibus, obtu-
sis, subnodosis.*
Ellis, Corall. t. 27. *fig.* C.
Millep. polymorpha, var. Lin.
* *Nullipora informis.* Delonch. Encycl. p. 571.
* *Pocillopora polymorpha.* Ehrenb. op. cit. p. 129.
Habite différentes mers. Mon cabinet. Sous le nom de *Millep. poly-
morpha*, on a confondu différentes races que je crois devoir dis-
tinguer. Celui-ci présente un polypier informe, à rameaux grossiers,
courts, comme noueux, irrrégulièrement ramassés.

10. Millépore grappe. *Millepora racemus.*

*M. cespitosa, racemum compositum et densissimum simulans; ramu-
lis inæqualibus apice globiferis.*
* *Nullip. racemus.* Delonch. Encycl. p. 571.
Mon cabinet.
Habite. les mers de la Guiane? Il vient de la collection de M. *Turgot*,
Il forme une grappe dense, très composée, à rameaux terminés
par des tubercules globuleux.

11. Millépore fasciculé. *Millepora fasciculata.*

*M. glomerata, densè cymosa; ramis erectis, fasciculatis, confertis,
apice incrassatis, obtusis.*
A. fasciculus densissimus; ramis obsoletè divisis.
Mus. n°.
B. fasciculus, cymosus, laxiusculus; ramis polychotomis.
* *Nullipora fasciculata.* Delonch. op. cit. p. 572.
Mus. n°.
Habite différentes mers. Ce Millépore est très distinct de l'espèce

---

(1) Suivant M. Ehrenberg certains Nullipores seraient pourvus de polypes sans tentacules et se rapprocheraient beaucoup
des Pocillopores de Lamarck; mais il est probable qu'on a souvent confondu avec ces polypiers des Alves encroûtés de carbonate de chaux. (Voyez Ehrenberg. Beitrage zur Kenntniss der
corallenthiere des rothen Meeres, p. 129.)   E.

précédente. Toutes ses ramifications, serrées en faisceau plus ou moins dense, sont régulièrement nivelées au sommet, en cime ou en masse convexe.

12. Millépore byssoïde. *Millepora byssoïdes.*

M. glomerata, cespitoso-pulvinata, tenuissimè divisa; ramulis bre-vissimis compressis, apice lobatis, subverrucosis.

A. *fasciculus globosus, ramulis minùs compressis.*

Esper vol. 1. t. 13. *Millepora.*

Seba. thes. 3. t. 116. f. 7.

B. *fasciculus pulvinatus ovatus vel oblongus incrustans; ramulis minimis compressis.*

* Lamour. Expos. méth. des Polyp. p. 47. pl. 23. fig. 10. 12.

* Delonch. loc. cit.

* Fleming. Brit. anim. p. 528.

An millepora lichenoïdes? Soland. et Ell. n₀ 4. tab. 23. f. 10. 12.

Habite, la variété A dans la Méditerranée, la variété B sur les côtes de la Manche. Mon cabinet. Cette espèce est extrêmement distincte des précédentes. Elle est finement divisée à sa surface, surtout la variété B qui est très délicate.

13. Millépore cervicorne. *Millepora calcarea.*

M. laxè ramosa, polychotoma, solida; ramulis gracilibus, infernè coalescentibus, apice obtusis.

Millep. calcarea. Soland. et Ell. n° 1. t. 23. f. 13.

An Seba. mus. 3. t. 108. f. 7. 8.

* *Nullipora calcarea.* Delonch. Encycl. p. 572.

Mus. n°.

Habite l'Océan européen, la Méditerranée. Mon cabinet.

14. Millépore agariciforme. *Millepora agariciformis.*

M. lamellata; laminis sessilibus semicircularibus, variè congestis.

Millep. agariciformis. Pall. Zooph. p. 263.

* *Millep. decussata.* Soland. et Ell. t. 23. f. 9.

* *Millep. agariciformis.* Delonch. Encycl. p. 572.

* *Millep. foliacea?* Risso. op. cit t. 5. p.

* *Pocillopora agariciformis.* Ehrenb. op. cit. p. 129.

Mus. n°.

Habite l'Océan atlantique, etc. Mon cabinet.

† 15. Millépore palmé. *Millepora palmata.*

N. complanata, ramosa, ramis palmatis, superficie nodulosa lœvi.

Nullipora palmata. Goldf. Petref. p. 20. pl. 8. fig. 1.

Fossile du midi de la France.

† i6. **Millépore à grappes.** *Millepora racemosa.*

> *N. cespitosa, ramulis inæqualibus apice incrassato nodulosis super-*
> *ficie lævi.*
> *Nullipora racemosa.* Goldf. Petref. p. 2i. pl. 8. fig. 3.
> Fossile de Maëstrich.
> † Ajoutez le *Millepora ramosa* Fleming (Brit. anim. p. 529), fossile
> du calcaire de montagne, dont Parkinson a donné une figure
> (*Organic remains.* vol. 2. pl. 8. fig. 3 et i1).

Le genre CÉRIOPORE de M. Goldfuss, tel qu'il a été circonscrit par M. de Blainville, se compose de Polypiers
voisins des Millépores dont les cellules rondes forment
des couches concentriques et enveloppantes. Ce dernier
naturaliste y assigne les caractères suivans :

† Genre CÉRIOPORE. *Ceriopora.*

« Cellules poriformes, rondes, serrées, irrégulièrement
éparses, et formant par leur réunion et leur aggloméra-
tion en couches concentriques un Polypier calcaire polymorphe, mais le plus souvent globuleux ou lamelleux.»

Cette définition exclut du genre Cériopore plusieurs polypiers que M. Goldfuss y avait rangés, et qui se rapportent aux genres Alvéolite, Chrysaore, etc. Toutes les espèces connues sont fossiles.

ESPÈCES.

i. **Cériopore micropore.** *Ceriopora micropora.*

> *C. tuberosa, poris minimis æqualibus conspicuis.*
> Gold. Petref. p. 33. pl. 10. fig. 4.
> Blainv. Man. d'Act. p. 4i3. pl. 70. fig. 2.
> Craie de Maëstricht, etc.

2. **Cériopore verruqueux.** *Ceriopora verrucosa.*

> *C. subglobosa, verrucosa, vertice impresso, poris minimis æqualibus*
> *subinconspicuis.*
> Goldf. Petref. p. 33. pl. 10. fig. 6.
> Blainv. Man. d'Act. p. 4i3.
> Calcaire de transition de Bamberg. Il nous paraît bien douteux que ce
> fossile appartienne au genre dans lequel les zoologistes le placent.

3. Cériopore polymorphe. *Ceriopora polymorpha.*

C. polymorpha, verrucoso-ramulosa; poris minimis subinconspicuis, verrucis apice perforatis.

Goldf. Petref. p. 34. pl. 10. fig. 7. et pl. 3o. fig. 2.

Blainv. Man. d'Act. p. 413.

Fossile des couches marneuses des montagnes Anthracifère de la Westphalie.

[Les Polypiers fossiles décrits par M. Goldfuss sous le nom générique de CÉRIOPORA, et remis par M. de Blainville dans son genre PUSTULOPORE, ont de l'analogie avec les Millépores proprement dits, et établissent à certains égards le passage entre ceux-ci et les Cériopores et les Alvéolites. Ce petit groupe ne nous paraît pas bien naturel, et nous doutons beaucoup que le *Pustulopora Madreporacea* par exemple ait une structure semblable au *Pustulopora radiciformis :* voici du reste les caractères qui ont été assignés.

---

† Genre PUSTULOPORE, *Pustulopora.*

« Cellules peu saillantes, pustuleuses ou mamelonnées, à ouverture ronde, distantes, régulièrement disposées par couches enveloppantes, et constituant par leur réunion intime un Polypier calcaire, cylindrique digitiforme peu rameux et fixe ».

1. Pustulopore radiciformes. *Pustulopora radiciformis.*

T. subcylindrica (radiciformis), simplex vel ramosa, transversim rugosa, poris lateralibus sparsis, terminalibus in discum confertis.

Ceriopora radiciformis. Goldf. Petref. p. 34. pl. 10. fig. 8.

Pustulopora radiciformis. Blainv. Man. d'actin. p. 418.

Fossile du calcaire jurassique de

2. Pustulopore pustuleux. *Pustulopora pustulosa.*

Ceriopora pustulosa. Goldf. Petref. p. 37. pl. 11. fig. 3.

Pustulopora pustulosa. Blainv. Man. d'actin. p. 418.

Fossile de la montagne Saint-Pierre près de Maëstricht.

3. Pustulopore madreporacé. *Pustulopora madreporacea.*

P. *cylindrica, gracilis, dichotoma; ostiolis quincuncialibus, verru-*
cosa-prominulis, remotis orbiculatis.

Cereopora madraporacea. Goldf. Petref. p. 35. pl. 10. fig. 12.

Pustulopora madreporacea. Blainv. Man. d'Actin. p. 418. pf. 70. f. 5.

Fossile de la montagne Saint-Pierre.

4. Pustulopore verticillé. *Pustulopora verticellata.*

P. *elongata subclavata; verticillis pororum elevatis approximatis an-*
nulata.

Cerioporo verticellata. Goldf. Petref. p. 36. pl. 11. fig. 2.

Pustulopora verticellata. Blainv. Man. d'Actin. p. 418.

Fossile de la montagne Saint-Pierre. Cette espèce parait se rapprocher extrêmement des Cériopores.

Le *Ceriopora spiralis* (Goldf. Petref. p. 36. pl. 11. fig. 2) paraît
avoir une structure analogue aux deux premières espèces mentionnées ci-dessus, seulement les bords des ouvertures ne sont pas
saillans.

———

[C'est aussi à côté des Millépores que se placent les genres
Chrysaore, Hétéropore, Théonée, Térébellaire, etc.

† Genre CHRYSAORE. *Chrysaora.*

Polypier rameux, couvert de côtes ou lignes saillantes
très fines, se croisant dans tous les sens; cellules poriformes très petites, rondes, éparses, et situées dans les
intervalles des lignes saillantes, jamais sur leur surface.

OBS. Ce genre, établi par Lamouroux et confondu par
M. Goldfuss dans son genre Ceriopore, est très voisin des My-
riopores, dont il se distingue par les côtes saillantes et non cellulifères, dont la surface du polypier est garnie. Toutes les espèces connues ont été trouvées à l'état fossile dans le calcaire
jurassique.

1. Chrysaore épineuse. *Chrysaora spinosa.*

C. *simplex, subteres; spinis conicis acutis, numerosis, brevius ali-*
quoties subramosis; costis flexuosis diverse directis irregulariter
reticulatis; poris subinconspicuis.

Lamour. Expos. méth. des Polyp. p. 83. pl. 81. f. 6 et 7; et Encyclop. p. 193.

Def. Dict. des sc. nat. t. 42. p. 392.

Ceriopora crispa. Goldf. Petref. p. 38. pl. 11. f. 9.

Chrysaora spinosa ? Blainv. Man. d'Actin. p. 414. pl. 81. f. 6 et 7.

Trouvé aux environs de Caen.

2. Chrysaore corne de daim. *Chrysaora damicornis.*

C. ramis numerosis, compressis, subpalmatis, inferne coalescenti-
bus; costis generaliter longitudinalibus paululum flexuosis.
Lamour. Expos. méth. des Polyp. p. 83. pl. 81. f. 8. 9.
Defr. Dict. des sc. nat. t. 42. p. 392. pl.   f.
Ceriopora angulosa? Goldf. op. cit. p. 38. pl. 11. fig. 7.
Chrysaora damicornis. Blainv. Man. d'Act. p. 414. pl. 64. f. 2.
Environs de Caen, etc.

3. Chrysaore trigone. *Chrysaora trigona.*

C. ramosa, ramis trigonis, angulis carinatis lævibus, lateribus po-
rosis; poris inæqualibus parvis.
Ceriopora trigona. Goldf. op. cit. p. 37. pl. 11, fig. 6.
Chrysaora trigona. Blainv. Man. d'Act. p. 414.
Des couches de sable marneux du terrain authraxifère de la West-
phalie.

4. Chrysaore striée. *Chrysaora striata.*

C. simplex vel ramosa; costis plurimis, longitudinalibus sulcisque
punctatis.
Ceriopora striata. Goldf. op. cit. p. 37. pl. 11. fig. 5.
Chrysaora striata. Blainv. loc. cit.
Du calcaire jurassique des montagnes de Bayreuth.

5. Chrysaore faveuse. *Chrysaora favosa.*

C. obovato-clavata, intùs excavata, extùs profunde alveolata; alveo-
lis irregularibus; poris subinconspicuis.
Ceriopora favosa. Goldf. op. cit, p. 38. pl. 11. fig. 10.
Chrysaora favosa. Blainv. op. cit.
Même gisement.

———

D'après la description très incomplète que Lamouroux
a donnée de son genre TILÉSIE, *Tilesia*, cette petite division générique paraît être voisine des Millépores et des
Chrysaores; il le caractérise de la manière suivante : Polypier pierreux, cylindrique, rameux, verruqueux ; pores
ou cellules petites, réunies en paquets ou en groupes
polymorphes, saillans et couvrant en grande partie le
Polypier; intervalle entre ces groupes lisse et sans pores.
La seule espèce connue est la *Tilesia distorta*, Lamour.
(Exp. méth. des Polyp. p. 42. pl. 74. fig. 5 et 6); elle a

les ouvertures des cellules parfaitement rondes, et a été
trouvée dans le calcaire à Polypiers des environs de Caen.

---

† Genre Hétépore. *Heteropora.*

Polypier calcaire, lobé ou branchu, présentant des
cellules rondes, poriformes, complètement emargées,
assez régulièrement éparses, et de deux sortes : les unes
étaient bien plus grandes que les autres.

Obs. Ce genre a été fondé récemment par M. de Blainville
aux dépens des Cercopores de M. Goldfuss ; son principal caractère consiste dans la grandeur inégale des ouvertures, dont
la surface du polypier est parsemée; mais il serait bien possible
que cette disposition n'ait pas autant d'importance qu'on serait
au premier abord porté à le croire, car les petits trous ne sont
peut-être pas les ouvertures d'autant de cellules, mais seulement des pores pratiqués dans les parois des cellules, dont les
grands trous seraient les ouvertures ovales, structure dont on
voit beaucoup d'exemples parmi les Eschares, les Flustres, etc.

ESPÈCES.

1. Hétéropore cryptopore. *Heteropora cryptopora.*

> *H. polymorpha, tuberoso-ramosa ; poris minimis subinconspicuis inæ-*
> *qualibus.*
>
> Ceriopora cryptopora. Goldf. Petref. p. 33. pl. 10. fig. 3.
> Heteropora cryptopora. Blainv. Man. d'Act. p. 417. pl. 70. fig. 4.
> Fossile de la craie de Maëstricht.

2. Hétéropore anomalopore. *Heteropora anomalopora.*

> *H. polymorpha; poris majoribus subseriatis, minoribus subinconspi-*
> *cuis interspersis.*
>
> Ceriopora anomalopora. Goldf. Petref. p. 33. pl. 10. fig. 5.
> Heteropora anomalopora. Blainv. loc. cit.
> Même gisement.

3. Hétéropore dichotome. *Heteropora dichotoma.*

> *H. ramoso dichotoma ; ramis gracilibus truncatis ; poris æqualibus*
> *quincuncialibus remotiusculis punctisque minimis interspersis.*
>
> Ceriopora dichotoma. Goldf. Petref. p. 34. pl. 10. fig. 9.
> Heteropora dichotoma. Blainv. loc. cit.
> Même gisement.

† 4. Hétéropore en buisson. *Heteropora dumetosa.*

H. fossilis, acaulis; ramis dumetosis subæqualibus numerosis, tereti-
bus; extremitatibus subcompressis rotundatis bifidis, vel sublobatis
vel emarginatis; poris oculo nudo invisibilibus, inæqualibus.
Millep. dumetosa. Lamour. Expos. méth. des Polyp. p. 87. pl. 82.
fig. 7. 8.
Delonch. Encycl. p. 547.
Calcaire à polypier de Caen.

† Hétéropore conifère. *Heteropora conifera.*

F. fossilis dendroïdea, ramosa; ramis parùm numerosis, subsimplici-
bus, crassis, teretibus, bifurcatis; extremitatibus conoïdeis inæ-
qualibus, obtusatis, divergentibus; poris oculo bene armato visi-
bilibus, rotundatis inæqualibusque.
Millep. conifera. Lamour. op. cit. p. 87. pl. 83. fig. 6. 7.
Delonch. Op. cit. p. 547.
Même gisement.

———

[Lamouroux a fondé sous le nom de Théonée (*Theone*)
une nouvelle division générique, pour un fossile qui paraît être très voisin des Millépores, mais dont les cellules
à ouverture presque anguleuse sont rassemblées par groupes irréguliers sur les parties saillantes d'un Polypier,
ondulé ou lobé, mais jamais dans les enfoncemens qui
sont simplement lacuneux. On n'en connaît qu'une espèce:
la Théonée chalatrée, Lamouroux (Exp. méth. des
Polyp. p. 82. pl. 80. fig. 17 et 18; Delonch. Encycl.
p. 742; Blainv. Man. p. 408), trouvée dans le calcaire à
Polypiers des environs de Caen.

Le même naturaliste place aussi à la suite des Millépores son genre Térébellaire, *Terebellaria*, dont les cellules tubiformes et disposées en quinconce, forment par
leur réunion un Polypier calcaire dendroïde à rameaux
cylindriques et contournés en spirale. Lamouroux en a
décrit deux espèces qui se trouvent à l'état fossile dans le
calcaire à Polypiers de Caen, savoir : la *Terebellaria ra-*
mosissima, Lamouroux (Expos. méth. des Polyp. p. 84.
pl. 82. fig. 1; Delonch. Encycl. p. 738; Blainv. Man.
d'act. p. 409. pl. 67. fig. 95), et le *Terebellaria antilope*,
Lamour. (Loc. cit. pl. 82. fig. 2 et 3; Delonch. loc. cit.;

Blainv. loc. cit.) ; mais M. Delonchamps, qui a eu l'occasion d'étudier les mêmes échantillons, pense qu'elles pourraient bien être de simples variétés d'une même espèce.

E.

___

FAVOSITE. (Favosites.)

Polypier pierreux, simple, de forme variable, et composé de tubes *parallèles*, prismatiques, disposés en faisceau.

Tubes contigus, pentagones ou hexagones, plus ou moins réguliers, rarement articulés.

Polyparium lapideum; simplex, formâ varium, è tubulis parallelis, prismaticis et fasciculatis compositum.

Tubuli contigui, 5. s. 6. goni, regulares aut irregulares; rarò articulati.

OBSERVATIONS. — Malgré les rapports qui paraissent exister entre les *Favosites* dont il s'agit ici et les Tubipores, les premières néanmoins en sont tellement distinguées, qu'on est forcé d'en constituer un genre particulier.

Dans les *Favosites*, les tubes qui constituent les cellules des Polypes, sont contigus les uns aux autres, et non réunis par des diaphragmes transverses, comme dans les Tubipores. Ces tubes sont prismatiques, réguliers selon les espèces, plus ou moins longs, et composent, par leur réunion, une masse simple, pierreuse, alvéolée comme les gâteaux de cire que forment les abeilles.

Les *Favosites* connues sont dans l'état fossile ; on les distingue des alvéolites, parce que leur masse n'est point composée de couches concentriques, qui s'enveloppent mutuellement, et que leur substance est tout-à-fait compacte.

[Les tubes des favosites ont des parois communes qui, d'après l'observation de M. Goldfuss, sont percées de pores.   E.]

ESPECES.

1. Favosite alvéolée. *Favosites alveolata.*

F. turbinata, irregularis, extùs transversè sulcata; tubulis majusculis subhexagonis; pariete internâ striatâ.

Madrepora truncata. Esper. suppl. 2. t. 4.

* Lamour. Expos. méth. des Polyp. p. 66. et Encycl. Zooph. p. 388.

* *Cyathophyllum quadrigeminum.* ? Goldf. Petref. p. 59. pl. 19. fig. 1.

Mon cabinet.

Habite ... Fossile de.... Ce polypier présente une masse turbinée et comme tronquée au sommet. Sa surface, tronquée ou supérieure, offre un plan de cellules pentagones et hexagones, inégales, presque contiguës, et qui la font paraître réticulée.

* Cette espèce n'est que très imparfaitement connue, et si l'on en juge par la figure d'Esper, elle ne devrait pas être placée ici. M. Schweigger la rapporte à son genre *Acervularia.* (Handbuch. p. 418. et 421.)

2. Favosite de Gothland. *Favosites Gothlandica.*

F. prismis solidis, hexaedris, parallelis, contiguis.

Corallium gothlandicum. Lin. An æn. Acad. 1. p. 106. tab. 4. fig. 27.

* Astroite hémisphérique. Guettard. t. 2. pl. 16. fig. 2. et pl. 45. fig. 1.

* Lamour. Expos. méth. des Polyp. p. 66; et Encycl. Zooph. p. 388.

* Schweigg. Handb. p. 421.

* Goldf. Petref. p. 78. pl. 26. f. 3.

* Blainv. Man. d'Act. p. 402.

Mon cabinet, et celui de M. *Defrance.*

Habite..... Se trouve fossile dans l'île de Gothland. Les prismes petits, parallèles et réunis comme des prismes de basalte, paraissent, dans des parties cassées de leur masse, offrir des cubes anguleux, remplis de matière pierreuse, et divisés par des cloisons transverses. Est-ce un polypier?

3. Favosite alvéolaire. *Favosites alveolaris.* .

F. tuberosa, tubis utrinque prismaticis subæqualibus rectis, dissepimentis planis confertis ad marginem punctis impressis, poris communicantibus in angulis dispositis.

Calamopora alveolaris. Goldf. p. 77. pl. 26. fig. 1.

Favosites alveolaris. Blainv. Man. d'Act. p. 402.

Fossile du calcaire de transition de l'Eifel.

4. Favosite basaltique. *Favosites basaltica.*

F. tuberosa, tubis utrinque prismaticis divergentibus, æqualibus vel

minoribus interpositis, dissepimentis planis confertis; poris com-
municantibus uniserialibus ad latera dispositis.

Calamopora basaltica. Goldf. Petref. p. 78. pl. 26. fig. 4.

Favosites basaltica. Blainv. Man. d'Act. p. 402.

Fossile trouvé dans le calcaire de transition du Gothland, de l'Eifel
et de l'Amérique septentrionale.

† 5. Favosite commune. *Favosites communis.*

F. prismis irregularibus, rariter regularibus, hexagonis vel penta-
gonis.

Lamour. Expos. méth. des Polyp. p. 66. pl. 75. fig. 1 et 2; et Encycl. p. 388.

Fischer. Oryctog. de Moscou. pl. 35. fig. 3 et 4.

Fossile dans les derniers terrains de transition et les premiers terrains secondaires; le diamètre des tubes varie de 1 millimètre à
1 millim. 5″.

† Ajoutez le *Favosites placenta.* Fischer. (op. cit. pl. 35, fig. 1. 2.)
et le *F. excentrica.* Fischer. (op. cit. pl. 55. fig. 5. 6.)

* M. Defrance a décrit d'une manière succincte trois autres espèces
de Favosites, sous le nom de *F. Alcyon.* Def. (Dict. des Sc. nat.
t. 16. p. 298. pl. 42. fig. 5), *F. striata.* Def. (loc. cit.) et de *F. Va,*
loniensis. Def. (loc. cit.). M. Fleming en mentionne deux autres
le *F. septosus* et le *F. depressus.* Flem. (Brit. anim. p. 529). Enfin M. de Blainville rapporte aussi à ce genre l'*Eunomia radiata*
de Lamouroux. (Expos. méth. des Polyp. p. 83. pl. 81. fig. 10. 11.
Def. Dict. des Sc. nat. pl. 42. fig. 4; Blainv. Man. d'Act. p. 403.)

CATÉNIPORE. (Catenipora.)

Polypier pierreux, composé de tubes parallèles, insérés dans l'épaisseur de lames verticales anastomosées en
réseau.

Polyparium lapideum, è tubulis parallelis, in laminas
verticales insertis, compositum; laminis in reticulum anas-
tomosantibus.

Observations. — Les Polypiers dont il s'agit sont trop particuliers par leurs caractères, pour que je ne les sépare point
des Tubipores avec lesquels on les a réunis. On ne les connaît
que dans l'état fossile, et même, des deux espèces que je rapporte à ce genre, je n'ai vu que la première, qui m'a suffi pour
m'assurer de la distinction de cette coupe. Les tubes, insérés
dans l'épaisseur des lames, sont les cellules de ces Polypiers.

Tome II.   21

[Notre auteur réunit ici deux Polypiers qui diffèrent beaucoup entre eux, et dont un seulement peut rester dans le genre Caténipore.

Les Caténipores ont beaucoup d'analogie avec les Tubipores et appartenaient probablement à des animaux de la même famille, c'est-à-dire des Alcyoniens; leur principal caractère consiste en ce que les tubes dont ils sont formés, au lieu d'être réunis eu masses comme chez les Favosites, sont disposés en séries isolées constituant des espèces de cloisons verticales.
E.]

ESPECES.

1. **Caténipore escharoïde.** *Catenipora escharoïdes.*

> *C. tubulis longis, parallelis, seriatis, subdepressis, in laminas anastomosantes connexis; osculis ovalibus.*

Millep. Lin. Amæn. acad. 1. p. 103. tab. 4. f. 20.

Knorr. Petr. 2. tab. F. IX. fig. 4. (V. fig. 1. 3.)

Tubipora catenulata. Gmel. p. 3753.

* Schroter. Einl. 3. pl. 7. fig. 7. 8. et pl. 9. fig. 8.

* *Millep. catenulata.* Esper. Zooph. foss. pl. 5. fig. 1.

* Chain corall. Parkinson. Organic remains. t. 2. p. 20. pl. 3. f. 4. 6.

* *Tubiporites catenularis.* Schloth. Petref. p. 366.

* *Catenip. escharoïdes.* Lamour. Expos. méth. des Polyp. p. 65; et Encycl. p. 177.

* Goldf. Petref. p. 75. pl. 25. fig. 4.

* Blainv. Man. d'Act. p. 352. pl. 62. f. 1.

* *Tubiporites catenularia.* Wahlenberg. nov. ac. Upsal. t. 8. p. 99.

* *Halysites jacowickii?* Fischer. Oryctog. de Moscou. pl. 38. fig. 3.

Habite..... Fossile des rivages de la mer Baltique. Du cabinet du célèbre artiste M. *Valenciennes.*

† 1 *a.* **Caténipore labyrinthique.** *Catenipora labyrinthica.*

> *C. laminis tubiferis contortis plicato-anostomosantibus, maculis labyrinthiformibus, tuborum ostiolis ovalibus.*

Knorr. Petref. 11. pl. XI*. fig. 4.

Esp. Zooph. foss. pl. 5. fig. 2.

Goldfuss. op. cit. p. 75. pl. 25. fig. 5.

Blainv. Man. d'Actin. pl. 352.

Halysites dichotoma. Fischer. op. cit. pl. 38. fig. 1.

Fossile du calcaire de transition de l'Amérique septentrionale.

2. **Caténipore axillaire.** *Catenipora axillaris.*

> *C. tubulis cylindricis, erectis, brevissimis, distantibus, subaxillaribus.*

Millepora. Lin. Amæn. Acad. 1. p. 105. tab. 4. f. 26.

Knorr. Petr. 2. tab. F. IX. fig. 1. 2. 3? (pl. VI*. fig. 1).

* *Millep. liliacea.* Pall. Elen. Zooph. p. 248.

* Schrot. Einl. 3. p. 18. fig. 8.

* *Tubiporites serpens.* Schloth. Petref. p. 367.

* *Catenip. axillaris.* Lamour. Encycl. p. 177.

* *Aulopora serpens.* Goldf. Petref. p. 82. pl. 29. fig. 1.

* Blainv. Man. d'Act. p. 468. pl. 81. fig. 1.

* *Alecto serpens.* Brongniart. tabl. des ter. p. 430.

Habite.... Fossile des rives de la mer Baltique. Il semble que, d'après son état fossile, il n'y ait que le bord supérieur des lames qui soit en saillie, sous la forme d'une réticulation rampante sur la masse pierreuse du polypier.

* Le *Halysites attenuata* et le *H. macrostoma* de Fischer. (op. cit. pl. 38. fig. 3 et 4) ne paraissent différer que fort peu de cette espèce.

———

Le genre AULOPORE de M. Goldfuss auquel appartient l'espèce précédente, est très voisin du genre Alecto de Lamouroux, et semble tenir des Tubulipores plus que des Caténipores. Il est caractérisé de la manière suivante :

† Genre AULOPORE. *Aulopora.*

Tubes calcaires, à ouverture arrondie, et plus ou moins saillante ou relevée, naissant latéralement les unes des autres, et formant par leur réunion un Polypier rampant et réticulé, ou relevé en masse tubuleuse.

OBSERVATIONS. — Les tubes qui naissent les uns des autres communiquent librement de manière à constituer une espèce de canal ramifié; mais lorsqu'ils se réunissent en quelque sorte accidentellement, comme cela arrive souvent dans les portions réticulaires de ces Polypes, ils sont simplement soudés entre eux. On ne peut donc confondre les Aulopores avec les Polypiers composés de cellules tubiformes naissant les unes des autres, mais non anastomosées, lesquels se rapprochent des Eucratées, et il est par conséquent probable que ces fossiles diffèrent des Alecto et appartenaient à des Alcyoniens plutôt qu'à des Bryozoaires.

Outre l'espèce dont il vient d'être question (le Caténipore axillaire, Lamarck), M. Goldfuss rapporte à ce genre les fossiles suivans :

1. Aulopore tubiforme. *Aulopora tubæformis.*

> *A. incrustans, tubulis incurvis alternantibus, e latere medio proliferis; ostiolis obliquis ampliatis.*
>
> Goldf. Petref. p. 83. pl. 29. fig. 2.
> Blainv. Man. d'Actin. p. 468.
> Fossile trouvé dans le calcaire de transition de l'Eifel.

2. Aulopore en épi. *Aulopora spicata.*

> *A. tubulis striatis, strictis e basi proliferis in spicam ramosam connatis; ostiolis conformibus obliquis.*
>
> Goldf. Petref. p. 83. pl. 29. fig. 3.
> Blainv. loc. cit.
> Même localité.

3. Aulopore conglomérée. *Aulopora conglomerata.*

> *A. tubulis, elongatis, flexuosis, subcylindricis, varie proliferis in glomerulum cespitosum connatis; ostiolis erectis conformibus.*
>
> Goldf. Petref. p. 83. pl. 29. fig. 4.
> Blainv. loc. cit.
> Trouvé dans le calcaire polypier de Bamberg.

4. Aulopore comprimée. *Aulopora compressa.*

> *A. crustacea, repens; tubulis contiguis, elongatis rectiusculis, dichotomo-proliferis; ostiolis conformibus ascendentibus.*
>
> Goldf. Petref. p. 84. pl. 38. fig. 17.
> Blainv. loc. cit.
> Calcaire oolityque de Bahreuth.

E.

TUBIPORE. (Tubipora.)

Polypier pierreux, composé de tubes cylindriques, droits, parallèles, séparés entre eux, mais réunis les uns aux autres par des cloisons externes et transverses.

Tubes articulés, communiquant entre eux par les cloisons rayonnantes et poreuses qui les réunissent.

Polyparium lapideum, è tubulis cylindricis erectis, parallelis et separatis compositum; dissepimentis externis et transversis tubulos connectentibus.

Tubuli articulati, ad genicula dissepimentis radiatis et porosis invicem communicantes.

[Polypes pourvus de huit tentacules régulièrement pinnés sur les bords, et entourant un disque au milieu duquel
se trouve la bouche, n'ayant point d'ouverture anale, et
logés dans des tubes calcaires parallèles, etc.]

OBSERVATIONS. — Le *Tubipore* constitue un genre de Polypier
si remarquable par son caractère particulier, que l'espèce même
qui a servi à l'établir, me paraît encore la seule connue qu'on
puisse y rapporter.

Il forme une masse arrondie, quelquefois fort grosse, et ayant
plus d'un pied de diamètre. Cette masse est composée d'une
multitude énorme de tubes cylindriques, parallèles, perpendiculaires au centre de la masse, séparés les uns des autres, mais
réunis entre eux par des diaphragmes ou cloisons transverses,
poreuses, de même nature que les tubes et qui leur sont extérieures. Ces cloisons résultent d'une expansion horizontale et
rayonnante, qui se forme au sommet des tubes et autour de leur
bord, qui les unit les uns aux autres, et qui se change en cloison lorsque ces tubes se sont allongés au-dessus. Les différens
allongemens de ces mêmes tubes constituent leurs articulations,
et à chaque station, ils forment tous une expansion nouvelle,
rayonnante et horizontale autour du bord de leur ouverture.

Toute la masse du Polypier, c'est-à-dire, de ses tubes et
des diaphragmes qui les réunissent, est d'un rouge vif et
éclatant.

[Quelques auteurs avaient pensé que ces amas de tubes calcaires
n'appartenaient pas à des Polypes, et servaient d'habitation à des
Annélides; mais Lamarck ne partagea pas cette opinion erronée.
Aujourd'hui, non-seulement on sait que ce sont bien véritablement
des Polypiers, mais aussi on connaît le mode d'organisation des
Polypes, et on a pu déterminer avec précision leurs rapports
naturels. Lamouroux, dans un mémoire inséré dans la partie
zoologique du voyage de *l'Uranie*, a décrit ces Polypes, d'après
quelques échantillons conservés dans l'alcool, et rapportés par
MM. Quoy et Gaymard. Enfin, ces derniers naturalistes les ont
étudiés de nouveau pendant leur voyage à bord de *l'Astrolabe*
L'organisation de ces animaux a la plus grande analogie avec
celle des Cornulaires et des Lobulaires. E.]

Voici la citation de la seule espèce qui so't connue, et qui puisse être rapportée à ce genre.

ESPÈCES.

1. Tubipore pourpre. *Tubipora musica.* L.

> *T. tubis cylindricis distinctis; dissepimentis distantibus.*
> Soland. et Ell. t. 27. Pall. zooph. p. 337.
> *Tubularia.* Tournef. inst. t. 342.
> Seba. mus. 3. t. 110. f. 8. 9. D'Argenv. t. 4. *fig. A.*
> Mus. n°.
> Habite l'Océan des Indes orientales, la mer Rouge, etc. On le nomme vulgairement l'Orgue de mer. Mon cabinet.
> *Péron*, qui a observé les Polypes de ce beau Polypier, nous a dit, sans détails, qu'ils ont des tentacules frangés et d'un beau vert. Ces Polypes, a-t-il ajouté, forment, au-dessus des flots, de grandes masses semi-globuleuses, d'un très beau vert, et qui semblent autant de pelouses de verdure, reposant sur une roche de corail.
> * Il paraîtrait qu'on a confondu, sous le nom de *Tubipora musica* plusieurs espèces distinctes qui diffèrent, soit par l'arrangement des tubes, soit par la conformation des Polypes. M. Ehrenberg vient d'en décrire trois espèces, et MM. Quoy et Gaymard une quatrième. Voici les caractères que ces naturalistes y assignent.

† Tubipore musique. *Tubipora musica.*

> *T. tripollicaris, lacte purpurea, tubis 1/2 teniam non explentibus dentissime confertis, dissepimentis creberrimis (animali ignoto.)*
> Ehrenb. Mém. sur les Polyp. de la mer Rouge. p. 56.
> Habite......

† Tubipore de Chamisso. *Tubipora Chamissonis.*

> *T. semipedalis, laete rubra, tubis 3/4 '''latis, densius confertis, dissepimentis crebrioribus; animalis tentaculis dupliciter pinnatis.*
> *Tubipora musica.* Chamisso et Eysenhardt. Mém. de l'Acad. des Curieux de la Nat. de Bonn. t. X. pl. 33. fig. 3.
> Quoy et Gaym. Voy. de l'Ur. Zool. pl. 88.
> *Tubipora chamessonis.* Ehrenb. Mém. sur les Polypes de la mer Rouge.
> Habite l'Océan indien.

† Tubipore de Hemprich. *Tubipora Hemprichii.*

> *T. subpedalis, semiglobosa, laete purpurea, tubis 4/5 ''' crassis laxioribus, dissepimentis late (3-4 ''') distantibus; animalis tentaculis simpliciter pinnatis, cæruleis aut viridibus.*

Ehrenb. op. cit. p. 55.
Habite la mer Rouge.

† Tubipore rouge. *Tubipora rubeola.*

> *T. tubis cylindricis, longis, laxis, rubies, sepimentis separatis. Polypis subrubris, tentaculis radiatis, pectinatis (dupliciter pinnatis.)*
>
> Quoy et Gaym. Voyage de l'Astr. t. 4. p. 257. Zoophytes. pl. 21. fig. 1. 8.
> Habite la Nouvelle-Hollande.

---

† Genre SYRINGOPORE. *Syringopora.*

Polypiers composés de tubes verticaux longs, à ouverture ronde et terminale, éloignés entre eux, mais réunis et communiquant par des prolongemens tubulaires transversales.

Les fossiles dont ce groupe se compose, ont beaucoup d'analogie avec les Tubipores, et ont été désignés, par la plupart des auteurs, sous le nom de *Tubiporites*. Ils nous paraissent devoir être rapportés à la famille des Alcyoniens plutôt qu'à celle des Zoanthaires, dans laquelle M. de Blainville les range.

1. Syringopore verticillé. *Syringopora verticillata.*

> *S. tubis rectis remotis; tubulis connectentibus subverticillatis.*
> Goldf. Petref. p. 76. pl. 25. fig. 6.
> Blainv. Man. d'Act. p. 353. pl. 53. fig. 9.
> Fossile de l'Amérique septentrionale.

2. Syringapore ramuleux. *Syringapora ramulosa.*

> *S. tubis subdichotomis, tubulis connectentibus sparsis.*
> *Tubipora.* Knorr. op. cit. 3. p. 193. tab. suppl. VI. fig. 1.
> *Tubiporites.* Parkinson. Organic remains. t. 2. p. 18. pl. 3. fig. 1.
> *Syringopora ramulosa.* Goldf. loc. cit. pl. 25. fig. 7.
> Blainv. Man. d'Act. p. 353.
> Fossile du calcaire de transition de la Belgique.
> Le *Harmodites distans* de Fischer. (Oryctog. de Moscou. pl. 37. fig. 1 et 2) ne paraît pas différer de cette espèce.

3. Syringapore réticulé. *Syringapora reticulata.*

S. tubis subflexuosis, parallelis, vel divergentibus; tubulis connec-
tentibus subalterantibus.

Tubipora strues. Park. op. cit. p. 16. pl. 2. fig. 1.
Harmodites parallela. Fischer. Oryctog. pl. 37. fig. 6.
Syringapora reticulata. Goldf. loc. cit. pl. 25. fig. 8.
Blainv. loc. cit.
Même gisement.

4. Syringapore en buisson. *Syringapora cæspitcsa.*

S. cæspitosa, tubis approximatis, subflexuosis; tubulis connectenti-
bus, minimis sparsis.

Calanicte globulaire. Guet. op. cit. t. 3. p. 532. t. 2. pl. 66.
fig. 4.
Syringapora cespitosa. Goldf. loc. cit. pl. 25. fig. 9.
Blainv. loc. cit.
Calcaire de transition de la Prusse rhénane.

5. Syringapore filiforme. *Syringapora filiformis.*

S. tubis rutis remotis, filiformibus; tubulis connectentibus raris
sparsis.

Goldf. Petref. p. 113. pl. 38. fig. 16.
Calcaire de Grignon.

Le genre MICROSOLÈNE, *Microsolena*, de Lamouroux
paraît se rapprocher des Syringopores. Ce naturaliste le
définit de la sorte : « Polypier fossile, pierreux, en masse
informe, composée de tubes capillaires, cylindriques, rarement comprimés, parallèles et rapprochés, communiquant entre eux par des ouvertures latérales, situées à des
distances égales les unes des autres, et presque du même
diamètre que les tubes ». On n'en connaît qu'une espèce,
le *Microsolena porosa*, Lamouroux. (Expos. méth. des
Polyp. p. 65. pl. 74. fig. 24-26). Le Polypier figuré sous ce
nom par M. Defrance dans l'Atlas du Dictionnaire des
Sciences naturelles (Zoph. pl. 49. fig. 5), n'appartient pas
à cette espèce, et paraît être, d'après M. de Blainville, une
véritable Astrée. (Man. d'actin. p. 423.)   E.

Cinquième Section.

POLYPIERS LAMELLIFÈRES.

Polypiers pierreux, offrant des étoiles lamelleuses, ou des sillons ondés, garnis de lames.

OBSERVATIONS. — Les *Polypiers lamellifères* sont encore des Polypiers tout-à-fait pierreux; ce sont même ceux de cette nature qui forment les masses les plus considérables, qui ont le plus d'influence sur l'état de la surface de notre globe; enfin ce sont ceux qui sont les plus nombreux et les plus diversifiés en espèces.

Ces Polypiers solides sont très remarquables en ce que les cellules qui contenaient les Polypes, présentent tantôt des étoiles lamelleuses, et tantôt des sillons ondés, irréguliers, prolongés comme des ambulacres, et garnis de lames latérales.

Dans ceux qui ont leurs cellules en étoiles, les lames de ces cellules sont disposées comme des rayons autour du corps du Polype et en dehors (1); d'où il résulte que les Polypes qui forment les étoiles ont leur corps isolé, petit et paraissant fort court. Dans ceux, au contraire, qui offrent des sillons ondés, les lames de ces sillons sont parallèles entre elles, situées sur deux côtés opposés, et semblent pinnées. Or, les Polypes qui ont produit ces sillons allongés et ondés, sont, sans doute, soit très élargis latéralement, soit cohérens les uns aux autres par rangées oblongues et tortueuses. Dans les uns comme dans les autres, le corps des Polypes est garni en dehors de lames charnues, entre lesquelles se forment des lames pierreuses qui remplissent les intervalles que laissent les premières.

---

(1) Ces rayons ne paraissent pas être extérieurs à l'animal comme le pense notre auteur; mais sont situés dans des replis intérieurs analogues aux replis longitudinaux qu'on voit dans la cavité abdominale des Polypes de la famille des Alcyoniens.   E.

Ainsi, il est évident que les Polypes qui ont formé ces Polypiers pierreux et lamellifères, ont le corps à l'extérieur garni d'appendices latéraux et lamelliformes (1) : probablement le corps de chaque Polype occupe le centre ou le milieu de l'étoile; et comme les sillons ondés que séparent les collines, ne sont eux-mêmes que des étoiles allongées ou des rangées d'étoiles cohérentes et confluentes, les Polypes de ces polypiers occupent le milieu de ces sillons.

On peut donc assurer que les Polypes des *Polypiers lamellifères* ont à l'extérieur, des parties que ne possèdent point ceux des *Polypiers foraminés*, et qu'ils sont en quelque chose plus avancés en animalisation.

Or, si non-seulement le corps de chaque Polype, mais en outre ses appendices latéraux, ses franges lacuneuses, en un mot, ses lames en étoile, transsudent la matière du Polypier, on sent que les interstices des corps et des appendices des Polypes devront se remplir de matière qui, après sa sécrétion, se concrétera et deviendra pierreuse. On sent aussi que toute la porosité du Polypier, que tous les vides conservés dans son intérieur, ainsi que ceux qui se trouvent entre les lames des étoiles et des sillons, enfin que les enfoncemens qui se montrent au centre des cellules ou dans le milieu des sillons, ne sont que les résultats de la place qu'occupaient les Polypes et leurs appendices latéraux.

Ainsi, du vivant de ces animaux, il ne se trouve aucun vide entre les parties du Polypier; lui-même n'est nulle part à nu ou à découvert, et cependant aucune portion quelconque du Polypier ne se trouve nullement dans l'intérieur des Polypes; ce que je vais prouver.

Les Polypes dont il s'agit sont des êtres véritablement distincts et séparés les uns des autres dans une portion de leur longueur, en un mot, dans celle qui leur est antérieure, quoiqu'ils puissent communiquer ensemble postérieurement et adhérer les uns aux autres par leurs appendices latéraux et supérieurs. Or, le Polypier remplissant par ses parties les interstices des corps

---

(1) Le corps de ces Polypes ne présente jamais d'appendices semblables.   E.

des Polypes, et tous les vides que laissent entre eux les appendices de ces corps se trouvant même recouverts à l'extérieur par la chair mince que fournit l'extrémité antérieure de chaque Polype ; ce Polypier, dis-je, n'est intérieur qu'à la masse commune que forment les Polypes, sans cesser d'être positivement extérieur à chacun d'eux ; ce qui est de la plus grande évidence.

J'ajoute qu'il est facile de concevoir, d'après cet exposé, que la masse commune des Polypes, considérée abstraction faite du Polypier, est une mase remplie de vides ou d'insterstices différens qui communiquent entre eux ; que de même la masse commune que forme un de ces Polypiers, considérée sans les Polypes, est aussi une masse remplie de vides ou d'interstices différens qui communiquent pareillement entre eux. Ainsi, la connaissance d'un de ces Polypiers peut donner une idée des Polypes qui l'ont formé ; et si l'on pouvait se procurer celle d'une masse de ces Polypes, on pourrait se faire une idée du Polypier qu'ils peuvent produire.

Enfin, l'examen du Polypier et de chacune de ses parties, constate qu'il est lui-même un corps parfaitement inorganique, étranger aux animaux qui l'ont fait exister, et qu'il résulte de matière successivement déposée, qui s'est ensuite concrétée et solidifiée. Si l'on examine, en effet, une lame séparée d'une étoile ou d'un ambulacre, à la transparence, on est bientôt convaincu que cette lame, d'une substance continue comme un morceau de verre, est tout-à-fait inorganique.

Il est donc aisé de reconnaître que, quoique les nombreux Polypes d'un Madrépore, d'une Méandrine, d'une Astrée, etc., adhèrent ensemble et enveloppent leur Polypier, s'ils laissent entre eux des vides, et si leurs appendices latéraux ont des lacunes, ils rempliront de matière pierreuse tous les vides qui existent entre eux, formeront ainsi toutes les parties de leur Polypier, n'en laisseront aucune à nu, en recouvriront même la surface supérieure, et néanmoins ce Polypier leur sera véritablement extérieur, ne sera nullement organisé, et aura été réellement formé par juxta-position : voilà ce qu'il s'agissait de démontrer. Ainsi, ce Polypier ne peut être comparé en rien aux végétaux qui se développent et s'accroissent par une organisation intérieure, et par résultats de fonctions vitales.

Les Polypiers pierreux dont il s'agit nous offrent des masses très diversifiées dans leur forme, et contenant, outre leur porosité, une multitude de cellules diversement amoncelées et disposées selon les genres et les espèces.

Ces Polypiers semblent croître, et augmentent, en effet, continuellement en volume, tant qu'ils sont au-dessous du niveau de la mer, par les générations des Polypes qui se succèdent rapidement et perpétuellement.

Chaque Polype ne fait par lui-même qu'une très petite addition au Polypier commun; mais l'énorme multiplication des Polypes dans les mers des climats favorables, et conséquemment les nouvelles générations qui succèdent promptement aux précédentes, font que ces *Polypiers* augmentent sans cesse leur volume, forment des bancs sous-marins d'une étendue illimitée, et ne rencontrent de borne à leur accroissement que lorsqu'en dessus ils atteignent la surface des eaux, et latéralement qu'ils arrivent à des climats défavorables aux animaux qui les produisent.

Que de considérations importantes ne pourrais-je pas présenter, si je voulais m'arrêter à montrer toute la puissance de cette cause pour modifier et changer perpétuellement les îles, les continens, en un mot, la surface du globe que nous habitons.

Je reviens aux *Polypiers*, puisque c'est leur considération qui nous aide à déterminer l'ordre des rapports parmi les Polypes qui en produisent.

Jusqu'à présent tous les Polypiers que nous avons examinés se sont trouvés composés chacun d'une seule sorte de matière; mais nous avons vu ces corps se solidifier progressivement, passer de l'état membraneux à l'état corné, devenir ensuite lapidescens, et enfin se terminer par être solides et tout-à-fait pierreux. C'est en effet dans ce dernier état que nous avons trouvé les *Polypiers foraminés* et surtout les *Polypiers lamellifères* dont il est ici question.

Ceux-ci offrent réellement le maximum de la solidité que des Polypiers puissent obtenir.

Très diversifiés néanmoins dans leur épaisseur et leur forme, plus poreux même que les Polypiers foraminés, les uns présentent des masses tantôt peu divisées, qui recouvrent ou enveloppent les corps marins, tantôt plus isolées, formant des expansions aplaties, lobées ou comme foliacées, et tantôt très divisées, ramifiées comme des plantes ou des arbustes.

Soit que les Polypes des Polypiers pierreux composent eux-mêmes la matière calcaire ou la perfectionnent par les actes de leur organisation, soit seulement qu'ils la recueillent dans les eaux marines, il est évident que ces Polypes ont une faculté que ne possèdent pas ceux des deux premières sections de cet ordre, puisqu'ils produisent des Polypiers tout-à-fait pierreux. (1)

Mais, en avançant de plus en plus l'animalisation, la nature doit abandonner le Polypier; et comme elle ne passe jamais brusquement d'un ordre de choses à un autre, nous verrons effectivement cette enveloppe des Polypes changer de nature et d'état dans les deux sections suivantes, perdre par degrés sa solidité, finir par devenir charnue et par se confondre avec le corps commun des animaux qui l'ont produite, en un mot, se

---

(1) Je doute fort que la matière calcaire que l'on trouve en analysant les eaux marines ou les sels qu'elles tiennent en dissolution, y soit dans un état propre à former directement des dépôts pierreux. Aucune observation ne me paraît constater un pareil fait; tandis que la *matière calcaire* provenue des animaux, donne lieu, d'une manière bien connue, à des terrains calcaires, ainsi qu'à des masses énormes de pierres calcaires qui s'observent presque partout à la surface de notre globe; et l'on sait que la portion de ces masses qui provient des Polypes, n'est pas la moins considérable.

La véritable origine de ces masses calcaires est reconnaissable lorsqu'elle est encore assez récente pour que les corps qui, par leur amoncèlement ou leur entassement, les ont formées, y soient conservés entièrement ou en partie. Mais cette origine cesse d'être reconnaissable, lorsque ces mêmes corps ont été détruits, et que leurs molécules séparées et déplacées par les eaux, ont été déposées et aggrégées en masses compactes. Alors on leur a donné inconsidérablement le nom de *calcaire primitif:* celui de *calcaire ancien* eût été, sans contredit, préférable.   (*Note de Lamarck.*)

terminer avec l'ordre des Polypes qui en sont munis. Les Poly-piers mous et flexibles doivent donc se trouver les uns au com-mencement de l'ordre, et les autres à la fin.

Les Polypes des Polypiers pierreux, et surtout ceux des *Polypiers lamellifères* sont les moins connus des animaux de cette classe, et ceux qui ont été le moins observés. On n'a encore presque rien écrit, d'après l'observation, sur ces singuliers ani-maux, si l'on en excepte ceux du *Millepora truncata*, et ceux du *Madrepora arborea* dont je fais une Caryophyllie. Mais, par des observations générales que m'ont communiquées des voyageurs naturalistes, je sais que les Polypes des *Polypiers lamellifères* sont analogues aux autres Polypes dans tout ce qu'il y a d'es-sentiel à leur organisation, et que la plupart offrent cela de particulier, qu'ils adhèrent latéralement les uns aux autres, enveloppant totalement le Polypier de leur chair, comme s'il leur était intérieur.

J'ai déjà fait voir que les Polypes des Polypiers dont il est ici question, adhèrent les uns aux autres, dans leur partie anté-rieure, par des appendices latéraux de leur corps, appendices qui sont lamelliformes; que la transsudation de ces appendices remplit leurs interstices de matière qui, en se concrétant, y forme les lames et autres parties pierreuses du Polypier; qu'enfin l'appendice le plus antérieur du corps de chaque Polype se réunissant horizontalement à ceux des Polypes voisins, il en résulte une couche ou membrane gélatineuse qui recouvre en-tièrement le Polypier au-dehors. Or, les observations qui m'ont été communiquées confirment ce fait.

On a effectivement observé que, dans la mer, les Polypiers glomérulés dont il s'agit, étaient recouverts d'une chair géla-tineuse peu épaisse, sur laquelle, dans les temps de calme, on apercevait des rosettes de tentacules parsemées à sa surface. Quelquefois ces rosettes, toujours à huit rayons, paraissaient sessiles sur la chair commune; et d'autres fois, la partie anté-rieure et exsertile de ces Polypes, s'élançant sous la forme d'un globule pédiculé, s'épanouissait ensuite en une étoile à huit rayons. Le pédicule, strié longitudinalement, offrait les indices des lames latérales de ces Polypes.

Imperato, auteur italien, est, à ce qu'il paraît, le premier qui ait dit que les Madrépores, que tout le monde regardait alors comme des végétaux marins, étaient au moins une production moyenne entre les plantes et les animaux.

En effet, il observa que leurs cellules, dont la nature est véritablement pierreuse, étaient chargées ou couvertes d'une substance membraneuse, animale et vivante.

Par la suite, *Donati* et *Ellis* confirmèrent son opinion, mais donnèrent très peu de détails sur les animaux mêmes qui produisent et habitent les Madrépores. Ce qui résulte de leurs observations, c'est que le corps des Polypes des Madrépores, qu'ils ont vu dans l'état frais ou vivant, est beaucoup plus court que celui des autres Polypes.

Un naturaliste qui a eu occasion d'observer les animaux vivans de plusieurs Madrépores, dans ses voyages aux Antilles et à Cayenne, m'a assuré que dans les Madrépores glomérulés, les Astroïtes, les Méandrites, etc., toute la masse du Madrépore lui a paru couverte d'une matière animale et gélatineuse sans discontinuité, comme si c'était un seul animal, et que la superficie de cette masse de matière était parsemée de rosettes de tentacules correspondantes aux cavités en étoiles du Madrépore. Il a ajouté que la substance animale dont il vient d'être question ne s'élevait dans son entier épanouissement que d'une ligne, ou un peu plus, au-dessus de la superficie du Madrépore, et qu'au moindre bruit, mouvement ou attouchement, cette substance animale vivante s'affaissait subitement en s'enfonçant dans les porosités de ce Polypier; que néanmoins, dans son état d'affaissement, toute la surface du Madrépore n'en était pas moins couverte d'une substance membraneuse, quoique ayant peu d'épaisseur.

Il est clair, d'après cette observation, que tous les Polypes d'un Madrépore, sont véritablement cohérens entre eux, et que leur corps, pénétrant jusqu'à une certaine profondeur du Polypier, remplit, par ses appendices divers, les interstices et la porosité qu'on y observe. Cette cohérence, néanmoins, n'empêche pas que chaque étoile n'indique le centre d'habitation d'un Polype particulier; en sorte que les nombreux Polypes d'un *Madrépore*, d'un *Astroïte*, etc., ne doivent pas être considérés comme un seul et même animal, mais comme de nombreux individus d'une même espèce, vivans et adhérens ensemble dans le même Polypier. Les nouveaux gemmes qu'ils multiplient ne se séparent jamais, mais produisent de nouveaux Polypes qui restent adhérens aux autres.

Si, malgré ce que j'ai exposé à cet égard, l'on voulait considérer les Polypes réunis d'un Madrépore, d'une Astrée, etc. comme un seul animal à plusieurs bouches, cet animal aurait des qualités qui répugnent à la nature de tout corps vivant; car il posséderait la faculté de ne jamais mourir, et celle de n'avoir point de bornes à ses développemens. Une masse d'Astrées ou de Méandrines, quoique mourant peu-à-peu dans sa base, continue de vivre en dessus et sans terme, tant que l'eau ne lui manque pas. Cette observation, très fondée relativement à la partie commune et vivante des Polypiers dont il s'agit, décide la question d'une manière qui me paraît sans réplique.

[Les animaux dont se compose cette grande division de la classe des Polypes ont la plus grande analogie avec les Actinies et les Zoanthes. Ceux dont on connaît la conformation générale ont tous un corps plus ou moins cylindrique ou aplati, ouvert à l'une des extrémités de son axe par une bouche contractile, creusée d'une grande cavité digestive, terminée en cul-de-sac, et garnie latéralement de nombreux replis longitudinaux qui paraissent être le siège principal du travail reproducteur. En général, sinon toujours, l'espèce de disque qui entoure la bouche est garni d'appendices tentaculiformes, et la portion inférieure du corps sécrète une matière calcaire qui, en se déposant à sa surface ou dans le tissu de replis formés par les tuniques de la cavité abdominale, constituent des loges dans lesquelles la portion terminale du Polype se retire, ou bien une espèce de noyau solide qui lui sert de support. C'est dans les écrits de Cavolini et de MM. Lesueur, de Blainville, Quoy et Gaymard, Ehrenberg, et quelques autres zoologistes de nos jours qu'on trouve le plus de faits nouveaux concernant la forme de ces êtres singuliers qui, du reste, présentent entre eux des différences très grandes comme nous le verrons par la suite : tantôt ils sont isolés, d'autres fois aggrégés en grand nombre de manière à former une véritable communauté.   E.]

Passons maintenant à la distribution des *Polypiers lamellifè-*
res, et aux divisions qu'il est nécessaire d'établir parmi eux.

DIVISION DES POLYPIERS LAMELLIFÈRES.

§ *Etoiles terminales.*

(1) Cellules cylindriques et parallèles.

> Styline.
> Sarcinule.

(2) Cellules soit cylindriques, soit turbinées, soit épatées,
non parallèles.

> Caryophyllie.
> Turbinolie.
> Cyclolite.
> Fongie.

§§ *Etoiles latérales ou répandues à la surface.*

(1) Cellules non circonscrites, comme ébauchées, imparfaites
ou confluentes.

> Pavone.
> Agarice.
> Méandrine.
> Monticulaire.

(2) Cellules circonscrites.

(*a*) Expansion seulement stellifère à la surface supérieure.

> Echinopore.
> Explanaire.
> Astrée.

(*b*) Expansions partout stellifères, c'est-à-dire sur toute s rface libre.

> Porite.
> Pocillipore.

Madrépore.
Sériatopore.
Oculine.

STYLINE. (Stylina.)

(Fascicularia, Extrait du Cours, etc.)

Polypier pierreux, formant des masses simples, hérissées en-dessus.

Tubes nombreux, cylindriques, fasciculés, réunis, contenant des lames rayonnantes et un axe solide : les axes styliformes, saillans hors des tubes.

Polyparium lapideum, massas simplices, crassas, supernè echinatas sistens.

Tubuli plurimi cylindrici, fasciculatìm aggregati, lamellis radiantibus et axe solido farcti : axibus styliformibus extrà tubos prominentibus.

OBSERVATIONS. — Rien assurément n'est plus singulier que la structure de ce Polypier; en sorte que l'on ne saurait se dispenser de le considérer comme le type d'un genre particulier parmi les Polypiers lamellifères.

Les *Stylines* constituent des masses pierreuses, épaisses, composées de tubes verticaux, cylindriques et réunis. Chacun de ces tubes est sans doute la cellule d'un Polype; et néanmoins leur intérieur est rempli de lames rayonnantes autour d'un axe central, plein, solide et cylindrique, qui laisse aux lames très peu d'espace entre lui et la paroi interne du tube. Cet axe, strié longitudinalement à l'extérieur, fait une assez grande saillie hors du tube; ce qui est cause que la surface supérieure du Polypier paraît hérissée d'une multitude de cylindres séparés, tronqués et styliformes. Je ne connais encore qu'une seule espèce de ce genre.

[Les Stylines et les Sarcinules de Lamarck nous paraissent différer très peu; en comparant la Stylina echinulata, la S. microphthalma et la Sarcinula organum de la collection de M. Michelin, nous avons même cru reconnaître dans tous ces Polypiers une structure semblable et pouvoir attribuer à des différences d'âge les variations que les auteurs signalent dans leur conformation. En effet les colonnes dont le polypier se compose semblent croître par pousses et changent de caractère au commencement et à la fin de chacune de ces espèces d'étages. Elles sont d'abord tubiformes et lamelleuses comme des Astrées, mais bientôt elles se remplissent, s'étalent, et forment ainsi une cloison transversale surmontée d'un mamelon central, et dont la forme ressemble un peu à celle d'un chapeau de cardinal; de cette cloison horizontale s'élève un nouveau tube qui, à son tour éprouve des modifications analogues et ainsi de suite, de façon que le même Polypier présente tantôt les caractères d'un Styline tantôt ceux d'une Sarcinule.   E.]

ESPÈCE.

1. Styline échinulée. *Stylina echinulata.*

> *S. crassa, fasciculata, sessilis, supernè stylis truncatis echinata.*
> * Schweigger Beobachtungen, pl. 7. fig. 63. — Handbuch, p. 420.
> * Delonchamps. Encyclop. Zooph. p. 708.
> * Blainville. Dict. des sc. nat. t. 51. p. 182. pl. 40. fig. 5. — Man. d'Act. p. 351. pl. 62. fig. 5.
> Mus. n°.
>
> Habite l'Océan austral. *Péron* et *Lesueur.* Elle forme une masse épaisse, dense, composée de tubes verticaux et parallèles, comme dans le Tubipore, la Favosite et la Sarcinule.

† 2. Styline conoïde. *Stylina conoidea.*

> *S. tubis obconicis subdivergentibus rectis costatis ; ostiolis prominulis, limbo interstitiali radiato; lamellis connectentibus planis.*
> *Sarcinula conoidea.* Goldfuss Petref. p. 74. pl. 25. fig. 3.
> Fossile calcaire dont le gisement est inconnu.
>
> M. de Blainville réunit cette espèce à la précédente. (Voy. Man. d'Act. p. 351.) Si la *S. échinulée* habite l'Océan austral, comme le dit Lamarck, il nous semble cependant peu probable qu'elle ne soit pas distincte de l'espèce fossile.

† 3. Styline à petits yeux. *Stylina microphthalma.*

> *S. tubis rectis divergentibus remotis costatis radiis verticalibus senis bisdichotomis et centro tubis radiantibus ; lamellis connectentibus remotiusculis.*

Sarcinula microphthalma. Goldfuss. Petrefacta p. 74. pl 25. fig. 1.
Stylina microphthalma. Blainville. Man. d'Actin. p. 351.
Fossile calcaire de l'Eifel.

SARCINULE. (Sarcinula.)

Polypier pierreux, libre, formant une masse simple et épaisse, composée de tubes réunis.

Tubes nombreux, cylindriques, parallèles, verticaux, réunis en faisceau par des cloisons intermédiaires et transverses.

Des lames rayonnantes dans l'intérieur des tubes.

Polyparium lapideum, liberum; massam simplicem, crassam, è tubis coadunatis constitutam, sistens.

Tubuli plurimi cylindrici paralleli verticales, fasciculatim aggregati; septisque intermediis et transversis coacti.

Lamellæ stellatim radiantes intrà tubos.

OBSERVATIONS. — La *Sarcinule* serait un Tubipore si l'intérieur des tubes n'était garni de lames rayonnantes en étoile; elle se distingüe de la Styline, en ce que les lames rayonnantes de l'intérieur des tubes ne sont point traversées par un axe central et solide.

Ce singulier Polypier présente une masse pierreuse qui imite un gâteau d'abeilles, paraît n'avoir pas été fixé, et se compose d'une multitude de tubes droits, parallèles, séparés les uns des autres, mais réunis ensemble, soit par des cloisons intermédiaires, transverses et nombreuses, soit par une masse non interrompue et cellulleuse. Ces tubes sont, en quelque sorte, disposés comme des tuyaux d'orgue.

Ce genre avoisine les Caryophyllies; mais le Polypier libre, et le parallélisme de ses tubes, l'en distinguent suffisamment. Je n'en connais encore que deux espèces.

ESPÈCE.

1. Sarcinule perforée. *Sarcinula perforata.*

S. tubis in massam planulatam aggregatis, erectis, utrinque perforatis; internà pariete lamelloso-striatá.

* Delonch. Encycl. Zooph. p. 673.

* Blainv. Dict. des Sc. nat. t. 47. p. 351. pl. 40. fig. 6 ; Man. d'Act.
p. 348. pl. 62. fig. 6.

Mus. n°.

Habite l'Océan austral. *Péron* et *Lesueur*. Cette espèce ne paraît pas
fossile. Elle forme d'assez grandes masses pierreuses, aplaties, un
peu épaisses, et qui ressemblent à des gâteaux d'abeilles. Ces mas
ses résultent de l'aggrégation de quantité de tubes droits, parallèles, presque contigus ou à interstices pleins, sans interruption.
Ces tubes sont percés à jour, par suite ouverts aux deux bouts et
semblent vides; mais leur paroi interne est striée par des lames
longitudinales, rayonnantes et étroites. On en voit néanmoins
qui forment l'étoile, et qui sont sur le point de se réunir. Mon
cabinet.

2. Sarcinule orgue. *Sarcinula organum.*

*S. tubis cylindricis erectis, separatis in massam crassam aggregatis ;
septis externis transversisque tubos connectentibus.*

Madrep. organum. Lin. Amœn. acad. 1. t. 4. f. 6.

* Schweig. Beobacht. pl. 7. fig. 66. Handb. p. 419.

* Delonch. Encycl. p. 673.

* Cuv. Règne anim. 2e édit. t. 3. p. 515.

* Blainv. Man. d'Actin. p. 348.

* Gold. Petref. p. 73. pl. 24. fig. 10.

Mus. n°.

Habite dans la Mer Rouge. Mon cabinet. On la trouve fossile sur les
côtes de la mer Baltique. Ses tubes, verticaux et rangés comme des
tuyaux d'orgue, sont séparés, mais réunis en masses larges et
épaisses, par une matière celluleuse, disposée en cloisons transverses. Ces mêmes tubes ne sont point perforés, c'est-à-dire en
partie vides, comme dans la première espèce; mais des lames
longitudinales, rayonnantes, remplissent leur cavité, et présentent, aux deux extrémités de ces tubes, des étoiles lamelleuses,
complètes.

* M. de Blainville distingue avec raison les Sarcinules vivantes et
fossiles, réunies ici sous le nom de *S. organum.* Il donne à l'espèce
vivante le nom de *Sarcinula pauci radiata.*

† 3. Sarcinule côtelée. *Sarcinula costata.*

*S. tubis rectis, divergentibus, longitudinaliter granulato-costatis; la-
mellis connectentibus convexo planis.*

Goldf. Petref. p. 73. pl. 24. fig. 11.

Blainv. Man. d'Actin. p. 349.

Fossile dont l'origine est inconnue.

† M. de Blainville rapporte aussi à ce genre le *Madrepora divergens* et le *M. chalcidicum* de Forskal (Fauna. arab. p.136), ainsi que les *Caryophyllies astréenne* et *musicale* de Lamarck et deux espèces nouvelles, mentionnées sous les noms de *S. Bougainvillii et S. dubia* (Blainv. Man. d'Actin. p. 349). Quant à la *Sarcinula aulecton* et *S. astroides* de M. Goldfuss (Petref. pl. 21. fig. 12. et pl. 23. fig. 2), elles paraissent appartenir plutôt à la division des Astrées qu'à celle-ci.

[En suivant le mode de classification adopté par Lamarck, c'est dans le voisinage des Sarcinules que paraissent devoir être rangés les fossiles désignés par Lhwyd et Parkinson, sous le nom de *Lichostrotion*, et compris dans le genre *Columnaire* de Goldfuss; leur structure est lamelleuse à l'intérieur, mais, du reste, leur conformation générale les rapproche davantage des Favosites; ils ont aussi des rapports de structure avec les Astrées. Cette division générique est caractérisée de la manière suivante :

† Genre COLUMNAIRE, *Columnaria.*

Polypier pierreux, composé de tubes prismatiques aggrégés, contigus, plus ou moins parallèles, sans communications latérales, lamelleux à l'intérieur, et terminés par une loge stelliforme peu profonde et multiradiée.

OBSERVATIONS.— Ces Polypiers n'ont encore été trouvés qu'à l'état fossile, et sont très remarquables par la ressemblance qu'ils présentent avec des masses de colonnes basaltiques. Ils paraissent être propres aux calcaires anciens. Le genre *Lichostrotion* de M. Fleming est le même que celui établi précédemment par M. Goldfuss sous le nom généralement adopté aujourd'hui. M. de Blainville divise les Columnaires en deux groupes, suivant qu'elles présentent un axe central ou en sont dépourvues.

ESPÈCES.

1. Columnaire alvéolée. *Columnaria alveolata.*

C. hemispherica, tubis e basi radiantibus inæqualibus longitudinali-

*ter striatis; lamellis stellarum remotis e centro radiantibus et mar-
ginalibus alternis.*

Goldfuss. Petref. p. 72. pl. 24. fig. 7.

Blainville. Man. d'Actin. p. 351.

Fossile du calcaire de transition de l'Amérique septentrionale.

2. Columnaire sillonnée. *Columnaria sulcata.*

*C. tubis parallelis rectis vel curvis longitudinaliter sulcatis transver-
sim substriatis; lamellis stellarum e centro radiantibus et marginalibus alternis.*

Tubularia tubis hexagonis. Schroter, Einl. 111. p. 494. tab. 9. fig. 5.

Columnaria sulcata, Goldfuss. Petref. p. 72. pl. 24. fig. 9.

Blainville. loc. cit.

Fossile des environs de Bamberg. Dans l'*Addenda* du premier volume de son ouvrage sur les fossiles, M. Goldfuss rapporte cette
espèce à son *Cyathophyllum quadrigeminium*, mais il nous paraît confondre sous ce dernier nom des espèces très distinctes.

3. Columnaire lisse. *Columnaria lævis.*

*C. tubis inæqualibus lævibus parallelis, lamellis stellarum e centro
radiantibus et marginalibus alternis.*

Goldfus. Petref. p. 72. pl. 24. fig. 8.

Blainville. loc. cit.

Fossile.... Des environs de Naples?

Le fossile figuré par Parkinson (Org. remains. vol. 2. pl. 6. 12 et 13)
et désigné par Fleming sous le nom de *Lithostrotion oblongum*
(Brit. anim. p. 508) paraît avoir beaucoup d'analogie avec l'espèce précédente, mais n'est qu'imparfaitement connu.

4. Columnaire striée. *Columnaria striata.*

*C. tubis rectis, longitudinaliter striatis, transversim substriatis; la-
mellis stellarum axe centrali solido radiantibus.*

Lithostrotion, Lhwyd. Lithophylacii Britannici iconographia. Epist.
V. tab. 23.

Parkinson. Org. remains. vol. 2. p. 42. pl. 5. fig. 3 et 6.

Lithostrotion striatum. Fleming. Brit. Anim. p. 508.

Columnaria striata. Blainville. Man. d'Actin. p. 350. pl. 52. fig. 3.

Fossile du calcaire houiller d'Angleterre.

La *Columnaria flaviformis,* Blainv. (Martin. Derb. pl. 43.
fig. 44; *Lithostrotion floriforme,* Flem. loc. cit.), paraît
être très voisine de l'espèce précédente, dont elle diffère,
dit M. Fleming, par sa grandeur, la grosseur plus considé-

rable de l'axe solide des cellules, et la manière dont celui-ci est froncé. Elle se trouve également dans le calcaire houiller de l'Angleterre.

Ajoutez le *Lithostrotion marginatum*, Flem. (Brit. an. p. 5o8), fossile du même terrain que les précédens, et qui n'est connu que par quelques mots que cet auteur en a dits dans son *Synopsis* des animaux de l'Angleterre.

E.

CARYOPHYLLIE. (Caryophyllia.)

Polypier pierreux, fixé, simple ou rameux; à tige et rameaux subturbinés, striés longitudinalement, et terminés chacun par une cellule lamellée en étoile.

Polyparium lapideum, fixum, simplex vel ramosum; caule ramisque subturbinatis; longitudinaliter striatis, cellulâ unicâ, lamelloso-stellatâ, terminatis.

OBSERVATIONS. — Les *Caryophyllies* forment un genre bien circonscrit dans ses caractères, et qui m'a paru tellement distingué des Madrépores, que je n'ai nullement balancé à l'établir.

Ainsi que les Madrépores, ces Polypiers pierreux ne forment jamais de masses uniquement crustacées ou glomérulées en boule, mais ils s'élèvent en tige, soit simple, soit rameuse, ou forment des touffes. Ce qui les distingue essentiellement des Madrépores, c'est que leurs cellules polypifères sont véritablement terminales, en sorte que l'extrémité de la tige et celle de chaque rameau se trouvent terminées par une seule étoile lamelleuse.

Dans quelques espèces, la tige est simple, isolée, et n'offre conséquemment qu'une seule étoile terminale. Dans d'autres, elle est fasciculée, c'est-à-dire, qu'il naît un grand nombre de ces tiges ensemble, rapprochées et comme agglomérées en faisceau, et chacune d'elles est encore terminée par une seule étoile lamelleuse. Enfin, dans beaucoup d'autres, la tige se divise en rameaux, et chaque rameau offre toujours une étoile terminale.

Les Oculines se distinguent des Caryophyllies, parce qu'elles ne sont point striées longitudinalement, et parce que beaucoup de leurs étoiles sont sessiles et latérales.

La tige et les rameaux des *Caryophyllies* sont cylindracés, quelquefois turbinés, toujours striés longitudinalement en dehors, et leur étoile terminale les fait paraître généralement tronqués à leur extrémité, ce qui les a fait comparer à des œillets.

La base de ces Polypiers est toujours fixée et adhérente à des corps marins, même dans les espèces à tige simple, ce qui distingue ces dernières des Turbinolies.

Les Polypes qui forment les *Caryophyllies* ont le corps allongé, muni d'un fourreau appendiculé antérieurement, et sont terminés chacun par huit tentacules plumeux, disposés en rayons.

Donati, qui a observé et décrit le Polype de la Caryophyllie en arbre, n° 11, nous a fait connaître dans ce Polype des particularités bien remarquables, et qui montrent que les Caryophyllies constituent un genre non-seulement très distinct par le Polypier, mais encore très singulier par ses Polypes. Ils ont la bouche polygonale, entourée d'appendices qui se terminent en pince de Crabe, et à l'orifice, un corps à huit rayons oscillatoires que *Donati* nomme leur tête..

La bouche polygonale paraît n'être que l'ouverture terminale d'un fourreau membraneux, bordée d'appendices rayonnans et en pince. Quant au corps à huit rayons oscillatoires, aperçu à l'orifice de cette ouverture, c'est, selon moi, celui même du Polype; les rayons sont ses tentacules.

[Les animaux réunis par Lamarck, dans son genre Caryophyllie, présentent dans leur mode de conformation des différences assez grandes; aussi les auteurs plus récens ont-ils senti la nécessité de le subdiviser. M. de Blainville a commencé cette réforme, en prenant pour base de sa classification ce que l'on savait de l'organisation de ces êtres et les caractères fournis par la considération de la structure des loges du Polypier, plutôt que par la disposition de la masse résultant de la réunion des individus aggrégés. Cette marche a conduit à de très bons résultats; mais les faits ont souvent manqué à ce savant pour donner à ses définitions l'exactitude desirable. Ainsi, il nous apprend lui-même que les caractères qu'il assigne à son genre Caryophyllie sont tirés de la description que Cavolini a donnée de la *Madrepora calycularis* (Man. d'Actin. p. 347), espèce qui cependant, pour M. de Blainville, n'est pas une Caryophyllie, et appartient au genre Astrée (Op. cit. p. 367); et ce qu'il dit de l'animal de ses Dendrophyllies, l'un des démembremens du genre Caryophyllie de Lamarck, est tiré de la description donnée par Donati qui s'est évidemment laissé induire en erreur par quelque circonstance fortuite. Mais néanmoins les innovations introduites par ce zoologiste nous paraissent devoir être adoptées en grande partie, et nous pensons qu'il conviendrait de restreindre, comme il le fait, la division générique des Caryophyllies aux *animaux actiniformes et subcylindriques, pourvus d'une couronne simple ou double de tentacules entourant la bouche, et saillans à la surface d'étoiles ou de loges peu profondes garnies en dedans de lames rayonnantes, striées en dehors, et formant un Polypier solide, conique, fixé par sa base et simple, ou à peine aggrégé.*

Le genre Caryophyllie, ainsi circonscrit, a pour type la *C. Cyathus*, et quelques espèces nouvelles décrites et figurées par MM. Quoy et Gaymard, dans le voyage de *l'Astrolabe*. Les espèces mentionnées ci-dessous qui ne présentent pas ces caractères constituent les genres Dendrophyllie, etc. Quant aux limites qui séparent les Caryophyllies des Astrées, elles sont encore vagues et arbitraires, mais pour réformer cette partie de la classification naturelle, il serait nécessaire de connaître la structure des Polypes eux-mêmes, connaissance dont on manque presque entièrement.　　　　　　　　　　　　　　E;

ESPÈCES.

§ *Tiges simples, soit solitaires, soit fasciculées.*

1. **Caryophyllie gobelet.** *Caryophyllia cyathus.*

> C. *stirpe solitaria, clavato-turbinata; stellâ concavâ; centro papilloso.*
> *Madrep. cyathus.* Soland. et Ell. t. 28. f. 7.
> *Madrep. anthophyllum.* Esper. 1. t. 24.
> Planc. t. 18. *fig. M.* Marsil. hist. t. 28. f. 128. n° 11.

* *Anthophyllum cyathus.* Schweig. Handbuch. p. 417. (1)
* *Caryoph. cyathus.* Lamour. Exp. méth. des polyp. p. 48. pl. 28. fig. 7 ; Encycl. p. 167.
* Cuvier. Règne anim. 2ᵉ éd. t. 3. p. 313.
* Fleming. Brit. anim. p. 508.

---

(1) Le genre ANTHOPHYLLUM de Schweigger a été adopté par la plupart des auteurs qui l'ont suivi, mais en y assignant des limites et des caractères très différens. M. de Blainville le définit de la manière suivante : « Polypier conique ou pyriforme, fixe à sa partie inférieure, élargi, aplati, excavé, et multilamelleux à la supérieure ». Il y range seulement les espèces fossiles dont les noms suivent :

1° *Anthophyllum truncatum*, Goldfuss (Petr. p. 46. pl. 13. fig. 9; Blainv. Op. cit. p. 340. pl. 52. fig. 2), qui est en forme de toupie, avec l'étoile orbiculaire plane et réticulée au centre, et les lamelles latérales rudes, et qui se trouve dans le calcaire grossier du Valmondois.

2° L'*Anthophyllum denticulatum*, Goldfuss (op. cit. p. 46, pl. 13. fig. 11; Blainv. loc. cit.), qui est subcylindrique, droit, avec les lamelles latérales libres, dentelées dans toute leur longueur, et alternativement grosses et minces, et qui se trouve dans le calcaire de transition de l'Amérique septentrionale.

3° L'*Anthophyllum bicostatum*, Goldfuss (loc. cit. pl. 13. fig. 12; Blainv. loc. cit.), qui est subcylindrique, subannelé transversalement, et garni de lames perpendiculaires gemminées, du calcaire de transition de l'Eifel.

4° L'*Anthophyllum Guettardi*, Defrance (Guettard. Mém. pl. 26. fig. 4 et 5; Defr. Dict. des sc. nat.)

5° L'*Anthophyllum proliferum*, Goldfuss (Petref. p. 46. pl. 13. fig. 13; Blainv. Loc. cit.), ne ressemble en rien aux autres espèces de ce genre et ne peut y rester.

Comme l'observe avec raison M. de Blainville, il ne paraît y avoir aucune raison pour séparer des Turbinolies, les fossiles décrits par M. Goldfuss sous les noms d'*Anthophyllum obconicum*, Munster (Goldf. Petref. p. 107. pl. 37. fig. 45), et d'*Anthophyllum sessile*, Munster (Goldfuss. Petref. p. 107. pl. 37. fig. 15).

* Blainv. Man. d'Actinol. p. 344. pl. 55. fig. 6.

* *Cyathina cyathus.* Ehrenb. Mém. sur les Polypes de la Mer-Rouge. p. 76.

Mus. n°.

Habite la Méditerranée. Mon cabinet.

2. Caryophyllie caliculaire. *Caryophyllia calycularis.*

C. cylindris è crustá fixá surrectis, brevibus, fuscis; stellis excavatis, centro prominulo.

Madrep. calycularis. Lin. Esper. 1. t. 16.

* Pallas Elenc. Zooph. p. 314.

Cavolin. Pol. mar. 1. t. 3. f. 1-5.

* *Anthophyllum calycularis.* Schw. Hanbd. p. 417.

* *Caryophyllia calycularis.* Lamour. Encycl. p. 169.

* *Cladocora calycularis.* Ehrenb. Op. cit. p. 86.

Madrepora calycularis. Delle Chiaje. Anim. senza. vert. di Nap. t. 2. pl. 17. fig. 7.

* *Asteroide jaune.* Quoy et Gaymard. Ann. des sc. nat. t. 10. pl. 9. B.

* *Astrea calycularis.* Blainv. Man. d'Actin. p. 367.

* Quoy et Gaymard. Voy. de l'Astrol. t. 4. p. 200. pl. 15. fig. 16. 23.

Mus. n°.

Habite la Méditerranée. Mon cabinet. * Lamarck paraît avoir confondu ici deux espèces qui, du reste, n'appartiennent ni l'une ni l'autre au genre Caryophyllie. Le *Madrepora calycularis* de Pallas dont le Muséum du jardin du roi possède un échantillon, provenant du cabinet de Vienne, est une véritable Astrée, commune dans la Méditerranée et présentant au centre de chaque cellule une colonne très saillante; ces loges ont aussi chacune une bordure mince qui est d'abord circulaire et qui, par les progrès de l'âge devient hexagonale, à cause de la pression qu'elles exercent les unes contre les autres. Dans ce Polypier, décrit par Lamarck et conservé également dans la collection du Muséum, la colonne spongieuse qui occupe l'axe est à peine saillante au fond de la loge et on ne distingue pas la bordure mince dont il vient d'être question; les cellules restent toujours isolées et saillantes. Cette dernière espèce pourrait bien être la même que celle décrite récemment par M. Lesson, sous le nom de *Tubastrée écarlate.* (1)

(1) *Tubastræa coccinea.* Lesson. Voy. aux Indes orientales, par M. Bélanger, Zooph. pl. 1. Les Polypes de cette espèce dif-

Les Polypes de la Caryophyllie calyculaire de la Méditerranée sont
de couleur jaune orangé ; leur corps est cylindrique et leur bouche est transversale et entourée d'une double couronne de tentacules courts et nombreux, disposés à-peu-près comme ceux des
Actinies.

3. Caryophyllie tronculaire. *Caryophyllia truncularis.*

*C. aggregata; cylindris crassis, extùs reticulatis, crustá lamellosá
connexis; stellis margine radiatim striato.*

* Lamour. Encycl. p. 169.
* Blainv. Man. d'Actin. p. 345.
Mus. n°.
Habite.... Mon cabinet. Ses cylindres sont des billots courts, épais,
fasciculés, munis en dehors de stries longitudinales lamelleuses,
dont les interstices sont occupés par des stries transverses plus
petites.

4. Caryophyllie fasciculée. *Caryophyllia fasciculata.*

*C. cylindris clavato-turbinatis, longiusculis, è crustá surrectis, diver-
gentibus; stellarum lamellis exsertis.*

Rumph. amb. 6. t. 87. f. 3.
Esper. I. t. 28.
* *Madrep. caryophyllites.* Pallas Elenc. Zooph. p. 313.
Madrep. fascicularis. Lin. Soland. et Ell. t. 30.
* *Caryoph. fasciculata.* Lamour. Exp. méth. des Polyp. p. 48. pl. 30.
fig. 1 ; Encycl. p. 169.
* Blainv. Man. d'Actin. p. 345.
* *Anthophyllum fasciculatum.* Schweig. Handb. p. 417.
* *Caryophyllia fasciculata.* Quoy et Gaymard. Voy. de l'Astrol. t. 4.
p. 190. pl. 13. fig. 3. 6.
* *Anthophyllum fasciculare.* Ehrenb. Op. cit. p. 89.
Mus. n°.   Vulg. l'œillet.
Habite l'Océan des grandes Indes. Mon cabinet. On la trouve fos-
sile en Europe. Ses cylindres vont en s'élargissant vers leur
sommet.

---

fèrent beaucoup de ceux des Astrées ordinaires, par le nombre
et la grandeur des tentacules, dont on ne compte que huit
comme chez les Alcyoniens, mais ici ces appendices sont très
allongés et ne présentent aucune trace de franges marginales.

E.

* Les Polypes de cette espèce de Caryophyllie, observés par MM. Quoy
et Gaymard, ont le corps rougeâtre avec des stries longitudinales ;
la bouche verte et les tentacules longs, flexibles, cylindriques,
obtus, verts à la pointe et rougeâtres dans le reste de leur étendue.
Trouvée à Vanikoro.

5. Caryophyllie astréenne. *Caryophyllia astreata.*

*C. incrustans, convexa, glomerato-globosa; cylindris brevissimis,
truncatis, è crustá surrectis; lamellis stellarum margine eminentioribus.*

An madrep. musicalis? Esper. vol. 1. t. 3o. f. 1.

* Lamour. Encycl. p. 170.

* *Sarcinula astreata.* Blainv. Man. d'Actin. p. 343.

* *Anthophyllum astreatum.* Ehrenb. Op. cit. p. 89.

Mus. n°.

Habite.... l'Océan indien ? Mon cabinet. Quoique voisine de la suivante par ses rapports, cette Caryophyllie en est très distincte.
Ses cylindres, extrêmement courts au-dessus de la croûte commune, ne sont point turbinés comme dans l'espèce no 4, et ne
sont point unis ensemble par des cloisons lamelleuses transverses,
comme dans l'espèce qui suit, mais par un empâtement utriculaire, partout égal.

6. Caryophyllie musicale. *Caryophyllia musicalis.*

*C. cylindris truncatis, distinctis, suprà crustam prominulis, et infrà
per membranas transversas et crustaceas contextis.*

Madrep. musicalis. Lin.

Madrep. organum. Pall. Zooph. p. 317.

Madrep. musicalis. Esper. 1. t. 3o. f. 2.

Guett. Mém. 3. tab. 33.

Shaw. Miscell. vol. xi. tab. 414.

* *Caryoph. musicalis.* Lamour. Encycl. p. 170.

* *Sarcinula musicalis.* Blainv. Man. d'actin. p. 348.

* *Anthophyllum musicalis.* Ehrenb. Op. cit. p. 89.

Habite l'Océan indien. On la trouve fossile sur les côtes de l'Irlande.
Mon cabinet.

† 6 a. Caryophyllie solitaire. *Caryophyllia solitaria.*

*C. solitaria, teres, brevis truncata; stellá orbiculatá, 15-16 lamellis
majoribus denticulatis.*

Lesueur. Mém. de l'Acad. de Philadelphie. t. 1. p. 179. pl. . fig.
10, et Mém. du Mus. t. 6. p. 273. pl. 15. fig. 1.

Lamour. Encycl. p. 168.

Blainv. Man. d'Actin. p. 344.

Habite les côtes de la Guadeloupe. L'animal est diaphane et pourvu de vingt-deux tentacules courts. épais, et parsemés de taches blanches ; douze de ces appendices sont annelés de rouge à leur extrémité ; l'ouverture buccale est linéaire, et marquée de chaque côté de trois bandes noires.

† 6 *b*. Caryophyllie géante. *Caryophyllia gigantea.*

C. fossilis, arcuatim conica, longitudinaliter striata, transversim sulcata.

Lesueur. Mém. du Mus. t. 6. p. 296.

Lamour. Encycl. p. 167.

Blainv. Man. d'Actin. p. 343.

Fossile trouvée à Waren aux États-Unis d'Amérique.

† 6 *c*. Caryophyllie cornicule. *Caryophyllia cornicula.*

C. fossilis simplex, corniculata, striata, transversim undulata, ad apicem dilatata ; stellá concavá ; lamellis dentatis.

Lesueur. Mém. du Mus. t. 6. p. 297.

Lamour. Encycl. p. 167.

Blainv. Man. d'Actin. p. 345.

Trouvée sur les bords du lac Erié.

† 6 *d*. Caryophyllie tronquée. *Caryophyllia truncata.*

C. fossilis, simplex, teres, supernè plana, fere truncata, longitudinaliter forte striata, præcipuè in parte supera.

Lamour. Exp. méth. des Polyp. p. 85. pl. 78. fig. 5 ; Encycl. p. 169.

Blainv. Man. d'Actin. p. 346.

Calcaire à Polypiers de Caen.

† 6 *e*. Caryophyllie allongée. *Caryophyllia elongata.*

C. fossilis, simplex ; teres subfusiformis, truncata, transversa, striato-annulosa, lamellis 72 mamelluliferis.

Guett. t. 3. p. 467. pl. 26. fig. 6.

Defr. Dict. des sc. nat. t. 7. p. 193.

Lamour. Encycl. p. 168.

Blainv. Man. d'Actin. p. 346.

Calcaire jurassique de la Lorraine.

† 6 *f*. Caryophyllie striée. *Caryophyllia striata.*

C. fossilis, simplex, elongato conica, tenuiter striata ; substantiá spongiosá.

Defr. Dict. des sc. nat. t. 7. p. 192.

Lamour, Encycl. p. 168.
Blainv. Man. d'Actin. p. 346.
Calcaire grossier du Plaisantin.

† 6 *g*. Caryophyllie de Hauteville. *Caryophyllia Altavillensis.*

C. fossilis, conica; arcuata, lævis; stellâ amplissima, 60 ferè lamellis.
Defr. Dict. des sc. nat. t. 7. p. 192.
Lamour. Encycl. p. 169.
Blainv. Man. d'Actin. p. 346.
Des falunières de Hauteville, département de la Manche.

† 6 *h*. Caryophyllie de Chaumont. *Cariophyllia calvimontii.*

C. fossilis, simplex, elongato-conica, stricta; stella læviter umbilicatâ, 2 pollicem latâ, 60 ferè lamellis alternatim majoribus.
Guet. Mém. t. 3. p. 463. pl. 25. fig. 1. 5.
Caryophyllia troncata. Def. Dict. des sc. nat. t. 7 p. 193.
Caryophyllia calvimontii. Lam. Encycl. p. 168.
Fossile des carrières de Chaumont, près de Verdun.

§§ *Tiges divisées ou rameuses.*

7. Caryophyllie en touffe. *Caryophyllia flexuosa.*

C. cylindris ramosis, flexuosis, subcoalescentibus, in fasciculum rotundatum aggregatis.
Madrep. flexuosa. Lin. Amæn. acad. 1. p. 96. t. 4. f. 13.
Soland. et Ellis. t. 32. f. 1. *optima, sed absque descript.*
Gualt. ind. t. 106. *fig.* G.
Esper. Suppl. 2. petrief. t. 6.
* Lamour. Exp. méth. des Polyp. p. 49. pl. 32. fig. 1; Encycl. p. 170.
* Blainv. Man. d'Actin. p. 345.
* *Cladocora flexuosa.* Ehrenh. Op. cit. p. 86.
Mon cabinet.
Habite.... l'Océan indien? Elle est très distincte de la suivante.

8. Caryophyllie en gerbe. *Caryophyllia cespitosa.*

C. cylindris rectis, furcatis, distinctis, in fasciculum erectum aggregatis.

Madrep. cespitosa. Lin. Gualt. ind. t. 61. in verso.

Madrep. flexuosa. Soland. et Ell. t. 31. f. 5. 6.

Madrep. fascicularis. Esper. 1. t. 29.

* Lamour. Exp. méth. des Polyp. p. 49. pl. 31. fig. 5. 6; Encycl. p. 171.

* Blainv. Man. d'actin. p. 345.

* *Anthophyllum cespitosum.* Schw. Handb. p. 417.

* *Cladocora cespitosa.* Ehrenb. Op. cit. p. 86.

Habite la Méditerranée. Mon cabinet.

* **M.** Goldfuss rapporte à cette espèce la Caryophyllie fossile figurée par Guettard, sous le nom de Coralloïde branchue (op. cit. t. 2. pl. 58. fig. 39 et t. 3. pl. 60. fig. 4). C'est le *Lithodendron cespitosum* de Goldfuss (Petref. p. 44. pl. 13. fig. 4). *Caryoph. cespitosa.* (Blainv. Man. p. 346.)

9. Caryophyllie anthophylle. *Caryophyllia anthophyllum.*

C. fasciculata; ramis elongatis, infundibuliformibus, infernè attenuatis, erectis; stellarum lamellis inclusis.

Madrep. anthophyllites. Soland. et Ell. t. 29.

Esper. Suppl. 1. t. 72.

Anthophyllum Saxum. Ruphm. Amb. 6. t. 87. f. 4?

* Lamour. Exp. méth. des Polyp. p. 49. pl. 29; Encycl. p. 172.

* Blainv. Man. d'Actin. p. 344.

* *Cladocora? Anthophyllum.* Ehrenb. Op. cit. p. 85.

Habite.... l'Océan des grandes Indes. Mon cabinet.

† 9. a. Caryophyllie dichotome. *Caryophyllia dichotoma.*

C. cespitosa erecta, subflexuosa, ramis cylindricis, dense striatis dichotomis, stellis orbiculatis excavatis.

Calomite très branchu. Guett. Mém. t. 3. p. 490. pl. 39. fig. 1.

Lithodendron dichotomum. Goldf. Petref. p. 44. pl. 13. fig. 3.

Caryophyllia dichotoma. Blainv. Man. d'Actin. p. 446.

Calcaire jurassique des Alpes suisses.

10. Caryophyllie cornigère. *Caryophyllia cornigera.*

C. laxè ramosa; ramulis lateralibus elongatis, arcuatis, infundibuliformibus, ascendentibus.

Madrep. ramea. var. Esper. 1. tab. 10.

* Lamour. Encycl. p. 172.

* *Dendrophyllia cornigera.* Blainv. Op. cit. p. 354.

Mus. n°.

Habite..... l'Océan indien? Cette espèce bien distincte ne doit pas

être confondue avec la suivante. Elle tient beaucoup de la C. an-
thophylle par ses rameaux.

(* M. Ehrenberg l'a réunie à l'espèce précédente.)

11. Caryophyllie en arbre. *Caryophyllia ramea.*

C. dendroides, ramosa ; ramulis lateralibus, brevibus, inæqualibus,
cylindricis.

Madrep. ramea. Lin. Soland. et Ell. t. 38.

Tournef. Inst. t. 340.

Esper. 1. t. 9. et t. 10 A.

* *Caryophyllia arborea.* Lamour. Exp. méth. des Polyp. p. 50.
pl. 38 ; Encycl. p. 171.

* *Lithodendron rameum.* Schweig. Handb. p. 416.

* *Dendrophyllia ramea.* Blainv. Man. d'Actin. p. 354. pl. 53.
fig. 2.

* *Oculina ramea.* Ehrenb. Op. cit. p. 80.

Mus. n$_o$.

Habite la Méditerranée, le golfe de Venise. Commune dans les
collections. Voy. *Donati*, hist. nat. de la mer Adr. p. 50. pl. 7.

* Cet animal que j'ai eu l'occasion d'observer sur la côte d'Afrique
ne présente rien de semblable aux appendices en forme de crochets figurées par Donati.

† 11 *a*. Caryophyllie orangée. *Caryophyllia aurantiaca.*

C. ramis brevibus ovatis, aut compressis, extrinsecus striatis, aureis ;
stellis excoriatis ; polypis aurantiacis brevitentaculatis.

Lobophyllia aurea. Quoy et Gaym. Voy. de *l'Uranie.* t. 4. p. 195.
pl. 15. fig. 7-11.

Lobophyllia aurantiaca. Blainv. Man. d'Act. p. 355.

Habite....... la Nouvelle-Hollande. Cette Caryophyllie, que MM. de
Blainville, Quoy et Gaymard rangent dans le genre Lobophyllie du
premier, ne présente pas les caractères assignés à cette division,
et se rapproche évidemment des Dendrophyllies du même.

† 11 *b*. Caryophyllie arbuste. *Caryophyllia arbuscula.*

C. ramosa ; ramis teretibus flexuosis, striatis, stellis margine denti-
culatis, 30-32 lamellis alternatim majoribus.

Lesueur. Mém. du Muséum. t. 6. p. 275. pl. 15. fig. 2.

Lamour. Encycl. méth. zooph. p. 171.

Habite les côtes de l'île Saint-Thomas. Polype discoïde, actiniforme,
à bords garnis de 30 à 32 tentacules coniques, aussi longs que le
diamètre de l'étoile du Polypier, roux et verts, avec une tache
blanche à l'extrémité et tuberculeux.

12. **Caryophyllie en cyme.** *Caryophyllia fastigiata.*

> *C. erecta, dichotoma, fastigiata; ramis crassis, striato-angulatis;*
> *stellis margine plicatis.*
>
> *Madrep. fastigiata.* Lin. pall. zooph. p. 301.
> Soland. et Ell. t. 33.
> * *Lithodendron fastigiatum.* Schweig. Handb. p. 416.
> * Lamour. Expos. méth. des Polyp. p. 50. pl. 33; Encycl. p. 172.
> * *Lobophyllia fastigiata.* Blainv. Man. d'Act. p. 356.
> Mus. n$_o$.
> 2. *Madrep. capitata.* Esper. Suppl. 2. t. 81.
> Seba. Mus. 3. t. 109. f. 1.
> Esper. Suppl. 1. t. 8. 2.
> * Ehrenb. Mém. sur les Polyp. de la mer Rouge. p. 92.
> Habite les mers de l'Amérique méridionale.

13. **Caryophyllie anguleuse.** *Caryophyllia angulosa.*

> *C. cespitosa; ramis brevibus, erectis, creberrimis; stellis orbiculato-*
> *sinuatis, irregularibus.*
>
> Seba. Mus. 3. t. 109. f. 6.
> Esper. Vol. 1. t. 8.
> Mus. n°.
> 2. *Var. stellis margine patulis, echinatis.*
> Seba. Mus. 3. t. 109. f. 2-3.
> Esper. 1. t. 7 ?
> 3. *Var. limbo stellarum explanato, sinuato.*
> Esper. 1. t. 25.
> Seba. Mus. 3. t. 109. f. 4.
> Knorr. delic. tab. A. III. f. 1.
> * *Caryoph. angulosa.* Lamour. Encycl. p. 173.
> * Quoy et Gaym. Voy. de *l'Uranie.* pl. 96. fig. 9.
> * *Lithodendron angulosum.* Schweig. Hand. p. 416.
> * *Lobophyllia angulosa.* Blainv. Man. d'Actin. p. 355 (1).

---

(1) M. de Blainville sépare des Caryophyllies, sous le nom
de LOBOPHYLLIES, les espèces dont les cellules polypifères sont
partagées en un grand nombre de sillons par des lamelles tranchantes, laciniées, et dont les animaux sont pourvus de beaucoup de longs tentacules cylindriques.

Ce naturaliste range aussi dans cette division quelques Polypiers fossiles; savoir : la *Meandrina Leucasiana,* Defrance (Dict.
des sc. nat. t. 29, p. 377); la *Lobophyllia lobata,* Blainv., espèce

* Quoy et Gaym. Voy. de *l'Astrolabe*. t. 4. p. 193. pl. 15. fig. 1.1.
* *Caryophyllia angulosa*. Ehrenb. Mém. sur les Polyp. de la mer Rouge. p. 91.

Mus. n°.

Habite les mers d'Amérique.

* Il est probable que plusieurs espèces ont été confondues ici sous le même nom. Celle qu'on connaît le mieux, et qui a été décrite par MM. Quoy et Gaymard, a été trouvée sur les côtes de la Nouvelle-Hollande. L'animal est d'un brun-verdâtre avec l'extrémité des tentacules d'un vert vif; ces appendices sont si longs chez les grands individus, disent les naturalistes que nous venons de citer, qu'on peut les saisir à pleines mains sans crainte de les voir se contracter et disparaître; ils adhèrent à la peau comme ceux des Actinies.

† 13 a. Caryophyllie glabrescente. *Caryophyllia glabrescens.*

C. *bipollicaris, ramis crassitie semipollicaribus, dichotomis, aut trichotomis, extus glabriusculis, stellæ angulosæ pollicaris centro profundissimo, amellis margine integerrimis vel obsolete dentatis.*

Chamisso et Eysenh. Nov. act. nat. curios. t. x.

Lobophyllia glabrescens. Blainv. Man. d'Actin. p. 355. pl. 53. fig. 3.

Caryophyllia glabrescens. Ehrenb. Mém. sur les Polyp. de la mer Rouge. p. 92.

Trouvée à l'île de Raddak. L'animal est jaune avec de longs tentacules claviformes.

† 13 b. Caryophyllie en corymbe. *Caryophylla corymbosa.*

C. *pedalis erecta, dichotoma, fastigiata, stellis terminalibus, inæqualibus, 1–2 1|2 pollices latis, subturbinatis, sæpe compressis et angulosis, lamellis validè dentatis.*

Madrepora corymbosa. Forsk. Descript. anim. Egypt. p. 137.

Lobophyllia corymbosa. Blainv. Man. d'Actin. p. 356.

Caryophyllia corymbosa. Ehrenb. Mém. sur les Polyp. de la mer Rouge. p. 91.

Habite.... la mer Rouge. L'animal est brunâtre avec le disque jaune et entouré de papilles.

---

nédite de la collection de M. Michelin, et *Lobophyllia jouve* censis, Blainv., figurée par Guettard. (Mém. t. 3. pl. 26. fig. 1.

14. Caryophyllie sinueuse. *Caryophyllia sinuosa.*

C. cespitosa; ramis brevibus, supernè dilatato-compressis sinuosis; stellis elongatis, compressis, flexuosis; echinatissimis.

Madrep. angulosa. Soland. et Ell. t. 34.

Madrep. cristata. Esper. 1. t. 26.

* *Caryophyllia sinuosa.* Lamour. Exp. des Polyp. p. 50. pl. 34; Encycl. p. 173.

* *Lobophyllia sinuosa.* Blainv. Op. cit. p. 356.

* *Caryophyllia cristata.* Ehrenb. Mém. sur les Polyp. de la mer Rouge. p. 91.

Mus. n°.

Habite les mers d'Amérique. Quoique voisine de la précédente, cette espèce eu parait constamment distincte.

15. Caryophyllie piquante. *Caryophyllia carduus.*

C. cymosa; ramis crassissimis; sulcato-muricatis; stellis maximis orbiculatis; lamellis serrato-dentatis.

Madrep. carduus. Soland. et Ell. t. 35.

Esper. 1. t. 25. f. 2. (et fortè t. 7.)

Seba. Mus. 3. t. 108. f. 4. t. 109. f. 5. t. 110. f. 4. et f. 6. litt. **A.**

* *Caryophyllia carduus.* Lamour. Exp. méth. p. 50. pl. 35 ; Encycl. p. 173.

* *Madrep.* Savigny. Egypt. pl. 4. fig. 2.

* *Lobophyllia carduus.* Blainv. op. cit. p. 356.

* *Caryophyllia lacera.* Ehrenb. Op. cit. p. 92.

Mus. n°.

Habite les mers d'Amérique. Mon cabinet.

† 16. Caryophyllie grèle. *Caryophyllia gracilis.*

C. fossilis cespitosa, erecta; fastigiata; ramis cylindricis gracilibus dichotomis æqualibus confertim striatis.

Lithodendron gracile. Goldf. Petref. p. 44. pl. 13. fig. 2.

Caryophyllia gracilis. Blainv. Man. d'Actin. p. 346.

Fossile calcaire de la Glauconie sablonneuse (*Quadersandsteine*) des environs de Quedlinbourg.

† 17. Caryophyllie dichotome. *Caryophyllia dichotoma.*

C. fossilis, cespitosa, erecta, subflexuosa ; ramis cylindricis densè striatis dichotomis, stellis orbiculatis excavatis.

Calamite très branchue. Guet. Mém. t. 3. p. 490. pl. 39. fig. 1.

Lithodendron dichotomum. Goldf. Petref. p. 44. pl. 13. fig. 3.

Caryophyllia dichotoma. Blainv. Man. d'Actin. p. 346.

Fossile du calcaire jurassique de la Souabe.

† 18. Caryophyllie plissée. *Caryophyllia plicata.*

*C. ramosa, cespitosa ; ramis erectis compressis densè striatis fasti-
giatis bi vel trifidis ; stellis irregularibus plicatis.*
Knorr. Petref. tab. G. n. 26. fig. 1. 2.
Lithodendron plicatum. Goldf. Petref. p. 45. pl. 13. fig. 3.
Caryophyllia plicata. Blainv. Man. d'Actin. p. 346.
Fossile des montagnes de Wurtemberg.

† 19. Caryophyllie trichotome. *Caryophyllia trichotoma.*

*C. fossilis, trichotoma, crassa, dense sulcata ; ramis fastigiatis ; stel-
larum lamellis subtilissime denticulatis.*
Lithodendron dichotomum. Goldf. Petref. p. 45. pl. 13. fig. 6.
Caryophyllia trichotoma. Blainv. Man. d'Actin. p. 346.
Fossile de la même localité que le p récédent.

† 20. Caryophyllée cariée. *Caryophyllia cariosa.*

*C. crassa, humile deliquescens, striato-cariosa ; ramis truncatis ; stel-
larum lamellis irregularibus.*
Lithodendron cariosum. Goldf. Petref. p. 45. pl. 13. fig. 7.
Caryophyllia cariosa. Blainv. Man. d'Actin. p. 346.
Fossile des couches inférieures du calcaire grossier des environs de
Paris.

† 21. Caryophyllie œillet. *Caryophyllia dianthus.*

*C. fasciculata ; ramis abbreviatis obconicis fastigiatis transversim re-
gulosis ; stellis orbiculatis excavatis nonnullis contiguis.*
Lithodendron dianthus. Goldf. Petref. p. 45. pl. 13. fig. 8.
Caryophyllia dianthus. Blainv. Man. d'Actin. p. 346.
Fossile des montagnes de Wurtemberg.

† Ajoutez le *Caryophyllia fasciculata.* Flem. (Parkinson. org. rem. t. 3.
pl. 6. fig. 8) ; le *C. duplicata* (Martin. Petr. Derb. t. 30) ; le *C. affinis* (Martin. op. cit. pl. 31), fossile du calcaire houiller d'Angleterre ; le *C. centralis*
(Park. t. 3. pl. 4. fig. 15. 16. ; Mantell, *Geolog. of Sussex.* pl. 16. fig. 2. 4.
et Fleming. Brit. an. p. 509) ; fossile de la craie d'Angleterre ; le *C. pulmonea,*
Lesueur (Mém. du Muséum. t. 6. p. 97).

M. Risso a décrit aussi plusieurs Caryophyllées, qu'il considère comme
étant des espèces nouvelles (Voyez Hist. nat. de l'Europe méridion. t. 5.
p. 852).

TURBINOLIE. (Turbinolia.)

Polypier pierreux, libre (1), simple, turbiné ou cunéiforme, pointu à sa base, strié longitudinalement en dehors, et terminé par une cellule lamellée en étoile, quelquefois oblongue.

Polyparium lapideum, liberum, simplex, turbinatum vel cuneiforme, extùs longitudinaliter striatum, basi acutum.

Cellula unica, terminalis, lamelloso-stellata, interdùm oblonga.

OBSERVATIONS. — Par leurs rapports, les *Turbinolies* tiennent, d'une part, aux Caryophyllies simples, et de l'autre, aux Fongies. Elles ne sont point fixées comme les Caryophyllies, et leur base se rétrécissant en pointe, les distingue suffisamment des Fongies.

Ce sont des Polypiers simples, libres, peu volumineux, turbinés ou cunéiformes, striés longitudinalement en dehors, et qui n'ont chacun qu'une seule étoile terminale, dont les lames sont rayonnantes.

Comme ces Polypiers n'ont qu'une seule étoile, qui est terminale et à lames en rayons, on ne saurait douter que chacun d'eux n'ait été formé par un seul animal.

Je ne connais encore que huit espèces de ce genre, et toutes se trouvent dans l'état fossile.

[Les Turbinolies ont la plus grande analogie avec les Caryophyllies; mais elles sont solitaires, et leur Polypier, enveloppé de toutes parts dans le corps du Polype, est libre ou du moins le devient par les progrès de l'âge. MM. Quoy et Gaymard, qui ont observé une espèce vivante, ont constaté que l'animal est actiniforme, et présente autour de la bouche des tentacules assez nombreux.   E.]

---

(1) Ils ne paraissent pas toujours être libres.   E.

ESPÈCES.

† **1** *a.* Turbinolie rouge. *Turbinolia rubra.*

T. triangularis, compressa; cuneiformis; stellá oblongá, sublutea et rubra; lamellis regularibus inæqualibus. Animale rubro; tentaculis longis albis, verrucosis.

Caryoph. compressa. Blainv. Man. d'Actin. p. 344.

Turbin. rubra. Quoy et Gaym. Voy. de *l'Astr.* t. 4. p. 188. pl. 14. fig. 5-9.

Habite les mers de la Nouvelle-Zélande.

1. Turbinolie patellée. *Turbinolia patellata.*

T. brevis, turbinato-truncata; stellá orbiculari plano-concavá; lamellis radiantibus tenuissimis.

* Delonch. Encycl. zooph. p. 760.

* Defr. Dict. des sc. nat. t. 56. p. 91.

* Blainv. Man. d'Actin. p. 342.

Mon cabinet.

Habite..... fossile des environs du Mans. *Ménard.*

2. Turbinolie turbinée. *Turbinolia turbinata.*

T. turbinato-concava, extùs substriata; stellæ margine recto; centro discoideo.

Madrepora turbinata. Lin. Amæn. acad. 1. t. 4. f. 2. 3. 7.

* *Turbin. turbinata.* Lamour. Exp. méth. des Polyp. p. 51.

* Schw. Handb. p. 417.

* Delonch. Encycl. p. 760.

* Defr. Dict. des sc. nat. t. 56. p. 91.

* Cuvier. Règ. anim. 2e édit. t. 3. p. 313.

* *Cyanthophyllum turbinatum.* Goldf. Petref. p. 56. pl. 16. fig. 8.

Mon cabinet.

Habite.... fossile de.... (*du calcaire de transition de l'Eifel.)

3. Turbinolie cyathoïde. *Turbinolia cyathoides.*

T. brevis; stellá maximá; margine expanso; centro discoideo.

Madrep. turbinata. Lin. Amæn. acad. 1. t. 4. f. 1.

Esper. Suppl. 2. Petref. t. 2.

Habite.

4. Turbinolie comprimée. *Turbinolia compressa.*

T. brevis, turbinata, compressa; stellá oblongá; lamellis inæqualibus denticulatis.

* Lamour. Exp. méth. des Polyp. p. 5ı. pl. 74. fig. 22 et 23.
* Delonch. Encycl. p. 760.
* Cuvier. Règ. anim. 2e édit. t. 3. p, 313.
* Blainv. Man. d'Actin. p. 342.
* *Turbin. delphina.* Defr. Dict. des sc. nat. t. 56. p. 92.
Mon cabinet.
Habite.... fossile de....

† 4 *a.* Turbinolie aplatie. *Turbinolia complanata.*

T. cyathiformi-complanata, submarginata, lamellis lateralibus con-
   fertis crenulatis, stellæ linearis flexuosis.
Goldf. Petref. p. 53. pl. 15. fig. 10.
Fossile.... du Midi de la France.
M. de Blainville réunit cette espèce à la précédente. (Man. p. 342.)

5. Turbinolie crêpue. *Turbinolia crispa.*

T. cuneata, extùs sulcis longitudinalibus crispis exarata; stellâ
   oblongâ; lamellis latere asperis.
Mon cabinet.
* Lamour. Exp. méth. des Polyp. p. 5ı. pl. 74. fig. 14-17.
* Delonch. Encycl. p. 761.
* Cuvier. Règ. anim. 2e édit. t. 3. p. 313.
* Cuv. et Brongniart. Ossem. foss. éd. in-8°. t. 4. p. 67. pl. P. fig. 4.
* Goldf. Petref. p. 53. pl. 15. fig. 7.
* Defr. Dict. des sc. nat. t. 56. p. 92.
* Blainv. Man. d'Actin. p. 341.
Habite.... fossile de Grignon.

† 5 a. Turbinolie intermédiaire. *Turbinolia intermedia.*

T. cuneato-compressa, lamellis lateralibus, raris crassis, lævibus, in
   stellâ oblongâ singulis alternatim dimidiatis.
Munster. Ap. Goldf.
Goldf. Petref. p. 108. pl. 37. fig. 19.
Fossile des couches arénacées de la formation du calcaire grossier
   des environs de Cassel.
Cette espèce est intermédiaire entre la précédente et la suivante.

6. Turbinolie sillonnée. *Turbinolia sulcata.*

T. cylindraceo-turbinato; sulcis longitudinalibus elevatis ad in-
   terstitia transversè striatis.
* Lamour. Exp. méth. des Polyp. p. 5ı. pl. 74. fig. 18. 21.
* Cuv. et Brongn. Ossem. foss. éd. in-8°. t. 4. p. 67. pl. P. fig. 3.
* Delonch. Encycl. p. 761.

* Goldf. Petref. p. 51. pl. 15. fig. 3.
* Schw. Handb. p. 417.
* Flem. Brit. anim. p. 510.
* Defr. Dict. des sc. nat. t. 56. p. 93.
* Blainv. Man. d'Actin. p. 341.
Mon cabinet.
Habite.... fossile de Grignon.

7. Turbinolie clou. *Turbinolia clavus.*

*T. turbinato-clavata, recta, basi acuta; striis longitudinalibus, gra-
nulatis, subdentatis.*
* Delonch. Encycl. p. 761.
* Defr. Dict. des sc. nat. t. 56. p. 92.
Mon cabinet.
Habite..... fossile des environs d'Agen. Se trouve aussi près d'Aix-
la-Chapelle.

8. Turbinolie girofle. *Turbinolia caryophyllus.*

T. tereti-turbinata; striis externis, simplicibus.
* Delonch. Encycl. p. 76.
* Defr. Dict. des sc. nat. t. 56. p. 92.
* *Turbinolie giraffe.* Blainv. Man. d'Actin. p. 342.
Mon cabinet.
Habite.... fossile d'Angleterre. Il est cylindrique-turbiné, de la lon-
gueur d'un clou de girofle ou un peu plus.

† 10. Turbinolie celtique. *Turbinolia celtica.*

*T. fossilis, subcylindrica, longitudinaliter undulata; lamellis octo-
decim disjunctis, marginibus partim disjunctis.*
Lamour. Exp. méth. des Polyp. p. 85. pl. 78. fig. 7 et 8.
Delonch. Encycl. p. 761.
Fossile trouvé dans un schiste argileux de transition du Finistère.

† 11. Turbinolie courbée. *Turbinolia cernua.*

*T. compresso-infundibuliformis, cernua; lamellis lateralibus remotis
stellæque oblongæ undulatis.*
Goldf. Petref. p. 53. pl. 15. fig. 8.
Blainv. Man. d'Actin. p. 342.
Fossile du Midi de la France.

† 12. Turbinolie en coin. *Turbinolia cuneata.*

*T. obconico-compressa, lamellis lateralibus obsoletis, stellæ oblongæ
remotis inæqualibus, septo medio longitudinali cancellato conjunctis.*

Goldf. Petref. p. 53. pl. 15. fig. 9.
Blainv. Man. d'Actin. p. 342.
Fossile des Pyrénées.
A. var anceps, sedecimcostata. Goldf. p. 108. pl. 37. fig. 17.
Fossile du Vicentin.

13. Turbinolie granulée. *Turbinolia granulata.*

*T. obconica, basi incurva, lamellis lateralibus granulatis in stellâ
orbiculari, singulis alternatim brevissimis.*
Munster.
Goldf. Petref. p. 108. pl. 37. fig. 20.
Fossile des couches arénacées de la formation du calcaire grossier des
environs de Cassel.

14. Turbinolie didyme. *Turbinolia didyma.*

*T. cuneata, sulco medio didyma, lateralibus rugosis, lamellis tenui-
bus indistinctis, stellæ oblongæ in angulum flexæ inæqualibus
rectiusculis.*
Goldf. Petref. p. 54. pl. 15. fig. 11.
Blainv. Man. d'Actin. p. 342.
Fossile de la Provence.

† 15. Turbinolie mitre. *Turbinolia mitrata.*

*T. subcompressa, obconica, basi incurvata; lamellis crassiusculis
superficie subconnatis papillosis stellæ ovatæ inæqualibus den-
ticulatis.*
Goldf. Petref. p. 52. pl. 15. fig. 5.
Blainv. Man. d'Actin. p. 342.
Fossile des environs d'Aix-la-Chapelle.

† 16. Turbinolie à douze côtes. *Turbinolia duodecim cos-*
tata.

*T. cuneata, duodecimcostata; lamellis stellæ ellipticæ duodecim ma-
joribus septenis minoribus interpositis.*
Goldf. Petref. p. 52. pl. 15. fig. 6.
T. à dix côtes. Blainv. Man. d'Actin. p. 342.
Fossile du calcaire subappennin du Plaisantin.

† 17. Turbinolie à lignes. *Turbinolia lineata.*

*T. obconica, basi incurva, subcompressa superficie striata granulata,
stellâ ellipticâ, lamellis majoribus prominulis singulis alternatim
minoribus.*

Goldf. Petref. p. 108. pl. 37. fig. 18.
Fossile du calcaire grossier du Salzberg.

† 18. Turbinolie de Konig. *Turbinolia Konigii.*

T. cylindraceo-turbinata; sulcis longitudinalibus 25 vel 30 elevatis; stellâ orbiculari, margine crenulatâ.

Mantell. Geol. sussep. p. 85. pl. 19. fig. 22. 28.
Fleming. Brit. anim. p. 510.
Blainv. Man. d'Act. p. 342.
Fossile de la marne calcaire bleue de l'Angleterre.

† 19. Turbinolie elliptique. *Turbinolia elliptica.*

T. obconica, subcompressa; lamellis lateralibus densis granulatis, stellæ inæqualibus.

Cuvier et Brongniart. Ossem. foss. édit. in-8. t. 4. p. 67. pl. P. fig. 2.
Goldfuss. Petref. p. 52. pl. 5. fig. 4.
Defrance. Dict. des sc. nat. t. 56. p. 92.
Blainville. Man. d'Actinol. p. 342.
Fossile du calcaire grossier inférieur des environs de Paris.

† Plusieurs autres espèces de Turbinolies ont été décrites d'une manière succincte par M. Defrance, mais n'ont pas été figurées, et ne sont connues que d'une manière imparfaite. Telles sont la *Turbinolia dispar*, Defrance (loc. cit.), qui a des rapports avec le *Turbinolia sulcata*; la *Turbinolia Mitlesiana*, Def. (loc. cit.), qui a été trouvée aux environs d'Angers, et qui est comprimée, cunéiforme, et marquée de 24 stries longitudinales lisses; la *Turbinolia granulosa*, Def. (loc. cit.), qui a été trouvée dans le calcaire grossier du département de la Manche, et qui présente tantôt des traces de stries longitudinales granuleuses, tantôt une surface toute granuleuse; la *Turbinolia Basochesii*, Def. (loc. cit.), fossile des environs de Fréjus, qui paraît avoir beaucoup d'analogie avec la *Turbinolia complanata* de Goldfuss (Voyez n° 4 a. p. 361).

Ajoutez aussi la *Turbinolia dubia*, Defr. (Dict. des sc. nat. t. 56. p. 92; Parkinson. *Organic remains.* pl. 4. fig. 11). La *Turbinolia fungitis.* (Flem. Brit. anim. p. 510, *Fungitis* Ure Ruth. pl. 20. fig. 6); la *T. conica* et quelques autres espèces fossiles figurées par Fischer (Oryctog. de Moscou. pl. 3. fig. 4. 5 et 6).

Enfin on trouve aussi dans l'histoire naturelle de l'Europe méridionale, par M. Risso la description de huit Polypiers que cet auteur rapporte au genre Turbinolie et considère comme étant nouvelles.

M. Goldfuss a établi sous le nom de DIPLOCTENIUM une

division générique qui est la même que celle nommée plus récemment *Flabellum* par M. Lesson, et qui se rapproche extrêmement des Turbinolies , auxquelles M. de Blainville la réunit. Ces Polypiers ont en effet une structure semblable et le caractère distinctif des Diploctinies, ne consiste guère que dans leur compression extrême qui leur donne une forme d'éventail et dans leur pédoncule étroit.

La Flabelline pavonine (*Flabellum pavoninum* , Lesson. Illust. de zool. 5e liv. pl. 14.) est une espèce récente qui habite les mers de l'Océanie.

Le *Diploctenium cordatum* (Faujas. pl. 35. fig. 3 et 4 ; Goldfuss. Petref. p. 51 et 107. pl. 15. fig. 1. et pl. 37. fig. 16); et le *Diploctenium pluma* (Goldf. Petref. p. 51. pl. 15. fig. 25), sont les fossiles de la craie de Mastreicht.

[On range à la suite des Turbinolies une petite division générique établie par Lamouroux, sous le nom de **TURBINOLOPSE**, *Turbinolopsis*. M. de Blainville pense qu'on pourrait même la réunir aux Turbinolies ou aux Anthophylles ; mais si la figure que Lamouroux en a donnée est exacte, ces Polypiers auraient un caractère très remarquable ; leur forme générale est la même que celle des Turbinolies ; mais les lames rayonnantes qui les forment sont criblées de trous, et réunies, de distance en distance, par de petites traverses, de façon à former un grand nombre de tubes verticaux qui communiquent tous entre eux par des ouvertures latérales. Voici , du reste , les caractères assignés à ce genre par Lamouroux.

« Polypier fossile, en forme de cône renversé, et sans point d'attache distinct, surface supérieure plane, marquée de lames rayonnantes réunies ensemble à des intervalles courts et égaux ; ces lames produisent latéralement des stries longitudinales très flexueuses., dont les angles saillans, en opposition entre eux et très souvent réunis, forment des trous rayonnans, irréguliers, et situés en quinconces. Ces trous ou lacunes communiquent ensemble par une grande quantité de pores de grandeur inégale. »

On ne connaît qu'une espèce de ce genre : la *Turbinolopsis ochracea*. (Lamouroux. Exp. méth. des polyp. p. 85, pl. 82. fig. 4.6; Delonch. Encycl. p. 761; Cuv. Règ. anim. 2° éd. t. p. 313; Blainv. Man. d'Actin. p. 344. pl. 63. fig. 6.) E.]

CYCLOLITE. (Cyclolites.)

Polypier pierreux, libre, orbiculaire ou elliptique, convexe et lamelleux en dessus, sublacuneux au centre, aplati en dessous avec des lignes circulaires concentriques.

Uue seule étoile lamelleuse, occupant la surface supérieure. Les lames très fines, entières, non hérissées.

Polyparium lapideum, liberum, orbiculatum vel ellipticum, supernè convexum et lamèllosum, centro sublacunoso; infernâ superficie planâ, lineis circularibus concentricis exaratâ.

Stella unica lamellosa, supernam superficiem occupans : lamellis tenuissimis, integris, glabris.

OBSERVATIONS. — Les *Cyclolites*, que l'on ne connaît encore que dans l'état fossile, ont les plus grands rapports avec les Fongies; mais elles s'en distinguent éminemment par les lignes circulaires concentriques de leur surface inférieure, et par les lames glabres de leur étoile. L'enfoncement du centre de leur étoile est plus ou moins oblong, et manque dans une espèce.

Tout ce que l'on peut présumer relativement aux Polypes dont elles proviennent, c'est que les Cyclolites sont chacune le Polypier d'un seul animal, comme dans les Fongies, puisqu'elles ne présentent qu'une seule étoile lamelleuse.

[M. Goldfuss réunit les Cyclolites aux Fongies avec lesquelles elles ont en effet beaucoup d'analogie. E.]

ESPÈCES.

1. Cyclolite numismale. *Cyclolites numismalis.*

C. orbiculata; supernè stellá lamellosá, convexá; lacuná centrali rotundatá.

Madrep. porpita. Lin. Esper. suppl. Petref. t. 1. f. 1. 3.
Guet. mém. 3. pl. 23. f. 4. 5.
* *Fungia numismalis.* Goldf. Petref. p. 48. pl. 14. fig. 3.
* *Cyclolites numismalis.* Schweig. Hand. p. 414.
* Blainv. Mau. d'Act. p. 335. pl. 51. fig. 1.
Habite l'Océan indien. Fossile.... (* du Wurtemberg). Mon cabinet. Orbiculaire comme une pièce de monnaie, les lignes concentriques de sa face inférieure sont traversées par d'autres lignes rayonnantes.

2. Cyclolite hémisphérique. *Cyclolites hemisphærica.*

C. orbiculata, supernè convexa; lacuná centrali oblongá; stellá tenuissimè lamellosá.

Scheuchz. herb. diluv. t. 13. f. 1.
* *Fungia polymorpha.* Goldf. Petref. p. 48. pl. 14. fig. 6.
* *Cyclolites hemisphærica.* Blainv. op. cit. p. 335.
Habite.... Fossile du Dauphiné. Mon cabinet. Elle est presqu'une fois plus grande que celle qui précède, et plus fortement convexe en dessus.

3. Cyclolite à crêtes. *Cyclolites cristata.*

C. orbiculata, supernè convexa, lamellosa; carinis variis, cristatis, subdecussantibus; lacuná nullá.

* Blainv. op. cit. p. 335.
Habite...... Fossile.... de.... Mon cabinet. Espèce extrêmement distincte par les crêtes diverses de sa surface supérieure.

4. Cyclolite elliptique. *Cyclolites elliptica.*

C. elliptica, supernè convexa, lamellis obsoletis stellata; lacuná centrali elongatá.

Guett. mém. vol. 3. tab. 21. f. 17. 18.
* Cuv. Règ. anim. 2ᵉ éd. t. 3. p. 313.
* Flem. Brit. anim. p. 510.
* Blainv. loc. cit.
Mus. nº.   Vulg. la Cunolite.
Habite..... Fossile des environs de Perpignan. Mon cabinet. C'est la plus grande des espèces connues de ce genre. Sa forme ovale ou elliptique lui est particulière.

* M. Goldfuss réunit cette espèce à la C. hémisphérique sous le nom
de *Fungia polymorpha*.

† 5. Cyclolite discoïde. *Cyclolites discoidea.*

> *C. utrinque convexa, lacunâ centrali orbiculari, lamellis cribrosis
> æqualibus crassiusculis denticulatis trabeculis transversalibus cons-
> picuis, basi concentrice rugoso-sulcatâ.*
>
> *Fungia discoidea.* Goldfus. Petref. p. 5o. pl. 14. fig. 9.
> *Cyclolites discoidea.* Blainv. Man. d'Act. p. 338.
> Fossile du pays de Saltzbourg.

† 6. Cyclolite cancellée. *Cyclolites cancellata.*

> *C. hemisphærica, lacunâ transversali, lamellis æqualibus subremo-
> tiusculis trabeculis conspicuis transversalibus connexis; basi con-
> cavâ concentrice striatâ.*
>
> Faujas de Saint-Fond. Hist. nat. de la mont. Saint-Pierre. pl. 38.
> fig. 8. 9.
> *Fungia cancellata.* Goldf. op. cit. p. 48. pl. 14. fig. 5.
> *Cyclolites cancellata.* Blainv. loc. cit.
> Fossile des couches arénocrétacées de la montagne Saint-Pierre.

† 7. Cyclolite semi-radiée. *Cyclolites semi-radiata.*

> *C. conico-hemisphærica, lacuna centrali oblongâ; lamellis granula-
> tis, majoribus geminis vel ternis minoribus interstinctis; basi con-
> centrice sulcatâ.*
>
> *Fungia radiata.* Goldf. Petref. p. 49. pl. 14. fig. 8. (Par une erreur
> typographique, M. Goldfuss donne ce nom à deux espèces.)
> *Cyclolites semiradiata.* Blainv. Man. d'Act. p. 335.
> Fossile de l'oolite inférieure de l'Angleterre.

† 8. Cyclolite ondulée. *Cyclolites undulata.*

> *C. conico-hemisphærica, lacuna centrali oblonga; lamellis crassius-
> culis, undulatis subæqualibus granulatis; basi plana radiato-
> striatâ et concentrice sulcatâ.*
>
> *Fungia undulata.* Goldf. Petref. p. 49. pl. 14. fig. 7.
> *Cyclolites undulata.* Blainv. man. d'Act. p. 335.
> Fossile du pays de Saltzbourg.

† 9. Cyclolite radiée. *Cyclolites radiata.*

> *C. hemisphærica, undique radiatim striata, lacunâ centrali orbiculatâ;
> lamellis majoribus geminatim in stellam conniventibus minoribus,
> tenuissimis interstinctis; basi planâ radiatim et concentric estriatâ.*
> *Fungia radiata.* Goldf. Petref. p. 47. pl. 14. fig. 1.

Cyclolites radiata. Blainv. Man. d'Act. p. 335.
Fossile des couches aréno-crétacées d'Aix-la-Chapelle.

[Suivant M. de Blainville, il faudrait rapprocher des Cyclolites le Polypier fossile dont Lamouroux a formé son genre Montlivaltie, *Montlivaltia*. Les caractères de cette petite division générique sont un polypier pyriforme, ridé transversalement en dessous, élargi, excavé et lamello-radié en dessus.

Le Montlivaltie Caryophyllie *M. Caryophyllata* (Lamouroux. Exp. méth. p. 78. pl. 79. fig. 8-10 ; Blainv. Man. d'Actin. p. 336. pl. 63. fig. 4 ; *Anthophyllum pyriforme* Goldf. Petref. p. 46. pl. 13. fig. 10) se trouve dans le calcaire de Caën. M. Defrance en distingue l'espèce figurée par Guettard (Mém. t. 3. pl. 26. fig. 4, 5), et M. de Blainville donne à cette dernière le nom de *Montlivaltie de Guettard*. (Blainv. Man. d'Actin. p. 336.), mais c'est un double emploi, car un peu plus loin il cite la même figure comme appartenant au genre *Anthophyllum* (*Antho. Guettardii*, Blainv. op. cit. p. 340.)

Le Zoophyte auquel M. Lesson vient de donner le nom de Lithactinie de la Nouvelle-Hollande *Lithactinia novæ Hiberniæ*, Less. Illust. de Zool. pl. 6), paraît tenir à-la-fois des Cyclolites et des Fongies. Le Polype, dit ce voyageur, se compose d'une membrane enveloppant un disque calcaire, ayant à son milieu une grande ouverture orale et portant un grand nombre de gros appendices tentaculiformes perforés au sommet et correspondant par leur base à de petites lames crénelées dont toute la surface du Polypier est hérissée.   E.]

FONGIE. (Fongia.)

Polypier pierreux, libre, simple, orbiculaire ou oblong,

convexe et lamelleux en dessus, avec un enfoncement oblong au centre, concave et raboteux en dessous.

Une seule étoile lamelleuse, subprolifère, occupant la surface supérieure; à lames dentées ou hérissées latéralement.

Polyparium lapideum, liberum, simplex, orbiculatum vel oblongum, supernè convexum et lamellosum, cum lacunâ centrali oblongâ, infernè concavum et scabrum.

Stella unica lamellosa, subprolifera, supernam superficiem occupans : lamellis dentatis aut latero asperis.

OBSERVATIONS. — Presque toutes les espèces de Fongies sont connues dans l'état frais ou marin; et comme chacune d'elles ne présente réellement qu'une seule étoile complète, laquelle occupe toute la surface supérieure du Polypier, il y a lieu de croire que chacun de ces Polypiers a été formé par un seul animal, comme les Turbinolies et les Cyclolites.

[Les prévisions de Lamarck ont été pleinement confirmées par les observations récentes de MM. Quoy et Gaymard. Ces infatigables voyageurs ont eu l'occasion d'étudier l'animal qui forme les Fongies, et ils ont constaté que chacun de ces Polypiers lamelleux appartient à un seul Polype, dont la structure a beaucoup d'analogie avec celle des Actinies. Il paraît que dans certaines espèces la surface du corps de ces êtres singuliers ne présente pas de tentacules bien apparens; mais chez d'autres, elle est toute hérissée de longs et gros tentacules disposés sans ordre, et ne formant pas une couronne comme chez la plupart des Zoanthaires. Au milieu de l'espèce de disque occupé par ces appendices, se trouve l'ouverture buccale qui est grande et transversale. Le Polypier est enveloppé par l'animal au-dessous comme en dessus, et au moindre attouchement les tentacules se retirent entre ses lamelles.

M. Stutchbury a constaté que dans le jeune âge les Fongies sont fixées aux rochers ou à d'autres corps sous-marins par un pédoncule assez long, dont le diamètre est d'abord presque égal à celui de l'étoile lamelleuse terminale; dans cet état le Polypier ressemble assez à une Caryophyllie.   E.]

ESPÈCES.

1. Fongie croissant. *Fungia semilunata.*

F. lateribus compressa, extùs striata; limbo arcuato, sulco longitu-
nali exarato; pediculo brevi.

* Def. Dict. des sc. nat. t. 17. p. 217.
* Lamour. Encycl. Zooph. p. 418.
* Blainv. Man. d'Act. p. 337.
Mus. n°.

Habite.... Fossile de.... Cette Fongie singulière ressemble à un croissant dont le bord arqué ou arrondi serait en haut, et qui aurait un
pédicule court, inséré dans l'échancrure de sa base. L'étoile occupe toute la longueur du limbe, et se trouve partagée par un
sillon.

2. Fongie comprimée. *Fungia compressa.*

F. cuneata, compressa, lævis, infernè papillosa; stellá elongatá, an-
gustá, sulco divisá; lamellis inæqualibus.

* Lamour. Encycl. p. 418.
* Blainv. Dict. des sc. nat. t. 17. p. 216; Man. d'Act. p. 337.
pl. 67. f. 4.
Mon cabinet.

Habite l'Océan indien. Celle-ci est, comme la précédente, comprimée sur les côtés, cunéiforme, presque flabelliforme, à bord supérieur arrondi, offrant une étoile allongée, lamelleuse, partagée
par un sillon. Ses lames sont inégales, dentelées, échinulées sur
leurs faces. Cette Fongie est fort jolie, non fossile, et a sa surface
externe légèrement striée en rayons. Elle confirme, par ses rapports, le rang de la première espèce. Hauteur, vingt-neuf millimètres.

3. Fongie cyclolite. *Fungia cyclolites.*

F. orbicularis, subelliptica, subtùs concava, tenuissimè radiata; stellá
convexá; lamellis inæqualibus, crenulatis, ad latera asperis.

* Lamour. Encycl. p. 418.
* Blainv. Dict. des sc. nat. t. 17. p. 216; et Man. d'Act. p. 337.
pl. 51. fig. 2.
Mus. n°.

Habite les mers Australes. *Péron* et *Lesueur.* Nouvelle espèce fort
jolie, l'une des plus petites du genre, et qui serait une Cyclolite
si sa face inférieure offrait des cercles concentriques. Elle ressemble, en petit, par son aspect, à la Fongie agariciforme, dont elle

est néanmoins très distincte. Elle est orbiculaire ou un peu elliptique, légèrement concave en dessous avec des stries fines, rayonnantes. En dessus, elle offre une étoile élevée, très convexe, lamelleuse, ayant au sommet un sinus oblong.

4. Fongie patellaire. *Fungia patellaris.*

F. orbicularis, subtùs mutica, radiatim striata; stellâ planulatâ; lamellis inæqualibus, latere muricatis.

Madrepora patella. Soland. et Ell. p. 48. t. 28. f. 1. 4.

Esper. Suppl. 1. tab. 62. f. 1. 6.

Rumph. Amb. 6. tab. 88. f. 1.

* Lamour. Expos. méth. des Polyp. p. 52. pl. 28. fig. 1. 6; Encycl. p. 419.

* Blainv. Dict. des sc. nat. t. 17. p. 216; et Man. d'Act. p. 337. pl. 51. fig. 2.

* *Monomyces patella.* Ehrenb. op. cit. p. 77.

Mus. n°.

Habite les mers de l'Inde et de la Méditerranée. Mon cabinet. Elle a quelquefois un pédicule court en dessous.

5. Fongie agariciforme. *Fungia agariciformis.*

F. orbicularis, subtùs scabra; stellâ convexâ; lamellis inæqualibus, denticulatis; majoribus radiorum longitudine.

Madrep. fungites. Lin. Forsk. Ic. t. 42.

Soland. et Ell. p. 149. t. 28. f. 5. 6.

Seba. Mus. 3. t. 111. f. 1. *Madrep.* Esper. 1. t. 1. f. 1.

* Lamour. Expos. méth. des Polyp. p. 52. pl. 28. fig. 5. 6; Encycl. p. 419.

* Schweig. Handb. p. 414.

* Blainv. Dict. des sc. nat. t. 17. p. 216, et Man. d'Act. p. 337.

* Stutchbury Trans. of the Linnean Society. v. 16. pl. 32. fig. 1. 5.

2. *Var. lamellis elatioribus, acutè serratis.*

Mus. n°.

Habite la Mer-Rouge et celle de l'Inde. Mon cabinet. Cette espèce n'est point rare.

6. Fongie bouclier. *Fungia scutaria.*

F. oblongo-elliptica, utrinque planulata; lamellis inæqualibus, undulatis, subintegris; majoribus radiorum longitudine.

Rumph. Amb. 6. t. 88. f. 4.

Seba. Mus. 3. t. 112. f. 28. 29. 30.

* Lamour. Encycl. p. 419.

* Blainville. Man. d'Actin. p. 337.

Mus. no.

Habite les mers de l'Inde. Mon cabinet. Cette espèce fait une sorte
de transition à la suivante par ses lames presque entières, inégales
et ondées.

7. Fongie limace. *Fungia limacina.*

*F. oblonga, convexa, subtùs concava et echinata; stellá elongatá; la-
mellis inæqualibus.*

Madrep. pileus. Lin. Soland. et Ell. p. 159. t. 45.
Seba. Mus. 3. t. 111. f. 3. 5. Esper. Suppl. 1. t. 63.
* Lamour. Expos. méth. des Polyp. p. 52. pl. 45.
* Blainville. Man. d'Act. p. 337. pl. 51. fig. 3.
2. *Var. lobata, subfurcata.*
Esper. Suppl. 1. t. 13.
Mus. n°.

Habite l'Océan des Indes orientales. Mon cabinet. Cette espèce qu'on
nomme vulgairement la Limace de mer, devient très grande. Elle
n'est point rare.

8. Fongie taupe. *Fungia talpa.*

*F. oblonga, subtùs concava et echinata, lamellis dorsalibus, subseria-
libus, brevissimis, scabris.*

Seba. Mus. 3. t. 111. f. 6 ; et t. 112. f. 31.
* *Polyphyllia talpa.* Blainv. op. cit. p. 339. (1)
* Lamour. Encyclop. p. 419.
* *Agaricia talpa.* Schweig. Handb. p. 415.
Mus. n°.

Habite l'Océan des Indes orientales. Mon cabinet. On la nomme
Taupe de mer. Elle est bien distincte de la précédente, et toujours
beaucoup plus petite.

---

(1) Le genre POLYPHYLLIA de MM. Quoy et Gaymard est très
remarquable, et s'éloigne beaucoup des Fongies par la conformation des animaux. Les Polypes réunis en grand nombre, et
complètement confluens par leur circonférence, n'ont pas de
tentacules autour de la bouche ; mais présentent sur la masse
commune un prolongement tentaculiforme, court et conique,
qui correspond à l'extrémité des replis élevés, sous lesquels se
trouvent les crêtes du Polypier. Ces appendices ont tous la même
direction, et ne rayonnent pas autour de plusieurs centres ; les
bouches ne sont pas disposées en série régulière, mais souvent

9. Fongie bonnet. *Fungia pileus*.

*F. hemisphærico-conica, subtùs concava; lamellis dorsalibus prolife-
ris; rimâ subnullâ.*

Mitra polonica. Rumph. Amb. 6. t. 88. f. 3.
* Lamour. Encyclop. p. 420.
Mus. n°.
2. *Var. oblonga.*
Mus. n°.

Habite l'Océan des Grandes-Indes. Mon cabinet. Cette Fongie se
nomme vulgairement le *Bonnet de Neptune;* elle n'est nullement
dans le cas de se confondre avec la F. limacine, même sa variété
oblongue. Ses lames amoncelées par places, forment des étoiles
imparfaites et éparses. Par ses étoiles nombreuses, quoiqu'à peine
ébauchées, cette dernière espèce commence la transition aux
Pavones.

† 10. Fongie actiniforme. *Fungia actiniformis*.

*F. lutescens, viridi radiata; tentaculis longis confluentibus, cylindri-
cis, fuscis, apice subluteis. Testa orbicularis, convexa, in medio
elevata, subtus planiuscula; regulariter striata; lamellis subæqualibus lobatis.*

Quoy et Gaym. Voy. de l'Astrol. t. 4. p. 180. Zooph. pl. 14. fig. 1, 2.
Habite la Nouvelle-Hollande.

† 11. Fongie à gros tentacules. *Fungia crassitentaculata*.

F. lutescens, radiata; tentaculis numerosis, conicis, crassis, apice

---

çà et là au fond des dentelures; enfin, le Polypier recouvert
par cette aggrégation d'animaux, est libre, allongé en plaque,
un peu convexe en dessus, où il est garni de petites crètes lamelleuses, minces, denticulées, saillantes, transverses et sans
disposition stelliforme, un peu concave et hérissé de tubercules
en dessous.

L'espèce dont MM. Quoy et Gaymard ont observé les animaux,
a été décrit par ces naturalistes sous le nom de POLYPHYLLE
BASSIN, *Polyphyllia pelvis* (Voy. de *l'Astrolabe.* t. 4. p. 185.
pl. 20. fig. 8-10); ils le rapportent avec doute à la *Fungia talpa*
de Lamarck; mais M. de Blainville, qui a comparé ces Polypiers, pense que ce sont deux espèces distinctes. MM. Quoy et
Gaymard citent aussi en synonymie la *Lithactinie de la Nouvelle-Hollande* de M. Lesson (Voy. p. 369); mais la conformation
des Polypes paraît être très différente.   E.

*luteo-virescentibus. Testa orbicularis, planulata, subtus tenuiter
striata; lamellis profundis inæqualibus, valdè lobatis.*

Quoy et Gaymard. Voy. de l'Astrol. t. 4. p. 182. Zooph. pl. 14.
fig. 3-4.

Habite l'île Vanikoro.

† 12. Fongie coronule. *Fungia coronula.*

*F. Orbiculata, supra convexo plana, lacuná centrali infundibuliformi;
lamellis remotis majoribus minoribusque alternis tuberculis transversalibus connexis in basi planá confertis bis dichotomis.*

Goldfuss. Petref. p. 50. pl. 14. fig. 16.

Blainv. Man. d'Actin. p. 338.

Fossile du calcaire houiller de la Westphalie.

† 13. Fongie lisse. *Fungia lævis.*

*F. placentiformis, undique subtilissime striata, utrinque umbilicata; la-
mellis æqualibus tenuissimis confertis.*

Schroter. Einl. 3. p. 506. pl. 9. fig. 7.

Goldfuss. Petref. p. 47. pl. 14. fig. 2.

Cyclolites lævis. Blainv. Man. d'Actin. p. 335.

Fossile du calcaire jurassique de la Suisse.

† 14. Fongie aplatie. *Fungia complanata.*

F. hemisphærica, lamellis tenuissimis; stellá oblongá; basi concavá.

Knorr. Mém. t. 3. tab. E. 3. fig. 6-7.

Defrance. Dic. des Sc. nat. t. 17. p. 217.

Blainv. Man. d'Actin. p. 338.

Gisement?

† Ajoutez la *Fungia titiculata;* Def. (loc. cit.) qui, suivant M. Defrance, ne diffère de la précédente que parce que les lames, au
lieu de se terminer au bord, se continuent jusqu'au centre inférieur qui n'est pas concave.

La *Fungia paumotensis*, Stutchbury (Trans. of the. Lin. soc. v. 16.
pl. 32. fig. 6.), etc.

Suivant M. de Blainville, il faudrait aussi rapporter à ce genre la
Cyathophylla mactra, Goldf. (Petref. p. 56. pl. 16. fig. 6). Enfin
M. Risso décrit sous les noms de *Fungia lenticularis* (Ris. Hist
nat. de l'Eur. mérid. t. 3. p. 558. pl. 9. f. 53) et de *Fungia agaricoïdes* (Risso. loc. cit. pl. 9. fig. 52), deux Polypiers fossiles
qu'il regarde comme étant des espèces nouvelles de Fongies.

PAVONE. (Pavonia.)

Polypier pierreux, fixé, frondescent; à lobes aplatis, subfoliacés, droits ou ascendans; ayant les deux surfaces garnies de sillons ou de rides stellifères.

Étoiles lamelleuses, sériales, sessiles, plus ou moins imparfaites.

Polyparium lapideum, fixum, frondescens; lobis complanatis, subfoliaceis, erectis vel ascendentibus; utroque latere sulcis aut rugis stelliferis.

Stellæ lamellosæ, seriales, sessiles, subimperfectæ.

OBSERVATIONS. — Les *Pavones* et les Agarices ont entre elles de très grands rapports : ce sont des Polypiers munis de rides ou de sillons stellifères, qui commencent à donner l'idée des méandrines. Mais ces Polypiers sont frondescens, et leurs étoiles, quoique irrégulières ou imparfaites, sont encore distinctes.

Malgré les rapports qui se trouvent entre les *Pavones* et les Agarices, ces deux genres néanmoins sont bien distingués. En effet, dans les *Pavones*, les deux surfaces des expansions foliacées sont constamment munies de rides ou sillons stellifères; tandis que, dans les Agarices, il n'y a qu'une seule surface qui ait de semblables sillons.

Les étoiles des *Pavones*, quoique lamelleuses, ne sont point circonscrites et sont souvent tellement imparfaites qu'elles ne présentent que des trous ou des enfoncemens lamelleux, et un peu irréguliers. Elles sont toutes sessiles et placées dans les sillons.

ESPÈCES.

1. Pavone agaricite. *Pavonia agaricites.*

P. *frondibus brevibus, crassis, semi-rotundis, diffusis; rugis stelliferis, acutis, transversis, flexuosis.*

Madrep. agaricites. Lin.

Pall. Zooph. p. 287.

Soland. et Ell. t. 63.

Esper. vol. 1. t. 20.

* Lamour. Expos. méth. des Polyp. p. 57. pl. 63.

* Delonchamps. Encycl. p. 604.
* Blainv. Dict. des sc. nat. t. 58. p. 167.
Mus. n°.
Habite les mers d'Amérique. Mon cabinet. Ses expansions foliacées
   sont diffuses et ne s'allongent jamais comme dans l'espèce qui
   suit.

2. Pavone à crêtes. *Pavonia cristata.*

P. frondibus oblongis, erectis lobatis; lobis rotundatis, cristatis; ru-
   gis transversis, sinuosis, obtusis, stelliferis.
* Delonchamps. Encycl. p. 604.
* Ehrenberg. Mém. sur les Polypes de la Mer-Rouge. p. 104.
Mus. n°.
An Knorr. Delic. p. 25. tab. A. X. f. 1.
Habite les mers d'Amérique. Mon cabinet. Cette espèce, qui paraît
   jusqu'à présent non décrite, devient grande et forme de belles
   touffes foliacées, à crêtes nombreuses.

3. Pavone laitue. *Pavonia lactuca.*

P. frondibus tenuissimis, subplicatis, laciniosis, lamelloso-striatis;
   stellis magnis irregularibus.
Madrep. lactuca. Pall. Zooph. p. 289.
Soland. et Ell. tab. 44.
Esper. Suppl. 1. t. 33. A. B.
Seba. Mus. 3. t. 89. f. 10.
* Lamour. Expos. méth. des Polyp. p. 604.
* Delonchamps. Encycl. p. 604.
* Schweig. Hand. p. 414.
* *Tridacophyllia lactuca.* Blainville. Man. d'Actin. p. 362. pl. 56.
   fig. 1. (1)
* Quoy et Gaymard. Voy. de l'Astrol. t. 4. p. 221. pl. 18. fig. 1.

---

(1) M. de Blainville a séparé avec raison des Pavones de
Lamarck l'espèce décrite ci-dessus : c'est le type de son genre
Tridacophyllie, *Tridacophyllia ;* ces animaux, d'une taille considérable, ressemblent beaucoup à des Actinies, mais leur bouche est légèrement tuberculée et ne présente pas de trace de
tentacules; ils sont confluens, très déprimés, élargis et épa-
nouis sur les bords, finement déchiquetés à la circonférence et
logés chacun dans une espèce de cellule profonde, irrégulière,
foliacée sur les bords et seulement réunie aux cellules voisines
sans se confondre avec elles.   E.

* *Manicium lactuca.* Ehrenberg. op. cit. p. 103.

Habite l'Océan américain? (* l'Océanie) Mon cabinet. Espèce très belle, très curieuse et bien connue.

4. Pavone bolétiforme. *Pavonia boletiformis.*

P. frondibus erectis, planulatis, undatis, cristatis; stellis serialibus imperfectis, centro impressis.

Madrep. cristata. Soland et Ell. p. 158. t: 31. f. 3. 4.

Madrep. boletiformis. Esper. Suppl. 1. t. 56.

Mus. no.

* Lamour. Expos. méth. des Polyp. p. 53. pl. 51. fig. 3 et 4.
* Delonchamps. Encycl. p. 604.
* Blainv. Dict. des sc. nat. t. 38. p. 168 ; et Man. d'Actin. p. 355.
* Ehrenberg. op. cit. p. 105.

2. *eadem? fronde unicá, indivisá, flabellatá.*

Mus. no.

Habite l'Océan indien et austral. Mon cabinet. Ses lames longitudinales sont élevées et bien apparentes.

† 4 a. Pavone cactus. *Pavonia cactus.*

P. quadripollicaris et semipedalis erecta, lobata, lobis foliaceis, crispatis, marginè rotundatis, crenulatis, sæpe excisis, collibus non omnino obsoletis, stellularum semilinearium seriebus sulco levi conjunctis, subconcentricis, lamellis subtilioribus, quam in priori, arenoso asperis, obsoletè denticulatis.

Madrepora cactus. Forskal. Descrip. anim. p. 134.

Pavonia cactus. Ehrenberg. Mém. sur les Polypes de la Mer-Rouge. p. 105.

Habite la Mer-Rouge. L'animal est de couleur verdâtre et dépourvu de tentacules.

5. Pavone divergente. *Pavonia divaricata.*

P. frondibus erectis, lobatis, flexuoso-divaricatis, angularibus; lamellis laxis; stellis difformibus.

* Delonchamps. Encycl. p. 605.
* Blainville. Man. d'Actin. p. 365.

Mus. no.

Habite l'Océan indien. Mon cabinet. Quoique voisine de la précédente par ses rapports, cette Pavone en est fortement et constamment distincte. Elle forme des touffes arrondies, à foliations confuses, multangulaires, divergentes ayant le bord aigu.

6. Pavone plissée. *Pavonia plicata.*

P. frondibus erectis, lobatis, flexuoso-plicatis ; lamellis minimis, arenulosis, confertis; stellis minutis.

Madrep. contigua. Esper. Suppl. 1. t. 66.

* Delonchamps. Encycl. p. 605.

* Blainville. op. cit. p. 365.

Mus. n°.

Habite l'Océan indien. Mon cabinet. Elle est très différente des deux espèces qui précèdent, par ses lames presque imperceptibles, serrées, arénacées. Ses étoiles sont petites, presque analogues à celles des Porites, et semblent par rangées lâches et longitudinales. Elle vient aussi en touffe.

7. Pavone obtusangle. *Pavonia obtusangula.*

P. frondibus erectis, flexuoso-plicatis, multilobatis, obtusis; lamellis perparvis extremitatibus coalescentibus; stellis superficialibus.

* Delonch. Encycl. p. 605.

* Blainv. op. cit. p. 365.

* ? Ehrenb. op. cit. p. 105.

Mus. n°.

Habite..... probablement l'Océan des Grandes-Indes. Mon cabinet. C'est une espèce tranchée, un peu plus petite que les trois précédentes, et qui forme des touffes arrondies et denses. Ses foliations plissées, multilobées et très obtuses, sont très remarquables. Leurs lames sont petites, réunies à leurs extrémités.

8. Pavone frondifère. *Pavonia frondifera.*

P. erecta, divisa, ramoso-lobata ; lobis explanatis, foliiformibus, ovatis, undato-plicatis, acutè striatis.

* Delonch. Encycl. p. 605.

* Blainv. Man. d'Actin. p. 365.

Mus. no.

Habite les mers australes. *Péron* et *Lesueur.* Cette Pavone semble avoir des rapports avec l'Agarice flabelline ; mais elle est divisée en expansions foliacées, multicarinées et stellifères sur les deux faces. Ses frondicules sont droits, diversement contournés, à stries cariniformes longitudinales, échinés, très rudes. Hauteur, quinze centimètres.

† 9. Pavone tubéreuse. *Pavonia tuberosa.*

P. frondibus in massam tuberosam coalitis, rugis stelliferis longitudinalibus ramificantibus , lamellis crassiusculis.

Goldfuss. Petref. p. 42. pl. 12: fig. 9.

Blainv. Man. d'Actin. p. 366.
Fossile de l'Eifel.

AGARICE. (Agaricia.)

Polypier pierreux, fixé; à expansions aplaties, subfoliacées. ayant une seule surface garnie de sillons ou de rides stellifères.

Étoiles lamelleuses, sériales, sessiles, souvent imparfaites et peu distinctes.

Polyparium lapideum, fixum; massam explanatam, subfoliaceam constituens; supernâ superficie tantùmmodò sulcis stelliferis exaratâ.

Stellæ lamellosæ, seriales, sessiles, sæpiùs imperfectæ, vix distinctæ.

OBSERVATIONS. — On ne peut disconvenir que les *Agarices* n'aient les plus grands rapports avec les *Pavones;* car quelquefois leurs expansions se plient de manière que les surfaces inférieures des deux duplicatures se trouvent appliquées l'une contre l'autre, et alors il en résulte des productions foliacées ascendantes, qui ont les deux surfaces garnies de sillons stellifères. Néanmoins on retrouve toujours dans ces Polypiers quelques portions qui ne sont point doublées ou pliées en deux, et qui ont alors un côté nu, non stellifère.

Ainsi, les *Agarices* sont des Polypiers à expansions dilatées, aplaties, lobées, subfoliacées, qui ressemblent à celles des Pavones, mais qui s'en distinguent en ce qu'elles n'ont de sillons stellifères que sur leur surface supérieure.

ESPÈCES.

1. Agarice contournée. *Agaricia cucullata.*

> *A. explanata; frondibus basi coalitis, cristatis, subconvolutis; rugis transversis, flexuosis, carinatis; stellis profundis irregularibus.*

Madrepora cucullata. Soland. et Ell. p. 157. tab. 42.
Esper. Suppl. 1. tab. 67.

* Lamour. Expos. méth. des Polyp. p. 54. et Encycl. p. 12.
* Blainv. Man. d'Actin. p. 860. pl. 56. fig. 5.

Mus. no.

Habite.... Ses expansions sont nues et finement striées en dessous.
Elle devient assez grande ; ce n'est qu'alors que ses expansions
s'enroulent.

2. Agarice ondée. *Agaricia undata.*

*A. frondibus latissimis ; rugarum carinis crassis, rotundatis, trans-
versis ; interstitiis stellarum elevatis.*

Madrepora undata. Soland. et Ell. p. 157. tab. 40.

Esper. Suppl. 1. t. 78.

* *Agaricia undata.* Lamour. Exp. méth. des Polypes. p. 54. pl. 40.
et Encycl. p. 13.
* *Agaricia undata* et *Pavonia undata.* Blainv. Man. d'Actin. p. 361
et 365. (Double emploi.)

Habite.....

3. Agarice ridée. *Agaricia rugosa.*

*A. frondibus brevibus, undato-contortis, rugosissimis; rugis confertis,
elevatis, irregularibus, lamelloso-striatis.*

* Lamour. Encycl. p. 13.
* Blainv. op. cit. p. 361.

Mus. n°.

Habite les mers australes. *Péron* et *Lesueur.* Elle est singulièrement
ridée en dessus, et ses rides sont élevées, serrées les unes contre
les autres, inégales, contournées, et transversalement striées par
de petites lames. Le dessous de ses expansions est nu, avec des
stries fines vers les bords ; mais ces expansions se contournent et
souvent se replient de manière que leur surface supérieure est la
seule apparente. Les étoiles ne paraissent point.

4. Agarice flabelline. *Agaricia ampliata.*

*A. frondibus subflabellatis, longitudinaliter rugosis ; rugarum carinis,
lamelloso-serratis, asperrimis; stellis rariusculis, imperfectis.*

Madrepora ampliata. Soland. et Ell. p. 157. t. 41. f. 1-2.

Mon cabinet.

* *Agaricia ampliata.* Lamour. Encycl. p. 13.
* Schweig. Handb. p. 485.
* *Agaricia ampliata* et *Pavonia ampliata.* Blainv. op. cit. p. 361
et 365 (double emploi).
* *Merulina ampliata.* Ehren. op. cit. p. 104.

2 var.? *Madrep. elephantopus,* Pall. Zooph. p. 290.

* *Agaricia elephantopus*. Ehren. op. cit. p. 105.
Esper. 1. tab. 18.

Habite les mers des Indes. D'après le morceau que je possède et que j'y rapporte, cette espèce est tout-à-fait distincte de la Pavone frondifère.

5. Agarice papilleuse. *Agaricia papillosa*.

A frondibus subflabellatis, supernè papillosis; papillis obtusis, asperiusculis, longitudinaliter seriatis.

* Lamour. Encycl. p. 13.
* *Montipora papillosa*. Blainv. Man. d'Actin. p. 389. pl. 61. f. 2. (1)
Mus. n°.

Habite les mers australes. *Péron* et *Lesueur*. Les papilles sont par rangées serrées et souvent se réunissent plusieurs ensemble. Les étoiles sont de petits trous rariuscules, cachés entre les rides ou les rangées de papilles.

6. Agarice lime. *Agaricia lima*.

A. frondibus flabellatis, subcucullatis; supernâ superficie rugis longitudinalibus, angustis, papillosis asperatâ; papillis exilibus.

* Lamour. Encycl. p. 14.
* *Montipora lima*. Blainv. op. cit. p. 389.
Mus. n°.

Habite les mers australes. *Péron* et *Lesueur*. Dans cette espèce, les papilles sont très fines, forment des rangées étroites, serrées et rudes au toucher. Les étoiles sont à peine apparentes. La surface inférieure, quoique nue, offre quelques bosselettes éparses, rares.

---

(1) Le genre MONTIPORE établi par MM. Quoy et Gaymard, et adopté par M. de Blainville, se compose de plusieurs espèces de Porites de Lamarck et de quelques Agaricies du même auteur. Ces naturalistes y assignent les caractères suivans: animaux actiniformes courts à 12 tentacules, contenus dans des loges arrondies, enfoncées, régulières, paucicannelées, éparses à la surface d'un Polypier encroûtant ou gloméruté, et garni de mamelons ou monticules rugueux.

L'espèce qui a servi de type à cette division générique est le *Montipora verrucosa*. (Quoy et Gaymard. Voy. de l'*Astr*. t. 4. p. 247. pl. 20. fig. 11; Blainv. Man. d'Actin. p. 388. pl. 61. fig. 1.)

7. **Agarice explanulée.** *Agaricia explanulata.*

*A. explanata, partim incrustans; stellis confertis, inter se implexis;
lamellis medio latioribus et crassioribus.*

Madrep. pileus. Esper. vol. 1: t. 6. *synonymis exclusis.*

* Lamour. Encycl. p. 14.

* Schweig. Handb. p. 415.

* Blainv. op. cit. p. 361.

Mon cabinet.

Habite.... probablement l'Océan indien. Ce polypier n'a aucun rapport avec le *Madrep. pileus* de Linné, qui est une Fongie. Il
tient un peu des Explanaires; mais ses étoiles non circonscrites lui
donnent plus de rapport avec les Agarices. Sa surface inférieure
est nue, légèrement striée.

† 8. **Agarice pourpre.** *Agaricia purpurea.*

*A. foliacea , incrustans ; frondibus undulatis , marginibus acutis ;
stellis profundis ; rugis lamellosis ; lamellis integris , denticulatis ,
alternatim magnis et minutis.*

Lesueur. Mem. du Muséum. t. 6. p. 276. pl. 15. fig. 2.

Lamour. Encyclop. méth. Zooph. p. 14.

Blainv. Man. d'Actin. p. 361.

Habite les côtes de l'île Saint-Thomas. Animal à expansions gélatineuses,
sans tentacules apparens; ouverture centrale allongée, plissée intérieurement, bordée d'un cercle jaune et un peu plus loin par 8 points
jaunes desquels naissent des lignes également d'un jaune pâle, se
prolongeant jusqu'au rebord. Il y en a d'autres, plus légères intermédiaires, qui se divisent en 2 ou 3. A chacun de leurs points de
divisions est une tâche jaune. La couleur générale est d'un beau
pourpre au centre, qui passe à une teinte foncée de terre de Sienne
vers les bords de l'animal.

† 9. **Agarice lobée.** *Agaricia lobata.*

*A. lobato complicata , inferne striis concentricis sulcata stellis regula-
ribus contiguis impressis lamelloso papillosis.*

Goldfuss. Petref. p. 42. pl. 12. fig. 11.

Fossile du calcaire de transition de l'Eifel.

† 10. **Agarice bolétiforme.** *Agaricia boletiformis.*

*A. tuberoso-subcontorta , inferne gyrosoplicata, stellis irregularibus
confluentibus.*

Grand agaric. Bourg. Petref. pl. 8. fig. 30. 31.

Knorr. Petref. 11. tab. F. V. M. n° 55. fig. 1.

Agaricia boletiformis. Goldf. Petref. p. 43. pl. 12. fig. 12.
Fossile des environs de Soissons.

† 11. Agarice de Swinderen. *Agaricia Swinderniana.*

    A. frondium striatis, cucullatis, pluribus sibi incumbentibus, stellu-
    lis angulosis scabris minutis confertis contiguis centro excavatis.
    Goldfuss. Petref. p. 109. pl. 38. fig. 3.
    Fossile de Groningue.

† 12. Agarice granulée. *Agaricia granulata.*

    A. explanata, infernè concentrice, undato-rugosa, stellis sparsis su-
    perficialibus ; lamellis granulosis reticulatis concurrentibus.
    Goldf. Petref. p. 109. pl. 38. fig. 4.
    Fossile du calcaire jurassique de Wurtembourg.

    † *L'Agaracia crassa* de M. Goldfuss. (Bourguet l. c. pl. 7. f. 34.-37.
    Goldf. p. 43 pl. 12. fig. 13) paraît appartenir au genre Astrée.
    Il en est probablement de même de *l'Agaricia rotata* du même
    (Goldf. p. 42. pl, 12. fig. 10) ; l'un et l'autre de ces fossiles pro-
    viennent du calcaire jurassique de la Suisse.

MÉANDRINE. (Meandrina.)

Polypier pierreux, fixé, formant une masse simple,
convexe, hémisphérique ou ramassée en boule.

    Surface convexe, partout occupée par des ambulacres
plus ou moins creux, sinueux, garnis de chaque côté de
lames transverses, parallèles, qui adhèrent à des crêtes
collinaires.

    Polyparium lapideum, fixum, in massam simplicem he-
misphæricam vel sphæroideam glomeratum.

    Convexa superficies ambulacris subexcavatis, repandis,
sinuosis, utroque latere lamellosis obtecta. Lamellæ trans-
versæ et parallelæ, cristis collinaribus adnatæ.

OBSERVATIONS. — Les *Méandrines* forment évidemment un
genre particulier, bien remarquable et facile à distinguer au
premier aspect. En effet, au lieu d'étoiles isolées ou circonscrites, on ne voit à la surface de ces Polypiers, que de longs

sillons sinueux, plus ou moins creux, irréguliers, et qui ont leurs côtés garnis de lames transverses et parallèles, qui aboutissent à des crêtes collinaires. Ces ambulacres peuvent être comparés à des vallons tortueux, séparés par des collines pareillement tortueuses.

Les sillons ou vallons de ces Polypiers ne sont que des étoiles allongées, confluentes latéralement; et c'est dans ces vallons que se trouvent les Polypes qui adhèrent les uns aux autres. Les collines lamelleuses, au contraire, occupent les interstices de ces rangées tortueuses de Polypes, et les séparent.

Ici, les vallons ainsi que les collines ne sont point véritablement circonscrits, quoiqu'ils offrent des interruptions diverses. Mais, dans les Monticulaires, les cônes saillans et les monticules sont généralement circonscrits.

Les lames qui, de chaque côté, garnissent les collines, sont perpendiculaires à la direction de ces collines et de leurs vallons. Ces lames, le plus souvent, sont inégales entre elles, quoique parallèles et dentées en leur bord.

Ces Polypiers forment des masses simples, convexes, hémisphériques, souvent glomérulées en tête ou en boule, dont le volume est quelquefois considérable.

Lorsqu'ils commencent à se former, ils ne constituent qu'un corps turbiné, calyciforme, fixé inférieurement par un pédicule central très court. Alors on voit que leur surface supérieure offre seule des sillons sinueux et lamelleux, tandis que leur surface inférieure est nue, à-peu-près lisse.

Les *Méandrines* vivent dans les mers des climats chauds des Deux-Indes.

[Suivant Lesueur, les Polypes des Méandrines (du moins de la **M.** labyrinthiforme) seraient des animaux actiniformes, ayant chacun une grande ouverture buccale, à bords froncés, et une vingtaine de tentacules disposées, comme chez la plupart des Polypes, en couronne autour du disque orale. Mais d'après les observations plus récentes de MM. Quoy et Gaymard, il paraîtrait que dans d'autres espèces la disposition des tentacules est différente, ce qui pourrait faire douter de l'exactitude de la description donnée par leur prédécesseur. Ces naturalistes ont trouvé que les animaux des Méandrines sont réunis par rangées sinueuses au fond des vallons du Polypier, et ne présentent de tentacules que sur les côtés de l'espèce de bande charnue résultant de leur aggrégation ; les bouches saillantes et lisses sont placées au milieu de ces bandes. Dans l'espace qui sépare ces ouvertures, il n'y a point d'appendices tentaculaires ; enfin, l'union des animaux qui vivent dans le même vallon du Polypier est si intime qu'on ne voit aucune trace de leur soudure. Enfin M. Ehrenberg n'a pas vu de tentacules du tout à l'espèce qu'il a observée dans la Mer-Rouge, et qu'il rapporte également à la M. labyrinthiforme. Du reste il est probable que l'on a souvent confondu sous le même nom des espèces très différentes quant à la structure des animaux, mais ayant de la ressemblance sous le rapport du Polypier.] E.

ESPÈCES.

1. Meandrina labyrinthiforme. *Meandrina labyrinthica.*

> *M. hemisphærica ; anfractibus longis, tortuosis, basi dilatatis; collibus simplicibus, subacutis.*

Madrep. labyrinthica. Lin. Soland. et Ell. t. 46. f. 3.4.

Esper. vol. 1. tab. 3.

* *Madrepora meandrites.* Pallas. Elen. p. 292.

* *Meandrina labyrinthica.* Lamour. Expos. méthod. des Polyp. p. 54. pl. 46. fig. 3 et 4.

* Lesueur. Mém. de l'acad. de Philadelphie. t. 1. p. 180. pl. 8. fig. 11.

* Delonch. Encycl. p. 507.

* Blainv. Dict. des sc. nat. t. 29. p. 376 ; et Man. d'Actin. p. 357. pl. 56. fig. 4.

* *Madrepore.* Savig. Descr. de l'Egypte. Polyp. pl. 5. fig. 4.

* *Meandrina platygera labyrinthica.* Ehrenberg. Mém. sur les Polypes de la Mer-Rouge. p. 99.

Mus. n°.

2. *var.* à masses sublobées.

Habite les mers d'Amérique. Mon cabinet. Les lames des sillons sont étroites. * Suivant M. Ehrenberg, les Polypes seraient dépourvus de tentacules.

2. Méandrine cérébriforme. *Meandrina cerebriformis.*

> *M. subsphærica; anfractibus tortuosis, prælongis; lamellis basi dilatatis, denticulatis; collibus truncatis, subbicarinatis, ambulacriformibus.*

* Delonch. Encycl. p. 5o8.
* Quoy et Gaym. Voy. de l'Ur. pl. 96. fig. 8.
* Blainv. Man. d'Actin. p. 357.
Seba. mus. 3. tab. 112. fig. 1-5-6. Gualt. ind. t. 10 et t. 29. *in verso.*
Solan. jam. hist. 1. t. 18. f. 5.
Shaw. miscell. 4. t. 118.
  Meandrina platygera cerebriformis. Ehren. op. cit. p. 100.
  Meandrina cerebriformis. Quoy et Gaym. Voy. de l'Astrol. t. 4. p. 224. Zooph. pl. 18. fig. 2 et 3.
Mus. no.
Habite les mers d'Amérique. Ce polypier acquiert un très grand volume. Mon cabinet.(* La bouche des Polypes et la portion de leur corps qui l'entoure immédiatement est bleu-ardoisé, tandis que la portion charnue qui remonte sur les flancs des collines du Polypier est brun-chocolat. C'est sur la ligne de séparation de ces deux couleurs que se trouvent les tentacules, dont la forme est conique et la teinte rougeâtre. L'individu observé par MM. Quoy et Gaymard a été trouvé à l'île Tonga et pourrait bien ne pas appartenir à la même espèce que le Polypier de la mer des Antilles, désigné par les auteurs sous le même nom.)

3. Méandrine dédale. *Meandrina dædalea.*

M. hemisphærica; anfractibus profundis, brevibus; lamellis dentatis, basi laceris; collibus perpendicularibus.
Madrep. dædalea. Soland et Ell. tab. 46. f. 1.
Esper. suppl. 1. t. 57. f. 1.3.
* Lamour. Expos. méth. des Polyp. p. 55. pl. 46. fig. 1 et 2.
* Lesueur loc. cit. pl. 16. fig. 10.
* Delonch. Encycl. p. 5o8.
* Blainv. Man. d'Actin. p. 357.
Mus. n°.
Habite les mers des Indes orientales. Mon cabinet.

4. Méandrine pectinée. *Meandrina pectinata.*

M subhemisphærica; anfractibus profundis, angustis; collibus pectinatis; lamellis latis remotis subintegris.
Madrep. meandrites. Lin. Soland. et Ell. t. 48. f. 1.
Gualt. Ind. t. 51. *in verso.* Seba. 3. t. 111. f. 8.
Knorr. delic. tab. A. XI. f. 1.2.
* Pallas. Elen. Zooph. p. 297.
* *Meandrina pectinata.* Lamour. Expos. méth. des Polyp. p. 55. pl. 48. fig. 1. et pl. 51. fig. 1.
* Delonch. Encycl. p. 5o8. pl. 485. fig. 1.

25.

* Blainv. Man. d'Actin. p. 357.
* *Manicina pectinata.* Ehren. op. cit. p. 102.
* Schweig. Hand. p. 420.
Mus. n°.
Habite les mers d'Amérique. Mon cabinet.

5. Méandrine aréolée. *Meandrina areolata.*

M. turbinato-hemisphærica ; anfractibus latis, ad extrema dilatatis ; lamellis angustis, denticulatis; collibus passim duplicatis.

Madrep. areolata. Lin. Soland. et Ell. t. 47. f. 4.5.
Specimina juniora.
Pall. zooph. n° 172.
Esper. vol. 1. Madr. t. 5.
Rumph. Amb. 6. t. 87. f. 1.
Seba. 3. t. 111. f. 7.
* Lamour. Expos. méth. p. 55. p. 47. f. 4 et 5.
* Lesueur. op. cit. pl. 16. fig. 11.
* Delonch. Encycl. p. 508.
* Blainv. Man. d'Actin. p. 357.
* *Manicina areolata.* Ehren. op. cit. p. 103.
Habite l'Océan des Deux-Indes. Mon cabinet. Ce Polypier est caly-ciforme dans ses premiers développemens.

6. Méandrine crêpue. *Meandrina crispa.*

M. turbinato-hemisphærica; anfractibus latis, ad extrema dilatatis, lamelloso-crispis, lamellis serrato-spinulosis.

Seba. mus. 3. tab. 108. f. 3 et 5.
* Delonch. Encycl. p. 508.
* Blainv. Man. d'Actin. p. 357.
Mus n°.
Habite l'Océan indien ? Il ne faut pas la confondre avec la M. aréolée; les dents des lames étant fort différentes. Mon cabinet.

7. Méandrine ondoyante. *Meandrina gyrosa.*

M. hemisphærica, anfractibus longis, latiusculis; lamellis foliaceis, basi latioribus, muticis; collibus truncatis.

Madrep. gyrosa. Soland. et Ell. t. 51. f. 2.
Esper. suppl. 1. Madr. t. 80. f. 1.
Seba. mus. 3. t. 109. f. 9. 10.
* Lamour. Exp. méth. des Polyp. p. 55. pl. 51. f. 2.
* Delonch. Encycl. p. 508.
* Blainv. Man. d'Actin. p. 357.
* *Manicina gyrosa.* Ehren. Op. cit. p. 102.
Habite.... Ce Polypier devient grand et fort large. Mon cabinet.

8. Méandrine ondes-étroites. *Meandrina phrygia.*

*M. subhemisphærica; anfractibus perangustis, longis, nunc rectis,
nunc tortuosis; lamellis parvis, remotiusculis; collibus perpendicularibus.*

Madrep. phrygia. Soland et Ell. t. 48. f. 2.
Madrep. filograna. Esper. 1. t. 22.
Seba. mus. 3. t. 112. f. 4.
* Lamour. Expos. méth. p. 56. pl. 48. fig. 2.
* Delonch. Encycl. p. 509. pl. 485. fig. 2.
* Blainv. Man. d'Actin. p. 357.
* *Meandrina platygera phrygia.* Ehrenb. op. cit. p. 100.
Mus. n°.
Habite l'Océan des Grandes-Indes et la Mer-Pacifique. Elle n'est point
rare dans les collections. Mon cabinet. Elle a quelques rapports
avec la M. labyrinthiforme.

9. Méandrine filograne. *Meandrina filograna.*

*M. globosa, subgibbosa; anfractibus superficialibus; angustissimis,
tortuosis; lamellis parvis, remotis; collibus filiformibus.*

Madrep. filograna. Gmel. n°. 114.
Gualt. ind. t. 97. *in verso.*
* Delonch. Encycl. p. 509.
* Blainv. Man. d'Actin. p. 358.
Mus. n°.
Habite les mers de l'Inde. Espèce très distincte, et qui varie, à masses
gibbeuses, sublobées. Mon cabinet.

† 10. Méandrine sinueuse. *Meandrina sinuosa.*

*M. subhemisphærica aut planiuscula, cressa; anfractibus latis, si-
nuosis; lamellis inæqualibus, spaciosis, spinosis. Polypis margine
fuscius, intus virescentibus; ore ovali plicato, albido; tentaculis
brevissimis.*

Ellis. et Soland. Zooph. p. 60.
? Lesueur. Mém. du Mus. t. 6. p. 281. 4 var.
Quoy et Gaym. Voy. de l'Astrol. t. 4. p. 227. Zooph. pl. 18. fig. 4
et 5.
Habite la Nouvelle-Hollande.

† 11. Méandrine lamelline. *Meandrina lamellina.*

*M. quadripollicaris, subglobosa, lamellis denticulatis, dilatatis, cris-
tis obtusis, 2-4′′′ distantibus, 3′′′ altis.*

Ehren. Mém. sur les Polypes de la Mer-Rouge p. 99.

Habite la Mer-Rouge; les Polypes sont semblables à ceux de la M. labyrinth.

† 12. Méandrine mince. *Meandrina tenella.*

M. subglobosa, anfractibus perangustis longis , nunc rectis, nunc tortuosis, costis angustis, lamellis remotiusculis geminis.
Goldfuss. Petref. p. 63. pl. 21. fig. 4.
Blainv. Man. d'Actin. p. 358.
Fossile du calcaire jurassique de Souabe.

† 13. Méandrine de Sœmmering. *Meandrina Soemmeringii.*

M. explanata, anfractibus superficialibus latis longis , nunc rectis nunc flexuosis et ramosis , collibus simplicibus acutis ; lamellis confertis e stellarum serie radiantibus.
Goldfuss. Petref. p. 109. pl. 38. fig. 1.
Fossile du calcaire jurassique du Wurtemberg.

† 14. Méandrine agaricite. *Meandrina agaricites.*

M. explanata, anfractibus angustis rectis reticulatim conniventibus; collibus simplicibus acutis, lamellis parvis confertis.
Goldfuss. Petref. p. 109. pl. 38. fig. 2.
Fossile du calcaire grossier du Salzbourg.

‡ Ajoutez la *Meandrina viridis*, la *M. rubra* et quelques autres espèces décrites par Lesueur. (Mém. du mns. t. 6 pl. 16), et la *M. orbicularis*, la *M. antiqua*, la *M. Lucasiana*, et la *M. asteroïdes*, espèces fossiles décrites, mais non figurées par M. Defrance (Dict. des sc. .nat. t. 29. p. 377). Le *M. Delucii*, Defr. (loc. cit.), paraît être la même que l'espèce figurée par Bourguet. (pl. 9. fig. 4)

———

[M. de Blainville a donné le nom générique de DICTUOPHYLLIE, *Dictuophyllia*, à quelques Polypiers fossiles confondus jusqu'alors avec les Méandrines et présentant les caractères suivans : « Loges assez grandes, polygonales, un peu irrégulières, séparées par des cloisons denticulées des deux côtés et formant par leur réunion un polypier calcaire encroûtant, fixé et profondément réticulé à sa surface. »

Ce savant y range :

1. La DICTUOPHYLLIE RÉTICULÉE, *ic Dtuophyllia reticulata*, Bl. (Faujas, mont St.-Pierre, p. 190. pl. 35. fig. 1.

Meandrina reticulata (Goldfuss, p. 63. pl. 21. fig. 5;
Dictuophyllia reticulata, Blainv. op.cit.p.360. pl. 53 fig. 4),
fossile de la craie de Mastricht.

2. La DICTUOPHYLLIE HÉMISPHÉRIQUE, *D. hemisphærica*
Blainv. (Manuel, p. 360), fossile du calcaire jurassique
de la Bourgogne, qui n'est pas encore décrite et se voit
dans la collection de M. Michelin.   E.]

MONTICULAIRE. (Monticularia.)

Polypier fixé, pierreux, encroûtant les corps marins,
ou se réunissant, soit en masse subglobuleuse, gibbeuse
ou lobée, soit en expansions subfoliacées ; à surface supérieure hérissée d'étoiles élevées, pyramidales ou collinaires.

Etoiles élevées en cône ou en colline ; ayant un axe central solide, soit simple, soit dilaté, autour duquel adhèrent
des lames rayonnantes.

*Polyparium lapideum, fixum, strata incrustans, vel in
massam subglobosam; gibbosam aut lobatam conglomeratum, vel in lobos subfoliaceos explanatum; supernâ superficie stellis elevatis, pyramidatis aut collinaribus echinatâ.*

*Stellæ prominulæ, conicæ aut colliniformes; axe solido
centrali, simplici vel dilatato, lamellis radiantibus hinc
adnatis circumvallato.*

OBSERVATIONS. — Dans les *Monticulaires*, comme dans les
Méandrines, les cônes élevés et les monticules sont des parties
qui occupent les interstices que les Polypes laissent entre eux,
en sorte que c'est dans les vallons mêmes que se trouvent les
Polypes, où ils paraissent adhérer les uns aux autres par une
espèce de confluence.

Cette considération, que confirme l'examen des Polypiers, a
fait sentir les grands rapports qui existent entre les *Monticulaires* et les Méandrines ; mais, dans les monticulaires, les cônes,
ainsi que les monticules, sont isolés, circonscrits ; tandis que,
dans les Méandrines, les collines ne le sont pas.

Ainsi, les *Monticulaires* constituent un genre particulier très distinct des Méandrines, et qui l'est davantage encore des autres genres qui appartiennent aux Polypiers pierreux lamellifères.

Depuis que j'ai établi ce genre dans mes Cours, M. *Fischer*, demeurant à *Moscow*, l'a reconnu de son côté, et l'a institué sous le nom d'*Hydnophora*. Il y a rapporté plusieurs espèces qui ne me sont pas connues.

[Ainsi que l'observe M. Defrance, il est probable qu'on a pris très souvent pour des Monticulaires fossiles des moules d'Astrées.

E.]

ESPÈCES.

1. Monticulaire feuille. *Monticularia folium.*

M. explanato foliacea, orbiculato-lobata, subconcava; conulis inæqualibus, in disco minoribus; ad periphœriam dilato-compressis ; infernâ superficie radiatâ.

An hydnophora Demidovii? Fisch. rech. n° 1.

* Oryctographie de Moscou, pl. 32.

* Delonch. Encycl. zooph. p. 556.

* Blainv. Dict. des sc. nat. t. 32. p. 498. et Man. d'Actin. p. 363; pl. 57. f. 1.

Mus. n°.

Habite.... probablement l'Océan des Grandes-Indes. Très belle espèce non fossile, formant une expansion foliacée, ondée, large, subtrilobée, un peu concave en dessus, à surface inférieure libre, lisse, avec des stries rayonnantes et légères.

2. Monticulaire lobée. *Monticularia lobata.*

M. conglomerata, supernè gibboso-lobata; conulis confertis, dilatato, compressis; lamellis laxis.

* Lamour. Expos. méth. des Polyp. p. 56.

* Delonch. Encycl. p. 556.

* Blainv. Dict. des sc. nat. t. 32. p. 498. et Man. d'Act. p. 363.

Mon cabinet.

Habite..... probablement l'Océan des Grandes-Indes. Cette Monticulaire, non fossile, ne le cède nullement à la précédente en beauté et en conservation. Elle forme une assez grande masse glomérulée, gibbeuse, fortement lobée, fixée par sa base, et qui ne laisse apercevoir nulle part la face inférieure de ses expansions. Ses cônes sont des monticules élargis, comprimés, serrés, inégaux, à lames lâches, subserrulées.

3. Monticulaire polygonée. *Monticularia polygonata.*

M. glomerato-lobata, subramosa; conulis confertis, compressis, inæqualibus; lamellis serrullatis.

* Delonch. Encycl. p. 556.

* Blainv. Dict. des sc. nat. t. 32. p. 498. et Man. d'Act. p. 363.

Mon cabinet.

Habite.... Cette Monticulaire, que m'a communiquée M. *Desvaux*, est singulièrement différente de l'espèce ci-dessus par sa forme générale, et me paraît mériter d'en être distinguée.

4. Monticulaire petits cônes. *Monticularia microconos.*

M. incrustans; conulis parvis; confertis, obsoletè compressis; lamellis serrulatis.

Madrep. exesa. Pall. zooph. p. 290.

Soland et Ell. t. 49. fig. 3.

Esper. vol. 2. t. 31. f. 3.

* La variété figurée sous ce nom par Esper, a été appelée *Hydnophora Esperi* par Fischer. (Oryct. de Moscou. pl. 34. fig. 4.)

Hydnophora Pallasii. Fisch. rech. n° 2.

An Guett. mém. 3. pl. 15. f. 6.

* Lamour. Expos. méth. des Polyp. p. 56. pl. 49. f. 3.

* Delonch. Encycl. p. 556.

* Blainv. Man. d'Actin. p. 363.

* Ehrenb. op. cit. p. 107.

* *Monticularia exesa.* Schweig. Hand. p. 420.

Mus. n°.

Habite l'Océan des Grandes-Indes. *Péron* et *Lesueur.* Cette espèce couvre et encroûte des corps marins : elle offre à sa surface des cônes petits, serrés, peu élargis, presque égaux.

* M. Goldfuss rapporte le *Monticularia microconos* Lam. au genre Astrée, mais en excluant les synonymes donnés par notre auteur (Voy. Petref. p. 63). Ce Polypier est cependant très distinct de toutes les Astrées et se rapproche davantage par sa structure des Stylines que de tout autre genre; il n'en diffère guère que parce que les colonnes centrales sont moins compactes, et que les espèces de traverses horizontales qui s'en détachent d'espace en espace et qui vont se réunir aux parties voisines sont beaucoup plus rapprochées.

Quant au fossile décrit sous ce nom, par M. Goldfuss (pl. 21. fig. 6), c'est bien probablement un moule d'Astrée.

5. Monticulaire méandrine. *Monticularia meandrina.*

M. incrustans ; colliculis compressis, elongatis, flexuosis, inœqualibus; lamellis snbserratis.

Madrep. exesa. Esper. vol. 1. t. 31. f. 1. 2.

An hydnophora Esperi? Fisch. rech. n° 3.

* Delonch. Encycl. p. 557.

* Blainv. Man. d'Actin. p. 363.

Habite.... Je ne connais cette espèce que d'après la figure citée d'Esper. Elle paraît plus que les autres se rapprocher des Méandrines.

6. Monticulaire de Cuvier. *Monticularia Cuvieri.*

M. stellis altissimis; lamellis numerosis, tenuibus, subserratis, parùm incurvis.

Hydnophora Cuvieri. Fisch. rech. n° 4. t. 1. f. 2.

* Oryctographie de Moscou, pl. 34. fig. 2.

An. Guett. mém. 3. t. 40. f. 1.

* Defr. Dict. des sc. nat. t. 32. p. 500.

Astrea Faujasü. Blainv. Man. d'Actin. p. 370.

Habite.... fossile de Russie.

* Ce polypier fossile ne paraît être qu'un moule d'Astrée. M. Goldfuss le rapporte à son *Astrea geometrica* (Petref. p. 67. pl. 22. fig. 11). Mais dans un autre passage de son ouvrage, il cite l'*Hydnophora Cuvieri* de Fischer, comme étant probablement synonyme de son *Astrea escharoides* (Op. cit. p. 245. pl. 23. fig. 2). Espèce qui paraît bien distincte de la précédente.

7. Monticulaire de Moll. *Monticularia Mollii.*

M. stellis, parùm elevatis; lamellis grossis, superiùs obtusis.

Hydnophora Mollii. Fisch. rech. n° 5. t. 1. f. 1.

* Oryctographie de Moscou, pl. 34. fig. 1.

* Defr. Dict. des sc. nat. t. 32. p. 501.

* Blainv. Man. d'Actin. p. 363.

Habite....... fossile de Russie. Elle se trouve en masse arrondie ou globuleuse.

* A en juger d'après la figure de Fischer, ce fossile paraîtrait être aussi un moule d'Astrée.

8. Monticulaire de Knorr. *Monticularia Knorii.*

M. stellis approximatis; lamellis incurvatis, brevibus.

Hydnophora Knorrii. Fisch. rech. n° 6.

Guett. mém. 3. pl. 27. f. 2. 4.

Knorr. vers. t. III. p. 191. pl. suppl. VI. d. 4.

Habite.... Fossile de....

* Ce fossile paraît être un moule d'Astrée. M. de Blainville le rapporte à *l'Astrea flexuosa* de Goldfuss. (Petref. p. 67. pl. 22. f. 10.)
* Blainv. Man. d'Actin. p. 364.

9. Monticulaire de Guettard. *Monticularia Guettardi.*

M. stellis elevatis, magnis, elongatis; lamellis incurvatis formam S. œmulantibus.

Hydnophora Guettardi. Fisch. rech. n° 7.

Guett. mém. 3. pl. 64. f. 1. 4. 5.

Habite... Fossile des environs de l'abbaye de Molême.

10. Monticulaire de Bourguet. *Monticularia Bourguetii.*

M. stellis elevatis, conicis; lamellis basi bifurcatis.

Hydnophora Bourguetii. Fisch. rech. n° 8.

Guett. mém. 3. pl. 44. f. 5. 7. 8.

* Blainv. Man. d'Actin. p. 364.

Habite.... Fossile du même endroit que le précédent.

* Ce fossile nous paraît être un moule supérieur d'Astrée plutôt qu'une Monticulaire.

Nota. Appartiennent à ce genre, les fossiles figurés dans Bourguet.

Pl. III. *fig.* 19, 21, 22 et 23.

Pl. VIII. f. 40.

Pl. IX. f. 41.

Pl. X. f. 46.

* M. Defrance fait observer que les trois premières figures citées ci-dessus, paraissant appartenir à des moules extérieurs d'Astrées; celles n° 40 et 41 à des Méandrines et celle n° 46 à une Astrée ou une Caryophyllie.

* Fischer a donné à des fossiles dont la nature paraît douteuse les noms de *Hydnophora Henningii.* (Op. cit. pl. 34. f. 3.) de *H. Sternbergii.* (Orytographie de Moscou, pl. 34. fig. 3 et 5). M. Goldfuss rapporte à cette dernière espèce son *Astea velamentosa,* (pl. 23. fig. 4).

ÉCHINOPORE. (Echinopora.)

Polypier pierreux, fixé, aplati et étendu en membrane libre, arrondie, foliiforme, finement striée des deux côtés. La surface supérieure chargée de petites papilles, et, en outre, d'orbicules rosacés, convexes, très hérissés de papilles, percés d'un ou deux trous, recouvrant chacun une étoile lamelleuse.

Etoiles éparses, orbiculaires, couvertes; à lames inéga-les, presque confuses, saillantes des parois et du fond, et obstruant en partie la cavité.

Polyparium lapideum, fixum, complanatum, in mem-branam rotundatam, liberam et foliiformam expansum, utroque latere tenuissimè striatum. Superna superficies pa-pillis parvulis echinulata, prætereà orbiculis rosaceis, con-vexis, echinatissimis, poro uno alterove pertusis, stellas obtegentibus prædita.

Stellæ sparsæ, orbiculares, obtectæ : lamellis inæquali-bus, subconfusis, è fundo parietibusque prominentibus, ca-vitatem partìm obturantibus.

OBSERVATIONS. — Les *Echinopores* sont des Polypiers si sin-guliers, que j'ai eu beaucoup de peine à reconnaître qu'ils ap-partiennent aux Polypiers lamellifères. Leurs cellules cepen-dant sont véritablement lamellifères et en étoile; mais ces cel-lules, remplies de lames inégales, en partie coalescentes, presque confuses, constituent des étoiles singulières, tout-à-fait cou-vertes, et par là méconnaissables. La lame superficielle qui les recouvre, forme sur chaque étoile une bosselette orbiculaire, convexe, très hérissée, percée d'un ou deux petits trous inégaux.

J'eusse rapporté ce Polypier au genre des Explanaires, sans l'extrême singularité de ses étoiles : je n'en connais encore qu'une espèce.

[D'après les observations faites par M. de Blainville sur le Polypier qui a servi à l'établissement de ce genre, il paraît que Lamarck s'est laissé imposer par des circonstances accidentelles, et que la lame superficielle que cet auteur décrit comme cou-vrant les cellules, n'était autre chose qu'une couche de matière animale desséchée; en nettoyant convenablement l'échantillon qui avait servi pour l'établissement de ce genre, M. de Blainville s'est convaincu qu'on devait le ranger parmi les Explanaires. E.]

ESPÈCE.

1. **Échinopore à rosettes.** *Echinopora rosularia.*

> *E. explanato - foliacea, suborbiculata; supernâ superficie striis asperis et orbiculis echinatis obtectâ; infernâ muticâ, striatâ.*
>
> * Schw. Beobacht. p. 7. fig. 64, et Handb. p. 415,
>
> * *Echinastrea rostularia.* Blainv. Dict. des sc. nat. zooph. pl. 36. fig. 2 et Man. d'Actin. p. 379. pl. 56. fig. 2.
>
> Mus. n°.
>
> Habite les mers de la Nouvelle-Hollande, fixé sur les corps marins. *Péron* et *Lesueur.* Mon cabinet. Ses expansions sont ondées, larges d'environ un pied. Elles ne paraissent attachées que vers le centre de leur disque inférieur.

––––––

EXPLANAIRE. (Explanaria.)

Polypier pierreux, fixé, développé en membrane libre, foliacée, contournée ou onduleuse, sublobée; à une seule face stellifère.

Etoiles éparses, sessiles, plus ou moins séparées.

Polyparium lapideum, fixum, in membranam liberam, foliaceam, undatam aut convolutam et sublobatam expansum : unâ superficie stelliferâ.

Stellæ sparsæ, sessiles, subdistinctæ.

OBSERVATIONS. —La constance de ces Polypiers à offrir, dans tous les âges, des expansions foliacées, qui laissent une grande partie de leur surface inférieure libre et à découvert, me paraît indiquer en eux une coupe particulière qu'il faut distinguer des Astrées.

Effectivement, toutes les Astrées, formant des masses encroûtantes, ou se réunissant en masse, soit hémisphérique, soit globuleuse, et ne laissant voir leur surface inférieure que dans le Polypier très jeune, sont très distinctes des *Explanaires ;* celles-ci ne se glomérulant jamais en boule ou en masse hémisphérique, et montrant toujours leur face inférieure.

Ainsi, les *Explanaires* présentent, à tout âge, des expansions comme foliacées, développées en membrane pierreuse, et fixées inférieurement par une base courte, en général peu élargie. Ces expansions sont entières ou sublobées, ordinairement contournées ou onduleuses, et ne sont stellifères qu'en leur face supérieure.

On ne confondra point ces Polypiers avec les Agarices, puisque leurs étoiles sont circonscrites, et ne sont pas immergées dans des rides ou des sillons.

[M. de Blainville, ayant pris pour base de la classification des Polypes la structure des cellules des Polypes, plutôt que la forme générale des Polypiers, a dû modifier les limites et la définition de ce genre; il y assigne les caractères suivans: « animaux inconnus contenus dans des loges mamelonnées, en forme d'étoiles fortement lamelleuses, assez peu régulières, échinulées, et n'occupant que la face supérieure d'un Polypier calcaire libre ou fixé, en forme de grande plaque lobée ou relevée sur les bords, fortement échinulée en dedans et striée, mais non poreuse en dehors. » Ce naturaliste a substitué au nom d'*Explanaire* celui d'*Echinastrée*.   E.]

ESPÈCES.

1. Explanaire entonnoir. *Explanaria infundibulum.*

    E. *turbinata, infundibuliformis, interiùs prolifera.*

    Madrepora crater. Pall. zooph. p. 332.

    Esper. suppl. 2. t. 86. f. 1. et suppl. 1. t. 74.

    * *Explanaria crater.* Schw. et Handb. p. 419.

    * Lamour. Encycl. zooph. p. 385.

    * Blainv. Dict. des sc. nat. t. 16. p. 81.

    * *Gemmipora crater* (1). Blainv. Man. d'Actin. p. 387. pl. 36. fig. 6 (sous le nom d'*Explanaire entonnoir*).

---

(1) Le genre GEMMIPORE, *Gemmipora* (Blainville), se rapproche beaucoup des Madrépores du même auteur, et a pour caractères : « loges profondes, cylindriques, cannelées et presque lamelleuses à l'intérieur, saillantes en forme de bouton, et éparses assez régulièrement à la surface d'un Polypier calcaire, fixé, poreux, arborescent ou développé en grande lame plus ou moins ondée et pédiculée. M. de Blainville y range les Explanaires n° 1 et 2 de Lamarck, l'*Astrea palifera* du même (p n° 14), et quelques autres espèces.

Mus. n°.

Habite l'Océan indien. Mon cabinet. Ce Polypier n'est point strié en dehors , mais finement poreux.

2. **Explanaire mésentérine.** *Explanaria mesenterina.*

E. *variè convoluta, contorta et sinuosa ; stellarum interstitiis porosis , arenoso-scabris.*

Madrepora cinerascens. Soland. et Ell. n° 26. t. 43.

Esper. Suppl. 1. t. 68.

Gualt. ind. t. 70.

* *Explanaria cinerascens.* Schweig. Handb. p. 419.
* Lamour. Expos. méth. des Polyp. p. 57. pl. 43 ; et Encycl. p. 385.
* *Gemmipora mesenterina.* Blainv. Man. d'actin. p. 387.
* *Explanaria cinerascens.* Ehrenb. Op. cit. p. 82.

Mus. n°.

Habite l'Océan indien. J'en possède un exemplaire orbiculaire, ondé et contourné dans ses replis nombreux, mésentériforme , ayant plus d'un demi-mètre de largeur (près de deux pieds) et très bien conservé. Ses étoiles sont creuses, à lames très étroites et nombreuses.

3. **Explanaire boutonnée.** *Explanaria gemmacea.*

E. *variè expansa, gibbosula, asperrima ; stellis obliquè prominulis acervatis, extùs et ad interstitias lamellosis ; lamellis dentatolaceris.*

An madrep. scabrosa ? Soland. et Ell. p. 156.

Madrep. lamellosa ? Esper. Suppl. 1. t. 58.

* Lamour. Encycl. p. 385.

Mus. n°.

2. *Var. stellis comosis.*

Mus. n°.

Habite..... l'Océan indien ? Mon cabinet. Cette espèce a ses expansions singulièrement tourmentées , ondées , comme bossues: leur surface supérieure est couverte de cellules saillantes, la plupart obliquement inclinées et renflées comme des boutons, surtout dans la variété 2 où elles sont fortement hérissées en dehors. Les interstices sont striés par des lames très dentées.

* Le Polypier conservé sous ce nom dans la collection du Muséum , et étiqueté de la main de Lamarck , est indubitablement une Astrée.

4. **Explanaire piquante.** *Explanaria aspera.*

E. irregulariter explanata, asperrima; stellis magnis, extùs et ad interstitias lamelloso-dentatis; infernà superficie striatá.

Madrepora aspera. Soland. et Ell. t. 3g.

* Lamour. Expos. méth. des Polyp. p. 57. pl. 3g; et Encycl. p. 385.

* *Tridacophyllia aspera.* Blainv. Man. d'actin. p. 362.

Mus. n°.

Habite.... l'Océan des Indes orientales. Mon cabinet. Cette espèce avoisine évidemment la précédente par ses rapports; mais elle en est très distincte; ses étoiles sont plus grandes, moins saillantes, plus séparées. Elle est très rude et même piquante au toucher.

5. Explanaire grimaçante. *Explanaria ringens.*

E. subturbinata, lobata; cellulis irregularibus, subconfluentibus, sinuosis, contiguis; margine crasso convexo.

* Lamour. Encycl. p. 386.

* *Echinastrea ringens.* Blainv. Man. d'actin. p. 378.

Mus. n°.

Habite..... Je la crois des mers d'Amérique. Elle est bien remarquable par l'irrégularité de ses cellules, par les lames nombreuses, serrées et dentelées qui en tapissent les parois, et par le bord épais, convexe et lamelleux de ces mêmes cellules. Sa surface inférieure est striée.

6. Explanaire à crêtes. *Explanaria cristata.*

E. partim incrustans, plicato-cristata; stellis minimis, sparsis, non prominulis.

An Madrep. acerosa ? Soland. et Ell. n° 3o.

* Lamour. Encycl. p. 386.

Mus. no.

Habite..... l'Océan austral. *Péron* et *Lesueur.* Cette explanaire forme des expansions en partie appliquées sur les rochers, et en partie relevées et repliées en crêtes saillantes. Leur surface inférieure est finement arénacée, mais sans stries.

† 7. Explanaire de Hemprich. *Explanaria Hemprichü.*

E. octopollicaris, membranacea, explanata, semi-orbicularis, libra, centro affixa, nec stipitata, margine sublobata, stellis 3^m latis, tumidis margine involuto, apertura lineam, rarius sesquilineam lata, cum interstiis medius denticulato-asperis et lamelloso-sulcatis, sulcis lamellisque 12-24.

Animal tentaculis destitutum, disco læte viridi, glabro, pallio fusco.

Ehrenb. Mém. sur les Polyp. de la Mer-Rouge. p. 82.
Habite la Mer-Rouge.

† 8. Explanaire alvéolée. *Explanaria alveolata.*

*E. dimidiato-infundibuliformis, incrustata, cellulis obliquis subdi-
midiatis remotiusculis margine acuto prominulis, lamellis raris.*
Goldf. Petref. p. 110. pl. 38 fig. 6.
Echinastrea alveolata. Blainv. Man. d'Actin. p. 379.
Fossile du calcaire jurassique du Wurtemberg.

† 9. Explanaire lobée. *Explanaria lobata.*

*E. irregulariter explanata et lobata; cellulis excavatis orbicularibus
remotis prominulis, ambitu radiato striatis lamellis decem, singulis alternatis dimidiatis.*
Goldf. Petref. p. 110. pl. 38. fig. 5.
Astrea lobata. Blainv. Man. d'Actin. p. 368.
Fossile du calcaire jurassique du Wurtemberg. M. de Blainville fait
remarquer que cette espèce est une Astrée plutôt qu'une Explanaire.

† M. Fleming rapporte aussi à ce genre un Polypier fossile de l'oolite
inférieure de l'Angleterre décrit par Parkinson (Organ. rem. 3.
pl. 7. fig. 11; *Explanaria flexuosa.* Flem. Br. an. p. 510).

ASTRÉE. (Astrea.)

Polypier pierreux, fixé, encroûtant les corps marins,
ou se réunissant en masse hémisphérique ou globuleuse,
rarement lobée.

Surface supérieure chargée d'étoiles orbiculaires ou subanguleuses, lamelleuses, sessiles.

*Polyparium lapideum, fixum, conglomeratum, strata
incrustans, vel in massam subglobosam rarò lobatam ag-
gregatum.*

*Superna superficies stellis orbiculatis aut subangulatis,
lamellosis, sessilibus obtecta.*

OBSERVATIONS. — Les *Astrées,* comme les Explanaires, n'ont
qu'une seule surface stellifère, et, de part et d'autre, les étoiles
sont circonscrites. Mais les *Astrées* sont en général des Polypiers appliqués, encroûtant les corps marins, ou conformés en

TOME II.

masse subglobuleuse qui ne laisse voir que sa surface supérieure.

Ainsi, les Polypiers dont il s'agit maintenant ne forment point
des expansions relevées et développées en feuilles libres, comme
les Explanaires, et ne présentent point des tiges rameuses, phytoïdes ou dendroïdes, comme les Madrépores, etc. Ils constituent donc un genre particulier bien distinct, assez nombreux
en espèces, et facile à reconnaître au premier aspect.

On les connaît en général sous le nom d'*Astroïtes;* mais l'u-
sage ayant consacré cette terminaison pour les objets dans
l'état fossile, nous avons changé cette dénomination en celle
d'*Astrées.*

La surface supérieure des *Astrées* est parsemée assez régulièrement d'étoiles circonscrites, orbiculaires on subanguleuses,
lamelleuses et sessiles, quoique dans certaines espèces, ces étoiles soient un peu saillantes.

Tantôt ces étoiles sont séparées les unes des autres, laissant
entre elles des interstices; et tantôt elles sont contiguës les unes
aux autres, ce qui fournit un moyen de diviser le genre.
MM. Quoy et Gaymard, qui ont eu l'occasion d'observer plusieurs espèces d'Astrées à l'état vivant, ont remarqué dans la
conformation des parties molles de ces Polypes des différences
assez grandes; les uns ont un corps cylindrique et tubulaire qui fait saillie au dehors de la loge pierreuse correspondante ou y rentre à volonté, et qui se termine par un disque
percé au centre par la bouche et bordé tout autour de tentacules bien distincts; les autres ont le corps plane et point protractile et ne présentent d'ordinaire que des tentacules rudimentaires. Il existe aussi dans la conformation du Polypier de
ces animaux des différences très grandes, et nous ne doutons pas
que lorsqu'on les aura mieux étudiés, on ne sente la nécessité
de les répartir dans plusieurs divisions génériques distinctes.
Mais comme on ne connaît pas encore la valeur des caractères
tirés de ces dernières différences, qu'on n'a pas constaté de re-
lations entre elles et les différences déjà signalées dans le mode
d'organisation des parties molles, on ne peut, dans l'état actuel
de la science, réformer cette partie de la classification des Polypes. Pour saisir les rapports naturels qui existent entre les

Astrées, il faudrait aussi avoir étudié la structure de leur Polypier à ses différens âges, car les loges dont il se compose sont loin d'offrir toujours la même disposition; mais ces observations restent encore à faire.

Le manque de données suffisantes pour l'établissement d'une classification réellement naturelle de ces zoophytes dont le nombre est très considérable, a été très bien senti par M. de Blainville; aussi ce naturaliste s'est-il borné à répartir d'une manière provisoire les espèces du genre Astrée en plusieurs petites sections basées uniquement sur la conformation des Polypiers. Voici comment il les divise.

A. Astrées à étoiles rondes et souvent disjointes ou non contiguës (*Asteroïdes*).

B. Astrées à étoiles distinctes, inégales, oblongues et plus ou moins diffluentes, formant des masses encroûtantes ou se glomérulant (*Astrées meandéniformes*).

C. Astrées à étoiles circulaires, fort distinctes, saillantes en mamelons et formant des masses encroûtantes (*Gemmastrées*).

D. Astrées à loges tubuleuses, verticales plus ou moins distinctes, à ouverture arrondie, à bords peu ou point saillans et radiées par un nombre médiocre de lamelles complètes (*Tubastrées*).

E. Astrées encroûtantes ou se glomérulant, à loges rondes quoique assez serrées, quelquefois un peu déformées, assez peu profondes, à lamelles bien distinctes, tranchantes, complètes, se prolongeant sur les bords qui sont arrondies en bourrelet.

E. Astrées à loges superficielles ou peu profondes, non marginées, à lamelles nombreuses, très fines, peu saillantes, partant d'un centre excavé et se portant jusqu'à celle d'une autre étoile avec laquelle elles se continuent (*Sidérastrées*).

G. Astrées plus ou moins globuleuses, formées de loges profondes, infundibuliformes, subpolygonales, à parois communes, à bords élevés, multisillonnés et échinulés (*Dipsastrées*).

H. Astrées en masses éparses, composées de cellules tubuleuses, assez serrées pour être polygonales, à bords non saillans, à cavité assez profonde, garnie de lamelles nombreuses, remontant le long d'un axe solide plus ou moins saillant (*Montastrées*).

I. Astrée en masse turbinoïde ou hémisphérique, composée de loges grandes, polygones, évasées, plus ou moins faviformes, multistriées, avec un enfoncement au milieu et plus ou moins évasées à la circonférence (*Favastrées*).

26.

K. Astrées en masses corticiformes, composées de loges infundibuliformes polygonales, radio-lamelleuses, prolifères, ou se succédant l'un à l'autre verticalement (*Strombastrées*).

L. Astrées en masses globuliformes ou étalées, composées de loges plus ou moins coniques et divergentes, serrées, polygonales, irrégulières, à ouverture anguleuse, tranchante sur les bords, plus ou moins saillans, échinulés et pourvus à l'intérieur assez profondément de lamelles stelliformes peu nombreuses (*Cellastrées*).

Plusieurs de ces groupes paraissent être naturels et devront probablement, lorsqu'on connaîtra la structure des Polypes qui y appartiennent, constituer des genres distincts ; ainsi les Sidérastrées ne peuvent être confondues avec la plupart des autres espèces de ce grand genre : mais il en est d'autres qui nous paraissent basés sur des caractères moins heureusement choisis ; les Astrées méandriniformes, par exemple, nous semblent être dans la réalité extrêmement voisines des Sidérastrées ; nous ne voyons pas aussi qu'il y ait des raisons suffisantes pour séparer les Gemmastrées, des Tubastrées, etc.   E.]

ESPÈCES.

§ *Étoiles séparées, même dès leur base.*

1. **Astrée rayonnante.** *Astrea radiata.*

> *A. stellis orbiculatis, concavis, marginè elevatis; lamellis perangustis; interstitiis sulcato–radiatis.*
> *Madrepora radiata.* Soland. et Ell. tab. 47. f. 8.
> * *Madrepora astroites var.* Pallas. Elen. Zooph. p. 320.
> * *Astrea radiata.* Lamour. Expos. méth. des Polyp. p. 57. pl. 47. fig. 8 ; et Encycl. p. 132.
> * *Astrea (Tubastrea) radiata.* Blainv. Man. d'Actin. p. 368.
> * *Explanaria radiata.* Ehrenb. Mém. sur les Polyp. de la Mer-Rouge. p. 83.
> Mus. n°.
> Habite les mers d'Amérique. Mon cabinet. Ses étoiles sont grandes, très concaves, à lames étroites, et à bords élevés. Elles sont rayonnantes à l'extérieur.

2. **Astrée argus.** *Astrea argus.*

> *A. stellis magnis, orbiculatis, multiradiatis; margine elevato obtuso, extùs lamellis denticulatis radiato.*

Madrepora cavernosa. Esper. Supp¹. 1. t. 37.

An madrepora astroites ? Pall. Zooph. p. 320.

* *Astrea argus.* Lamour. Encycl. p. 132.

* *Astrea (Tubastrea) cavernosa.* Blainv. Man. d'Actin. p. 368.

Mus. n°.

Habite.... les mers d'Amérique. Mon cabinet. Ses étoiles ne sont pas creuses et presque vides, comme celles de la précédente. Elles sont fort grandes, largement rayonnées à l'extérieur, en sorte que leurs interstices sont remplis par ces rayons externes. On la nomme vulgairement le *grand Astroïte.*

3. Astrée annulaire. *Astrea annularis.*

A. stellis orbiculatis, remotiusculis, margine elevatis extùs subra-diantibus; interstitiis plano-concavis, radiatis.

Madrepora annularis. Soland. et Ell. p. 169. t. 53. f. 1-2.

An Seba. mus. 3. tab. 112. f. 19.

* *Astrea annularis.* Lamour. Expos. méth. p. 58. pl. 53. fig. 1-2; et Encycl. p. 131.

* *Astrea (Tubastrea) annularis.* Blainv. Man. d'Actin. p. 368.

* Quoy et Gaym. Voy. de l'Astr. t. 4. p. 209. pl. 17. fig. 17-18.

* *Explanaria annularis.* Ehrenb. op. cit. p. 84.

2. *Var. stellarum fundo tuberculis annulato.*

Mus. n°.

Habite les mers d'Amérique. Mon cabinet. Ses étoiles sont une fois plus petites que celles de l'A. argus, cannelées en dehors et moins écartées entre elles. La variété 2 vient de la Nouvelle-Hollande.

* Les animaux n'offrent dans leur forme rien de particulier; leur couleur est jaune-verdâtre parsemée de petits points d'un vert métallique.

4. Astrée rotuleuse. *Astrea rotulosa.*

A. stellis orbiculatis, prominulis, pauci-radiatis; lamellis circà mar-ginem erectis acutis; radiis basi spinula erecta auctis.

Madrepora rotulosa. Soland. et Ell. p. 166. t. 56. *fig.* 1-3.

Sloan. jam. hist. 1. t. 21. f. 4.

An madrep. acropora ? Esper. Suppl. 1. t. 38.

* Lamour. Expos. méth. des Polyp. p. 58. pl. 55. fig. 1-3; et Encycl. p. 138.

* *Favia rotulosa.* Ehrenb. Mém. sur les Polyp. de la Mer-Rouge. p. 95.

Mus. n°

Habite les mers d'Amérique. Mon cabinet. Jolie espèce, parfaite-ment rendue dans les figures citées de l'ouvrage de *Solander* et

Ellis. Elle forme des masses subglobuleuses, à étoiles assez pe‑
tites, peu écartées entre elles, et un peu saillantes.

5. Astrée ananas. *Astrea ananas.*

A. stellis subungulatis, inæqualibus, multiradiatis; marginibus
convexis, lamellosis; lamellis denticulatis, interstitiis concavis.
Madrepora ananas. Lin. Soland. et Ell. t. 47. f. 6.
* Pallas. Eleu. Zooph. p. 321.
Madrep. ananas. Esper. 1. tab. 19.
* *Astrea ananas.* Lamour. Expos. méth. des Polyp. p. 59. pl. 47.
fig. 6.
* Lesueur. Mém. du mus. t. 6. p. 285. pl. 16. fig. 12.
* Schweig. Handb. p. 419.
* Blainv. Man. d'Actin. p. 369.
* *Favia uva.* Ehrenb. Op. cit. p. 94.
* Quoy et Gaym. Voy. de l'Astr. t. 4. p. 207. Zooph. pl. 16.
fig. 6-7.
2. *Madrepora uva.* Esper. Suppl. 1. t. 43. *Var ? stellis amplioribus.*
Mus. n°.
Habite les mers d'Amérique. Les étoiles sont lamellées en dehors et
en dedans, et ont leurs lames dentelées.
* Suivant Lesueur, l'animal de cette espèce d'Astrée est dépourvu
de tentacules; sa bouche, ronde et petite, est portée sur un disque
charnu élevé en cône, et son corps s'étend sous la forme d'une
membrane gélatineuse dans les intervalles que les lamelles du Po‑
lypier laissent entre elles. Sa couleur est d'un bleu-rouge, nuancé
de violet. MM. Quoy et Gaymard décrivent, sous le même nom,
une espèce qui diffère de celle observée par Lesueur, et qui
paraît être l'*Astrea ananas* de Lamarck; l'animal, disent ces
voyageurs, est jaune-verdâtre vers la circonférence, et brunâtre
au milieu; sa bouche est ovalaire et ses tentacules ne sont que de
petits tubercules arrondis.

6. Astrée usée. *Astrea detrita.*

A. stellis oblongis, inæqualibus, irregularibus, immersis; intersti‑
tiis lævibus subdetritis.
Madrepora detrita. Esper. Suppl. 1. p. 26. t. 41.
* *Astrea detrita.* Lamour. Encycl. p. 132.
* *Astrea (meandrina) detrita.* Blainv. Man. d'Actin. p. 367.
Mus. n°   . Mon cabinet.
Habite.....

7. Astrée crevassée. *Astrea porcata.*

A. subglobosa; stellis inæqualibus, irregularibus, oblongis, margine elevatis, interstitiis granulatis.

Madrepora porcata. Esper. Suppl. 1. t. 71.

* *Astrea porcata.* Lamour. Encycl. p. 132.

* *Astrea (Meandriniforma) porcata.* Blainv. Man. d'Actin. p. 367.

* *Favia porcata.* Ehrenb. Op. cit. p. 94.

Mus. n°.   Mon cabinet.

Habite......

8. Astrée punctifère. *Astrea punctifera.*

A. globosa; stellis suborbiculatis, inæqualibus, cavis, exiguis; interstitiis lævibus, poroso-punctatis.

* Lamour. Encycl. p. 132.

* *Astreopora punctifera.* Blainv. Man. d'Actin. p. 383. (1)

Mon cabinet.

Habite la mer de l'Inde. Cette espèce est tout-à-fait globuleuse, ou sphérique comme un petit boulet de canon, et ne montre aucun point de sa surface qui eût été adhérent. Ses étoiles sont petites, inégales, non saillantes au-dessus des interstices.

9. Astrée mille-yeux. *Astrea myriophthalma.*

A. incrustans; stellis orbiculatis, prominulis, cavis, extus echinatis; lamellis internis vix conspicuis; interstitiis porosissimis.

An madrep. muricata. var? Esper. Suppl. 1. p. 59. tab. 54. B. f. 2.

* *Asteropora myriophthalma.* Blainv. Man. d'Actin. p. 383.

Mon cabinet.

Habite..... Espèce rare, très remarquable, et qui n'a rien de commun

---

(1) Suivant M. de Blainville, les Polypiers dont il a formé son genre Astréopore, se rapprochent des Madrépores plus que des Astrées; il définit ce groupe de la manière suivante : « Animaux inconnus, mais très probablement pourvus d'une seule couronne de douze tentacules contenues dans des loges saillantes, mamelonnées, cannelées ou subradiées intérieurement et irrégulièrement éparses à la surface d'un Polypier calcaire, extrêmement poreux et échinulé, élargi en membrane, fixée ou glomérulée ». Ce naturaliste ajoute qu'on pourrait sans inconvénient réunir les Astréopores à son genre *Gemmipora.* Il y range l'*Astrea punctifera* (n° 8); l'*A. myriophthalma* (n° 9); l'*A. stellulata* (n° 12); et l'*A. pulvinaria* n° 15) de Lamarck.

avec celles que Linné a réunies sous son *madrepora muricata*. Elle forme de larges plaques encroûtantes, très rudes, inégales et gibbeuses à leur surface. Les cellules sont creuses, sans étoiles, mais à parois striées.

10. Astrée petits-yeux. *Astrea microphthalma.*

> *A. stellis exiguis, orbiculatis, prominulis, margine dentatis, extùs striatis; interstitiis granulatis.*
> * Lamour. Encycl. p. 130.
> * Blainv. Man. d'Actin. p. 370.
> * *Favia microphthalma ?* Ehreub. Mém. sur les Polypes de la Mer-Rouge. p. 93.
> Mus. n°.
> Habite les mers de la Nouvelle-Hollande. *Péron* et *Lesueur.* Joli petit Polypier glomérulé, qui semble tenir de l'Astrée annulaire, mais à étoiles plus petites et à interstices différens.

11. Astrée pléiades. *Astrea pleiades.*

> *A. stellis orbiculatis; marginibus elevatis, subacutis; interstitiis concavis, læviusculis; hinc cavernosis.*
> *Madrepora pleiades.* Soland. et Ell. p. 169. t. 53. f. 7-8.
> * *Asteria pleiades.* Lamour. Expos. méth. des Polyp. p. 58. pl. 57. fig. 7 et 8; et Encycl. zooph. p. 131.
> * *Astrea (Tubastrea) pleiades.* Blainv. Man. d'Actin. p. 368.
> Habite les mers de l'Inde. Elle est glomérulée, à étoiles petites, élégantes.

12. Astrée vermoulue. *Astrea stellulata.*

> *A. stellis orbiculatis, margine elevatis, intùs cavis, ad parietes striatis, distantibus; interstitiis planiusculis, arenoso-scabris.*
> *Madrepora interstincta ?* Esper. Suppl. 1. p. 10. tab. 34.
> *An madrep. stellulata ?* Soland. et Ell. p. 165. t. 53. f. 3-4.
> * *Astrea stellulata.* Lamour. Expos. méth. des Polyp. p. 58. pl. 53. fig. 3 et 4; Encycl. p. 131.
> * *Asteropora stellulata.* Blainv. Man. d'Actin. p. 383. pl. 60. fig. 4.
> Mon cabinet.
> Habite..... les mers d'Amérique ? Ses cellules sont distantes, et presque analogues à celles de notre Pocillipore bleu. Elles sont profondes, à peine étoilées, et leurs parois ont des lames étroites qui les font paraître striées. Mais les interstices des étoiles sont ici fort différens de ceux du Pocillipore bleu. (*Madrepora interstincta.* Lin.)

13. Astrée oblique. *Astrea obliqua.*

A. explanata, subincrustans; stellis tubulosis, obliquis, extùs sca-
bris, striatis; interstitiis inæqualiter porosis, subexesis.

* Lamour. Encycl. p. 130.

Mon cabinet.

Habite les mers de la Guiane. Elle forme des masses aplaties, comme
encroûtantes, à surface presque arénacée, parsemée de cellules un
peu saillantes, subtubuleuses, inclinées obliquement. Ces cellules
n'ont que cinq ou six lames en étoiles.

14. Astrée palifère. *Astrea palifera.*

A. glomerata, subglobosa, mamillata; stellis cylindricis, promi-
nulis, crassis, arenulosis; osculo parvo, intùs dentibus per paucis
radiato.

* *Gemmipora palifera.* Blainv. Op. cit. p. 387.

* Lamour. Encycl. p. 180.

Mon cabinet.

Habite les mers Australes. Ses masses sont subglobuleuses, gibbeuses,
à surface mamelonnée ou tuberculée par la saillie d'une multitude de petits cylindres, courts et épais, serrés, mais séparés, et
perforés au sommet.

15. Astrée pulvinaire. *Astrea pulvinaria.*

A. incrustans, undosa, pulvinata; stellis prominulis, conoideis,
extùs echinatis, cavis, intùs striatis; interstitiis subnullis.

* Lamour. Eucycl. p. 135.

* *Astreopora pulvinaria.* Blainv. Man. d'Actin. p. 383.

Mus. n°.

Habite les mers Australes. *Péron* et *Lesueur.* Cette Astrée semble
presque une variété de l'A. Mille-yeux : mais ses cellules en
dehors sont arrondies, conoïdes, bien séparées à leurs bords, et
presque sans interstices à leur base. Elles sont d'ailleurs pareillement hérissées et perforées.

† 15 *a.* Astrée tubuleuse. *Astrea tubulosa.*

A. semiglobosa, stellis orbiculatis, margine tubuloso-prominulis exca-
vatis, ambitu radiato-striatis, centro columnari lamellis raris, sin-
gulis alternatim minoribus.

Gold. Petref. p. 112. pl. 38. fig. 15.

Astrea (gemmastræa) tubulosa. Blainv. Man. d'Actin. p. 368.

Fossile du calcaire jurassique du Wurtemberg.

† 15 *b.* Astrée striée. *Astrea striata.*

A. bulbosa, stellis remotis orbicularibus superficialibus circa inter-

stitia radiato-striatis, centro tuberculato, lamellis singulis alterna-
tim dimidiatis.

Gold. Petref. p. 111. pl. 38. fig. 11.

Astrea (gemmastræa) striata. Blainv. Man. d'Actin. p. 368.

Fossile du calcaire grossier de Hallstadt.

† 15 c. Astrée bordée. *Astrea limbata.*

> *A. tuberosa vel ramosa, stellis orbicularis margine tubuloso promi-*
> *nulis, ambitu radiato striatis lamellis sedecim, singulis alterna-*
> *tim brevissimis.*
>
> *Madrepora limbata.* Goldf. Petref. p. 22. pl. 18. fig. 7.
>
> *Astrea limbata,* ejusdem p. 110. pl. 38. fig. 7.
>
> *Astrea (tubastrea) limbata.* Blainv. Man. d'Actin. p. 369. *et Branch-*
> *astræa limbata,* ejusdem op. cit. p. 331.
>
> Fossile de la craie jurassique du Wurtemberg.

† 15 d. Astrée caryophylloïde. *Astrea caryophylloides.*

> *A. subhemisphærica, stellis inæqualibus ovalibus vel oblongis con-*
> *cavis; margine acuto prominulis segregatis, centro papilloso; la-*
> *mellis denticulatis, per interstitia concurrentibus.*
>
> Gold. Petref. p. 66. pl. 22. fig. 7.
>
> Fossile du calcaire jurassique de la Souabe.

15 e. Astrée à six rayons. *Astrea sexradiata.*

> *A. disciformis; stellis seriatis remotis, campanulato-excavatis, la-*
> *mellis majoribus sex, centro glabro subprominulo columnari.*
>
> Goldf. Petref. p. 71. pl. 24. fig. 5.
>
> Fossile du calcaire jurassique de la Souabe.

† 15 f. Astrée géminée. *Astrea geminata.*

> *A. stellis æqualibus segregatis orbiculatis, lamellis raris majoribus*
> *minoribusque alternis (ectypigemenis) centro columnari, interstitiis*
> *radiatis et punctatis.*
>
> Guettard. Mem. t. 2. pl. 40 fig. 2. et t 3. p. 491.
>
> Faujas de St. Fond. Hist. nat. de la. mont. St. Pierre. pl. 30. fig. 1. et 2.
>
> Knoor. Petref. tab. 6. c. n° 197. fig. 5. 6.
>
> *Astroites mamillaris.* Schzot. Einl. 111. p. 417. pl. 6. fig. 3.
>
> *Astrea geminata.* Goldfuss. Petref. p. 69. pl. 23 fig. 8.
>
> Fossile de la montagne St. Pierre, près Maestricht.

† 15 g. Astrée favéolée. *Astrea faveolata.*

> *A. aggregata; stellis subangulatis, multiradiatis; parietibus hinc in-*
> *dè subduplicatis.*

Madrep. faveolata. Lamouroux. Expos. méthode. des polyp. p. 58.
pl. 53. fig. 5. et 6. Encyclop. p. 129.
Fossile.

† 15 *h.* **Astrée astroïte.** *Astrea astroïtes.*

A. tubis divergentibus retis vel curvatis approximatis, costato-stria-
tis, ostiolis prominulis radiis sex majoribus stellatis, limbo inters-
titiali striato ; lamellis connectentibus planis.
Sarcinula astroïtes. Goldf. Petref. p. 73. pl. 24. fig. 11.
Astrea (Tubastrea) astroïtes. Blainv. Man. d'Actin. p. 369.
Fossile de la France.

† 15 *i.* **Astrée auletique.** *Astrea auleticon.*

A. tubis subdivergentibus approximatis ; ostiolis prominulis ampliatis;
ambitu interstitiali lævi ; radiis stellarum raris e centro fistuloso
radiantibus ; lamellis connectentibus confertis fornicatis.
Sarcinula auleticon. Goldf. Petref. p. 74. pl. 25. fig. 2.
Astrea (tubastrea) auleticon. Blainv. Man. d'Actin. p. 369.
Fossile calcaire de la province de Juliers.

† 15 *k.* **Astrée élégante.** *Astrea elegans.*

A. stellis inæqualibus ovulibus segregatis, lamellis majoribus e centro
columnari radiantibus minoribus marginalibus alternis, interstitiis
porosis.
Goldf. p. 69. pl. 23. fig. 6.
Heliopora elegans. Blainv. Man. d'Actin. p. 393.
Fossile de la montagne Saint-Pierre de Maëstricht. Cette espèce a
de grands rapports avec plusieurs des Pocillipores de Lamarck.

§§ *Etoiles contiguës.*

16. **Astrée cardère.** *Astrea dipsacea.*

A. conglomerata ; stellis magnis, inæqualibus, angulatis ; mar-
gine lato echinato ; parietibus multilamellosis ; lamellis serrato-
dentatis.
Madrep. favosa. Soland. et Ell. p. 167. t. 50. f. 1.
Seba. thes. 3. t. 112. f. 8.
* *Asteria dipsacea.* Lamour. Expos. méthod. des Polypes. p. 59.
pl. 50. fig. 1.
* Quoy et Gaym. Voy. de l'Astr. t. 4. p. 210. pl. 17. fig. 1-2.
* Ehrenb. Op. cit.
* *Astrea (Dipsastrea) dipsacea.* Blainv. Man. p. 373.

Mus. n°.

Habite l'Océan des Grandes-Indes. Cette Astrée, plus rare que la suivante, s'en rapproche beaucoup, et néanmoins en est très distincte. Sa masse convexe ou hémisphérique, offre de grandes étoiles irrégulières, anguleuses, à bord large, hérissé de dents aiguës, et à parois garnies de beaucoup de lames dentelées en scie.

* Les Polypes de cette Astrée sont d'une couleur brun-jaunâtre ou grisâtre, avec le disque oral vert; le bord du disque est garni de petits tentacules, et la surface du manteau tuberculeuse.

† 16. *a.* Astrée pectinée. *Astrea pectinata.*

A tripollicaris, subglobosa, stellis 3-6 linearibus; oblongis flexuosis, contiguis, profundis lamellis recta descendentibus, basi dentatis, suprà interstitio subtilissimo disjunctis, apice truncatis, asperis.

Ehrenb. Op. cit. p. 96.

Habite la Mer-Rouge. L'animal est brunâtre et semblable à celui de l'espèce précédente.

† 16. *b.* Astrée de Hemprich. *Astrea Hemprichii.*

A. quadripollicaris, stellulis minus profundis, 5 linearibus inæqualibus, pentagonis aut hexagonis, interstitiis acutè cristatis, lamellis validis denticulatis.

Ehrenb. Mém. sur les Polyp. de la Mer-Rouge. p. 96.

Habite la Mer-Rouge. Les animaux sont d'une couleur brun foncé, et semblable à une des espèces précédentes.

† 16. *c.* Astrée halicore. *Astrea halicora.*

A subpedalis, globosa, stellulis minus profundis, 3 1/2 lin. latis, sæpe pentagonis, lamellis stellarum contiguarum continuis, interdum alternis, interstitio nullo.

Madrepora monile. Forsk. Descrip. anim. p. 133.

Astrea halicora. Ehrenb. Mém. sur les Polypes de la Mer-Rouge. p. 97.

Habite la Mer-Rouge. Les animaux sont d'une couleur brun noirâtre, et semblables à ceux de l'Astrée cardère.

† 16. *d.* Astrée pentagone. *Astrea pentagona.*

A. semi-globosa, 4 1/2 pollicaris stellis pentagonis et hexagonis, majoribus 4 1/2''' latis, contiguis, inæqualibus, ore dividuo, lamellis basi appendiculatis, appendice columnari, interstitiis angustis reticulatis.

Madrepora pentagona. Esper. pl. 39.

Astrea pentagona. Ehrenb. Mém. sur les Polyp. de la Mer-Rouge. p. 96.

Habite?

† 16. *e.* Astrée planulée. *Astrea planulata.*

A. octopollicaris, 2" crassa, clavata aut subramosa, lobata et sul-globosa, stellulis suborbicularibus, contiguis, planis nec prominulis sesquilinearibus et bilinearibus, lamellis alternis, in crista obtusiore discretis.

Savig. Descript. de l'Egypte. Polyp. pl. 5. fig. 2 ?

Ehrenb. Mém. sur les Polyp. de la Mer-Rouge. p. 95.

Habite la Mer-Rouge. L'animal est de couleur brune avec le disque oral violacé, et des tentacules filiformes et verdâtres disposées sur deux rangs.

17. Astrée alvéolaire. *Astrea favosa.*

A. subglobosa; stellis majusculis, inæqualibus, angulatis; margine subacuto; parietibus multilamellosis; lamellis dentatis.

An Madrep. favites. Pall. Zooph. p. 321.

Madrep. favosa. Esper. suppl. 1. t. 45. f. 1.

Gualt. Ind. t. 19. *in verso.*

* Schweig. Hand. p. 419.

* *Astrea (dipsastrea) favosa.* Blainv. Man. d'Act. p. 375.

Mus. n°.

Habite l'Océan des Grandes-Indes. Mon cabinet. Elle forme de grosses masses hémisphériques ou subglobuleuses à étoiles grandes, quoique un peu moins que dans l'espèce ci-dessus. Ces étoiles sont inégales, très anguleuses, multilamellées, fort excavées, et donnent à la masse l'aspect d'un gâteau alvéolaire. Leur bord est un peu aigu, et n'est point hérissé. Elles sont, en général, pentagones. On la trouve fossile en France, près de *Givet.*

18. Astrée denticulée. *Astrea denticulata.*

A. stellis inæqualibus; lamellis margine elevatis; majoribus basi processu auctis; marginorum interstitiis sulco tenui exaratis.

Madrepora denticulata. Soland. et Ell. p. 166. tab. 49. f. 1.

2. *eadem? stellis minoribus.*

* Lamour. Expos. méth. des Polyp. p. 39. pl. 49. fig. 1; Encyclop. p. 130.

* *Astrea (dipsastrea) denticulata.* Blainv. Man. d'Act. p. 373.

* *Favia denticulata.* Ehren. Mém. sur les Polypes de la Mer-Rouge. p. 9'.

Mus. n°.

Habite l'Océan indien. Dans cette Astrée, les cellules sont véritablement contiguës, sans interstices à leur base; mais leur bord offre un léger sillon qui les sépare. Les lames rayonnantes sont plus élevées que le bord des cellules; elles sont alternativement grandes et petites.

19. Astrée versipore. *Astrea versipora.*

A. incrustans, convexa; stellis inæqualibus, profundis; marginibus sulco separatis; lamellis supra marginem elevatis.

* *Madrepora cavernosa?* Forskal. Anim. Egyp. p. 132.

* *Favia versipora.* Ehrenb. Mém. sur les Polypes de la Mer-Rouge. p. 93.

* Lamour. Encycl. p. 130.

* *Astrea (dipsastrea) versipora.* Blainv. Man. p. 373.

Mus. n°.

Habite l'Océan indien. Mon cabinet. Ce n'est presque qu'une variété de la précédente, et cependant son aspect et la forme de ses étoiles sont fort différens. Ses étoiles sont petites, diversiformes, profondes, à lames étroites et dentelées.

20. Astrée difforme. *Astrea deformis.*

A. stellis majusculis inæqualibus, irregularibus, multilamellosis : lamellis suprà marginem elevatis; sulco interstitiali nullo.

* *Astrea deformis.* Lamour. Encycl. p. 129.

* *Madrepore.* Sav. Desc. de l'Égypte, polyp. pl. 5. fig. 3 ?

* *Astrea dipsacea?* Aud. Exp. des pl. de l'Égypte.

* *Astrea (dipsastrea) deformis.* Blainv. Man. p. 373.

* *Astrea deformis.* Ehren. op. cit. p. 96.

Mus. n°.

Habite.... probablement l'Océan indien. Celle-ci tient à l'Astrée denticulée par ses lames; mais les bords des cellules ne sont pas plus séparés que dans l'A. alvéolaire. Elle a des cellules, les unes arrondies, les autres subanguleuses, les autres encore oblongues, difformes.

21. Astrée réticulaire. *Astrea reticularis.*

A. subglobosa; stellis angulatis, inæqualibus, difformibus, profundis, centro radiatis; parietibus subnudis; margine lævi.

Madrep. favosa. Lin. Amœn. acad. 1. t. 4. f. 16.

* Lamour. Encycl. p. 128.

Mon cabinet.

2. *var. parietibus striato-lamellosis.*

Habite.... Quoique cette espèce ait des rapports avec l'Astrée alvéo-

laire, elle en est bien distincte, par ses étoiles moins grandes ,
très irrégulières, et dont le bord est lisse et nullement lamelleux
Les parois mêmes de ces étoiles ne sont lamellées que dans leur
partie inférieure. Ce Polypier se trouve souvent fossile.

22. Astrée anomale. *Astrea abdita.*

*A. conglomerata, lobata; stellis angulatis, patulis; margine acutis ,
multilamellosis; lamellis crenulato-dentatis.*

Madrep. abdita. Soland et Ell. t. 5o. f. 2.

Madrepora favosa. var. 2. Esper. Suppl. 1. t. 45. A. f. 2.

* *Astrea abdita.* Lam. Expos. méth. des Polyp. p. 59. pl. 5o. fig. 2.

* Blainv. Man. d'Actin. p. 373.

* Quoy et Gaym. Voy. de l'Ast. t. 4. p. 205. Zooph. pl. 16. f. 4. 5.

* Ehren. Mém. sur les Polyp. de la Mer-Rouge. p. 97.

Mon cabinet.

Habite.... probablement les mers des Grandes-Indes. Espèce très
singulière et bien distincte de l'Astrée alvéolaire par sa forme irrégulière et lobée, ainsi que le bord aigu et tranchant de ses étoiles.
Elle forme d'assez grosses masses.

* D'après MM. Quoy et Gaymard les animaux de cette espèce d'Astrée sont confluens et pourvus de longs tentacules aplatis, lancéo-
lés et un peu bosselés ; leur couleur est jaune.

23. Astrée réseau. *Astrea retiformis.*

*A. plano-convexa; stellis angulatis, reticuli instar coalitis, concavis;
parietibus striato-lamellosis; lamellis perangustis.*

* Lamour. Encycl. p. 128.

Mon cabinet.

Habite.... Cette Astrée présente à sa surface un réseau tout-à-fait
semblable à celui du *Madrepora retepora*, Soland. et Ell. t. 54.
f. 3·5 ; mais le Polypier de Solander est une véritable espèce de
Porite.

† 23. a. Astrée verte. *Astrea viridis.*

*A. globulosa vel ovali; stellis parvis; compressis, polygonis, conicis;
lamellis æqualibus margine rugosis. Polypis tubulosis, prominentibus, striatis, griseis ; tentaculis numerosissimis, viridibus.*

Quoy et Gaym. Voy. de l'Astrol. t. 4. p. 204. pl. 16. fig. 1-3.

Habite l'île de Vanicoro. Cette espèce paraît avoir du rapport avec
la précédente, mais ses étoiles sont moins régulières.

24. Astrée héliopore. *Astrea heliopora.*

*A. planulata; stellis orbiculatis, majusculis, multiradiatis, margine
separatis lamellis extùs supernèque incrassatis ; centro papilloso.*

* Lamour. Encycl. p. 128.

* Blainv. Man. d'Actin. p. 369.

Mus. n°.

Habite les mers Australes. Très belle espèce, à étoiles peu excavées, élégamment rayonnées, et dont les interstices des bords sont creusés en sillons. Ses lames sont épaissies et comme calleuses en dessus, surtout vers le bord de la cellule.

25. Astrée crépue. *Astrea crispata.*

A. incrustans; stellis suborbiculatis, infundibuliformibus, margine separatis, multilamellosis; lamellis denticulatis.

* Lamour. Encycl. p. 128.

* Blainv. Man. d'Actin. p. 370.

Mus. no.

Habite l'Océan indien. Du voyage de *Péron* et *Lesueur*. Elle a des rapports avec la précédente; mais ses étoiles sont plus petites, plus profondes, élégantes, un peu inégales, et comme crépues. Elle ressemble un peu au *Madrep. astroites.* Esper. Suppl. 1. tab. 35.

26. Astrée diffluente. *Astrea diffluens.*

A. incrustans, plano-undata; stellis contiguis, inæqualibus; diffluentibus, majusculis; lamellis integris.

* Lamour. Encycl. p. 128.

* *Agaricia diffluens.* Blainv. op. cit. p. 361.

* *Astrea meandrina.* Ehrenb. op. cit. p. 98.

* *Astrea diffluens.* Quoy et Gaym. Voy. de l'Astrol. t. 4. p. 212. pl. 17. fig. 15 et 16.

Mus. n°.

Habite.... Du voyage de *Péron* et *Lesueur*. Par leur diffluence, ses étoiles, la plupart, se confondent, sont difformes, serrées néanmoins et donnent l'idée de la formation des Méandrines.

27. Astrée calyculaire. *Astrea calycularis.*

A. glomerata, superficie reticulata; cellulis subpentagonis, contiguis, calyciformibus, ad parietes striatis : fundo papillis senis substellatis.

* Lamour. Encycl. p. 128.

* *Astrea (dipsastrea) calycularis.* Blainv. Man. d'Actin. p. 373. (Cet auteur donne le même nom à la Caryophyllie calyculaire. Man. p. 367.)

* *Goniopora peduncalata,* Quoy et Gaym. Voy. de l'Astrol. t. 4. p. 218. pl. 16. fig. 9. 11. (1)

---

(1) Le genre GONIOPORE de MM. Quoy et Gaymard établit

Mus. n°.

Habite les mers de la Nouvelle-Hollande. *Péron* et *Lesueur*. Les stries des parois de chaque cellule sont un peu saillantes au-dessus du bord, et rendent les bords des cellules dentelés. Cinq ou six papilles s'élèvent du fond de chaque cellule sans atteindre son orifice.

28. Astrée clôturée. *Astrea intersepta.*

A. incrustans, superficie reticulatá; stellis subangulatis; contiguis margine mutico, lineolis notato; axe centrali.

An madrep. intersepta? Esper. suppl. 1. t. 79.

* Schweig. Hand. p. 419.

* Lamour. Encycl. p. 127.

Mon cabinet.

2. *var. axe nullo.*

Mus. n°.

Habite les mers Australes. Cette espèce forme de larges plaques un peu convexes, et offre à sa surface un réseau assez fin, constitué par les bords réunis des cellules. On voit un petit axe au centre de chaque étoile, il manque dans la variété 2, dont les cellules sont un peu plus grandes.

29. Astrée maigrine. *Astrea emarciata.*

A. glomerata, superficie reticulatá; stellis subpentagonis, cavis, contiguis; lamellis perpaucis ab axe separatis.

* Defr. Dict. des sc. nat. t. 42. p. 586.

* Lamour. Encycl. zooph. p. 107.

* Fisch. Oryctog. de Moscou. pl. 81. fig. 2.

* *Astrea (Cellastrea) emarciata.* Blainv. Man. d'Act. p. 377.

Mus. n°.

Habite... fossile de Grignon, près de Versailles. (* M. de Blainville rapporte à cette espèce l'*Astrea stylophora.* Goldfuss. Petref. p. 71. pl. 24. fig. 4 ; et sans doute l'*Astrea hystrix* de M. Defrance. Dict. des sc. nat. t. 42. p. 385.

30. Astrée étoilée. *Astrea siderea.*

à certains égards le passage entre les Astrées et les Porites ; le Polypier a l'aspect général des premiers ; mais leurs loges nullement lamelleuses ou cloîtrées, sont très poreuses et échinulées, et les Polypes cylindriques et allongés sont pourvus d'une couronne simple de plus de douze tentacules assez longs. (Voy. le voy. de l'*Astrolabe.* Loc. cit. Blainv. Man. d'Actin. p. 395.) E

A. subglobosa; stellis confertis, subangulatis , multilamellosis ; parietibus patulis; centris impressis.

Madrep. siderea. Soland. et Ell. p. 168. tab. 49. f. 2.

* *Astrea siderea.* Lamouroux. Expos. méthod. des Polyp. p. 60. pl. 49. fig. 2. et Encycl.

* Lesueur. Mém. du Muséum, t. 6. p. 286. pl. 16. fig. 14.

* *Astrea (Siderastrea) siderata.* Blainv. Man. d'Actinol. p. 370.

Mon cabinet.

Habite.... Les étoiles ont leurs parois très ouvertes, multirayonnées, à lames étroites, inégales , dentelées. Leur centre est petit et enfoncé. (Suivant Lesueur, cette espèce est commune aux Antilles, et l'animal, de couleur violette pointillée de blanc au sommet, a la bouche ovale et entourée de deux rangs de courts tentacules.)

31. Astrée galaxée. *Astrea galaxea.*

A. incrustans , subglobosa ; stellis confertis, excavatis, multilamellosis ; lamellis serrulatis : majoribus perpaucis ad centrum impressum extensis.

Madrep. galaxea. Soland. et Ell. p. 168. tab. 47. f. 7.

* Lesueur. Mém. du Muséum. t. 6. p. 285. pl. 16. fig. 13.

* Lamouroux. Encyclop. p. 127.

Astrea (Siderastrea) galaxea. Blainville. Man. d'Actin. p. 370.

Mon cabinet.

Habite l'Océan indien, sur le *Voluta turbinellus* de Linné. Elle avoisine la précédente par ses rapports; mais ses étoiles sont plus petites, plus enfoncées.

* MM. Quoy et Gaymard rapportent à cette espèce un Polypier dont ils ont observé les animaux sur les côtes de la Nouvelle-Hollande. Ces Polypes, disent-ils, sont confluens et d'un beau vert–pré; ils paraissent pourvus de tentacules blanchâtres. (Voyez : Voyage de l'Astrolabe. t. 4. p. 216. Zooph. pl. 17. fig. 10.-14.)

† 32. Astrée escharoïde. *Astrea escharoides.*

A. stellis contiguis multilamellosis ; lamellis tenuibus, continuis, hinc rectis parallelis inde flexuosis; tuberculis lateralibus cancellatim connexis e centro tubuloso radiantibus.

Goldf. Petref. p. 68. pl. 23. fig. 2.

* *Hydnophora Cuvierii.?* Fisch. Oryctog. de Moscou. p. 134. fig. 2. (voy. ci-dessus le Monticulaire de Cuvier. p. 394.)

Astrea (Siderastrea) escharoides. Blainv. Man. d'Actin. p. 371.

Fossile de la montagne Saint-Pierre de Maëstricht.

† 33. Astrée microcone. *Astrea microconos.*

A. incrustans, stellis seriatis abconicis, lamellis continuis subparallelis, centro reticulato.
Goldf. Petref. p. 63. pl. 21. fig. 6.
Fossile du calcaire jurassique de Baireuth.

† 34. Astrée grillée. *Astrea clathrata.*

A. stellis magnis pat. llæformi - excavatis, contiguis, multilamellosis; lamellis crassiusculis, e centro plano reticulato radiantibus ex parte continuis tuberculis lateralibus clathratim connexis.
Gold. Petref. p. 67. pl. 23. fig. 1.
Astrea (Siderastrea) clathrata. Blainv. Man. d'Actin. p. 371.
Fossile de la craie de Maëstricht.

† 35. Astrée tissu. *Astrea textilis.*

A. hemisphærica, stellis contiguis concentricè subseriatis; lamellis raris flexuosis continuis in disco oblongo, tuberculis lateralibus reticulatim contextis.
Gold. Petref. p. 68. pl. 23. fig. 3.
Astrea (Siderastrea) textilis. Blainv. Man. d'Actin. p. 371.
Fossile de la craie de Maëstricht.

† 36. Astrée voile. *Astrea velamentosa.*

A. stellis contiguis, confertis, subseriatis; lamellis tenuissimis continuis hinc rectis inde geniculatis in centro irregulari reticulatim connexis.
Gold. Petref. p. 68. pl. 23. fig. 4.
Hydnophora Sternbergii ? Fisch. Oryctog. de Moscou. pl. 34. f. 5.
Astrea (Siderastrea) velamentosa. Blainv. Man. d'Actin. p. 371.
Fossile de la craie de Maëstricht.

† 37. Astrée agaricite. *Astrea agaricites.*

A. tuberosa, stellis irregularibus majoribus, minoribusque contiguis infundibuliformi-excavatis subangularibus margine obtusis; lamellis crenulatis, tuberculis lateralibus inter se junctis e centro radiantibus aliis rectis, aliis in angulum flexis conniventibus.
Gold. Petref. p. 66. pl. 22. fig. 9.
Astrea (Siderastrea) agaricites. Blainv. Man. d'Actin. p. 370.
Fossile trouvé dans le Saltzbourg.

† 38. Astrée à crête. *Astrea cristata.*

A. incrustans, stellis subæqualibus contiguis, lamellis margine erosis ad latera granulatis e centro radiantibus aliis rectis, aliis in angulum flexis conniventibus.

27.

Gold. Petref. p. 66. pl. 22. fig. 8.
Astrea (Siderastrea) cristata. Blainv. Man. d'Actin. p. 371.
Fossile du calcaire jurassique de la Souabe.

† 39. Astrée étalée. *Astrea explanata.*

A. explanata, incrustans, stellis contiguis subtetragonis; superficia-libus; centro excavato lævi, lamellis porosis partim continuis singulis vel pluribus alternatim abbreviatis.
Gold. Petref. p. 112. pl. 38. fig. 14 et 22. fig. 4. 6.
Astrea (Siderastrea) explanata. Blainv. Man. d'Actin. p. 270.
Fossile du calcaire jurassique du Wurtemberg.

† 40. Astrée grèle. *Astrea gracilis.*

A. stellis contiguis subserialibus, lamellis centro annulari radiantibus aliis subrectis et continuis, aliis dichotomis et infractis.
Gold. Petref. p. 112. pl. 38. fig. 13.
Astrea (Siderastrea) gracilis. Blainv. Man. d'Actin. p. 371.
Fossile du calcaire jurassique du Wurtemberg.

41. Astrée oculée. *Astrea oculata.*

A. stellis orbiculatis excavato-campanulatis contiguis, lamellis majoribus in centro mamillari conniventibus minoribus alternis.
Goldfuss. Petref. p. 65. pl. 22. fig. 2
Astrea (Siderastrea) oculata. Blainville. Man. d'Actin. p. 371.
Fossile du calcaire jurassique du Wurtemberg.

† 42. Astrée rosace. *Astrea rosacea.*

A. stellis contiguis, lamellis raris binis apice et basi conjunctis.
Goldf. Petref. p. 66. pl. 22. fig. 6.
Fossile... de la Suisse.

† 43. Astrée arachnoïde. *Astrea arachnoides.*

A. stellis orbiculatis segregatis, margine prominulis, lamellis in centro reticulatis, interstitiis subtilissime radiatis, radiis hinc rectis parallelis illinc flexuosis.
Astroites arachnoides. Schrot. Einl. 3. p. 459. pl. 19. fig. 3.
Faujas. Hist. nat. de la. mont. St.-Pierre. p. 210. pl. 41. fig. 1.
Goldfuss. p. 70. pl. 23. fig. 9.
Fossile de la craie de Maëstricht. L'espèce décrite sous le nom de *Madrepora arachnoides*, par Parkinson (Organic remains. t. 2. pl. 6. fig. 4. ; *Astrea arachnoides*, Defrance. Dict. des sc. nat. t. 42. p. 382; Fleming. Brit. anim. p. 510), se trouve dans les

terrains anciens (oolite) et paraît différer de celle dont il est ici
question.

44. Astrée macrophthalme. *Astrea macrophthalma.*

*A. stellis orbiculatis remotis serialibus, margine subprominulis, la-
mellis crassiusculis majoribus et minoribus alternantibus, ambitu
interstitiali radiato, radiis crenulatis in angulum conjunctis.*

Goldfuss. Petref. p. 70. pl. 24 fig. 2.
Astrea (Siderastrea) macrophthalma. Blainville, p. 371.
Fossile de la craie de Maëstricht.

45. Astrée caverneuse. *Astrea cavernosa.*

*A. tuberosa, stellis contiguis, disco excavato plano, lævi, lamellis
crassiusculis sex vel octo majoribus in discum porrectis.*

Heliolithe ? Guettard. Mém. 2. p. 501. pl. 46. fig. 2.
Madreporites cavernosus. Schlotheim. Petref. actenkunde, p. 358.
Astrea alveolata. Goldfuss. Petref. p. 65. pl. 22. fig. 3.
Astrea (Siderastrea) cavernosa. Blainville. Man. d'Actinol. p. 371.
Fossile des montagnes du Wurtemberg.

46. Astrée réticulaire. *Astrea reticularis.*

*A. bulbosa, stellis angulosis infundibuliformi – excavatis contiguis,
margine acuto, centro columnari perforato, lamellis singulis alternatim brevioribus.*

Gold. Petref. p. 111. pl. 38. fig. 10.
Fossile du calcaire grossier de Saltzbourg.

47. Astrée crénelée. *Astrea crenulata.*

*A. hemisphærica; stellis regularibus contiguis patellæformi-exca-
vatis sulco marginali impresso subangulato; lamellis crenulatis
tuberculis lateralibus inter se junctis, aliis rectis in angulum flexis
continuis.*

Goldf. Petref. p. 71. pl. 24. fig. 6.
Astrea (Siderastrea) crenulata. Blainv. Man. d'Act. p. 371.
Fossile du calcaire tertiaire du Plaisantin.

48. Astrée mignonne. *Astrea concinna.*

*A. incrustans, stellis contiguis orbicularibus subexcavatis margine
convexo; centro tuberculato, lamellis æqualibus partim continuis.*

Goldfuss. Petref. p. 64. pl. 22. fig. 1. et p. 111 pl. 38. fig. 8.
Fossile du calcaire jurassique du Wurtemberg.

49. Astrée belle. *Astrea formosa.*

A. bulbosa, stellis suborbicularibus subexcavatis contiguis, centro reticulato; lamellis cuneatis latere muricatis subæqualibus.
Goldf. Petref. p. 111. pl. 22. fig. 1 *b* et 1 *c*. et pl. 38. fig. 9.
Fossile du calcaire grossier de Salzbourg.

† 50. Astrée muriquée. *Astrea muricata.*

A. incrustans, stellis contiguis angulatis infundibuliformi excavatis lamellis æqualibus muricatis, centro papilloso.
Gold. Petref. p. 71. pl. 24. fig. 3.
Astrea (Dipsastræa) muricata. Blainv. Man. d'Actin. p. 373.
Fossile de la craie de Meudon.

† 51. Astrée petite roue. *Astrea rotula.*

A. stellis remotiusculis, seriatis, orbiculatis, margine prominulo subpentagono, centro reticulato, interstitiis radiato-lamellosis, radiis in angulum flexis.
Faujas. Hist. nat. de la mont. St.-Pierre. pl. 41. fig. 3. a b.
Astrea rotula. Goldfuss. Petref. p. 70. pl. 24 fig. 1.
Fossile de la craie de Maëstricht.

† 52. Astrée anguleuse. *Astrea angulosa.*

A. stellis angulosis segregatis subseriatis inæqualibus; lamellis majoribus minoribusque alternantibus; centro columnari, interstitiis glabris.
Goldfuss. Petref. p. 69. pl. 23. fig. 7.
Fossile de la montagne St.-Pierre près Maëstricht.

† 53. Astrée pentagonale. *Astrea pentagonalis.*

A. bulbosa, vel incrustans, stellis confertis subpentagonis superficialibus contiguis, margine crenato, centro prominulo lamellis singulis alternatim brevissimis.
Goldfuss. Petref. p. 112. pl. 38. fig. 12.
Fossile du calcaire jurassique des montagnes du Wurtemberg.

54. Astrée héliantoïde. *Astrea helianthoides.*

A. stellis contiguis subpentagonis, infundibuliformi-excavatis margine acutis, lamellis rectis, e centro radiantibus crenulatis.
Gold. Petref. p. 65. pl. 22. fig. 4.
Asteria (Siderastrea) heliantina. Blainv. Man. d'Actin. p. 371.
Fossile du calcaire jurassique de la Suisse.

† 55. Astrée confluente. *Astrea confluens.*

A. subhemisphærica, stellis inæqualibus infundibuliformi-excavatis majoribus minoribusque contiguis et confluentibus margine erecto acuto flexuosis, lamellis crebris tenuibus.

Goldfuss. Petref. p. 65. pl. 22. fig. 5.

Astrea (Dipsastræa) confluens. Blainville. Man. d'Actinol. p. 373.

Fossile du calcaire jurassique de la Souabe.

† 56. Astrée arrondie. *Astrea gyrosa.*

A. stellis contiguis integris vel gyroso-confluentibus, lamellis minimis, centro poroso.

Goldfuss. Petref. p. 68. pl. 23. fig. 5.

Fossile de la craie de Maëstricht.

MM. Quoy et Gaymard décrivent sous les noms d'*Astrea amboinensis* et d'*Astrea fusco viridis* deux autres espèces à tentacules rudimentaires; mais ayant perdu les Polypiers qui y appartenaient, ils n'ont pu s'assurer si elles ne se rapportaient pas à des espèces déjà décrites. (Voyez Voy. de l'Astrolabe, t. 4. p. 213. et 215. Zooph. pl. 17. fig. 3. 7. et 8. 9.)

M. Risso a donné les noms d'*Astrea mediterranea* et d'*A. porulosa* à deux Polypiers qu'il croit nouveaux (Hist. nat. de l'Europ. mérid. t. 5. p. 359 et 360). On trouve aussi dans l'*Oryctographie de Moscou* par M. Fischer, une courte description et des figures de quelques Astrées fossiles (*A. expansa.* pl. 31. fig. 1 ; *A. labiata.* pl. 31. fig. 4 ; *A. excavata.* pl. 31. fig. 5); enfin il faut également ajouter à cette liste d'espèces imparfaitement connues un assez grand nombre d'Astrées fossiles dont on trouve des figures dans les ouvrages de Guettard, de Bourguet, etc., et dont M. Defrance a donné des descriptions plus ou moins détaillées dans le 42ᵉ vol. du Dict. des sc. nat.

† Les espèces suivantes ont les étoiles séparées.

Astrea raristella, Defr. op. cit. p. 379 (Knorr. pl. 91. fig. 1 et 3, et pl. 183. fig. 3 et 6; Bourguet pl. 4. fig. 4.) des calcaires tertiaires de Dax ?

Astrea Guettardi. Def. loc. cit. p. 379. (Heliolite Guettard. III. pl. 48. fig. 2. 4; *Astrea (Montastrea) Guettardi.* Blainv. Man. d'Actin. p. 374). Champagne.

Astrea cribrum. Def. loc. cit. p. 379 (Guet. III. pl. 17. f. 2)?

Astrea cylindrica. Def. loc. cit. p. 379 (Guet. III. pl. 31. fig. 41. 42).

Astrea Bourgueti. Def. loc. cit. p. 380. (Guet. III. pl. 43. fig. 4 ? Bourg. pl. 4. fig. 36). Environs de Dijon.

Astrea semisphærica. Def. loc. cit. p. 380 (Astroïte demi sphérique. Guet. III. pl. 43. fig. 1). Touraine.

Astrea Lucasiana. Def. loc. cit. p. 380. (Guet. 11. pl. 43. fig. 2 ; *Astrea (Gemmastrea) Lucasiana*. Blainv. Man. d'Actin. p. 367.)

Astrea stellata. Defr. p. 380 (Guet. p. 36. fig. 2 ? Bourg. pl. fig. 26). Vicentin.

Astrea irregularis. Defr. loc. cit. p. 381 (Guet. pl. 48. fig. 1 ; *Astrea (Cellastrea) irregularis*. Blainv. Man. d'Actin. p. 377). Du calcaire tertiaire de Dax.

Astrea pustulosa. Defr. p. 381 (Knorr. p. 186. fig. 2).

Astrea Ellisiana. Defr. loc. cit. p. 382. Dax ?

Astrea sphærica. Defr. loc. cit. (Bourg. pl. 7. fig. 36).

Astrea pulchella. Defr. loc. cit. Orglandes, département de la Manche.

Astrea italica. Defr. loc. cit. Plaisantin.

Astrea aranea. Defr. op. cit. p. 383 (*Astrea (Favastrea) aranea*. Blainv. Man. d'Actin. p. 385).

Astrea florida. Defr. loc. cit. Dax ?

Astrea lobata. Defr. op. cit. p. 384 (Guet. pl. 47. fig. 9)?

Astrea tubulata. Defr. loc. cit. (Guet. 111. pl. 53. fig. 1. 3). Environs de Mortagne et de Lisieux.

Astrea ameliana. Defr. loc. cit. Calcaire tertiaire de Grignon, etc.

Dans les espèces suivantes les étoiles sont contiguës :

Astrea digitata. Defr. op. cit. p. 386. Environs de Caen.

Astrea Delucii. Defr. loc. cit. Mont Saluce près Genève.

Astrea concentrica. Defr. loc. cit. (Guet. pl. 20. fig. 2 ? pl. 25. f. 5. et 62. fig. 3 ; *Astrea (Siderastrea) concentrica*. Blainv. Man. d'Act. p. 371). Du calcaire jurassique de Rhétel en Suisse et de Gray en Franche-Comté.

Astrea conica. Defr. op. cit. p. 387 (Guet. pl. 63. fig. 2). De Saint-Paul-trois-châteaux.

Astrea rustica. Defr. loc. cit.

Astrea genevensis. Defr. loc. cit. (*Astrea (Siderastrea) genevensis*. Blainv. Man. d'Actin. p. 371). Calcaire jurassique du mont Saluce.

Astrea cristila. Defr. op. cit. p. 388.

Astrea numisma. Defr. loc. cit. p. 390.

[M. Lesauvage a établi, sous le nom de THAMNASTERIE, une petite division générique qui est très voisine des Astrées proprement dites, et qui n'a pas été adoptée par la plupart des naturalistes ; elle doit renfermer, suivant ce naturaliste, les Polypiers pierreux, dendroïdes, fasciculés, stellifères sur toutes leur surface et ayant toutes les tiges marquées de renflemens et de rétrécissemens alternatifs. Tous ces Polypiers sont fossiles. On en a décrit quatre espèces, savoir :

1° La Thamnasterie géante (*Thamnasteria gigantea*), Lesauv. Ann. des Sc. nat. t. 26. p. 329. — *Thamnasteria Lamourouxii*, ejusdem. Mém. de la Soc. d'hist. nat. de Paris. t. 1. p. 241. pl. 14. — *Astrea dendroidea*. Lamour. Encycl. méth. p. 126. — *Astrea (Thamnasteria) dendroidea*. Blainv. Man. d'Act. p. 372). « Polypier gigantesque, à rameaux simples, pressés, de la grosseur du doigt au plus, couvert d'étoiles superficielles, confuses, à lames arrondies. » Elle se trouve dans le calcaire à polypier des environs de Caen.

2° La Thamnasterie à petites étoiles (*Th. stellata*. Le sauvage. Ann. des Sc. nat. t. 26. p. 330. pl. 12. fig. 2. *Astrea (Thamnasteria) microstella*. Blainv. loc. cit.). Semblable à la précédente par la forme et la grosseur des tiges, à surface très rugueuse, à étoiles isolées, petites et proéminentes. On la croit de la falaise de Langrune, près Caen.

3° La Thamnasterie de Magneville (*Th. Magnevilleana*. Lesauv. Ann. des Sc. nat. t. 26. p. 330. pl. 12. fig. 1. *Astrea Magnevilleana*. Blainv. loc. cit.), dont les rameaux sont de la grosseur du petit doigt, les étoiles petites, non contiguës, faiblement excavées, à bord marginé. D'un terrain calcaire d'origine douteuse.

4° La Thamnasterie digitée (*Th. digitata*. Lesauvage. Ann. des Sc. nat. t. 26. p. 330. pl. 12. fig. 3. *Astrea digitata*. Def. Dict. des Sc. nat. t. 42. p. 386), dont les tiges, de la grosseur d'un tuyau de plume, sont recouvertes d'étoiles excavées, contiguës, polygonales, garnies de 24 à 26 rayons ; trouvée dans la falaise de Langrune.

M. Goldfuss a décrit sous le nom générique de Cyatho-

PHYLLUM, un grand nombre de Polypiers fossiles qui tiennent en même temps des Turbinolies et des Astrées, et qui ont été pour la plupart réunis à ces dernières par M. de Blainville. Voici les caractères que le premier de ces naturalistes assigne à ce groupe.

† Genre. CYATHOPHYLLE. *Cyathophyllum.*

Polypier pierreux, libre ou fixé, formé par une réunion de cylindres composés de cellules évasées et lamelleuses qui naissent les unes au-dessus des autres, tantôt du centre, tantôt du bord supérieur de la cellule précédente.

Cylindres turbinés, solitaires ou agrégés, striés longitudinalement et marqués d'annelures rugueuses sur leur face externe. Cellules terminales, évasées, peu profondes et formées par des lamelles rayonnantes.

OBSERVATIONS. — La plupart des Cyathophylles présentent un caractère remarquable dans la manière dont les loges évasées des Polypes se superposent comme des cornets emboîtés les uns dans les autres. Dans les autres Polypiers, la colonne pierreuse s'élève d'ordinaire par l'addition de nouvelle matière calcaire à son sommet, et dans les interstices des parties déjà formées, ce qui fait supposer que chacune d'elles est le produit d'un même animal, et qu'elles ont été sécrétées d'une manière continue. Ici, au contraire, la séparation entre les divers étages d'une même colonne est si nette qu'on est en droit de présumer que chacun de ces étages est sécrété par un Polype nouveau qui aura pris naissance et se sera développé sur le disque de celui qui à son tour avait formé la loge située au-dessous. Il nous paraît probable du reste, que lorsqu'on aura mieux étudié plusieurs Polypiers rangés actuellement parmi les Astrées, les Caryophyllies et les Turbinolies, etc., il faudra les rapprocher de ce genre.

Les espèces suivantes sont plus ou moins coniques et se terminent par une grande loge multiradiée régulièrement conique et à bords minces.

ESPÈCES.

1. Cyathophylle flexueux. *Cyathophyllum flexuosum.*

C. obconico-cylindraceum, elongatum, flexuosum, cellulá terminali,
infundibuliformi, excavatá, multilamellosá; lamellis tenuicus
æqualibus.

Goldf. Petref. p. 57. pl. 17. fig. 3.

Fossile du calcaire de transition de l'Eifel.

2. Cyathophylle vermiculaire. *Cyathophyllum vermicu-
lare.*

C. subcylindricum, flexuosum, singulis geniculatis rugosis; cellulá terminali campanulato-excavatá; lamellis raris, remotis, æqualibus.

Goldf. Petref. p. 58. pl. 17. fig. 4.

Fossile du calcaire de transition de l'Eifel.

3. Cyathophylle ocellé. *Cyathophyllum dianthus.*

C. affixum, cæspitosum, subcylindricum; cellulá terminali vel campanulato-excavatá, vel truncato e disco et margine proliferá; lamellis æqualibus crenulatis.

Madrepora truncata. Fougt. Amœn. acad. t. 1. p. 93. tab. 4.
fig. 10.

Fungitæ. Bromel. Lith. tab. 39.

Cyathophyllum dianthus. Goldf. Petref. p. 54. pl. 15. fig. 13; et
pl. 16. fig. 1.

Fossile du calcaire de transition de l'Eifel.

4. Cyathophylle à racines. *Cyathophyllum radicans.*

C. elongatum gracilè, cæspitosum; oblique proliferum; rugis radiciformibus concrescens; cellulá terminali plicatá (?)

Goldf. Petref. p. 55. pl. 16. fig. 2.

Fossile du calcaire de transition de l'Eifel.

5. Cyathophylle bordé. *Cyathophyllum marginatum.*

C. turbinatum, incurvum, radicans; cellulá terminali campanulato-
excavatá marginatá stellæ lamellis crenulatis in externo margine
numero duplicatis.

Goldf. Petref. p. 55. pl. 16. fig. 3.

Fossile du calcaire de transition de l'Eifel.

6. Cyathophylle excentrique. *Cyathophyllum excentricum.*

C. turbinato-obconicum, radicans, cellulis proliferis excentricis; cellulá terminali patellæformi; lamellis æqualibus.

Goldf. Petref. p. 55. pl. 16. fig. 4.

Fossile du calcaire de transition trouvé près de Dusseldorf.

7. Cyathophylle céralite. *Cyathophyllum ceralitis.*

> *C. liberum conoideum basi incurvum, singulum; cellulá terminali cupulæformis, margine erecto, lamellis crebris (40-60) subdenticulatis subæqualibus.*

Hippurites ceralites. Schrot. Einl. III. p. 498. tab. 7. f. 5 et 6.

Hipporiten Knorr. Petref. II. p. 65. tab. F. X. n° 128.

Caryophyllide simple. Guet. III. p. 454. tab. 22. f. 7, 11, 12.

Cyathophyllum ceralites. Goldf. Petref. p. 57. pl. 17. fig. 2.

Fossile du calcaire de transition de l'Eifel. M. Goldfuss rapporte à cette espèce le *Madrepora turbinata* de Linnée (Amæn. acad. 1. tab. 7. fig. 7) que Lamarck ne distingue pas de la *Turbinolia turbinata* (voy. p. 360); du reste cette dernière espèce est très voisine de la précédente et doit prendre place dans la même division générique.

8. Cyathophylle en gerbe. *Cyathophyllum cæspitosum.*

> *C. cæspitosum, conis divergentibus segregatis quaternis vel senis e singulo proliferis; cellula terminali campanulatá; lamellis majoribus minoribusque alternis.*

Calamite striée et C. lisse. Guet. II. tab. 3 et 6 et 3 et 6.

Cyathophyllum cæspitosum. Goldf. Petref. p. 60. pl. 19. fig. 2.

Fossile du calcaire de transition de l'Eifel. Cette espèce établit à plusieurs égards le passage entre les précédentes et les Lithodendrons de M. Goldf. (voy. ci-dessus p. 357 et 358.)

Le fossile figuré par M. Goldfuss sous le nom de *Cyathophyllum quadrigeminum* dans sa planche 19 (fig. 6), me paraît devoir être distingué de celui connu sous le même nom dans la planche 20 (fig. 1), et rapportée sans doute par cet auteur à la Favosite alvéolée (voy. p. 320); le premier établit le passage vers les Astrées proprement dites.

Plusieurs espèces d'Astériens fossiles rangées par M. Goldfuss dans ce genre se rapprochent beaucoup des Astrées, et paraissent devoir former un groupe particulier; chacun des cônes dont ces Polypiers se composent se terminent par une large surface stelliforme, à-peu-près plane dont le centre seulement est déprimé d'une manière abrupte et constitue ainsi une petite loge circulaire.

9. Cyathophylle hypocratériforme. *Cyathophyllum hypo-pocrateriforme.*

> *C. turbinato-subcylindricum , singulum vel cæspitosum; cellula ter-minali centro tubuloso, limbo plano, radiis æqualibus in fundo per paria confluentibus.*
>
> Goldf. Petref. p. 57. pl. 17. fig. 1.
> *Astrea (Favastræa) hypocrateriformis.* Blainv. Man. d'Act. p. 375.
> Fossile du calcaire de transition de l'Eifel.

10. Cyathophylle hélianthoïde. *Cyathophyllum hélian-thoïdes.*

> *C. solitarium vel cæspitosum, cellulâ terminali margine subreflexo (in cæspitosis pentagono) expanso, centro late umbilicato, radiis (60-80) geminatis in disco confluentibus.*
>
> *Cyathophyllum helianthoides.* Goldf. Petref. p. 61. pl. 20. fig. 2. et pl. 21. fig. 1.
> *Astrea (Favastræa) helianthoides.* Blainv. Man. d'Act. p. 375.
> Fossile du calcaire de transition de l'Eifel.

11. Cyathophylle hexagonal. *Cyathophyllum hexago-num.*

> *C. cæspitosum, conis e singulo pluribus proliferis radiantibus coalitis, subflexuosis rugoso annulatis , cellulis terminalibus campanulato-excavatis contiguis, limbo reflexo hexagono vel pentagono suturâ marginato, lamellis æqualibus remotiusculis.*
>
> *Caryophylloïde simple.* Guet. 11. pl. 22. fig 1 ; et *Astroites à étoiles pentagones* ou *hexagones.* pl. 52. fig. 2.
> *Madrepora truncata.* Park. Org. remains. vol. 2. pl. 5. f. 2.
> *Cyathophyllum hexagonum.* Goldf. Petref. p. 61. pl. 19. fig. 5 et 20. fig. 1.
> *Astrea arachnoides.* Defr. Dict. des sc. nat. t. 42. p. 383.
> *Astrea (Favastræa) hexagona.* Blainv. Man. d'Actin. p. 375.
> Fossile du calcaire de transition de l'Eifel.

tho phylle aplatie. *Cyathophyllum explanatum.*

> *C. turbinatum , incurvum; cellulâ terminali disco concavâ , margine explanatâ, lamellis majoribus minoribusque alternis.*
>
> Goldf. Petref. p. 56. pl. 16. fig. 6.
> Fossile du calcaire de transition des environs de Bensberg.

13. Cyathophylle ananas. *Cyathophyllum ananas.*

> *C. cæspitosum , subhemisphæricum , conis pluribus e singulo radian-*

tibus coalitis inferioribus subflexuosis rugoso-annulatis; cellulis terminalibus contiguis hexagonis ; disco tubuloso, limbo subplano, sutura marginato, lamellis remotiusculis æqualibus.

Madrepora ananas. Lin. Amœn. acad. 1. tab. 4. fig. 8.

Park. Org. remains. vol. 2. pl. 5. fig 1.

Accroularia baltica. Schweig. Handb. p. 418.

Cyathophyllum ananas. Goldf. Petref. p. 60. pl. 19. f. 4.

Astrea (Favastræa) baltica Blainv. Man. d'Actin. p. 375.

Fossile du calcaire de transition de la Suède, de la Belgique, etc.

14. Cyathophylle pentagonal. *Cyathophyllum pentagonum.*

C. glomeratum, conis coalitis, pluribus e singulo radiantibus; cellulis terminalibus pentagonis contiguis planis disco mamellari, lamellis raris æqualibus.

Goldf. Petref. p. 60. pl. 17. fig. 3.

Astrea (Favastræa) pentagona. Man. d'Actin. p. 375.

Fossile du calcaire de transition de Namur.

M. Goldfuss a rangé aussi dans son genre Cyathophylle plusieurs autres fossiles qui, par leur forme générale, se rapprochent des espèces que nous avons réunies dans le premier groupe décrit ci-dessus, mais qui paraissent différer essentiellement des Polypiers lamelleux ordinaires par leur structure; car au lieu de se composer d'un assemblage tubuleux de lames verticales et rayonnantes, ils offrent dans leur intérieur une sorte de réseau formé par un grand nombre de petites cellules dont la disposition générale n'est qu'imparfaitement rayonnée. Ces Polypiers pourraient bien constituer une division générique particulière, ce sont les espèces suivantes :

15. Cyathophylle vésiculaire. *Cyathophyllum vesicularum.*

C. sociale, obconico-turbinatum ; cellulá terminali infundibuliformi-excavatá, lamellis denticulatis in vesiculos confluentibus.

Goldf. Petref. p. 58. pl. 17. fig. 5. et pl. 17. fig. 1.

Fossile du calcaire de transition de l'Eifel.

16. Cyathophylle second. *Cyathophyllum secundum.*

C. obconicum, cellulis proliferis obliquis hinc marginibus liberis inde confluentibus, stellá terminali campanulato-excavatá, lamellis in vesiculos confluentibus.

Goldf. Petref. p. 58. pl. 18. fig. 2.

Du calcaire de transition de l'Eifel.

17. Cyathophylle lamelleux. *Cyathophyllum lamellosum.*

> *C. subcuneatum, compressum, obliquatum, cellulis proliferis discoideis, terminali patelliformi vesiculosa.*

Goldf. Petref. p. 58. pl. 18. fig. 3.

Du calcaire de transition de l'Eifel.

18. Cyathophylle placentiforme. *Cyathophyllum placentiforme.*

> *C. discoideum, subtus planiusculum, obliquè concentricè strictum, cellulá terminali concavo-excavatá vesiculoso-læviusculá.*

Goldf. Petref. p. 59. pl. 18. fig. 4.

Du calcaire de transition de l'Eifel.

19. Cyathophylle plissé. *Cyathophyllum plicatum.*

> *C. trochiforme, cellulis infundibuliformibus proliferis, radiatim-plicatis margine liberis, terminali infundibuliformi.*

Goldf. Petref. p. 59. pl. 18. fig. 5.

Fossile de la Suède.

Le fossile figuré par M. Risso sous le nom de *Pocillopora patelliæforme.* Hist. nat. de l'Eur. mérid. t. 5. pl. 5. p. 160, paraît appartenir à ce groupe et se rapprocher du *Cyathophylle pentagone* de M. Goldfuss (voy. ci-dessus, n° 14).

Le genre STROMBODES de M. Goldfuss est très voisin de ses Cyathophylles; la forme générale du Polypier est la même que dans la seconde division de ce genre, mais il présente dans sa structure un caractère particulier très remarquable, car il s'accroît par la superposition de lames infundibuliformes qui naissent de l'axe des cônes et qui après s'être élevés à une certaine hauteur au-dessus de la lame précédente, s'évasent de manière à devenir horizontales et à s'unir aux lames des cônes voisins. On ne connaît qu'une espèce de ce genre c'est le *Strombodes pentagonus* (Goldf. Petref. p. 62. pl. 21. fig. 3), fossile du calcaire de transition de Drummond-Island, dans l'Amérique du nord ; M. de Blainville le range dans son genre Astrée, subdivision des Strombastrées (voy. p. 404).

Le genre BRANCHASTRÉE *Branchastrea* de M. de Blainville se rapproche aussi des Cyathophylles ; il ne renferme qu'une seule espèce fossile, rameuse, cylindrique, à cellules profondes, cylindriques, saillantes et entourées d'une large bordure radiée, c'est le *Madrepora limbata*. Goldf. (Petref. p. 22. pl. 8. fig. 7), *Branchastrea limbata*. Blainv. (Man. d'Actin. p. 381), provenant du calcaire jurassique de la Souabe.

PORITE. (Porites.)

Polypier pierreux, fixé, rameux ou lobé et obtus; à surface libre, partout stellifère.

Etoiles régulières, subcontiguës, superficielles ou excavées; à bords imparfaits ou nuls; à lames filamenteuses, acéreuses ou cuspidées.

Polyparium lapideum, fixum, ramosum vel lobatum, obtusum; externá superficie undique stelliferá.

Stellæ regulares, subcontiguæ, superficiales aut excavatæ; margine nullo aut imperfecto; lamellis filamentosis, acerosis vel cuspidatis.

OBSERVATIONS. — Par leur port, les *Porites* semblent appartenir au genre des Madrépores, et cependant ils tiennent de très près aux Astrées; ils paraissent même n'être que des Astrées rameuses; mais les étoiles des *Porites* sont bien différentes de celles des Madrépores, des Astrées, et même des Explanaires. Elles sont très singulières, non circonscrites, ou imparfaitement circonscrites. Leurs lames ne sont que des filamens, que des pointes en épingle, soit tuberculeuses, soit cuspidées, et le bord de chaque étoile est denté, échiné, confondu le plus souvent avec les interstices pareillement échinés de ces Polypiers. Les petites pointes qui forment les lames rayonnantes des étoiles partent des parois de chaque étoile sans se réunir au milieu, et d'autres s'élèvent du fond même de l'étoile. Ces mêmes étoiles sont le plus souvent contiguës, superficielles, plus ou moins excavées, à bords rarement circonscrits, et jamais simples. Il suffit d'avoir vu attentivement une étoile de Porite pour ne point la confondre avec celle d'une Astrée, d'un Madrépore, etc.

Les *Porites* varient beaucoup dans leur forme générale; néanmoins, leurs rameaux s'élèvent peu, sont en général dichotomes, à lobes obtus, quelquefois un peu comprimés sur les côtés. Il y en a même qui sont aplatis en lames, et d'autres qui s'étalent en croûte. Ces Polypiers sont nombreux en espèces, et semblent se rapprocher des Madrépores à étoiles sessiles; mais le caractère de leurs étoiles les distingue toujours. Leur genre me paraît naturel.

[Lesueur a constaté que les animaux des Porites sont actiniformes, et portent autour de leur disque oral douze tubercules tentaculiformes, fait qui a été confirmé par MM. Quoy et Gaymard, et par M. de Blainville.

Afin de rendre ce groupe plus naturel, M. de Blainville a cru devoir en séparer plusieurs espèces que Lamarck y avait placées. Il en a formé les genres Montipore dont il a déjà été question (p. 382), et *Sideropora* (p. 436) dont nous indiquons plus loin les caractères. Sa définition du genre Porite diffère cependant fort peu de celle donnée par notre auteur.   E.]

ESPÈCE.

1. Porite réticulé. *Porites reticulata.*

> P. *glomerato-globosa; stellis angulatis, reticulatim coalitis; parietibus dentatis, fenestratis; margine erecto denticulis scabro.*
> *Madrepora retepora.* Soland. et Ell. p. 166. tab. 54. f. 3. 5. Mus. n°.
>
> * Lamour. Expos. méth. des Polyp. p. 60. pl. 54. fig. 3. 5.
> * Delonch. Encycl. p. 651.
> * *Porite de Péron.* Blainv. Dict. des sc. nat. t. 43. pl. 39. fig. 3 ; et *Alveopora retepora ejusdem.* Man. d'Actin. p. 394. pl. 59. fig. 3. (1)

---

(1) MM. Quoy et Gaymard ont établi le genre ALVÉOPORE, *Alveopora*, pour des Polypes dont le Polypier ressemble assez à celui des Porites proprement dits, mais dont les parties molles ont une conformation un peu différente. Ces animaux actiniformes, comme les précédens, sont pourvus de douze tentacules simples assez longs, et sont contenus dans des loges profondes alvéoliformes ou polygonales, irrégulières, ni lamelleuses, ni cannelées, mais seulement tuberculées à l'intérieur, et limitées par des cloisons perforées ou réticulées, et échinulées à leur bord terminal.

Habite. . . . Mon cabinet. Quoique ce Polypier forme une masse simple, convexe, subglobuleuse, et ait l'aspect d'une Astrée, ses étoiles
sont parfaitement celles des *Porites.*

† 1. a. Porite dédale. *Porites dœdalea.*

> *P. tripollicaris , glomerato-lobata, spongiosa , mollis , tota spinulis
> contexta , valde fragilis, stellulis, lin. latis, raro paullo latioribus
> aut hexagonis , septis simplicibus sursum spinulosis (hinc tota his-
> pida).*
>
> *Madrepora dœdalea.* Forskal. Icon. tab. 37. f. B.
>
> Madrépore. . .? Sav. Egyp. Zooph. pl. 3. fig. 4.
>
> *Alveopora dœdalea.* Blainv. Man. d'Actin. p. 394.
>
> *Madrepora porites dœdalea.* Ehrenb. Mém. sur les Polypes de la Mer-
> Rouge. p. 117.
>
> Habite la Mer-Rouge. Les Polypes sont pourvus de 12 tentacules dis-
> posés en une seule série, et portés à l'extrémité d'une espèce de
> col cylindrique. Lorsqu'ils sont épanouis, ils sont de couleur rouge-
> brun ou grisâtre; mais lorsqu'ils sont contractés , ils paraissent
> verdâtres.

2. Porite congloméré. *Porites conglomerata.*

> *P. glomerata, globoso-gibbosa, sublobata; stellis parvis, angulatis ,
> contiguis, acevoso-scabris.*
>
> *Madrep. conglomerata.* Esper. suppl. 1. t. 59. A.
>
> Mus. no.
>
> 2. var. *nana; ramulis brevissimis , lobatis, subcapitatis.*
>
> Soland. et Ell. t. 41. fig. 4. *Absque descriptione.*
>
> 3. var. *ramosa, subdichotoma.*
>
> Esper. suppl. 1. t. 59.
>
> * *Madrepora solida.* Forskal. op. cit. p. 131.
>
> * *Madrepora porites conglomerata.* Ehrenb. op. cit. p. 117.

Ces naturalistes ont fait connaître deux espèces nouvelles
d'Alvéopores qui habitent les côtes de la Nouvelle-Irlande ;
savoir : l'*Alveopora viridis* (Quoy. et Gaym. Voy. de l'*Astr.* t. 4.
p. 240. pl. 20. fig. 1. 4. Blainv. Man. p. 394) et l'*Alveopora rubra*
(Quoy et Gaym. op. cit. t. 4. p. 242. pl. 19. fig. 11. 14). M. de
Blainville rapporte aussi à ce genre le *Madrepora dedalœa* de
Forskal (voyez ci-dessus n° 1 a.); le *Porites reticulata* de
Lamarck (n°1); le *Pocillopora brevicornis* du même(n° 4, p. 443),
et quelques espèces encore inédites.

* Lamour. Expos. méth. p. 60. pl. 41. fig. 4.
* Delonch. Encycl. p. 651.
* Blainv. Man. d'Actin. p. 396.
* Quoy et Gaym. Voy. de l'Ast. t. 4. p. 249. pl. 18. fig. 6. 8.

Habite.... probablement l'Océan américain. Mon cabinet. La forme de ce *Porite* paraît très variable; mais le caractère de ses étoiles ne laisse aucun doute sur son genre. Ces étoiles sont plus petites que dans l'espèce n° 1; elles sont excavées, contiguës et en réseau.

3. Porite astréoïde. *Porites astreoides.*

P. incrustans, undato-gibbosula; stellis parvis, profundis, contiguis; parietibus lamelloso-striatis, denticulatis; margine scabro.

* Lesueur. Mém. du Mus. t. 6.
* Delonch. Encycl. p. 651.
* Blainv. Man. d'Actin. p. 395. pl. 61. fig. 5.

Mus. n°.

Habite l'Océan américain. Mon cabinet. Ce Porite forme de larges plaques encroûtantes, ondées et gibbeuses à leur surface.

* D'après Lesueur, les animaux de ce Polypier sont d'un beau jaune-soufré, avec les tentacules roux.

4. Porite arénacé. *Porites arenacea.*

P. incrustans, simplicissima; stellis superficialibus perparvis, contiguis, subconcavis.

An Madrepora arenosa? Lin. Gmel. p. 3766.

Esper. suppl. 1. p. 80. tab. 65.

* Delonch. Encycl. p. 651.
* Blainv. Man. d'Actin. p. 395.
* *Madrepora Porites arenacea.* Ehrenb. op. cit. p. 119.

Mon cabinet.

Habite la Mer-Rouge, l'Océan indien, sur le *Mytilus margaritiferus,* l'Avicule à perles.

5. Porite clavaire. *Porites clavaria.*

P. dichotomo-ramulosa; ramulis crassis, subclavatis, obsoletè compressis; stellis latis, planulatis, contiguis; superficialibus.

Madrepora Porites. Lin. Soland. et Ell. t. 47. f. 1.

Esper. vol. 1. t. 21.

Seba. thes. 3. t. 109. f. 11.

Porus S. corallium astroites.... Moris. Hist. 3. sect. 15. t. 10. fig. 11.

* Lamour. Expos. méth. p. 61. pl. 47. fig. 1 et 2.

28.

* Lesueur. t. 6. Mém. du Muséum. t.
* Schweig. p. 443.
* Delonch. Encycl. p. 652.
* Madrépore... Savig. Egyp. Polyp. pl. 4. fig. 6.
* *Porites clavaria*. Blainv. Man. d'Actin. p. 395.
* *Madrepora Porites clavaria*. Ehrenb. op. cit. p. 117.
Mus. n°.
Habite les mers d'Amérique et de l'Inde. Mon cabinet.

6. **Porite scabre.** *Porites scabra.*

P. *dichotomo-ramulosa; ramulis subclavatis, obsoletè compressis; stellis distinctis, prominulis, sexdentatis; margine superiore fornicato.*

Madrep. digitata. Pall. Zooph. p. 326.
Soland et Ell. n° 74.
* *Porites scabra.* Delonch. Encycl. p. 652.
* Madrépore... Sav. Egyp. Polyp. pl. 4 fig. 3.
* *Porillopora Andreossyii.* Audouin. Expl. des planches de M. Savigny.
* *Porites scabra.* Blainv. Man. d'Actin. p. 396; et *Sideropora scabra ejusdem.* op. cit. p. 396. (Double emploi) (1).
* *Madrepora Porites digitata.* Ehrenb. op. cit. p. 116.
Mus. n°.
Habite l'Océan indien. Cette espèce ressemble presque entièrement à la précédente par son port; mais elle en diffère considérablement par ses étoiles. Elles sont séparées, saillantes, profondes, à bord supérieur en voûte.

---

(1) M. de Blainville distingue sous le nom générique de Sidéropore les Porites de Lamarck, dont les cellules, immergées ou à peine mamelonnées, de forme circulaire, subhexagonale ont six entailles profondes, une à chaque angle et un axe pistilliformes au centre, et sont irrégulièrement éparses à la surface d'un Polypier arborescent, palmé et très finement granulé, mais non poreux. On ne connait pas les animaux de ces Polypiers, mais le naturaliste que nous venons de citer pense, d'après la structure des cellules, qu'ils ne doivent avoir que six tentacules. Il y rapporte le *Porites scabra* (n° 6), le *P. elongata* (n° 7), le *P. subdigitata* (n° 10), et deux espèces nouvelles qu'il ne décrit pas, mais qu'il désigne sous les noms de *S. digitata* et de *S. palmata.* (Man. p. 384.)

7. Porite allongé. *Porites elongata.*

> *P. ramulosa; ramulis elongatis, cylindricis, erectis; stellis distinctis,*
> *sexdentatis; margine superiore subprominente.*
>
> * Delonch. Encycl. p. 653.
>
> * *Sideropora elongata.* Blainv. Man. d'Actin. p. 384.
>
> Mus. n°.
>
> Habite... probablement l'Océan indien. J'aurais regardé cette es-
> pèce comme une variété de la précédente, si son port et ses
> étoiles à peine saillantes, ne la distinguaient pas suffisamment.

8. Porite fourchu. *Porites furcata.*

> *P. cespitosa, multicaulis, dichotomo-ramulosa; ramis brevibus fur-*
> *catis, stellis contiguis, perparvis, excavatis.*
>
> *An porus albus pumilus ramosior ?* .... Moris. Hist. 3. sect. 15.
> tab. 10. f. 12.
>
> 2. *var. lobis ultimis compressis.* Mon cab.
>
> * Delonch. Encycl. p. 653.
>
> * *Heliopora furcata.* Blainv. Man. d'Actin. p. 392. (1)

L'*Astrea sexradiata* de Goldfuss (v. au-dessus p. 410. n° 15°)
paraît avoir beaucoup d'analogie avec les Polypiers que nous
venons d'énumérer, et se rapproche à son tour de l'*Astrea stylo-*
pora du même auteur (op. cit. p. 71. pl. 24. fig. 4), laquelle
établit le passage entre la première et les Astrées ordinaires.

M. de Blainville pense qu'on pourrait aussi rapprocher de ses
Sidéropores le *Madrepora pistillata* d'Esper (Madrép. pl. 60) que
Schweigger a rangé dans son genre Stylopora (Beobach. pl. 6.
fig. 62, et Handb. p. 414; Blainv. Man. p. 385); provisoirement
il conserve cependant ce genre, et y assigne les caractères suivans: « Animaux inconnus contenus dans des loges paucilobées
à la circonférence, striées intérieurement avec un axe pistilli-
forme au centre, disposées assez irrégulièrement, et serrées de
manière à former un Polypier arborescent, lobé ou subpalmé,
fixé, poreux et échinulé dans les intervalles. »

M. Ehrenberg ne distingue pas cette espèce du *Porites fur-*
cata de Lamarck. (n° 8.)

(1) Les Héliopores sont des Polypes courts et cylindriques
pourvus d'une couronne simple de quinze à seize tentacules
larges, triangulaires, peu longs, et contenus dans des loges cy-

* *Madrepora Porites pistillata.* Ehrenb. op. cit. p. 115.

Mus. nᵒ.

Habite. . . . Cette espèce forme des touffes larges, à tiges nombreuses, peu élevées, et à rameaux courts, lobés, obtus, colorés en brun ou en noir par les animaux qui y ont péri. Ses étoiles sont fort petites.

9. Porite anguleux. *Porites angulata.*

P. ramis contortis, lobatis, compressis, angulatis; stellis in fossulis immersis: margine denticulis scabro.

* Delonch. Encycl. p. 653.

* *Heliopora angulosa.* Blainv. Man. d'Actin. p. 392.

Mus. nᵒ.

Habite l'Océan austral. *Péron* et *Lesueur.* Cette espèce est singulière par son port.

10. Porite subdigité. *Porites subdigitata.*

P. cespitosa, lobato-ramulosa; ramis brevibus subdigitatis; stellis sexdentatis; interstitiis prominulis echinulatis.

* Delonch. Encycl. p. 653.

* *Sideropora subdigitata.* Blainv. Man. d'Actin. p. 384.

Habite l'Océan des Grandes-Indes ou Austral. Il diffère du précédent par son port, mais il s'en rapproche par ses étoiles.

11. Porite cervine. *Porites cervina.*

P. pumila, gracilis, dichotomo-ramulosa; stellis distinctis; margine prominulo ciliato.

* Delonch. Encycl. p. 653.

* *Seriatopora cervina.* Blainv. Man. d'Actin. p. 397.

---

lindriques, immergées, cannelées intérieurement plutôt que lamelleuses, et constituant par leur réunion un Polypier diversiforme, poreux dans les intervalles des cellules. C'est d'après le *Pocillopora cœrulæa* de Lamarck (p. 444 no 7), que M. de Blainville a fondé ce genre nouveau. Il y range aussi plusieurs fossiles tels que l'*Astrea porosa* Goldf. (Petref. p. 64. pl. 21. fig. 7); le *Millepora subrotunda* Lin. (Amœn. acad. 1. pl. 4. fig. 24; Schr. Einl. 11. p. 513, etc.; *Heliopora pyriformis* Blainv. Man. p. 392); l'*Astrea elegans* Goldfuss (v. au-dessus p. 411. nᵒ 15ᵉ), et quelques espèces figurées par Guettard. (Mém. t. 3. pl. 47. fig. 5 et 6. pl. 47. fig. 3 et 4, et pl. 47. fig. 7 et 8. Voy. le Man. d'Actin. p. 393.)

Habite l'Océan des Grandes-Indes. Mon cabinet. Il ne s'élève qu'à un pouce ou un peu plus de hauteur, et forme un petit buisson à ramifications grêles, en corne de cerf, un peu en pointe au sommet.

12. Porite verruqueux. *Porites verrucosa.*

P. explanata, undato-gibbosa, verrucifera; stellis immersis, profundis, separatis; interstitiis porosis, convexis, variis, verrucæ formibus.

An madrepora spongiosa? Soland et Ellis. n° 49.

* *P. verrucosa.* Delouch. Encycl. p. 653.

Mon cabinet.

Habite.... Très belle espèce à expansion large, aplatie, onduleuse, bosselée. Les étoiles sont enfoncées, séparées, pocilliformes, à lames rayonnantes et très petites au fond. Leurs interstices sont poreux, comme écumeux, convexes, le plus souvent élevés en verrues inégales, quelquefois même assez grandes. Ce Porite est très différent de celui qui suit.

13. Porite tuberculeux. *Porites tuberculosa.*

P. incrustans, rudis, indivisa; stellis exiguis, ad interstitia tuberculis, echinatis, prominentibus, columniformibus.

* *Montipora tuberculosa.* Blainv. Man. d'Actin. p. 388.

Mus. n.

Habite.... Du voyage de *Péron* et *Lesueur*. Il est aisément reconnaissable par les tubercules graniformes ou columniformes, dont sa surface est parsemée. Ces tubercules sont souvent réunis plusieurs ensemble, et forment des crêtes ou des collines en différentes places. Etoiles très petites.

14. Porite aplati. *Porites complanata.*

P. in laminam partim liberam explanata; supernâ superficie subundatâ, stelliferâ; stellis exiguis, immarginatis.

* Blainv. Man. d'Actin. p. 396.

Mus. n°.

Habite.... Du voyage de *Péron* et *Lesueur*. Comme le Muséum ne possède qu'un fragment presque de la largeur de la main, j'ignore si ce fragment appartient à un Polypier à expansions foliacées et relevées, ou s'il dépend d'une seule lame adhérente aux rochers par le centre de sa surface inférieure. Mais ce même fragment nous suffit pour constater l'existence d'une espèce bien distincte.

15. Porite rosacé. *Porites rosacea.*

P. convoluta, subinfundibuliformis, rosæ instar lobis foliaceis compositia; stellis exiguis, ad marginem interstitiaque verrucosis.

Choana saxea crispata, etc. Gualt. Ind. tab. 42. *in verso.*
Corallium infundibuliforme, etc. Seba. Mus. 3. t. 110. f. 7.
Esper. tab. 58. A.
* Lamour. Expos. méth. p. 61. pl. 52.
* Delonch. Encycl. p. 654.
2. an varietas? *Madrepora foliosa.* Soland et Ell. tab. 52.
Esper. t. 58. B.
* *Madrepora monasteriata?* Forskal.
* *Montipora rosacea.* Blainv. Man. d'Actin. p. 389. (1)
* *Madrepora Porites foliosa.* Ehrenb. op. cit. p. 117.
Mus. n°.

Habite l'Océan indien. Mon cabinet. Cette espèce n'est point rare,
mais elle est remarquable par la forme de son Polypier.

Dans la figure citée de Solander et Ellis, le bord des étoiles présente
un anneau verruqueux; mais les interstices ne paraissent point hérissés de tubercules : c'est peut-être une espèce. Elle ne paraît pas
la même que le *Madrep. foliosa* de Pallas (Zooph. p. 333).

16. Porite écumeux. *Porites spumosa.*

P. *lobato-ramosa; ramis brevibus, inæqualibus, crassis, obtusis, sub-
compositis, tuberculato-gibbosis; stellis parvis interstitiisque echinulatis.*

Knorr. delic. tab. A. 1. f. 4.
* Delonch. Encycl. p. 654.
* Madrépore. . . . Sav. Desc. de l'Egyp. Polyp. pl. 4. fig. 4?
* *Madrepora abrotanoïdes.* Audouin. Explication des planches de
M. Savigny?
* *Montipora spumosa.* Blainv. Man. d'Actin. p. 389.
* *Madrepora Porites spongiosa.* Ehrenb. op. cit. p. 115.
Mus. n°.

Habite. . . . C'est encore un véritable *Porite* par le caractère de ses
étoiles et de leurs interstices, mais bien distinct de tous ceux ci-
dessus exposés.

17. Porite droit. *Porites recta.*

P. *ramosa; ramis rectis subcompressis, apice rotundato, oblique
divisis, stellis parvis, cavis radiis denticulatis.*

Lesueur Mém. du Muséum. t. 6. pl. 17. fig. 16.
Delonch. Encycl. Zooph. p. 651.

Habite les mers des Antilles. Les Polypes sont d'une teinte roussâtre,

---

Voy. page 382.

avec des lignes blanches qui naissent de leur base et remontent
entre les tentacules.

† 18. Porite étendu. *Porites divaricata.*

> P. ramosa; ramis gracilibus, distantibus, subcompressis, divaricatis
> ad latera incumbentibus, apice bilobatis.
>
> Les. Mém. du Muséum. t. 6.
> Delonch. Encycl. p. 652.
> Habite les côtes de la Guadeloupe. Espèce très voisine de la précé-
> dente.

† 19. Porite flabelliforme. *Porites flabelliformis.*

> P. ramosa; ramis apice flabelliformibus, divergentibus, oppositis ante,
> ramoso, horizontaliter emergentibus; stellis parvis, contiguis, echi-
> natis, pentagonis.
>
> Les. Mém. du Muséum. t. 6.
> Delonch. Encycl. zooph. p. 652.
> Habite les côtes de la Guadeloupe.
> * Ajoutez plusieurs espèces nouvelles mentionnées par M. Ehren-
> berg, mais non figurées (v. Mém. sur les Polypes de la Mer-Rouge.
> p. 115.)
> M. Fleming rapporte aussi à ce genre sous le nom de *Porites cellu-
> losa,* la fossile figuré par Parkinson (op. cit. II. pl. 5. fig. 9).

POCILLOPORE. (Pocillopora.)

Polypier pierreux, fixé, phytoïde, rameux ou lobé;
à surface garnie de tous côtés de cellules enfoncées,
ayant les interstices poreux.

Cellules éparses, distinctes, creusées en fossettes, à
bord rarement en saillie, et à étoiles peu apparentes,
leurs lames étant étroites et presque nulles.

*Polyparium lapideum, fixum, phytoideum, ramosum
aut lobatum; superficie cellulis immersis undique insculptá;
interstitiis porosis.*

*Cellulæ sparsæ, distinctæ, excavato-saccatæ, margine
rarò prominentes, obsoletè stellatæ; lamellis angustis,
subnulis.*

Observations. Les *Pocillopores* tiennent de si près aux Madrépores, que, d'abord, je ne les en avais pas distingués. Cependant, considérant que leurs cellules sont enfoncées, pocilloformes, à bord rarement en saillie, et qu'ils ont par là un aspect particulier, qui ne permet pas de les confondre avec les Madrépores dont les cellules sont cylindriques, tubuleuses, très saillantes, j'ai cru devoir les en séparer.

Les cellules de ces Polypiers présentent des fossettes plus creuses, plus vides, et fort différentes de celles des Porites; aussi ces deux genres ne sauraient être confondus.

[**M.** de Blainville a séparé de ce groupe plusieurs des espèces que notre auteur y range et assigne au genre Pocillopore ainsi circonscrit les caractères suivans : Loges petites, peu enfoncées, subpolygonales, alvéoliformes, échinulées finement sur les bords et quelquefois même un peu lamelleuses dans leur circonférence, contiguës au sommet, séparées par des interstices granuleux à la base et formant par leur réunion intime un Polypier calcaire fixé, arborescent, d'un tissu assez compacte et non poreux mais échinulé ou granulé. E.]

ESPÈCES.

1. **Pocillopore aigu.** *Pocillopora acuta.*

> *P. ramosissima ; ramis divisis, attenuatis; ramulis acutis ; stellis crebris, cavis, obsoletè lamellosis.*
>
> *Madrepora damicornis.* Soland et Ell. p. 170. n° 73.
>
> Pall. Zooph. p. 334. var. V.
>
> * Delonch. Encycl. Zooph. p. 630.
>
> * Blainv. Man. d'Actin. p. 398.
>
> * Ehrenb. Mém. sur les Polyp. de la Mer-Rouge. p. 127.
>
> Mus. n°.
>
> Habite l'Océan indien. Il est constamment distinct du suivant, et semble tenir au *Millepora aperta.*

2. **Pocillopore corne de daim.** *Pocillopora damicornis.*

> *P. ramosissima; ramis subtortuosis, crassiusculis, variè divisis; ramulis brevibus, obtusis, subdilatatis.*
>
> *Madrepora damicornis ?* Pall. Zooph. p. 334. var. a. B.
>
> Esper. suppl. 1. t. 46. et t. 46. A.
>
> Gualt. ind. tab. 104 *inverso.*

Moris. Hist. 3. sect. 15. t. 10. n° 9.
* Schweig. Handb. p. 443.
* Delonch. Encycl. p. 630.
* Blainv. Man d'Actin. p. 398.
* Quoy et Gaym. Voy. de l'Astrol. t. 4. p. 244. pl. 20. fig. 5. 7.
* Ehrenb. op. cit. p. 127.
2. var. *ramis crassioribus, apice turgescentibus, lobatis.*
Vulg. le chou-fleur.
Mus. n°.
Habite l'Océan indien. Il est commun dans les collections.

3. Pocillopore amaranthe. *Pocillopora verrucosa.*

P. ramosissima; ramis supernè compressis, dilatatis, obtusis; ramulis brevibus, simplicibus, verrucæformibus.
Madrepora verrucosa. Soland et Ell. p. 172. n° 78.
An Moris. hist. 3. sect. 15. n°^{s} 11 et 12.
* Delonch. Encycl. p. 631.
* Blainv. Man. d'Actin. p. 398.
* Ehrenb. op. cit. p. 128.
Mus. n°.
Habite l'Océan des Grandes-Indes. Mon cabinet. Espèce très distincte des précédentes par les ramuscules en forme de verrues, dont ses rameaux épais et courts sont chargés; mais elle leur ressemble par ses cellules.

4. Pocillopore brévicorne. *Pocillopora brevicornis.*

P. multicaulis, cespitosa; caulibus brevibus, dichotomo-ramulosis subcompressis; stellis cavis, margine denticulatis.
* Delonch. Encycl. p. 631.
* Blainv. Man. d'Actin. p. 398.
Mus. n°.
Habite l'Océan des Grandes-Indes. *Péron* et *Lesueur.* Sa base forme un encroûtement duquel s'élève une multitude de petites tiges divisées, lobées, à peine plus hautes qu'un pouce. Les cellules sont creuses, presque nues, à bords et à interstices chargés de points graniformes.

5. Pocillopore fenestré. *Pocillopora fenestrata.*

P. dichotomo-ramosa; ramis crassis, subgibbosis, obtusissimis; stellis cavis, profundis, subangulatis; intùs filiferis; parietibus fenestratis.
* Delonch. Encycl. Zooph. p. 631.
Mus. n°.

Habite l'Océan austral. *Péron* et *Lesueur*. Espèce extrêmement remarquable par son port et le caractère de ses cellules. Elles sont
creuses; assez profondes, contiguës, subanguleuses, et à parois criblées de petits trous. De ces parois naissent des filets pierreux qui
tiennent lieu de lames, et dont les inférieurs seulement se réunissent dans le fond de la cellule. Ce beau Polypier est d'une assez
grande taille.

* M. de Blainville pense que cette espèce et la suivante doivent
être retirées de la division des Pocillopores et constituer un genre
particulier.

6. Pocillopore stigmataire. *Pocillopora stigmataria.*

*P. ramosa; ramis cylindricis, apicibus plerisque coadunatis; stellis
obliquis, sparsis, interstitiis rudibus, porosis.*

Knorr. delic. tab. AX. f. 3. *frustulum.*

An madrep. muricata? Esper. suppl. 1. t. 54. A. f. 1.

* Delonch. Encycl. p. 631.

Mus. n°.

Habite.... Espèce très distincte par son port, ses cellules obliques,
peu ou point saillantes, et par les interstices raboteux qui les séparent.

7. Pocillopore bleu. *Pocillopora cœrulea.*

*P. compressa, frondescens, in lobos erectos et complanatos divisa,
intus cœrulea; poris cylindricis, parietibus lamelloso-striatis : interstitiis scabris.*

Madrepora interstincta. Soland. et Ell. tab. 56.

Esper. suppl. 1. t. 32.

Millepora cœrulea. Soland. et Ell. p. 142. t. 12. f. 4.

Pall. Zooph. p. 256.

Gmel. p. 3783.

* *Pocillopora cœrulea.* Lamour. Expos. méth. des Polyp. p. 62.
pl. 12. fig. 4 ; et pl. 56. fig. 1. 3.

* Delonch. Encycl. p. 631.

* *Heliopora cœrulea.* Blainv. Man. d'Actin. p. 392. pl. 61. f. 3. (1)

* Quoy et Gaym. Voy. de l'Ast. t. 4. p. 252. pl. 20. fig. 12. 14.

* *Millepora cœrulea.* Ehrenberg. Mém. sur les Polypes de la Mer-
Rouge. p. 124.

Mus. n°.

Habite les mers de l'Inde. Mon cabinet. Ce singulier Polypier, dont
la substance n'offre point de compacité intérieure, ne saurait être
rangé convenablement parmi les Millépores. Sa surface est parse-

---

(1) Voy. page 437.

mée de cellules non saillantes, cylindriques, à parois striées par
des lames étroites qui eussent formé une étoile si elles eussent été
plus larges. Les interstices des cellules sont poreux, et remplis de
papilles arénacées. Ce Polypier forme d'assez grandes masses, grisâtres au dehors, mais d'une couleur bleue à l'intérieur.

* MM. Quoy et Gaymard ont constaté que les animaux de cette espèce présentent, entre les denticules des cellules 15 à 16 tentacules, courts, aplatis, pointus comme des folioles, et formant un
disque autour d'une bouche centrale, ronde; leur couleur est d'un
blanc-jaunâtre. Dans leur voyage à bord de l'Astrolabe, ces naturalistes se sont assurés que les animaux qu'ils avaient d'abord pris
pour les Polypes de ce zoophyte et représentés dans le voyage
de l'Uranie, pl. 96, étaient des animaux parasites qui s'étaient
logés dans les intervalles des cellules.

† 8. Pocillopore glabre. *Pocillopora glabra.*

*P. fossilis compressa, sublobata, cellulis scytiformibus immersis in
fundo obsolete stellatis ; interstitiis glabris.*

Madrepora glabra. Goldfuss. Petref. p. 23. pl. 30. fig. 7.

Trouvé à Dax.

† M. Defrance a rapporté à ce genre sous le nom de *Pocillopora Solanderi* (Dict. des Sc. nat. t. 42. p. 48), un fossile trouvé à Valmondois, mais M. de Blainville doute de l'exactitude de cette
détermination.

† Le *Pocillopora subalpinus* de M. Risso (Hist. nat. de l'Europe.
Mercd. t. 5. pl. 10. fig. 59) paraît être une Astrée.

MADRÉPORE. (Madrepora.)

Polypier pierreux, fixé, subdendroïde, rameux; à
surface garnie de tous côtés de cellules saillantes; à interstices poreux.

Cellules éparses, distinctes, cylindracées, tubuleuses,
saillantes; à étoiles presque nulles; à lames très étroites.

*Polyparium lapideum, fixum, subdendroideum, ramo-
sum; superficie cellulis prominentibus undiquè muricatâ;
interstitiis porosis.*

*Cellulæ sparsæ; distinctæ cylindraceæ, tubulosæ, pro-
minentes; stellis subnulis; parietis internæ lamellis perangustis.*

OBSERVATIONS. Linné et Pallas donnaient le nom de *Madré-pores* à tous les Polypiers pierreux qui composent notre section des Polypiers lamellifères, et conséquemment à quantité de Po-lypiers fort différens les uns des autres. Cette détermination fut le produit d'un premier aperçu, et non celui d'une étude parti-culière de ces nombreux corps marins. On a agi à cet égard, comme l'on faisait autrefois en donnant le nom de *Scarabé* à la plupart des Coléoptères; mais les entomologistes ont senti la nécessité de réduire considérablement ce genre, comme nous avons reconnu celle de réduire le genre des *Madrépores*, aux Polypiers lamellifères dendroïdes, dont la surface est hérissée par des cellules saillantes.

Les *Madrépores*, en général, ne forment point de simples encroûtemens, et nous n'en connaissons point qui soient non divisés, glomérulés en boule; mais ils constituent des expan-sions relevées ou ascendantes, soit lobées ou comme folia-cées, soit caulescentes et ramifiées comme des plantes ou des arbustes. Leurs lobes ou leurs ramifications offrent partout à leur surface libre, des cellules éparses, fréquentes, saillantes, obliques, subcylindriques, tubuleuses, et à peine stellifères; les lames rayonnantes de leurs parois internes étant en général fort étroites. Il résulte de la saillie des cellules que les *Madré-pores* ont leur surface toujours plus ou moins muriquée, ce qui les rend très reconnaissables.

Partout, les interstices qui séparent les cellules présentent une surface finement poreuse ou échinulée, et les cellules elles-mêmes sont pareillement échinulées à l'extérieur.

Les Polypes des *Madrépores* vivent en abondance dans les mers des climats chauds, et principalement dans celles de la zone torride.

Les animaux des *Madrépores*, observés par MM. Quoy et Gaymard, sont actiniformes, assez courts et pourvus de 12 ten-tacules simples.   E.]

ESPECES.

1. Madrépore palmé. *Madrepora palmata.*

    M. latissima, complanata, basi convoluta, profundè divisa, utrinque muricata; ramis laciniato-palmatis.

Corallium porosum, latissimum, etc. Sloan. jam. hist. 1. t. 17.
fig. 3.
Madrepora muricata, var. Esper. suppl. 1. tab. 51.
Seba. Mus. 3. tab. 113.
Esper. suppl. 1. t. 83.
* Delonch. Encycl. zooph. p. 503.
* Blainv. Man. d'Actin. p. 389.
* *Heteropora palmata.* Ehrenberg. Mém. sur les Polypes de la Mer-
Rouge. p. 108.
Mus. n°.
Habite les mers d'Amérique. Grande et belle espèce, appelée vul-
gairement le *Char de Neptune.* Ses expansions sont aplaties, mu-
riquées des deux côtés, convolutes à leur base, profondément di-
visées, laciniées, presque palmées.

2. Madrépore éventail. *Madrepora flabellum.*

*M. explanato-flabellata, erecta; margine superiore diviso ramuloso ;
cellulis subprominulis, inæqualibus.*
* Delonch. Encycl. p. 503.
* Blainv. Man. d'Actin. p. 390.
* *Heteropora flabellum.* Ehrenb. op. cit. p. 168.
Mus. n°
Habite.... probablement l'Océan américain. Espèce rare, distincte
de la précédente, moins grande, droite, tout-à-fait flabelliforme ,
non enroulée à sa base.

3. Madrépore en corymbe. *Madrepora corymbosa.*

*M. ramosissima orbiculata; ramis ascendentibus; ramulosis, ramulis
creberrimis, in corymbum latissimum obliquum digestis.*
Rumph. Amb. 6. tab. 86. f. 2.
* *Millepora muricata flavescens.* Forskal. op. cit. p. 137.
* *Madrepora corymbosa.* Delonch. p. 504.
* Blainv. Man. d'Actin. p. 390.
* *Heteropora corymbosa.* Ehrenb. op. cit. p. 112.
Mus. n°.
Habite l'Océan indien, les mers de l'Ile-de-France. *Péron* et *Lesueur.*
Grande et belle espèce, toujours très distincte, fortement muri-
quée et commune dans les collections. Ses cellules tubuleuses sont
inégales, serrées et striées en dehors. Mon cabinet.

4. Madrépore plantain. *Madrepora plantaginea.*

*M. cespitosa ; ramis numerosis, erectis, spicæformibus, subproliferis;
cellulis tubuloso-turbinatis, margine incrassatis, rotundatis.*

Madrep. muricata, var. Esper. suppl. 1. tab. 54. *non bene.*
Planta marina lapidea. Besl. Mus. t. 28.
* *Mad. plantaginea.* Delonch. p. 504.
* Blainv. loc. cit.
* Quoy et Gaym. Voy. de l'Ast. t. 4. p. 234. Zooph. pl. 19. fig. 3.
* *Heteropora squarrosa ?* Ehrenb. op. cit. p. 112.
Mus. n°.
2. *eadem, ramis gracilioribus.* vulg. l'épi de blé.
Habite les mers de l'Inde. Espèce très distincte, à rameaux droits, nombreux, courts, spiciformes, en gerbe ou en touffe. Cellules turbinées, obtuses, en saillie inégale. Ces cellules sont tubuleuses.

5. Madrépore pocillifère. *Madrepora pocillifera.*

M. ramosa; ramis teretibus, ascendentibus, proliferis, apice perforatis; cellulis confertis, prominulis, cochleariformibus.
* Schweig. Handb. p. 443.
* Delonch. Encycl. p. 504.
* Blainv. Man. d'Actin. p. 390.
* Quoy et Gaymard. Voy. de l'Astrol. t. 4. p. 236. pl. 19. fig. 5, et fig. 6.-10.
* *Heteropora pocillifera ?* Ehrenb. op. cit. p. 110.
Mus. n°.
Habite l'Océan des Grandes-Indes ou Austral. *Péron* et *Lesueur.* Espèce très remarquable par la forme des cellules, et par ses rameaux percés à l'extrémité, comme offrant une cellule terminale, grande, profonde et orbiculée. Les sommités de ce Polypier sont teintes de violet ou de lilas dans une variété. Comme les cellules inférieures sont peu saillantes, ce Polypier semble se rapprocher des Pocillopores. Hauteur, dix à quinze centimètres.

6. Madrépore lâche. *Madrepora laxa.*

M. laxè ramosa ; ramis teretibus, undiquè expansis, apice proliferis; cellulis tubulosis, inæqualibus, extùs echinulatis.
* Delonch. Encycl. p. 504.
* Blainv. Man. d'Actin. p. 390.
Mus. n°.
Habite les mers Australes. *Péron* et *Lesueur.* Ce Madrépore s'étale plus qu'il ne s'élève, et offre beaucoup de rameaux en touffe lâche. Ces rameaux sont cylindriques, prolifères vers leur sommet, et hérissés de cellules saillantes. Hauteur, environ deux décimètres.

7. Madrépore abrotanoïde. *Madrepora abrotanoides.*

M. ramosa, erecta : ramis compositis, pyramidato-attenuatis; ramulis lateralibus brevibus, sparsis, crebriusculis.

Madrepora muricata. Soland. et Ell. t. 57.

Gualt. Ind. tab. ante p. 20.

Porus albus, erectior, ramosus, etc. Moris. Hist. 3. sect. 15. t. 10 fig. 3.

* *Madrepora abrotanoïdes.* Quoy et Gaym. Voy. de l'Ur. pl. 16; et Voy. de l'Astrol. t. 4. p. 232. pl. 19. fig. 1. 2.

* Lamour. Expos. méth. des Polyp. p. 63. pl. 57.

* Delonch. Encycl. p. 504. pl. 487.

* Blainv. Man. d'Actin. p. 390.

* *Heteropora abrotanoïdes.* Ehrenb. op. cit. p. 113.

Mus. n°.

Habite l'Océan indien. Mon cabinet. Grande et belle espèce, peu commune dans les collections. Elle se divise en branches assez épaisses, la plupart droites, rameuses, et qui se terminent, ainsi que leurs divisions, en pyramides. Ces branches et leurs divisions sont presque partout chargées de ramuscules latéraux extrêmement courts, épars, hérissés de papilles tubuleuses. Hauteur, environ quatre décimètres. Entre les papilles tubuleuses, on aperçoit des étoiles sessiles ou superficielles assez nombreuses.

8. Madrépore corne de-cerf. *Madrepora cervicornis.*

M. ramosa; ramis subsimplicibus, teretibus, acutis, crassis, variè curvis; papillis stelliferis, brevibus.

Corallium album, porosum, maximum, muricatum. Sloan. Jam. Hist. 1. tab. 18. f. 3.

Seba. Mus. 3. tab. 114. f. 11

2. *eadem ramis divisis.*

Esper. suppl. 1. tab. 49.

* Delonch. Encycl. p. 504.

* Blainv. Man. d'Actin. p. 390.

* *Heteropora cervicornis.* Ehrenb. op. cit. p. 110.

Mus. n°.

Habite les mers d'Amérique. Mon cabinet. Ce Madrépore et le suivant n'ont pas leurs branches couvertes de ramuscules courts et nombreux comme le précédent. Celui-ci a des branches simples ou peu divisées, cylindriques, épaisses, pointues, scabres, à papilles courtes, sans étoiles superficielles dans les interstices.

9. Madrépore prolifère. *Madrepora prolifera.*

M. ramosa; ramis longis, gracilibus, teretibus, ad apices proliferis; papillis tubulosis, longiusculis.

Corallium album, minus muricatum ? Sloan. Jam. Hist. 1. t. 17. f. 2.

Tome II.

Madrepora muricata. Esper. suppl. 1. t. 5o.

Knorr. Delic. tab. A. 11. f. 1.

* Delonch. Encycl. p. 5o4.

* Blainv. Man. d'Actin. p. 39o.

* Quoy et Gaym. Voy. de l'Astrol. p. 235. pl. 19. fig. 4.

* *Heteropora prolifera.* Ehrenb. op. cit. p. 212.

Mus. n°.

Habite les mers d'Amérique et des Grandes-Indes. Mon cabinet. Cette espèce est fort différente de celle qui précède et des autres citées. Elle forme des touffes lâches, à branches longues, grêles, prolifères au sommet, et chargées de papilles tubuleuses ascendantes, striées en dehors.

Espèces fossiles dont le genre paraît douteux.

† 10 Madrépore carié. *Madrepora cariosa.*

M. compressiuscula, cellulis immersis inæqualibus, sparsis, interstitiis poroso-cariosis.

Goldf. Petref. p. 22. pl. 8. fig. 8.

Blainv. Man. d'Actin. p. 39o.

Fossile... calcaire... France.

† 11 Madrépore palmé. *Madrepora palmata.*

M. compressa, palmata, cellulis remotis immersis, lamellis raris in centro cancellatim conjunctis, interstitiis glabris.

Goldf. Petref. p. 23. pl. 3o. fig. 6.

Blainv. Man. d'Actin. p. 39o.

Fossile... Amérique septentrionale.

† 12 Madrépore coalescent. *Madrepora coalescens.*

M. ramosa, ramis teretiusculis coalescentibus, cellularum osculis æqualibus subprominulis dentatis.

Goldf. Petref. p. 22. pl. 8. fig. 6.

Blainv. Man. d'Actin. p. 39o.

Fossile du calcaire ancien de Gothland.

† 13 Madrépore bordé. *Madrepora limbata.*

M. ramosa, ramis subcylindricis, cellularum osculis in ambitu radiato-striatis.

Goldf. Petref. p. 22. pl. 8. fig. 7.

Fossile des montagnes calcaires de la Souabe.

‡ Ajoutez le *Madrepora ornata.* Defrance [(Dict. des sc. nat. t. 28.

p. 8), fossile du calcaire tertiaire de Grignon ; le *M. Solanderi.*
Defr. (loc. cit.), du calcaire tertiaire des environs de Meaux ; et
le *M. Gervillii.* Defr. (loc. cit.), trouvé dans la falunière de Hauteville, département de la Manche.

SÉRIATOPORE. (Seriatopora.)

Polypier pierreux, fixé, rameux ; à rameaux grêles,
subcylindriques.

Cellules perforées, lamelleuses et comme ciliées sur
les bords, et disposées latéralement par séries, soit transverses, soit longitudinales.

Polyparium lapideum, fixum, ramosum ; ramis gracili-
bus, subteretibus.

Cellulæ perforatæ, sublamellosæ vel margine ciliatæ,
seriis transversis aut longitudinalibus ordinatæ.

OBSERVATIONS. Les *Sériatopores* semblent presque appartenir
à la section des Polypiers foraminés. Leurs cellules n'offrent
point à l'intérieur de lames disposées en étoile, au moins d'une
manière apparente ; mais le bord des cellules est comme cilié
par de très petites lames ou par des pointes presque piliformes.
Ces lames, bien apparentes dans la première espèce, motivent
la place que je donne à ce genre.

[Cette division se compose d'élémens très hétérogènes, et,
comme l'observe M. de Blainville, ne doit comprendre que la
première des trois espèces décrites par Lamarck. Celle-ci est
un véritable Madréporien, tandis que les deux autres se rapprochent des Millépores et des Eschares ; du reste, les caractères assignés à ce genre par Lamarck y conviennent encore
après la réforme que nous venons d'indiquer.   E.]

ESPÈCES.

1. Sériatopore piquant. *Seriatopora subulata.*

S. ramosissima, diffusa ; ramis attenuato-subulatis ; stellis longitu-
dinaliter seriatis ; margine prominulo, ciliato.
Madrep. seriata. Pall. Zooph. p. 336.

Soland. et Ell. t. 31. f. 1. 2.

Millepora lineata. Esper. suppl. 1. t. 19.

* Forskal.

* *Seriatopora subulata.* Lamour. Expos. méth. des Polyp. p. 61.
pl. 31. fig. 1. 2.

* *Seriatopora lineata.* Schweig. Handb. p. 443.

* *Seriatopora subulata.* Delonch. Encycl. zooph. p. 678.

* Blainv. Man. d'Actin. p. 397.

* *Seriatopora subulata.* Ehrenb. Mém. sur les Polyp. de la Mer-
Rouge. p. 122.

Mus. n°.

Habite l'Océan des Grandes-Indes. Mon cabinet. Vulgairement le
Buisson épineux.

2. Sériatopore annelé. *Seriatopora annulata.*

*S. gracilis, laxè ramosa; ramis teretibus, scabris, annulatis; stellulis
prominulis, transversim seriatis.*

* Delonch. Encycl. p. 679.

* *Cricopora annulata.* Blainv. Man. d'Actin. p. 421. (1)

Mus. no.

Habite l'Océan austral. Voyage de *Péron* et *Lesueur.* Petit Polypier
grèle, rameux de deux à trois pouces de hauteur.

* Cette espèce et la suivante ont une structure très différente de
celle du Sériatopore piquant, et c'est avec raison que M. de Blainville les place dans une autre division générique. Elle se rapproche
un peu des Eschares rameuses par la disposition des cellules, mais
présente un caractère très remarquable dans l'existence d'un tube
vide occupant l'axe des branches.

---

(1) Le genre Cricopore, *Cricopora* de M. de Blainville, correspond à-peu-près au genre *Spiropora* de Lamouroux, et se rapproche beaucoup par sa structure des Eschares et des Hornères
(v. p. 282). M. de Blainville assigne à ce groupe les caractères
suivans : cellules tubuleuses, un peu saillantes, à ouverture circulaire, se disposant en cercles simples, transverses ou obliques à la surface d'un Polypier calcaire, peu résistant, rameux, à rameaux cylindriques peu nombreux, arrondis et
alvéolés à l'extrémité et intérieurement.

Les deux espèces citées ci-dessus sont les seules que l'on connaisse à l'état récent, mais on en possède plusieurs à l'état fossile trouvées pour la plupart dans le calcaire des environs de

S. gracilis, laxè ramosa; ramis teretibus. nudis, apice obtusis; poris cellulis impressis, punctiformibus, transversim seriatis.

* Delonch. Encycl. p. 679.

* *Cricopora nuda.* Blainv. loc. cit.

Mus. n°.

Habite l'Océan austral. *Péron* et *Lesueur.* Mon cabinet. Même port que le précédent; mais les cellules non saillantes.

† Ajoutez quatre espèces fossiles décrites d'une manière très succincte par M. Defrance, mais dont on n'a pas encore publié de figures, savoir :

1° Le *Seriatopora antiqua.* Def. (Dict. des sc. nat. t. 48. p. 496.) De la craie de Maëstricht.

2° Le *Seriatopora cretacea.* Def. (loc. cit.`. De la craie de Meudon.

3° Le *Seriatopora grignonensis.* Def. (loc. cit.). Du calcaire grossier de Grignon.

4° Le *Seriatopora cribraria.* Def. (loc. cit.). De Grignon.

Caen. Le Cricopore élégant (*Spiropora elegans,* Lamouroux. Expos. méth. p. 47. pl. 73. fig. 19-22; — *Cricopora elegans.* Blainv. Man. d'Act. p. 421. pl. 67. fig. 1) est de ce nombre; Lamouroux le décrit comme ayant les cellules disposées en spire autour des rameaux; mais ainsi que l'a observé M. Defrance, ces loges forment de véritables anneaux plus ou moins obliques.

Le *Cricopora cespitosa.* Blainv. (*Spiropora cespitosa.* Lamour. Expos. méth. des Polyp. p. 86. pl. 82. fig. 11, 12), dont les tiges rameuses, grèles, cylindriques et de grosseur à-peu-près égale dans toute leur longueur, présentent des pores très petits disposés en lignes très obliques.

Le *Cricopora tetragona.* Blainv. (*Spiropora tetragona.* Lamour. op. cit. p. 85. pl. 82. fig. 9. 10), dont les rameaux sont irrégulièrement tétragones, et les cellules saillantes et disposées en lignes transversales.

Le *Cricopora capellaris.* Blainv. dont Lamouroux n'a fait que mentionner l'existence (op. cit. p. 47).

Enfin M. de Blainville rapporte aussi à ce sous-genre le fossile de la craie de Maëstricht figuré par Faujas (pl. 40. fig. 6.)

3. Sériatopore nu *Seriatopora nuda.*

OCULINE. (*Oculina.*)

Polypier pierreux, le plus souvent fixé, rameux; dendroïde; à rameaux lisses, épars, la plupart très courts.

Étoiles : les unes terminales, les autres latérales et superficielles.

Polyparium lapideum, sæpiùs fixum, ramosum, dendroideum; ramulis lævibus, sparsis, plerisque brevissimis. Stellæ aliæ terminales, aliæ laterales non prominulæ.

OBSERVATIONS. Les *Oculines* semblent tenir de très près aux Cariophyllies à cause de leurs étoiles terminales. Néanmoins leurs tiges et leurs rameaux ne sont point striés longitudinalement comme dans les Caryophyllies, et la plupart des espèces offrent des étoiles, latérales superficielles ou non saillantes(1), indépendamment de celles qui terminent les rameaux.

Quoique rameuses et dendroïdes comme les Madrépores, les *Oculines* s'en distinguent facilement en ce que leur substance est solide, presque point poreuse, et que leurs étoiles sont rares; tandis que dans les Madrépores, les étoiles sont serrées et éparses de tous côtés sur les tiges et les rameaux.

D'ailleurs, l'analogie qui existe entre les espèces déjà connues, indique évidemment qu'elles forment une coupe particulière, bien distincte.

En terminant les Polypiers lamellifères par cette coupe, on passe assez bien aux Polypiers corticifères qui sont pierreux comme le *corail*, et même quelques Oculines ont reçu vulgairement le nom de *corail blanc*, quoique ce nom soit fort inconvenable.

M. Ehrenberg réunit à ce genre les Caryophyllies dont M. de Blainville a formé le genre des Dendrophyllies. Nous ne pensons pas que cette innovation soit adoptée, mais toujours est-il que les limites entre les Oculines et les Dendrophyllies sont un peu incertaines.

---

(1) [Les étoiles latérales sont presque toujours plus ou moins saillantes et mamelonnées.	E.]

ESPÈCES.

1. Oculine vierge. *Oculina virginea.*

> *O. ramosissima, subdichotoma, lactea ; ramis tortuosis , coalescenti-*
> *bus ; stellis sparsis , aliis immersis, aliis prominulis ; lamellis in-*
> *clusis.*

Madrep. virginea. Lin. Pall. Zooph. p. 310.

Soland. et Ell. t. 36.

Esper. vol. 1. t. 13.

Seba. Mus. 8. t. 116. f. 2.

* *Oculina virginea.* Lamour. Expos. méth. des Polyp. p. 63. pl. 36.

* Delonch. Encycl. p. 574.

* *Oculina virginea.* Blainv. Man. d'Actin. p. 380 et 382. pl. 60. fig. 1.

* *Oculina virginea.* Ehrenberg Mém. sur les Polyp. de la Mer-Rouge. p. 78.

2. *Madrep. oculata.* Lin. Esper. vol. 1. t. 12.

Seba. Mus. 3. t. 116. f. 1.

Gualt. Ind. p. 24. n° 3. *ante* tab. 1.

Besl. Mus. t. 25. *fig. mediana.*

Mus. n°.

Habite l'Océan des Deux-Indes, la Méditerranée. Mon cabinet. On donne vulgairement le nom de *Corail blanc* à ce Polypier.

* M. de Blainville distingue des Oculines proprement dites celles dont les cellules au lieu d'être multilamellées ne sont pourvues que de dix lames saillantes et dont les branches anastomosées entre eux ne sont pas striées radiairement par la continuation des lames des cellules ; il leur donne le nom générique de *Dentipore* et rapporte à cette division l'*Oculina virginea* figurée par Ellis. t. 36, tandis qu'il conserve le nom d'Oculine à la variété arborescente.

M. Goldfuss rapporte à l'espèce récente un fossile du calcaire grossier des environs de Paris (*Lithodendron virgineum.* Scheiw. Pet. p. 44. p. 13. fig. 3).

2. Oculine hirtelle. *Oculina hirtella.*

> *O. ramosissima; dichotoma, diffusa ; basi caulescente; stellis omnibus*
> *prominulis, echinulatis; lamellis exsertis.*

Madrep. hirtella. Pall. Zooph. p. 313.

Soland. et Ell. t. 37.

Petiv. Gaz. t. 76. fig. 8.

Esper. vol. 1. t. 14.

Ehrenb. op. cit. p. 79.

* *Oculina hirtella.* Lam. Expos. méth. p. 63. pl. 37.

* Delonch. Encycl. p. 574.

Blainv. Man. d'Actin. p. 380.

Mus. n°.

Habite l'Océan des Indes orientales. Les lames de ses étoiles sont entières, et la bosselette de chaque étoile est finement striée en dehors.

* M. Ehrenberg rapporte cette figure a une espèce nouvelle qu'il
nomme *Oculina pallens.* Ehrenb. op. cit. p. 79.

3. Oculine diffuse. *Oculina diffusa.*

O. ramosissima, dichotoma, diffusa; caule nullo; stellis prominulis,
echinulatis; lamellis exsertis, serrulatis; centro papilloso.

* Delonch. Encycl. p. 575.

* Blainv. Man. d'Actin. p. 380.

* *Oculina varicosa?* Les. Mém. du Mus. t. 6. p. 291. pl. 17. f. 19.

Mus. n°

Habite l'Océan américain, et se trouve sur le sable presque sans adhérence à aucun corps solide. Elle forme des touffes libres, diffuses, d'environ trois pouces de hauteur. Je l'ai d'abord regardée
comme une variété de la précédente. Cette espèce a été rapportée
par *Mauger.* Mon cabinet.

4. Oculine axillaire. *Oculina axillaris.*

O. dichotoma; ramis brevibus, divaricatis; stellis terminalibus et axil-
laribus.

Madrep. axillaris. Soland. et Ell. t. 13. f. 5.

An Rumph. Amb. 6. t. 87. f. 3.

* *Oculina axillaris.* Lamour. Expos. méth. des Polyp. p. 64. pl. 13.
fig. 5.

* Delonch. Ency 1.575

* Blainv. Man. d'Actin. p. 380.

Habite l'Océan des Indes orientales. Les étoiles sont turbinées.

5. Oculine prolifère. *Oculina prolifera.*

O. ramosa, subdichotoma; stellis turbinatis; margine proliferis.

Madrep. prolifera. Lin. Pall. Zooph. p. 307.

Soland et Ell. t. 32. fig. 2.

Seba. Mus. 3. t. 116. f. 3.

Esper. vol. 1. t. XI.

* *Oculina prolifera.* Lamour. Expos. méth. p. 64. pl. 32. fig. 2.

* Delonch. Encycl. p. 575.

* Blainv. Man. d'Actin. p. 380.

* Ehrenb. op. cit. p. 80.
Mus. n°.
Habite la mer de Norwège, selon Pallas.

6. Oculine hérissonnée. *Oculina echidnæa.*

*O. ramosa; ramulis lateralibus creberrimis, cylindricis, spiniformibus;
stellis parvis, aliis terminalibus, aliis immersis, rariusculis.*

Madrep. rosea. Esper. vol. 1. t. 15.
* *Oculina echidnæa.* Delonch. Encycl. p. 575.
* *Heteropora echidnæa.* Ehrenb. op. cit. p. 111.
Mus. n°.

Habite l'Océan des Indes orientales? Espèce rare, très remarquable
par les petits rameaux nombreux dont elle est hérissée latéralement. Ce Polypier est blanc, et n'a point sa surface lisse, mais finement hispidule. Mon cabinet.

7. Oculine infundibulifère. *Oculina infundibulifera.*

*O. ramosissima, subflabellata; ramulis ultimis minimis, flexuosis;
stellis infundibuliformibus, internè striatis; margine crenulato.*

* Delonch. Encycl. p. 575.
* Blainv. Man. d'Actin. p. 380.

Habite.... probablement l'Océan des Grandes-Indes. Cette belle
Oculine a des rapports avec l'espèce suivante, et s'en rapproche
par sa forme presque en éventail ainsi que par les très petits rameaux en zigzag qui terminent et accompagnent latéralement les
plus gros; mais ses étoiles sont plus grandes et fort remarquables.
Ce sont de petits entonnoirs crénelés en leur bord, et élégamment
striés en leurs parois internes. Les gros rameaux et même les petits
sont coalescens.

8. Oculine flabelliforme. *Oculina flabelliformis.*

*O. ramosissima, flabellata; ramulis ultimis minimis, brevissimis, cre-
bris, stelliferis; stellis minutis, vix perspicuis.*

Seba. Mus. 3. tab. 110. f. 10.
* Delonch. Encycl. p. 575.
* Blainv. Man. d'Actin. p. 380.
* *Oculina gemmascens.* Ehrenb. op. cit. p. 79.
Mus. n°.

Habite l'Océan des Indes orientales. Espèce grande, très belle et
extrêmement rare. On la prend, au premier aspect, pour un Millépore.

Le *Madrepora gemmascens,* Esper. suppl. 1. p. 60. t. 55, semble

avoir quelque rapport avec notre espèce ; mais l'exemplaire figuré
est fruste et très incomplet.

9. Oculine rose. *Oculina rosea.*

> O. pumila, ramosissima, rosea ; ramis attenuatis, verruciferis; stellis
> inæqualiter sparsis ; aliis lateralibus sessilibus ; aliis terminalibus.

Madrep rosea. Pall. Zooph. p. 312.

Soland. et Ell. p. 155.

Esper. suppl. 1. t. 36.

* *Oculina rosea.* Delonch. Encycl. p. 576.

* Blainv. Man. d'Actin. p. 381.

Mus. n°.

Habite l'Océan américain, près de l'île de Saint-Domingue. **Mon ca-**
binet. Ce petit Polypier est fort élégant, un peu flabelliforme, et
n'a guère plus de deux pouces de grandeur.

.* Ce petit Polypier présente, quant à la position des cellules, quelque analogie avec les Distichopores.

+ Ajoutez l'*Oculina Solanderi.* Defr. (Dict. des sc. nat. t. **35.**
p. 355); l'*O. Ellisii.* Defr. (loc. cit. p. 356); et l'*O. raristella.*
Defr. (loc. cit.). fossiles décrits mais non figurés par M. Defrance,
la première de ces espèces provenant du calcaire grossier des environs de Paris.

Le *Lithodendron elegans* de M. Goldf. (Petref. p. 108. pl. 37. f. 10),
fossile du calcaire jurassique de Wurtemberg, et le *Lithodendron*
granulosum. Goldf. (op. cit. p. 107. pl. 37. fig. 12), paraissent
appartenir aussi à ce genre.

M. de Blainville pense qu'il faudrait ranger encore dans cette
famille le genre Coscinopore établi par M. Goldfuss et considéré par ce dernier auteur comme étant voisin des Eschares et
des Rétépores. Les Polypiers fossiles réunis sous ce nom générique sont imparfaitement connus et paraissent très dissemblables entre eux par leur structure. La plupart de ces espèces se
composant d'un grand nombre de petits tubes parallèles soudés
entre eux, terminés par de petites loges infundibuliformes ordinairement quadrilatères, et forment par leur agrégation une
masse adhérente, épaisse, et ordinairement cyathoïde ; d'après
ce mode d'organisation on voit que ce ne peuvent guère être
des Eschariens et qu'ils se rapprochent davantage des Favosites ; leurs rapports naturels nous paraissent cependant encore
très obscurs. Voici du reste la liste des espèces qui présentent les
caractères dont il vient d'être question.

1. Coscinopore infundibuliforme. *Coscinopora infundi-buliformis.*

> *C. infundibuliformis, fundo perforata, ostiolis quadratis conformi-bus.*
> Goldf. Petref. p. 3o. pl. 9. fig. 16, et pl. 3o. fig. 10;
> Blainv. Man. d'Actin. p. 387. pl. 60. fig. 3.
> Fossile de la Westphalie.

2. Coscinopore placenta. *Coscinopora placenta.*

> *C. discoidea, poris orbiculatis æqualibus, interstitiis levibus.*
> Goldf. Petref. p. 31. pl. 9. fig. 18.
> Blainv. Man. d'Actin. p. 386.
> Fossile du calcaire de transition de l'Eifel ?

3. Coscinopore sillonné. *Coscinopora sulcata.*

> *C. ventricosa, porarum aperturis interioribus rhomboideis exterioribus orbicularibus sulcis longitudinalibus immersis.*
> Goldf. Petref. p. 31. pl. 9. fig. 19.
> Blainv. Man. d'Actin. p. 586.
> Du calcaire jurassique de la Suisse ?

Le *Coscinopora madrepora* de M. Goldfuss (p. 31. pl. 9. f. 17) paraît avoir une structure très différente et constituer une couche encroûtante dont la surface est hérissée de gros tubercules verruqueux, perforés au sommet, et de granulations occupant l'espace que les tubercules laissent entre eux.

Le genre CHACTILES de M. Fischer paraît être très voisin des Coscinopores; il se compose de quelques corps fossiles composés d'une multitude de tubes très fins, filiformes, parallèles et terminés par une ouverture ronde. Ce naturaliste en décrit quatre espèces sous les noms de :

> *C. cylindrica.* Fisch. Oryct. de Moscou. pl. 36. fig. 1.
> *C. dilatata.* Fisch. op. cit. pl. 36. fig. 2.
> *C. radians.* op. cit. pl. 36. fig. 3.
> *C. jubata.* Fisch. op. cit. pl. 36. fig. 4.

Sixième Section.

POLYPIERS CORTICIFÈRES.

Polypiers phytoïdes ou dendroïdes, composés de deux sortes de parties distinctes, savoir: d'un axe central, solide, et d'un encroûtement charnu qui le recouvre et contient les Polypes.

Axe plein, inorganique, soit corné, soit en partie ou tout-à-fait pierreux.

Encroûtement polypifère, constituant, lorsqu'il subsiste après la sortie de l'eau, une enveloppe corticiforme, poreuse, plus ou moins friable, cellulifère.

OBSERVATIONS. En arrivant aux *Polypiers corticifères*, on observe un nouvel ordre de choses à l'égard du Polypier, et probablement un nouvel ordre de choses existe pareillement dans l'organisation des Polypes qui ont donné lieu à cette enveloppe de leur corps.

Ici, en effet, on trouve un changement singulier dans la structure du Polypier, et l'on ne saurait douter qu'il ne s'en soit opéré un aussi dans l'organisation même des Polypes. A la vérité, ce changement n'est point brusque, et la nature n'en fait jamais de cette sorte dans ses opérations; mais, quoique s'exécutant peu-à-peu et comme par nuances, ce changement devient bientôt très remarquable, parce qu'il est effectivement fort grand, et qu'il s'en est sans doute opéré un aussi très grand dans l'organisation des Polypes qui ont formé ce Polypier.

En effet, tous les Polypiers jusqu'ici mentionnés, quoique très variés et progressivement solidifiés jusqu'à parvenir à être entièrement pierreux, ne nous ont offert, dans leur composition, qu'une seule sorte de substance plus ou moins mélangée de particules hétérogènes; et, dans ces Polypiers, aucun corps intérieur ne s'est trouvé étranger à l'enveloppe des Polypes.

Il n'en est pas de même des Polypiers de cette sixième section, ainsi que de ceux de la suivante; car ils vont nous montrer, dans leur structure, deux sortes de parties et de substances bien séparées, très distinctes, et dont une est constamment étrangère à l'enveloppe des Polypes. De ces deux sortes de parties, l'une intérieure, constitue l'axe du Polypier, tandis que l'autre, nécessairement externe, forme l'encroûtement corticiforme qui enveloppe cet axe. Or, l'une et l'autre de ces parties sont constamment distinctes, et de nature toujours différente. Quant à l'axe dont je viens de parler, il constitue cette partie étrangère à l'enveloppe des Polypes ; car jamais le corps des Polypes ne pénètre dans son intérieur.

Puisque les *Polypiers corticifères* ont une autre structure, et sont plus composés dans leurs parties que ceux des cinq premières sections, on est fondé à penser que leurs Polypes sont aussi moins simples dans leur organisation que ceux qui forment ces premiers Polypiers. Ainsi, le rang que nous assignons aux *Polypiers corticifères* est conforme à nos principes, et ces Polypiers attestent effectivement les progrès de la nature dans la composition de l'organisation des animaux, et dans leurs produits. Nous verrons que c'est en établissant ce nouvel ordre de choses à l'égard du Polypier, que la nature amène graduellement l'anéantissement de cette enveloppe des Polypes.

Si les premiers Polypiers se sont progressivement solidifiés jusqu'à devenir tout-à-fait pierreux, ceux dont nous allons faire mention perdent graduellement leur solidité, deviennent à mesure plus flexibles, plus frèles, et enfin disparaissent et s'anéantissent réellement avant la fin de la classe.

Anciennement, je pensais, comme tous les zoologistes, que les Polypiers flexibles, non pierreux, et que l'on connaît en général sous le nom de *cératophytes*, devaient être rapprochés les uns des autres. En conséquence, plaçant d'abord les Polypiers membraneux ou cornés des deux premières sections, je les faisais suivre immédiatement par les Polypiers, la plupart encore flexibles, qui constituent les *Corticifères* et les *Empâtés*, et je terminais par les Polypiers solides, tout-à-fait pierreux. C'est ainsi qu'on voit ces Polypiers distribués dans ma *Philosophie zoologique*, vol. 1, p. 288.

Ayant depuis considéré plus attentivement la nature des Polypiers *corticifères*, je me suis convaincu qu'ils s'éloignaient beaucoup des Polypiers vaginiformes et des Polypiers à réseau ; que même les Polypiers tout-à-fait pierreux se rapprochaient davantage de ces derniers, malgré leur solidité et la nature de leur substance.

Bientôt, ensuite, me rappelant l'observation qui nous apprend que la nature ne fait jamais une transition brusque d'un objet à un autre qui en est très différent, j'ai senti que, ne devant pas toujours conserver le Polypier, elle avait dû le former graduellement, l'amener à son *maximum* de masse et de solidité, et ensuite l'affaiblir progressivement jusqu'au point de le faire disparaître.

Ainsi, la nature, parvenue à la formation des Polypiers lamellifères, qui sont les plus solides et tout-à-fait pierreux, a commencé, dans les Polypiers *corticifères* qui les suivent et s'y lient parfaitement, le nouvel ordre de choses qui devait amener l'anéantissement du Polypier.

On remarque ici, en effet, qu'elle commence à préparer l'anéantissement de cette enveloppe des Polypes, en l'amollissant graduellement, diminuant pour cela de plus en plus la matière crétacée qui est si abondante dans les Polypiers pierreux, et faisant au contraire dominer progressivement la matière purement animale; en sorte qu'à la fin de la section suivante [des Polypiers empâtés], le Polypier tout-à-fait gélatineux finit par se confondre avec la chair même du corps commun des Polypes.

Si les Polypiers des cinq premières sections n'offrent réellement qu'une seule sorte de substance par l'effet du mélange intime des particules plus ou moins diverses qui entrent dans leur composition, tandis que les Polypiers des sixième et septième sections [les Polypiers corticifères et les Polypiers empâtés] présentent évidemment deux sortes de parties bien séparées et très distinctes, il devient évident que, dans les Polypiers *corticifères*, la nature a commencé un nouvel ordre de choses qui amène peu-à-peu l'anéantissement complet du Polypier.

Suivons en effet ce qui se passe, et nous obtiendrons bientôt les preuves du fondement de ce que je viens d'exposer.

La nature devant abandonner le Polypier, puisqu'elle dut changer même l'organisation des Polypes, afin d'amener l'existence de celle des Radiaires, et étant parvenue, dans les Polypiers des quatrième et cinquième sections, à former les plus solides et les plus pierreuses de ces enveloppes, ne pouvait alors les anéantir brusquement sans contrevenir à ses propres lois. Il lui a donc fallu commencer ici les changemens propres à s'en défaire. Aussi, allons-nous voir ces Polypiers à deux substances, d'abord très solides dans leur axe, perdre progressivement de leur solidité, s'amollir de plus en plus, surabonder graduellement en matière animale, et finir par se confondre avec la chair gélatineuse du corps commun des Polypes.

Si, effectivement, nous suivons cet ordre d'affaiblissement du Polypier, qui conduit à son anéantissement complet, nous le verrons commencer et faire des progrès dans ceux de cette sixième section, sans néanmoins offrir nulle part aucun doute sur son existence, aucun embarras pour le reconnaître. Mais dans les Polypiers empâtés de la septième et dernière section, les progrès vers l'anéantissement du Polypier deviennent tels que, dans les derniers genres, cette enveloppe n'est plus qu'hypothétique, ce qui est vraiment admirable.

On sait, par exemple, que les *Polypiers corticifères* présentent généralement un axe central et longitudinal ; or, l'on voit d'abord cet axe tout-à-fait pierreux et inflexible dans le *corail* qui commence le nouvel ordre de choses, et l'encroûtement charnu qui le recouvre n'a encore que peu d'épaisseur. Bientôt après, l'axe central du Polypier se montre, dans les *Isis*, en partie pierreux et en partie corné ; ee qui le fait paraître articulé, et commence à rendre le Polypier flexible. Enfin, dans les Antipates et les Gorgones, ce même axe est devenu entièrement corné, n'a plus rien de pierreux, et la flexibilité du Polypier s'accroît ensuite d'autant plus que l'axe, uniquement corné, diminue lui-même de plus en plus d'épaisseur à mesure que les races se diversifient.

L'axe dont je viens de parler est plein, inorganique, et ne contient jamais les Polypes. Il est partout recouvert par une enveloppe charnue, gélatineuse, plus ou moins remplie ou mélangée de particules terreuses, et qui, dans son dessèchement, devient ferme, poreuse, friable, et constitue une croûte *corticiforme*, qui est toujours distincte de l'axe.

L'espèce de chair qui enveloppe l'axe de ces Polypiers est la seule partie qui contienne les Polypes. Aucun d'eux n'a pénétré dans cet axe ; et comme, en se desséchant, cette chair forme

autour de l'axe un encroûtement distinct, elle conserve encore
les cellules qu'habitaient les Polypes.

Ainsi, voilà, pour les *Polypiers corticifères*, deux parties
très différentes, qui ont leur usage propre, qui tiennent à une
formation particulière, et dont nous n'avons pas trouvé d'exemple dans les Polypiers précédens.

L'observation constate que l'axe central de ces Polypiers,
quoique offrant quelquefois des couches concentriques, ne fut
jamais organisé, n'a contenu ni vaisseaux quelconques, ni aucune portion du corps des Polypes; qu'il est le résultat de matières excrétées par ces Polypes, matières qui se sont épaissies,
condensées, épurées par l'affinité, réunies, juxta-posées successivement, et ont formé, par leur réunion, l'*axe* central et longitudinal dont il s'agit. Aussi cet axe est-il d'une substance continue, non poreuse.

Il n'en est pas de même de l'encroûtement charnu qui couvre
ce même axe. Dans l'état frais, cet encroûtement consiste en
une matière charnue, polypifère, dans laquelle les Polypes
communiquent entre eux sans la pénétrer, se développent et se
régénèrent. Souvent la partie supérieure de leur corps forme,
à la surface extérieure de l'axe, des empreintes qui la rendent
striée longitudinalement.

En général, les *Polypiers corticifères* s'élèvent en tige, se ramifient commes des plantes ou des arbustes, et leur base dilatée
forme un empâtement fixé sur les corps marins; mais ils ne
tiennent du végétal qu'une apparence dans leur forme; ce que
j'ai déjà prouvé.

Quoique fort nombreux en espèces, les *Polypiers corticifères* connus ne nous présentent qu'un petit nombre de genres,
et ce sont les suivans :

> Corail.
> Mélite.
> Isis.
> Antipate.
> Gorgone.
> Coralline.

[Cette famille, si l'on en retire les Corallines, est très naturelle et se compose de Polypes qui ont la plus grande analogie de structure avec ceux dont notre auteur a formé son quatrième ordre (les Polypes tubifères). Tous ces animaux, qui dans notre méthode, constituent l'ORDRE DES ALCYONIENS (Voy. p. 105), ont la portion supérieure du corps libre, cylindrique et terminée par une bouche centrale qu'environnent huit tentacules, larges, aplatis, subulés et garnis sur les côtés d'une rangée de petits appendices cœcaux courts et assez gros. Cette portion cylindrique du corps de l'animal est d'une délicatesse extrême, et se compose de deux tuniques membraneuses très minces et intimement unies entre elles; à sa partie inférieure, l'une de ces tuniques se continue sans changer d'aspect, l'autre, l'externe, prend au contraire une épaisseur considérable et en s'unissant avec celle des Polypes voisins, constitue une portion commune dans laquelle chaque animal en rentrant en lui-même comme un doigt de gant, se retire. Chez la plupart des Alcyoniens, toute cette portion commune sécrète du carbonate de chaux qui se dépose dans les mailles de son tissu sous la forme de granules et de spicules, et y donne plus ou moins de consistance. L'intérieur du corps de chaque Polype est creux et occupé par une grande cavité que nous avons désignée sous le nom de cavité abdominale. Cette cavité se prolonge plus ou moins loin dans la masse commune, formée par la portion basilaire des Polypes et loge dans sa partie supérieure un tube alimentaire, qui naît de la bouche et occupe l'axe du corps; l'extrémité inférieure de ce tube se trouve d'ordinaire vers la moitié de la portion libre du Polype et présente une ouverture qui la fait communiquer avec la cavité abdominale, et qui paraît être entourée d'un sphincter. Huit cloisons membraneuses, qui naissent du disque oral entre la base des tentacules, descendent autour du canal alimentaire et le fixent dans toute sa longueur aux parois de la cavité abdominale dans laquelle il est suspendu; ces cloisons adhèrent effectivement par leur bord externe aux parois de cette cavité et par leur bord interne à la paroi du tube alimentaire, et elles circonscrivent ainsi huit canaux longitudinaux qui entourent ce même tube et se continuent supérieurement avec l'intérieur des tentacules, tandis que par leur extrémité inférieure ils communiquent librement avec la

portion de la cavité abdominale , située après. Après
la terminaison du tube alimentaire ces cloisons se continuent, mais deviennent libres par leur bord interne, et forment
sous la paroi de la cavité abdominale de simples replis longitudinaux plus ou moins saillans. Dans leur épaisseur on remarque
autour de l'ouverture inférieure du tube alimentaire des organes opaques, de couleur jaunâtre, cylindriques et contournés
sur eux-mêmes comme les intestins; ces organes, que l'on a considérés à tort commes des ovaires, adhèrent par leur extrémité
supérieure au canal alimentaire et paraissent se perdre à peu
de distance au-dessous; ils ont beaucoup d'analogie avec les
vaisseaux biliaires des Insectes et servent probablement à quelque sécrétion. Enfin il existe aussi sur les parois de la cavité
abdominale un nombre plus ou moins considérable de petites
ouvertures qui communiquent avec des canaux, lesquels se répandent dans toute la portion commune de la société, et y
forment par leurs anastomoses fréquentes un réseau très compliqué. La tunique membraneuse qui tapisse la cavité abdominale
du Polype se continue dans ces vaisseaux et en constitue les
parois.

Tel est le mode général d'organisation des Alcyoniens. Mais
ces Polypes diffèrent entre eux par leur mode de connexion et
par la disposition de la partie commune.

Tous se reproduisent par deux modes de génération, par des
gemmes et par des bourgeons. Les gemmes se forment dans l'é-
paisseur de la tunique interne qui tapisse la cavité abdominale,
et en général leur développement n'a lieu que sur le trajet des
replis longitudinaux dont nous avons déjà signalé l'existence;
ces gemmes en grossissant font saillie dans cette cavité, deviennent pédiculés et finissent par se détacher et tomber dans son
intérieur; ils ont alors une forme plus ou moins sphérique et
sont doués de mouvement; ils nagent dans l'eau qui remplit la
cavité abdominale et finissent par s'engager dans le canal alimentaire et s'échapper au-dehors par la bouche de leur mère
de la même manière que cela a lieu pour les Actinies.

Les bourgeons reproducteurs se forment en général dans la
portion tégumentaire commune et paraissent naître des prolongemens de la tunique interne des Polypes que tapisse le réseau

vasculaire dont cette portion commune est creusée. En se développant, ces bourgeons font saillie à la surface de cette même
partie commune et constituent bientôt de nouveaux membres
de ces singulières communautés.

Quelquefois ces bourgeons naissent immédiatement des parois
de la cavité abdominale, et alors celle-ci se continue directement avec celle du jeune Polype et se ramifie en quelque sorte
par la formation de nouveaux bourgeons. Mais en général les
choses se passent comme nous l'avons dit plus haut, et alors les
cavités abdominales des divers Polypes, ne communiquent entre
elles que par l'intermédiaire du système vasculaire commun,
lequel paraît communiquer aussi avec le dehors par des pores
situés à la surface de la portion basilaire et commune des Polypes.

Chez un grand nombre d'Alcyoniens les Polypes sont très
allongés, et leur portion basilaire descend très loin dans la masse
commune, parallèlement à celle des Polypes voisins ; par leur
réunion ils forment alors une masse compacte dont la surface
est ornée par la portion libre des Polypes et dont l'intérieur
n'est occupé que par la portion basilaire de ces petits animaux ;
c'est le cas des Polypes charnus dont il sera question par
la suite.

D'autres fois la cavité abdominale des Polypes se termine en
cul-de-sac à peu de distance de la surface de la portion épaissie et
commune des tégumens des Polypiers. Cette portion commune s'é-
tend alors en longueur et forme tantôt une souche rampante (chez
les Cornulaires), tantôt une expansion membraneuse encroûtante
qui adhère aux corps étrangers par sa surface inférieure, tandis
que sa surface supérieure se hérisse de nouveaux Polypes
(comme chez les Anthélies), tantôt une lame qui s'enroule en
cylindre et sécrète par sa surface inférieure devenue interne,
une matière cornée ou calcaire laquelle, en se solidifiant, constitue un axe dendriforme et plus ou moins dur. Quelquefois cet axe solide ne commence à se former que lorsque le
Polypier a déjà acquis sa forme cylindrique, alors il n'adhère
pas aux corps sous-marins et le Polypier est libre ; mais d'ordinaire l'expansion lamelleuse qui le sécrète s'étale d'abord sur
le corps étranger avant que de s'élever en tubes rameux, et alors la

matière sécrétée s'attache sur ce même corps et constitue la base par laquelle le tronc de l'axe du Polypier se trouve fixé au sol.

Ce dernier mode de développement est celui du Corail, **des Gorgones** et des autres Alcyoniens que notre auteur a réunis ici dans la section des Polypiers corticifères et caractérise essentiellement ce groupe.   E.

CORAIL. (Corallium.)

Polypier fixé, dendroïde, non articulé, raide, corticifère.

Axe caulescent, rameux, pierreux, plein, solide, strié à la surface.

Encroûtement cortical constitué par une chair molle et polypifère dans l'état frais, et formant, dans son dessèchement, une croûte peu épaise, poreuse, rougeâtre, parsemée de cellules.

Huit tentacules ciliés et en rayons à la bouche des Polypes.

Polyparium fixum, dendroideum, inarticulatum, rigidum.

Axis caulescens, ramosus, lapideus, solidus, ad superficiem striatus.

Crusta corticalis in vivo mollis, carnosa, polypifera; in sicco indurata, porosa; cellulis sparsis octo valvibus.

Tentacula 8 ciliata et radiantia ad orem Polyporum.

OBSERVATIONS. Le premier genre de cette section présente un Polypier réellement *corticifère,* et qui cependant est très voisin des Polypiers lamellifères et surtout du genre des *Oculines* par ses rapports. (1)

En effet, sauf l'encroûtement cortical qui enveloppe l'axe du *corail,* et qui contient exclusivement les Polypes, ce Polypier

---

(1) Cette analogie est bien moins grande que notre auteur n'avait été porté à le supposer par l'étude du Polypier dépouillé des animaux.   E.

est tout-à-fait solide et pierreux, comme ceux de la section précédente; mais sa chair corticiforme et polypifère l'en distingue fortement.

Comme la nature ne fait ici que commencer le nouvel ordre de choses à l'égard des Polypiers, qu'elle le commence par un genre qui suit immédiatement les Polypiers pierreux par ses rapports, l'axe du *Corail* est solide et tout-à-fait pierreux, et la chair qui le recouvre n'a encore que peu d'épaisseur. Cette chair néanmoins suffit pour les cellules qui contiennent la partie antérieure des Polypes; car leur partie postérieure se prolonge à la surface de l'axe, sous son enveloppe charnue. (1)

Le *Corail* n'est point articulé comme les Isis avec lesquelles *Linné* l'a confondu; et la nature pierreuse de son axe ne permet point de le ranger, avec *Solander,* parmi les Gorgones.

Lorsqu'on examine attentivement le *Corail*, on a les preuves les plus évidentes que les Polypes de ce Polypier n'habitent ou ne sont contenues que dans la chair qui recouvre son axe pierreux, et qu'aucune portion de leurs corps ne pénètre dans cet

---

(1) [C'est à tort que l'auteur suppose que le corps de chaque Polype se prolonge entre la partie corticale du Polypier et l'axe pierreux, et produirait les stries longitudinales qui se remarquent sur la surface de celui-ci. La partie individuelle des Polypes est perpendiculaires à l'axe, et leur cavité abdominale se termine en cul-de-sac près de la surface interne de la portion commune qui constitue l'enveloppe corticale du Polypier. C'est la portion de cette cavité ainsi renfermée dans la portion tégumentaire commune qui constitue ce que l'on nomme ordinairement la cellule ou la loge du Polype. Les stries en question n'ont aucun rapport avec ces cavités et correspondent aux troncs principaux du système vasculaire, qui se ramifie dans la portion commune ou corticale, et qui établit une communication entre les divers individus du même Polypier. A la surface de cette portion corticale on remarque de petites ouvertures qui conduisent de ces canaux au dehors. Dans un des prochains cahiers des *Annales des Sciences naturelles,* je me propose de publier les recherches anatomiques que j'ai faites sur le Corail pendant mon voyage à Oran.　　　　　　　　　E.]

axe. En effet, l'examen de cet axe n'offre qu'une substance partout continue, solide, pierreuse, et dont la cassure, même dans les individus les plus frais, est lisse, comme vitreuse, et ressemble à celle d'un bâton de cire d'Espagne, à cause de sa couleur rouge. Mais sous l'encroûtement corticiforme de ce Polypier, la surface extérieure de l'axe dont il s'agit est finement striée dans sa longueur par les impressions que les prolongemens postérieurs des Polypes y ont formées. Aussi ces stries sont onduleuses comme les corps délicats qui y ont donné lieu.

Le *Corail* se trouvé fixé par sa base et comme appliqué ou collé sur différens corps marins et immergés. On le trouve communément sous les avances des rochers ou autres corps solides qui lui servent de base, et toujours dans une situation renversée, et comme pendante.

ESPÈCE.

1. Corail rouge. *Corallium rubrum.*

> *Isis nobilis.* Lin.
> * Pall. Elench. Zooph. p.
> *Gorgonia nobilis.* Soland. et Ell. t. 13.
> 2. var. d'un rouge clair et rose.
> C. var. d'un blanc légèrement teint de rose.
> * *C. rubrum* Cavolini. Memorie per servire alla storia de Polipi marini. p. 32. pl. 2.
> * Lamour. Polyp. flex. p. 456; Expos. méth. des Polyp. p. 37. pl. 13. fig. 3 et 4 ; et Encycl. zooph. p. 211.
> * Schweig. Handb. p. 434.
> * Cuv. Règn. anim. 2ᵉ édit. t. 3. p. 311.
> * Blainv. Man. d'Actin. p. 502. pl. 86. fig. 2.
> * Delle Chiaje. Anim. senza vert. di Nap. v. p. 22. pl. 33. fig. 3.
> * *Corallium nobile:* Ehrenb. Mém. sur les Polyp. de la Mer-Rouge. p. 130.
> Habite la Méditerranée, l'Océan des climats chauds. (*Ne paraît pas exister ailleurs que dans la Méditerranée.)

MÉLITE. (Melitæa.)

Polypier fixé, dendroïde, composé d'un axe articulé, noueux, et d'un encroûtement corticiforme persistant.

Axe central, caulescent, rameux, formé d'articulations pierreuses, substriées, à entre-nœuds spongieux et renflés.

Encroûtement cortical, contenant les Polypes dans l'état frais, mince, cellulifère, et persistant dans l'état sec.

Polyparium fixum, dendroideum, axe articulato, lapideo, nodoso, crustâque corticiformi persistente compositum.

Axis centralis caulescens, ramosus ; articulis lapideis substriatis ; internodiis spongiosis, turgidis.

Crusta corticalis in vivo carnosa, polypifera ; in sicco tenuis cellulosa persistens.

OBSERVATIONS. J'emprunte à M. *Lamouroux* le nom de *Mélite* pour un genre qui n'est pas tout-à-fait le même que le sien, puisqu'il y rapporte une espèce (*M. verticillaris*) qui appartient évidemment aux Isis, et qu'il ne cite point le principal caractère des *Mélites*, celui d'avoir les entre-nœuds renflés ou noueux. Néanmoins M. *Lamouroux* a senti la nécessité de séparer les Mélites des Isis, et en cela mon sentiment se trouve conforme au sien.

Les *Mélites* ont un port particulier qui les fait reconnaître au premier aspect ; elles ne sont qu'imparfaitement articulées ; car leur axe est composé de portions pierreuses plus étroites et plus solides, qui sont jointes les unes aux autres par des entre-nœuds encore pierreux, mais plus poreux, comme spongieux, et renflés ou nodiformes. Toutes ces parties néanmoins sont unies entre elles presque sans discontinuité.

Il n'en est pas de même de nos *Isis :* les articulations pierreuses de l'axe de ces Polypiers étant jointes entre elles par des entre-nœuds resserrés, jamais nodiformes, et d'une substance principalement cornée.

Dans toutes les espèces, la chair enveloppante qui contenait les Polypes se conserve sur l'axe dans son dessèchement, et y, forme une croûte corticiforme, mince, poreuse et cellulifère. Cette croûte est en général vivement colorée, mais sa couleur varie tellement qu'on n'en saurait obtenir aucun caractère distinctif des espèces.

L'axe presque entièrement pierreux des *Mélites* semble indiquer que ces Polypiers doivent faire la transition du Corail à la Cymosaire et aux Isis, comme ces dernières la font aux Antipates et aux Gorgones.

Ces Polypiers, ainsi que les Isis, étant fixés par leur base, ayant une forme dendroïde et des ramifications sans ordre, sont très distingués des Encrines qui constituent des corps libres et flottans.

ESPÈCES.

1. Mélite ochracée. *Melitœa ochracea.*

M. subdichotoma, ramosissima, explanata, geniculis nodosis; ramis ramulisque erectis, flexuosis liberis.

Isis ochracea. Lin. Soland. et Ell. p. 105.

* Pall. Elench. Zooph. p. 230.

Esper. 1. tab. 4. et 4 a.

Suppl. tab. XI. f. 1. 3.

(a) *var. purpurea ; ramulis numerosissimis.*

(b) *var. albido-lutea, ramulis subrarioribus.*

(c) *var. lutea ; osculis purpureis, ad latera seriatis.*

* Lamour. Polyp. flex. p. 462.

* Delonch. Encycl. zooph. p. 512.

* Schweig. Haud. p. 434.

* Cuv. Règn. anim. 2ᵉ éd. t. 3. p. 312.

* Blainv. Man. d'Actin. p. 504. p. 86.

* Ehrenb. Mém. sur les Polyp. de la Mer-Rouge. p. 131.

* Meyen. Nov. act. acad. C. L. C. nat. curios. v. XVI. suppl. p. 168. pl. 29.

Mus. n°. Mém. du Mus. vol 1. p. 411.

Habite l'Océan indien. Ce Polypier, commun dans les collections, varie dans ses couleurs et un peu dans ses divisions.

2. Mélite rétifère. *Melitœa retifera.*

M. caule crasso, ramoso ad genicula nodoso ; ramis in plano ramulosis; ramulis divaricatis, flexuosis, subreticulatis, creberrimè verrucosis.

Isis aurantia. Esper. suppl. 2. tab. 9.

2. *eadem|purpurea.*

3. *eadem lutea, osculis purpureis.*

* Lamour. Polyp. flex. p. 463.

* Delonch. Encycl. p. 512.

* Blainv. Man. d'Actin. p. 504.

* Ehrenb. Mém. sur les Polyp. de la Mer-Rouge. p. 131.

Mus. n°. Mém. du Mus. p. 412. n° 2.

Habite l'Océan des Grandes-Indes. *Péron* et *Lesueur.* Mon cabinet. Cette espèce est fort remarquable par ses palmes rétiformes, ses nombreuses variétés et ses vives couleurs.

3. Mélite textiforme. *Melitæa textiformis.*

M. caule brevi ; nodoso, in flabellum tenuissimum explanato; ramulis numerosis, filiformibus, reticulatim coalescentibus ; catenarum annulis elongatis.

* Lamour. Polyp. flex. p. 465 ; et Expos. méth. des Polypes. p. 38. pl. 71. fig. 5.

* Delonch. Encycl. p. 513.

* Blainv. Man. d'Actin. p. 504.

* Ehrenb. Mém. sur les Polyp. de la Mer-Rouge. p. 131.

Mus. n°. Mém. du Mus. p. 412. n° 3.

Habite les mers australes. *Péron* et *Lesueur.*

4. Mélite écarlate. *Melitæa coccinea.*

M. pumila, variè ramosa ; ramis gracilibus, tortuosis, divaricatis; internodiis obsoletis; verrucis subsparsis, osculiferis.

Isis coccinea. Soland. et Ell. p. 107. t. 12. f. 5.

Esper. vol. 1. tab. 3. A. f. 5. et suppl. 2. tab. X.

2. *eadem albida.*

* *Melitæa Rissoi.* Lamour. Polyp. flex. p. 463; et Expos. méth. des Polyp. p. 38. pl. 12. fig. 5.

* Delonch. Encycl. p. 512.

* *Melitæa coccinea.* Cuv. Règn. anim. 2e éd. t. 3. p. 312.

* Blainv. Man. d'Actin. p. 504.

* Ehrenb. Mém. sur les Polyp. de la Mer-Rouge. p. 131.

Mus. n°. Mém. du Mus. p. 413. n° 4.

Habite l'Océan indien, les côtes de l'Ile-de-France.

ISIS. (Isis.)

Polypier fixé, dendroïde, composé d'un axe articulé

et d'un encroûtement corticiforme non adhérent, caduc.

Axe central, caulescent, rameux, formé d'articulations pierreuses, striées, à entre-nœuds cornés, resserrés.

Encroûtement cortical, contenant les Polypes dans l'état frais, caduc en totalité ou en partie dans le Polypier retiré de l'eau.

Polyparium fixum, dendroideum, axe articulato crustâque corticiformi non adhærente compositum.

Axis centralis caulescens, ramosus; articulis lapideis, striatis; internodiis corneis coarctatis.

Crusta corticalis in vivo carnosa polypifera; in Polypario ex aquâ emerso non adhærens, planè vel partim decidua.

OBSERVATIONS. Les *Isis* sont éminemment distinctes des Mélites, avec lesquelles *Linné* les réunissait, par la nature et la forme de leur axe, et parce que leur chair corticiforme est tellement caduque, qu'on ne voit guère dans les collections que l'axe à nu de ces Polypiers.

On peut dire que l'axe des *Isis* est en quelque sorte composé de deux substances distinctes; car ses articulations pierreuses et striées, sont réunies entre elles par des entre-nœuds de matière cornée et noirâtre, qui se distinguent des articulations. Ces mêmes entre-nœuds sont toujours resserrés et forment des isthmes plus étroits que les articulations; tandis que, dans les Mélites, ils sont renflés et nodiformes.

Par les parties cornées de leur axe, les *Isis* annoncent le voisinage des Antipates et des Gorgones, dans lesquelles l'axe n'a plus rien de pierreux, mais est tout-à-fait corné.

Dans la première espèce seule, les Polypes de l'Isis ont été observés, et l'on sait qu'ils ont huit tentacules; mais il est fort rare de voir ce Polypier muni de son écorce. Nous savons seulement par *Ellis* que cette écorce est épaisse, et que les oscules des cellules ne font point de saillies à sa surface.

ESPECES.

1. Isis queue de cheval. *Isis hippuris.*

> *I. sparsim ramosa; cortice lævi, crasso, osculifero; axe articulis lapideis, sulcatis, irregularibus : ultimis compressis; internodiis corneis.*

Isis hippuris, Lin. Soland. et Ell. p. 105. t. 3. f. 1. 5.

Pall. Zooph. p. 233.

Esper. 1. tab. 1, 2, 3, 3A.

Rumph. Amb. 6. tab. 84.

* Lamour. Polyp. flex. p. 476 ; Expos. méth. des Polyp. p. 39. pl. 3. fig. 1-3; et Encycl. zooph. p. 466.

* Schweig. Handb. der natur. p. 434.

* Cuv. Règn. anim. 2ᵉ éd. t. 3. p. 312.

* Blainv. Man. d'Actin. p. 503. pl. 86. fig. 1.

* Ehrenb. Mém. sur les Polyp. de la Mer-Rouge. p. 132.

Mus. nᵒ. Mém. du Mus. vol. 1. p. 415. nᵒ 1.

Habite l'Océan des Grandes-Indes. Mon cabinet.

2. Isis allongée. *Isis elongata.*

> *I. laxè ramosa; ramis teretibus, elongatis, articulatis, lapideis striatis; internodiis perangustis; cortice ignoto.*

Isis elongata. Esper. 1. tab. 6.

Seba. Mus. 3. tab. 106. f. 4.

* Lamour. Polyp. flex. p. 477; et Encycl. p. 466.

* Cuv. Règn. anim. 2ᵉ éd. t. 3. p. 312.

* Blainv. Man. d'Actin. p. 303.

Mus. nᵒ. Mém. du Mus. p. 415. nᵒ 2.

Habite.... probablement l'Océan indien.

3. Isis dichotome. *Isis dichotoma.*

> *I. ramosa, filiformis, articulata, diffusa ; articulis lapideis, sublævibus; internodiis perangustis.*

Isis dichotoma. Pall. Zooph. p. 229.

Esper. 1. tab. 5.

Petiv. Gaz. tab. 3. fig. 10.

* *Mopsea dichotoma* (1). Lamour. Polyp. flex. p. 467; et Expos. méth. des Polyp. p. 38.

---

(1) Le genre Mopsée de Lamouroux ne diffère guère des Isis, proprement dits, qu'en ce que la portion corticale est plus mince et persistante. M. Ehrenberg, en adoptant cette divi-

* *Isis dichotoma.* Schweig. Handb. p. 434.

* Delonch. Encycl. p. 558.

* Cuv. Règn. anim. 2ᵉ éd. t. 3. p. 312.

* Ehrenb. Mém. sur les Polyp. de la Mer-Rouge. 131.

Mus. nᵒ. Mém. du Mus. p. 415. nₒ 3.

Habite l'Océan indien. Espèce très petite, ne s'élevant qu'à dix ou douze centimètres.

4. Isis encrinule. *Isis encrinula.*

I. ramosa; ramis pinnatis et subbipinnatis; ramulis filiformibus, papilliferis; papillis sparsis; ascendentibus.

* *Mopsea verticillata.* Lamour. Polyp. flex. p. 467. pl. 18. fig. 2; et Expos. méth. des Polyp. p. 39.

* Delonch. Encycl. p. 557.

* Cuv. Règn. anim. 2ᵉ éd. t. 3. p. 312.

* *Isis dichotoma.* Schweig. Handb. p. 434.

* *Mopsea encrinula.* Ehrenb. Mém. sur les Polyp. de la Mer-Rouge. p. 131.

Mus. nᵒ. Mém. du Mus. p. 415. nᵒ 4.

Habite les mers de la Nouvelle-Hollande. *Péron* et *Lesueur.*

5. Isis coralloïde. *Isis coralloides.*

I. ramosa, disticho-ramulosa, rubens; ramul is remotis, breviusculis; cortice papillis, raris, ascendentibus.

Mus. nᵒ. Mém. du Mus. p. 416. nᵒ 5.

Habite les mers australes. *Péron* et *Lesueur.*

Nota. Le genre *Cymosaire* (Mém. du Mus. vol. 1. p. 467) doit être supprimé. Je le fondai, par erreur, sur la vue d'une portion d'axe à nu, d'une Isis, dont la base offre un empâtement rameux et en cime ombelliforme.

† 6. Isis grèle. *Isis gracillis.*

I. basi explanata, laciniata; articulis calcareis caulium parùm crassis, ramorum elongatis, translucidis, lævibus, albis.

Lamour. Polyp. flex. p. 477. pl. 18. fig. 1; et Encycl. zooph. p. 466.

Blainv. Man. d'Actin. p. 503.

---

sion, l'a modifiée et l'a basée sur un caractère plus important, savoir : la structure de l'axe du Polypier. Dans ses masses les articles de la tige (compris entre les nœuds), sont calcaires et non ramifères et les nœuds sont cornés et donnent naissance aux rameaux. Dans les Isis au contraire les articles sont cornés et les nœuds que portent encore les rameaux sont calcaires.   E.

Habite la mer des Antilles.

† 7. Isis écarlate. *Isis erythracea.*

> *I. bipollicaris dichotoma, fruticulosa, verrucosa coccinea; articulis cortice obductis, geniculo vix angustioribus, ramis in geniculis flexilibus, axis decorticati rubri articulis lapideis teretiusculis, longitudinaliter sulcatis, geniculis parumper tumidis, cartilagine tenui flexili distentis.*

Ehrenb. Mém. sur les Polyp. de la Mer-Rouge. p. 131.

Habite la Mer-Rouge. Les Polypes ont 8 tentacules ramuleux et blancs, et présentent, autour du col, des particules calcaires écarlates.

† 8. Isis de Malte. *Isis melitensis.*

> *I. articulis lapideis cylindricis striatis, geniculis incrassatis, junctura conica, axi tubuloso.*

Golf. Petref. p. 20. pl. 7. fig. 17.

Scilla de corp. marin. tab. 21. fig. 1.

Baster. Opus. subs. 1. tab. 6. fig. 9.

Knorr. Petref. III. p. 194. tab. suppl. VI. fig. 6. 7.

Scheuchz. Herb. Diluv. tab. 14. fig. 1.

Blainv. Man. d'Actin. p. 503.

Fossile du calcaire tertiaire de la Sicile.

† Le fossile décrit par M. Goldfuss sous le nom d'*Isis reteporacea* (op. cit. p. 99. pl. 36. fig. 4) ne me paraît pas devoir être rapporté à ce genre; s'il appartient réellement à cette famille il faudrait le rapprocher du corail, mais sa texture simple est trop poreuse pour que l'on puisse regarder cette détermination comme certaine.

ANTIPATE. (Antipathes.)

Polypier fixé, subdendroïde, composé d'un axe central et d'un encroûtement corticiforme très fugace, caduc.

Axe épaté et fixé à sa base, caulescent, simple ou rameux, corné, plein, flexible, un peu cassant, ordinairement hérissé de petites épines.

Encroûtement corticiforme, gélatineux, polypifère, recouvrant l'axe et ses rameaux pendant la vie des Polypes, mais qui tombe et disparaît lorsque le Polypier est retiré de l'eau.

Polypes inconnus.

Polyparium fixum, subdendroideum, axe centrali crustâque corticiformi evanidâ et deciduâ compositum.

Axis basi explanatus et fixus, caulescens, subramosus, corneus, solidus, flexilis, subfragilis, spinis exiguis ut plurimùm obsitus.

Crusta corticalis gelatinosa, polypifera, in vivo axem ramosque vestiens, in speciminibus ex aquâ emersis evanida.

Polypi ignoti.

OBSERVATIONS. — Les *Antipates* sont aux Gorgones, ce que les Eponges sont aux Alcyons. Dans les Eponges, la croûte qui recouvre ou empâte les fibres cornées de l'intérieur, n'est qu'une chair gélatineuse, fugace et qui disparaît en grande partie après l'extraction de l'Eponge hors de la mer ; tandis que dans les Alcyons la croûte qui empâte les fibres cornées, est une chair persistante, qui devient ferme et même dure ou coriace en se desséchant.

De même, dans les *Antipates*, la chair qui enveloppe l'axe et ses rameaux, est gélatineuse, très fugace, et disparaît presque entièrement sur le Polypier retiré de la mer, tandis que dans les Gorgones, cette chair persiste et forme sur le Polypier desséché, une croûte ferme, poreuse, et souvent d'une assez grande épaisseur. La cause qui a empêché de connaître les Polypes des Eponges, est donc la même que celle qui ne nous a pas permis de connaître les Polypes des Antipates. De part et d'autre, les Polypes ne peuvent être observés que dans la mer même.

. Ainsi, la principale différence qui distingue les *Antipates* des Gorgones consiste en ce que, dans les Antipates, la chair qui contient les Polypes et qui enveloppe l'axe corné du Polypier, est gélatineuse et tellement caduque, que les Antipates retirés de la mer sont entièrement ou presque entièrement dépouillés de cette chair corticale, et n'offrent plus que l'axe corné, nu et toujours noir de ces Polypiers ; au lieu que les Gorgones conservent leur chair polypifère ; et dans son dessèchement cette chair forme autour de l'axe une croûte poreuse, à la surface de laquelle on aperçoit les cellules des Polypes.

La substance de l'axe des Antipates est cornée comme celle

qui forme l'axe des Gorgones; mais, en général, elle est plus compacte, plus dure; elle est même un peu cassante et comme vitreuse. On voit distinctement que cette substance est le produit
d'un dépôt graduellement opéré, qu'elle fut formée par *juxta-position*, et que l'axe qu'elle constitue ne fut jamais organisé et
n'a nullement contenu les Polypes.

Les petites épines qu'offre cet axe dans plusieurs espèces,
ne sont que de très petits rameaux que les Polypes ont cessé
d'allonger.

Il importe de ne pas confondre parmi les *Antipates*, de véritables Gorgones dont l'axe mis à nu, tantôt par la chute accidentelle de l'écorce, et tantôt par l'art, n'offre plus d'encroûtement.
Le défaut complet des petites pointes spiniformes de l'axe des
Antipates, peut servir à faire reconnaître cette supercherie, ou
cet accident.

ESPÈCES.

1. Antipate spiral. *Antipathes spiralis.*

> *A. simplicissima, scabra, subspiralis.*
> *Antipathes spiralis.* Solaud. et Ell. p. 99. t. 19. f. 1. 6.
> Pall. Zooph. p. 217.
> Esper. 2. t. 8.
> Rumph. Amb. 6. tab. 78. *fig. C.*
> * Lamour. Polyp. flex. p. 373; Expos. méth. des Polyp. p. 31. pl. 19.
>   fig. 1. 6; et Encycl. p. 68.
> * Schweig. Handb. p. 432.
> * Cuv. Règn. anim. 2ᵉ éd. t. 3. p. 310.
> * *Corrhipates spiralis.* Blainv. Man. d'Actin. p. 512. pl. 88. f. 2.
> Mus. n°.
> 2. var. *longissima, undato-flexuosa.*
> Rumph. amb. 6. tab. 78. *fig. A. B.*
> **Mus. n°. Mém. du Mus. vol. 1. p. 471. n° 1.**
> Habite l'Océan indien, les mers de l'Ile-de-France.

2. Antipate lisse. *Antipathes glaberrima.*

> *A. parcè ramosa, incurvato-flexuosa; superficie lævigatá; spinis raris,*
>   *validis, ramis interdùm anastomosantibus.*
> *Antipathes glaberrima.* Esper. 2. p. 160. tab. 9.
> Knorr. Delic. tab. A 1. fig. 1.
> **Mus. n°. Mém. du Mus. p. 471. n° 2.**

Habite.... Cet Antipate, dont on voit des portions frustes dans les collections, constitue une espèce particulière très distincte.

3. Antipate à écorce. *Antipathes corticata.*

A. caule parcè ramoso, corticato, spinis numerosis echinato; cortice poris nullis.
* Lamour. Polyp. flex. p. 374 ; et Encycl. p. 69.
Mus. n°. Mém. du Mus. p. 472. n° 3.
Habite..... l'Océan indien, d'après l'espèce d'huître dont il est chargé.

4. Antipate déchiré. *Antipathes lacerata.*

A. caule ramoso, spinis echinato; ramis sarmentosis, tortuosis, sensim attenuatis; ramulis lateralibus, tenuibus, sublaceris.
* Lamour. Polyp. flex. p. 377 ; et Encycl. p. 70.
Mus. n°. Mém. du Mus. p. 472. n° 4.
Habite... probablement l'Océan indien.

5. Antipate pyramidal. *Antipathes pyramidata.*

A. olivaceo-lutescens, nitidula; caule rigido indiviso; ramulis lateralibus creberrimis, quaquaversùm sparsis, in pyramidam dispositis, dichotomis.
* Lamour. Polyp. flex. p. 375 ; et Encycl. p. 69.
Mus. n°. Mém. du Mus. p. 472. n° 5.
Habite... probablement l'Océan des Grandes-Indes.

6. Antipate pectiné. *Antipathes pectinata.*

A. in plano ramosa, flabellata; ramis compressis, pinnato-pectinatis; ramulis filiformi-subulatis, subdivisis; spinis rari
Mus. n°. Mém. du Mus. p. 473. n° 6.
Habite... C'est encore une espèce très remarquable, bien distincte, et que je crois inédite.

7. Antipate en balais. *Antipathes scoparia.*

A. ramosa, supernè paniculato-corymbosa; ramis ramulisque teretibus, asperis; ramulis ultimis, longis, filiformibus, hispidulis, scabris.
An Antipathes virgata. Esper. suppl. 2. tab. 14.
Antipathes dichotoma? Pall. Zooph. p. 216. (* Lamour. en fait une espèce distincte, v. Polyp. flex. p. 374.)
* Lamour. Polyp. flex. p. 376 ; et Encycl. p. 70.
* Blainv. Man. d'Actin. p. 510.
Marsil. Hist. de la Mer. tab. 21. f. 101. et tab. 40. f. 179.

Mus. n₀. Mém. du Mus. p. 4:3. n° 7.
Habite la Méditerranée.

8. Antipate mimoselle. *Antipathes mimosella.*

A. ramosissima, paniculata, expansa ; ramis patentibus; alternis de-composito-pinnatis; pinnulis setaceis, distichis, hispidis.

An Antipathes ulex ? Soland. et Ell. p. 100. t. 19. *Fig.* 7. 8. (* Suivant Lamouroux celle-ci est une espèce distincte.

Petit. Gaz. tab. 35. f. 12. (* Lamouroux rapporte cette figure à l'**A. myriophylle.**)

* Lamour. Encycl. p. 71.

Mus. n°. Mém. du Mus. p. 473. n° 8.

Habite l'Océan des Grandes-Indes, la mer des Philippines, près de l'Ile-de-Luçon.

† 8 *a*. Antipate pinnatifide. *Antipathes pinnatifida.*

A. ramosa, pinnatifida ; ramis patentibus, alternis, pinnatifidis ; ramulis ramusculisque echinatis, rectis, rigidis, anticè projectis, distichis vel subsparsis.

Lamour Po'yp. flex. p. 377. pl. 14. fig. 4; et Encycl. p. 70.

Habite la mer des Indes. Cette espèce parait être très voisine de la précédente, à laquelle Lamouroux l'avait d'abord réunie.

9. Antipate myriophylle. *Antipathes myriophylla.*

A. incurva, ramosissima, in plano paniculata, subtripinnata; pinnulis setaceis, brevibus, creberrimis, scabris.

Antipathes myriophylla. Soland. et Ell. t. 19. f. 11. 12.

Esper. suppl. 1. tab. 10.

* Lamour. Polyp. flex. p. 378; Expos. méth. des Polyp. p. 32. pl. 19. fig. 11 et 12.

* Blainv. Man. d'Actin. p. 510. pl. 87. fig. 2.

Mus. n°. Mém. du Mus. p. 473. n° 9.

2. *var. minus incurva ; ramulis pluribus uno latere pectinatis.*
Mus. n°.

Habite l'Océan indien.

10. Antipate cyprès. *Antipathes cupressus.*

A. scabra, caudiformis; ramulis lateralibus, brevibus, sparsis, recurvatis, bipinnatis.

Antipathes cupressus. Soland. et Ell. p. 103.

Gorgonia abies. Lin. syst. nat. éd. 12. p. 1290.

Antipathes cupressina. Pall. Zooph. p. 213.

Esper. 2. tab. 3. *fig. mala, et forte* suppl. 1. tab. 12.

Seba. 3. t. 106. f. 1.

TOME II. 31

* Lamour. Polyp. flex. p. 380 ; et Encycl. p. 72.
2. *var. caule supernè diviso.* Rumph. Amb. 6. t. 80. f. 2.
Mus. n°. Mém. du Mus. p. 474. n° 10.
Habite l'Océan indien. Mon cabinet.

11. Antipate mélèse. *Antipathes larix.*

A. stirpe simplici, prælongá ; ramulis lateralibus, setaceis, longissi-
mis, quaquaversùm sparsis, patentibus.
Antipathes larix. Esper. 2. tab. 4.
* Lamour. Polyp. flex. p. 376 ; et Encycl. zooph. p. 70.
* Blainv. Man. d'Actin. p. 511.
Mus. n°. Mém. du Mus. p. 474. n° 11.
Habite la Méditerranée, dans le golfe de Venise. Mon cabinet.

12. Antipate fenouil. *Antipathes fœniculum.*

A. ramosissima, laxa ; ramis infernè spinosis, subcompressis, ramu-
loso-paniculatis ; ramulis ultimis setaceis, lævigatis.
An Antipathes fœniculacea? Pall. Zooph. p. 207.
Rumph. Amb. 6. t. 88. fig. 3 ?
* Lamour. Encycl. p. 71.
* Blainv. Man. d'Actin. p. 511.
Mus. n°. Mém. du Mus. p. 475. no 12.
Habite.... probablement les mers de l'Inde. Cette espèce n'est pas
fort grande, et se présente sous la forme d'un petit arbuste en buis-
son lâche, très rameux et paniculé.

13. Antipate ericoïde *Antipathes ericoides.*

A. ramosissima, diffusa, subclathrata ; ramis ramulisque filiformibus,
hispidulis, intertextis, sæpius anastomosantibus.
An Antipathes ericoides? Pall. Zooph. p. 208.
Esper. 2. t. 6.
* Lamour. Polyp. flex. p. 381 ; et Encycl. p. 72.
Mus. n°. Mém. du Mus. p. 475. n° 13.
Habite... probablement l'Océan indien.

14. Antipate rayonnant. *Antipathes radians.*

A. humilis, in plano ramosissima, subspinosa ; ramis divaricato-ra-
diantibus, hinc ramulosis.
Antipathes fœniculacea. Esper. 2. tab. 7.
* Pall. Elen. Zooph. p. 207.
* Lamour. Polyp. flex. p. 380 ; Eucycl. p. 72.
* Blainv. Man. d'Actin. p. 511.
Mus. n°. Mém. du Mus. p. 475. n° 14.
Habite... la Méditerranée ?

15. Antipate treillissé. *Antipathes clathrata.*

A. ramosissima, in latum expansa, intricata; ramulis coalescentibus, junioribus subsetaceis.
An Antipathes clathrata? Pall. Zooph. p. 212.
Esper. 2. tab. 2.
* Lamour. Polyp. flex. p. 382 ; et Encycl. p. 72.
Mus. n°. Mém. du Mus. p. 475. n° 15.
Habite... l'Océan indien?

16. Antipate éventail. *Antipathes flabellum.*

A. explanata, ramosissima; ramis striatis, ad latera compressis; ramulis lateralibus reticulatim anastomosantibus, subspinosis.
An flabellum marinum planum? Rumph. Amb. 6. p. 205. tab. 89.
Antipathes flabellum. Pall. Zooph. p. 211.
Esper. 2. t. 1.
* Lamour. Polyp. flex. p. 382; et Encycl. p. 73.
Mus. n°. Mém. du Mus. p. 476. n° 16.
Habite l'Océan indien. Grande et belle espèce, tout-à-fait flabelliforme et réticulée.

17. Antipate ligulé. *Antipathes ligulata.*

A. flabelliformis clathrata; ramis compressis; ramulis ligulatis, reticulatim coalescentibus.
Antipathes ligulata. Esper. 2. p. 149. t. 5.
* Lamour. Polyp. flex. p. 381 ; et Encycl. p. 72.
Mon cabinet. Mém. du Mus. p. 476. n° 17.
Habite.... Cet Antipate est moins grand et plus finement réticulé que celui qui précède.

† 18. Antipate plumeux. *Antipathes pennacea.*

A. ramosa, subincurva; pinnulis setaceis, creberrimis, hispidis.
Pall. Elench. Zooph. p. 269.
Rumph. Herb. Amb. VI. p. 209.
Bosc. vers. t. 3. p. 40.
Lamour. Polyp. flex. p. 379 ; et Encycl. p. 71.
Habite l'Océan indien.

19. Antipate grande plume. *Antipathes eupteridea.*

A. simplicissima, pinnata; caule subtriquetro; pinnulis setaceis simplicibus, eleganter incurvis.
Lamour. Encycl. p. 71.
Habite les côtes de la Martinique.

† 20. Antipate subpinné. *Antipathes subpinnata.*

> *A. ramosa, pinnata, hispida; pinnulis, setaceis, alternis; pinnulis aliis, sed raris, transversè exeuntibus.*
>
> Sol. et Ellis. Zooph. p. 101. pl. 19. fig. 9 et 10.
> Lamour. Polyp. flex. p. 379; Expos. méth. des Polyp. p. 32. pl. 19. fig. 9 et 10; et Encycl. p. 72.
> Blainv. Man. d'Actin. p. 511.
> Habite la Méditerranée.

† 21. Antipate de Bosc. *Antipathes Boscii.*

> *A. flexuosa, ramosa; ramis divaricatis; apicibus setaceis.*
> Lamour. Polyp. flex. p. 375. pl. 14. fig. 5; et Encycl. p. 69.
> Habite les côtes de la Caroline.

† 22. Antipate alopécuroide. *Antipathes alopecuroides.*

> *A. ramosa; ramis arctè paniculatis, hispidis, setaceis.*
> Soland. et Ell. Zooph. p. 102.
> Lamour. Polyp. flex. p. 375; et Encycl. p. 69.
> Habite les côtes de la Caroline du sud.

GORGONE. (Gorgonia.)

Polypier fixé et dendroïde, composé d'un axe central et d'un encroûtement corticiforme.

Axe épaté et fixé à sa base, caulescent, rameux, substrié en dehors, plein, corné, flexible.

Encroûtement recouvrant l'axe et ses rameaux; mou, charnu, et contenant les Polypes dans l'état frais; spongieux, poreux, friable dans son dessèchement, et parsemé de cellules superficielles ou saillantes.

Huit tentacules en rayons à la bouche des Polypes.

Polyparium fixum, dendroideum, axe centrali crustáque corticiformi compositum.

Axis, basi explanatá fixáque, caulescens, ramosus, substriatus, solidus, corneus, flexilis.

Crusta corticalis axem ramosque vestiens; in vivo mollis, carnosa, polypifera; in sicco spongiosa, porosa, friabilis,

oscula cellularum ad superficiem insculpta , vel promi-
nula.

Tentacula 8 ad os Polyporum.

OBSERVATIONS. — Si l'on se représente un axe entièrement
corné , flexible, épaté et fixé à sa base, s'élevant comme une
tige, se ramifiant ensuite comme un arbuste, s'amincissant graduellement vers son sommet, et recouvert, sur le tronc et sur
les branches, d'une chair corticiforme assez épaisse, molle et
polypifère dans l'état frais; spongieuse, poreuse, friable, mais
persistante dans son état de dessèchement; offrant alors à sa
superficie des cellules éparses ou sériales, on aura une juste
idée d'une *Gorgone.*

Les Polypiers dont il s'agit sont donc essentiellement composés de deux sortes de substances bien distinctes, savoir :

1° D'un axe qui occupe le centre de la tige et de ses rameaux ;

2° D'une chair enveloppante ou encroûtante qui recouvre
l'axe dans toute sa longueur.

L'axe central des *Gorgones* est un corps homogène, d'une
nature cornée, parfaitement plein, non organisé, et qui n'a jamais contenu les Polypes ni aucune portion de leurs corps. Il
est le résultat d'une sécrétion de leur corps, d'un dépôt qui
s'est épuré par le rapprochement vers le centre de parties
d'une nature tout-à-fait cornée, et qui s'est opéré par *juxta-*
position , postérieurement aux animaux qui y ont donné lieu.
La cassure de cet axe est lisse , comme vitreuse ; et si elle offre
quelquefois différentes couches superposées à l'extérieur, c'est
parce qu'il s'est accru en épaisseur par de nouveaux dépôts extérieurs provenus des nouvelles générations de Polypes qui se
sont succédées pendant la formation du Polypier. Souvent la
surface extérieure de cet axe conserve les impressions du corps
des Polypes qui se prolonge le long de cette surface, et alors
l'axe est strié en dehors.

La chair qui enveloppe l'axe des *Gorgones* est d'une nature
et dans une circonstance bien différentes de celles de l'axe; car
cette chair est la seule partie du Polypier qui contienne les Polypes, et sa nature est évidemment hétérogène. En effet, cette

même chair est composée d'un mélange de particules terreuses et de matière animale gélatineuse secrétées ou exsudées, formant un tout très distinct du corps même des Polypes. S'il est probable que les Polypes, immergés dans cette chair, adhèrent les uns aux autres par leur partie postérieure, il l'est aussi qu'ils n'adhèrent nullement à cette chair; car on n'en voit aucune trace, et elle ne peut être autre chose que le résultat d'une exsudation de ces animaux.

En se desséchant, cette chair forme sur l'axe qu'elle enveloppe, une croûte corticiforme, plus ou moins épaisse selon les espèces, poreuse, comme terreuse, et plus ou moins friable. Sa surface présente les ouvertures des cellules qui contenaient les Polypes : elles sont tantôt éparses et tantôt disposées par rangées plus ou moins régulières.

La face interne de cette croûte corticiforme montre aussi, comme la surface de l'axe, des stries longitudinales plus ou moins marquées, qui ne sont que les impressions du corps des Polypes qui se prolongent entre l'axe et la chair enveloppante; et il est facile de s'assurer par l'observation, que le corps d'aucun Polype n'a pénétré dans l'intérieur de l'axe.

Ainsi, l'observation constate qu'il n'y a absolument rien de végétal dans les *Gorgones*, que non-seulement la croûte poreuse de ces Polypiers, mais encore l'axe plein et corné qui la supporte, sont des matières étrangères aux corps des animaux de ce genre, et que ces matières bien séparées de ces corps, en sont des productions immédiates.

[Les Gorgones, dont on a étudié l'organisation, ont une structure tout-à-fait semblable à celle des Polypes du Corail.

La consistance et l'épaisseur de la portion corticale des Polypes et la disposition des espèces de cellules creusées dans son épaisseur varient, et en se fondant sur ces considérations, Lamouroux a séparé du genre Gorgone un assez grand nombre d'espèces dont il a formé les genres Plexaure, Eunicée, Primnoa et Muricée. Ce naturaliste réserve le nom de GORGONE aux espèces dont l'axe est cylindrique et la portion corticale crétacée par la dessiccation mince et unie ou tuberculeuse ; ses PLEXAURES ont l'axe comprimé et la portion corticale subéreuse, à surface unie;

ses **Eunicées** (1) ont l'axe comprimé et la portion corticale subéreuse comme les Plexaures; mais la surface de celle-ci, au
lieu d'être unie, est garnie de mamelons polypeux, saillans et
épars; ses **Muricées** ont l'axe cylindrique ou comprimé à
l'aisselle des rameaux, la portion corticale d'épaisseur moyenne
et les cellules en forme de mamelons très saillans, épais,
squammeux et percés d'une ouverture étoilée à huit rayons;
enfin ses **Primnoas** ont les mamelons allongés, pyriformes, pen-
dans et squammeux. Ces divisions génériques ont été adoptées
par M. de Blainville dans son *Manuel d'Actinologie* et par
M. Ehrenberg dans son travail sur les Polypes de la Mer-Rouge,
mais ce dernier auteur en modifie les caractères: dans sa méthode le genre *Primnoa* comprend les Gorgoniens dont les Polypes sont squammeux extérieurement, et le genre *Muricea*, ceux
dont les Polypes sont hérissés de spicules à leur surface externe;
les *Eunicées* n'ont ni écailles ni spicules saillantes à leur surface,
et leurs Polypes verruqueux pendant la contraction, sont épars
et point disposés par séries latérales. Les *Plexaures* ont également
ment les Polypes épars, mais complètement rétractiles et point
en forme de verrues pendant la contraction. Enfin les *Gorgones*
proprement dites ont pour caractère d'avoir les Polypes disposés non en séries, mais par bandes latérales séparées par une
ligne ou sillon médian. M. Ehrenberg distingue encore parmi les
Gorgones de Lamarck un sixième genre qu'il nomme *Pterogorgia*, et qui se distingue par la disposition sériale régulière des
Polypes. E.]

Les espèces de *Gorgones* déjà observées sont très nombreuses; mais leurs caractères distinctifs sont encore si imparfaitement déterminés, qu'il est souvent difficile de les reconnaître,
surtout les bonnes figures n'étant encore qu'en petit nombre. (2)

En conséquence, je vais me borner à la citation de celles que

---

(1) Il est à noter que le nom d'Eunice avait déjà été employé
par M. Cuvier, pour désigner un genre d'Annelides.

(2) Il est même bien probable qu'il existe dans cette longue
liste d'espèces un grand nombre de doubles emplois, et ce
genre de Polypes est un de ceux dont la révision approfondie
serait la plus nécessaire. E.

j'ai pu voir, et sur lesquelles je ne donnerai que quelques notes essentielles.

ESPÈCE.

§ *Cellules, soit superficielles, soit en saillies granuleuses ou tuberculeuses.*

1. Gorgone éventail. *Gorgonia flabellum.*

> *G. ramosissima, flabellatim complanata, reticulata; ramulis creberrimis, subcompressis, coalescentibus; osculis minimis sparsis.*
>
> *Gorgonia flabellum.* Lin. Soland. et Ell. p. 92. n° 18.
>
> *Flabellum Veneris.* Ellis. corall. t. 26. *fig. A.*
>
> Esper. 2. tab. 2, 3. et 3 A.
>
> * *Gorgonia flabellum.* Lamour. Polyp. flex. p. 403; et Encyclop. p. 441.
>
> * Flem. British. anim. p. 511.
>
> * Blainv. Man. d'Actin. p. 505.
>
> Mus. n°. Mém. du Mus. vol. 2. p. 79. n° 1.
>
> Habite l'Océan indien, américain, et la Méditerranée.
>
> * Les rameaux de cette Gorgone sont fortement comprimés latéralement et tuberculeux; les oscules ne font aucune saillie à la surface de la couche corticale; elles sont creusées perpendiculairement à cette surface, et sont éparses sans laisser d'espace médian lisse, et sans affecter aucune disposition régulière.

2. Gorgone réseau. *Gorgonia reticulum.*

> *G. ramosissima, flabellatim complanata, reticulata, indivisa; ramulis teretiusculis, decussatim, coalitis, obsoletè granulosis; cortice rubro.*
>
> *G. reticulum.* Pall. Zooph. p. 167; et *G. clathrus.* p. 168. (*Lamour. distingue cette dernière espèce de la précédente.*)
>
> *An. G. ventalina?* Esper. 2. tab. 1.
>
> * Lamour. Polyp. flex. p. 405; et Encycl. p. 442.
>
> Habite l'Océan indien. Mon cabinet. Mém. du Mus. vol. 2. p. 79. n° 2.
>
> * Oscules petits, épars partout, mais montrant cependant une tendance à former des rangées longitudinales; point d'espace médian lisse, si ce n'est sur quelques grosses branches dont les Polypes ont commencé à disparaître; sur la tige point d'oscules et des sillons; un ou deux sillons médians sur quelques-unes des premières branches; mais il n'y a à cet égard rien de régulier.

3. Gorgone à filets. *Gorgonia verriculata.*

> *G. ramosa, flabellata, amplissima; ramulis divaricatis, reticulatim coalescentibus; cortice albido; poris verrucæ formibus, sparsis.*
> *Gorgonia reticulata.* Soland. et Ell. t. 17.
> *Gorgonia verriculata.* Esper. 2. tab. 35.
> * Lamour. Polyp. flex. p. 404; Expos. méth. des Polyp. p. 33. pl. 17; et Encycl. p. 442.
> Mus. n°. Mém. du Mus. vol. 2. p. 80. n° 3.
> Habite les mers de l'Ile-de-France, l'Océan indien. C'est une des plus grandes espèces de ce genre.

4. Gorgone umbracule. *Gorgonia umbraculum.*

> *G. ramosissima, flabelliformis, subreticulata; ramis teretibus, granulatis, rubris, creberrimis.*
> *Gorgonia umbraculum.* Soland et Ell. p. 80. tab 10.
> Seba. Mus. 3. t. 107. n° 6.
> *An Gorgonia granulata?* Esper. 2. tab. 4.
> Mus. n°. Mém. du Mus. vol. 2. p. 80. n° 4.
> Habite l'Océan des Grandes-Indes, les mers de la Chine. *Cossigny fils.*
> * Les rameaux de cette espèce sont un peu aplatis et légèrement verruqueux : les oscules sont peu distinctes et éparses ; enfin, sur les grosses branches on remarque quelques sillons obliques qui semblent diviser la couche corticale en bandes assez larges, mais sur les ramuscules on ne distingue ni sillons ni espace médian nu.

5. Gorgone raquette. *Gorgonia retellum.*

> *G. in plano ramosissima, subreticulata; ramulis lateralibus, brevibus, subtransversis; cortice albido, granuloso.*
> *An Gorgonia furfuracea?* Esper. 1. t. 41.
> * *Gorgonia retellum.* Lamour. Polyp. flex. p. 406; et Encycl. p. 442.
> * *Muricea furfuracea.* Ehrenb. op. cit. p. 135.
> Mus. n°. mém. du Mus. 2. p. 80. n° 5.
> Habite... l'Océan indien ?

6. Gorgone serrée. *Gorgonia stricta.*

> *G. ramosissima, flabellata, subreticulata, rubra ; rams crebris, strictis ; ramulis lateralibus, brevibus, patentioribus; granulis, minimis, creberrimis.*
> *An Gorgonia sasappo?* Esper. 2. p. 46. tab. 9. *Synonymis exclusis.*
> Mus. n°. Mém. du Mus. p. 81. no 6.
> * Lamour. Polyp. flex. p 408; et Encycl. p. 443.

* Blainv.

Habite... Elle a des rapports avec la précédente.

7. Gorgone lâche. *Gorgonia laxa.*

G. laxè ramosa, flabellatim explanata ; ramis subdepressis, lævibus ; ramulis crebris, curvulis; poris seriatis, submarginalibus.

* Lamour. Polyp. flex. p. 98; et Encycl. p. 440.

Mus. n°. Mém. du Mus. p. 81. n° 7.

Habite... Celle-ci semble tenir quelque chose de la *Gorgonia patula.* Soland. et Ell. p. 88. tab. 15. f. 3.

* Les rameaux sont un peu aplatis et ne présentent d'oscules que sur les parties latérales; ces ouvertures n'y forment pas de saillie et constituent de chaque côté de l'axe plusieurs séries irrégulières, séparées par un espace médian, non perforé, qui ne présente du reste aucun sillon médian ; il n'existe aussi point de sillons longitudinaux dans la portion corticale de la tige principale du Polypier.

8. Gorgone flexueuse. *Gorgonia flexuosa.*

G. ramosissima, flabellata ; ramis ramulisque dichotomo-divaricatis, flexuosis, reticulatim expansis; nodulosis ; carne aurantiá, crassiusculá.

An Gorgonia reticulum? Pall. Zooph. p. 167.

Esper. suppl. 1. p. 161. tab. 44.

Mus. n°. Mém. du Mus. p. 81. n° 8.

* Lamour. Polyp. flex. p. 398 ; et Encycl. p. 440.

Habite... l'Océan indien ?

* Couche corticale très friable; oscules peu distincts, situés au sommet de tubercules verruqueux épars.

9. Gorgone écarlate. *Gorgonia flammea.*

G. ramosa, complanato-flabellata, pinnata, coccinea ; caule ramisque compressis ; osculis parvis, sparsis, superficialibus.

Gorgonia flammea. Soland. et Eli. p. 80. tab. 11.

Gorgonia palma. Esper. 2. tab. 5.

Pall. Zooph. p. 189.

* Lamour. Polyp. flex. p. 399; Expos. méth. des Polyp. p. 33. f. 11; et Encycl. p. 440.

* *Gorgonia palma.* Ehrenb. op. cit. p. 143.

2. *eadem ramulis obsoletè granulatis.*

Mus. n°. Mém. du Mus. p. 81. n° 9.

Habite les mers du cap de Bonne-Espérance, l'Océan indien.

* Les oscules sont éparses et ne décèlent aucune tendance à une dis-

position bilatérale; ils ne font pas saillie à la surface de l'enveloppe corticale, et sont souvent un peu rebordés; il n'y a point de
sillon sur la surface de la couche corticale, enfin l'axe corné est
un peu comprimé.

10. Gorgone piquetée. *Gorgonia petechizans.*

G. ramosa, flabellata ; ramis compressis, pinnatis ; cortice flavo ; os-
culis purpureis, seriatis, submarginalibus.
Gorgonia petechizans. Pall. Zooph. p. 196.
Gmel. p. 3808.
Esper. 2. tab. 55. p. 13.
Gorgonia abietina. Soland. et Ell. p. 95. t. 16.
* *Gorgonia ceratophyta.* Forsk. Desc. anim. p. .
* *Gorgonia petechizans.* Lamour. Polyp. flex. p. 393 ; Expos. méth.
  des Polyp. p. 33. pl. 16; et Encycl. p. 440.
* Blainv. Man. d'Actin. p. 505.
* Ehrenb. Mém. sur les Polyp. de la Mer-Rouge. p. 144.
Mus. n_o. Mém. du Mus. p. 82. no 10.
Habite l'Océan atlantique et les côtes d'Afrique. Mon cabinet.

11. Gorgone tuberculée. *Gorgonia tuberculata.*

G. arborescens, ramosa, flabellata, subreticulata; ramulis tortuosis,
sæpe coalescentibus; tuberculis sparsis; inæqualibus.
Gorgonia tuberculata. Esper. 2. tab. 37. f. 2. *et forte fig.* 1.
* Lamour. Polyp. flex. p. 409; et Encycl. p. 443.
* Blainv. Man. d'Actin. p. 505.
Mus. no. Mém. du Mus. p. 82. n 11.
Habite la Méditerranée, sur les côtes de l'île de Corse.
* On voit dans la collection du Muséum un échantillon gigantesque
  de cette espèce de Gorgone, dont le tronc égale la grosseur du bras.
  Les cellules polypifères ont la forme de verrues grandes, déprimées,
  en général un peu creusées en fossette au milieu, de grosseur très
  inégale et éparses.

12. Gorgone verruqueuse. *Gorgonia verrucosa.*

G. laxè ramosa, flabellata ; ramis teretibus, flexuosis, proliferis, ver-
rucosis ; carne albidâ.
Gorgonia verrucosa. Lin. Soland. et Ell. p. 89.
Seba. Mus. 3. t. 106. no 3.
Esper. 5. t. 16. *fig. mala.*
* Cavolini. Polypi marini. p. 7. pl. 1.
* Schweig. Handb. p. 433.
* Flem. Brit. anim. p. 512.

* Lamour. Polyp. flex. p. 4r1 ; et Encycl. p. 444.

* Flem. Brit. anim. p. 512.

* Delle Chiaje. An. senza vert. di Nap. t. 35. p. 27. pl. 33. f. 4. 7.]
Mus. n°. Mém. du Mus. p. 82. n° 12.

Habite la Méditerranée, l'Océan américain. Mon cabinet.

(* M. Fleming a constaté que la Gorgone figurée par Sowerby sous
le nom de *G. viminalis* (Brit. Mis. pl. 40) appartient à cette espèce.)

13. Gorgone granifère. *Gorgonia granifera.*

*G. in plano ramosissima, flabellata (ramis ramulisque tenuibus,
flexuosis, proliferis, subcoalescentibus ; graniferis ; cortice albido.*

* Lamour. Polyp. flex. p. 407 ; et Encycl. p. 442.

Habite l'Océan indien. Envoi de *Commerson* et de M. *Mathieu.*

Mus. n°. Mém. du Mus. p. 83. n° 13.

* La Gorgone granifère de Lamarck me paraît être la même que la
Gorgone couronnée de Pallas, figurée par Esper. (*G. placomus.*
pl. 33). Les tubercules prolifères sont saillans et ont la forme de
grains arrondis terminés supérieurement par un cercle dont l'intérieur est occupé par 8 languettes triangulaires, réunies par la
pointe. La couche corticale est très mince, granuleuse et sans sillons distincts. Les branches sont très rameuses et se soudent fréquemment entre elles.

14. Gorgone couronnée. *Gorgonia placomus.*

*G. ramosa, flabellatim explanata, rigidula ; ramis teretibus, granu-
loso-verrucosis ; verrucis creberrimis, sparsis, subcoronatis.*

Gorgonia placomus. Pall. Zooph. p. 201.

Soland. et Ell. p. 86.

Ellis. Corall. tab. 27. *fig. a, A. A.* 1, 2, 3.

Esper. 2. sab. 33, 34. 34. A.

Gmel. p. 3799.

* Lamour. Polyp. flex. p. 409 ; et Encycl. p. 443.

* Flem. p. 512.

* Blainv. Man. d'Actin. p. 505.

2. *var. ramis subcompressis.*

* *Muricea placomus.* Ehrenb. Mém. sur les Polypes de la Mer-Rouge.
p. 134.

Mus. n°. Mém. du Mus. p. 83. n₀ 14.

Habite la Méditerranée.

* La Gorgone couronnée de Lamarck ne paraît pas différer spécifi-
quement de la verruqueuse.

15. Gorgone amaranthoïde. *Gorgonia amaranthoides.*

> *G. ramosa, laxa, flabellata ; ramis raris, crassis, teretibus, obtusis ; verrucis creberrimis subimbricatis.*

Mus. n°. Mém. du Mus. n° 15.

* Lamour. Polyp. flex. p. 410; et Encycl. p. 444.

Habite... Celle-ci n'est peut-être qu'une variété de la précédente ; mais elle en diffère singulièrement par son aspect.

16. Gorgone fourchue. *Gorgonia furcata.*

> *G. laxè ramosa, dichotoma, humilis; ramis teretibus, raris, variè curvis ; cortice albo, obsoletè verrucoso.*

An Knorr. Delic. tab. A. 5. f. 1.

* Lamour. Polyp. flex. p. 410; et Encycl. p. 444.

* Blainv. Man. d'Actin. p. 505.

Mus. n°. Mém. du Mus. p. 83. no 16.

Habite la Méditerranée? sur un *Millepora polymorpha.*

17. Gorgone pinnée. *Gorgonia pinnata.*

> *G. ramosa, pinnata; pinnulis linearibus, distichis, creberrimis ; osculis in marginibus seriatim dispositis ; axibus pinnularum setosis.*

(a) *Cortice purpurascente.*

Gorgonia setosa. Lin. Esper. 2. tab. 17.

Gorgonia acerosa. Pall. Zooph. p. 172.

(b) *Cortice albido-flavescente.*

Gorgonia pinnata. Soland. et Ell. p. 87. tab. 14. f. 3.

* Pall. Elench. p. 174.

Gorgonia acerosa. Esper. 2. tab. 31.

* Pall. Elench. p. 172.

Gorgonia americana. Gmel. p. 3799.

(c) *Sanguinolenta; pinnulis longissimis ; Polypis elongatis atro purpureis.*

* *Gorgonia sanguinolenta?* Pall. Elench. p. 175.

Mus. n°. Mém. du Mus. p. 84. n° 17.

* *Gorgonia pinnata.* Lamour. Expos. méth. des Polyp. p. 32. pl. 12. fig. 3; et Encycl. p. 440.

* Blainv. Man. d'Actin. p. 505.

Habite l'Océan des Antilles. Mon cabinet.

* Ce Polypier se compose d'une tige principale, des deux côtés de laquelle naissent un grand nombre de branches. L'axe est arrondi et la couche corticale se compose d'un certain nombre de colonnes longitudinales, droites, parallèles et intimement unies entre elles:

à la partie inférieure de la tige principale ces côtes sont au nombre de 15 à 16 et ne présentent pas d'oscules; mais sur les branches et les ramuscules, on n'en compte ordinairement que 2, qui offrent chacune une série longitudinale d'oscules. Il en résulte que là où il existe des oscules ces ouvertures n'occupent que les côtes parties ou latérales de l'axe et forment de chaque côté une seule rangée séparée de son congénère par un sillon médian bien distinct.

18. Gorgone gladiée. *Gorgonia anceps.*

G. ramosa, subdichotoma ; ramis cortice complanato gladiatis; marginibus osculiferis.

Gorgonia anceps. Lin. Soland. et Ell. p. 89. n° 15.

Pall. Zooph. p. 183.

Esper. 2. tab. 7.

* Lamour. Polyp. flex. p. 395; et Encycl. p. 437.

* Flem. p. 512.

* Blainv. Man. d'Actin. p. 505.

* *Pterogorgia anceps.* Ehrenb. op. cit. p. 145.

Mus. n°. Mém. du Mus. p. 84. n° 18.

Habite les mers d'Amérique, l'Océan atlantique près des côtes d'Angleterre.

* Cette espèce, très remarquable, diffère beaucoup de toutes les autres. L'axe corné est très grêle, mais la partie corticale forte, épaisse, très comprimée; elle ne présente pas de sillon médian, n'est pourvu d'oscules que sur les bords latéraux, qui sont tranchans. Ces ouvertures y forment une série simple, et leur contour n'est pas du tout saillant.

19. Gorgone citrine. *Gorgonia citrina.*

G. humilis, ramosissima; ramulis cylindraceis, obsoletè depressis, granulatis ; cortice albido-flavescente ; osculis prominulis.

Gorgonia citrina. Esper. 2. t. 38.

Mus. n°. Mém. du Mus. p. 84. n° 19.

* Lamour. Polyp. flex. p. 412; et Encycl. p. 444.

Habite... l'Océan américain?

* Couche corticale d'épaisseur moyenne, hérissée de tubercules polypifères arrondis, assez saillans et percée d'un oscule dirigé très obliquement en haut. Cette espèce établit à quelques égards le passage entre la G. verruqueuse et la G. faux-antipate.

20. Gorgone rose. *Gorgonia rosea.*

G. dichotomo-ramosa, in plano expansa ; ramis subpinnatis ; ramulis

*teretibus, inæqualibus , ascendentibus ; carne roseâ ; poris subse-
riatis, oblongis.*

An Gorgonia ceratophyta. Lin.
Pall. Zooph. p. 185.
Gorgonia miniacea. Esper. 2. t. 36.
* Lamour. Polyp. flex. p. 401 ; et Encycl. p. 441.
Mon cabinet. Mém. du Mus. 2. p. 157. n° 20.
Habite la Méditerranée , l'Océan atlantique.

* Cette espèce se rapproche beaucoup par sa structure de la Gorgone pinnée; mais la portion corticale est plus épaisse et plus spongieuse et n'est guère distinctement cannelée que sur les plus grosses
branches. Les oscules sont latéraux mais disposés en séries moins
régulières, et l'espace médian qui les sépare ne présente sur les
rameaux aucun sillon médian distinct.

21. Gorgone à verges. *Gorgonia virgulata.*

*G. ramosa, laxissima ; ramis teretibus, gracilibus, subsimplicibu.
virgatis ; osculis subseriatis.*
Seba. Mus. 3. t. 107. n° 3?
An Gorgonia ceratophyta? Esper. 2. t. 19.
* Lamour. Polyp. flex. p. 412 ; et Encycl. p. 444.
Mus. n°. Mém. du Mus. 2. p. 157. n° 21.
Habite l'Océan Atlantique américain. Mon cabinet.

* Les oscules prennent par la dessiccation la forme de petites fentes
longitudinales non saillantes; ils sont disposés par séries longitudinales assez régulières, mais non pas sur les côtes des branches
seulement, comme dans l'espèce précédente; chaque branche en
porte plusieurs rangées non symétriques , il n'existe par conséquent pas de sillon médian.

22. Gorgone sanguine. *Gorgonia sanguinea.*

*G. ramosa ; ramis erectis gracilibus, tereti-setaceis ; carne purpureâ ;
osculis oblongis, subseriatis.*
Mon cabinet. Mém. du Mus. 2. n° 22.
* Lamour. Polyp. flex. p. 400; et Encycl. p. 441.
* Ehrenb. op. cit. p. 143.
Habite...

* La structure de cette espèce est très analogue à celle de la G. rosée
(n° 21). La disposition des oscules est encore latérale mais moins
régulièrement sériale; l'espace non perforé qui occupe le milieu
des branches et sépare les oscules, ne présente de sillon médian
bien distinct que dans les rameaux de moyenne grosseur.

23. Gorgone graminée. *Gorgonia graminea.*

G. *ramis erectis, subfasciculatis, gracilibus, teretibus, junceis; carne albidá; poris, oblongis sparsis.*

* *Gorgonia viminalis.* Pall. Elench. p. 184.

* Lamour. Polyp. flex. p. 414; Expos. méth. des Polyp. p. 34. pl. 12, fig. 1; et Encycl. p. 445.

* *Plexaura viminalis.* Ehrenb. op. cit. p. 141.

Mus. n°.

2. *var. subtuberculosa.*

Gorgonia viminalis. var. Esper. 2. tab. XI. A.

* *Gorgonia Bertholonii.* Lamour. Polyp. flex. p. 414; et Encyclop. p. 445.

Mon cabinet. Mém. du Mus. 2. n° 23.

Habite la Méditerranée.

24. Gorgone moniliforme. *Gorgonia moniliformis.*

G. *simplex, filiformis, erecta; cellulis prominulis, turbinatis, apice umbilicatis, subsparsis; carne albidá, membranaceá.*

Mus. n°. Mém. du Mus. 2. n° 24.

* Lamour. Polyp. flex. p. 420: et Encycl. p. 447.

Habite les mers de la Nouvelle-Hollande. *Péron* et *Lesueur.*

* Couche corticale fort mince mais hérissée de tubercules polypifères, épars, très gros et très saillans, ayant à leur sommet un oscule.

25. Gorgone nodulifère. *Gorgonia nodulifera.*

G. *ramoso-paniculata, planulata; ramis ramulisque alternis, noduliferis : carne aurantiá, squammulosá; nodulis alternis, albis, subspongiosis.*

Mus. no. Mém. du Mus. 2. n₀ 25.

* Lamour. Polyp. flex. p. 416; et Encycl. p. 446.

Habite... les mers de la Nouvelle-Hollande? *Péron* et *Lesueur.*

26. Gorgone blonde. *Gorgonia flavida.*

G. *ramosa, subpinnata, conferto-cespitosa; ramulis teretibus, numerosis; carne flavidá; poris crebris sparsis.*

Mus. n°. Mém. du Mus. 2. n° 26.

Seba. Mus. 3. t. 107. f. 8.

* Lamour. Polyp. flex. p. 402; et Encycl. p. 441.

Habite l'Océan des Antilles. *Mauger.*

* Couche corticale très épaisse; oscules un peu ovalaires, très béans, à bords perpendiculaires, point saillans et épars sur la surface des branches.

27. Gorgone violette. *Gorgonia violacea.*

G. in plano ramosa, pinnata, depressiuscula ; ramulis crebris, cylin-draceis, subgranulatis; carne violaceâ.

Gorgonia violacea. Pall. Zooph. p. 176.

Esper. 2. tab. 12.

Mus. n°. Mém. du Mus. 2. no 27.

* *Pterogordia violacea.* Ehrenb. op. cit. p. 146.

* Lamour. Polyp. flex. p. 408 ; et Encycl. p. 443.

Habite les mers d'Amérique.

28. Gorgone penchée. *Gorgonia homomalla.*

G. ramosissima; ramis teretibus, dichotomis, ascendentibus et sub-cernuis; cortice crasso; osculis sparsis.

Gorgonia homomalla. Esper. 4. t. 29.

(a) *Cortice fusco-nigrescente.*

(b) *Cortice cinereo-rubente.*

(c) *Cortice cinereo.*

Mus. n°. Mém. du Mus. 2. n° 2 .

* *Plexaura homomalla.* Lamour. Polyp. flex. p. 430.

* Delonch. Encycl. p. 629.

* Blainv. Man. d'Actin. p. 609.

Habite les mers d'Amérique.

29. Gorgone vermoulue. *Gorgonia vermiculata.*

G. ramosa, dichotoma ; ramis erectis, longis, teretibus ; cortice crasso; osculis superficialibus, rotondatis, creberrimis, sparsis.

An Gorgonia suberosa? Soland. et Ell. p. 93.

Mon cabinet.

2. *eadem humilior et debilior.*

Gorgonia porosa. Esper. 2. tab. 10.

Mus. n°. Mém. du Mus. 2. n° 29.

* *Plexaura friabilis?* Lamour. Polyp. flex. p. 430 ; et Expos. méth. des Polyp. p. 35. pl. 18. fig. 3.

* Delonch. Encycl. p. 628.

* Blainv. Man. d'Actin. p. 509.

Habite... l'Océan indien ?

* Les oscules sont irrégulièrement épars sur toutes les parties du Polypier, et ne font aucune saillie. Cette espèce a la plus grande analogie avec la G. multicaude, les oscules sont cependant plus rapprochés et plus ronds et la couche corticale paraît être d'une texture plus subéreuse.

30. Gorgone porte-sillon. *Gorgonia sulcifera.*

G. in plano ramosa, laxa, altissima; ramulis sæpius secundis, ascen-

*dentibus ; cortice tenui luteo-rubente , obsoletè verrucoso ; sulco
ad caulem ramosque decurrente.*

An Gorgonia suberosa. Esper. Suppl. 1. t. 49.
Mus. n°. Mém. du Mus. 2. n°. 30.
* Lamour. Polyp. flex. p. 412. et Encycl. p. 444.
Habite l'Océan indien.

31. Gorgone pectinée. *Gorgonia pectinata.*

*G. ramis obliquè erectis, pectinatis ; ramulis crebris secundis, ascen-
dentibus, subgranulosis ; carne rubrà.*

Seba. Mus. 3. t. 105. f. 1. a.
Gorgonia pectinata. Gmel. p. 3808.
Pall. Elench. Zooph. p. 179.
Soland. et Ell. p. 85.
Mus. n°. Mém. du Mus. 2. n° 31.
* Lamour. Polyp. flex. p. 416, et Encycl. p. 446.
Habite l'Océan des Moluques.

* Oscules occupant le sommet des mamelons ou verrues, médiocrement saillans, disposés tout autour des branches et ne montrant
qu'une faible tendance à un arrangement sérial.

* Cette espèce se rapproche par sa structure de la Gorgone rosée.
La substance corticale est finement cannelée et semble composée
d'un certain nombre de colonnes longitudinales comme dans la
G. pinnée, mais dont chacune présente ici, même sur le bas de la
tige principale, une série linéaire d'oscules ; les sillons qui séparent ces diverses rangées de cellules sont plus distincts que dans
aucune autre espèce dont nous ayons eu l'occasion d'examiner la
structure. A la naissance de chaque branche latérale les colonnes
corticales, sur le trajet desquelles celle-ci est placée, se recour-
bent en dehors et remontent le long de la face externe, tandis que
d'autres colonnes semblables, qui naissent dans l'aisselle de ce
même rameau, remontent le long de la tige comme le faisaient primitivement ceux dont nous venons de parler ou bien suivent la
face supérieure de la nouvelle branche. Sur les rameaux terminaux
il y a seulement 2 rangées de cellules, une de chaque côté, mais
on ne distingue pas de sillon médian.

32. Gorgone sarmenteuse. *Gorgonia sarmentosa.*

*G. ramosa ; paniculata ; ramis tenuibus, teretibus, sulcatis ; carne te-
nui rubescente ; osculis subseriatis.*

Mus. n°. Mém. du Mus. n° 32.
2. *eadem cortice lutescente.*
Gorgonia sarmentosa. Esper. 2. tab. 21. et Suppl. 1. t. 45.

* Lamour. Polyp. flex. p. 415; et Encycl. p. 445.
* Blainv. Man. d'Actin. p. 506.
Habite la Méditerranée? Cette espèce se rapproche de la G. porte-
sillon par ses rapports.

33. Gorgone blanche. *Gorgonia alba.*

*G. ramosa, subcompressa; ramis subpinnatis, erectis; ramulis tere-
tibus; carne candidâ; osculis sparsis.*
Mus. n°. Mém. du Mus. 2. n° 33.
* Lamour. Encycl. p. 445.
Habite... Cette Gorgone est petite, et ne paraît s'élever qu'à deux
décimètres de hauteur.

34. Gorgone jonc. *Gorgonia juncea.*

*G. simplicissima, longissima, teres; carne ochraceâ, subminiatâ; os-
culis crebris, sparsis, subgranulatis.*
An Gorgonia juncea. Soland. et Ell. p. 81.
Esper. Suppl. 2. tab. 52.
Mus. no.
Mém. du Mus. 2. n° 34.
* Lamour Polyp. flex. p. 419; et Encycl. p. 447.
Habite l'Océan américain.
* Oscules ovales, perpendiculaires à l'axe du Polypier, serrés et
épars, à la partie supérieure de la tige; ils sont situés à l'extrémité
de petites élévations verruqueuses, saillantes, mais vers le bas, ils
ne dépassent guère la surface de la couche corticale, les verrues
qui les portent devenant comme immergées dans celles-ci. L'axe est
cylindrique, très dur et composé de couches concentriques bien
distinctes.

35. Gorgone allongée. *Gorgonia elongata.*

*G. longissima, dichotoma; ramis junceis; cortice rubescente; cellulis
papillaribus, erectis laxissimè imbricatis.*
Gorgonia elongata. Pall. Zooph. p. 179.
Soland. et Ell. p. 96.
Esper. Suppl. 2. t. 55.
Mon cabinet. Mém. du Mus. 2. n° 35.
* Lamour. Polyp. flex. p. 419; et Encycl. p. 446.
Habite l'Océan Atlantique. Elle est aussi longue que la précédente,
et à-peu-près de la même couleur.

† 35 a. Gorgone étalée. *Gorgonia patula.*

G. compressa, tortuosè ramosa subpinnata, ruberrima; osculis di-

tichis, subrotundis, halone subalbido inclusis; osse subfusco corneo.
Sol. et Ell. p. 88. pl. 15. fig. 3 et 4.
Lamour. Polyp. flex. p. 399; Expos. méth. des Polyp. p. 33. pl. 15.
fig. 3 et 4 ; et Encycl. p. 440.
Habite la Méditerranée.

† 35 *b.* Gorgone d'Olivier. *Gorgonia Olivieri.*

G. parum ramosa, teres ; ramis paululùm flexuosis ; cellulis minutis linearibus.
Gorgonia juncea. Bosc. Vers. t. 3. p. 30. pl. 27. fig. 1. 3.
Gorgonia Olivieri. Lamour. Polyp. flex. p. 400; et Encycl. p. 441.
Habite les mers de l'Amérique septentrionale.

† 35 *c.* Gorgone rhizomorphe. *Gorgonia rhizomorpha.*

G. ramosa, ramis sparsis, elongatis, rhizomorphis ; cortice bruneo; osse subcorneo.
Lamour. Polyp. flex. p. 401; et Encycl. p. 441.
Blainv. Man. d'Actin. p. 505.
Habite les côtes de Biaritz, près Bayonne.

† 35 *d.* Gorgone sasappo. *Gorgonia sasappo.*

G. dichotoma, teres; ramis divaricatis virgatis ; cortice rubro; cellulis undique piloso-muricatis.
Pall. Elench. Zooph. p. 188.
Esper. t. 2. p. 49. pl. 9.
Lamour. Polyp. flex. p. 402 ; et Encycl. p. 441.
Habite l'Océan indien.

† 35 *f.* Gorgone ventilabre. *Gorgonia ventilabrum.*

G. reticulata ; ramis compressis ; cortice ruberrimo, verrucoso.
Pall. Elen. Zooph. p. 165.
Gorgonia ventalina. Lin. Gmel. Syst. nat. p. 3808.
Lamour. Polyp. flex. p. 404.
Gorgonia ventilabrum ejusdem. Encycl. p. 442.
Habite l'Océan indien.

† 35 *g.* Gorgone parasol. *Gorgonia umbraculum.*

G. flabelliformis, subreticulata ; ramis creberrimis, teretibus, divergentibus, carne rubrâ verrucosâ abductis.
Soland. et Ell. p. 80. pl. 10.
Lamour. Polyp. flex. p. 405; Expos. méth. des Polyp. p. 34. pl. 16;
et Encycl. p. 442.
G. granulata? Esper. 2. p. 30. pl. 4.
Habite l'Océan indien.

† 35 *h*. Gorgone clathre. *Gorgonia clathrus*.

G. reticulata, lignosa ; ramulis teretibus; cortice lævi; poris simpli-
cibus.

Pall. Elen. p. 168.
Lamour. Polyp. flex. p. 405 ; et Encycl. p. 442.
Patrie inconnue.

† 35 *i*. Gorgone de Richard. *Gorgonia Richardii*.

G. ramosissima, ramis sparsis vel sublateralibus, paululùm flabellatis;
Polypis exsertis octo tentaculatis conoïdeis.

Lamour. Polyp. flex. p. 407; et Encycl. p. 443.
Habite la mer des Antilles.

† 35 *j*. Gorgone saillante. *Gorgonia exserta*.

G. teres, sparsè ramosa; ramulis alternis; osculis octovalvulis alternis;
Polypis octotentaculatis exsertis; carne sqammulis albis vestitâ; osse
subfusco corneo.

Soland. et Ell. p. 87. pl. 15. fig. 1 et 2.
Lamour. Polyp. flex. p. 408; Expos. méth. des Polyp. p. 54. pl. 15.
fig. 1 et 2 ; et Encycl. p. 443.
Habite les mers d'Amérique.

† 35 *k*. Gorgone cérathophyte. *Gorgonia ceratophyta*

G. dichotoma; axillis divaricatis ; ramis virgatis ascendentibus ,
bisulcatis ; carne purpureâ , Polypis niveis octotentaculatis, disti-
chè sparsis, osse atro corneo suffultâ.

Soland. et Ell. p. 81. pl. 12. fig. 2. 3.
Pall. Elen. Zooph. p. 185.
Lamour. Polyp. flex. p. 413; Expos. méth. des Polyp. pl. 34. p. 12.
fig. 2 et 3; Encycl. p. 445.
Blainv. Man. d'Actin. p. 305.
Habite la Méditerranée et la mer des Antilles.

† 35 *l*. Gorgone pustuleuse. *Gorgonia pustulosa*.

G. ramis sparsis ; cellulis pustulosis in duas series sublaterales dispo-
sitis; cortice miniaceo.

Lamour. Polyp. flex. p. 415. pl. 15; et Encycl. p. 445.
Patrie inconnue.

35 *m*. Gorgone pourpre. *Gorgonia purpurea*.

G. subdichotoma; ramis divaricatis, virgatis; cortice violaceo sub-
verrucoso.

Pall. Élen. p. 187.

Lamour. Polyp flex. p. 416; et Encycl. p. 446.
Habite les mers d'Amérique.

35 *n.* Gorgone sétacée. *Gorgonia setacea.*

G. simplex, rigida ; cortice calcareo albo, subverrucoso.
Pall. Elen. p. 182.
Lamour. Polyp. flex. p. 421 ; et Encycl. p. 447.
Habite les mers d'Amérique.

† 35 *o.* Gorgone briarée. *Gorgonia briareus.*

G. subramosa, teres, crassa, basi supra rupes latè explanata ; carne internè subalbidá, externè cinereá ; Polypis majoribus octotentaculatis, seriatis; osse ex aciculis vitreis purpureis inordinatè sed longitudinaliter compactis composito.
Soland. et Ell. p. 93. pl. 14. fig. 1. 2.
Lamour. Polyp. flex. p. 421; Expos. méth. des Polyp. p. 35. pl. 14.
　　fig. 1 et 2 ; et Encycl. p. 447.
Habite les mers d'Amérique.

† 35 *p.* Gorgone écarlate. *Gorgonia coccinea.*

G. ramosa ; ramis brevibus sparsis, cladoniæformibus; cortice coccineo.
Lamour. Polyp. flex. p. 423 ; et Encycl. p. 447.
Habite les mers d'Australasie.

† 35 *q.* Gorgone coralloïde. *Gorgonia caralloides.*

G. lignea, erecta, subdichotoma, difformis ; cortice roseo tuberoso ; poris verruciformibus stellatis.
Pall. Elen. Zooph. p. 193.
Esper. t. 2. pl. 32.
Lamour. Polyp. flex. p. 423 ; et Encycl. p. 448.
Habite la Méditerranée.

36. Gorgone antipate. *Gorgonia antipathes.*

G. paniculato ramosa, axe nigro, striato, ramorum ultimorum setaceo subcapillaceo, cortice lævi; poris magnis sparsis.
Accabaar, S. corallium nigrum. Rumph. Amb. 6. tab. 77.
Seba. mus. 3. t. 104. f. 2.
Gorgonia antipathes. Esper. 2 tab. 23. 24.
Gorgonia antipathes. Pall. z oph. p. 193.
Mus. no Mém. du Mus. 2. n° 36.
　* *Eunicea antipathes.* Lamouroux. Polyp. flex. p. 434. et Encyclop.
　　p. 380.
　* Ehrenberg. op. cit. p. 135.
Habite..... l'Océan indien. Mon cabinet.

37. Gorgone dichotome. *Gorgonia dichotoma.*

G. ramis ascendentibus, dichotomis; axillis lunatis; cortice crasso, lævi; poris sparsis.

Gorgonia dichotoma. Esper. 2 tab. 14.

Mus. n°   Mém. du Mus. 2. n° 37.

Habite... l'Océan américain.

Mon cabinet.

* Je n'ai eu l'occasion d'examiner qu'un individu en mauvais état de cette Gorgone, qui m'a paru avoir beaucoup d'analogie avec l'espèce suivante; les oscules prennent, par la contraction, la forme de fentes lamellées, nullement saillantes. L'axe corné est sillonné et comme tordu, sans être flexueux, disposition que je n'ai pas remarquée chez l'hétéropore.

38. Gorgone multicaude. *Gorgonia multicauda.*

G. ramosa, dichotoma, crassa; ramis teretibus, apice obtusis; cortice crasso; osculis prominulis, margine crenatis, æquidistantibus.

An Gorgonia crassa. Soland. et Ell. p. 91.

* *Plexaura crassa?* Lamouroux. Polyp. flex. p. 429.

Delonchamp. Encycl. p. 628.

Mus. n°   Mém du Mus. 2. n. 38.

Habite l'Océan américain.

39. Gorgone hétéropore. *Gorgonia heteropora.*

G. ramosa, dichotoma, crassa; ramis cylindricis, raris; cortice crasso poris oblongis, varie sitis pertuso.

Mon cabinet. Mus. n°

2. *var. poris angustatis, subobturatis.*

Mon cabinet.   Mém. du Mus. 2. no 39.

* *Plexaura heteropora.* Lamour. Polyp. flex. p. 429.

* Delonchamps. Encyclop. p. 628.

* Blainv. Man. d'Actinol. p. 509.

Habite...... Elle a quelques rapports avec la Gorgone vermoulue, n° 29.

*Les différences signalées par Lamarck entre cette espèce et la précédente me paraissent être accidentelles et dépendre en majeure partie de la dessiccation; car dans un échantillon conservé dans l'alcool j'ai pu étudier les oscules dans leurs divers degrés de contraction, et voir alors sur la même branche des parties semblables en tout à la Gorgone multicaude, et d'autres où ces oscules n'étaient pas du tout saillans et ne ressemblaient à des fentes fusiformes, comme dans l'échantillon desséché de la Gorgone hétéropore.

† 39 *a*. Gorgone liège. *Gorgonia suberosa.*

> *G. ramosa, subdichotoma; ramis longioribus, crassis, teretibus, ascendentibus carne miniaceâ, spongiosa, osculis substillatis, in quincuncis ferè dispositis; osse pallidè rubro suberoso.*
>
> Seland. et Ell. p. 93.
> Pallas. Elench. p. 191.
> Esper. t. 2. pl. 30.
> *Plexaura suberosa.* Lamouroux. Polyp. flex. p. 430, et Encyclop. pag. 628.
> Blainv. Man. d'Actin. pag. 509. pl. 87. fig. 5.
> Habite les mers des Ii des et d'Afrique.

† 39 *b*. Gorgone olivâtre. *Gorgonia olivacea.*

> *G. ramosissima; ramis sparsis vel subpinnatis, cortice olivaceo; cellulis sparsis, distantibus.*
>
> *Plexaura olivacea.* Lamour. Polyp. flex. p. 431. et Encyclop. p. 629.
> Blainv. Man. d'Actin. p. 509.
> Habite les mers d'Amérique.

39 *c*. Gorgone flexueuse. *Gorgonia flexuosa..*

> *G. ramis sparsis, brevioribus, flexuosis; cellulis sparsis, distantibus; cortice transverse sulcato.*
>
> *Plexaura flexuosa.* Lamour. Expos. méth. des Polyp. p. 35. pl. 70. fig. 1. 2.
> Blainv. Man. d'Actin. p. 509.
> Habite les côtes de Cuba.

** *Cellules cylindriques ou turbinées, très saillantes.*

(Les papillaires.)

40. Gorgone faux antipate. *Gorgonia pseudo-antipathes.*

> *G. ramosa, dichotoma; ramis ascendentibus; axe ad axillas compresso; cortice crasso; papillis echinato.*
>
> *An Gorgonia muricata?* var. Esper. 2 tab. 39.
> * Lamouroux rapporte cette figure à sa *Muricea spicifera* (mais nous pensons que c'est à tort).
> * *Eunicea pseudo-antipathes.* Lamour. Polyp. flex. p. 437; et Encyclop. p. 381.
> Mus. nº   Mém. du Mus. nº 40.
> Habite..... les mers d'Amérique.

*Les tubercules polypifères sont cylindriques et médiocrement saillans; les oscules sont dirigés très obliquement en haut et en dehors, et dépassés par la lèvre externe, qui est très saillante, et se recourbe en dedans; la texture de la couche corticale se rapproche un peu de celle de la G. hétéropore.

41. Gorgone épi de plantain. *Gorgonia plantaginea.*

G. ramosa, crassa, erecta; ramis teretibus, echinulatis; cortice spongioso, fusco; cellulis conicis, erectis, creberrimis.

An Gorgonia succinea ? Esper. suppl. 1. t. 46.

An Soland. et Ell. tab. 18. f. 2.

Mon cabinet.   Mém. du Mus. no 41.

Habite.... l'Océan américain ? Cette espèce est très distincte de la Gorgone muriquée. (* Elle en a l'aspect, la structure, mais son axe corné est plat.)

42. Gorgone lime. *Gorgonia lima.*

G. ramosa, dichotoma, albida; papillis exiguis densissimè confertis, axe ad axillas compresso.

* Tournefort. Mém. de l'Acad. des sciences. 1700. p. 34. pl. 1.

Gorgonia muricata. Esper. 2. tab. 8.

* *Eunicea limiformis.* Lamour. Polyp. flex. p. 436; Expos. méthod. des Polyp. p. 36. pl. 18. fig. 1, et Encyclop. p. 380.

Mus. n°   Mém. du Mus. n° 42.

Habite l'Océan des Antilles.

Mon cabinet.

* Cette espèce a aussi le port de la précédente; mais elle s'en distingue facilement par la disposition des oscules.

* Lamouroux observe que la *Gorgonia mollis* d'Olivi (Zool. adriat; p. 233; Bertoloni. Rar. plant. ital. Dec. 3. p. 96; *Eunicea mollis.* Lamour. pol. flex. p. 436, et Encyclop. p. 381) la *Gorgonia succinea* d'Esper (Zooph. pl. 46. *Eunicea succinea* Lamour. Polyp. flex. p. 437. et Encyclop. p. 382. Blainv. Man. p. 507); et la *G. limiformis* paraissent être très rapprochées et ne sont peut-être que des simples variétés de la même espèce.

† 42 *a.* Gorgone clavaire. *Gorgonia clavaria.*

G. ramosa, crassissima; ramis teretibus parum numerosis, clavato-elongatis; mamellis inæqualibus, ore magno.

Soland. et Ell. Zooph. pl. 18. fig. 2 (Absq. desc.).

Eunicea clavaria. Lamour. Polyp. flex. p. 437; Expos. méth. des Polyp. p. 36. pl. 18. fig. 2 ; et Encycl. p. 381.

Blainv. Man. d'Actin. p. 507.

Habite la mer des Antilles.

† 42 *b*. Gorgone à gros mamelons. *Gorgonia mammosa.*

G. ramosa, subdichotoma ; mamillis teretibus, 2-5 millimetres longis ; ore sublobato.

Eunicea mammosa. Lamour. Polyp. flex. p. 438 ; Expos. méth. des Polyp. p. 36. pl. 70. fig. 3 ; et Encycl. p. 381.

Blainv. Man. d'Actin. p. 507. pl. 87. fig. 4.

Habite la mer des Antilles.

† 42 *c*. Gorgone calycifère. *Gorgonia calyculata.*

G. dichotoma ; ramulis crassis, arrectis ; papillis truncatis ; carne cinerascente, intus purpureâ ; osculis majoribus, calyciformibus, confertis, sursùm expectantibus ; Polypis octotentaculatis, cirratis ; osse subfusco, corneo.

Soland. et Ell. Zooph. p. 95.

Eunicea calyculata. Lamouroux. Polyp. flex. p. 438 ; et Encyclop. p. 381.

Blainv. Man. d'Actin. p. 507.

Patrie inconnue.

43. Gorgone muriquée. *Gorgonia muricata.*

G. ramosa, subdigitata, humilis, ramis spicæformibus ; cortice papillis cylindricis, confertis et arrectis muricato.

Gorgonia muricata? Pall. zooph. p. 198.

Lithophyton americanum minus album, tuberculis sursùm spectantibus obsitam. Tournef. inst. p. 574.

An Gorgonia muricata? Esper. suppl. 1. tab. 39. A.

Mon cabinet.   Mém. du Mus. n° 43.

* Schwegger. Hand. p. 433.

* *Muricea spicifera?* Lamour. Expos. méthod. des Polyp. p. 36. pl. 71. fig. 1 et 2 ; et Encyclop. p. 558.

* Blainv. Man. d'actin. p. 509. pl. 88. fig. 1.

* Ehrenberg. Mém. sur les Polyp. de la Mer-Rouge. p. 134.

Habite l'Océan des Antilles.

*Les cellules constituent des mamelons cylindriques saillans dont la longueur dépasse de beaucoup l'épaisseur de l'écorce qui la porte ; ils sont serrés les uns contre les autres, et par la contraction leur ouverture devient oblique et presque bilabiale ; enfin leurs parois sont formées de spicules.

C. ramis sparsis, elongatis seu virgatis, paululùm flexibilibus ; cellulis ovato-elongatis, arrectis, ad basim contractis.

Muricea elongata. Lamour. Expos. méthod. des Polyp. p. 37 pl. 71.
fig. 3, 4. Et Encyclop. p. 559.

Blainv. Man. d'Actin. p. 509.

Habite les côtes de Cuba. Le nom de *Gorgonia elongata* étant déjà
employé pour une autre espèce, j'ai cru devoir le changer ici.

44. Gorgone épis lâches. *Gorgonia laxispica.*

*G. ramosa; ramis spicæformibus, longiusculis, laxè muricatis; pa-
pillis cylindricis, arrectis.*

Mém. du Mus. 2. n° 44.

* Lamour. Encyclop. p. 446.

Mus. no

Habite..... l'Océan américain?

* Cette espèce, extrêmement voisine, de la G. muriquée, s'en distingue par ses mamelons beaucoup plus allongés, à parois plus minces
et moins abondamment pourvue de spicules; leur ouverture devient, par sa contraction, encore plus distinctement bilabiée.

45. Gorgone lépadifère. *Gorgonia lepadifera.*

*G. ramosa, dichotoma; papillis confertis, reflexis, campanulatis,
squamosis, subimbricatis.*

Gorgonia lepadifera. Lin. Soland. et Ell. p. 84. tab. 13. f. 1. 2.

* Baster. op. sub. p. 130. pl. 13. fig. 1.

Gorgonia reseda. Pall. Zooph. p. 204.

* *Primnoa lepadifera.* Lamour. Polyp. flex. p. 442. Expos. méthod.
des Polyp. * Dp. 37. pl. 13. fig. 1 2.

* Delonchamps. Encyclop. p. 656.

* Fleming. Brit. p. 513.

* Blainv. Man. d'actin. p. 410. pl. 87. fig. 6.

Mus. n°   Mém. du Mus. no 45.

Habite la mer du Nord, sur les côtes de la Norwège. Ses papilles sont
toutes réfléchies, et comme imbriquées d'écailles.

* C'est avec raison que Lamouroux a séparé cette espèce des Gorgones ordinaires, pour en former un genre distinct.

46. Gorgone verticillaire. *Gorgonia verticillaris.*

*G. ramosa; ramis pinnatis, flabellatis; osculis papillaribus, ascen-
dentibus, incurvatis, verticillatis.*

Gorgonia verticillaris. Lin.

Pall. Zooph. p. 177.

Soland. et Ell. p. 83.

Ellis. Coral. t. 26. fig. *s. t. v.*

Marsil. His. de la Mer. t. 20. f. 94. 96.

Mus. n_0

Esper. suppl. 1. t. 42.

* M. Ehrenberg rapporte cette figure à son *Primnoa flabellum.* op. cit. p. 134.

Mém. du Mus. no 46.

* Lamour. Polyp. flex. p. 417; et Encyclop. p. 446.

* *Primnoa verticillaris.* Ehrenberg. Mém. sur les Polypes de la Mer-Rouge. p. 133.

Habite la Méditerranée. Mon cabinet.

* Sur la tige les papilles polypifères n'ont pas une disposition régulière, mais sur les branches elles forment quatre rangées longitudinales, et sont disposées par verticilles.

47. Gorgone plume. *Gorgonia penna.*

G. canescens, laxè ramosa, complanata; ramis furcatis, pennaceis; pinnulis, distichis, confertis, filiformibus; cellulis papillaribus, ascendentibus, bifariis.

Mém. du Mus. 2. n 47.

* Lamour. Polyp. flex. p. 418; et Encyclop. p. 446.

Mus. n°

Habite les mers de la Nouvelle-Hollande. *Péron* et *Lesueur.* Très belle et singulière espèce, dont l'aspect est celui d'une grande Sertulaire en plume blanchâtre. Rameaux et pinnules sur un seul plan. Cellules papillaires et ascendantes, comme dans la Gorgone verticillaire, mais alternes et distiques. Hauteur, vingt à vingt-cinq centimètres.

48. Gorgone queue de souris. *Gorgonia myura.*

G. simplex, filiformis, caudata, albida; papillis oblongis ascendentibus, incurvatis, subbifariis.

Mém. du Mus. 2. n 48.

* Lamour. Polyp. flex. p. 420. et Encyclop. p. 447.

Mus. n°

Habite.... Ses papilles viennent sur deux côtés opposés, par rangées doubles, et dans une disposition alterne.

* Couche corticale très mince, un peu froncée; tubercules polypifères, éparses, presque pyriformes, avec l'oscule situé à leur sommet et dirigé en haut.

* La *Gorgonia florida* des auteurs (Müller. Zool. dan. t. 4. p. 20. pl. 137 ; Lamouroux. Polyp. flex. p. 422, et Encyclop. p. 447; Blainville. Man. d'Actin. p. 506) n'appartient certainement pas à ce genre; c'est un Polypier charnu qui se rapproche des Lobulaires.

Espèces fossiles.

49. Gorgone incertaine. *Gorgonia dubia.*

Gorgonia ramis dichotomis pinnatis, pinnulis suboppositis, ramis pinnulisque scabris.

Goldf. Petref. p. 18.

2. *Gorgonia ripisteria.*

G. ramosissima, flabellatim explanata, reticulata, ramulis subcompressis coalescentibus subtilissime striatis, cortice granuloso.

Goldf. Petref. p. 19.

3. *Gorgonia bacillaris.*

G. umbellæformis, radiis simplicibus profundè trisulcatis, costis didymis, trabeculis lateralibus raris inter se junctis, ostiolis crebris seriatis punctiformibus, cortice folioso contiguo granuloso radios connectente.

Goldf. Petref. p. 19.

4. Gorgone infundibuliforme. *Gorgonia infundibuliformis.*

G. undulato-infundibuliformis, subtilissime reticulata, ramulis striatis, maculis ovalibus quincuncialibus.

Goldf. Petref. p. 20.
Escharites retiformis. Schlot. Petref. p. 342.
Retepora. Schrot. Vollst. etc. III. p. 480. tab. 9. fig. 2.
Gorgonia infundibuliformis. Blainv. Man. d'Actin. p. 506.
Fossile de la dolomie des monts Ourals.

CORALLINE. (Corallina.)

Polypier fixé, phytoïde, très rameux, composé d'un axe central, et d'un encroûtement interrompu d'espace en espace.

Axe filiforme, inarticulé, plein, cartilagineux ou corné un peu cassant dans l'état sec.

Encroûtement calcaire, dense, uni, à sa surface, sans cellules bien apparentes, interrompu et comme articulé dans sa longu e

Polypes non connus.

Polyparium fixum, phytoideum, ramosissimum, axe centrali crustáque passim interruptá compositum.

Axis filiformis, inarticulatus, solidus, cartilagineus aut corneus, exsiccatione subfragilis.

Crusta corticalis calcarea, densa, superficie lævigatá, articulatim interrupta ; cellulis subinconspicuis.

Polypi ignoti.

OBSERVATIONS. Les *Corallines* forment un genre bien singulier, qui a dû toujours embarrasser les naturalistes dans la détermination de leur rang parmi les autres Polypiers.

Comme la plupart constituent des Polypiers frêles, délicats, et assez finement ramifiés, en forme de très petites plantes, on les a crues voisines des Polypiers vaginiformes, et on les a placées près des Sertulaires.

Leurs tiges et leurs branches ne sont cependant point fistuleuses, quoique Ellis leur attribue ce caractère ; du moins celles que j'ai examinées m'ont toujours offert un axe corné sans cavité distincte. Ainsi ce sont des *Polypiers corticifères*, qui ont, comme les Gorgones, un axe plein, recouvert d'un encroûtement polypifère ; mais cet encroûtement est interrompu en articulations.

J'aurais donc découvert le véritable rang des *Corallines*, parmi les Polypiers, en les plaçant à la fin des Corticifères, si *Solander*, les éloignant des Tubulaires, Sertulaires, etc., n'avait déjà eu le sentiment de leurs rapports ; car il les groupe, dans son ouvrage, avec les Corticifères, dans l'ordre suivant : *Gorgone, Antipate, Isis, Coralline*, et en forme une transition aux Millépores et Madrépores.

Quoique *Solander* ait convenablement rapproché les *Corallines* des autres Corticifères, je ne connais point ses motifs pour ce rapprochement, et son ordre est différent du mien. J'ai motivé le rang que j'assigne aux *Corallines*, en montrant, d'une part, que la transition naturelle aux Millépores se fait par les Polypiers à réseau ; et, de l'autre part, que les Corallines, comme véritables Corticifères, terminent cette section, et forment une transition évidente aux Polypiers empâtés, par les *Pinceaux* et les *Flabellaires.* Ainsi la détermination du véritable rang des Corallines m'appartient, et serait probablement constatée si l'on pouvait connaître l'organisation des Polypes qui forment ces Polypiers.

La nature ne procédant que par des degrés presque insensibles dans ses opérations, n'a commencé à effectuer les fibres multiples des Polypiers empâtés que dans les *Pinceaux* et les *Flabellaires*. Pour y parvenir, il lui a donc fallu atténuer les derniers Polypiers corticifères, et réduire à une grande ténuité l'axe qu'elle a rendu si éminent dans les Isi·, les Antipates et les Gorgones; c'est ce qu'elle a exécuté dans les *Corallines*. Dès-lors, en multipliant ou divisant cet axe, c'est-à-dire, en le transformant en fibres multiples, d'abord simplement parallèles ou fasciculées, ensuite mêlées, croisées et même feutrées, elle a amené les Polypiers empâtés qui eux-mêmes entraînent l'anéantissement du Polypier.

Ainsi, l'axe des *Corallines*, quoique filiforme et très fin, est encore entier, plein et continu, comme celui des Gorgones, et ne présente point des fibres nombreuses et distinctes, comme dans les Polypiers empâtés; mais il est sur le point de se diviser ou de se composer, ce qui a lieu dans les Pinceaux et les Flabellaires.

L'encroûtement de l'axe délicat des Corallines est interrompu et comme articulé. Il est assez dense dans l'état sec, paraît lisse à sa surface, et n'y offre point à l'œil nu, les cellules des Polypes, comme celui des Gorgones. Elles y existent néanmoins; mais leur petitesse extrême les fait échapper à la vue. En effet, on prétend que, dans certaines espèces de ce genre, leur encroûtement moins serré, laisse voir des pores épars sur toute la surface des articulations; on dit même que l'on aperçoit ces pores sur toutes les Corallines vues dans l'état frais. Cela est d'autant plus vraisemblable, que les Polypes ne peuvent réellement se trouver que dans l'encroûtement corticiforme de ces Polypiers.

Les *Corallines* étant des Polypiers corticifères considérablement réduits, l'on conçoit que leurs Polypes doivent être d'une petitesse extrême; et quoiqu'il soit probable que ces Polypes aient, dans leur organisation, de l'analogie avec ceux des autres Polypiers corticifères, on ne pourra sans doute le constater positivement. M. *Lamouroux* dit avoir vu dans la mer des fibrilles saillantes hors de l'encroûtement, et y rentrer subitement à la moindre agitation de l'eau. *Ellis* les a vues pareillement, et même les a représentées (Corall. tab.　　). Elles paraissent analogues à celles que *Donati* a vues dans l'*Acétabule*. Ces fibrilles sont capillacées et d'une ténuité extraordinaire. On peut supposer que ce sont des tentacules très atténués, et ici proportionnellement plus allongés qu'ailleurs; que leur emploi est seulement de faire arriver l'eau à la bouche du petit Polype qui les soutient.

Les *Corallines* forment en général de jolies touffes ou de petits buissons assez finement ramifiés, souvent corymbiformes, et qui ressemblent beaucoup à des plantes. On vient de voir néanmoins que ce sont réellement des Polypiers; que leurs tiges et leurs ramifications ont un axe filiforme, plein, subcartilagineux ou corné; que cet axe est enveloppé d'un encroûtement calcaire, divisé ou interrompu de distance en distance, ce qui le rend éminemment articulé, et augmente la flexibilité des tiges et des ramifications. Quelques espèces même en paraissent toutes noueuses, ce qui fut cause qu'*Imperati* leur donna le nom de Nodulaires (*Nodulariæ.*)

[Les auteurs ont été pendant long-temps partagés d'opinions sur la nature des Corallines; Lamouroux, ainsi que Lamarck, les considéraient comme de véritables Polypiers; aujourd'hui non-seulement on a reconnu que ces êtres singuliers n'avaient point de Polypes; mais en observant leur structure interne on a démontré que c'est au règne végétal qu'on doit les rapporter, et qu'ils ont la plus grande ressemblance avec des Algues dont le tissu s'encroûterait de carbonate de chaux (Voy. à ce sujet les recherches de Schweigger *Beobachtungen auf naturhistorischen Reisen,* les observations de M. de Blainville. Dict. des Sc. nat. t. 2, p.　et Man. d'Actinol., p. 545 et les expériences plus récentes de M. Link, Ann. des Sc. nat. 1835, t. 2. Bot.　　　E.]

Les *Corallines* sont très nombreuses en espèces, nos mers et celles des climats chauds paraissent en contenir abondamment. Leurs touffes, quoique petites en général, sont élégantes, très diversifiées, variées en coloration, et font l'ornement de nos collections de Polypiers. Je ne citerai que les espèces que j'ai pu voir.

Je divise les Corallines en trois sections, dont M. *Lamouroux* forme trois genres.

———

[Il existe dans la collection de Lamarck, que possède maintenant le Muséum, des fragmens d'un Polypier très remarquable par la structure de son axe. Lamarck l'a rapporté, avec un point de doute, à la *Gorgonia verticillaris*, dont il a un peu l'aspect ; mais les pupilles polypifères sont alternes et beaucóup plus petites, et sa couleur est jaune. L'axe corné de ce petit zoophyte est cylindrique, cannelé et articulé à-peu-près comme celui des Isis ; sur la tige chaque article porte une paire de branches et est séparé des articles voisins par une espèce de rondelle plus ou moins épaisse ; mais sur les branches l'articulation se fait directement. On ne voit rien de semblable dans l'axe de la Gorgone verticille ou des autres Gorgones, et cette particularité de structure me paraît devoir motiver l'établissement d'une nouvelle division générique.   E.]

ESPÈCES.

* *Polypier dichotome, à articulations courtes, dilatées et souvent comprimées supérieurement.*

1. Coralline officinale. *Corallina officinalis.*

> *C. trichotoma, subviridis; ramis pinnatis; pinnulis distichis, cylindrico clavatis; ultimis subcapitatis; articulis, stirpium et ramorum cuneiformibus compressiusculis.*
>
> *Corallina officinalis.* Lin.
>
> Soland. et Ell. p. 118. t. 23. f. 14. 15.
>
> Ell. Corall. t. 24. n° 2. *fig.* a. A. A 1. A 2. B. B 1. B 2.
>
> Esper. Suppl. 2. t. 3. *fig. mala.*
>
> Mus. n°. Mém. du Mus. vol. 2.
>
> 2. *var. minor et tenuior, subfestigiata.*

* Lamour. Polyp. flex. p. 283; et Encycl. p. 211.
* Schweig. Handb. p. 437.
* Blainv. Man. d'Actin. p. 547. pl. 96. fig. 3.
* Link. Ann. des sc. nat. 2ᵉ série. bot. p. 326.
Habite l'Océan européen, la Méditerranée.

2. Coralline lâche. *Corallina laxa.*

*C. trichotomo-ramosa, laxa, elongata, subrufa; ramis supernè pin-
natis; pinnulis brevibus, remotiusculis, cylindricis; articulis stirpium et ramorum oblongis, tereti-compressis.*

* *Corallina loricata.* Blainv. Man. d'Actin. p. 547.
Mus. n°. Mém. du Mus. vol. 2.
Habite l'Océan européen, dans la Manche, sur les côtes de France.
Elle est d'un rouge livide.
(* Suivant Lamouroux cette espèce ne serait qu'une variété de la pré-
cédente.)

3. Coralline longue-tige. *Corallina longicaulis.*

*C. subtrichotoma; surculis prælongis, apice ramisque pinnatis; arti-
culis creberrimis, stirpium et ramorum tereti-compressis; ramulo-
rum cylindricis.*
Confer cum corallinà loricatà et cum corallinà elongatà.
* *Corallina elongata.* Blainv. Man. d'Actin. p. 547.
Ma collection. Mém. du Mus. vol. 2.
Habite les mers d'Europe, la Méditerranée.

4. Coralline écailleuse. *Corallina squamata.*

*C. subtrichotoma; ramis pinnatis, apice dilatatis; ramulis angustis,
depressiusculis; articulis stirpium et ramorum cuneiformibus, com-
pressis; ultimis complanatis, margine acutis.*
Corallina squamata. Soland. et Ell. p. 117.
Ell. Corall. tab. 24. n° 4. *fig. C. C.*
* Lamour. Polyp. flex. p. 287; et Encycl. p. 214.
* Blainv. Man. d'Actin. p. 548.
* Schweig. Handb. p. 437.
Ma collection. Mém. du Mus. vol. 2.
Habite l'Océan européen, les côtes d'Angleterre.

5. Coralline sapinette. *Corallina abietina.*

*C. rubra, bipinnata; pinnis pinnulisque confertis, penniformibus;
articulis stirpium et pinnarum majusculis, turbinatis, subcompressis.*
An corallina squamata. Esper. Suppl. 2. tab. 4.

Mus. n°. Mém. du Mus. vol. 2.

Habite... Couleur d'un rouge sombre ou pourpré.

* Suivant Lamouroux ce n'est qu'une variété individuelle de l'espèce précédente.

6. Coralline pectinée. *Corallina pectinata.*

C. surculis fasciculatis, erectis, supernè pectinatis, basi nudis; pinnulis tereti-subulatis; articulis cylindricis.

* Blainv. Man. d'Actin. p. 548.

Mus. n°. Mém. du Mus. vol. 2.

Habite.... les mers d'Amérique? Hauteur, quatre centimètres.

7. Coralline mille-graine. *Corallina millegrana.*

C. surculis gracilibus, supernè ramosis, subfastigiatis; ramis erectis, pinnatis; pinnulis tereti-subulatis; fertilibus graniferis.

Mus. n°. Mém. du Mus. vol. 2.

Habite l'Océan-Atlantique, sur les côtes de Ténériffe. *Le Dru.*

8. Coralline granifère. *Corallina granifera.*

C. trichotomo-ramosa, tenuissima; ramis subbipinnatis, lanceolatis; pinnulis subsetaceis; fertilibus apice vel in ultimâ divisurâ graniferis.

Corallina granifera? Soland. et Ell. p. 129. t. 21. *fig. C. C.*

* Lamour. Polyp. flex. p. 287; Expos. méth. des Polyp. p. 24. pl. 21. fig. C; et Encycl. p. 214.

* Blainv. Man. d'Actin. p. 548.

Mus. n°. Mém. du Mus. vol. 2.

Habite l'Océan-Atlantique, la Méditerranée. Elle forme des touffes étalées en rosettes verdâtres et pourprées.

9. Coralline en cyprès. *Corallina cupressina.*

C. humilis, trichotoma, subbipinnata; ramulis pennaceis, supernè dilatatis, compressis; pinnis pinnulisque confertis, distichis.

Corallina cupressina. Esper. Suppl. 2. tab. 7.

2. *eadem albida, surculis ramisque basi denudatis.*

* Lamour. Polyp. flex. p. 286; et Encycl. p. 214.

* Blainv. Man. d'Actin. p. 548.

Mus. n°. Mém. du Mus. vol. 2.

Habite l'Océan-Atlantique, près de Ténériffe. *Le Dru.*

10. Coralline chapelet. *Corallina rosarium.*

C. elongata, dichotomo-ramosa; surculis ramisque moniliformibus, articulis inferioribus cylindricis, superioribus subcompressis.

Corallina rosarium. Soland. et Ell. p. 111. t. 21. *fig. h.*

33.

Corallina... Sloan. Jam. Hist. 1. tab. 20. f. 3.

Cymopolium rosarium. Lamour. Expos. méth. des Polyp. p. 25. pl. 21.
fig. 11 ; et Encycl. p. 237.

* *Corallium rosarium.* Schweig. Handb. p. 437.

Ma collection. Mém. du Mus. vol. 2.

Habite l'Océan des Antilles. Elle est très blanche.

11. Coralline filicule. *Corallina filicula.*

*C. humilis, subtrichotoma, compressa, cristata ; ramis ramulisque su-
pernè dilatatis, complanatis; articulis compressis; cuneiformibus,
angulato-lobatis, ultimis subpalmatis.*

Mus. n°. Mém. du Mus. vol. 2.

Habite l'Océan américain. Mon cabinet.

12. Coralline en corymbe. *Corallina corymbosa.*

*C. dichotomo-ramosa, corymbosa; articulis inferioribus, brevibus,
cylindraceis; superioribus cuneiformibus, compressiusculis ; ultimis, subdigitatis.*

An Corallina palmata. Soland. et Ell. p. 118. t. 21. *fig. a. A.*

Ma collection. Mém. du Mus. vol. 2.

Habite les mers d'Amérique. Elle est un peu plus élevée et moins
aplatie que la précédente.

13. Coralline livide. *Corallina livida.*

*C. dichotomo-ramosa, supernè pinnato-paniculata ; articulis ramo-
rum, cuneatis, compressis, convexiusculis, ad angulos lobiferis.*

Ma collection. Mém. du Mus. vol. 2.

Habite..... les mers d'Amérique? Couleur, vert olivacé ou rougeâtre.

14. Coralline plumeuse. *Corallina plumosa.*

*C. surculis subramosis, bipinnatis, pennaceis; articulis vix compressis;
pinnulis brevibus, tenuissimis.*

Mus. n°. Mém. du Mus. vol. 2.

Habite les mers australes. *Péron* et *Lesueur.*

15. Coralline rose. *Corallina rosea.*

*C. ramosissima, purpureo-rosea ; ramis subbipinnatis ; pinnis penna-
ceis ; pinnulis ciliiformibus ; articulis ramorum brevibus, creberrimis.*

Mus. n°. Mém. du Mus. vol. 2.

2. *var. crispa, ramis distortis.*

Habite les mers australes. *Péron* et *Lesueur.* Espèce des plus jolies de
ce genre.

16. Coralline mucronée. *Corallina mucronata.*

> *C. ramosa, subdichotoma ; surculis ramisque pinnatis ; infernè sub-*
> *nudis ; pinnulis brevibus, exilibus acutis ; articulis stirpium cu-*
> *neatis.*

Ma collection. Mém. du Mus. vol. 2.

Habite l'Océan d'Europe.

17. Coralline corniculée. *Corallina corniculata.*

> *C. subcapillaris, dichotoma ; ramis pinnatis ; articulis stirpium bi-*
> *cornibus ; ramulorum teretibus.*

Corallina corniculata. Soland. et Ell. p. 121.

* *Jania corniculata.* Lamouroux. Polyp. flex. p. 273 ; et Encyclop.
p. 468.

Ell. Corall. tab. 24. n₀ 6. *fig. d. D.*

Ma collection. Mém. du Mus. vol. 2.

Habite les mers d'Europe.

**** *Polypier capillacé , subdichotome , à articulations***
cylindriques.

18. Coralline porte-graine. *Corallina spermophoros.*

> *C. dichotoma, capillaris, muscosa, albida; ramulis filiformibus; ar-*
> *ticulis cylindricis; divisuris ultimis ad axillas graniferis.*

Corallina spermophoros. Lin. Soland. et Ell. p. 122.

Ellis. Corall. tab. 24. n° 8. *fig. g. G.*

Esper. Suppl. 2. tab. 10.

Mém. du Mus. vol. 2.

Habite l'Océan européen. Ma collection. * Lamouroux réunit cette
espèce à la C. rougeâtre (n° 20).

19. Coralline flocconneuse. *Corallina floccosa.*

> *C. pumila, tenuissima, dichotomo-ramosissima, nivea ; ramis ramu-*
> *lisque cylindricis, subpulvereis.*

Mus. n°. Mém. du Mus. vol. 2.

Habite. . . . . Ses ramifications sont chargées d'aspérités extrêmement
petites.

20. Coralline rougeâtre. *Corallina rubens.*

> *C. dichotoma capillaris, muscosa ; rumosa filiformibus; articulis cy-*
> *lindricis; ultimis subclavatis, interdùm bilobis.*

Corallina rubens. Lin. Soland. et Ell. p. 123.

Ellis. Corall. tab. 24. n° 5. *fig. e. E.*

Mus. n°. Mém. du Mus. vol. 2.

2. *eadem corymboso-fastigiata.*

* *Jania rubens.* Lamour. Polyp. flex. p. 271. pl. 9. f. 6. 7; Expos.
méth. des Polyp. p. 24. pl. 69. fig. 11. 12; et Encycl. p. 468.

Habite l'Océan européen, la Méditerranée, etc. Ma collection. Elle
est très fine, jolie, et variée dans sa couleur.

21. Coralline à crêtes. *Corallina cristata.*

*C. dichotoma, ramosissima, capillaris; ramulis fasciculatis, fasti-
giato-cymosis, cristatis; articulis minimis, teretibus.*

Corallina cristata. Lin. Soland. et Ell. p. 121.

Ellis. Corall. tab. 24. n° 7. *fig. f. F.*

Mus. n°. Mém. du Mus. vol. 2.

Habite la Méditerranée, l'Océan d'Europe. Ma collection. * Lamouroux réunit cette Coralline à l'espèce précédente.

22. Coralline pourprée. *Corallina purpurata.*

*C. cespitosa, subpurpurea, capillaris, subfastigiata; ramis pinnatis;
articulis teretibus; ramulis ultimis, clavatis, subbilobis.*

Mus. n°. Mém. du Mus. vol. 2.

* *Jania purpurata.* Blainv. Man. d'Actin. p. 550.

Habite l'Océan-Atlantique, près de Ténériffe. *Le Dru.*

*** *Polypier rameux, dichotome ou verticillé; à articulations allongées, séparées, laissant à découvert l'axe
corné qui les soutient.*

23. Coralline gladiée. *Corallina anceps.*

*C. dichotoma, ramosissima; articulis inferioribus teretibus : superio-
ribus elongatis, ancipitibus, supernè dilatatis.*

Mus. n°. Mém. du Mus. vol. 2.

* *Amphiroa gaillori.* Lamour. Polyp. flex. p. 298; et Encyclop.
p. 49.

Habite les mers australes ou de la Nouvelle-Hollande. *Péron* et
Lesueur.

24. Coralline éphédrée. *Corallina ephedræa.*

*C. dichotomo-ramosissima, laxa; articulis longis, gracilibus, subte-
retibus : ultimis ancipitibus.*

Mus. n°. Mém. du Mus. vol. 2.

Habite.... les mers australes ou de la Nouvelle-Hollande? *Péron*
et *Lesueur.*

* Lamouroux réunit cette Coralline à l'espèce précédente.

25. Coralline cylindrique. *Corallina cylindrica.*

C. dichotoma, ramosissima, debilis, alba ; articulis cylindricis, subœ-
qualibus ; ramulis apice furcatis.
Corallina cylindrica. Soland. et Ell. p. 114. t. 22 f. 4.
Ma collection. Mém. du Mus. vol. 2.
Habite les mers d'Amérique.

26. Coralline cuspidée. *Corallina cuspidata.*

C. subtetrachotoma, alba ; articulis cylindricis; geniculis tendinaceis;
ramulis ultimis, acutis.
Corallina cuspidata. Soland. et Ell. p. 124. t. 21. *fig. f.*
* *Amphiroa cuspidata.* Lamour. Polyp. flex. p. 300; Expos. méth.
des Polyp. p. 26. pl. 21. *fig. f.* et Encycl. p. 51.
Ma collection. Mém. du Mus. vol. 2.
Habite les mers d'Amérique.

27. Coralline chaussetrappe. *Corallina tribulus.*

C. subpentachotoma; ramosissima, diffusa, indurata, muricata ; ra-
mulis ad genicula stellatis, divaricatis ; articulis inferioribus an-
cipitibus : superioribus cylindricis.
Corallina tribulus. Soland. et Ell. p. 124. t. 21. *fig. C.*
* *Amphiroa tribulus.* Lamour. Expos. méth. des Polyp. p. 26. pl. 21.
fig. e ; et Encycl. p. 52.
Ma collection. Mém. du Mus. vol. 2.
Habite les mers d'Amérique.

28. Coralline interrompue. *Corallina interrupta.*

C. tenuis, ramosissima, diffusa ; ramulis ad genicula; binis vel
ternis ; articulis interdìm remotis, cylindricis, in pluribus gibbo-
sulis.
* *Amphiroa interrupta.* Lamour. Polyp. flex. p. 300; et Encyclop.
p. 51.
Mus. n°. Mém. du Mus. vol. 2.
Habite l'Océan-Atlantique. Ma collection.

29. Coralline stellifère. *Corallina stellifera.*

C. subpentachotoma , ramosissima ; ramis elongatis, laxis, jubatis ;
ramulis aciculatis, ad genicula stellatis.
2. *var. internodiis subcrinitis.*
* *Amphiroa jubata ?* Lamouroux. Polyp. flex. p. 301 ; et Encyclop.
p. 52.

Mus. n°. Mém. du Mus. vol. 2.

Habite les mers australes ou de la Nouvelle-Hollande. *Péron* et *Lesueur.*

3o. Coralline charagne. *Corallina chara.*

C. polychotoma ; ramis ramulisque ad genicula verticillatis, ascen-dentibus ; articulis cylindricis, uno latere verrucosis.

2. *eadem, ramulis gracilioribus, ad genicula fractis, parciùs ver-rucosis.*

3. *eadem, ramis filiformibus, fractis, articulis prœlongis.*

* *Amphiroa charaoides.* Lamour. Polyp. flex. p. 3o1 ; et Encyclop. p. 52.

Habite.... les mers de la Nouvelle-Hollande. *Péron* et *Lesueur.* Ma collection. Les deux suivantes n'en sont peut-être encore que des variétés.

31. Coralline rayonnée. *Corallina radiata.*

C. polychotoma, albo-purpurascens, lœvigata, verticillaris ; ramulis ad genicula radiatis, erectis, sublœvibus.

Mus. n°. Mém. du Mus. vol. 2.

Habite les mers de la Nouvelle-Hollande. *Péron* et *Lesueur.*

32. Coralline gallioïde. *Corallina gallioides.*

C. subpentachotoma, ramosa, candida, fragilissima ; articulis cylin-dricis ; ramulis inœqualibus, verrucosis, ad genicula verticillatis.

Mus. n°. Mém. du Mus. vol. 2.

Habite les mers australes ou de la Nouvelle-Hollande. *Péron* et *Le-sueur.*

† Ajoutez un assez grand nombre d'espèces décrites par Lamou-roux.

Septième Section.

POLYPIERS FORAMINÉS.

Polypiers diversiformes, composés de deux sortes de par-ties distinctes :

1o *De fibres nombreuses, cornées, soit fasciculées ou rayonnantes, soit enlacées, croisées ou feutrées ;*

2° *D'une pulpe charnue ou gélatineuse, qui recouvre, enveloppe ou empate les fibres, contient les Polypes, et prend, en se desséchant, une consistance plus ou moins ferme, coriace ou terreuse.*

OBSERVATIONS. — Voici la dernière section de l'ordre des *Polypes à polypier;* celle dans laquelle on voit le Polypier s'anéantir définitivement, se confondant à la fin avec le corps commun des Polypes; celle enfin qui fournit une transition évidente des Polypes à Polypier aux *Polypes tubifères,* et de ceux-ci aux *Polypes flottans.*

Les *Polypiers empâtés* sont en général épais, très mous dans l'état frais, et la plupart, en se desséchant, prennent une consistance assez ferme, souvent même coriace.

Ces Polypiers sont formés de deux sortes de parties distinctes, savoir : d'une pulpe charnue ou gélatineuse, qui contient, elle seule, les Polypes ; et de fibres cornées ou cartilagineuses, diversement disposées, recouvertes, enveloppées ou empâtées par la pulpe polypifère.

Sous le rapport des deux sortes de parties qui les composent, ces Polypiers se rapprochent essentiellement de ceux que j'ai nommés *corticifères ;* mais au lieu d'avoir, comme ces derniers, un axe central, entier et plein, ils ont des fibres multiples, très grêles, souvent même d'une finesse extrème, d'une substance cornée, et qui ne sont jamais fistuleuses. Ces fibres remplacent l'axe du Polypier, et en sont une véritable dégénérescence par la voie de la division. Elles sont d'abord en faisceau central et axiforme ; bientôt après elles se dispersent, s'enlacent, se croisent en réseau, et sont cohérentes dans les points de leur croisement. Ces mêmes fibres ont quelquefois beaucoup de raideur, comme dans certaines Éponges ; néanmoins, dans les derniers genres de cette section, elles ont une ténuité si grande qu'à peine sont-elles perceptibles.

La pulpe charnue ou gélatineuse qui enveloppe, empâte, ou recouvre les fibres cornées, est plus ou moins épaisse, selon l'espèce de Polypier dont elle fait partie ; et dans ceux de ces Polypiers où elle subsiste après leur sortie de la mer, elle forme, en se desséchant, un encroûtement assez ferme, coriace, poreux, et le plus souvent cellulifère, qui rend évidente sa nature de Polypier.

Ainsi, les *Polypiers empâtés* présentent des masses diversiformes, charnues, pulpeuses ou gélatineuses, et remplies de fibres cornées, plus ou moins fines, dont la disposition varie selon les espèces.

C'est dans la substance charnue ou pulpeuse de ces Polypiers, que sont immergés les Polypes, et qu'ils communiquent probablement les uns avec les autres. (1)

Dans certains de ces Polypiers, comme dans les *Alcyons*, la pulpe enveloppante est si molle, et recouvre des fibres si menues, que, dans l'état frais, elle se confond avec le corps commun des Polypes. Aussi, c'est avec les *Alcyons* que le Polypier se termine, et il le fait si insensiblement, qu'il est difficile d'assigner le point où il cesse d'exister; ce qui fut cause qu'on a rangé parmi les Alcyons beaucoup de Polypes qui n'y appartenaient point. Dans ceux néanmoins où la pulpe enveloppante subsiste en entier après s'être desséchée, il est facile de reconnaître que cette pulpe est un corps tout-à-fait étranger aux animaux qu'il a contenus; aussi les cellules des Polypes s'observent-elles presque toujours alors, et se distinguent même très bien. (2)

On sent que la nature n'a pu produire les *Polypiers empâtés* qu'après les *Polypiers corticifères*; et que c'est en divisant la matière qui formait l'axe central de ces derniers, en diminuant ensuite de plus en plus la quantité de cette matière transformée en fibres; enfin, en augmentant au contraire la pulpe enveloppante, qu'elle a produit successivement les différens Polypiers empâtés.

Or, en augmentant la pulpe enveloppante, la rendant de plus en plus gélatineuse, presque fluide, et diminuant la matière des fibres, elle a terminé d'une manière insensible le Polypier, et a produit, par une sorte de transition, des corps vivans,

---

(1) [Il n'existe point de Polypes proprement dits, chez les Spongiaires dont toute cette section se compose.   E.]

(2) [Ces prétendues cellules ne sont que les ouvertures des canaux aquifères, dont la masse des Spongiaires est creusée. E.]

communs à beaucoup de Polypes; corps qui n'ont plus de Polypiers, mais qui ont encore l'aspect des derniers Polypiers.

Les Polypes des *Polypiers empâtés* ont l'organisation au moins aussi avancée que celle des Polypes à Polypiers corticifères, si elle ne l'est même davantage encore; car ils participent évidemment au nouvel ordre de choses qui a commencé dans ces corticifères.

Peut-être offrent-ils, comme les Polypes tubifères que M. *Savigny* vient de nous faire connaître, un corps muni d'une cavité abdominale sous-gastrique, divisée longitudinalement par huit demi-cloisons, et contenant huit intestins, ainsi que six ovaires ou six grappes de gemmules. Peut-être, au moins, ce nouveau mode d'organisation, qui a dû commencer avec les Polypiers corticifères, n'y est-il encore qu'ébauché, et ne se trouve achevé que dans les Polypes tubifères et dans les Polypes flottans.

S'il en est ainsi, comme cela paraît vraisemblable, les Polypes des quatre premières sections des Polypiers, seraient tous, comme les *Hydres*, à intestin unique et simple, et à cavité intérieure sans division; ceux de la cinquième section commenceraient à offrir une tunique double; enfin ceux de la sixième et de la septième section seraient à intestins multiples, et auraient une cavité abdominale sous-gastrique, divisée dans sa longueur par huit demi-cloisons espèces de mésentères.

Comme je n'ai connu que tard, et pendant l'impression de cet ouvrage, les intéressantes observations de M. *Savigny*, je n'ai pu les annoncer au commencement de la classe des Polypes; mais je vois avec satisfaction qu'elles confirment les rangs que j'avais assignés aux différens animaux de cette classe.

Les *Polypiers empâtés* conservent toujours, en se desséchant, leur forme, et la plupart leur empâtement. On ne les a encore divisés qu'en un petit nombre de genres, parce qu'en général leurs Polypes sont peu connus: voici ces genres.

* *Polypiers subphytoïdes.*

Pinceau.
Flabellaire.

** *Polypiers polymorphes.*

Éponge.
Téthie.
Géodie.
Alcyon.

PINCEAU. (Penicillus.)

Polypier à tige simple, encroûtée à l'extérieur, remplie intérieurement de fibres nombreuses, cornées, fasciculées, se divisant à son sommet en un faisceau de rameaux filiformes, dichotomes, articulés.

Polyparium stirpe simplici, externè incrustato, intùs fibris corneis numerosis fasciculatis longitudinaliter farcto.

Rami terminales, filiformes, articulati, dichotomi, fastigiati, fasciculatìm digesti.

Observations. Quoique les Polypiers connus sous le nom de *Pinceau*, aient de grands rapports avec les Corallines, non-seulement leur port et leur aspect les en distinguent facilement, mais la composition de leur tige et si différente, qu'on doit les considérer comme appartenant à un genre très particulier, et même à une autre section.

Ces Polypiers, surtout la première espèce, présentent assez bien la forme d'un Pinceau, et sont composés d'une tige simple, cylindrique, que termine un faisceau de rameaux nombreux. Tout le Polypier est recouvert d'un encroûtement calcaire, blanchâtre et comme farineux. Dans l'intérieur de la tige, on trouve une multitude de fibres cornées, libres, disposées en faisceau longitudinal. Il semble que la nature, par cette disposition, ait ici commencé la division de l'axe simple et central des Corallines, des Gorgones, etc., le transformant en un faisceau de fibres longitudinales.

Les rameaux qui terminent la tige sont grêles, filiformes, dichotomes, articulés, très nombreux et disposés en un faisceau quelquefois corymbiforme.

ESPÈCES.

1. Pinceau capité. *Penicillus capitatus.*

P. stirpe incrustato lævi; ramis fasciculatis, fastigiato-capitatis, di-
chotomis, articulatis, filiformibus.
Corallina penicillus. Lin. Soland. et Ell. t. 25. f. 4.6.
C. penicillus. Pall. Zooph. p. 428.
Seba. Thes. 1. tab. 1. f. 10.
Mus. n°. Ann. du Mus. vol. 20. p. 299. n° 1.
 * *Nesea pencillus.* Lamour. Polyp. flex. p. 257; et Expos. méth.
    des Polyp. p. 23. pl. 25. fig. 4.
 * Delonch. Encycl. p. 568.
 * *Pencillus capitatus.* Blainv. Man. d'Actin. p. 553.
Habite les mers d'Amérique. Mon cabinet.

2. Pinceau annelée. *Penicillus annulatus.*

P. stirpe simplici, membranaceo, annulatim rugoso; ramis fascicula-
tis, fastigiatis, dichotomis, articulatis.
Corallina peniculum. Soland. et Ell. p. 127. tab. 7. f. 5. 8. et tab.
    25. fig. 1.
Ann. du Mus. 20. p. 299. n° 2.
 * *Nesea annulata.* Lamour. Polyp. flex. p. 256; et Expos. méth. des
    Polyp. p. 23. pl. 7. f. 5.8. et pl. 25. fig. 1.
 * Delonch. Encycl. p. 569.
 * *Pencillus annulatus.* Blainv. Man. d'Actin. p. 553.
Habite les mers d'Amérique.

3. Pinceau flabellé. *Penicillus phœnix.*

P. stirpe simplici, incrustato; fronde oblongâ; ramis undique fasci-
culatis, erumpentibus, complanato-connatis.
Corallina phœnix. Soland. et Ell. tab. 25. f. 2. 3.
Ann. du Mus. 20. p. 299. n° 3.
 * *Nesea phœnix.* Lamour. Polyp. flex. p. 256; et Expos. méth. des
    Polyp. p. 22. pl. 25. fig. 2 et 3.
 * Delonch. Encycl. p. 568.
 * *Pencillus phœnix.* Blainv. Man. d'Actin. p. 553.
 † Ajoutez le *Nesea criophora.* Lamour. Polyp. flex. p. 257, et le
    Nesea nodulosa ejusdem. Voy. de l'Ur. pl. 91. fig 8 et 9.

FLABELLAIRE. (Flabellaria.)

Polypier caulescent, flabelliforme, encroûté, souvent divisé ; à expansions aplaties, subarticulées, prolifères.

Tige courte, cylindrique ; tissu composé de fibres entrelacées ; articulations subréniformes, plus larges que longues, à bord supérieur arrondi, ondé, sublobé.

Polyparium caulescens , flabellatum, incrustatum , sæpiùs divisum : ramis complanatis, subarticulatis, proliferis.

Stirps brevis, teres ; textura è fibris implexis composita ; articuli subreniformes, transversi : margine superiore rotundato, undulato, sublobato.

OBSERVATIONS. Quoique avoisinant les Corallines, les *Flabellaires*, ainsi que les Pinceaux, appartiennent évidemment à la section des Polypiers empâtés ; puisque leur tissu, plus ou moins encroûté, est composé d'une multitude de fibres très petites, entrelacées, presque feutrées. Leur tige, qui varie en longueur selon les espèces, tantôt soutient des expansions simples, aplaties, flabelliformes, dont les articulations sont réunies ; et tantôt se divise en rameaux munis d'articulations distinctes, comprimées, réniformes, plus larges que longues.

Ici, l'on voit le faisceau fibreux et central de la tige des Pinceaux transformé en un tissu de fibres intérieures enlacées et feutrées presque comme dans les Éponges.

Dans quelques Flabellaires, et principalement dans celles dont les articulations sont réunies, ces articulations aplaties sont minces, presque membraneuses, et si légèrement encroûtées, qu'on est tenté de prendre ces Polypiers pour des végétaux. Il y en a même qui ont entièrement l'aspect de la *Tremella* ou de l'*Ulva pavonia* des botanistes.

ESPÈCES.

§. *Articulations réunies.*

1. Flabellaire simple. *Flabellaria conglutinata.*

F. stirpe simplici, subincrustato ; ramis omnibus conglutinatis ; fronde flabelliformi nudâ.

Corallina conglutinata. Soland. et Ell. p. 125. tab. 25. f. 7.

Ann. du Mus. vol. 20. p. 301. n° 1.

* *Udatea conglutinata.* Lamour. Polyp. flex. p. 512; et Exp. méth. des Polyp. p. 28. pl. 23. fig. 7.

* Delonch. Encycl. p. 762.

Habite les côtes des îles Bahama.

2. Flabellaire pavone. *Flabellaria pavonia.*

F. stirpe simplici, incrustato; ramis conglutinatis; fronde flabelliformi incrustatá, undatá, sublobatá.

Corallina flabellum. Soland. et Ell. p. 124. tab. 24. *fig. A. B.*

Esper. Suppl. 2. t. 9. *fig. A. B.*

Mus. n°.

2. *var. lobata.* Soland. et Ell. tab. 24. *fig. C.*

Esper. Suppl. 2. t. 9. *fig. C.*

3. *var. profundè incisa.*

Fucus maritimus, etc. Moris. Hist. 3. sect. 15. t. 8. f. 7.

Esper. Suppl. 2. t. 8.

Ann. du Mus. 20. p. 301. n° 2.

* *Udatea flabellata.* Lamour. Polyp. flex. p. 311. pl. 12. fig. 2; Ex. méth. des Polyp. p. 27. pl. 24. fig. A.-D.

* Delouch. Encycl. p. 762.

Habite les mers d'Amérique.

§§. *Articulations distinctes.*

3. Flabellaire grosse-tige. *Flabellaria crassicaulis.*

F. stirpe tereti, crasso, incrustato; ramis distinctis, articulatis; articulis planis, incrustatis, reniformibus.

An Soland. et Ell. tab. 24. *fig. D.*

Mon cabinet.

Ann. du Mus. 20. p. 301. n° 3.

Habite.... Cette Flabellaire, par son tissu fibreux, laineux, feutré et tout-à-fait semblable à celui des Éponges, montre évidemment qu'elle appartient aux Polypiers empâtés.

4. Flabellaire épaissie. *Flabellaria incrassata.*

F. stirpe brevi; ramis articulatis trichotomis, articulis compressis, incrustatis : inferioribus cuneatis; superioribus reniformibus.

Corallina incrassata. Soland. et Ell. p. 111. tab. 20. *fig .d, d* 1-3. *D* 1.-6.

Mus. n°. Ann. du Mus. 20. p. 302. n° 4.

   * *Halimeda incrassata.* Lamour. Polyp. flex. p. 307; Expos. méth.
      des Polyp. p. 26. pl. 20, fig. d 1-3. et D 1-6; Encycl. p. 450.
   * *Flabellaria incrassata.* Blainv. Man. d'Actin. p. 550.
   Habite l'Océan des Antilles.

5. Flabellaire raquette. *Flabellaria tuna.*

*F. stirpe brevi; ramis articulatis, subtrichotomis; articulis, compressis,
planis, subrotundis, viridulis.*

Corallina tuna. Soland. et Ell. t. 20. *fig. E.*

Marsil. Hist. de la mer. t. 7. fig. 31.

Corallina discoidea. Esper. Suppl. 2. t. 11.

Ann. du Mus. n° 5.

Halimeda tuna. Lamour. Polyp. flex. p. 309. pl. 11. fig. 8; Expos.
méth. des Polyp. p. 27. pl. 20. *fig. e*; Encycl. p. 458.

* *Flabellaria tuna.* Blainv. Man. d'Actin. p. 551.

Habite la Méditerranée. Mon cabinet.

6. Flabellaire multicaule. *Flabellaria multicaulis.*

*F. stirpibus pluribus, incrustatis, articulatis, ramosis ; articulis
inferioribus, subteretibus : superioribus reniformibus, planis, inciso-lobatis.*

Mus. n°. Ann. du Mus n° 6.

* *Halimeda multicaulis.* Lamour. Polyp. flex. p. 307; et Encyclop.
p. 452.

Habite..... Cette Flabellaire ressemble presque entièrement à la
suivante par ses sommités.

7. Flabellaire festonnée. *Flabellaria opuntia.*

*F. stirpe subnullo ; ramis trichotomis, diffusis, articulatis ; articulis
planis, reniformibus, undatis, incrustatis.*

Corallina opuntia. Lin. Soland. et Ell. t. 20. *fig. b.*

Sloan. Jam. hist. 1. t. 20. f. 2.

Corallina. Esper. Suppl. 2. t. 1.

Mus. n°. Ann. du Mus. n° 7.

* *Halimeda opuntia.* Lamour. Polyp. flex. p. 308; Expos. méth. des
Polyp. p. 27. pl. 20. fig. 6; et Encycl. p. 453.

* *Flabellaria opuntia.* Blainv. Man. d'Actin. p. 551. pl. 65. f. 4.

Mus. n°. Ann. du Mus. n° 7.

Habite les mers d'Amérique. Celle-ci est toute blanche, très rameuse,
diffuse, presque sans tige. Son tissu intérieur, très distinctement
laineux et fibreux, est recouvert d'un encroûtement calcaire assez
épais.

ÉPONGE. (Spongia.)

Polypier polymorphe, fixé; mou, gélatineux, et comme irritable pendant la vie des Polypes; tenace, flexible, très poreux et absorbant l'eau dans l'état sec.

(Axe.) Fibres nombreuses, cornées, flexibles, enlacées ou en réseau, adhérentes dans les points de leur croisement.

(Croûte empâtante.) Pulpe gélatineuse, comme vivante, enveloppant les fibres, contenant les Polypes, mais très fugace, et ne se conservant que partiellement dans le Polypier retiré de la mer.

Polypes inconnus. * (Nuls.)

Polyparium polymorphum, fixum, molle, gelatinosum et subirritabile in vivo; exsiccatione tenax, flexile, porosissimum, aquam respirans.

(Axis.) Fibræ innumeræ, corneæ, flexiles, reticulatìm contextæ et connexæ.

(Crusta.) Gelatina subviva, fibras vestiens, fugacissima, in Polypario è mari emerso partim elapsa, evanida.

Polypi ignoti.

OBSERVATIONS. L'*Éponge* est une production naturelle que tout le monde connaît par l'usage assez habituel qu'on en fait chez soi; et, cependant, c'est un corps dont la nature est encore bien peu connue, et sur lequel les naturalistes, même les modernes, n'ont pu parvenir à se former une idée juste et claire.

Après l'avoir considérée comme intermédiaire entre les végétaux et les animaux, on s'accorde assez maintenant à ranger cette production dans le règne animal, mais on pense qu'elle appartient aux plus imparfaits et aux plus simples de tous les animaux; en un mot, que les Éponges offrent effectivement le terme de la nature animale, c'est-à-dire, que, dans l'ordre naturel, elles constituent le premier anneau de la chaîne que forment les animaux.

D'après cela, comment pouvoir considérer les Éponges comme des productions de Polypes, en un mot, comme de vé-

ritables Polypiers? Quelques naturalistes néanmoins l'ont soup-
çonné; mais, jusqu'à ce jour, personne n'en ayant pu apercevoir les Polypes, les idées, à l'égard de ces productions singulières, sont restées vacillantes, fort obscures, et l'hypothèse
inconsidérée qui attribue ces corps aux plus imparfaits des animaux a prévalu, malgré l'impossibilité évidente que des animaux qui seraient plus simples encore que les *monades*, puissent donner lieu à des corps aussi composés et aussi tenaces que
le sont les Éponges.

Si l'observation des animaux qui ont formé les Éponges ne
nous fournit rien qui puisse fixer nos idées sur la nature de ces
animaux, examinons les corps eux-mêmes qu'ils ont produits;
et voyons si parmi d'autres productions d'animaux que nous
connaissons mieux, il ne s'en trouve point qui soient réellement
rapprochés des Éponges par leurs rapports.

Ceux qui possèdent, ou qui ont consulté de riches collections
d'Alcyons et d'Éponges, savent ou ont dû remarquer, qu'entre
ces deux sortes de corps, les rapports naturels sont si grands,
qu'on est souvent embarrassé pour déterminer lequel de ces
deux genres doit comprendre certaines espèces que les collections nous présentent.

De part et d'autre, ce sont des corps marins fixés, légers, diversiformes, et tous composés de deux sortes de substances
savoir: 1° de fibres nombreuses, cornées, flexibles, plus ou
moins fines, quelquefois à peine perceptibles, et diversement
situées, entrelacées, croisées, réticulées; 2° d'une chair qui empâte ou recouvre ces fibres, qui s'affermit et devient comme coriace et terreuse dans son dessèchement, et qui, dans les espèces, varie du plus au moins en épaisseur, en quantité, en té-
nacité, en porosité, etc., etc.

Ceux de ces corps dont la pulpe charnue, plus empreinte de
parties terreuses, se trouve persistante après leur extraction
de la mer, se dessèchent, en prenant une consistance ferme, subéreuse ou coriace, et ont reçu le nom d'*Alcyons*. Ceux au contraire dont la chair très gélatineuse, et peu empreinte de parties terreuses, s'affaisse, s'évanouit et même s'échappe en partie
lorsqu'on les retire de la mer, et qui ont des fibres cornées **fort**

grandes, bien entrelacées, croisées, réticulées et adhérentes entre elles, ont été nommés *Éponges.*

Il n'y a donc de part et d'autre que du plus ou du moins dans la consistance de la pulpe qui empâte les fibres, c'est-à-dire, dans l'intensité du caractère essentiel de ces corps; et ce plus ou ce moins se remarque même entre les espèces de chacun des deux genres dont il s'agit.

S'il en est ainsi, et j'en appelle à l'examen des objets, parce qu'ils en offrent les preuves les plus évidentes; enfin, si l'observation nous apprend que les *Alcyons* nous présentent de véritables Polypiers, les Polypes de plusieurs Alcyons ayant été observés et figurés, il ne peut donc rester aucun doute que les *Éponges* ne soient pareillement des productions de Polypes, et même de Polypes qui avoisinent ceux des Alcyons par leurs rapports; elles ne sont donc pas le produit des plus simples et des plus imparfaits des animaux.

Sans doute, en citant les Alcyons, je n'entends pas parler de ces animaux composés, à corps commun, gélatineux et sans Polypier, que l'on a confondus avec les Alcyons, d'après une apparence extérieure; mais je parle des vrais Alcyons, c'est-à-dire de ceux qui ont un Polypier, lequel, dans sa structure, offre des fibres cornées, empâtées d'une pulpe qui se conserve et s'affermit dans son dessèchement. Or, ce sont ces corps qui ont avec les *Éponges* des rapports que l'on ne saurait contester.

Qu'on se rappelle maintenant que les Polypes à Polypier constituent la plupart des animaux composés, dont les individus adhèrent les uns aux autres, communiquent ensemble, participent à une vie commune, et ont un corps commun qui continue de subsister vivant, quoique ces individus, après s'être régénérés, périssent et se succèdent rapidement; alors on sentira que le corps gélatineux et commun des *Alcyons* et des *Éponges*, et que les Polypes qui le terminent dans tous les points, peuvent remplir toute la porosité de leur Polypier, comme cela arrive au corps commun des Polypes qui forment les *Astrées*, les *Madrépores*, etc. On sentira aussi que ce corps commun et que celui des Polypes qui y adhèrent, étant très irritables, doivent se contracter subitement au moindre contact des corps étran-

34.

gers qui les affecte, ce qui a été effectivement observé (1); qu'enfin, si dans les *Éponges* la chair gélatineuse de ces corps est très transparente, hyaline, en un mot, sans couleur, les Polypes très petits de sa surface doivent alors échapper à la vue, ce qui est cause que, jusqu'à présent, on ne les a point aperçus.

D'après ce que je viens d'exposer, toutes les observations, tous les faits connus qui concernent les Éponges, s'expliquent facilement, et fixent incontestablement nos idées sur l'origine et la nature de ces corps.

On sait que l'Éponge est un corps mou, léger, très poreux, jaunâtre, grisâtre ou blanchâtre, et qui a la faculté de s'imbiber de beaucoup d'eau que l'on en fait sortir en le comprimant.

Les anciens, même avant Aristote, avaient pensé que ces corps étaient susceptibles de sentiment, parce qu'ils leur avaient remarqué une sorte de frémissement et une contraction particulière lorsqu'on les touche.

Ce fait, dont on ne saurait douter, et dont je viens de développer plus haut la cause, a donné lieu à une erreur, et celle-ci à une autre.

En effet, les anciens et beaucoup de modernes, n'ayant pas fait attention que la nature a formé, dans le règne animal, beaucoup d'animaux composés, comme elle a fait parmi les végétaux beaucoup de plantes pareillement composées, c'est-à-dire, qui adhèrent et communiquent ensemble, et participent à une vie commune, ont considéré l'Éponge comme un seul animal. Cette erreur les a conduits à regarder cet animal comme le plus imparfait des animaux, et comme formant la chaîne qui lie le règne animal au règne végétal par les Algues, etc. (*animal ambiguum, crescens, torpidissimum*, etc. Pallas.)

J'ai assez fait connaître le peu de fondement de ces idées, sur lesquelles je ne reviendrai plus.

Il y a des Éponges qui ont beaucoup de raideur dans leur tissu, parce qu'il est composé de fibres cornées fort raides, fortement agglutinées ensemble dans les points de leur croisement,

---

(1) Depuis quelques années, M. Grant et d'autres naturalistes se sont assurés que les *Éponges* ne présentent aucun indice de sensibilité.   E.]

et que plusieurs des espèces qui sont dans ce cas manquent presque entièrement de cette pulpe fugace qui empâtait leurs fibres. Les autres espèces, quoique plus ou moins encroûtées, n'offrent point cet encroûtement épais, ferme et terreux qui empâte le tissu fibreux des Alcyons.

Les trous assez grands qu'on voit épars sur diverses Éponges, ne sont point des cellules de Polypes; mais ce sont des trous de communication, qui fournissent une voie commune pour les issues de plusieurs Polypes, et par lesquels l'eau leur arrive. Quelquefois certaines excavations qu'on leur observe sont le résultat de corps étrangers autour desquels les Polypes se sont développés, ou des cavernosités utiles à la vie des Polypes qui y ont des issues.

De tout ce que je viens d'exposer, d'après un examen approfondi des Polypiers dont il est question, il résulte :

1° Que les Alcyons constituent des Polypiers empâtés, dont l'encroûtement persiste entièrement après la sortie de l'eau et sa dessiccation, se durcit alors et souvent même conserve encore les cellules des Polypes;

2° Que les Éponges sont aussi des Polypiers empâtés, mais dont la pulpe enveloppante, plus molle et presque fluide, est si fugace que, s'échappant en partie lorsqu'on retire le Polypier de la mer, elle conserve rarement les cellules des Polypes et que, dans son dessèchement, elle n'offre toujours qu'une masse flexible, très poreuse, et qui est propre à s'imbiber de beaucoup d'eau.

Comme les Polypes des *Éponges* doivent être extrêmement petits, ainsi que le sont sans doute ceux des Flabellaires qui viennent avant, et qu'ils habitent dans une pulpe molle, très fugace, on ne doit donc pas s'étonner de ce qu'ils ne sont pas encore connus. Leur petitesse et leur transparence en sont les causes, et ce ne pourrait être que dans l'eau même qu'on réussirait à les apercevoir, si on les y observait avec les précautions nécessaires.

La forme générale de chacun de ces Polypiers est si peu importante, et varie tellement dans le genre, que sa considération peut à peine être employée à caractériser des espèces. Cependant on est forcé de s'en servir; mais ce ne doit être qu'après s'être assuré des différences qu'offre le tissu; différences qui constituent des caractères solides, mais difficiles à exprimer.

Cette diversité dans la forme est si considérable, qu'on peut dire avec fondement que toutes les formes observées dans les Polypiers pierreux se retrouvent presque généralement les mêmes dans les *Éponges*.

En effet, les unes présentent des masses simples, sessiles, plus ou moins épaisses, enveloppantes ou recouvrantes; d'autres sont pédiculées, droites, soit en massue ou en colonne, soit aplaties en éventail; d'autres sont creuses, soit tubuleuses ou fistuleuses, soit infundibuliformes ou en cratère; d'autres sont divisées en lobes aplatis et foliacés; d'autres, enfin, sont rameuses diversement dendroïdes ou en buisson. Les espèces offrent aussi toutes les nuances possibles, depuis celles dont toutes les fibres de la surface sont complètement encroûtées, jusqu'à celles qui ont toutes leurs fibres à nu, tant au dehors qu'en dedans.

Le genre Éponge étant très nombreux en espèces, je vais présenter la distinction de celles que j'ai vues, comparées, et dont je puis certifier la détermination; mais, avant tout, je dois exposer les divisions qu'il me paraît convenable d'établir pour faciliter l'étude et la connaissance de ces espèces.

DIVISIONS DES EPONGES.

1° Masses sessiles, simples ou lobées, soit recouvrantes, soit enveloppantes;

2° Masses subpédiculées ou rétrécies à leur base, simples ou lobées;

3° Masses pédiculées, aplaties ou flabelliformes, simples ou lobées;

4° Masses concaves, évasées, cratériformes ou infundibuliformes;

5° Masses tubuleuses ou fistuleuses, non évasées;

6° Masses foliacées ou divisées en lobes aplatis, foliiformes;

7° Masses rameuses, phytoïdes ou dendroïdes.

———

[La famille des Spongiaires, qui se compose des Éponges,

des Théties, des Géodées et des Alcyons de Lamarck, diffère extrêmement de tous les êtres rangés par notre auteur dans la même classe; et c'est avec raison que M. de Blainville les sépare des Zoophytes pour les placer dans une division particulière du règne animal désigné par ce naturaliste sous le nom d'*Amorphozoaires.*

L'organisation et la physiologie des Eponges a été dans ces dernières années l'objet de recherches très importantes dues en majeure partie à M. Grant, et aujourd'hui on sait, à ne pas en douter, que ces êtres singuliers ne présentent pas de Polypes ni rien qui puisse être comparé aux animaux que nous connaissons. Des observations multipliées et des expériences faites avec un soin extrême, montrent que ces masses amorphes ne présentent non plus aucun trait de sensibilité et ne sont pas contractiles comme on le supposait.

Les oscules qu'on remarque à leur surface ne sont donc pas des cellules polypifères, mais les ouvertures de canaux aquifères, creusés dans la substance de ces corps et continuellement traversés par des courans. M. Grant a constaté que les mêmes ouvertures ne servent pas à l'entrée et à la sortie de l'eau qui circule ainsi dans l'intérieur des Eponges. C'est par les petits pores répandus en grand nombre à la surface de ces corps et déjà remarqués par Cavolini, que le liquide pénètre dans leur tissu, et c'est par d'autres ouvertures, en général beaucoup plus grandes, que le courant en sens contraire se dirige. La disposition de ces ouvertures varie. Dans la *Spongia compressa* et dans plusieurs Eponges tubulaires, les courans traversent les parois en ligne droite; l'eau entre par les pores extérieurs et passe dans la cavité commune et interne qui est toujours complètement ouverte à son extrémité libre. Dans les espèces qui adhèrent aux rochers dans toute leur étendue, comme les *Spongia papillaris, S. cristata, S. panicea,* etc., les choses ne peuvent se passer de même; une seule surface étant libre, doit présenter les ouvertures afférentes et efférentes et souvent ces dernières affectent alors la forme d'oscules plus ou moins larges. Les Eponges rameuses, telles que la *S. oculata* et la *S. dichotoma* sont placées à cet égard à-peu-près dans les mêmes circonstances, car elles n'ont qu'une seule surface où sont réunis les pores afférens

et les orifices excréteurs qui sont peu nombreux et rangés le
long du bord extérieur des branches. Du reste le diamètre et la
disposition de ces dernières ouvertures, nommées par M. Grant
orifices fécaux, varie suivant les espèces.

On ignore entièrement la cause déterminante de ces courans
dont la force est souvent considérable; les expériences de M. Grant
prouvent qu'ils ne dépendent d'aucune disposition particulière
ni d'aucune action des ouvertures dont il vient d'être question,
ni des parois des canaux traversés par le liquide. Il est à présumer que ce phénomène tient à quelque effet analogue à l'en-
dosmose. Quoi qu'il en soit, les courans qui sortent ainsi des
Eponges entraînent avec eux des matières excrémentitielles solides qui paraissent provenir de la substance de l'Eponge.

A l'état frais, les Eponges présentent entre les fibres solides
dont leur substance est abondamment pourvue, une matière
transparente, molle et même glutineuse dont la proportion varie beaucoup suivant les espèces; examinée à l'œil nu elle paraît homogène comme de l'albumine, mais vue sous le microscope elle paraît composée de granules transparens et sphériques,
entourés d'un peu de mucus. Cette matière animale, que
M. Grant désigne sous le nom de substance parenchymateuse
de l'éponge, se trouve dans toutes les parties de la masse, mais
plus spécialement dans les espaces que laissent entre eux les
canaux intérieurs qu'elle tapisse également. La charpente solide des Eponges se compose d'une espèce de réseau qui sert à
soutenir et à protéger ce parenchyme délicat; sa conformation
varie du reste extrémement et doit servir de base pour la classification des Spongiaires.

Dans quelques espèces telles que les *S. communis, usitatis-
sima, lacinulosa, fulva, fistulosa,* etc., cette charpente se compose seulement de fibres cylindriques, tubulaires, de matière
cornée qui s'anastomosent fréquemment entre elles.

Dans d'autres Eponges telles que les *S. compressa, botryoides,
coronata, pulverulenta,* etc., cette sorte de squelette consiste en
spicules calcaires réunis en gros faisceaux et disposés à l'entour des canaux intérieurs, où ils sont retenus par une espèce
de matière ligamenteuse ou cartilagineuse, qui persiste après la
destruction du parenchyme et la dessiccation, et qui paraît man-

quer dans les Eponges cornées. Dans toutes les Eponges calcaires examinées jusqu'ici, on a trouvé des spicules ayant la
forme d'épines tri-radiées formant autour des pores des faisceaux
et réunies par la matière enveloppante. Souvent il existe aussi
d'autres spicules plus simples et moins complètement immergés, dont une seule extrémité est enfoncée dans la matière
molle, tandis que l'autre s'élève au-dessus de la surface comme
pour défendre l'entrée des pores et des orifices fécaux.

D'autres espèces encore présentent à-peu-près la même
structure que les Eponges calcaires; mais leurs spicules, au lieu
d'être composées de carbonate de chaux sont formées de silice ;
les *Sp. cristata, papillaris, tomentosa, panicea, coalita, oculata,
dichotoma, stuposa, alcicornis, compacta, fruticosa, parasitica,
hispida, infundibuliformis, ventilabrum, hispida, suberica, nodosa,* etc., sont dans ce cas. La forme de ces spicules varie,
mais il est rare d'en rencontrer de deux sortes différentes sur le
même individu, et on ne connaît pas d'espèces qui en présentent conjointement avec des épines calcaires et des fibres cornées.

Enfin il existe aussi des Spongiaires dont l'intérieur est hérissé
de spicules et dont la surface est garnie d'une couche plus ou
moins épaisse de granules siliceux ; et d'autres qui au premier abord ne paraissent pas mériter le nom d'Eponges, tant
leur tissu étendu en lames minces est peu poreux.

Les spicules siliceux et calcaires des Eponges sont groupés
en gros faisceaux à l'entour des canaux intérieurs de ces corps,
de manière à garantir ces passages et à empêcher l'entrée des
matières étrangères; entre ces canaux ils laissent de petits interstices où se développent les ovules. A l'entrée des pores on
aperçoit aussi un réseau très fin de fils gélatineux, transparens,
incolores et homogènes ; dans l'intérieur des canaux on trouve
aussi d'autres réseaux plus simples également disposés comme
des diaphragmes. Enfin à la base des Eponges fossiles il existe
une matière gélatineuse qui les lie aux roches sur lesquelles elles
croissent et qui est semblable à la substance molle dont les canaux sont tapissés.

M. Grant a fait aussi des observations très intéressantes sur
le développement des Eponges. En étudiant pendant l'automne

la *Spongia panicea*, il a vu que les parties qui, pendant l'été, étaient transparentes et incolores, présentaient sur presque tous les points des taches d'un jaune opaque visibles à l'œil nu, de forme et de grandeur variables, composées de très petits granules gélatineux, entourés de la substance parenchymateuse de l'Eponge et logées dans les interstices existant entre les canaux intérieurs. Ces granules jaunes qui sont les rudimens des ovules n'ont ni cellules ni capsules; ils sont formés par des globules analogues à ceux qui composent la matière parenchymateuse et paraissent s'agrandir par la simple juxtaposition des globules qui les environnent. En grossissant ils deviennent ovales, et à l'époque de leur maturité ils se détachent et sont entraînés au-dehors par les courans qui traversent la masse de l'Eponge et sortent par les ouvertures fécales. Ces ovules de forme ovoïde jouissent alors de mouvemens spontanés, et portent sur la partie antérieure de leur corps des cils vibratiles de l'action desquels dépend leur faculté locomotive; mais après deux ou trois jours d'une vie errante, ils se fixent sur quelque corps solide par leur partie postérieure, se hérissent d'épines, cessent bientôt d'agiter leurs cils, et s'étendant de plus en plus constituent de jeunes Eponges qui, lorsqu'elles viennent à se rencontrer, se soudent entre elles de manière à ne laisser aucune trace de leur union.

Il est évident que c'est sur la structure intérieure des Spongiaires et la conformation de leur partie solide plutôt que sur leur forme générale et leur consistance plus ou moins grande que l'on doit baser la classification de ces êtres singuliers.

M. Savigny avait senti la nécessité d'étudier sous ce point de vue les Spongiaires, et il a représenté dans les planches du grand ouvrage sur l'Egypte, la disposition du réseau corné et des spicules qui constituent en quelque sorte la charpente de ces corps ; d'après les légendes placées au bas de ces planches on voit qu'il divisait les Spongiaires en Eponges à réseau, Eponges charnues et Eponges à piquans; mais la maladie cruelle qui depuis près de 15 ans a interrompu les travaux de ce savant, ne lui a pas permis de publier les résultats de ses recherches; et ce ne fut que bien plus tard que, prenant pour base de la classification des Spongiaires les observations de M. Grant, on a

tenté d'introduire dans cette branche de la zoologie une réforme
nécessaire. Les faits nous manquent encore pour qu'il soit possible d'étendre cette réforme à toute la famille des Spongiaires;
et il est évident que plusieurs de ces corps ne peuvent se rapporter à aucun des groupes naturels déjà établis; mais malheu-
reusement les échantillons de Spongiaires conservés dans les
collections sont en général tellement altérés par la dessiccation
qu'on ne peut se former que des idées très incomplètes sur leur
véritable structure. En prenant pour guide les recherches dont
il vient d'être question, M. Fleming a divisé les Eponges et
Alcyons de Lamarck en trois genres ; savoir: 1° Le genre *Spongia*, comprenant les Spongiaires d'un tissu poreux et pourvus
d'un squelette cartilagineux simple ou sans spicules terreux ;
2° le genre *Halicondria*, comprenant les espèces également poreuses et dont la charpente cartilagineuse est renforcée par des
spicules de silice ; 3° le genre *Grantia*, comprenant les espèces
également poreuses, mais pourvues de spicules calcaires. M. de
Blainville a adopté ces divisions en changeant seulement la dénomination des deux derniers groupes qu'il désigne sous les
noms plus significatifs de *Haleponge* et de *Calceponge*.

Ces divisions nous paraissent aussi devoir être maintenues, car
elles correspondent à des types d'organisation bien distincts ;
mais nous pensons que, lorsqu'on aura étudié avec plus de soin
la structure de ces êtres, on sentira la nécessité de modifier les
caractères assignés à ces groupes et de prendre en considération
la disposition de la charpente solide aussi bien que sa nature
intime.

Le genre Eponge de Lamarck comprend la plupart des Eponges
proprement dites et des Calceponges, ainsi que plusieurs espèces d'une structure très différente de celle d'aucun des trois
types mentionnés ci-dessus; ses limites devront par conséquent être
considérablement resserrées, et il ne faudra conserver le nom d'*E-
ponges proprement dites* qu'aux Spongiaires dont le tissu épais et
celluleux présente à sa surface des pores ou oscules et se compose
d'une matière animale molle, soutenue par une multitude de filamens cornés plus ou moins fins, flexibles, anastomosés entre
eux, de manière à former dans tous les sens une sorte de réseau

irrégulier et n'offrant ni spicules ni granulations calcaires ou siliceuses (exemple l'Eponge commune).

Un second groupe naturel, très voisin du précédent, nous paraît devoir être formé par les Spongiaires dont le tissu également lacuneux et poreux est soutenu par une charpente rigide et d'apparence réticulée, composée de filamens cornés, simples, raides qui paraissent contenir dans leur intérieur un peu de carbonate de chaux, et qui, en s'anastomosant entre eux ne se réunissent pas en faisceaux ou en mèches, et circonscrivent de petites lacunes irrégulières ou des canaux également irréguliers. Tantôt ces Spongiaires constituent des masses tubiformes (ex. *S. lacunosa et S. vaginalis*); tantôt des rameaux sans cavité intérieure autre que des canaux irréguliers (ex. *S. aspergillosa* et *S. serpentina*); d'autres fois des masses pédiculées traversées par des canaux assez gros (ex. *S. penicillosa* et *S. rimosa*); d'autres fois encore des masses infundibuliformes (ex. *S. costifera*).

Une troisième modification de structure qui se remarque parmi les Spongiaires réunis par Lamarck dans son genre Eponge est celle que présentent la *S. bombycina*, la *S. calyx*, etc. La charpente solide de ces espèces est composée de fils rigides ou plutôt de petits cylindres grêles et droits, d'apparence cornée, calcaires, simples, isolés, très espacés et placés, les uns parallèlement entre eux et perpendiculairement à la surface de la masse, les autres parallèlement à cette surface et perpendiculairement aux premiers, de chacun desquels ils partent en rayonnant pour se joindre à d'autres baguettes de même nature, de manière à réunir tous ceux-ci entre eux par de petites traverses et à circonscrire ainsi par une sorte de treillage de grandes lacunes ou mailles assez régulières dont la réunion constitue des espèces de canaux perpendiculaires à la surface de la masse.

Il faudra aussi séparer des Eponges proprement dites les espèces dont le tissu n'est pas spongiaire et constitue des lames minces peu ou point poreuses. La *S. striata* qui présente cette disposition nous paraît devoir constituer le type d'une division générique particulière; elle est formée par une matière parenchymateuse d'apparence semi-cornée, qui s'étend en lames assez minces sur un grillage simple composé de gros filamens cornés anastomosés entre eux de façon à constituer des bandes longitudinales, simples, réunies par des traverses qui, circonscrivent une suite de mailles à-peu-près carrées; la matière parenchymateuse remplit ces mailles et il en résulte une grande lame mince divisée, dont les deux surfaces sont occupées par des dépressions quadrangulaires disposées par séries régulières.

Le mode de structure propre à la *S. labellulaire* (n° 56) se rapproche un peu de celui dont il vient d'être question, mais en diffère encore par des points trop importans pour ne pas nécessiter l'établissement d'une division particulière dans la grande division des Spongiaires.

La *S. strombolina* ne peut non plus se rapporter à aucun des types génériques dont il vient d'être question. En passant en revue les Alcyons de Lamarck, nous verrons que ce groupe renferme aussi plusieurs espèces de Spongiaires trop dissemblables par leur organisation pour demeurer dans la même division générique. La distribution méthodique de ces êtres devra donc subir de grands changemens ; mais les espèces dont la structure intérieure est déjà suffisamment connue sont en trop petit nombre pour que l'on puisse dès ce moment tenter avec quelque chance de succès la réforme de cette branche de la classification naturelle, et dans la crainte d'augmenter la confusion qu'entraîne des synonymies compliquées, nous croyons qu'en attendant qu'on ait fait sur l'organisation de ces zoophytes un travail général approfondi et comparatif, il est plus sage de s'abstenir de toute tentative de ce genre. Nous nous bornerons donc ici à indiquer les observations faites sur les divers Spongiaires depuis la publication des travaux de Lamarck et à mentionner les principaux genres nouveaux établis dans cette famille sans chercher à coordonner ces recherches dans un ordre naturel, ni à modifier ces divisions génériques, car, nous le répétons, ce travail serait dans l'état actuel de la science tout-à-fait prématuré et ne pourrait conduire qu'à des résultats incertains.

ESPÈCES.

§. *Masses fossiles, simples ou lobées, soit recouvrantes, soit enveloppantes.*

1. Eponge commune. *Spongia communis.*

Sp. sessilis, subturbinata, rotundata, supernè plano-convexa, mollis,

Stenax, grossè porosa ; superficie lacinulis rariusculis, foraminibus magnis.

An Spongia officinalis ? Lin.

1. *Sp. communis fusca.* L'Eponge brune commune.
2. *Sp. communis lutea.* L'Eponge blonde commune.
3. *Sp. communis aurantia.* L'Eponge orangée commune.

Ann. du Mus. vol. 20. p. 370. n° 1.

* Grant. Edinb. Jaun. et Ann. des sc. nat. t. 11. p. 194.

* *Achilleum officinale.* Schweig. Handb. p. 421

* *Spongia communis.* Lamouroux. Polyp. flex. p. 20 : et Encyclop, p. 332.

* Blainv. Man. d'Actin. p. 529. pl. 93. fig. 3.

Habite la Mer-Rouge, l'Océan indien. Mon cabinet.

* La charpente de cette Eponge qui doit être prise pour type du genre des Eponges proprement dites, se compose d'un réseau de filamens cornés très fins disposés sans ordre, ayant tous à-peu-près le même diamètre et formant des mèches subrameuses fréquemment anastomosées entre elles, et circonscrivant une multitude de cavités dont les plus grandes constituent des canaux verticaux ou obliques aboutissant à la surface de la masse.

2. Eponge pluchée. *Spongia lacinulosa.*

Sp. sessilis, subturbinata, planulata, obsoletè lobata, mollis, tomentosa, porosissima; superficie lacinulis creberrimis.

Spongia officinalis. Esper. vol. 2. tab. 15. 17.

Ann. du Mus. 20. p. 370. n° 2.

* Lamour. Polyp. flex. p. 21 ; et Encycl. p. 332.

* Grant. Loc. cit.

* Blainv. Man. d'Actin. p. 529.

Habite la Mer-Rouge, l'Océan indien. Mon cabinet.

3. Eponge sinueuse. *Spongia sinuosa.*

Sp. sessilis, ovata; rigida, sinubus variis, lacunisque inæqualibus undique cavernosa.

Spongia sinuosa. Pall. Zooph. p. 394.

Esper. vol. 2. t. 31.

Ann. du Mus. 20. p. 371. n° 3.

* Lamour. Polyp. flex. p. 21 ; et Encycl. p. 333.

Habite l'Océan indien. Mon cabinet.

4. Eponge caverneuse. *Spongia cavernosa.*

Sp. sessilis, ovato-conica, cavernosa, incrustata ; superficie lobis crebris, erectis, attenuato-acutis, confertis,

Spongia cavernosa. Pall. Zooph. p. 394.
Ann. du Mus. 20. p. 371. n 4.
* Lamour. Polyp. flex. p. 21 ; et Encycl. p. 333.
Habite les mers d'Amérique. Mon cabinet.

5. Eponge cariée. *Spongia cariosa.*

*Sp. informis, sublobata, rimoso-lacunosa, cavernosa, fulvo-ferruginea;
foraminibus variis ; fibris inæqualiter reticulatis.*
Seba. Thes. 3. tab. 96. f. 5.
* Lamour. Polyp. flex. p. 22 ; et Encycl. p. 333.
Ann. du Mus. n° 5.
Habite l'Océan indien. Mon cabinet.

6. Eponge lichéniforme. *Spongia licheniformis.*

*Sp. glomerato-cespitosa, sessilis, asperata ; fibris laxissimis, cancel-
cellatim connexis, tenacibus, subramescentibus.*
1. *Sp. licheniformis fuscata.*
Mus. n°.
2. *var. laxior, subpurpurea.*
Mus. n°.
3. *var. pallidè fulva, fibris tenuioribus.*
Mus. n°. Ann. du Mus. n° 6.
* Lamour. Polyp. flex. p. 22 ; et Encycl. p. 333.
Habite dans différentes mers, et offre beaucoup de variétés.

7. Eponge barbe. *Spongia barba.*

*Sp. sessilis, in massam suberectam et laxissimè reticulatam elongata;
fibris ramescentibus partim crustá conglutinatis ; apicibus laceris.*
Ann. du Mus. 20. p. 372. n° 7.
* Lamour. Polyp. flex. p. 23 ; et Encycl. p. 333.
Habite..... la Méditerranée? sur le *Spondylus gæderopus.* Mon
cabinet.
* Composée de filamens cornés très longs, disposés longitudinalement
d'une manière irrégulière et ne constituant pas un réseau proprement dit, mais des faisceaux grèles qui s'anastomosent entre eux
d'une manière très irrégulière et circonscrivent fort incomplètement de grandes lacunes.

8. Eponge fasciculée. *Spongia fasciculata.*

*Sp. sessilis, ovato-globosa, fibrosa, rigidula; fasciculis fibrosis, ra-
mosis, fastigiatim confertis ; penicillis creberrimis ad superficiem.*
Spongia fasciculata. Pall. Zooph. p. 381.

Esper. vol. 2. t. 32.
Planc. Conch. t. 15. *fig. E.*
Mus. n°. Ann. du Mus. n° 8.
* Lamour. Polyp. flex. p. 23 ; et Encycl. p. 333.
Habite la Méditerranée.

9. Eponge déchirée. *Spongia lacera.*

Sp. sessilis, ovata, pulvinata, intùs clathrato-lacunosa ; lobulis termi-nalibus, ramescentibus, laceris.
Mus. n°. Ann. du Mus. n° 9.
* Lamour. Polyp. flex. p. 23 ; et Encycl. p. 334.
Habite... Elle forme une masse sessile, ovale, convexe, fibreuse remplie de petites lacunes intérieurement.
* Réseau corné, composé de filamens disposés longitudinalement, s'anastomosant fréquemment et formant des mèches longitudinales parallèles, plus ou moins élargies, qui se réunissent à leur tour pour circonscrire des lacunes irrégulières.

10. Eponge filamenteuse. *Spongia filamentosa.*

Sp. sessilis, ovata, pulvinata, fibroso-fasciculata, aurea ; fasciculis erectis, creberrimis, distinctis, lateribus filamentosis.
Ann. du Mus. n 10.
* Lamour. Polyp. flex. p. 24 ; et Encycl. p. 334.
Mus. n°.
2. *var. albida ; fasciculis brevissimis.*
Habite les mers de la Nouvelle-Hollande, à l'île King. *Péron* et *Lesueur.*

11. Eponge alvéolée. *Spongia favosa.*

Sp. sessilis, ovata, pulvinata, citrina ; superficie favis subangulatis, confertis, inæqualibus ; parietibus submembranaceis.
* Lamour. Polyp. flex. p. 24 ; et Encycl. p. 335.
Mus. n°. Ann. du Mus. p. 373. n° 11.
Habite les mers de la Nouvelle-Hollande, près l'île King. *Péron* et *Lesueur.*
* Réseau corné ayant beaucoup d'analogie avec celui de l'Eponge commune, mais composé de filamens cornés beaucoup plus gros-siers et formant des cloisons très minces et irrégulières qui, en se réunissant diversement, circonscrivent de grandes lacunes en com-munication les unes avec les autres.

12. Eponge celluleuse. *Spongia cellulosa.*

Sp. sessilis, ovata, sublobata, fulva, superficie favosá, favis, subangu-latis inæqualibus ; interstitiis parietibusque crassiusculis, porosis.

Ell. et Soland. tab. 54. f. 1.

Spongia cellulosa. Esper. Suppl. 1. tab. 60.

Mus. n°. Ann. du Mus. n° 12.

* Lamour. Polyp. flex. p. 24; Expos. méth. des Polyp. p. 29. pl. 54. fig. 1. 2; et Encycl. p. 335.

Habite les mers de la Nouvelle-Hollande, près l'île King. *Péron* et *Lesueur.*

* Réseau corné composé de filamens simples assez fins, de grosseur variée et très élastiques, qui s'anastomosent irrégulièrement de manière à former des expansions lamelleuses, subrameuses qui s'unissent pour circonscrire des lacunes assez grandes. Point de spicules.

13. Eponge cloisonnée. *Spongia septosa.*

Sp. sessilis, multilamellosa; lamellis suberectis, decussantibus, in fa- vos irregulares connatis; parietibus porosis, subasperis.

Mus. n°. Ann. du Mus. no 13.

* Lamour. Polyp. flex. p. 25; et Encycl. p. 335.

Habite les mers Australes. *Peron* et *Lesueur.*

14. Eponge percée. *Spongia fenestrata.*

Sp. incrustans, rigida, tonsa, rimis inæqualibus et sinuosis fenestrata; fibris reticulatis.

Ann. du Mus. p. 374. no 14.

* Lamour. Polyp. flex. p. 25, et Encycl. p. 335.

Habite l'Océan indien. Mon cabinet, sur un *Trochus.*

15. Eponge à gros lobes. *Spongia crassiloba.*

Sp. incrustans, profundè lobata; lobis erectis, crassis, compressis, co- noideis; poris crebris, submarginalibus.

Mus. n°.

Ann. du Mus. n° 15.

* Lamour. Polyp. flex. p. 25 ; et Encycl. p. 335.

Habite.... d'une base peu étendue qui encroûte les rochers, s'élè- vent plusieurs gros lobes droits, épais, comprimés, presque ovales ou conoïdes, obtus.

16. Eponge planche. *Spongia tabula.*

Sp. plana, oblonga, subindivisa, porosissima; utroque latere rugis inæqualibus, transversis, supernè osculiferis.

Mus. n°. Ann. du Mus. n° 16.

* Lamour. Polyp. flex. p. 26 ; et Encycl. p. 336.

Habite les mers de la Nouvelle-Hollande, le long des côtes de Leu- wins. *Péron* et *Lesueur.*

17. Eponge gâteau. *Spongia placenta.*

*Sp. obliquè orbiculata, plano-convexa, rigida, porosissima; limbo
radiatim sulcato; foraminibus raris.*

Mus. n°. Ann. du Mus. n° 17.

* Lamour. Polyp. flex. p. 26 ; et Encycl. p. 336.

Habite les mers de la Nouvelle-Hollande, à l'île King. *Péron* et
Lesueur.

18. Eponge byssoïde. *Spongia byssoides.*

*Sp. sessilis, simplex, prostrata, tumida, pellucida; fibris nudis, laxis-
simè cancellatis.*

Mus. n°.

2. *var. massis planulatis.*

Ann. du Mus. p. 375. n° 18.

* Lamour. Polyp. flex. p. 26; et Encycl. p. 336.

Habite les mers Australes ou de la Nouvelle-Hollande. *Péron* et
Lesueur.

19. Eponge pulvinée. *Spongia pulvinata.*

*Sp. sessilis, ovata, pulvinata, rarò lobata, fulvo-aurea ; fibris nudis,
laxè implexis.*

Mus. n°.

Ann. du Mus. n° 19.

* Lamour. Polyp. flex. p. 27; et Encycl. p. 336.

Habite les mers de la Nouvelle-Hollande. *Péron e*. *Lesueur.*

20. Eponge charboneuse. *Spongia carbonaria.*

*Sp. informis, subsolida, nigra, superficie incrustatá; poris foramini-
busque variis, irregularibus.*

Ann. du Mus. n° 20.

* Lamour. Polyp. flex. p. 27 ; et Encycl. p. 336.

Habite les mers d'Amérique, enveloppant de grandes portions du
Millepora alcicornis. Mon cabinet.

* Surface presque lisse avec des pores très petits et quelques oscules
petits et irréguliers; masse celluleuse paraissant formée de couches superposées parallèles, plus ou moins distantes et composées
chacune d'une cloison horizontale très incomplète, analogue à
celle qui occupe la surface de la masse et donnant naissance à
une foule de filamens verticaux qui se rendent à la cloison suivante
et s'anastomosent entre eux par d'autres fibres horizontales. Ce
réseau corné est hérissé de petits spicules siliceux et circonscrits ,

outre les cellules déjà mentionnées, de grands canaux qui débouchent directement au dehors.

21. Eponge encroûtante. *Spongia incrustans.*

Sp. crustacea, tenuis, fucos obtegens, fibrosa, laxè reticulata; foraminibus sparsis.

Mus. nº. Ann. du Mus. nº 21.

* Lamour. Polyp. flex. p. 27; et Encycl. p. 336.

Habite les mers Australes. *Péron* et *Lesueur.*

22. Eponge fuligineuse. *Spongia fuliginosa.*

Sp. incrustans, fuscata, fuliginosa, fucos obtegens; foraminulis subseriatis.

Mus. nº. Ann. du Mus. p. 376. nº 22.

Habite... Elle ressemble à un byssus très court, brun ou noirâtre, fuligineux, qui encroûte les feuilles d'un fucus.

§§. *Masses subpédiculées ou rétrécies à leur base, simples ou lobées.*

23. Eponge anguleuse. *Spongia angulosa.*

Sp. erecta, subturbinata, porosissima; angulis lateralibus inæqualibus, variis; foraminibus ad angulorum margines creberrimis, subdistinctis.

Mus. nº

2. var. informis, sublobata.

Ann. du Mus. 20. p. 376. nº 23.

* Lamour. Polyp. flex. p. 31; et Encycl. p. 339.

Habite les mers de la Nouvelle-Hollande, près l'île King. *Péron* et *Lesueur.*

24. Eponge plurilobée. *Spongia pluriloba.*

Sp. erecta, fisso-lobata, rigidula, tenuissimè porosa; lobis compresso-planis, variis, obtusis, subtruncatis; osculis sparsis, distantibus.

Mus. nº. Ann. du Mus. p. 376. nº 24.

* Lamour. Polyp. flex. p. 31; et Encycl. p. 339.

Habite les mers de la Nouvelle-Hollande? *Péron* et *Lesueur.*

25. Eponge crevassée. *Spongia rimosa.*

Sp. erecta, elongata, fibrosa, sublanuginosa, rigidula; superficie rimis longitudinalibus excavatá; foraminibus sparsis.

35.

1. *Sp. rimosa columnaris.*
Mus. n°.
2. *Sp. rimosa subclavata.*
* Lamour. Polyp. flex. p. 31 ; et Encycl. p. 339.
Ann. du Mus. n° 25.
Habite les mers de la Nouvelle-Hollande ? *Péron* et *Lesueur.*

26. Eponge à pinceaux. *Spongia penicillosa.*

*Sp. substipitata, erecta, obovato-clavata, fibrosa; fibris nudis, laxè
contextis; superficie penicillis, prominulis creberrimis.*
1. *Sp. penicillosa clavata.*
Mus. n°.
2. *var. brevior subglobosa.*
Mus. n°. Ann. du Mus. p. 377. n° 26.
* Lamour. Polyp. flex. p. 32 , et Encycl. p. 340.
Habite les mers de la Nouvelle-Hollande. *Péron* et *Lesueur.*
* Eponge à réseau corné, dont les filamens sont de grosseur médiocre et renferment dans leur substance un peu de carbonate de
chaux , ce qui les rend rigides.

27. Eponge enflée. *Spongia turgida.*

*Sp. substipitata, ovato-turgida, erecta aut obliqua, fibrosa; fibris
nudis, laxè implexis; foramine terminali.*
1. *Massa erecta, turgido-gibbosa; foraminibus tribus.*
Mus. n°.
* Lamour. Polyp. flex. p. 32 ; et Encycl. p. 340.
2. *Massa oviformis, obliqua : foramine unico.*
Mus. n°. Ann. du Mus. n° 27.
Habite les mers de la Nouvelle-Hollande, au port du roi Georges.
Péron et *Lesueur.*

28. Eponge bombycine. *Spongia bombycina.*

*Sp. substipitata, erecta, ovato-ventricosa, supernè multiloba; fibris
nudis, laxissimis, ad superficiem hispido-crispis; foraminibus
raris, subterminalibus.*
Mus. n°.
* Lamour. Polyp. flex. p. 33 ; et Encycl. p. 340.
2. *var. minus ventricosa, subcompressa.*
Mus. n°. Ann. du Mus. p. 378. n° 28.
Habite les mers de la Nouvelle-Hollande. *Péron* et *Lesueur.*

29. Eponge flammule. *Spongia flammula.*

Sp. obsoletè stipitata, erecta, ovata vel ovato-lanceolata, laxissimè

*fibrosa ; fibris nudis : longitudinalibus divaricatis , ad apices cris-
patis.*
Mus. n°. Ann. du Mus. p. 378. n° 29.
* Lamour. Polyp. flex. p. 33 ; et Encycl. p. 340.
2. *var. turgida, obovata.*
Habite les mers Australes. *Péron* et *Lesueur.*

30. Eponge mirobolan. *Spongia myrobolanus.*

*Sp. stipitata, obliquè ovalis, fusco-fulva ; fibris tenuissimis, densè con-
textis, subincrustatis ; foraminibus lateralibus.*
Mus. n°. Ann. du Mus. p. 378.
* Lamour. Polyp. flex. p. 34 ; et Encycl. p. 340.
Habite. . . . . Cette espèce est petite, portée sur un pédicule un peu
grèle, et présente une masse ovale, légèrement comprimée.

31. Eponge pied de lion. *Spongia pes leonis.*

*Sp. substipitata, ovato-rotundata; compressa, mollis, porosissima; mar-
gine superiore foraminoso.*
Mus. n°.
Ann. du Mus. p. 379. n₀ 31.
* Lamour. Polyp. flex. p. 34 ; et Encycl. p. 341.
Habite les mers Australes. *Péron* et *Lesueur.*

32. Eponge patte d'oie. *Spongia anatipes.*

*Sp. stipitata, complanata, laxissimè fibrosa : explanatione subqua-
dratá, lobatá ; fibris longitudinalibus, eminentioribus.*
Mus. n°.
Ann. du Mus. n° 32.
* Lamour. Polyp. flex. p. 34 ; et Encycl. p. 341.
Habite les mers Australes. *Péron* et *Lesueur.*

§§§. *Masses pédiculées, aplaties, flabelliformes, simples ou
lobées.*

33. Eponge palette. *Spongia plancella.*

*Sp. subpediculata, plana, ovato-truncata, tenuissimè porosa; forami-
nibus hinc creberrimis, versùs basim subserialibus.*
Mus. n°. Ann. du Mus. p. 379. n° 33.
* Lamour. Polyp. flex. p. 36 ; et Encycl. p. 342.
Habite. . . Cette éponge a la forme d'une palette.

34. Eponge pelle. *Spongia pala.*

Sp. pedata, spatulata, maxima, intùs fibris, densiùs confertis longi-

*tudinaliter lineata ; margine superiore foraminoso; fibris nudis,
laxissimè contextis.*

2. *var. superficie proliferá, lobatá : lobis cylindraceis, subtubulosis ;
longitudinaliter adnatis.*

3. *var. spatulá crassiore.*

4. *var. superficie lacunosá, proliferá.*

Mus. n°. Ann. du Mus. 20. p. 380.

* Lamour. Polyp. flex. p. 36; et Encycl. p. 342.

Habite les mers de la Nouvelle-Hollande, près de l'île aux Kanguroos. *Péron* et *Lesueur.*

35. Eponge flabelliforme. *Spongia flabelliformis.*

*Sp. erecta, pediculata , plana , suborbiculata ; fibris rigidis, subin-
crustatis, elegantissimè reticulatis : strigis superficialibus, undatis;
decussatis in disco.*

Sp. flabelliformis. Lin. Pall. Zooph. p. 380.

Rumph. Amb. 6. t. 80. f. 1.

Seba. Thes. 3. t. 95. f. 2. 4.

Esper. vol. 2. t. 13.

Mus. n°.

* Lamour. Polyp. flex. p. 37 ; et Encycl. p. 342.

2. *var. flabello elliptico ; strigis tenuioribus, laxioribus.*

Mus. n°.

3. *var. flabello parvo, fibroso, pellucido , utrinque convexo.*

Mus. n°. Ann. du Mus. p. 380. n° 35.

Habite l'Océan indien, les mers de la Nouvelle-Hollande.

36. Eponge plume. *Spongia pluma.*

*Sp. pediculata, flabellatim dilatata, albida, tenuissimè fibrosa; fibris
nudis, laxissimis.*

Mus. n°. Ann. du Mus. p. 381. n° 36.

* Lamour. Polyp. flex. p. 37; et Encycl. p. 342.

Habite les mers Australes. *Péron* et *Lesueur.*

37. Eponge chardon. *Spongia carduus.*

*Sp. pediculata, dilatato-flabellata, incrustata, albida ; flabello ro-
tundato, hinc productiore; utroque latere rugis lamellosis, spino-
so-echinatis.*

Mus. n°. Ann. du Mus. n° 37.

* Lamour. Polyp. flex. p. 38; et Encycl. p. 343.

Habite les mers Australes. *Péron* et *Lesueur.*

38. Eponge drapée. *Spongia pannea.*

Sp. pediculata, erecta, flabelliformis, crassa, porosissima; fibris re-
ticulatis; margine superiore foraminoso.

Mus. n°.

An Spongia compressa? Esper. Suppl. 1. p. 200. t. 55.

2. *var. crassissima, compressa? rotunda.* (Lamouroux regarde cette
variété comme étant une espèce particulière.)

Ann. du Mus. p. 381. n° 38.

* Lamour. Polyp. flex. p. 38; et Encycl. p. 343.

Habite... Cette espèce est très épaisse, aplatie et pédiculée.

39. Eponge fendillée. *Spongia fissurata.*

Sp. pediculata, plana, flabelliformis, corium expansum simulans, sub-
lobata; superficie fissuris creberrimis notatâ.

Mus. n°. Ann. p. 382. n_0 39.

2. *var. incisa, sublaciniata; fissuris majoribus et rarioribus.*

* Lamour. Polyp. flex. p. 38; et Encycl. p. 343.

Habite les mers Australes. *Péron* et *Lesueur.*

40. Eponge cancellaire. *Spongia cancellaria.*

Sp. humilis, subpediculata, compresso-flabellata, rotundata; ramulis
incrustatis, rigidis, coadunato-cancellatis; margine muricato.

Mus. n°. Ann. p. 382. n° 40.

* Lamour. Polyp. flex. p. 39; et Encycl. p. 343.

Habite... Petite Eponge à pédicule court, comprimée, formant un
éventail arrondi.

41. Eponge en lyre. *Spongia lyrata.*

Sp. stipitata erecta, compresso-flabellata, ex tubulis condunatis com-
posita; margine superiore rotundato, foraminoso.

Spongia lyrata. Esper. Suppl. 2. p. 41. t. 67. f. 1. 2.

Ann. du Mus. p. 382.

Habite.... l'Océan indien? Mon cabinet, provenant de la collection
de M. *Turgot.*

42. Eponge deltoïde. *Spongia deltoidea.*

Sp. erecta, flabellata, supernè truncata, incrustata; utráque super-
ficie vermiculis nodosis crustaceis irregularibus.

Mus. n°. Ann. p. 382. n° 42.

* Lamour. Polyp. flex. p. 40; et Encycl. p. 343.

Habite...

43. Eponge poèle. *Spongia sartaginula.*

Sp. pediculata, orbicularis, planulata, uno latere concava, altero

*convexa; graduum scalæ seriebus pluribus obsoletis et osculis subse-
riatis in convexitate.*

Mus. n°.

Ann. du Mus. p. 383.

* Lamour. Polyp. flex. p. 40; et Encycl. p. 344.

Habite..... Espèce très singulière, ayant un peu la forme d'une
poèle à frire.

44. Eponge appendiculée. *Spongia appendiculata.*

*Sp. subpediculata, oblongo-spatulata, rigidula; appendicibus digi-
tiformibus, erectis, obtusis; superficie porosissimá; osculis subsecundis.*

Mus. n°.

2. *var. texturá tenuiore, vix incrustatá.*

Ann. du Mus. p. 383.

* Lamour. Polyp. flex. p. 40 ; et Encycl. p. 344.

Habite...

§§§§. *Masses concaves, évasées cratériformes ou infundi-*
buliformes.

45. Eponge usuelle. *Spongia usitatissima.*

*Sp. turbinata, tenax, mollis, tomentosa, porosissima, lacinulis scabrius-
cula, supernè concava; foraminibus in cavitate subseriatis.*

2. *var. major, crateriformis; foraminibus in sulcos radiatos confluentibus.*

3. *eadem extùs appendicibus inæqualibus lobata.*

Mus. n°. Ann. du Mus. 20. p. 383. n° 45.

* Lamour. Polyp. flex. p. 41 ; et Encycl. p. 345.

* Grant. Loc. cit.

* Blainv. Man. d'Actin. p. 529.

Habite les mers d'Amérique. Cette espèce, très distincte de l'Eponge
commune, n° 1, fait aussi un objet de commerce, et est employée
aux usages domestiques.

46. Eponge tubulifère. *Spongia tubulifera.*

Sp. sessilis, mollis, porosissima ; stellatim lobata ; lobis tubuliferis.

Mus. n°. Ann. p. 384. n° 46.

* Lamour. Polyp. flex. p. 42 ; et Encycl. p. 346.

* Blainv. Man. d'Actin. p. 530.

Habite... probablement les mers d'Amérique ?

* Réseau corné à filamens très fins et très élastiques, disposs de même que chez

47. Eponge stellifère. *Spongia stellifera.*

Sp. turbinata, crateriformis, mollis, tomentosa, porosissima; foraminibus in parte cavâ sparsis, crebris, stellatis.

Mus. n°.

2. *eadem amplissima, subauriformis.*

Esper. vol. 2. p. 14. * Lamouroux pense que cette espèce ne diffère point de la *Spongia agaricina* de Pallas (v. Polyp. flex. p. 27 ; et Encycl. p. 337.)

Mus. n°. Ann. p. 384. n° 47.

* Lamour. Polyp. flex. p. 42; et Encycl. p. 346.

* Blainv. Man. d'Actin. p. 530.

Habite... les mers de l'Amérique? Elle est grande, turbinée, profondément creusée en cratère.

48. Eponge striée. *Spongia striata.*

Sp. turbinata, infundibuliformis, tenuis, incrustata, nigra; parietibus longitudinaliter striatis ; striis asperis.

Mus. n°. Ann. nr 48.

* Lamour. Polyp. flex. p. 42; et Encycl. p. 346.

Habite... les mers d'Amérique?

* Réseau corné, à filamens très gros, formant une grande expansion lamelleuse, simple et à grandes mailles carrées remplies par une substance cornée compacte n'ayant que peu ou point de spicules. Se rapproche un peu par sa structure intime de la *S. strombolina.*

49. Eponge cloche. *Spongia campana.*

Sp. turbinata, campanulata, amplissima, rigidissima; parietibus lamelloso-reticulatis, mucronibus asperis, foraminulatis.

Mus. n°. Ann. p. 385. no 49.

* Lamour. Polyp. flex. p. 42 ; et Encycl. p. 346.

Habite... probablement les mers d'Amérique. Mon cabinet, venant de la collection de M. *Turgot.*

5o. Eponge trombe. *Spongia turbinata.*

Sp. angusto-turbinata, prælonga, infundibuliformis, rigida, incrustato-fibrosa, porosissima; cavitate monticulis sparsis echinulatâ.

Mus. n°. Ann. n° 5o.

* Lamour. Polyp. flex. p. 43 ; et Encycl. p. 346.

Habite les mers d'Amérique. Mon cabinet.

51. Eponge creuset. *Spongia vasculum.*

Sp. turbinata, infundibuliformis, subrigida, incrustato-fibrosa, poro-
sissima; margine lanuginoso; interná superficie lœvi.

Mus. n⁰ Ann. p. 385. n⁰ 5ɪ.

* Lamour. Polyp. flex. p. 43; et Encycl. p. 347.

Habite...

Obs. Il y a tant d'Eponges qui sont infundibuliformes, que je ne vois
pas comment deviner quelle est celle que Linné a désignée par
son *Spongia infundibuliformis.*

52. Eponge brassicaire. *Spongia brassicata.*

Sp. incrustata, cyatho expanso conformis, subfoliacea lobis; planis,
amplis, in rosam excavatam dispositis; centro cyathi rimuloso;
ocellis sparsis prominulis.

Mus. n₀. Ann. n⁰ 52.

* Lamour. Polyp. flex. p. 43 ; et Encycl. p. 347.

Habite l'Océan des Grandes-Indes.

53. Eponge cyathine. *Spongia cyathina.*

Sp. incrustata, turbinata, cyathiformis; crustá ubiquè rimulis, te-
nuissimè divisá; interstitiis interruptis; ocellis parvis, sparsis.

Mus. n°. Ann. p. 386. n₀ 53.

* Lamour. Polyp. flex. p. 44, et Encycl. p. 347.

Habite les mers Australes ou de la Nouvelle-Hollande. *Péron* et
Lesueur.

54. Eponge d'Othaïti. *Spongia Othaitica.*

Sp. partim incrustata, cyathiformis, subintegra; crustá grossè rimu-
losá; rimulis longitudinalibus; interstitiis elevatis, asperatis;
ocellis immersis obsoletis.

Soland. et Ell. tab. 59. f. ɪ. 2.

Esper. Suppl. ɪ. t. 7. *fig.* 7. 8.

Mus. n°.

2. *eadem inciso-lobata.*

Soland. et Ell. t. 59. f. 3.

Mon cabinet. Ann. p. 386. n₀ 54.

* Lamouroux. Expos. méth. des Polyp. p. 29, pl. 59. fig. ɪ. 3 ; et
Encycl. p. 348.

Habite les mers d'Othaïti et celles de la Nouvelle-Hollande. *Péron*
et *Lesueur.*

* Réseau corné composé de filamens anastomosés, assez gros et raides,
mais qui ne paraissent pas renfermer dans leur intérieur de carbonate de chaux ; les côtes sont formées par ce même réseau plus
condensé que dans le reste de la masse.

55. Eponges porte-côtes. *Spongia costifera.*

*Sp. turbinata, cyathiformis, fibrosa, rigida ; costis longitudinalibus,
acutis, sublamellosis, crebris.*

Mus. n°. Ann. du Mus. 20. p. 432.

* Lamour. Polyp. flex. p. 44 ; et Encycl. p. 348.

Habite l'Océan austral. *Péron* et *Lesueur.*

56. Eponge en cuvette. *Spongia labellum.*

*Sp. turbinato-ovata, labelliformis, chartacea, nervis, longitudina-
libus striata ; interstitiis cancellatis ; margine undato sublobato.*

Turg. Mém. inst. pl. 24. *fig. C.*

2. *var. amplior, parietibus undulato-plicatis.*

Ann. du Mus. p. 432. n° 56.

* Lamour. Polyp. flex. p. 45 ; et Encycl. p. 348.

Habite... Mon cabinet, provenant de la collection de M. *Turgot.*

* Le squelette de cette Eponge se compose de tiges arrondies et longitudinales qui s'anastomosent entre elles et présentent un tissu
compacte, formé principalement de spicules siliceux réunis en
faisceaux longitudinaux.. Le parenchyme qui recouvre ce réseau
et en occupe les mailles est également d'un tissu compacte, renfermant un grand nombre de spicules siliceux grèles et allongés.
La surface inférieure est comme grêlée et ne présente pas de pores
visibles à l'œil nu ; la surface supérieure ne présente pas de mailles
carrées comme l'inférieure et ne paraît pas plus poreuse.

57. Eponge caliciforme. *Spongia calyciformis.*

Sp. substipitata, calyciformis, rigida, tenuissimè porosa et rimosa.

Sp. calyciformis. Esper. Suppl. 1. p. 202. t. 57.

2. *var. calyce hinc fisso, subfenestrato.*

Ann. n° 57.

* *Spongia pocillum.* Mull. Zool. Danica. prod. n° 3091.

* Lamour. Polyp. flex. p. 45 ; et Encycl. p. 348.

Habite les mers du Nord. Mon cabinet, provenant de la collection
de M. *Turgot.*

58. Eponge veineuse. *Spongia venosa.*

*Sp. turbinata, cyathiformis, patula, tenuissima ; explanatione incru-
statá, venoso-reticulatá, foraminosá.*

Turg. Mém. instr. pl. 24. *fig. G.*

Mon cabinet. Ann. p. 433. no 58.

* Lamour. Polyp. flex. p. 46 ; et Encycl. p. 438.

Habite... l'Océan indien?

59. Eponge corbeille. *Spongia sportella.*

Sp. subturbinata, sportam vimineam et cyathiformem simulans; nervis albis, nudis, sublignosis, reticulatim coalescentibus.

Planta marina lignosa... Seba. Thes. 3. t. 95. f. 6.

Mus. n°. Ann. du Mus. n° 59.

* Lamour. Polyp. flex. p. 46; et Encycl. p. 349.

Habite l'Océan près l'île de Madagascar.

* Cette Spongiaire ne me paraît pas être une espèce particulière, mais bien le squelette de la *Sp. labellum* (n° 56) dépouillée du parenchyme qui en occupait les lacunes et la surface.

60. Eponge bursaire. *Spongia bursaria.*

Sp. bursis cuneatis, subcompressis, flabellatim aggregatis; externâ superficie tuberculis acuminatis muricatâ.

Mus. n°. Ann. p. 433. n° 60.

* Lamour. Polyp. flex. p. 46; et Encycl. p. 439.

Habite... Mon cabinet.

61. Eponge bilamellée. *Spongia bilamellata.*

Sp. pedata, compressa, flabellata, basi infundibuliformis; lamellis duabus terminalibus, amplissimis, rectis, parallelis, extùs scrobiculatis.

Mus. n°. Ann. n° 61.

2. var. *lamellis extùs sublævigatis.*

* Lamour. Polyp. flex. p. 47; et Encycl. p. 439.

Habite l'Océan austral. *Péron* et *Lesueur.*

62. Eponge calice. *Spongia calyx.*

Sp. stipitata, turbinata, calyciformis, laxè fibrosa; pellucida; parietiebus crassis : internâ subgibbosâ.

Mus. n°. Ann. p. 434. n° 62.

* Lamour. Polyp. flex. p. 47; et Encycl. p. 349.

Habite les mers de la Nouvelle-Hollande. *Péron* et *Lesueur.*

* Réseau corné d'une grande régularité, composé de filamens perpendiculaires à la surface, et donnant naissance chacun de distance en distance à 3 filamens latéraux qui les unissent entre eux; il résulte de cette disposition que le réseau constitue en quelque sorte des cloisons circonscrivant des lacunes alvéolaires perpendiculaires à la surface. Les filamens cornés paraissent être tubulaires et contiennent dans leur intérieur du carbonate de chaux.

§§§§§. *Masses tubuleuses ou fistuleuses.*

63. Eponge lacuneuse. *Spongia lacunosa.*

*Sp. tubulosa, simplex, cylindrica, fibrosa, rigida, crassissima; externá
superficie lacunis sinuosis et irregularibus excavatá.*

Mus. n°.
Ann. 20. p. 434. n° 63.
Habite... Cette éponge est lacuneuse en dehors.
* Réseau corné composé de gros filamens anastomosés ayant chacun
une ligne centrale obscure.

64. Eponge en trompe. *Spongia tubæformis.*

*Sp. subaggregata, tubulosa, incrustato-fibrosa, longissima; tubis
simplicissimis, extùs tuberculosis, basi subplicatá.*
Spongia fistularis. Pall. Zooph. p. 385.
Esper. vol. 2. tab. 20. 21.
Mus. n°. Ann. p. 485. n° 64.
* Sloan. Hist. t. 1. p. 62. pl. 24. fig. 1.
* Lamour. Polyp. flex. p. 38; et Encycl. p. 351.
Habite les mers d'Amérique.

65. Eponge fistulaire. *Spongia fistularis.*

*Sp. aggregata, tubulosa, prælonga, fibrosa; tubis simplicibus, sensim
ampliatis; fibris denudatis, reticulatis, laxè contextis.*
Spongia fistularis. Esper. vol. 2. tab. 21. A.
Seba. Thes. 3. t. 95. f. 1?
2. var. tubo breviore, subinfundibuliformi.
Mus. n°. Ann. n° 65.
* Lamour. Polyp. flex. p. 49; et Encycl. p. 351.
* *Scyphia fistularis.* Schweig. Handb. p. 422.
* Blainv. Man. d'Actin. p. 537.
Habite les mers d'Amérique. Mon cabinet.

66. Eponge plicifère. *Spongia plicifera.*

*Sp. tubulosa, subinfundibuliformis, flexilis, luteo fulva; extùs plicis
tortuoso-sinuosis inæqualiter anastomosantibus; pariete interná
subfavosá.*
An Seba. Mus. 3. t. 95. f. 7.
Mus. n°. Ann. p. 485. n° 66.
* Lamour. Polyp. flex. p. 49; et Encycl. p. 351.
Habite... probablement les mers d'Amérique. Mon cabinet, venant
de la collection de M. *Turgot.*

67. Eponge à fossettes. *Spongia scrobiculata.*

Sp. turbinato-oblonga, infundibuliformis, flexilis, utráque superficie scrobiculis inæqualibus, rotundatis, favosis.
Turgot. Mém. instr. pl. 24. *fig. F.*
Ann. 20. p. 436. n° 67.
* Lamour. Polyp. flex. p. 5o; et Encycl. p. 35r.
Habite. . . Mon cabinet.

68. Eponge vaginale. *Spongia vaginalis.*

Sp. aggregata, tubulosa, subcompressa, ferruginea, dura; externá superficie tuberculis compressis asperá; foraminibus sparsis.
An Sloan. Jam. hist. r. t. 24. f. r.
Turgot. Mém. instr. pl. 24. *fig. B.*
Ann. n° 68.
* Lamour. Polyp. flex. p. 5o; et Encycl. p. 35r.
Habite. . . les mers d'Amérique? Mon cabinet.

69. Eponge digitale. *Spongia digitalis.*

Sp. subaggregata, tubulosa, rigida, albida; superficie lacinulis rigidis muricatá; foraminibus sparsis.
An Sloan. Jam. hist. r. t. 23. f. 4.
Spongia villosa. Pall. p. 392.
Mon cabinet.
2. *var. tubulis elongatis.*
Rumph. Amb. 6. t. 90. f. 2.
Ann. p. 436. n° 69.
* Lamour. Polyp. flex. p. 5o; et Encycl. p. 352.
Habite l'Océan des Deux-Indes.

70. Eponge bullée. *Spongia bullata.*

Sp. ramoso-fastigiata, tubulosa; tubulis bullatis, inflato-nodosis; foramine terminali constricto, marginato.
Mus. n°.
2. *var. tubulis diffusis, obsoletè nodosis, fibroso-reticulatis.*
Spongia tubulosa. Lin. Esper. Suppl. r. tab. 54.
Mus. n°. Ann. p. 437. n° 70.
Habite les mers de la Nouvelle-Hollande, près l'île aux **Kanguroos.**
Péron et *Lesueur.*

71. Eponge siphonoïde. *Spongia scyphonoides.*

Sp. tubulosa, mollis, semi-pellucida; tubulis rectis, 2 S. 3-fidis, versùs basim sensim attenuatis; fibris reticulatis lœviter incrustatis.

Mus. n°.

2. *var. fibris subnudis.*

Ann. p. 437. n° 71.

* Lamour. Polyp. flex. p. 52; et Encycl. p. 352.

* Blainv. Man. d'Actin. p. 350.

Habite les mers de la Nouvelle-Hollande, aux îles Saint-Pierre et Saint–François. *Péron* et *Lesueur.*

72. Éponge quenouille. *Spongia colus.*

Sp. stipitata, erecta, clavæformis ; tubulosa; externá superficie lacunosá.

2. *var. dilatato-spatulata ; fibris laxioribus.*

Mus. n°. Ann. p. 437. n° 72.

Habite les mers de la Nouvelle-Hollande, à l'île aux Kanguroos. *Péron* et *Lesueur.*

73. Éponge tubuleuse. *Spongia tubulosa.*

Sp. tubulosa, ramosa, fibrosa, tenax; tubulis variè versis, oculatis ; fibris subnudis, reticulatim contextis.

Mon cabinet. Ann. p. 438.

2. *var. tubulis subsecundis, arrectis.*

Spongia tubulosa. Soland. et Ell. p. 188. t. 58. f. 7.

* *S. fastigiata.* Pall. Elen. Zooph. p. 392.

* Lamour. Expos. méth. des Polyp. p. 29. pl. 58. fig. 7.

* *Scyphia tubulosa.* Blainv. p. 537.

Habite l'Océan des Grandes-Indes.

* Réseau corné à filamens grèles.

74. Éponge muricine. *Spongia muricina.*

Sp. tubulosa, subramosa, elongata, tuberculis acutis, undique muricata; osculis nullis.

Mus. n°.

2. *var. aculeis minoribus et crebrioribus.*

Ann. 20. p. 438. n° 74.

* Lamour. Polyp. flex. p. 53 ; et Encycl. p. 353.

Habite les mers de la Nouvelle-Hollande. *Péron* et *Lesueur.*

75. Éponge confédérée. *Spongia confæderata.*

Sp. erecta, crassa, subcompressa ; tubulis pluribus connexis fibris partim incrustatis, laxè reticulatis.

Mus. n°. Ann. n° 75.

Seba, Thes. 3. tab. 97. f. 2.

* Lamour. Polyp. flex. p. 53; et Encycl. p. 353.

Habite... les mers de la Nouvelle-Hollande. *Péron* et *Lesueur.*

76. Éponge intestinale. *Spongia intestinalis.*

Sp. pluriloba, fibrosa, rigidula, intùs cava; lobis inæqualibus variis,
cylindraceis, fistulosis, rimoso-fenestratis.
An Spongia cavernosa? Esper. 2. p. 189. tab. 5.
Mus. n°.
Seba. Mus. 3. t. 96. f. 2.
* Lamour. Polyp. flex. p. 54 ; et Encycl. p. 353.
Ann. 20. p. 439. n° 76.
Habite la Méditerranée.

77. Éponge couronnée. *Spongia coronata.*

Sp. simplex, tubulosa, minima, apice spinulis radialis coronatá.
Soland. et Ell. p. 190. t. 58. f. 8. 9.
Esper. Suppl. 1. tab. 61. f. 5. 6.
Ann. n° 77.
* *Spongia ciliata?* Othon. Fabricius. Fauna groen. p. 448.
* *Sp. coronata.* Lamour. Expos. méth. des Polyp. p. 3. pl. 61.
fig. 5, 6 ; et Encycl. p. 353.
* Montagu. Mém. de la Soc. Linn. de Londres. t. 2. p. 88.
* Grant. loc. cit.
* *Grantia ciliata.* Flem. Brit. anim. p. 525.
* *Calcepongia ciliata.* Blainv. Man. d'Actin. p. 531.
Habite les côtes de l'Angleterre. Espèce très petite.
* M. Grant cite cette espèce parmi celles qui ont des spicules cal-
caires ; elle doit par conséquent se rapporter au genre Calcéponge
de M. de Blainville.

Masses foliacées, ou divisées en lobes aplatis, filiformes.

78. Éponge perfoliée. *Spongia perfoliata.*

Sp. caule simplici, erecto, fistuloso, foliifero; lobis foliaceis, rotun-
datis basi fenestratis, spiraliter confertis.
Mus. n°.
Ann. 20. p. 439. n°. 78.
* Lamour. Polyp. flex. p. 35 ; et Encycl. p. 354.
Habite les mers de la Nouvelle-Hollande. *Péron* et *Lesueur.* C'est
de toutes les Eponges la plus singulière et la plus remarquable.

79. Éponge pennatule. *Spongia pennatula.*

Sp. stipitata, supernè foliaceo-pinnata; lobis foliaceis erectis rotun-
dato-cuneatis cristatis; superficie porosissimá.

Mus. n°. Ann. p. 440. n° 79.

* Lamour. Polyp. flex. p. 56; et Encycl. p. 354.

Habite les mers de la Nouvelle-Hollande. *Péron* et *Lesueur.*

* Réseau corné, composé de filamens longitudinaux assez gros, réunis par des filamens anastomotiques très irréguliers et plus minces; ces filamens sont solidifiés par du carbonate de chaux. Parenchyme hérissé de petits spicules siliceux.

80. Éponge cactiforme. *Spongia cactiformis.*

Sp. frondosa, pediculata, flabellatim ramulosa; frondibus planulatis, rotundato-cuneatis, incrustatis, crassiusculis; uno latere lacunis sparsis notato.

Mus. n°. Ann. p. 440. n° 80.

* Lamour. Polyp. flex. p. 56; et Encycl. p. 354.

Habite les mers Australes. *Péron* et *Lesueur.*

* Structure analogue à celle de l'espèce précédente.

81. Éponge bouillonnée. *Spongia crispata.*

Sp. explanationibus foliaceis, contortis, bullato-crispis, coalescentibus; texturâ tenuissimè fibrosâ, foraminulatâ, subpellucidâ.

Mus. n° Ann. p. 440. n° 81.

* Lamour. Polyp. flex. p. 56; et Encycl. p. 354.

Habite les mers Australes. *Péron* et *Lesueur.*

82. Eponge panache noir. *Spongia basta.*

Sp. substipitata, frondoso-cristata, fibrosa, nigra; explanationibus convoluto-crispis, confertis; fibris nudis, laxè contextis.

Spongia basta. Pall. Zooph. p. 379.

Esper. vol. 2. p. 244. t. 25. *fig. bona.*

Mon cabinet. Mus. n°. Ann. p. 441.

* Lamour. Polyp. flex. p. 57; et Encycl. p. 355.

Habite l'Océan indien.

83. Éponge lamellaire. *Spongia lamellaris.*

Sp. frondosa, sessilis; lamellis pluribus, mollibus, erectis, subparallelis, supernè latioribus; rimis porisque obsoletis; fibris tenuissimè contextis.

Mus. n°.

2. *var. laminis incisis, subcrenatis, diffusiusculis.*

Mon cabinet. Ann. p. 441.

* Lamour. Polyp. flex. p. 57; et Encycl. p. 355.

Habite les mers Australes ou des Grandes-Indes. *Péron* et *Lesueur.*

* L'*Eponge lamellifère* figurée par MM. Quoy et Gaymard (Voy.

de l'Ur.),et décrite par Lamouroux (Encycl. p. 355), a les plus grands rapports avec la *S. lamellaire.*

84. Éponge endive. *Spongia endivia.*

Sp. frondosa, mollis ; frondiculis numerosis, supernè dilatatis, in ro-sam dispositis, limbo rotundato crispo ; foraminibus rariusculis.
An Spongia lamellosa. Esper. vol. 2. p. 44.
Ann. p. 441. n° 84.
* Lamour. Polyp. flex. p. 58 ; et Encycl. p. 355.
Habite... Mon cabinet.

85. Éponge polyphylle. *Spongia polyphylla.*

Sp. frondibus pediculatis, erectis, rotundato-cuneatis, lobatis, convo-luto-plicatis ; nervis longitudinalibus, uno latere eminentioribus.
Mus. n°. Ann. p. 441.
* Lamour. Polyp. flex. p. 59 ; et Encycl. p. 355.
2. *var. frondium margine superiore lacinioso.*
Spongia frondosa. Pall. Zooph. p. 395. (* Ainsi que l'observe La-mouroux cette citation est un double emploi, voy. n° 91.)
Esper. Suppl. 1. t. 51.
Habite l'Océan indien.

86. Éponge queue de paon. *Spongia pavonia.*

Sp. stipitata, frondosa ; frondiculis rotundatis, subproliferis, incru-statis, tenuibus ; uno latere foraminulato.
Mus. n°.
2. *var. hinc crustâ radiatim rugosâ.*
Mus. n°. Ann. p. 442. n° 86.
* Lamour. Polyp. flex. p. 59 ; et Encycl. p. 356.
Habite les mers de la Nouvelle-Hollande. *Péron* et *Lesueur.*

87. Éponge scarole. *Spongia scariola.*

Sp. mollis, frondosa, multilamellosa ; lamellis erectis, incisolobatis, basi lacunosis, rubcostatis, crispis ; fibris tenuissimè contextis.
Mus. n°. Ann. p. 442. n° 87.
* Lamour. Polyp. flex. p. 60 ; et Encycl. p. 356.
Habite les mers Australes. *Péron* et *Lesueur.*

88. Éponge hétérogène. *Spongia heterogona.*

Sp. sessilis, albida, subfrondosa ; explanationibus erectis, undato-pli-catis, tubos hinc fissos simulantibus ; uno latere nervis striato : al-tero apiculis majusculis muricato.
Mus. n°. Ann. p. 442. n° 88.

An Sp. aculeata ? Esper. vol. 2. tab. 7. A.

* Lamour. Polyp. flex. p. 60 ; et Encycl. p. 356.

Habite... espèce singulière, qui semble former par ses expansions une réunion de tubes tous incomplets.

* Lamouroux pense que cette espèce doit être placée dans la section des Eponges en entonnoir.

89. Éponge thiaroïde. *Spongia thiaroides.*

Sp. erecta, frondosa, molliuscula, hispida ; lamellis porosis, supernè lobatis ; iobis crebris, angustis, erectis, coronam muricatam æmulantibus.

Mus. n°. Ann. p. 443.

* Lamour. Polyp. flex. p. 357 ; et Encycl. p. 356.

Habite...... Serait-ce une des variétés du *Spongia fibrillosa* de Pallas ?

90. Éponge feuille-morte. *Spongia xerampelina.*

Sp. ramosa, frondosa, incrustato-stuposa ; frondibus ovatis, inciso-lobatis, nervis longitudinalibus, prominulis, reticulatis, poris favagineis.

An Spongia ventilabrum ? Lin.

Esper. vol. 2. tab. 12.

Seba. Thes. 3. t. 95. f. 8. *bona. et forte* f. 6. *specimem junius.*

* Ellis. Phil. trans. vol. 55. p. 289. pl. 11. f. 11.

An Spongia strigosa. Pall. Zooph. p. 397.

Mus. n°.

2. *var. laxior frondibus profundè laciniatis.*

Ann. p. 443. n° 90.

* Lamour. Polyp. flex. p. 61 ; et Encycl. p. 357.

Habite... l'Océan américain ?

91. Eponge junipérine. *Spongia juniperina.*

Sp. ramosa, in frondes nervosas, laciniosas fenestratasque explanata ; superficie scabrosâ, foraminulatâ.

An Spongia frondosa ? Pall. Zooph. p. 395.

Esper. Suppl. 1. t. 51.

Mus. n°.

2. *var. thuyæformis: frondibus cancellato-fenestratis, porosissimis.*

Mus. n°. Ann. p. 444. n° 91.

* Lamour. Polyp. flex. p. 62 ; et Encycl. p. 357.

Habite l'Océan indien. Mon cabinet.

* Tissu très caverneux composé d'un réseau corné dont les filamens s'élargissent beaucoup dans leurs points de soudure et sont enou-

36.

rés d'une multitude de petits spicules de silice et de quelques granulations calcaires.

92. Éponge raifort. *Spongia raphanus.*

*Sp. frondosa, tomentosa, foraminulata ; frondibus ovatis, inciso-lo-
batis, rotundatis, rugis longitudinalibus utrinque sulcatis.*
Mus. n°. Ann. p. 444. n° 92.
* Lamour. Polyp. flex. p. 63 ; et Encycl. p. 357.
Habite les mers Australes. *Péron* et *Lesueur.*

93. Éponge mésentérine. *Spongia mesenterina.*

*Sp. erecta, lamelloso-frondosa ; lamellis latis, crassiusculis, undato-
plicatis, gyratis, apice truncatis ; fibris reticulatis.*
Mus. n°. Ann. p. 444. n° 93.
* Lamour. Polyp. flex. p. 63 ; et Encycl. p. 357.
Habite les mers Australes. *Péron* et *Lesueur.*

94. Éponge léporine. *Spongia leporina.*

*Sp. incrustata, profundè laciniata, frondosa ; laciniis planis, tenuibus,
oblongis, versùs apicem dilatatis, sublobatis, obtusis.*
Mus. n°. Ann. p. 444. n° 94.
* Lamour. Polyp. flex. p. 63 ; et Encycl. p. 358.
Habite les mers Australes. *Péron* et *Lesueur.*

95. Éponge découpée. *Spongia laciniata.*

*Sp. frondosa, subsessilis, mollis, candida ; laminis pluribus erectis,
confertis, inciso-lyratis ; superficie subrimosá ; poris sparsis.*
Seba. Thes. 3. t. 96. f. 6.
Mus. n°. Ann. p. 445. n° 95.
* Lamour. Polyp. flex. p. 63 ; et Encycl. p. 358.
Habite l'Océan indien. Jolie Eponge foliacée.
* Lamouroux observe que cette espèce se rapproche beaucoup de la
Sp. Othaïtica, et ne doit pas en être éloignée dans une classifi-
cation naturelle.

96. Éponge frondifère. *Spongia frondifera.*

*Sp. subramescens, frondosa, multiloba; lobis proliferis, rotundatis,
incrustatis; limbo fibris crispis fimbriato ; osculis sparsis, sub-
stellatis.*
Turgot; Mém. ins. pl. 24. *fig. E.*
2. var. *magis deformis, crustá compactiore.*
Ann. p. 445. n° 96.
* Lamour. Polyp. flex. p. 64 ; et Encycl. p. 358.
Habite... Mon cabinet, venant de la collection de M. *Turgo'.*

97. Éponge frangée. *Spongia fimbriata.*

Sp. stipitata, subramescens, frondosa; frondibus ovato-subrotundis, incrustatis, poroso punctatis; limbo fibris crispis fimbriato.

Ann. p. 445. no 19.

* Lamour. Polyp. flex. p. 64; et Encycl. p. 358.

Habite... Mon cabinet, venant de la collection de M. *Turgot.*

Masses rameuses, phytoïdes ou dendroïdes. (Ramifications distinctes.)

98. Éponge arborescente. *Spongia arborescens.*

Sp. ramosa, rigida, tenuissimè porosa; ramis subcompressis, apice palmato-digitatis; foraminibus sparsis, subseriatis.

Spongia rubens. Pall. Zooph. p. 389.

Spongia. Seba. Thes. 3. t. 96. f. 2.

* *Spongia nodosa.* Lin. Gmel. p. 3821.

Spongia digitata. Esper. Suppl. 1. t. 50. *Specimen junius.*

Mus. n°. Mon cabinet. Ann. p. 446.

* Lamour. Polyp. flex. p. 65: et Encycl. p. 359.

2. var. *lobis longioribus, erectis.*

Spongia lobata. Esper. vol. 2. tab. 46.

3. var. *lobis longis, compressis, erectis : margine foraminoso.*

Mus. n°.

Habite les mers de l'Amérique.

99. Éponge à verges. *Spongia virgultosa.*

Sp. stipite duro, erecto, ramoso; ramis subteretibus, virgatis erectis, acutiusculis; superficie panneâ.

Mon cabinet. Ann. p. 446. no 99.

2. var. *ramis flexuosis, divaricatis.*

Esper. Suppl. 2. tab. 66.

* Lamour. Polyp. flex. p. 66; et Encycl. p. 359.

Habite... les mers du nord de l'Europe?

100. Éponge longues-pointes. *Spongia longicuspis.*

Sp. ramosa; basi ramis clathrato-coadunatis; supernè ramulis subcylindricis, erectis, longis, cuspidiformibus; superficie lacinulis, squamosis, reticulatis, hispidulis, minimis.

Mus. n₀. Ann. p. 447. n₀ 100.

* Lamour. Polyp. flex. p. 66; et Encycl. p. 360.

Habite les mers Australes. *Péron* et *Lesueur.*

101. Éponge asperge. *Spongia asparagus.*

*Sp. erecta, multicaulis, ramosa; ramis raris, teretibus , virgulæfor-
mibus , prælongis, incrustatis; osculis subserialibus.*

Mus. n°. Ann. p. 447. no 101.

* Lamour. Polyp. flex. p. 67 ; et Encycl. p. 360.

Habite les mers de la Nouvelle-Hollande. *Péron* et *Lesueur.*

102. Éponge dichotome. *Spongia dichotoma.*

*Sp. ramosa, caulescens , subdisticha, tenax; ramis dichotomis, erectis,
tereti-subulatis, tomentosis.*

Spongia dichotoma. Lin. Soland. et Ell. p. 187.

Spongia cervicornis. Pall. Zooph. p. 388.

Planc. Conch. t. 12.

Mus. n°. Ann. p. 447. n° 102.

* Lamour. Polyp. flex. p. 67; et Encycl. p. 360.

2. *var. ramis curvato-tortuosis, sæpe anastomosantibus.*

J sper. vol. 2. tab. 4.

Habite la Méditerranée, la mer de Norwège.

103. Éponge muriquée. *Spongia muricata.*

*Sp. suberosa, ramosa ; ramis erectis, rigidis, divisis, tereti-angulatis,
acutis; fasciculis, villosis, undique muricatis.*

Sp. muricata. Lin. Soland. et Ell. p. 185.

Pall. Zooph. p. 389.

Spongia stuposa. (* Montagu) Mém. societ. Wern. 2. 1. p. 79. pl. 3
et 4.

Spongia fruticosa. Esper. vol. 2. t. 10.

Mon cabinet. Ann. p. 448. n° 103.

* Lamour. Encycl. p. 360.

Habite l'Océan d'Afrique , les côtes de la Guinée.

104. Éponge hérissonnée. *Spongia echidnæa.*

*Sp. laxè ramosa, tenax ; ramis cylindricis, caudiformibus, papilloso-
muricatis ; papillis lineari spatulatis, brevibus, confertissimis.*

Spongia... Seba. Thes. 3. t. 99. f. 7.

Act. Angl. vol. 55. tab. XI. *fig. F.*

An Spongia muricata? Esper. vol. 2. t. 3.

Mon cabinet. Ann. p. 448. n° 104.

* Lamour. Encycl. p. 360.

Habite... les côtes d'Afrique?

* Le tissu de cette Spongiaire se compose d'une multitude de spicules siliceux qui s'entrecroisent dans tous les sens et qui sont liés
entre eux par une substance grenue. Ces spicules sont droits et
courts.

105. Éponge vulpine. *Spongia vulpina.*

*Sp. erecta, ramosa, rigida, incrustata, ramis caudiformibus, papil-
loso-echinatis ; papillis confertissimis, compressis, ramoso-loba-
tis, subclathratis.*

Mus. n°. Ann. p. 449. n_o 105.

* Lamour. Polyp. flex. p. 69 ; et Encycl. p. 361.

Habite les mers Australes. *Péron et Lesueur.*

106. Éponge porte-épis. *Spongia spiculifera.*

*Sp. multipartita, ramulosa. porosa, foraminulata; ramulis erectis; tu-
berculato-muricatis, spicæformibus; tuberculis parvis subcylindricis.*

Mus. n°. Ann. p. 449. n° 106.

Habite les mers de la Nouvelle-Hollande, près l'île King. *Péron et
Lesueur.*

107. Éponge carlinoïde. *Spongia carlinoides.*

*Sp. ramosissima, flabellato-cymosa; incrustata; ramis angulatis,
membranaceo-alatis; laciniis subspinosis; porositate nullá.*

Ann. p. 449. n° 107.

* Lamour. Polyp. flex. p. 69 ; et Encycl. p. 361.

Habite... Mon cabinet, venant de la collection de M. *Turgot.*

108. Éponge amaranthine. *Spongia amaranthina.*

*Sp. erecta, ramosa, porosissima ; ramis supernè dilatatis, compressis,
diviso-lobatis, longitudinaliter striatis; osculis crebris.*

Ann. p. 449. n° 108.

* Lamour. Polyp. flex. p. 70; et Encycl. p. 361.

Habite... Mon cabinet, provenant de M. *Turgot.*

109. Éponge en étrille. *Spongia strigilata.*

*Sp. stipitata, ramosa, flabellata ; ramis planulatis, papilloso-echina-
tis; papillis creberrimis, compressis, subserialibus.*

Annal. 20. p. 450. n. 109.

*Lamouroux. Polyp. flex. p. 70. et Encyclop. p. 361.

Habite.... probablement l'Océan indien. Mon cabinet.

110. Éponge nerveuse. *Spongia nervosa.*

*Sp. flabellatim ramosa, tenax ; ramis nervosis, subreticulatis, versùs
apices planulat s, laciniosis ; altero latere lœvioribus.*

Turgot. Mém. inst. pl. 24. *fig. A.*

Ann. p. 450. n° 110.

* Lamour. Polyp. flex. p. 71 ; et Encycl. p. 361.

Habite... probablement l'Océan indien. Mon cabinet.

111. **Eponge épine de ronce.** *Spongia rubispina.*

Sp. flabellatim ramosa, tenax, crustâ coriaceâ obducta ; ramis divisis, subcoalescentibus, undiquè echinatis ; tuberculis crebris, acutis.

Ann. p. 450. n° 111.

* Lamour. Polyp. flex. p. 71 ; et Encycl. p. 362.

Habite... Mon cabinet.

112. **Eponge sapinette.** *Spongia abietina.*

Sp. stipitata, ramosa, patula ; ramis planulatis, incrustatis, papillosoechinatis ; papillis acutis, filo terminatis.

Mus. n°. Ann. p. 450. no 112.

* Lamour. Polyp. flex. p. 71 ; et Encycl. p. 362.

Habite...

113. **Eponge allongée.** *Spongia elongata.*

Sp. mollis, fibroso-porosa, longissima, cylindracea, subramosa ; ramis raris ; fibris nudis, reticulatis.

Mus. n°. Ann. p. 451. n° 113.

* Lamour. Polyp. flex. p. 72 ; et Encycl. p. 362.

Habite les mers Australes. *Péron* et *Lesueur.*

114. **Eponge sélagine.** *Spongia selaginea.*

Sp. ramosissima, diffusa, rigida ; ramis compressis, difformibus, subcoalescentibus, carinato-asperis ; carinis creberrimis, spinulosis.

Mus. n°. Ann. p. 451. no 114.

* Lamour. Polyp. flex. p. 72 ; et Encycl. p. 362.

Habite... Cette Eponge rappelle l'aspect d'un *Lycopodium.*

* Réseau corné irrégulier, dont les filamens sont larges. Parenchymes composés de filamens très longs et d'une ténuité extrême, comme feutrés.

115. **Eponge cornes-rudes.** *Spongia aspericornis.*

Sp. laxè ramosa, tenax, asperrima ; ramis subteretibus elongatis, undiquè aculeatis.

Mus. n°.

2. *var. ramis subcompressis, latioribus.*

Mus. n₀. Ann. 20. p. 451. no 115.

* Lamour. Polyp. flex. p. 72 ; et Encycl. p. 362.

Habite les mers de la Nouvelle-Hollande. *Péron* et *Lesueur.*

* Tissu extrêmement compacte, sans réseau corné et ne contenant que peu ou point de spicules. La nature de ce corps nous paraît problématique.

116. Eponge hispide. *Spongia hispida.*

> *Sp. ramosa, deformis, mollis, foraminulata, lacinulis subulatis his-*
> *pida ; ramis subcylindricis, proliferis, coalescentibus.*

Mus. n°. Ann. p. 452.

* Lamour. Polyp. flex. p. 73 ; et Encycl. p. 362.

Habite les mers Australes. *Péron* et *Lesueur.*

117. Eponge serpentine. *Spongia serpentina.*

> *Sp. ramosissima, mollis, irregularis, diffusa ; ramis ramulosis, tereti-*
> *bus, difformibus, variè contortis, osculis sparsis.*

Mus. no. Ann. p. 452.

2. var. ramis rectis, subcompressis, obsoletè incrustatis.

* Lamour. Polyp. flex. p. 73 ; et Encycl. p. 363.

Habite les mers de la Nouvelle-Hollande, à l'ile King.

118. Eponge oculée. *Spongia oculata.*

> *Sp. ramosissima, mollis ; ramis ascendentibus, tereti-compressis*
> *2 S. 3-fidis ; osculis parvis, subbifariis.*

Sp. oculata. Lin. Solaud. et Ell. p. 184.

Act. angl. vol. 55. t. 10. *fig. B.*

Seba. Thes. 3. t. 97. f. 5 et 7.

Sp. polychotoma. Esper. vol. 2. t. 36.

Ann. p. 452.

* Lamour. Polyp. flex. p. 73 ; et Encycl. p. 363.

* *Manon oculatum.* Schweig. Handb. p. 422.

Habite l'Océan européen, les côtes de la Manche. Mon cabinet.
  (* Spicules siliceuses.)

119. Eponge botellifère. *Spongia botellifera.*

> *Sp. ramosa, tenuissimè porosa, incrustata ; ramis erectis ; tuberculatis,*
> *bullato-lacunosis, difformibus ; foraminibus sparsis.*

Mus. n°.

Ann. p. 453.

* Lamour. Polyp. flex. p. 74 ; et Encycl. p. 363.

Habite les mers Australes. *Péron* et *Lesueur.*

120. Eponge palmée. *Spongia palmata.*

> *Sp. erecta, compressa, porosissima, ramoso-palmata ; ramulis digiti-*
> *formibus, apice furcatis, subacutis ; osculis inordinatis.*

Sp. palmata. Soland. et Ell. p. 189. t. 58. f. 6.

An. Sp. oculata. Esper. vol. 2. tab. 1.

2. var. ramis longioribus, versùs apicem dilatatis, furcato-acutis.

Mus. n°. Ann. p. 453.

* Lamour. Polyp. flex. p. 75 ; Expos. méthod. des Polyp. **p. 30**, pl. 58. fig. 6 ; et Encyel. p. 363.
Habite les mers d'Europe et de l'Inde. Mon cabinet.

121. Eponge laineuse. *Spongia lanuginosa.*

Sp. ramosa, dichotoma, ad divisuras subcompressa ; ramis teretibus erectis ; texturá è fibris nudis, tenuissimis, lanuginosis.
Sp. lanuginosa. Esper. vol. 2. p. 243. 1. 24.
Ann. p. 453. n° 121.
* Lamour. Polyp. flex. p. 75 ; et Encyel. p. 364.
Habite... Mon cabinet.

122. Eponge tiffine. *Spongia typhina.*

Sp. ramosa, mollis, fusco fulva ; ramis teretibus, erectis lanuginosis, fibris ascendentibus substriatis.
An Spongia tupha. Esper. vol. 2. tab. 38. 39.
Mus. n°. Ann. p. 454. n° 122.
* Lamour. Polyp. flex. p. 75 ; et Encyel. p. 364.
Habite les mers de la Nouvelle-Hollande, à l'île King.

123. Eponge amentifère. *Spongia tupha.*

Sp. ramosa, mollis, fibroso-reticulata, porosissima ; ramis cylindraceis, obtusiusculis amentiformibus.
Spongia tupha. Pall. Zooph. p. 398.
Typha marina. Marsill. Hist. t. 14. n₀ 71.
An Spongia stuposa? Esper. vol. 2. t 40.
Ann. p. 454. n° 123.
* Lamour. Polyp. flex. p. 76 ; et Encyel. p. 364.
Habite la Méditerranée. Mon cabinet.

124. Eponge porte-voûte. *Spongia fornicifera.*

Sp. planulata, mollis, fibroso-reticulata, ramulosa ; ramulis coalescentibus, clathratim fornicatis, villosulis.
An Spongia hircina? ...... Planc. Conch. app. p. 116. tab. 14. *fig. D.*
Ann. p. 454. no 124.
* Lamour. Polyp. flex. p. 76 ; et Encyel. p. 364.
Habite la Méditerranée. Mon cabinet.
* Réseau corné grossier avec des spicules très petits.

125. Eponge semi-tubuleuse. *Spongia semitubulosa.*

Sp. mollis, ramosissima ; ramulis cylindraceis, tortuoso-divaricatis, subcoalescentibus, interdùm forato-tubulosis.

Sp. velaria, ramosa; ramis implexis. Pl. Conch. app. p. 116. tab. 14. *fig. C.*

Ann. p. 455. n° 125.

* Lamour. Polyp. flex. p. 76 ; et Encycl. p. 365.

Habite la Méditerranée. Mon cabinet.

126. Eponge cornes d'élan. *Spongia alcicornis.*

Sp. cespitosa, multicaulis, ramosa ; ramis compressis, subdichotomis ; apicibus attenuatis ; fibris tenuissimis, partim incrustatis.

Sp. alcicornis. Esper. vol. 2. p. 248. n° 28.

Mon cabinet. Ann. p. 455 n° 126.

* Lamour. Polyp. flex. p. 77 ; et Encycl. p. 365.

Habite... Espèce bien distincte, et bien représentée dans la figure citée d'*Esper.*

127. Eponge cornes de daim. *Spongia damicornis.*

Sp. cespitosa, multicaulis, ramosa ; ramis compressis, porosis, une latere rimosis : apicibus palmatis.

Spongia damicornis. Esper. vol. 2. p. 249. t. 29.

Mon cabinet. Ann. p. 455. n° 127.

* Lamour. Polyp. flex. p. 77 ; et Encycl. p. 365.

* Grant. Loc. cit.

Habite... Cette Eponge a beaucoup de rapports avec la précédente (Spicules siliceux.)

128. Eponge caudigère. *Spongia caudigera.*

Sp. erecta, planulata, palmato-ramosa ; lobis furcatis : ultimis longissimis, caudiformibus ; fibris laxissimè reticulatis.

Mus. n°. Ann. 20. p. 455. n° 128.

* Lamour. Polyp. flex. p. 78 ; et Encycl. p. 365.

Habite l'Océan indien ? *Péron* et *Lesueur.*

129. Eponge loricaire. *Spongia loricaris.*

Sp. laxè ramosa, porosa, fulva, alcyonio serpente onusta ; ramis subcompressis, raris, elongatis.

Mus. n°. Ann. p. 456.

* Lamour. Polyp. flex. p. 78 ; et Encycl. p. 365.

* Habite... Du voyage de *Péron* et *Lesueur.*

130. Eponge treillissée. *Spongia cancellata.*

Sp. ramosa, flabellata, incrustata ; ramis teretibus, flexuosis, cancellatim coalescentibus ; superficie tenuissimè reticulata.

Mus. n°. Ann. p. 456. n° 130.

* Lamour. Polyp. flex. p. 78 ; et Encycl. p. 366.
Habite... Du voyage de *Péron* et *Lesueur.*

131. Eponge bourée. *Spongia stuposa.*

Sp. ramosa, teres, stuposa atque villosa ; ramis brevibus, obtusis.
Spongia stuposa. Soland. et Ell. p. 186. no 5.
Act. ang. vol. 55. tab. 10. *fig. C.*
Mus. n°. Ann. p. 456. no 131.
* Lamour. Polyp. flex. p. 79 ; et Encycl. p. 366.
* Montagu. On British. Sponges. Wern. Mém. vol. 2. p. 79. pl. 3
et 4.
* *Spongia ramosa.* Flem. Brit. Anim.
Habite les mers d'Europe, les côtes d'Angleterre.

132. Eponge lintéiforme. *Spongia linteiformis.*

Sp. cespitosa, ramosissima ; ramis fasciculatis, coalitis compressis ;
fibris subcancellatis.
Spongia linteiformis? Esper. Suppl. 1. p. 205. t. 58.
* Lamour. Polyp. flex. p. 79 ; et Encycl. p. 366.
Mon cabinet.
2. *var. ramis submembranaceis, cancellatim coalitis.*
Mus. n°. Ann. 28. p. 456. n° 132.
Habite... l'Océan indien?

133. Eponge cancellée. *Spongia clathrus.*

Sp. glomerata, mollis, ramosissima ; ramis cancellatim, coalescentibus,
foraminulatis, fibrosis ; apicibus turgidulis, obtusis.
Spongia clathrus. Esper. vol. 2. tab. 9. A.
Mus. no. Ann. p. 457. no 133.
* Lamour. Polyp. flex. p. 79 ; et Encycl. p. 366.
Habite... Cette espèce forme une touffe glomérulée qui imite une
tête de chou-fleur.

134. Eponge enveloppante. *Spongia coalita.*

Sp. basi dilatata, corpora aliena obvolvens, ramosissima, ramis te-
reti-compressis, ramulosis ; superficie fibris appressis.
Spongia coalita. Mull. Zool. dan. vol. p. 71. t. 120.
Spongia lycopodium. Esper. vol. 2. p. 269. t. 43.
* *Sp. coalita.* Lamour. Polyp. flex. p. 80; et Encycl. p. 367.
* Montagu. Wern. Mém. vol. 2. p. 80.
* Flem. Brit. anim. p. 522.
Ann. 20. p. 457. no 134.
Habite l'Océan boréal, les mers de la Norwège. Mon cabinet.

135. Eponge fovéolaire. *Spongia foveolaria.*

Sp. ramosa, elongata, nigricans; ramis coalescentibus, subcylin-
dricis, apice conicis; superficie foveolis inæqualibus, marginæ
asperis.

Spongia. Planc. Conch. app. c. 31. tab. 13.
Ann. 20. p. 457. n° 135.
* Lamour. Polyp. flex. p. 80 ; et Encycl. p. 367.
Habite dans la Méditerranée. Mon cabinet.

136. Eponge à longs doigts. *Spongia macrodactyla.*

Sp. ramosa, elongata, molliuscula, fulva; ramis longis, tereti com-
pressis, attenuatis, inæqualibus ; poris creberrimis.
Mus. n°. Ann. p. 458.
* Lamour. Polyp. flex. p. 81 ; et Encycl. p. 367.
Habite. . . probablement l'Océan indien.

137. Eponge botryoïde. *Spongia botryoides.*

Sp. tenerrima, ramosa quasi racemosa : lobulis oblongo-ovatis, cavis
apicibus apertis.
Spongia botryoides. Soland. et Ell. p. 190. t. 58. *fig.* 1. 4.
Esper. Suppl. 1. t, 61. *fig.* 1. 4.
Ann. 20. p. 458.
* Grant. Loc. cit.
* Lamour. Expos. méth. des Polyp. p. 30. pl. 58. fig. 1. 2 ; et
Encycl. p. 367.
* *Spongia complicata.* Mont. Wern. Mém. vol. 2. p. 97. pl. 9.
fig. 2. 3.
* *Grantia botryoides.* Flem. Brit. anim. p. 525.
Habite les côtes d'Angleterre. Mon cabinet.
(* Spicules calcaires.)

138. Eponge radiciforme. *Spongia radiciformis.*

Sp. ramosa, informis, rigida, nigricans; ramis tortuosis, dichotomis
apice compressis.
Mus. n°. Ann. p. 458.
* Lamour. Polyp. flex. p. 81 ; et Encycl. p. 367.
Habite. . . Cette Eponge semble encore particulière.

Appendice des Eponges.

Eponge strobiline. *Spongia strobilina.*

Sp. membranacea, sessilis, in massam conicam, sublobatam et echina-
tam contexta, cavernis inæqualibus intùs concamerata.

Mus. no.

Habite… la Méditerranée? sur le *Chama gryphoides*. Espèce très singulière par sa forme et surtout par sa texture qui est plus membraneuse que fibreuse. Néanmoins, son tissu membraneux est formé de fibres empâtées réunies. Cette Eponge présente une masse sessile, presque simple, conique, imitant assez la forme d'un cône de pin ou de sapin. Sa surface est hérissée de pointes courtes à base élargie; et son intérieur est divisé en cavernosités irrégulières par des cloisons inégales, membraneuses, diversement disposées. A l'extérieur, de petits trous arrondis, tantôt rares, tantôt rapprochés dans certaines places, fournissent à l'eau des passages pour pénétrer dans l'intérieur. Hauteur, onze à douze centimètres.

* Les lames dont se compose cette Spongiaire sont formées de filamens cornés très fins et comme feutrés; dans quelques points ces lames sont soutenues par des ramifications cornées résultant de l'agglutination de filamens analogues, mais plus gros.

Eponge céranoïde. *Spongia ceranoides.*

Sp. ramosa, rigida, fusca; ramis cylindraceis, supernè subdigitatis; texturâ è fibris arctè impiicatis reticulatâ.

Conf. cum Spongiâ stuposâ. Esper. vol. 2. p. 265. t. 40.

* Lamour. Encycl. p. 369.

Mus. no.

* Lamour. Polyp. flex. p. 269.

Habite….. Cette espèce, qu'il faut rapprocher de notre Eponge amentifère, n° 123, est plus raide, plus rembrunie, et réellement particulière. Elle a un peu le port du *Madrepora porites* de Linné. Hauteur, un décimètre.

Nota. Voyez dans les mémoires de la *Société Wernérienne* (vol. 2. partie 1. p. 78), l'indication et les figures de quelques Eponges qui ne sont pas ici mentionnées, ou qui peuvent rectifier les caractères, la synonymie, et les lieux d'habitation de plusieurs de celles que j'ai citées.

+ Eponge helvelloïde. *Spongia helvelloides.*

Sp. fossilis pedicellata, polymorpha, modò infundibuliformis vel crateriformis marginibus undulatis, modò plana flabellataque.

Lamour. Expos. méth. des Polyp. p. 87. pl. 84. fig. 1. 3.

Fossile du calcaire à Polypier de Caen.

† Eponge lagenaire. *Spongia lagenaria.*

Sp. fossilis, simplex, teres, lagenæformis, ad basim subpedicellata, foramine terminali; pedicelli superficie lævi.

Lamour. Expos. méth. des Polyp. p. 88. pl. 84. fig. 4.
Fossile du calcaire à Polypiers de Caen.

† Eponge pistilliforme. *Spongia pistilliformis.*

Sp. fossilis, ramosa ; ramis simplicibus. teretibus brevibus capitatis, ad extremitatem perforatis : foramine paululùm umbilicato, marginibus sublaciniatis.

Lamour. Expos. méth. des Polyp. p. 88. pl. 84. fig. 5. 6.

Même gisement. Cette espèce, ainsi que les 3 suivantes, paraît avoir beaucoup d'analogie avec les Scyphies de M. Goldfuss, que nous avons rassemblées dans une première division et notamment avec la *Sp. mamillaris*, voyez p. 579.

† Eponge en cyme. *Spongia cymosa.*

Sp. fossilis, ramosa, pedicellata, cymæformis ; ramis numerosis disjunctis vel junctis ; ramulis simplicibus ovoideis lateraliter adnatis, parùm numerosis ; foramine terminali.

Lamour. Expos. méth. des Polyp. p. 88. pl. 84. fig. 7.

Même terrain.

† Eponge en forme de clavaire. *Spongia clavarioides.*

Sp. fossilis, teres, ramosa ; ramis simplicibus capitatis, læviter flexuosis, undulatis vel contractis ; foramine terminali ; marginibus laciniatis.

Lamour. Expos. méth. des Polyp. p. 88. p. 84. fig. 8. 10.

Même localité.

† Eponge mamillifère. *Spongia mamillifera.*

Sp. fossilis, subsessilis, in massam informem et mammilliferam explanata ; mamillis vel subexsertis, vel pedicellatis, simplicibus vel ramosis, perforatis ; foramine terminali stellato, unico vel cum foraminulo proximato.

Lamour. Expos. méth. des Polyp. p. 88. pl. 84. fig. 11.

Même gisement.

† Eponge étoilée. *Spongia stellata.*

Sp. fossilis, pedicellata, simplex rare prolifera, irregulariter subconoidea, supernè convexiuscula, osculata ; osculis irregularibus, radiatim sulcatis.

Lamour. Expos. méth. des Polyp. p. 89. pl. 84. fig. 12. 15.

Calcaire de Caen.

‡ Ajoutez la *Sp. ramosa* de M. Mantell (Geol. of Sussex p. 162. pl. 15. fig. 11), fossile de la craie d'Angleterre ; la *Sp. Townsendi* du même auteur (op. cit. p. 164. pl. 15. fig. 9), la *Sp. laby-*

rinthicus (op. cit. p. 165. pl. 15. fig. 7. *Sp. hemispherica.* Flem.
Brit. anim. p. 526.), et plusieurs espèces de Spongiaires fossiles
figurées par M. Phillips pour son ouvrage sur la géologie du
Yorkshire, mais non décrites.

[Ainsi que nous l'avons déjà dit, les zoologistes ont
établi depuis quelques années dans la famille des Spongiaires un assez grand nombre de divisions génériques,
caractérisées d'après la forme générale de ces corps et sans
avoir égard à leur structure. Cette marche ne nous paraît
pas devoir être adoptée, et jusqu'à ce que l'on ait étudié
d'une manière comparative le mode d'organisation de ces
êtres, il aurait été mieux de réunir dans le grand genre
des Eponges toutes les espèces, soit récentes, soit fossiles,
qui ne présentent aucune particularité de structure bien
remarquable. Plusieurs de ces genres nouveaux sont des
démembremens du genre Eponge de Lamarck, d'autres
se rapprochent davantage de ses Alcyons. Les faits nous
manquent pour introduire dans cette partie de la science
une réforme dont le besoin se fait vivement sentir, et
afin de ne pas augmenter la confusion qui règne déjà
dans l'histoire des Spongiaires, nous nous bornerons à
placer ici et à la suite des Alcyons l'indication des groupes
qui ont reçu la sanction des auteurs les plus estimés, et
la liste des principales espèces nouvelles décrites sous les
noms assignés à ces divers genres.

M. Schweigger a donné le nom d'ACHILLEUM aux
Spongiaires dont le tissu lacuneux est composé de fibres
réticulées et dont la surface est recouverte d'une couche
gélatineuse continue ou ne présente que des pores très
petits ; l'Eponge commune est le type de ce genre qui du
reste n'a guère été adopté que par M. Goldfuss. Ce dernier auteur y a rapporté plusieurs Spongiaires fossiles qui
ne présentent ni tube ni excavation centrale, et qui paraissent être des éponges proprement dites. En voici la liste.

1. Achillée glomérulée. *Achilleum glomeratum.*

A. sessile, glomeratum, fibris crassiusculis, apicibus subclavatis cancellatim coalitis.

Goldf. Petref. p. 1. pl. 1. fig. 1.

Montagne Saint-Pierre, près de Maëstricht.

2. Achillée fongiforme. *Achilleum fungiforme.*

A. stipitatum, turbinatum, infra tuberculosum, supra rimis cariosis et poris majoribus sparsis; fibris densè contextis, hispidis.

Goldf. Petref. p. 1. pl. 1. fig. 3.

Fossile de la craie arénacée des environs de Maëstricht.

3. Achillée morille. *Achilleum morchella.*

A. conoideum, cellulosum, cellulis ovalibus confluentibus, fibris dense implexis.

Goldf. Petref. p. 2. pl. 29. fig. 6.

4. Achillée tronquée. *Achilleum truncatum.*

A. truncato-ramosum, incrustans, fibris crassiusculis reticulatis.

Goldf. Petref. p. 93. pl. 34. fig. 3.

Des environs d'Arnesberg.

5. Achillée tubéreuse. *Achilleum tuberosum.*

A. lobato-tuberosum, foraminibus et rimis undique cariosum (fibris dense contextis?)

Goldf. Petref. p. 93. pl. 34. fig. 4.

Du calcaire jurassique de Wurtemberg.

6. Achillée à côtes. *Achilleum costatum.*

A. subhemisphæricum, infra rugosum supra costatum, costis e centro radiantibus, fibris crispis laxè contextis.

Goldf. Petref. p. 94. pl. 34. fig. 7.

Du calcaire jurassique de Baireuth.

7. Achille chéirotone. *Achilleum cheirotonum.*

A. compressum, palmato-digitatum, porosum, fibris clathratis.

Goldf. Petref. p. 1. pl. 29. fig. 5.

Cette espèce paraît se rapprocher par sa structure des Eponges que nous avons réunies dans la troisième subdivision mentionnée page 540. Il en est du reste de même pour les espèces suivantes et pour un grand nombre d'autres dispersées dans les genres Manon, Scyphia, etc.

8. Achillée muriquée. *Achilleum muricatum.*

A. subramosum, compressum; papillis perforatis muricatum; fibris reticulis crassiusculis.

Tome II.

Goldf. Petref. p. 85. pl. 31. fig. 3.
Du calcaire jurassique de Baireuth.

9. Achillée cancellée. *Achilleum cancellatum.*

A. turbinatum, seriebus foraminum longitudinalibus et transversalibus cancellatum.
Goldf. Petref. p. 93. pl. 34. fig. 5.
Du calcaire jurassique de Wurtemberg.

10. Achillée cariée. *Achillum cariosum.*

A. tuberosum, carioso-porosum, fibris irregulariter cancellatis.
Goldf. Petref. p. 94. pl. 34. fig. 6.
Du Groningue.

Le genre SCYPHIA, établi par Ocken et adopté par MM. Schweigger, Goldfuss et de Blainville appartient à la division des Eponges de Lamarck, et a pour type le *S. fistularis*, dont il a été question ci-dessus; on y range les Spongiaires, dont le tissu est entièrement réticulé, et dont la forme générale est celle d'un gros tube cylindrique ou évasé, et terminé par une grande ouverture; ces caractères ne nous paraissent pas suffisans pour motiver une distinction générique, et leur emploi conduirait à des rapprochemens qui ne sont pas naturels. En effet, il paraît exister de grandes différences dans la structure des fossiles réunis dans ce groupe par les auteurs, et ici, de même que dans les autres parties de cette famille, une réforme est devenue très nécessaire.

Voici du reste les espèces qui paraissent avoir une organisation semblable à celle de la *Sp. fistularis*, ou du moins qui s'en rapprochent le plus.

1. Scyphie cylindrique. *Scyphia cylindrica.*

S. subcylindrica, vel-obconica, fibris crispis dense contextis, superficie subincrustata, tubo angusto conformi.
Goldf. Petref. p. 5. pl. 2. fig. 3. et pl. 3. fig. 12; var. *rugosa.* p. 85. pl. 31. fig. 5.
Blainv. loc. cit.
Du calcaire jurassique de Baireuth.

2. Scyphie intermédiaire. *Scyphia intermedia.*

S. subcylindrica; cæspitoso-ramosa ; fibris crispis laxè contextis; tubo mediocri conformi.

Goldf. Petref. p. 92. pl. 34. fig. 1.

Du calcaire jurassique de Baireuth et de Wurtemberg.

3. Scyphie de Bronn. *Scyphia Bronnii.*

Sp. obconica, solitaria vel calcareum ; fibris crispis in superficie coalescentibus porosis ; tubo mediocri conformi.

Goldf. Petref. p. 91. pl. 33. fig. 9.

Du calcaire jurassique de Baireuth et de Wurtemberg.

4. Scyphie infundibuliforme. *Scyphia infundibuliformis.*

S. infundibuliformis, fibroso-porosa, fibris crassiusculis irregulariter anastomosantibus, tubo amplissimo conformi.

Goldf. Petref. p. 12. pl. 5. fig. 2.

5. Scyphie mamillaire. *Scyphia mamillaris.*

S. sessilis, mamillata, fibris arctè implicatis, poris cariosis, tubo angusto cylindrico.

Goldf. Petref. p. 4. pl. 2. fig. 1.

6. Scyphie tétragone. *Scyphia tetragona.*

S. crassiuscula, tetragona, fibris arctè implicatis, poris cariosis substellatis, tubo angusto cylindrico.

Goldf. Petref. p. 4. pl. 2. fig. 2.

7. Scyphie fourchue. *Scyphia furcata.*

S. cylindrica, bifida, fibris crassiusculis densè contextis, superficie cariosâ tenuissimè poroso-rimosâ, tubo angusto conformi.

Goldf. Petref. p. 5. pl. 2. fig. 6.

8. Scyphie conoïde. *Scyphia conoidea.*

S. conoidea, crassiuscula, superficie lævi, fibris tenuissimus laxe contextis, tubo mediocri conformi.

Goldf. Petref. p. 5. pl. 2. fig. 4.

9. Scyphie élégante. *Scyphia elegans.*

Sc. elongata, obconica, fibris laxis elegantissime anastamosantibus ramosis, tubo angusto conformi.

Goldf. Petref. p. 5. pl. 2. fig. 5.

10. Scyphie turbinée. *Scyphia turbinata.*

S. turbinata, radiato-scrobiculata , fibris ramoso-contextis, tubo angusto subcylindrico.

Goldf. Petref. p. 7. pl. 2. fig. 13.

Calcaire jurassique à Streilberg et calcaire de transition à Éifel.

11. Scyphie rugueuse. *Scyphia rugosa.*

S. obconica, infundibuliformis vel patellæformis ; rugis annularibus, fibri, striatis varie decussantibus reticulata; tubo conformi mediocri vel etiam amplissimo.

Goldf. Petref. p. 9. pl. 3. fig. 6 ; et p. 87. pl. 32. fig. 2.

Blainv. loc. cit.

Du calcaire jurassique de Baireuth.

12. Scyphie foraminée. *Scyphia foraminosa.*

S. sessilis, conico-cylindrica, fibroso-porosa ; fibris irregularibus anastomosantibus ; tubo mediocri infundibuliformi.

Gold. Petref. p. 85. pl. 31. fig. 4.

Blainv. Man. d'Actin. p. 538.

Marne crétacée de la Westphalie et du calcaire jurassique de Baireuth.

D'autres Spongiaires fossiles rangées également dans le genre Scyphia des auteurs, se rapprochent des précédens par leur tissu finement et irrégulièrement réticulé, mais en diffèrent par un caractère qui semble devoir être assez important ; ce tissu réticulé, au lieu d'être partout continu, laisse d'espace en espace de grandes lacunes qui correspondaient probablement à des oscules fécaux et qui, peu éloignées entre elles, sont disposées avec assez de régularité, de manière à donner à la masse l'aspect d'un crible, d'un tamis ou d'un panier à claire-voie. Les premières espèces énumérées ci-après ressemblent beaucoup aux précédentes ; les autres s'en éloignent davantage.

13. Scyphie cariée. *Scyphia cariosa.*

S. obconica, tenuissime porosa, foraminibus oblongis ovalibusque fenestra, tubo mediocri conformi.

Goldf. Petref. p. 7. pl. 2. fig. 14.

Blainv. Man. d'Actin. p. 538.

Montagnes de la Bavière.

14. Scyphie calopore. *Scyphia calopora.*

S. obconoida, fibris tenuissimis irregulariter cancellatis, seriebus po-

*rorum majorum stelliformium et minorum rotundatorum alternis,
tubo mediocri conformi.*
Goldf. Petref. p. 5. pl. 2. fig. 7.
Blainv. Man. d'Actin. p. 538.

15. Scyphie seconde. *Scyphia secunda.*

*S. subrepnoso-ramosa, ramulis subcapitatis secundis; fibris tenuissimis
irregulariter-cancellatis; foraminibus subrotundis; tubo mediocri.*
Goldf. Petref. p. 91. pl. 33. fig. 7.
Du calcaire jurassique de Baireuth.

16. Scyphie décorée. *Scyphia decorata.*

*S. obconico-cylindrica; fibris subtilissimis reticulatim, densè contextis;
foraminibus incrustatis, binis, ternis vel quaternis conjunctis; tu-
bo amplo conformi.*
Goldf. Petref. p. 90. pl. 33. fig. 2.
Blainv. loc. cit.
Du calcaire jurassique de Baireuth.

17. Scyphie psillopore. *Scyphia psillopora.*

*Sp. obconica, minutè porosa, foraminibus ovalibus glabris intrinsecus
incrustatis quincuncialibus, tubo.*
Goldf. Petref. p. 9. pl, 3. fig. 4.

18. Scyphie réticulée. *Scyphia reticulata.*

*S. infundibuliformis vel piriformis, fibris acutè flexuosis anastomo-
santibus reticulata, foraminibus oblongo-rhomboideis regularibus
majusculis, tubo amplissimo conformi.*
Goldf. Petref. p. 11. pl. 4. fig. 1.

19. Scyphie dictyote. *Scyphia dictyota.*

*S. piriformis vel infundibuliformis, fibris densè anastomosantibus in
reticulum laxum contextis foraminibus irregulariter rotundatis
majusculis, tubo conformi amplo.*
Goldf. Petref. p. 11. pl. 4. fig. 2.

20. Scyphie de Buch. *Scyphia Buchii.*

*S. infundibuliformis; foraminibus majusculis subrhombeis fenestrata,
fibris crispis densè contextis, tubo amplissimo conformi.*
Goldf. Petref. p. 88. pl. 32. fig. 5.
Blainv. Man. d'Actin. p. 538.
Fossile du calcaire jurassique de la Bavière.

21. Scyphie de Nees. *Scyphia Neesii.*

S. obconica vel infundibuliformis, foraminibus ovalibus quincuncia-

libus pertusa fibris strictis laxè contextis subdecussantibus; crustâ externâ muricatâ, sublissime porosâ.
Goldf. Petref p. 93. pl. 34. fig. 2.
Du calcaire jurassique de Baireuth.

Enfin on a rangé aussi dans le genre Scyphie d'autres Spongiaires fossiles très remarquables par la régularité de leur tissu, dont la structure se rapproche un peu de celle de la *Spongia striata* (voy. p. 553). Au lieu d'être formé de filamens irréguliers, contournés sur eux-mêmes et réunis dans tous les sens pour circonscrire des lames irrégulières et de grandeur très variée, leur tissu se compose de filamens ou de lames, droits, simples, parallèles entre eux, et réunis par des traverses qui les coupent à angle droit, de manière à constituer des mailles carrées très régulières et placées par séries. Tantôt la masse ainsi formée est continue et ne présente à sa surface que des dépressions qui la font paraître composée de colonnes accolées entre elles ; d'autres fois elle offre un grand nombre de lacunes osculiformes, assez grandes et peu distantes, qui sont disposées par séries régulières.

22. Scyphie empleure. *Scyphia empleura.*

S. campanulata vel obconica; costis latis longitudinalibus ; fibris tenuissimis hinc cancellatis inde irregulariter reticulatis; tubo amplo conformi.
Goldf. Petref. p. 87. pl. 32. fig. 1.
Blainv. Man. d'Actin. p. 538.
Du calcaire jurassique de Baireuth.

23. Scyphie pyriforme. *Scyphia pyriformis.*

S. pyriformis, rugis tribus obsoletis annularibus cincta, fibris semicircularibus oblique decussantibus, poris subquadratis, tubo mediocri subcylindrico.
Goldf. Petref. p. 10. pl. 3. fig. 9.

24. Scyphie de Schlotheim. *Scyphia Schlotheimii.*

S. patellæformis vel infundibuliformis, fibris longitudinalibus parallelis, transversalibus alternis conjunctis; tubo amplissimo conformi.

Goldf. Petref. p. 90. pl. 33. fig. 5.
Blainv. op. cit. p. 539.
Du calcaire jurassique de Baireuth.

25. Scyphie ponctuée. *Scyphia punctata.*

*S. parva, clavata, poris minimis confertis, subseriatis, tubo cylin-
drico amplo.*
Goldf. Petref. p. 10. pl. 3. fig. 10.

26. Scyphie de Sternberg. *Scyphia Sterbergnii.*

*S. infundibuliformis vel pyriformis ; fibris subtilissimis parallelis can-
cellatis ; tubo amplo conformi.*
Goldf. Petref. p. 90. pl. 33. fig. 4.
Blainv. op. cit. p. 539.
Du calcaire jurassique de Baireuth.

27. Scyphie de Schweigger. *Scyphia Schweigerii.*

*S. infundibuliformis vel patellæformis (?) ; fibris tenuissimis retrac-
tatis, poris orbicularibus seriatis, tubo amplissimo.*
Goldf. Petref. p. 91. pl. 33. fig. 6.
Blainv. loc. cit.
Du calcaire jurassique de Baireuth.

28. Scyphie de Munster. *Scyphia Munsterii.*

*S. obconica vel infundibuliformis, foraminibus minutis suborbicula-
ribus quincuncialibus elegantissime seriatis pertusa, fibris crispis
tenuissimis densè contextis, tubo amplo conformi.*
Goldf. Petref. p. 89. pl. 32. fig. 7.
Fossile du calcaire jurassique de la Bavière.

29. Scyphie de Humboldt. *Scyphia Humboldtii.*

*S. infundibuliformis vel patellæformis (?) fibris rectis parallelis de-
cussantibus, superficie indutâ velamine poroso vel rimoso e fibris
subtilioribus densè contexto.*

Goldf. Petref. p. 90. pl. 33. fig. 3.
Blainv. loc. cit.
Calcaire jurassique de Baireuth.

30. Scyphie cancellée. *Scyphia cancellata.*

*S. subcylindrica vel patellæformis ; seriebus pororum oblongum rectis
parallelis decussantibus ; fibris tenuissimis subcancellatis.*
Goldf. Petref. p. 89. pl. 33. fig. 1.
Blainv. loc. cit.
Du calcaire jurassique de Baireuth.

31. Scyphie verruqueuse. *Scyphia verrucosa.*

> *S. polymorpho-subramosa ; ramis vel sparsis truncatis vel numerosis verrucæformibus; fibris rectis decussantibus.*
> Goldf. Petref. p. 7. pl. 2. fig. 11 , et p. 91. pl. 33. fig. 8.
> Du calcaire jurassique de Baireuth.

32. Scyphie voisine. *Scyphia propinqua.*

> *S. pyriformis, solitaria vel cæspitosa ; fibris tenuissimis rectis decussantibus ; foraminibus suborbicularibus subseriatis ; tubo angusto, vel amplo.*
> Goldf. Petref. p. 89. pl. 32. fig. 8.
> Blainv. Man. d'Actin. p. 538.
> Du calcaire jurassique de Baireuth.

33. Scyphie tissue. *Scyphia texata.*

> *S. infundibuliformis, sulcis lacunisque irregularique magnis pertusa, fibris arctè decussantibus tubo amplo conformi obconico.*
> Goldf. Petref. p. 7. pl. 2. fig. 12.
> Blainv. Man. d'Actin. p. 538.
> Du calcaire jurassique de la Suisse.

34. Scyphie fenestrée. *Scyphia fenestrata.*

> *S. subhypocrateriformis, foraminibus oblongis obliquè seriatis fenestrata, tubo angusto subcylindrico.*
> **Goldf. Petref. p. 7. pl. 2. fig. 15.**
> Blainv. loc. cit.

35. Scyphie polyomathe. *Scyphia polyommata.*

> *S. infundibuliformis, fibris erectis cancellatis, foraminibus ovalibus intrinsecus incrustatis undique fenestrata, tubo infundibuliformi amplo.*
> Goldf. Petref. p. 8. pl. 2. fig. 16.
> Blainv. Man. d'Actin. p. 536.
> Du calcaire jurassique de la Suisse et de Baireuth.

36. Scyphie à côtes. *Scyphia costata.*

> *S. obconica, costis longitudinalibus, trabeculis transversalibus connexis, poris inæqualibus punctiformibus confertis, tubo mediocri conformi.*
> Goldf. Petref. p. 6. pl. 2. fig. 10.
> Fossile de
> L'Alcyonite figurée par Parkinson (Organ. remains. t. 3. pl. xi. fig. 1) paraît être très voisine de cette espèce.

37. Scyphie paradoxale. *Scyphia paradoxa.*

> *S. obconica vel infundibuliformis ; fibris cancellatis, superficie ex-*

terná costis longitudinalibus trabeculis transversis connexis ; interná foraminum ovalium seriebus rectis, parallelis, decussantibus ; tubo conformi.

Goldf. Petref. p. 86. pl. 31. fig. 6.
Blainv. Man. d'Actin. p. 538.
Du calcaire jurassique de Baireuth.

38. Scyphie striée. *Scyphia striata.*

S. obconica, infundibuliformis vel patellæformis; costis angustis longitudinalibus ; fibris tenuissimis cancellatis; tubo amplissimo conformi.

Goldf. Petref. p. 88. pl. 32. fig. 3.
Blainv. Man. d'Actin. p. 538.
Du calcaire jurassique de Baireuth.

39. Scyphie à petites stries. *Scyphia tenuistriata.*

S. (infundibuliformis?) costis angustis approximatis parallelis, fibris rectis tenuissimis decussantibus.

Scyphia tenuistriata. Goldf. Petref. p. 9. pl. 3. fig. 7.
Calcaire jurassique des montagnes de Baireuth.

40. Scyphie inclinée. *Scyphia procumbens.*

S. procumbens, ramosa, umbellata, ramis ascendentibus cylindricis umbellatis, foraminum seriebus et fibris subtilissimis parallelis decussantibus, tubis amplis conformibus.

Goldf. Petref. p. 11.
Du calcaire jurassique des montagnes de Baireuth.

41. Scyphie parallèle. *Scyphia parallela.*

S. obconico-cylindrica, scrobiculorum seriebus rectis parallelis decussantibus, velamine reticuloso incrustata.

Goldf. Petref. p. 8. pl. 3. fig. 3.
Du calcaire jurassique des montagnes de Baireuth.

42. Scyphie treillissée. *Scyphia clathrata.*

S. obconica, fibris rectis laxis decussantibus, foraminibus majusculis subdecussantibus, tubo amplo conformi.

Goldf. Petref. p. 8. pl. 3. fig. 1.
Du calcaire jurassique de Baireuth et du calcaire de transition de l'Eifel.

43. Scyphie oblique. *Scyphia obliqua.*

S. piriformis, subincurva, costis rugosis interruptis longitudinalibus, foraminibus ovatis, sulcis immersis, fibris tenuissimis rectis decussantibus, tubo conformi mediocri.

Goldf. Petref. p. 9. pl. 3. fig. 5.

44. Scyphie pertuse. *Scyphia pertusa.*

> *S. obconica vel elongato-pyriformis, fibris rectis tenuissimis decussan-*
> *tibus, poris majusculis penetrantibus oblique subscriatis, tubo me-*
> *diocri conformi.*
>
> Goldf. Petref p. 6. pl. 2. fig. 8.
> Blainv. loc. cit.

45. Scyphie texturée. *Scyphia texturata.*

> *S. obconica vel patellæformis, fibris tenuissimis rectis decussantibus;*
> *poris orbicularibus quincuncialibus; tubo mediocri vel amplis-*
> *simo.*
>
> Goldf. op. cit. var. obconica. p. 6. pl. 2. fig. 9; var. patellæformis.
> p. 88. pl. 32. fig. 6.
> Blainv. Man. d'Actin. p. 538.
> Du calcaire jurassique de Baireuth.

46. Scyphie de Sack. *Scyphia Sackii.*

> *S. infundibuliformis, foraminum seriebus rectis parallelis decussan-*
> *tibus pertusa, fibris cancellatis, tubo amplo conformi.*
>
> Goldf. Petref. p. 87. pl. 31. fig. 7.
> Fossile de la marne crétacée de la Westphalie.

Les fossiles décrits par M. Goldfuss sous les noms de
Scyphia articulata (Goldf. p. 9. pl. 3 fig. 8); de *Scy-*
phia cellulosa (Goldf. pl. 33. fig. 12); et de *Scyphia mille-*
poracea (pl. 33. fig. 10) ne paraissent pas appartenir à la
famille des Spongiaires; à en juger d'après les figures que
cet auteur en a données ils sembleraient se rapprocher davantage des Cellépores.

M. Mantell a donné le nom générique de VENTRICULITE,
Ventriculites, à des corps organisés fossiles qui paraissent
appartenir à la famille des Spongiaires et qui ont beaucoup d'analogie avec certaines Scyphies de M. Goldfuss,
notamment avec la *Scyphia reticulata* dont il a été question ci-dessus. Il définit ce genre de la manière suivante :
« Corps en forme de coupe renversée, concave, ayant été
doué de la faculté de se contracter et de s'étendre ; dont
le tissu primitif était spongieux? ou gélatineux? dont la
surface externe est réticulée, et l'interne couverte d'ou-

vertures ou papilles perforées ; et dont la base, non per-forée, se prolonge en forme de souche et est attachée à d'autres corps. » Ces caractères, comme on le voit, repo-sent principalement sur la forme générale de ces fossiles et sur leur disposition réticulée, mode d'organisation qui se retrouve dans plusieurs types différens. Aussi, pour faire adopter le genre Ventriculite, serait-il peut-être né-cessaire d'examiner d'une manière plus approfondie et plus comparative la structure de ces singuliers fossiles. Quoi qu'il en soit, M. Mantell rapporte à ce genre quatre es-pèces qu'il désigne de la manière suivante :

1° *Ventriculites radiatus*. Mantell. (Illust. of the Geo-logy of Sussex. p. 168. pl. 10 à 14. *Alcyonium choroides* ejusdem. Trans. of the Lin. Soc. vol. xi. p. 401.) Fossile de la craie du comté de Sussex en Angleterre.

2° *V. alcyonoides.* Mantell (op. cit. p. 176).

3° *V. quadrangularis.* Mantell (op. cit. p. 177. pl. 15. fig. 6).

4° *V. Benettiæ.* Mantell (op. cit. p. 177. pl. 15. fig. 3).

Le genre MANON de Schweigger, qui a pour type le *Spon-gia oculata* figuré par Esper et rapporté par Lamarck à la *Sp. palmata* d'Ellis (p. 569. n° 120) nous paraît égale-ment reposer sur des caractères insuffisans ; son fondateur y range les Spongiaires non tubuleux dont la masse, lacuneuse et réticulée à la surface, est pourvue de grands oscules bien circonscrits. MM. Goldfuss et Blainville ont adopté cette division, et le premier de ces auteurs y a rangé plusieurs fossiles nouveaux qui, par leur structure, paraissent différer beaucoup entre eux. Les espèces sui-vantes ont le tissu irrégulièrement réticulé, comme les Scyphies de la première subdivision ; seulement leur sur-face est d'ordinaire occupée par une couche plus dense ; analogue à celle qu'on voit dans beaucoup d'Eponges siliceuses.

1. Manon à tête. *Manon capitatum.*

M. stipitatum, erectum, capitatum capitulo hemisphærico, ostiolis parvis raris, massâ cariosâ, e fibris in stipitis crassi superfic incrustatis in summitate nudis.

Goldf. Petref. p. 2. pl. 1. fig. 4.

De la craie de Maëstricht.

2. Manon tubulifère. *Manon tubuliferum.*

M. cylindrico-clavatum; fibris crassiusculis intricatis tubulos raros longitudinales includentibus, tubulorum osculis orbicularibus in summitate marginatis.

Goldf. Petref. p. 2. pl. 1. fig. 5.

Blainv. Man. d'Actin. p. 543. pl. 95. fig. 5.

De la craie de Maëstricht.

3. Manon pulvinaire. *Manon pulvinarium.*

M. subsessile, cylindraceum seu hemisphericum, lateribus incrustatis, summitate convexâ, poris majoribus stellatim dispositis.

Goldf. Petref. p. 2. pl. 1. fig. 6 , et pl. 29. fig. 7,

Blainv. loc. cit.

De la craie de Maëstricht.

4. Manon Pézize. *Manon Peziza.*

M. cyathoideum vel dimidiatum, subsessile, intus fibris crispis laxè intricatis porosum, extus fibris reticulatis et osculis subquincuncialibus incrustatis.

Goldf. Petref. p. 3. pl. 1. fig. 7 et 8; pl. 5. fig. 1. et pl. 29. f. 8.

Blainv. loc. cit.

5. Manon crible. *Manon cribrosum.*

M. incrustans, fibris impliciter decussantibus, osculis magnis rotundatis seriatis incrustatis lævibus.

Goldf. Petref. p. 3. pl. 1. fig. 10.

Du calcaire de transition de l'Eifel.

D'autres fossiles rapportés par M. Goldfuss au genre Manon paraissent se rapprocher par leur structure de la *Sp. bombycina* (voyez page 540), et de la *Sp. membranacea* d'Esper, etc., ainsi que des Scyphies que nous avons réunies dans la dernière subdivision de ce groupe. Leur charpente solide est formée par des filamens anastomosés entre eux de façon à constituer des mailles carrées, et à présenter à l'angle de chacune de ces mailles une élévation qui soulève l'espèce de membrane dont la surface est recouverte, et dans laquelle sont percés de grands oscules ronds.

Manon marginé. *Manon marginatum.*

> *M. polymorphum, in superficie incrustatum, osculis singularibus vel pluribus rotundatis marginatis; fibris cancellatis internis laeioribus externè arctè implexis.*
>
> Goldf. Petref. p. 94. pl. 34. fig. 9.
> Du calcaire jurassique de Baireuth.

Manon ciselé. *Manon impressum.*

> *M. auriforme, in superficie incrustatum; osculis ovatis immarginatis subserialibus; fibris irregulariter decussantibus.*
>
> Goldf. Petref. p. 95. pl. 34. fig. 10.
> Du calcaire jurassique de Baireuth.

Le *Manon stellatum* de Golfuss (Petref. p. 3. pl. 1 fig. 9) paraît se rapprocher du genre Lobulaire plutôt que des Spongiaires. Cet auteur a décrit aussi, comme appartenant au genre Manon, sous le nom de *Manon favosum* (Petref. p. 4 pl. 1 fig. 11), un fossile qu'il a reconnu plus tard appartenir au genre Caryophillie.

———

MM. Quoy et Gaymard ont donné le nom d'Alcyoncelle à un corps qui paraît appartenir à la famille des Spongiaires, et qui présente une structure très remarquable; on peut assigner au genre dont ce Zoophyte est le type, les caractères suivans :

† Genre ALCYONCELLE. *Alcyoncellum.*

Spongiaire, lamelleux, dont la charpente est formée de filets très déliés, accolés les uns aux autres, et entre-croisés de manière à former des mailles nombreuses, arrondies, assez régulières, et semblables à celles d'une dentelle.

On ne connaît qu'une espèce d'Alcyoncelle qui est très remarquable par sa beauté, et qui a été rapportée des Molluques par MM. Quoy et Gaymard; elle a la forme d'un panier profond et étroit dont les parois seraient

composées d'un tissu délicat d'un travail analogue à
celui des sièges en rotang, dont les modèles nous viennent de l'Inde. Ces naturalistes lui ont donné le nom de
ALCYONCELLE SPÉCIEUX, *Alcyoncellum speciosum* (Quoy et
Gaymard. Voyage de l'Astrolabe, tom. 4. pag. 302 Zooph.
pl. 26, fig. 3).   E.]

TÉTHIE. (Tethia.)

Polypier tubéreux, subglobuleux, très fibreux intérieurement; à fibres subfasciculées, divergentes ou rayonnantes de l'intérieur à la circonférence, et agglutinées
entre elles par un peu de pulpe; à cellules dans un encroûtement cortical, quelquefois caduc.

Les oscules rarement perceptibles.

*Polyparium tuberosum, subglobosum, intùs fibrosissi-
mum; fibris subfasciculatis, ab interiore ad periphœriam
divaricatis aut radiantibus, pulpâ parcissima conglutinatis:
cellulis in crustâ corticali et interdùm deciduâ immersis.*

Oscula raro perspicua.

OBSERVATION. La structure intérieure des *Téthies*, surtout
celle de la première espèce, est si différente de celle des Alcyons
en général, que j'ai cru devoir distinguer ces Polypiers comme
constituant un genre à part. Ils présentent, en effet, une masse
subglobuleuse, très fibreuse intérieurement, et dont les fibres
sont longues, fasciculées, divergentes ou rayonnantes de l'intérieur vers la surface externe. Parmi ces fibres divergentes ou
rayonnantes, on en voit souvent d'autres entremêlées ou croisées; mais, près de la surface externe, il n'y en a plus que de
parallèles. Enfin, à cette surface, un encroûtement médiocre, plus
ou moins caduc, contient les cellules des Polypes.

Ainsi le caractère des *Téthies* est d'avoir à l'intérieur des
fibres divergentes ou rayonnantes, que le tissu des Alcyons
n'offre point, et à la surface un encroûtement cellulifère, comme
cortical.

Comme l'encroûtement cellulifère des *Téthies* tombe facilement dans ces Polypiers desséchés, et quelquefois disparaît en-

tièrement, on aperçoit rarement les oscules des cellules. [Voyez
les Mém. du Mus. d'Hist. nat. vol. 1. p. 69.]

[C'est encore à tort que notre auteur suppose les Téthies pourvues de Polypes; de même que les Eponges ordinaires elles en
sont complètement privées et ne se composent que d'une masse
parenchymateuse, soutenue par des spicules diversement disposés et creusée de canaux que tapisse une membrane gélatineuse;
du reste l'organisation de ces Zoophytes paraît offrir des différences très grandes. Dans la Téthie orange on observe des mouvemens généraux de contraction extrêmement lents qui ne se
voient pas chez les autres Spongiaires. (Voy. Résum. des rech.
faites aux îles Chausay par MM. Audouin et Edwards. Ann.
des sc. nat. t. 15. p. 17)   E.]

ESPÈCES.

1. Téthie asbestelle. *Tethia asbestella.*

> *T. ingens, turbinato-capitata, fibris longissimis et fasciculatis dense
> compacta ; cortice nullo.*
> Mus. n°. Mém. du Mus. 1. p. 70. n° 1.
> * Blainv. Man. d'Actin. p. 545.
> Habite l'Océan du Brésil, et fut trouvée sur les bords de la rivière de
> la Plata, vers son embouchure.

2. Téthie caverneuse. *Tethya cavernosa.*

> *T. globosa, fossis angularibus et inæqualibus extùs excavata; fibris
> è centro radiantibus; ad periphæriam fasciculatis.*
> * Blainv. loc. cit.
> Mus. n°. Mém. du Mus. 1. p. 70. n° 2.
> Habite... Cette espèce est globuleuse et de la grosseur du poing.
> * La structure de ce Spongiaire s'éloigne beaucoup de celle des autres
> Téthies. C'est une masse caverneuse formée presque entièrement
> d'expansions lamelleuses qui se soudent entre elles, de manière à for-
> mer les parois de cavités irrégulières et qui sont en général très
> minces, mais offrent dans quelques points une épaisseur considé-
> rable et une texture spongieuse. Au centre de la masse on voit
> une portion spongieuse où les spicules rayonnent irrégulièrement
> de manière à circonscrire de petites cellules; mais ailleurs ces spi-
> cules sont à-peu-près parallèles et forment des mèches longitudi-
> nales recouvertes par une membrane parenchymateuse assez com-
> pacte.

3. Téthie pulvinée. *Tethia pulvinata.*

*T. subhemisphærica, depressiuscula ; fibris exilibus, aliis radiantibus ;
aliis implexis, ad periphæriam fasciculatis et parallelis ; supernâ
superficie tomentosâ.*

Mus. n°. Mém. du Mus. 1. p. 71. n° 3.

Habite... les mers d'Europe ?

.4. Téthie lacuneuse. *Tethya lacunata.*

*T. globosa, corticata ; fibris centro implexis, versùs periphæriam ra-
diatis et fasciculatis ; lacunâ unicâ osculiferâ.*

Mon cabinet. Mém. du Mus. 1. p. 71. n° 4.

* Schweig. Beobach. pl. 2. fig. 16, 17.

* Blainv. loc. cit.

Habite... les mers d'Europe ?

5. Téthie orange. *Tethya lyncurium.*

*T. globosa, subcorticata ; fibris è centro radiantibus ; superficie ver-
rucosâ.*

1. *Fibris radiantibus rectis.*

Marsill. Hist. marin. t. 14. *fig.* 72. 73.

Esper. Suppl. 2. t. 19. *fig.* 3.

2. *Fibris radiantibus arcuatis, compositis.*

Donat. Adr. p. 62. tab. 10.

Esper. Suppl. 2. t. 19. *fig.* 4. 5.

Mém. du Mus. 1. p. 71. n₀ 5.

* *Alcyonium lyncurium.* Lamour. Polyp. flex. p. 343 ; et Encyclop.
p. 27.

* *Spongia verrucosa.* Montagu. Wern. Mém. v. 11. p. 117. pl. 13.
fig. 4. 6.

* *Téthie.* Aud. et M. Edw. Ann. des sc. nat. t. 15. p. 17.

* *Tethia sphærica.* Flem. Brit. anim. p. 520.

* *Tethia lyncurium.* Blainv. Man. d'Actin. p. 544. pl. 91. f. 3.

Habite la Méditerranée, la côte d'Afrique.

6. Téthie crane. *Tethya cranium.*

T. tuberiformis, alba, setosa.

Alc. cranium. Mull. Zool. dan. t. 85. *fig.* 1.

Mém. du Mus. 1. p. 71.

* *Spongia pilosa.* Mont. Wern. Mém. v. 11. p. 119. pl. 13. f. 1, 2.

* *Tethia crenium.* Blainv. loc. cit.

Habite les mers de la Norwège.

GÉODIE. (Geodia.)

Polypier libre, charnu, tubériforme, creux et vide intérieurement, ferme et dur dans l'état sec ; à surface extérieure partout poreuse.

Des trous plus grands que les pores, rassemblés en une facette latérale, isolée et orbiculaire.

Polyparium liberum, carnosum, tuberiforme intùs cavum et vacuum, in sicco durum ; externâ superficie undique porosâ.

Foramina poris majora in areâ unicâ orbiculari et laterali observata.

OBSERVATIONS. Le Polypier singulier, dont nous formons ici un genre à part, appartient sans doute à la famille des Alcyons, mais il est si particulier, qu'en le réunissant aux Alcyons, l'on augmenterait encore la disparate qui existe déjà entre plusieurs des espèces que l'on rapporte à ce genre.

Les *Géodies*, que l'on peut en effet comparer à des Géodes marines, sont des corps subglobuleux, creux et vides intérieurement comme de petits ballons. Ils sont composés d'une chair qui empâte des fibres extrêmement fines, et qui, par le dessèchement, devient ferme, dure même, et ne conserve que peu d'epaisseur.

La surface externe de ces corps est parsemée de pores enfoncés, séparés et épars ; et, en outre, l'on voit en une facette particulière, orbiculaire et latérale, un amas de trous plus grands que les pores, qui donnent à cette facette l'aspect d'un crible isolé, et paraissent être les ouvertures des cellules, mais qui ne sont que des issues pour l'entrée de l'eau dans l'intérieur du Polypier.

Ainsi, la forme d'une Géode close, et la facette orbiculaire et en crible que l'on observe sur les *Géodies*, constituent leur caractère générique. Je n'en connais encore qu'une espèce que je crois inédite.

[Il nous paraît probable que les Géodies de Lamarck ne sont autre chose que des Spongiaires à croûte siliceuse très solide dont la masse intérieure aurait été détruite par quelque cause accidentelle; nous avons en effet trouvé sur les côtes de la Manche des corps ayant tous les caractères de ce genre, moins l'existence de la grande cavité centrale et dont l'intérieur présentait une disposition analogue à celle de la plupart des Spongiaires compactes.   E.]

ESPÈCE.

1. Géodie bosselée. *Geodia gibberosa.*

> *G. tuberosa, rotundata, tumoribus tuberculisque inæqualibus passim obsita.*
>
> Mon cabinet. Mém. du Mus. 1. p. 334.
> * Schweig. Beobach. pl. 3. fig. 18 et 19.
> * Lamour. Encycl. p. 435.
> * Blainv. Man. d'Actin. p. 535. pl. 91. fig. 4.
> Habite... Je la crois des mers de la Guyane, l'ayant eue à la vente du cabinet de M. *Turgot* qui fut gouverneur de ce pays.

ALCYON. (Alcyon.)

Polypier polymorphe, molasse ou charnu dans l'état frais, plus ou moins ferme, dur ou coriace dans son dessèchement : composé de fibres cornées, très petites, entrelacées et empâtées par une pulpe persistante.

Des oscules le plus souvent apparens, et diversement disposés à la surface. Polypes à 8 tentacules dans la plupart.

Polyparium polymorphum , molle seu carnosum in vivo; exsiccatione durum vel coriaceum; fibris corneis, minimis, implexis, et pulpâ persistente obductis.

Oscula ut plurimùm perspicua, ad superficiem variè disposita. Polypi tentaculis octo in plurimis.

Sous le nom d'*Alcyon*, il ne s'agit ici que de Polypes munis d'un Polypier empâté, constituant une enveloppe étrangère au corps, soit particulier, soit commun, des Polypes, et non des

animaux que l'on a pu confondre parmi les Alcyons, et qui n'ont
pas de véritable Polypier.

Cela posé, les vrais *Alcyons* nous présentent des Polypiers
polymorphes, et en général fixés. Dans l'état frais, ils sont mollasses et constitués par une pulpe charnue, souvent un peu transparente, qui recouvre ou empâte des fibres cornées, très fines,
diversement enlacées et feutrées.

Ces corps s'affermissent promptement lorsqu'ils sont exposés
à l'air; et comme leur chair est persistante, elle devient ferme,
dure, coriace, et a un aspect terreux dans son dessèchement.

On aperçoit à la surface de beaucoup d'Alcyons, des oscules
divers en grandeur et en disposition, et qui sont les ouvertures
des cellules des Polypes. Souvent aussi l'on voit des trous ronds,
par lesquels l'eau pénètre pour porter la nourriture aux Polypes plus intérieurs. Il ne faut pas confondre ces trous de communication avec les ouvertures des cellules.

Ainsi, les Polypiers des vrais *Alcyons* sont essentiellement
constitués de deux sortes de parties; savoir :

1° D'une chair mollasse, presque gélatineuse et persistante;

2° De fibres cornées très fines, mélangées, enlacées et empâtées par la chair qui les enveloppe.

La partie fibreuse qui fait le fond de ces Polypiers, et qui est
empâtée ou encroûtée par la chair poreuse qui l'enveloppe, se
retrouve exactement la même que dans les *Eponges*, et prouve
que les Polypiers de ces deux genres sont réellement d'une nature analogue. Mais dans les *Alcyons*, les fibres cornées sont en
général d'une finesse extrême, et la chair qui les empâte est ici
entièrement persistante, c'est-à-dire, se conserve en se desséchant,
chant, s'affermit à l'air sur le Polypier retiré de l'eau, et ne
fléchit plus sous la pression du doigt. Ce caractère, joint à celui
des cellules apparentes dans la plupart des espèces, distingue
les *Alcyons* des Eponges; celles-ci perdant, à leur sortie de l'eau,
au moins une partie de la chair presque fluide qui empâtait et
recouvrait leurs fibres, et dans toutes leurs espèces le Polypier
sec se trouvant flexible.

Dans les uns comme dans les autres, les fibres cornées sont
évidemment le résultat de l'axe central des Polypiers cortici-

38.

fères, qui a été divisé et transformé en fibres nombreuses, diversement enlacées.

En effet, rapprochez et réunissez au centre, par la pensée, toutes ces fibres cornées qui, dans les *Alcyons* et les Eponges, sont dispersées et mélangées dans la pulpe ; formez-en un axe allongé et central que vous recouvrirez d'une chair polypifère, sans mélange de fibres ; et alors vous aurez le Polypier qui constitue les Gorgones, les Antipates, etc.

On sait que les anciens donnaient le nom d'*Alcyon* à des productions maritimes de diverses sortes, telles que des nids d'oiseau, des tubérosités roulées de racines de zostère, des ovaires de buccin, etc., etc.; mais maintenant on appelle *Alcyons* de véritables Polypiers. Ce sont des corps marins de diverses formes, mollasses, gélatineux ou charnus dans l'état frais ; fermes, coriaces, assez durs même dans l'état de dessèchement; mais alors légers, poreux, et subéreux, présentant souvent diverses cavités dans leur intérieur. Enfin, on s'est assuré que ce sont des Polypiers, puisque dans plusieurs espèces les Polypes ont été observés, et qu'on sait qu'ils ont autour de la bouche des tentacules en rayons, en général au nombre de huit.

Les Polypes des Alcyons étant des animaux composés, qui adhèrent les uns aux autres, et participent à une vie commune, leur Polypier s'accroît en masse par les nouvelles générations de Polypes qui se succèdent continuellement. Aussi l'on ne doit pas être surpris de voir que, dans cet accroissement, le Polypier serve souvent de nid ou de moule à différens animaux, les recouvrant ou les enveloppant peu-à-peu de différentes manières.

Très variés dans leur forme, selon les espèces, les *Alcyons* présentent des masses tantôt recouvrantes ou encroûtantes, tantôt tubéreuses ; arrondies ou conoïdes, simples ou lobées, et tantôt ramifiées et dendroïdes. Ainsi leur genre n'emprunte aucun caractère de leur forme.

Ils avoisinent tellement les Eponges par leurs rapports, que la limite que nous posons, à l'aide de caractères choisis, pour distinguer ces deux genres, laisse, pour certaines espèces, un arbitraire inévitable dans nos déterminations à leur égard. La même chose a lieu partout ailleurs, et se fait d'autant plus sentir, que nous sommes plus riches en objets observés, que nous connaissons mieux leurs rapports naturels, et que nos rapprochemens, sous ce point de vue, sont plus perfectionnés.

Le genre des *Alcyons* paraît être fort nombreux en espèces, et même depuis long-temps nos collections en renferment quantité qui sont restées inédites; mais nos observations et nos études à leur égard, n'ont pas fait beaucoup de progrès.

J'ai déjà dit que c'est avec les Polypiers empâtés que se terminait l'existence du Polypier; que conséquemment, après cette dernière section des Polypes à Polypier, les Polypes, quoique formant encore des animaux composés, n'avaient plus de Polypier, mais offraient un corps commun vivant, presque semblable, par son aspect, au Polypier des Alcyons, et qui pouvait les faire confondre avec eux.

C'est ce qui est arrivé à l'égard de beaucoup d'animaux composés, que l'on a rangés parmi les Alcyons, et qui n'appartiennent, ni à ce genre, ni même à l'ordre qui le comprend.

Depuis long-temps je me doutais que, parmi les nombreuses espèces que les auteurs plaçaient dans les Alcyons, beaucoup d'entre elles pouvaient appartenir à d'autres genres, peut-être à d'autres ordres ou même à d'autres classes; mais ne me trouvant pas à portée d'observer sur le vivant un seul de ces corps, je n'ai pu entreprendre presque aucun redressement à cet égard.

Nous devons à M. *Savigny*, zoologiste très distingué, d'avoir opéré les principales rectifications à faire parmi les animaux que l'on rapportait aux Alcyons et à des genres voisins, en nous faisant connaître, par des observations exactes et très délicates, la véritable organisation des animaux dont il s'agit. En effet, il est résulté des précieuses observations de ce savant, que certains de ces animaux que l'on nommait, les uns *Alcyons* et les autres *Botrylles*, n'étaient pas même des Polypes, mais appartenaient à la division des *Ascidiens*, dont l'organisation est bien plus avancée; que d'autres ensuite, que l'on prenait encore pour des Alcyons, n'avaient plus de Polypier, et devaient constituer, dans la classe des Polypes, un ordre particulier auquel j'ai donné le nom de *Polypes tubifères*, ordre qui avoisine celui des Polypes flottans; les animaux de l'un et de l'autre paraissent avoir une organisation analogue.

Ainsi, le genre des *Alcyons*, maintenant réduit par la séparation de beaucoup de races qui n'y appartenaient pas, se trouve épuré, sinon totalement, du moins en grande partie par les observations importantes de M. *Savigny*. Ce genre néanmoins doit subsister dans la réunion des races en qui un véritable Polypier empâté se trouvera constaté, et j'en connais encore un assez grand nombre d'espèces dans lesquelles cette enveloppe inorganique est évidente.

On a lieu de penser que l'organisation des Polypes des Alcyons est au moins aussi avancée dans sa composition, que celle des Polypes des Eponges et des Polypiers corticifères; qu'elle offre de l'analogie avec la leur; et que cette organisation approche beaucoup de celle des Polypes tubifères, qui viennent après les Polypiers empâtés.

[La division des Spongiaires à tissu compacte désignée par Lamarck sous le nom d'Alcyon, comprend des espèces de structure assez variée, mais qui pour la plupart présentent les caractères déjà indiqués comme propres au genre *Halicondria* de M. Fleming; savoir l'existence d'une charpente semi-cartilagineuse et d'un parenchyme farci de spicules siliceux (Voyez p. 539), etc). Ici encore il n'y a pas de Polypes proprement dits.   E.]

ESPÈCES.

* *Oscules des cellules apparens sur le Polypier sec.*

1. Alcyon guêpier de mer. *Alcyonium vesparium.*

A. fixum, erectum, maximum, ovato-oblongum, apice obtusum, intùs cavernosum; osculis superficiei localiter acervatis.

An t id is vesparum marinus? Rumph. Amb. 6. p. 256.

Mém. du Mus. vol. 1. p. 78. n° 10.

* Lamour. Polyp. flex. p. 339 ; et Encycl. p. 24.

Mus. n°.

Habite.... les côtes australes de l'Afrique ou des mers de l'Inde? Mon cabinet. Il forme de grandes et grosses masses droites, ovales-oblongues, pyramidales, obtuses ou tronquées au sommet. Hauteur, cinq à huit décimètres.

2. Alcyon turban. *Alcyonium cidaris.*

A. fixum globosum, durum, sinubus tortuosis excavatum; fossá amplá terminali ; osculis creberri nis, minimis, substellatis.

Alcyonium. Dorati Adr. p. 56. t. 9.

Alc. durum, magnum, tortuosis sinubus excavatum. Planch. Conch.
    éd. 2. p. 44.

Mém. du Mus. 1. p. 77. n° 9.

* Lamour. Polyp. flex. p. 338; et Encycl. p. 24.

Mus. n°.

Habite la Méditerranée. Il est fort différent de l'*Alcyonium cydonium.* Son volume est plus gros qu'un boulet de vingt-quatre.

* Masse fistuleuse, composée de parenchyme et d'un nombre immense de grands spicules qui s'entrecroisent dans tous les sens.
Près de la surface se trouve une couche de spicules plus longs, parallèles entre eux, perpendiculaires à cette surface et réunis par
faisceaux qui viennent se terminer à la face extérieure d'une croûte
mince et compacte, criblée de pores très petits et d'une structure
granuleuse. On remarque à la surface quelques grands trous qui ne
sont pas des orifices fécaux, mais des espaces laissés par la soudure
des expansions cérébriformes de l'Alcyon.

3. Alcyon ficiforme. *Alcyonium ficiforme.*

*A. turbinatum, supernè planulatum; foveá terminali, intus fu-
rosá.*

Marsill. Hist. p. 87. t. 16. *fig.* 79.

Soland. et Ell. t. 59. *fig.* 4.

Esper. Suppl. 2. t. 20. *fig.* 4.

2. *var foveis* 2. s. 3. *terminalibus.*

Mus. n°. Mém. du Mus. vol. 1. p. 75. n° 1.

* *Spongia ficiformis.* Lamour. Polyp. flex. p. 47; et Expos. méth.
des Polyp. p. 29. pl. 59. fig. 4. et *Alcyonium ficus.* ejusd. Polyp.
flex. p. 348.

* *Choanites ficus.* Mant. Géol. of Sussex. p. 179. (1)

---

(1) M. Mantell a pris ce Spongiaire pour le type de son genre
Choanites qui n'est guère caractérisé que par la forme générale
de la masse et qui ne nous paraît pas devoir être adopté; voici
du reste, les Spongiaires fossiles que ce savant géologue a fait
connaître sous ce nom générique.

1° *Choanites subrotundus.* Mant. Geol. of Sussex. p. 179. pl. 15.
fig. 2. Fossile de la craie de Sussex.

2° *Choanites flexuosus.* Mant. op. cit. pl. 15. fig. 1. Fossile de la
craie de Sussex.

3° *Choanites Konigii.* Mant. op. cit. pl. 16 fig. 19. 21. (Park. op.
cit. pl. 9. fig. 1). Fossile de la craie de Sussex.

Il rapporte aussi à ce genre les fossiles figurés par Parkinson. pl. 9.
fig. 1, 3, 4, 6, 8. et pl. xi fig. 8.

Habite la Méditerranée. Mon cabinet.

* Tissu compacte, creusé de canaux cylindriques et composé en majeure partie de petits spicules de silice un peu courbes.

4. Alcyon domuncule. *Alcyonium domuncula.*

A. tuberiforme, liberum; osculis oblongis, subacervatis.
Alcyonium domuncula. Bullet. des sc n°. 46. p. 169.
Alcyonium bulbosum? Esper. Suppl. 2. t. 12.
Mus. n°. Mém. du Mus. 1. p. 76. n° 2.
* Oliv. Zool. Adriat.
* *Spongia domuncula.* Lamouroux. Polyp. flex. p. 28 ; et Encycl.
p. 337.
Habite la Méditerranée. Mon cabinet. Ses oscules sont petits, oblongs, semés comme par groupes.

5. Alcyon bolétiforme. *Alcyonium boletiforme.*

A. sessile, simplex, rotundatum, uno latere planum, altero convexum; cellulis sparsis, prominulis, tuberculiformibus.
Mém. du Mus. vol. 1. p. 332. n° 46.
* Lamour. Polyp. flex. p. 358; et Encycl. p. 26.
Mus. n°.
Habite... Il a la forme d'un de ces bolets sessiles que l'on trouve sur les troncs d'arbre.

6. Alcyon alvéolé. *Alcyonium favosum.*

A. incrustans, tenue; superficie alveolatá; cellulis latis, contiguis, subpentagonis, brevibus.
Mus. n°.
* Lamour. Encycl. p. 26.
Habite les mers Australes? *Péron* et *Lesueur.* Il forme une croûte peu épaisse qui recouvre des corps marins. Sa surface présente un réseau alvéolaire, composé de cellules contiguës, grandes, larges, sans rebord saillant. Dans chaque cellule on voit encore le Polype desséché qui la remplit, offrant au milieu une ouverture resserrée, à bord comme plissé, et sans tentacules apparens.

7. Alcyon crible. *Alcyonium cribarium.*

A. latè incrustans, coriaceum, subalbidum; osculis crebris, distinctis, subdifformibus.
Mém. du Mus. vol. 1. p. 78. n° 13.

* Lamour. Polyp. flex. p. 341 ; Expos. méth. des Polyp. p. 68 ; et
Encycl. p. 27.
Mus. n°
Habite..... (*la Manche). Il forme de larges plaques encroûtantes,
blanchâtres, criblées d'oscules qui n'ont point de bourrelets et ter-
minent des cellules tubuleuses.

8. Alcyon ocellé. *Alcyonium ocellatum.*

A. coriaceum, ferrugineum ; ocellis marginatis , prominulis, subra-
diatis, cellulas cylindricas terminantibus.
Alcyonium ocellatum. Soland. et Ell. p. 180. t. 1. f. 6.
Sloan. Jam. Hist. 1. t. 21. f. 1.
2. *var. ocellis retusis.* Esper. Suppl. 2. t. 23.
Mus. n°.
Mém. du Mus. vol. 1. p. 79. n° 14.
* *Polythoa ocellata.* Ehrenb. Mém. sur les Polyp. de la Mer-Rouge.
p. 48.
Habite l'Océan des Antilles, les côtes de Saint-Domingue, fixé sur
les rochers.

9. Alcyon mamelonné. *Alcyonium mammillosum.*

A. coriaceum, subalbidum; mamillis convexis, centro cavo, substellato
coadunatis.
Alc. mamillosum. Soland. et Ell. p. 179. t. 1. f. 4. 5.
Sloan. Jam. hist. 1. t. 21. f. 2. 3.
Mus .n.
Mém. du Mus. vol. 1. p. 79. n° 15.
Habite les mers d'Amérique.

10. Alcyon sinueux. *Alcyonium sinuosum.*

A. lamellatum; lamellis erectis, crassis, tortuoso-sinuosis, cerebri an-
fractus, referentibus; osculis crebris, marginalibus.
Mém. du Mus. vol. 1. p. 80. n° 17.
Mus. n°.
Habite... La partie supérieure de sa masse offre des lames droites,
courtes, épaisses, tortueuses et sinueuses, piquetées d'oscules en
leur bord terminal.

11. Alcyon plissé. *Alcyonium plicatum.*

A. latum, orbiculatum, lamelliferum; lamellis crassis, sinuoso-plicatis,
subcristatis; osculis minimis, sparsis.
Mém. du Mus. vol. 1. p. 80. n° 18.
Mus. n°.
Habite les mers de la Nouvelle-Hollande. *Péron* et *L-sueur.* J'en

possède une variété difforme, à lames irrégulièrement relevées, plissées, mésentériformes.

Mon cabinet.

12. Alcyon difforme. *Alcyonium distortum.*

A. deforme distortum, lobato-angulatum; protuberantiis gularibus; osculis orbiculatis, raris, sparsis.

Mém. du Mus. vol. 1. p. 80. n° 19.

Seba. Mus. 3. tab. 97. f. 4.

2. *idem? lobis digitiformibus.*

Alcyonium manus diaboli. Lin.

Seba. Mus. 3. t. 97. f. 3.

Esper. Suppl. 2. t. 21 et 22.

Mon cabinet.

Habite..... l'Océan indien? Il est grand, difforme, à substance ferme, coriace : il varie à lobes allongés, digitiformes. Le *Spongia clavata*, Esper. vol. 2. tab. 19, paraît en être une autre variété. * Par sa structure, cette dernière ressemble exactement à la *Sp. oculata*, p. 569. Voy. Schweig. Beob. p. 29.

13. Alcyon trigone. *Alcyonium trigonum.*

A. carnosum, cellulosum, subtrigonum, osculis undiquè notatum.

Mém. du Mus. vol. 1. p. 78. n° 11.

Mus. n°.

Habite....

14. Alcyon cylindrique. *Alcyonium cylindricum.*

A. teres, albidum, carnoso-spongiosum; foraminibus majusculis, secundis, remotis.

Mém. du Mus. vol. 1. p. 77. n° 7.

Mus. n°.

Habite.... Il ressemble à un bâton de la grosseur du doigt ou un peu plus, et offre des trous sur une rangée latérale.

15. Alcyon coing de mer. *Alcyonium cydonium.*

A. ovatum, convexum, supernè lacunis, irregularibus, raris, excavatum; osculis evanidis, vix perspicuis.

Mém. du Mus. vol. 1. 77. n° 8.

Bonan. Mus. Kirch. p. 287. *fig. mediana.*

Besl. Mus. t. 23. *Alcyonii altera species.*

Seba. Thes. 3. tab. 99. f. 4.

2. *var. dorso non lacunoso.*

* Lamouroux, Polyp. flex. p. 337 et Encyclop. p. 24.

Mus. n°.

Habite l'Océan d'Afrique et celui de l'Inde. La variété 2 est plus petite, et a été rapportée par MM. *Péron* et *Lesueur*.

16. Alcyon enveloppant. *Alcyonium incrustans.*

A. subturbinatum . lobatum . intùs spongioso-fibrosum ; poris parvis confertis, substellatis.

Alcyonium incrustans. Esper. supp. 2. p. 47. t. 15.

Mém. du Mus. vol. 1. p. 76. n° 6.

* Lamouroux. Polyp. flex. p. 470 et Encyclop. p. 25.

Mon cabinet.

Habite les mers d'Europe. Ses masses sont très blanches.

17. Alcyon masse. *Alcyonium massa.*

A subconicum. fulvum, spongiosum ; stellis quinque radiatis.

Alc. massa. Mull. Zool. dan. tab. 81. f. 1. 2.

Mém. du Mus. vol. 1. p. 76. n° 4.

* Lamouroux. Polyp. flex. p. 338. et Encyclop. p. 24.

* *Massarium massa.* Blainville. Man. d'Actin. p. 527.

* *Sympodium massa.* Ehrenberg. Mém. sur les Polypes de la Mer-Rouge.

Habite la mer de Norvège. Je cite cette espèce, sous l'autorité de *Muller.* Son *Alcyonium rubrum* (Zool. dan. 3. t. 82. f. 1. 4) paraît être une espèce d'*Anthelia* de l'ordre des Tubifères.

* Cette espèce n'est pas une Spongiaire, mais appartient à l'ordre des Polypes tubifères de Lamarck.

18. Alcyon diffus. *Alcyonium diffusum.*

A. ramosissimum, diffusum, deforme ; ramis tereti-compressis, irregularibus, coalescentibus; oculis crebris, sparsis; foraminibus majoribus, raris.

Mém. du Mus. vol. 1. p. 152. n° 22.

Mus. n°.

* Lamour. Polyp. flex. p. 345.

Habite.... Il tient un peu de l'Alcyon diforme, mais il en est très distinct. Hauteur, vingt-huit à trente centimètres.

19. Alcyon sceptre. *Alcyonium sceptrum.*

A. elongatum, cylindricum, obsoletè clavatum ; superficie tenuissimè porosâ; passim foraminosâ ; foraminibus subacervatis.

Mus. n°.   Mém. du Mus. 1. p. 163. n° 23.

* Lamour. Polyp. flex. p. 345.

Habite,.... Il paraît avoir des rapports avec le *Spongia clavata*

Esper. vol. 2. p. 226. t. 19; mais l'exemplaire du Muséum n'est point rameux.

20. Alcyon épiphyte. *Alcyonium epiphytum.*

A. cinereum, arenoso-carnosum, plantulas obvolvens ; osculis prominulis, verrucæformibus.

An Alcyonium gorgonoides? Soland. et Ell. p. 181. t 9. f. 1--2.

Mus. n°. Mém. du Mus. 1. p 163. n° 24.

Habite... probablement les mers d'Amérique.

21. Alcyon rampant. *Alcyonium serpens.*

A. carnosum, tæniatum, repens, undato-tortuosum, osculis prominulis, verrucæformibus, subradiatis.

Mus. n°. Mém. du Mus. 1. p. 163. n. 25.

* Lamouroux. Polyp. flex. p. 340.

Habite.... probablement les mers d'Amérique. Il rampe sur des Éponges sans les envelopper.

22. Alcyon ensifère. *Alcyonium ensiferum.*

A. erectum, ramosum, punctato-porosum; ramis longis, angustis, subcompressis, arcuatis, proliferis; osculis subseriatis.

Mus. n°. Mém. du Mus. 1. p. 163 n° 26.

* Lamour. Polyp. flex. p 345.

Habite les mers de la Nouvelle-Hollande? Du voyage de *Péron* et *Lesueur.*

23. Alcyon papilleux. *Alcyonium papillosum.*

A. sessile, incrustans , variè lobatum, papillosum; superficie incrustatá; foraminibus aliis superficialibus, aliis papillas terminantibus: interstitiis tuberculato-spinosis, echinulatis.

Mus. n° Mém. du Mus. 1. p. 164. n° 27.

2. var. papillis obsoletis; superficie magis scabrá.

Spongia urens. Soland. et Ell. p. 187.

Spongia tomentosa. Lin.

Spongia. Ellis, corall. t. 16. *fig. d.* act. Angl. vol. 55. t. 10. *fig.* A.

* *Spongia tomentosa* Montagu. Wern. Mém. t. 1. p. 99.

* Grant. loc. cit.

* *Halichondria papillaris.* Fleming. Brit. anim. p. 520.

Habite l'Océan indien. *Péron* et *Lesueur.* La variété 2 se trouve dans les mers d'Europe.

* Lamarck réunit ici deux espèces très distinctes. Le *Sp. tomentosa,* des mers d'Europe est une Spongiaire à spicules siliceux, tandis

que l'Alcyon papilleux de l'Océan indien, décrit ici , est une Spongiaire à réseau corné et à spicules calcaires.

24. Alcyon opuntioïde. *Alcyonium opuntioides.*

A. substipitatum, ramosum, flabellatum ; ramis compressis, inæqualiter dilatatis, obtusis , lobatis, coalescentibus ; osculis sparsis, septosis.

An spongia palmata ? Soland et Ell. t. 58. f. 6 (*Cette figure a déjà été citée par Lamarck en synonyme de la *Spongia palmata*, n° 120 p. 569, à laquelle elle ressemble en effet beaucoup.)

Mus. n°

2. *var. elatior, stipitibus pluribus congestis ramosis.*

Mon cabinet.   Mém. du Mus. p. 164. n° 28.

Habite les mers d'Europe. Cette espèce tient beaucoup de l'Éponge ; mais elle est fort encroûtée, ferme, dure et cassante dans l'état sec, et ses fibres, extrêmement petites, sont empâtées, même les intérieures.

25. Alcyon joncoïde. *Alcyonium junceum.*

A. surculis ramosis , gracilibus , prælongis , tereti-compressis obsoletè incrustatis; osculis sparsis, septosis.

Mus. n°.   Mém. du Mus. p. 165. n° 29.

* Lamour. Polyp. flex. p. 346.

Habite les mers de Madagascar, près de Foule-Pointe. *Poivre.*

26. Alcyon feuilles de chêne. *Alcyonium quercinum.*

A. stipitatum, carnosum, planulatum, frondosum; explanationibus, sinuato-lobatis, sublaciniatis; osculis parvis, sparsis, superficialibus.

Mus. n°.

Mém. du Mus. p. 165. n° 30.

* Lamour. l'olyp. flex. p. 346.

Habite les mers Australes. *Péron* et *Lesueur.*

27. Alcyon rosé. *Alcyonium asbestinum.*

A. carnosum , rigidum , rubrum , digitato ramosum ; ramis teretiusculis , erectis ; osculis creberrimis , sparsis.

Alc. asbestinum. Pall. Zooph. p. 344.

Esper. Suppl. 2. tab. 5.

Mus. n°.   Mém. du Mus. p. 165. n° 31.

Lamour. Polyp. flex. p. 347.

Habite les mers d'Amérique. Mon cabinet. Cette espèce, très distincte, est ferme et raide dans l'état sec, et rougeâtre à l'intérieur comme en dehors. Ses rameaux sont quelquefois comprimés.

* Suivant M. Ehrenberg cette espèce appartiendrait au genre **Lobu**-
laire. (*Voyez* Mém. sur les Polypes de la Mer-Rouge, p. 59.)

28. Alcyon arbre. *Alcyonium arboreum.*

*A. carnoso-suberosum; stirpe arborescente, laxè ramosá; ramis no-
dosis, obtusis; poris papillaribus.*
Alc. arboreum. Lin. Pall. Zooph. p. 347.
* Lamour. Polyp flex. p. 335; et Encycl. p. 23.
Esper. Suppl. 2. tab. 1. A. et tab. 1. B.
Mus. n°.   Mém. du Mus. p. 166. n° 42.
* *Lobularia arborea.* Ehrenberg. Mém. sur les Polypes de la Mer-
Rouge. p. 59.
Habite la Mer de Norvège, la Mer Blanche et celle de l'Inde. Il s'élève
presque à la hauteur d'un homme.
* L'organisation de ce Zoophyte est la même que celle des Lobu-
laires etc., et par conséquent on ne peut le laisser ici.

** *Oscules des cellules non apparens sur le Polypier sec.*

29. Alcyon compacte. *Alcyonium compactum.*

A. tuberiforme, globoso-pulvinatum; superficie læviusculá.
An Alc. bulbosum? Esper. Suppl. 2. t. 12.
2. *var. infernà parte subacutá.*
Alc. tuberosum. Esper. Suppl. 2. t. 13. f. 1. 2. 3.
Mus. n°.   Mém. du Mus. p. 176. n° 33.
Habite l'Océan atlantique. Mon cabinet.
* Tissu compacte, ne présentant que peu de canaux, doux au toucher, et
composé d'un amas de spicules siliceux très fins et assez longs, disposés irrégulièrement dans tous les sens sans être réunis en faisceaux et entourés d'un parenchyme contenant du carbonate de
chaux.

30. Alcyon moelle de mer. *Alcyonium medullare.*

*A. incrustans, irregulare, polymorphum, album, subtilissimè reticu-
latum.*
Spongia panicea. Pall. Zooph. p. 388.
Ellis. Corall. t. 16. *fig. d.* D. 1. (Suivant Lamouroux)
2. *var. complanata.*
Habite l'Océan d'Europe, les côtes de la Manche. Mon cabinet. Il
enveloppe les bases des plantes marines. *Mém. du Mus.* n° 38.
* Spicules de silice. M. Fleming pense que le *Sp. flava* de Montagu
(Wern. Mém. v. 2. p. 115) doit se rapporter à cette espèce.

31. Alcyon pain de mer. *Alcyonium paniceum.*

> *A. ellipticum, complanatum, a. ī... ; subtilissimè scrobiculatum, scro-*
> *biculis inæqualibus.*
>
> Mus. n°.   Mém. du Mus. n° 35.
> * Esper. Zooph. pl. 18.
> * *Spongia panicea.* Lamour. Polyp. flex. p. 29. et Encyclop. p. 338.
> * *Grant. Edin. phil. Journ. v. s. pl. 2. f. 4 et Annales des Sc. nat.*
> * *Halicondria panicea.* Fleming. Brit. anim. p. 520.
> * *Halispongia panicea.* Blainville. Man. d'Actin. p. 532. pl. 93.
> fig. 5.
> Habite l'Océan d'Europe, les côtes de la Manche. Mon cabinet. (Spi-
> cules siliceux.)

32. Alcyon tortue. *Alcyonium testudinarium.*

> *A. ellipticum, planulato-convexum, strata obtegens, tenuissimè re-*
> *ticulatum; carinis pluribus, dorsalibus, subinterruptis, cristatis.*
> Mus. n°.   Mém. du Mus. n° 36.
> *An Spongia cristata?* Soland. et Ell. p. 186. act. Angl. vol. 55. t. XI
> *fig. G.*
> * *Spongia cristata?* Lamour. Polyp. flex. p. 28, et Encyclop. p. 337.
> Habite..... je crois, les mers d'Europe.
> * M. Grant a constaté que le *Sp. cristata* présente des spicules cal-
> caires.

33. Alcyon orbiculé. *Alcyonium orbiculatum.*

> *A. compressum, orbiculatum, crassum; superficie subasperá, poro-*
> *sissimá, poris inæqualibus.*
> Mus. n°.
> Mém. du Mus. p. 167. n° 37.
> Habite.... Cette espèce présente une masse assez épaisse, orbicu-
> laire, comprimée, très poreuse, tant à l'intérieur qu'à l'extérieur
> et d'une consistance ferme, même dure.
> * La masse orbiculaire conservée sous ce nom dans les collections
> du Muséum, n'est pas un Spongiaire, mais le corps d'une vertèbre
> de cétacé usée par le frottement.

34. Alcyon rayonné. *Alcyonium radiatum.*

> *A. orbiculatum, suprá concavum, læve, plicis ad marginem radiatum;*
> *disco tuberculis, conoideis, subsenis, prominulo; infernâ superficie*
> *convexá, ruderatá, costis fibrosis, radiatá.*
> *Alc. radiatum.* Esper. Suppl. 2. p. 39. tab. 10.
> Mém. du Mus. n° 38.

Habite la Méditerranée.

35. Alcyon porte-pointes. *Alcyonium cuspidiferum.*

*A. sessile, erectum, cavum, in plures lobos supernè fissum; lobis rec-
tis, prælongis, cuspidiformibus; superficie tenuissimè porosâ.*
Mus. n°.   Mém. du Mus. n° 39.
Habite. . . Cet Alcyon ressemble à un faisceau de stalactites renversé.

36. Alcyon granuleux. *Alcyonium granulosum.*

*A. hemisphæricum, gelatinosum, semi-pellucidum, subtùs sulcato-la-
cunosum; superficie lanuginosâ et granulosâ.*
Mus. n°.   Mém. du Mus. n° 40.
Habite l'Océan européen. Je doute de son genre.

37. Alcyon puant. *Alcyonium putridosum.*

*A. ventricoso-globosum, utrinque attenuatum, subpyriforme; appendi-
culis raris, fibroso-reticulatis, tubulosis ad superficiem.*
Mus. n°.   Mém. du Mus. n° 41.
Habite les mers de la Nouvelle-Hollande, au port du roi Georges
  Péron et *Lesueur.*

* L'intérieur de ce Spongiaire est occupé par une masse spongieuse
  d'une texture très fine, traversée par des canaux cylindriques assez
  gros et par de longs filamens grossiers qui, pour la plupart, sont
  disposés longitudinalement et qui existent presque seuls à chaque
  extrémité de la masse pyriforme. La surface est occupée par plusieurs couches d'un réseau irrégulier composé de gros filamens
  analogues, et est tantôt encroûtée de grains de sable, tantôt d'une
  espèce d'enduit spongieux.

38. Alcyon bourse. *Alcyonium bursa.*

*A. viride, subglobosum, cavum, supernè apertum, papillis creberri-
mis extùs obsessum; aperturâ orbiculari.*
Alcyonium bursa. Lin. Pallas. Zooph. 352.
Marsill. Hist. de la mer. tab. 13. n° 69.
Esper. Suppl. 2. t. 8.
Mus. n°.   Mém. du Mus. 1. p. 331. n° 42.
Habite la Méditerranée, l'Océan d'Europe. On prétend que ce corps
  marin appartient au règne végétal. (* Aujourd'hui cette opinion
  est partagée par tous les naturalistes.)

39. Alcyon pourpre. *Alcyonium purpureum.*

*A. intensè purpureum, complanatum, carnoso-spongiosum; superficie
lævi.*

Mus. n°.   Mém. du Mus. 1. p. 332. n° 44.
Habite les mers de la Nouvelle-Hollande. *Péron* et *Lesueur*. Il paraît
propre à la teinture.

40. **Alcyon morille.** *Alcyonium boletus.*

A. substipitatum, clavatum; intus fibris ramosis, dilatato-lamelosis,
clathratis; superficie incrustatá, porosá, tuberculis ruderatá.
Mus. n°.   Mém. du Mus. 1. p. 332. n° 45.
Habite les mers de la Nouvelle-Hollande. *Péron* et *Lesueur.*

[Schweigger a établi aux dépens de la division des Alcyons de Lamarck, un nouveau genre nommé TRAGOS, et
ayant pour type l'*Alcyonium incrustans*, Lamarck (p. 603),
et l'*Alcyonium tuberculosum* ; les caractères qu'il y assigne
sont tirés principalement de la texture dense et fibreuse
de ces Spongiaires, et des oscules bien distincts dont leur
surface est garnie. C'est encore une division qui ne nous
paraît pas établie sur des bases suffisantes; toutefois,
MM. Goldfuss et de Blainville l'ont adoptée, et y rapportent les espèces fossiles suivantes :

1. **Tragos difforme.** *Tragos deforme.*

T. deforme, distortum, lobis protractis nodosis, protuberantiis mam-
millaribus, singulis osculo orbiculari pertusis.
Goldfuss. Petref. p. 12. pl. 5. fig. 3.
Blainville. Man. d'Actin. p. 542. pl. 95. fig. 3.
Fossile de la marne arénacée de la Westphalie.

2. **Tragos rugueux.** *Tragos rugosum.*

T. tuberosum, nodosum rugis obliquis, annularibus incrustatum, in
vertice porosum.
Goldfuss. Petref. p. 12. pl. 5. fig. 4.
Blainville. Man. d'Actin. p. 542.
Fossile du même terrain que le précédent.

3. **Tragos pisiforme.** *Tragos pisiforme.*

T. subglobosum, sessile, fibris densis implexis, ostioli crebris minutis.
Goldfuss. Petref. p. 12. pl. 5. fig. 5. et pl. 30. fig. 1.
Blainville. loc. cit.
Même gisement.

TOME II.   39

4. Tragos en tête. *Tragos capitatum.*

*T. capitatum, brevissime pedicellatum, intus per strata fibrarum con-
centrice striatum, superficie subtilissime granulosâ, ostiolis paucis
majoribus.*
Goldfuss. Petref. p. 13. pl. 5. fig. 6.
Blainville. Man. d'Actin. p. 542.
Fossile du calcaire de transition de la Prusse.

5. Tragos châtaigne. *Tragos hippocastanum.*

T. subglobosum, sessile, in superficie tuberculis muricatum.
Goldfuss. Petref. p. 13. pl. 5. fig. 7.
Blainville. Man. d'Actin. p. 542.
Fossile de la montagne St.-Pierre près de Maëstricht.

6. Tragos pézizoïde. *Tragos pezizoides.*

*T. turbinatum infundibuliforme, superficie scabiusculâ, disco de-
presso.*
Goldfuss. Petref. p. 13. pl. 5. fig. 8.
Blainville. loc. cit.
Fossile du calcaire jurassique des montagnes de Baireuth.

7. Tragos acétabule. *Tragos acetabulum.*

*T. cyathiforme, minutim porosum, foraminibus majusculis rotun-
datis undique sparsis, infernè æquale.*
Golfdfuss. Petref. p. 13. pl. 5. fig. 9. et pl. 35. fig. 2.
Blainville. loc. cit.
Fossile du calcaire de transition de l'Eifel.

8. Tragos patelle. *Tragos patella.*

*T. patelliforme, obsoletè porosum, disco concavo scabriusculo, sub-
tus concentricè rugosum, foraminibus minutis undique sparsis.*
Goldfuss. Petref. p. 14. pl. 5. fig. 10. et p. 96. pl. 31. fig. 2.
Blainville. loc. cit.
Fossile du calcaire jurassique de la Suisse et du Wurtemberg.

9. Tragos sphéroïde. *Tragos sphærioides.*

*T. hemisphæricum, substipitatum, superne lacunosum, lacunis stella-
tim rugosis, subtus marginatum.*
Goldfuss. Petref. p. 14. pl. 5. fig. 11.
Blainville. loc. cit.
Fossile de calcaire jurassique du Wurtemberg. Ce corps pourrait bien
ne pas appartenir à la famille des Spongiaires.

10. Tragos étoilé. *Tragos stellatum.*

> *T. sessile, tuberosum, infra rugis obliquis annularibus incrustatum,*
> *supra-fibroso porosum, protuberantiis mammillaribus sulcis stel-*
> *latis exaratis.*
> Goldfuss. Petref. p. 14. pl. 30. fig. 2
> Blainville. loc. cit.
> Fossile de la marne arénacée de la Westphalie.

Tragos radié. *Tragos radiatum.*

> *T. patellæforme, porosum, infernè rugis inæqualibus radiantibus,*
> *supernè foraminibus minutis sparsis.*
> Goldfuss. Petref. p. 96. pl. 35. fig. 3.
> Fossile du calcaire jurassique de Baireuth.

Tragos rugueux. *Tragos rugosum.*

> *T. patellæforme, superne explanatum, fibrosum, foraminibus majus-*
> *culis remotis sparsis; infernè incrustatum rugis annularibus.*
> Goldfuss. p. 96. pl. 35. fig. 4.
> Fossile du même terrain.

Tragos réticulé. *Tragos reticulatum.*

> *T. infundibuliforme, e fibris subtilissimè reticulatis contextum; extùs*
> *porosum, intùs cicatriculis rotundatis remotiusculis notatum.*
> Goldfuss. loc. cit. pl. 35. fig. 5.
> Fossile du même terrain.

Tragos verruqueux. *Tragos verrucosum.*

> *T. cyathiforme, extus læve, intus foraminibus prominulis verrucosum.*
> Goldfuss. loc. cit. pl. 35. fig. 6.
> Fossile du même terrain.

Le genre CHÉNENDOPORA de Lamouroux ne diffère pas
de quelques-unes des espèces du genre Tragos de Schwig-
ger, décrites par M. Goldfuss. Le naturaliste de Caen
pensait que le fossile d'après lequel il l'a établi devait être
habité par des Polypes semblables à des Actinies; mais
ce corps est évidemment une Spongiaire. Les caractères de
cette division, qui a été adoptée par M. de Blainville et
réunie par M. Goldfuss au genre Tragos, sont tirés de la
disposition infundibuliforme de la masse, des oscules
répandus à sa surface supérieure, et des rides ou plis

39.

rayonnans qui se remarquent à sa surface inférieure ; particularités qui se voient aussi dans le *Tragos radiatum*,
le *T. rugosum*, etc. Lamouroux n'a décrit qu'une seule
espèce, savoir le :

CHENENDOPORE FUNGIFORME. *Chenendopora fungiforme.*

> *Ch. fossilis , siliceosus , infundibuliformis ; poris numerosis in parte*
> *interná sparsis ; nervis parallelis , tranversibus plus minusve exten-*
> *sis ad externá superficie, membranam irritabilem contractamque*
> *simulans.*

> Lamouroux. Expos. méthod. des Polyp. p. 77. pl. 75 fig. 9 et 10.
> Blainville. Man. d'Actin. p. 542. pl. 64. fig. 1.
> Fossile du calcaire jurassique supérieur de Caen ; dans l'addenda du
> premier volume de son ouvrage sur les fossiles, M. Goldfuss rap-
> porte cette espèce à la variété de son *Tragos acetabulum* figuré
> dans la 35ᵉ planche, fig. 1. (Voy. ci-dessus.)

Lamouroux a établi sous le nom de LYMNOREA un genre
nouveau d'après un fossile qui paraît avoir beaucoup d'a-
nalogie avec le *Tragos difforme* de M. Goldfuss, et qui a
été rapporté par ce dernier naturaliste d'abord à son genre
Cenidium, puis au genre Tragos. Cette Spongiaire constitue
de petites masses plus ou moins globuleuses, dont la partie
inférieure, en forme de capsule, est fortement ridée, et
dont la partie supérieure, en forme de mamelons et
lacuneuse, présente presque toujours à son sommet un oscule. Lamouroux la désigne sous le nom de *Lymnorea
mamillosa* (Expos. méth. des Polyp. p. 77, pl. 73, fig. 2 4;
— Delonchamps, Encyclop. p. 503; Defrance , Dict. des
Sciences nat. tom. 42, p. 349, pl. 49. fig. 4 ; — Blainville,
Man. d'Actin. p. 541, pl. 74, fig. 4; *Cenidium tuberosum*
Goldfus. Petref. p. 16, pl. 30, fig. 4). *Mamillopora proto-
gæa.* Bronn. System der niweltlichen pflanzenthiere. p. 15.
pl. 4 fig. 5.

Le genre MYRMECIUM de M. Goldfuss ne paraît différer

dans la réalité que fort peu de plusieurs Spongiaires rangées par le même auteur dans le genre Siphonia. Il y assigne les caractères suivans : Polypier sessile, subglobuleux, composé de fibres serrés, et traversé par de canaux rameux, irradiés de la base à la circonférence, et pourvu d'un grand trou central à son sommet. On n'en a décrit qu'une espèce, savoir : la

1. Myrmécie hémisphérique. *Myrmecium hemisphæricum.*

> *M. hemisphæricum, sessile, acutè marginatum, infra marginem læve, supernè porosum, foramine verticali porisque lacero-stellatis.*
>
> Goldfuss. Petref. p. 18. pl. 6. fig. 12.
> Blainville. Man. d'Actin. p. 537.
> Fossile du calcaire jurassique des montagnes de Baireuth.

M. de Blainville rapproche des Myrmécies de M. Goldfuss le genre EUDÉE, établi par Lamouroux, et rangé à tort par ce naturaliste à côté des Alvéolites et des Millépores. Cette division ne contient qu'une seule espèce fossile l'*Eudea clavata* (Lamouroux. Expos. méth. des Polyp. p. 16 pl. 94 fig. 1-4. Blainv. Man. p. 539 pl. 64 fig. 3) qui est une Spongiaire réticulée intérieurement, comme glacée en dehors par une couche finement poreuse ; sa forme est claviforme, et son sommet est percé d'un grand oscule. Il appartient au calcaire jurassique supérieur de Caen.

Parkinson a donné le nom générique de SIPHONIA à des fossiles qui paraissent appartenir à la famille des Spongiaires et qui se rapprochent des Alcyons de Lamarck par leur tissu dense, mais qui sont caractérisés par de grands canaux longitudinaux, terminés par des oscules à leur base aussi bien qu'à leur sommet, et réunis par d'autres canaux transversaux plus petits, qui rayonnent du centre vers la circonférence, et se terminent par des ouvertures irrégulières et éparses. La masse ainsi formée, présente à sa partie supérieure une surface plane ou une excavation sur laquelle les ostioles sont déposées en lignes rayonnantes plus ou moins régulières. Plusieurs de ces corps ressemblent beaucoup à des Alcyons de Lamarck, mais d'autres pourraient bien appartenir à la famille des Polypiers tubifères, et se rapprocher des Lobulaires. Pour déterminer avec quelque précision leurs rapports naturels, il serait nécessaire d'étudier avec plus de soin qu'on ne l'a fait jusqu'ici leur structure intime. Voici du reste les espèces les mieux connues.

1. Siphonie pyriforme. *Siphonia pyriformis.*

> *S. pedicellata, pyriformis. vertice tubulosâ in fundo et in latere tubi cribrosâ, ostiolis superficialibus sparsis, sulcis angustis subfurcatis.*
> *Fig. pétr.* Guettard. Mém. p. 6. fig. 1 3. et pl. 4. f. 5.
> *Alcyonium ficus.* Schrot. Enl. 3. p. 431.
> *Fig. formed alcyonite.* Parkinson. Org. rem. vol. 3. p. 96. pl. 19. fig. 7. 8 et 12, et pl. 11. fig. 8.
> *Siphonia pyriformis.* Goldfuss. Petref. p. 16. pl. 6. fig. 7.
> Blainville. Man. d'Actin. p. 536.
> Fossile de Chaumont.

2. Siphonie excavée. *Siphonia excavata.*

> *S. libera globoso-troncata, areâ infundibuliformi.*
> Goldfuss. Petref. p. 17. pl. 6. fig. 8.
> Blainville. loc. cit.
> Fossile dont le gisement est inconnu.

3. Siphonie mondée. *Siphonia præmorsa.*

> *S. libera, globoso-truncata, area concava orbiculari.*
> Goldfuss. Petref. p. 17. pl. 6. fig. 9.
> Blainville. loc. cit.
> Gisement inconnu.

4. Siphonie pistille. *Siphonia pistillum.*

> *S. oblongo-subclavata (sessilis?) apice truncata, areâ subplanâ.*
> Goldfuss. Petref. p. 17. pl. 6. fig. 10.
> Blainville. loc. cit.
> Fossile siliceux trouvé à Courtagnon.

5. Siphonie épaisse. *Siphonia incrassata.*

> *S. sphærico depressa, subpedicellata, ostiolis cariosis lateralibus.*
> Goldfuss. Petref. p. 17. pl. 30. fig. 5.
> Blainville. loc. cit.
> Fossile de la Westphalie.

6. Siphonie cervicorne. *Siphonia cervicornis.*

> *S. cylindracea, radicans, areâ tubulosâ, radicibus brevibus truncatis palmatis.*
> Golfdfuss. Petref. p. 18. pl. 6. fig. 11.
> Blainville. loc. cit.
> Gisement inconnu. Le fragment figuré sous ce même nom dans la planche 35, fig. 2, paraît différer beaucoup de celui cité ci-dessus.

Le fossile dont Lamouroux a formé son genre IEREA se rapproche beaucoup de la *Siphonia pistillum* de Goldfuss. Voici les caractères qu'il y assigne: Polypier fossile, simple, pyriforme, pédicellé; pédicule très gros, cylindrique, s'évasant en masse arrondie, à surface lisse; un peu au-dessus commencent des corps de la grosseur d'une plume de moineau, longs, cylindriques, flexueux, solides, plus nombreux et plus prononcés à mesure que l'on s'éloigne de la base, et formant la masse de la partie supérieure du Polypier: sommet tronqué, présentant la coupe horizontale des corps cylindriques observés à la circonférence. Ce fossile a été trouvé dans la marne bleue des environs de Caen, et porte le nom d'*Ierea pyriformis*. (Lamouroux, Expos. méth. des Polyp. p. 79. pl. 78. fig. 3. Blainville, Man. d'Actin. p. 544.)

Le fossile figuré sous ce nom par M. Defrance (Dict. des Scien. nat. atlas zooph. pl. 49. fig. 2), paraît être une espèce différente.

Les HALLIRHOÉS de Lamouroux ne paraissent différer aussi que fort peu de la *Siphonia pyriformis* de M. Goldfuss. Aussi ce dernier naturaliste les rapporte-t-il au genre Siphonie. Ce sont des Spongiaires à tissu compacte, qui affectent la forme de masses simples, pédicellées, plus ou moins sphéroïdes, avec une grande excavation osculiforme au sommet, et des pores épars sur toute leur surface. Lamouroux décrit deux espèces appartenant à ce genre.

1. Hallirhoé à côtes. *Hallirhoa costata.*

> *H. fossilis, simplex, pedicellata, spheroidea, verticaliter compressa, lateribus costata; costis prominentissimis, crassis, rotundatis basi parùm strictis; foramine terminali præalto rotundoque, marginibus diffissis.*
>
> *Alcyonium.* Guettard. Mém. 3. pl. 6. f. 6. 7.
>
> *Hallirhoa costata.* Lamouroux. Expos. méthod. des Polyp. p. 72. pl. 78. fig. 1.
>
> Defrance. Dict. des Sc. nat. t. 42. p.   Atlas. Zooph. pl. 49. fig. 1.
>
> Blainville. Man. d'Actin. p. 540. pl. 74. fig. 1.
>
> Fossile de la couche de marne bleue de la formation du calcaire jurassique supérieur de Caen.

2. Hallirhoé lycoperdoïde. *Hallirhoa lycoperdoides.*

> *H. fossilis; pediculo elongato; terete; capite subgloboso inorato; osculo marginibus integerrimis; poris sparsis.*
>
> Lamouroux. Expos. méthod. des Poly. p. 72. pl. 78. fig. 2.
>
> Du calcaire à Polypier de Caen.

Le genre HIPPALIMUS est voisin des Hallirhoés et des Siphonies; il ne renferme qu'une seule espèce fossile, nommée *Hippalimus fungoides* (Lamouroux , Expos. méth. des Polyp. p. 77. pl. 79. fig. 1. de Blainv. Man. d'Actin. p. 540. pl. 63. fig. 2), et caractérisé de la manière suivante : corps fongiforme, porté sur un pédicelle cylindrique gros et court, et formant supérieurement une ombrelle ou chapeau conique dont la face inférieure est plane, la face supérieure parsemée d'enfoncemens irréguliers peu profonds, ainsi que des pores peu distincts et dont le sommet présente un grand oscule. Ce fossile a été découvert dans la marne bleue des falaises du Calvados.

M. de Blainville a constaté que c'est aussi à la famille des Spongiaires que doit être rapporté le fossile dont

M. Goldfuss a formé le genre CÉLOPTYCHIUM : c'est un corps agariciforme, composé de fibres réticulées, pourvu d'un pédoncule étroit et d'une ombrelle ou chapeau concave et radio-poreux en dessus ; plat et radio-plissé en dessous. Ce corps singulier a été trouvé dans la craie de la Westphalie, et nommé *Cœloptichium agaricoïdes* (Goldfuss. Petref. p. 31. pl. 9. fig. 20; de Blainville, Man. d'Act. p. 535. pl. 95. fig. 7).

Le genre CNEMIDIUM de M. Goldfuss renferme des fossiles assez dissemblables entre eux, mais dont la plupart paraissent se rapprocher beaucoup des Siphonies. Ce sont des Spongiaires turbinées, sessiles, composées de fibres denses, creusées de canaux horizontaux, divergens du centre vers la circonférence, et qui présentent à leur surface supérieure une excavation plus ou moins tubuleuse, cariée à l'intérieur, et radiée vers les bords.

1. Cnémidie lamelleuse. *Cnemidium lamellosum.*

> C. *depresso turbinatum, disco convexiusculo profondè umbilicato, sulcis verticalibus profundis porosis interstitiis sublamelliformibus.*
> *Fungit.* Knor. Tab. f. 8. pl. 58. fig. 5.
> Goldfuss. Petref. p. 15.
> Blainville. Man. d'Actin. p. 541. pl. 95. fig. 4.
> Fossile du calcaire jurassique de la Suisse.

2. Cnémidie étoilée. *Cnemidium stellatum.*

> C. *turbinatum, vertice tubuloso sulcis confertis undulatis e vertice radiantibus.*
> Goldfuss. Petref. p. 15. pl. 6. fig. 2.
> Fossile du calcaire jurassique de la Suisse; l'échantillon figuré sous le même nom par Goldfuss, dans sa planche 3o (fig. 3), paraît avoir une structure très différente.

3. Cnémidie striato-punctuée. *Cnemidium striato-punctatum.*

> T. *turbinato-infundibuliforme, disco excavatum; cimis porisque immersis undique striatum.*
> Goldfuss. Petref. p. 15. pl. 6. fig. 3.
> Fossile du calcaire jurassique de la Suisse.

4. Cnémidie rimuleuse. *Cnemidium rimulosum.*

C. patelliforme, disco excavato, sulcis undique reticulato anastomosantibus.

Goldfuss. Petref. p. 15 pl. 6. fig. 4.

Fossile du calvaire jurassique de la Suisse. M. Goldfuss rapporte à cette espèce l'Alcyonite figuré par Parkinson (Organic remains, II. pl. 1. fig. 3). Mais ce rapprochement nous parait douteux.

5. Cnémidie mamillaire. *Cnemidium mammillare.*

C. sessile, hemisphæricum, vertice tubuloso, sulcis radiantibus simplicibus; poris crebris undique sparsis angulato-stellatis.

Goldfuss. Petref. p. 15. pl. 6. fig. 3.

Blainville. Man. d'Actin. p. 541.

Fossile du Calcaire jurassique des montagnes de Bayreuth.

6. Cnémidie rotule. *Cnemidium rotula.*

C. hemisphærico-depressum, placentiforme, sessile, vertice tubuloso sulcis radiantibus subdichotomis profundis, poris superficialibussparsis substellatis.

Goldfuss. Petref. p. 16. pl. 6. fig. 6.

Blainville. Man. d'Actin. p. 541.

Fossile du calcaire jurassique de Bayreuth.

Cnémidie à tête. *Cnemidium capitatum.*

C. stipitato-capitatum; capitulo sulcis cariosis radiato, vertice tubuloso, stipite poroso, poris majoribus stellatis.

Goldfuss. Petref. p. 97. pl. 35. fig. 9.

Fossile du calcaire jurassique des montagnes de la Bavière.

Le *Cnemidium astrophorum* de Goldfuss (Petref. p. 97. pl. 35. fig. 8) s'éloigne beaucoup des espèces précédentes par ses pores étoilés, et pourrait bien ne pas appartenir à la famille des Spongiaires.

Le *Cnemidium granulosum* du même auteur (op. cit. p. 97. pl. 35 fig. 7) paraît avoir aussi une structure très différente de celle des espèces précédentes; c'est une masse infundibuliforme, dont la surface est couverte par un réseau moniliforme, à larges mailles irrégulières. On l'a trouvé également dans le calcaire jurassique de la Bavière

Enfin on doit aussi rapprocher des Alcyons quelques

fossiles trouvés dans le sable vert de l'île de Wight par M. Webster, et remarquables par leur forme singulière. (Voy. Trans. of the Geological society of London. 1 série. v. 2. p. 377.)   E.

ORDRE QUATRIÈME.

POLYPES TUBIFÈRES. (Polypi tubiferi.)

Polypes réunis sur un corps commun, charnu, vivant, soit simple, soit lobé ou ramifié, et constamment fixé par sa base. Point de Polypier au-dehors; point d'axe solide à l'intérieur; surface entièrement ou en partie chargée d'une multitude de petits cylindres tubiformes, rarement rétractiles en entier.

Bouche terminale; 8 tentacules pectinés; point d'anus; un estomac; 8 demi-cloisons longitudinales au-dessus de l'estomac; 8 intestins de deux sortes; 6 paquets de gemmes ressemblant à 6 ovaires.

OBSERVATIONS. — Pendant l'impression de ce second volume, des observations nouvelles et très intéressantes ayant été présentées à l'Institut par M. *Savigny*, concernant les Polypes fixés et flottans qui ont huit tentacules pectinés, m'ont fait sentir la nécessité d'établir une nouvelle coupe de Polypes, qui ne se trouve point indiquée dans la division que j'ai donnée des animaux de cette classe. Cette coupe me paraît devoir former un ordre particulier; et comme cet ordre doit être placé entre les Polypes à Polypier et les Polypes flottans, il est nécessairement le quatrième de la classe.

Les Polypes, dont il est ici question, n'ont point cette enveloppe inorganique à laquelle j'ai donné le nom de *Polypier*; ils sont réunis et agglomérés sur un corps commun, charnu, organisé et vivant; enfin ils se montrent à sa surface, surtout la supérieure, sous la forme de petits tubes ou cylindres rarement rétractiles en entier, ce qui m'a engagé à leur donner le nom de *Polypes tubifères.*

Je ne puis faire ici qu'une simple annonce des Polypes de cet ordre, qu'exposer leurs principaux caractères, et qu'indiquer leur rang dans la classe ; la publication du mémoire de M. *Savigny* devant suppléer, lorsqu'elle aura lieu, aux détails intéressans que je ne puis maintenant donner.

Les Polypes des Polypiers corticifères et des Polypiers empâtés paraissent, comme je l'ai dit, avoir une organisation plus avancée et plus composée que celle des Polypes des cinq premières sections. Cette organisation plus composée, non-seulement est constatée par les observations de M. *Savigny* dans les *Polypes tubifères*, mais elle y offre un progrès réel, puisque ces Polypes n'ont plus de Polypier. C'est en effet dans la section des Polypiers empâtés, que cette enveloppe inorganique des Polypes s'est anéantie, comme je l'avais indiqué.

Ainsi, quoique les *Polypes tubifères* aient l'aspect des *Alcyons*, la masse charnue qui résulte de leur réunion n'offrant plus de fibres cornées, recouvertes par un encroûtement polypifère, ces Polypes n'ont plus de Polypier, et ne doivent plus être confondus parmi les Alcyons. Il en est de même de ceux que l'on a reconnu appartenir à la division ou famille des *Ascidiens.* L'ordre des Polypes tubifères devra donc être placé après les Polypes à Polypier, et venir après les Polypiers empâtés, avant les Polypes flottans. Effectivement, ces Polypes tubifères sont éminemment distingués des Polypes flottans, par le défaut d'axe solide à l'intérieur de leur corps commun.

Les *Polypes tubifères* se présentent sous l'aspect d'un corps charnu, subgélatineux, toujours fixé par sa base, plus ou moins convexe, simple, lobé ou un peu ramifié. La surface de ce corps, ou au moins celle de ses parties supérieures, est recouverte d'un nombre infini de petits cylindres tubiformes, mobiles, percés à leur sommet d'une bouche ronde, suboctogone, environnée de huit grands tentacules pectinés.

Considéré dans son organisation, chaque Polype se compose de plusieurs viscères renfermés dans une espèce de tube ou de fourreau cylindrique, formé de deux tuniques entre lesquelles une substance celluleuse se trouve interposée. La tunique extérieure est mince, un peu coriace, colorée. Après avoir revêtu l'animal particulier, elle concourt avec celle des autres Polypes de la même masse, à envelopper le corps commun sans y pénétrer. L'intérieure est charnue, un peu tendineuse, et paraît quelquefois munie de fibres longitudinales et annulaires.

Il n'y a point de Polypier proprement dit; mais le corps commun et charnu qui semble le représenter, n'est lui-même que le résultat de tous les fourreaux particuliers des Polypes, liés entre eux par le tissu cellulaire, et que celui des productions vasculaires et autres de la partie inférieure des Polypes, le tout recouvert à l'extérieur par les produits de la tunique externe de chaque Polype.

La tunique intérieure de chaque animal fournit huit grands plis longitudinaux et convergens, qui sont comme autant de demi-cloisons dans la cavité du Polype, et qui la divisent en huit cavités longitudinales incomplètes, lesquelles correspondent aux huit canaux intérieurs des tentacules.

La bouche communique par un court et large œsophage avec l'estomac. Celui-ci, dont la forme est presque cylindrique, paraît comme suspendu entre les huit cloisons et les domine : son fond paraît muni d'une ouverture. Il offre un anneau charnu, recouvert par une membrane transparente qui semble le fermer, et pouvoir s'ouvrir pour laisser le passage libre dans l'abdomen. C'est au pourtour de l'anneau que s'insèrent les intestins qui sont au nombre de huit.

Après être un peu remonté sur l'estomac, chaque intestin s'attache longitudinalement à la cloison qui lui correspond et qui fait à son égard l'office de mésentère. Il en suit le bord libre et flottant, et pénètre avec lui dans le corps commun.

Les huit intestins d'un Polype semblent de deux sortes, car ils ne se ressemblent pas tous par la forme, ni vraisemblablement par les fonctions (1). Deux d'entre eux descendent distinctement jusqu'au fond du corps du Polype, et n'arrivent à aucun ovaire. Les six autres, plus variés dans leur forme, selon les genres, paraissent s'arrêter à six grappes de gemmules oviformes qui imitent six ovaires.

---

(1) Cette distinction ne me paraît pas fondée.　　　E.

Ces ovaires sont toujours placés au-dessous de la partie mobile du Polype, et compris dans le corps commun, quoique rapprochés de sa surface. Ils n'ont ni enveloppe particulière, ni *oviductus*. Ils consistent en corpuscules sphériques, attachés par de petits pédicules au bas des six demi-cloisons qui portent les intestins de la deuxième sorte ; mais ils n'occupent jamais la portion la plus inférieure de ces six demi-cloisons. Les œufs ou corpuscules détachés, peuvent remonter, rentrer dans l'estomac par l'ouverture de l'anneau, et ensuite être évacués par la bouche.

Les deux intestins de la première sorte, pénétrent dans le corps commun sans se diviser et sans communiquer ni entre eux ni avec d'autres. Ceux de la deuxième sorte, au contraire, paraissent produire les ramifications vasculaires que présente quelquefois la substance du corps commun.

M. *Savigny* pense que l'organisation intérieure des Polypes, des Vérétilles, des Pennatules, etc., est analogue à celle des Polypes dont il s'agit ici : voici les quatre genres qu'il a établis parmi ces Polypes.

ANTHÉLIE. (Anthelia.)

Corps commun étendu en plaque mince, presque aplati, sur les corps marins.

Les Polypes non rétractiles, saillans, droits et serrés, occupant la surface du corps commun ; 8 tentacules pectinés.

Corpus commune in massam tenuem subconplanatam, corporibus marinis extensum.

Polypi non retractiles, prominuli, erecti, conferti, ad superficiem massæ communis. Tentacula octo pectinata.

OBSERVATIONS. — Les *Anthélies* rampent et s'étendent en plaques minces et charnues, sur les parties planes des corps marins, comme sur la base des Madrépores, des Gorgones, etc. A la surface de ces plaques s'élève une multitude de Polypes droits dont une partie, tubiforme, reste immobile, l'extrémité seule qui soutient les tentacules pouvant se contracter. M. *Savigny* en reconnaît cinq espèces; mais il ne mentionne que la suivante dans son mémoi

[Ainsi que nous l'avons déjà dit ailleurs, l'organisation de ces Polypes est essentiellement la même que celle des animaux du Corail, des Gorgones, des Cornulaires, etc. (Voy. p. 105 et 465, etc.); et mes recherches sur l'anatomie des Alcyons publiées dans les Annales des Sciences naturelles, 2ᵉ série. t. 4.

E.]

ESPÈCE.

1. Anthélie glauque. *Anthelia glauca.*

> *A. Polypis viridulis, infernè subventricosis.*
> *Anthelia glauca.* Savigny. mss. et *fig.*
> Habite les côtes de la Mer-Rouge. La bouche de ces Polypes, semblable à un point octogone, s'élève souvent en pyramide.
> * Savigny. Egypte. Polypes. pl. 1. fig. 7.
> * Lamouroux. Expos. Méth. des Polyp. p. 70 et Encyclop. p. 66.
> * Blainville. Man. d'Actin. p. 524.
> * Ehrenberg. Mém. sur les Polyp. de la Mer-Rouge. p. 54.
> *Nota.* Je présume que l'*Alcyonium rubrum*, Mull. Zool. dan. 3. p. 2. tab. 82. f. 1. 4. est une espèce de ce genre. (* M. Ehrenberg le place dans son genre Sympodium.)

† Anthélie engorgée. *Anthelia strumosa.*

> *A. glauca, Polypis sub ore inflatis, strumosis, pollicaribus.*
> Ehrenberg. Mém. sur les Polypes de la Mer-Rouge. p. 54.
> Habite la Mer-Rouge.

† Anthélie purpuracée. *Anthelia purpurascens.*

> *A. extùs e violaceo albicans, tentaculis intùs violaceo-purpurascentibus, pinnularum seriebus utrinque ternis, pollicaris.*
> Ehrenberg. op. cit. p. 54.
> Habite la Mer-Rouge. M. Ehrenberg rapporte avec un point de doute à cette espèce la fig. 5 de la pl. 1. des Polypes deM. Savigny. (Descrip. de l'Egypte.)

[MM. Quoy et Gaymard ont établi, sous le nom de CLAVULAIRE, *Clavularia*, un genre nouveau qui ne nous paraît pas devoir être adopté; car des deux espèces que ces auteurs y rapportent, l'une nous semble appartenir au genre Anthélie, l'autre au genre Cornulaire. Cette dernière est le *Clavularia violacea*. Quoy et Gaymard (Voyage de l'Astrolabe. t. 4. p. 262. pl. 21. fig. 13. 16). Le premier est leur *Clavularia viridis*. Quoy et Gaymard. (p. cit. p. 260. pl. 21. fig. 10-12.)

———

M. Ehrenberg a donné le nom de SYMPODIUM à des Alcyoniens qui ressemblent beaucoup aux Anthélies, mais dont les Polypes sont rétractiles et forment, en se contractant, des papilles peu saillantes. Il range, dans ce genre nouveau, les espèces suivantes :

1. Sympodie fuligineuse. *Sympodium fuliginosum.*

> S. *effusum, abducens, bipollicare, fuliginosum, tentaculis pallidioribus, brevioribus Polypis sexlinearibus, radiorum disco trilineari.*
> Ehrenberg. Mém. sur les Polypes de la Mer-Rouge. p. 61.
> ? Savigny. Descrip. de l'Egypte. Polyp. pl. 1. fig. 6.
> Habite la Mer-Rouge.

2. Sympodie bleue. *Sympodium cœruleum.*

> S. *effusum., obducens, membranâ tubulisque fuliginosis, tentaculis lœte cœruleis, parvis, gracilibus.*
> Ehrenberg. loc. cit.
> Habite la Mer-Rouge.

3. Sympodie rose. *Srmpodium roseum.*

> S. *obducens, subroseum, varium, roseum, Polypis, papilla contracta, parumper prominulis aut obliteratis, subere 2 1/2 — 3''' alto, tentaculis albis.*
> Ehrenberg. op. cit.
> Habite les Antilles.

4. Sympodie coralloïde. *Sympodium coralloïdes.*

> S. *corallino-purpureum, obducens, suberosum, Polypis contractis, non prominulis, tentaculis flavis.*
> *Gorgonia coralloides.* Pallas. Esper. t. 32.
> *Sympodium coralloides.* Ehrenb. loc. cit.
> Se trouve fixée sur des Gorgones.

5. Sympodie rouge. *Sympodium rubrum.*

S. crustaceum, molle, miniatum, punctis sparsis saturatioribus.

Alcyonium rubrum. Muller. Zool. Danica. 3. pl. 82. fig. 1. 4.

Anthelia rufa. Blainville, Man. d'Actin. p. 524. pl. 88. fig. 7.

Sympodium rubrum. Ehrenberg. op. cit. f. 62.

Habite la Mer-Rouge.

M. Ehrenberg rapporte aussi à ce genre l'*Alcyonium massa* de Muller dont il a déjà été question (pag. 603 n° 17), et le *Sympodium ochraceum* figuré par Esper, comme des portions de la substance corticale de la Gorgone dichotome (pl. 14).

Nous pensons qu'il faudrait aussi y ranger l'*Alcyonium tuberculosum* de MM. Quoy et Gaymard (Voyage de l'Astrolabe. t. 4. p. 274. pl. 23. fig. 4. 5.)

P.

XÉNIE. (Xenia.)

Corps commun, produisant à la surface d'une base rampante, des tiges un peu courtes, épaisses, nues, divisées à leur sommet; à rameaux courts, polypifères à leur extrémité.

Polypes non rétractiles, cylindriques, fasciculés, presque en ombelle, et ramassés au sommet des rameaux, en têtes globuleuses, comme fleuries; ayant 8 grands tentacules profondément pectinés.

Corpus commune, è basi repente caules crassos breviusculos, nudos, apice divisos emittens; ramis brevibus apice polypiferis.

Polypi non retractiles, cylindrici, fasciculati, subumbellati, ad apices ramorum in capitula globosa subflorida congesti : tentaculis octo magnis profondè pectinatis.

OBSERVATIONS. — La *Xénie* est, parmi les Polypes tubifères, l'un des genres les plus remarquables; le corps commun de ces animaux composés ressemblant à un végétal à sommités fleuries, et les Polypes de ce corps étant disposés aux extrémités des rameaux presque comme ceux de l'Ombellulaire.

Les ombelles de la *Xénie*, légèrement étagées, rapprochées

en tête arrondie, colorée, animée et toujours en mouvement, produisent, dit M. *Savigny*, un très bel effet. Elles sont situées au sommet de quelques pédoncules gros et courts, qui ont eux-mêmes une tige commune. M. *Savigny* ne parle point de la base rampante et fixée, sur laquelle s'élèvent les tiges; mais il la représente dans la figure qu'il donne de la seule espèce qu'il connaît. J'en indiquerai une seconde que je crois appartenir au même genre.

ESPÈCES.

1. Xénie bleue. *Xenia umbellata.*

X. Polypis cœruleis, umbellato-capitatis; tentaculis longis, profondè pectinatis.

Xenia umbellata. Savigny. mss. et *fig.*

* Savigny. Egyp. Polyp. pl. 1. fig. 3.

* Lamouroux. Expos. Méth. des Polyp. p. 69.

* Delonchamps. Encyclop. p. 788.

* Blainville. Man. d'Actin. p. 523.

* Ehrenberg. Mém. sur les Polyp. de la Mer-Rouge. p. 53.

Habite la Mer-Rouge. Les ombelles sont d'un bleu foncé en dessus, glauques en dessous. Les pinnules des tentacules sont grêles, profondes, serrées et disposées sur deux rangs de chaque côté. Cette Xénie est sujette à des tumeurs ou galles occasionées par la présence d'un entomostracé.

. Xénie brunâtre. *Xenia fusescens.*

X. Polypis fucescentibus, umbellato-capitatis, tentaculorum pinnatorum seriebus utrique quaternis.

Ehrenberg. Mém. sur les Polyp. de la Mer-Rouge. p. 54.

Habite la Mer-Rouge.

2. Xénie pourpre. *Xenia purpurea.*

X. Polypis purpureis, cymosis; fasciculis Polyporum globosis, numerosissimis; ramis compressis, divaricatis.

Alcyonium floridum. Esper. Suppl. 2. p. 49. tab. 16.

Habite. . . . . .

Xenia purpurea. Delonchamps. loc. cit.

Neptea florida. Blainville. Man. d'Actin. p. 523.

* Ehrenberg. op. cit. p. 60.

† Xénie azurée. *Xenia cærulea.*

> **X.** *minor latè cærulea, omnibus partibus gracilior, brachiis simpli-*
> *cius pectinatis, stipite breviore, stirpe pollicari.*
>
> Ehrenberg. loc. cit.
> Habite la Mer-Rouge.

[Cette espèce n'appartient certainement pas au genre Xénie, et se rapproche beaucoup des Nephtées (1) de M. Savigny. Nous sommes porté à croire aussi qu'elle ne diffère pas du zoophyte que M. Lesson vient de décrire comme nouveau sous le nom de *Spoggodia celosia* (Illust. de zoologie), et que nous avons eu l'occasion d'examiner sur un bel échantillon conservé dans l'alcool, appartenant à la collection du Muséum. Ce dernier Alcyonien se compose d'une portion basilaire ou commune membraneuse, dont les branches terminales sont hérissées de longs spicules roses qui dépassent de beaucoup la surface, et forment à la base de chaque Polype des faisceaux d'épines. A la base des tentacules on voit aussi sur la portion terminale ou libre des Polypes, des lignes en chevrons formées par des spicules. Du reste, ces Polypes ne paraissent offrir rien de particulier. E.]

---

(1) Dans la légende de la seconde planche des Polypes de l'Egypte, M. Savigny a donné le nom générique de *Nephtées* à des Polypes qui ne diffèrent que fort peu de ses Ammothées et que, dans le travail dont Lamarck donne ici un extrait, il ne paraît pas en avoir distingué. Le genre Nephtée a été adopté par MM. de Blainville et Ehrenberg. Ce dernier naturaliste y range les Alcyoniens dont la base est charnue, et ramuleuse ou lobulée, et dont les Polypes rentrent dans des tubercules armés de spicules. Le type de ce genre est le Zoophyte figuré par M. Savigny dans le grand ouvrage de l'Egypte, Polyp. pl. 2. fig. 5. et désigné sous les noms d'*Ammothea Chabrolii*, par M. Audouin (Explic. des pl. de M. Savigny), de *Nephtæa inno-minata*, par M. de Blainville (Man. d'Actin. p. 523) et de *Neph-tæa Savigny*, par M. Ehrenberg (Mém. sur les Polyp. de la Mer-Rouge. p. 60). E.

AMMOTHÉE (Ammothea)

Corps commun se divisant en plusieurs tiges courtes et rameuses ; à derniers rameaux ramassés, ovales-conoï-des, en forme de chatons, et partout couverts de Po-lypes.

Polypes non rétractiles, à corps un peu court, et à 8 tentacules pectinés sur les côtés.

Corpus commune, caulibus pluribus brevibus et ramosis divisum ; ramulis ultimis congestis, ovato-conoideis, amen-tiformibus, undiquè polypiferis.

Polypi non retractiles ; corpore breviusculo ; tentaculis octo ad latera pectinatis.

OBSERVATIONS. — Les *Ammothées* viennent en tiges rameuses comme les Xénies ; mais elles s'en distinguent éminemment par la disposition de leurs Polypes, qui ne sortent point par faisceaux ombelliformes ou capituliformes aux extrémités des rameaux. Leurs Polypes, au contraire, sont épars et serrés autour des der-niers rameaux, les couvrent partout, et leur donnent l'aspect de chatons fleuris. La partie saillante et non rétractile du corps de ces Polypes est courte, et couronnée de huit tentacules assez grands, pectinés sur les côtés. Les pinnules, au nombre de huit ou neuf par rangée, sont tantôt sur un seul rang de chaque côté et tantôt sur deux ou trois rangs.

M. *Savigny* n'a connu qu'une espèce de ce genre ; mais il est probable qu'on peut y en rapporter quelques autres, déjà ob-servées et confondues parmi les Alcyons.

ESPÈCES.

1. Ammothée verdâtre. *Ammothea virescens.*

A. caulibus albidis, exquisitè ramosis, Polypis fusco-virescentibus.
Ammothea virescens. Savigny. mss. et *fig.* (* Egyp. Polyp. pl. 2. fig. 6.)

---

(1) Nous pensons qu'il faudrait aussi rapporter à ce genre le *Lobularia spinosa* de M. Delle Chiaje (Anim. senza vert. di Na-poli. t. 3. p. 18. pl. 32. fig. 3. 6).   E.

* Lamouroux. Expos. Méthod. des Polyp. p. 69 et Encyclop. p. 48.
* *Nepthea Cordierii*. Audouin. Explic. des planches de M. Savigny.
* *Ammothea virescens*. Blainville. Man. d'Actin. p. 522.
* Ehrenberg. Mém. sur les Polyp. de la Mer-Rouge. p. 59.
* Habite les côtes de la Mer-Rouge.

2. Ammothée phalloïdes. *Ammothea phalloides.*

A. substipitata, supernè divisa ; ramulis brevibus, conglomeratis, lobulatis ; lobulis subglobosis.

Alcyonium spongiosum. Esper. Suppl. 2. tab. 3.

* *Ammothea phalloides*. Lamouroux. Expos. Méth. des Polyp. p. 69 et Encyclop. p. 48.

Habite les mers Orientales. Ce n'est que par conjecture que je rapporte ici le corps polypifère dont Esper nous a donné la figure, d'après le sec. Il nous parait rendre le port d'une Ammothée, dont les derniers rameaux polypifères et conglomérés, seraient fort courts, et altérés dans leur forme par l'état de dessiccation.

† 3. Ammothée thyrsoïde. *Ammothea thyrsoïdes.*

A. basi carnosa, effusa, supra simpliciter carnosa, ramis cylindricis, pollicaribus, erectis, verrucosis (amentiformibus).

Ehrenberg. Mém. sur les Polyp. de la Mer-Rouge. p. 59.
Habite la Mer-Rouge.

‡ 4. Ammothée imbriquée. *Ammothea imbricata.*

A. ramosa rigida, albo-cærulescens ; Polypis fasciculatis pediculatis, subimbricatis, non retractilibus ; tentaculis minimis obtusis, apice fusis.

Alcyonum imbricatum. Quoy et Gaymard. Voy. de l'Astrolabe. t. 4. p. 281. pl. 23. fig. 12. 14.

Habite le havre Carteret de la Nouvelle-Hollande.

† 5. Ammothée rameuse. *Ammothea ramosa.*

A. magna, mollis multiramosa ; stirpe albicanti, fulvo striato ; Polypis fuscis, in extremitate ramorum coadunatis ; tentaculis brevibus rotundatis.

Alcyonium ramosum. Quoy et Gaymard. Voy. de l'Astrolabe. t. 4. p. 275. pl. 23. fig. 8. 11.

Habite les côtes de la Nouvelle-Guinée.

† Nous sommes porté à croire qu'il faudrait aussi ranger dans cette division générique l'*Alcyonum amicorum* de MM. Quoy et Gaymard (Voyage de l'Astrolabe. t. 4. p. 276. pl. 22. fig. 13. 15), que M. de Blainville place dans le genre Nephtée. (Manuel. p. 523.)

[J'ai établi sous le nom d'ALCYONIDE, *Alcyonidia*, un nouveau genre composé de Polypes qui établissent à plusieurs égards le passage entre les Ammothées et les Lobulaires. Ils ont à-peu-près le port des premiers, mais leur portion commune présente un caractère particulier; car dans sa moitié inférieure elle n'est pas rameuse, et sa surface est encroûtée de spicules fusiformes qui y donnent une consistance considérable, tandis que sa moitié supérieure est rameuse, membraneuse, et extrèmement molle. Cette portion terminale peut aussi rentrer en entier dans la portion basilaire.

Le Polype qui forme le type de ce genre se trouve sur les côtes d'Alger et porte le nom d'ALCYONIDE ÉLÉGANTE, *Alcyonidia elegans*. Milne Edwards. (Annales des Sciences naturelles, 2ᵉ série. Zool. t. 4. p. 323. pl. 12 et 13.)

Je suis porté à croire que l'*Alcyonium terminale* de MM. Quoy et Gaymard (Voy. de l'Astrol. t. 4. p. 282. pl. 23. fig. 15-17) appartient aussi à ce genre.   E.]

LOBULAIRE. (Lobularia.)

Corps commun, charnu, élevé sur sa base, rarement soutenu sur une tige courte, simple ou muni de lobes variés; à surface garnie de Polypes épars.

Polypes entièrement rétractiles, cylindriques, ayant 8 cannelures au dehors, et 8 tentacules pectinés.

Corpus commune, carnosum, suprà basim elevatum, rarò caule brevi suffultum, simplex aut variè lobatum; superficie Polypis sparsis obsitá.

Polypi penitùs retractiles, cylindrici, extùs octostriati; tentaculis octo pectinatis.

OBSERVATIONS. — Le genre des *Lobulaires* ne paraît distingué des vrais Alcyons que parce que les Polypes de ce genre vivent sur un corps commun organisé, qui n'a point de Polypier; c'est-à-dire qui n'offre point de fibres cornées, empâtées par un en-croûtement inorganique qui contient les Polypes dans son épais-seur. Cette distinction n'est pas toujours facile à saisir sur l'inspection des masses conservées dans les collections; mais peut-être que les vrais Alcyons n'ont tous que cinq tentacules à leurs Polypes (1); ce caractère constaté établirait une démarca-tion suffisante pour n'en confondre aucun avec les petits Asci-diens et avec les Polypes tubifères. Je doute néanmoins du fon-dement de ce caractère.

Il est difficile d'obtenir du port des Lobulaires une distinc-tion de toutes leurs espèces, d'avec celles des trois genres précé-dens. Mais les Polypes des Lobulaires étant rétractiles en en-tier, distinguent éminemment leur genre.

•

ESPÈCES.

1. **Lobulaire digitée.** *Lobularia digitata.*

> *L. sessilis, albido-ferruginea; gelatinoso-carnosa, lobata; lobis cras-sis, obtusis.*
>
> *Alcyonium digitatum.* Lin. Soland. et Ell. p. 175.
> Ellis. Corall. t. 32. fig. a. A. A. 2.
> Savigny. mss. et fig.
> * *Alcyonium exos.* Spix. Ann. du Muséum. t. 13. p. 451. pl. 31.
> * *Alcyonium lobatum.* Lamouroux. Polyp. flex. p. 336. pl. 12. fig. 4. pl. 13 et pl. 14. fig. 1.
> * *Lobularia digitata.* Delonchamps. Encyclop. p. 498.
> * Grant. Edinb. jour. of science. v. 8. p. 104.
> * Fleming. Brit. Anim. p. 595.
> * Blainville. Man. d'Actin. p. 521.
> * Ehremberg. Mém. sur les Polyp. de la Mer-Rouge. p. 57.
> Mus. n°.
> Habite l'Océan européen. Ses lobes, au nombre de deux à cinq, sont épais, obtus et un peu digitiformes. L'*Alcyonium pulmo*, Esper. Supp. 2. t. 9. semble être une variété de cette espèce, représen-tée d'après le sec.

---

(1) Les corps désignés par Lamarck sous le nom d'Alcyons, sont des Spongiaires et n'ont point de Polypes.　　　　E.

2. Lobulaire conoïde. *Lobularia conoidea.*

L. sessilis, indivisa, conoidea, extùs flava, intùs rubra, pulposa, Polyporum tentaculis octo ciliato-pectinatis.

Alcyonium cydonium. Mull. Zool. dan. 3. p. 1. tab. 81. f. 3. 5.

* Lamouroux. Polyp. flex. p. 337.

* *Lobularia conoides.* Delonchamps. Encyclop.

* *Cydonium Mulleri..* Fleming. Brit. Anim. p. 516.

Habite la mer du Nord, fixée sur les rochers et les coquillages. Ses Polypes sont cannelés en dehors avec des rides transverses, comme ceux de la précédente, que M. *Savigny* nous a fait connaître avec beaucoup de détail.

* M. Ehrenberg regarde cette Lobulaire comme étant un jeune individu de l'espèce précédente.

3. Lobulaire main-de-ladre. *Lobularia palmata.*

L. coriacea; stipitata, supernè ramoso-palmàta; ramulis subcompressis; cellulis prominulis papilliformibus.

Alcyonium palmatum. Pallas. Zooph. p. 349.

Alcyonium exos. Gmel. n°. 2.

Esper. Suppl. 2. t. 2.

Fungus, etc. Barrel. Ic. 1293. n° 1 et 1294.

* *Alcyonium palmatum.* Lamouroux. Polyp. flex. p.

* *Lobularia palmata.* Delonchamps. Encyclop. p. 498.

* *Lobularia exos.* Blainville. Man. d'Actin. p. 522. pl. 91. fig. 1.

* *Lobularia palmata.* Ehrenberg. Mém. sur les Polypes de la Mer-Rouge. p. 58.

* *Alcyonium palmatum.* Milne Edwards. Annales des Sciences naturelles, 2e serie. Zool. t. 4. pl. 14 et 15.

Mus. n°.

2. var. *caule elatiore ramoso.*

Marsill. Hist. mar. tab. 15. f. 74.

Habite la Méditerranée. M. *Savigny* m'ayant assuré que ces Polypes sont rétractiles en entier, je la rapporte ici d'après son sentiment.

† 4. Lobulaire pauciflore. *Lobularia pauciflora.*

L. bipollicaris, substipitata, supra lobata; lobis compressis, obtusis quadrilinearibus, 1/2 pollicem fere altis, superficie subtilissimè areolata, glabra, Polypis raris sparsis; fusca.

Ehrenberg. Mém. sur les Polypes de la Mer-Rouge. p. 58.

Habite la Mer-Rouge. M. Ehrenberg rapporte à cette espèce la fig. 8 de la première planche des Polypes de M. Savigny, que M. Au-

douin a considérée à tort comme étant l'*Ammothca virescens*. Sav.
(Explicat. des planches de M. Savigny. p. 45. édit. in-8°)

5. Lobulaire orangée. *Lobularia aurantiaca.*

L. parva, mollis, ramosa, aurea; ramis obtusis; Polypis elongatis,
clavatis, albis; tentaculis brevissimis rotundatis.

Alcyonium aurantiacum. Quoy et Gaymard. Voyage de l'Astrolabe.
t. 4. p. 277. pl. 22. fig. 16. 18.

Habite les côtes de la Nouvelle-Zélande.

‡ Ajoutez aussi l'*Alcyonium stellatum*. Milne Edwards (Ann. des
Sciences Naturelles. 2. série. Zool. t. 4. pl. 16), espèce de nos
côtes qui tend à établir le passage entre les Lobulaires et les Nephtées et qui est de couleur rose.

‡ L'*Alcyonium glaucum* de MM. Quoy et Gaymard (Voyage de l'Astrolabe. t. 4. p. 270. pl. 22. f. 11. 12) diffère des Lobulaires par
la disposition des Polypes qui occupent tous la face supérieure de
la masse charnue formée par leur réunion.

Ces naturalistes ont rangé dans le genre Cornulaire deux autres
espèces d'*Alcyoniens* qui n'ont aucune analogie générique avec
les Cornulaires des auteurs, et qui ne diffèrent guère des Lobulaires de Savigny que par leur forme générale non rameuse, par
leur consistance moindre et par la forme des granules ovalaires qui
paraissent remplacer les spicules des Lobulaires. Ce sont le *Cor-*
nularia multipennata. Quoy et Gaym. (Voy. de l'Astrolabe. t. 4.
p. 265. pl. 22. f. 1. 4), et le *Cornularia subviridis.* Quoy et Gaym.
(op. cit. p. 266. pl. 22. f. 5. 7). Ces auteurs pensent que cette dernière espèce est la même que celle décrite par M. Lesson, sous le
nom d'*Actinantha florida* Lesson. (Voy. de la Coquille. pl. 3.
n° 1.)

† Il nous parait probable que les Polypes décrits par MM. Quoy et
Gaymard sous le nom d'*Alcyonum flexibile.* Quoy et Gaym. (Voy.
de l'Astrol. t. 4. p. 279. pl. 23. f. 1. 3) ; d'*Alcyonum flavum.* Quoy
et Gaym. (op. cit. p. 280. pl. 23. f. 6. 7) ; d'*Alcyonum flabellum.*
Quoy et Gaym. (op. cit. p. 273. pl. 23. f. 18. 20); et d'*Alcyonum*
viride. Quoy et Gaym. (op. cit. p. 272. pl. 23. f. 22. 23), devront
former une division générique intermédiaire entre les Lobulaires,
et les Sympodies, car leur cavité abdominale ne semble pas devoir
se prolonger en forme de tube allongé et vertical comme chez les
Lobulaires, et la masse formée par leur réunion est polypifère dès
sa base.

ORDRE CINQUIÈME.

POLYPES FLOTTANS. (Polypi natantes.)

Polypes réunis sur un corps commun, libre allongé, charnu, vivant, enveloppant un axe inorganique, cartilagineux, presque osseux, quelquefois pierreux.

Des tentacules en rayons autour de la bouche de chaque Polype. La plupart de ces corps communs flottent dans les eaux ; les autres restent au fond de l'eau, soit sur la vase, soit en partie enfoncés dans le sable.

OBSERVATIONS. — Cet ordre termine la classe des Polypes, et embrasse les plus composés et les plus singuliers de ces animaux.

Parmi les animaux composés, dont la classe des Polypes nous offre tant d'exemples, les *Polypes flottans*, ainsi que les Polypes tubifères, nous présentent un corps commun, distinct de celui des individus, qui paraît jouir d'une vie particulière, et à laquelle néanmoins celle des individus participe nécessairement. Ce corps commun, bien différent de celui des autres Polypes composés, n'est point enfermé dans un Polypier ou dans les parties d'un Polypier inorganique, quelle que soit sa forme ; mais il présente une masse nue, constituée par une chair vivante de laquelle sortent quantité de Polypes qui participent à la vie dont jouit cette masse. Au centre de la masse vivante dont il s'agit, se trouve un corps allongé, axiforme, qui n'est point organisé et n'a point été vivant. Ce corps a été produit à l'intérieur de la masse vivante, comme le Polpyier l'a été à l'extérieur des Polypes qui en sont revêtus.

L'organisation des *Polypes flottans* paraît très voisine de celle des Polypes tubifères ; et quoique probablement formée sur le même plan, nous la croyons encore plus avancée. Nous aurions réuni ces deux ordres en un seul, si le corps commun des *Po-*

lypes flottans ne renfermait un axe singulier qu'on ne trouve nullement dans celui des Polypes tubifères.

Ainsi, les *Polypes flottans*, de même que les Polypes tubifères, nous présentent chacun un corps commun vivant, qui subsiste et conserve la vie, quoique les Polypes qui y adhèrent périssent et se renouvellent successivement; comme le tronc et les branches d'un arbre nous offrent un corps commun vivant qui subsiste et conserve la vie, quoique les bourgeons qui s'y développent et donnent lieu aux individus annuels, passent et se renouvellent chaque année. (*Voyez* l'Intr. p. 69, etc.)

Quant à l'axe organique que contient le corps commun des *Polypes flottans*, il nous paraît résulter de dépôts internes de matière sécrétée, comme le Polypier lui-même résulte de dépôts externes de matières excrétées ou transsudées. Ces matières déposées se solidifient ensuite plus ou moins, selon leur nature, par le rapprochement de leurs particules. Quelquefois elles s'arrangent avec ordre et en se concrétant; souvent même elles se divisent par masses distinctes, et alors l'axe se trouve articulé, comme dans les *Encrines*.

A la vérité, le corps commun des *Polypes flottans*, considéré dans son dessèchement, présente l'aspect d'un Polypier; mais il n'en a que l'apparence, et l'on peut s'assurer par l'examen que ce corps fut organisé et a réellement possédé la vie. Dans les Polypes dont il est question, tout ce qui est extérieur est vivant, et ce n'est qu'en leur intérieur que l'on trouve un corps particulier que la vie n'anime point. C'est précisément le contraire de ce qui a lieu dans les Polypes à Polypier. Le corps cartilagineux que l'on trouve dans les Vélelles, les Porpites, etc., n'est pas sans analogie avec le corps axiforme des Polypes flottans.

Selon les observations de M. *Cuvier*, faites sur une Vérétille, le canal alimentaire de chacun des Polypes de cette Vérétille, est garni de plusieurs *cœcum* vasculiformes qui se répandent dans toute la masse charnue, et par lesquels les Polypes communiquent entre eux (1). Ces *cœcum* paraissent correspondre aux

(1) Il ne paraît pas que ce soit par cette voie que la communication entre les divers Polypes s'établit, mais par un système

huit intestins des Polypes tubifères que M. *Savigny* nous a fait connaître; et nous pensons que les Polypes flottans doivent avoir aussi six paquets de gemmes, ressemblant à six ovaire.

Comme les corps dont il s'agit se déplacent en flt dar le sein des eaux, on a pensé que les Polypes réunis dans chacun de ces corps flottans, agissaient ensemble pour effectuer une marche commune, et qu'en conséquence, il fallait qu'il n'y eût pour eux tous qu'une seule volonté. (*Cuv. Anat. comp. v.* 4, *p.* 147.)

Avant de tirer une pareille conséquence, à laquelle la nature de l'organisation de ces animaux ôte toute vraisemblance et même toute possibilité, il fallait constater le besoin, pour ces Polypes, d'effectuer une marche commune; il fallait montrer ensuite qu'il leur était nécessaire de se diriger de tel ou tel côté, qu'ils en avaient la faculté, et qu'ils se dirigeaient effectivement ainsi.

A cet égard, je pense que de pareils besoins, attribués à ces Polypes, sont des suppositions sans nécessité et tout-à-fait sans fondement : en voici la raison.

Lorsqu'une *Pennatule* flotte dans les eaux, les Polypes qui la composent se trouvent sans contredit partout exposés à rencontrer, à saisir facilement, et à avaler les corpuscules qui peuvent la nourrir; et jamais ils ne sont dans la nécessité de se diriger vers ces corpuscules pour les atteindre.

Les Polypiers fixés n'ont pour leurs Polypes, ni avantage ni désavantage à ce sujet sur ces corps flottans; les uns et les autres trouvent toujours à leur portée les particules qui peuvent les nourrir. Ils sont à cet égard dans le cas de l'huître qui, quoique fixée sur la roche, ne manque jamais de nourriture tant qu'elle peut recevoir l'eau de la mer.

Quant à ce qui concerne la prétendue marche commune de ces Polypes, il est possible que les Polypes flottans aient dans les eaux des mouvemens isochrones analogues à ceux que l'on observe dans les *Radiaires mollasses*. Dès-lors, ils auront paru se mouvoir pour exécuter un déplacement, ce qu'on a cru aussi

---

vasculaire commun, semblable à celui dont nous avons signalé l'existence chez les Lobulaires.   E,

à l'égard des Méduses, et ce qui n'est cependant qu'une illusion, leur mouvement isochrone étant toujours le même, constant et dé[illegible] comme je l'ai observé.

Si les Polypes flottans avaient besoin de se diriger vers les objets qui peuvent les nourrir, il leur faudrait, soit l'organe de la vue, soit celui de l'odorat, pour apercevoir les corps dont il s'agit, afin de se diriger vers eux ; et s'ils possédaient ces organes, les uns voudraient se diriger vers tel objet, tandis que d'autres voudraient s'avancer vers des objets différens. Mais rien de tout cela n'a lieu : Les Polypes ne se nourrissent que de ce que l'eau leur apporte, et parmi eux, ceux qui saisissent une proie, un corpuscule quelconque, n'y réussissent que lorsqu'ils rencontrent ce corpuscule ou cette proie avec leurs tentacules. Peut-être même que leurs tentacules ne servent le plus souvent qu'à favoriser l'entrée des corpuscules que l'eau apporte jusqu'à la bouche de ces Polypes.

Ce que l'on sait déjà sur l'organisation des *Polypes flottans*, nous montre que ces animaux, munis d'un organe digestif moins simple que celui des autres Polypes, se rapprochent plus que les autres des *Radiaires* (1) ; mais ce sont encore des Polypes : tous ont des tentacules en rayons autour de la bouche, tous forment des animaux composés ; et on ne leur connaît ni pores ni tubes particuliers aspirant l'eau.

Beaucoup d'entre eux sont phosphorescens et lumineux dans l'eau comme les Radiaires mollasses.

On ne connaît encore qu'un petit nombre de genres qui appartiennent à l'ordre des *Polypes flottans* ; mais il est probable qu'il en existe beaucoup d'autres qui sont à découvrir, et que cet ordre n'est ni moins nombreux ni moins varié que les précédens. Les genres dont il s'agit sont les suivans :

> Vérétille.
> Funiculine.
> Pennatule.
> Rénille.
> Virgulaire.

---

(1) Leur structure a la plus grande analogie avec celle des Gorgones, etc.   E.

Encrine. (1)
Ombellulaire.

VÉRÉTILLE. (Veretillum.

Corps libre, simple, cylindrique, charnu, polypifère dans sa partie supérieure, ayant sa base nue, plus ou moins coriace.

Polypes sessiles et épars autour du corps commun ; 8 tentacules ciliés à leur bouche.

Corpus liberum, simplex, cylindricum, carnosum, supernè polypiferum ; basi nudâ, subcoriaceâ.

Polypi sessiles, circa corpus communem sparsi ; tentacula 8 ciliata ad orem.

OBSERVATIONS. — Les genres *Vérétille* et *Funiculine* doivent être distingués des vraies Pennatules, en ce que les espèces qui s'y rapportent ont une tige simple, sans ailerons ni crêtes polypifères, et que cette tige soutient des Polypes sessiles, épars, et qui en occupent toute la partie supérieure.

Les *Vérétilles* sont plus courtes et plus épaisses, en général, que les Funiculines ; et elles s'en distinguent principalement en ce que leurs Polypes sont épars, et non par rangés longitudinales.

Le corps intérieur et axiforme que l'on observe dans les Polypes flottans, se trouve dans le genre des *Vérétilles* ; ce corps est linéaire, solide, comme osseux ; mais dans la Vérétille cynomoire, il est fort petit, et néanmoins il existe. La chair qui recouvre ce corps ou qui compose la tige entière, est molle, caverneuse, comme fibreuse, et offre à sa surface extérieure de petits tubercules ou grains épars, d'où sortent les Polypes.

ESPÈCES.

1. Vérétille phalloïde. *Veretillum phalloides.*

------

(1) Les Encrines appartiennent à la classe des Radiaires.   E.

V. stirpe cylindricâ, subclavatâ, semi-nudâ, supernè Polypos minutos exerens; ossiculo subulato.

Pennatula phalloides. Pall. Elench. Zooph. p. 373 et Misc. Zool. p. 179. t. 13. f. 5. 9.

* *Veretillum phalloides.* Cuv. Règ. Anim. 2ᵉ éd. t. 3 p. 319.

* Delonchamps. Encyclop. p. 769.

* Blainville. Man. d'Actin. p. 518.

Habite l'Océan indien, vers l'île d'Amboine. Elle est longue de près de six pouces, cylindrique, nue et un peu amincie dans sa partie inférieure, obtuse, ponctuée et de tous côtés, polypifère dans sa moitié supérieure. Elle contient un osselet linéaire-subulé et quadrangulaire.

2. **Vérétille cynomoire.** *Veretillum cynomorium.*

V. stirpe cylindricâ, crassâ; basi nudâ, subgranulosâ, supernè Polypos majusculos exerens.

Pennatula cynomorium. Pall. Elench. Zooph. p. 373. et Misc. Zool. t. 13. f. 1. 4.

Shaw. Miscellan. 5. t. 170.

Ellis. Act. angl. vol. 53. p. 434. t. 21. f. 3. 5.

* Delonchamps. Encyclop. p. 769.

* Cuvier. Règne animal. 2. éd. t. 3. p. 319.

* Rapp. nova acta Acad. Cœs. Leop. Car. Nat. Curios. t. 14. pl. 38 Mus. n°.

* Blainville. Faune française. Zooph. pl. 2. fig. 1 et 2. Man. d'Actinologie. p. 518. pl. 89. fig. 2.

Habite la Méditerranée. Elle est plus grosse et plus courte que la précédente, et Pallas dit qu'elle ne contient point d'osselet dans son intérieur. A cet égard, il s'est trompé, car cet osselet s'y trouve, mais il est fort petit. Je l'ai observé dans différens individus.

FUNICULINE. (Funiculina.)

Corps libre, filiforme, très simple, très long, charnu, garni de verrues ou papilles polypifères, disposées par rangées longitudinales. Un axe grêle, corné ou subpierreux au centre.

Polypes solitaires sur chaque verrue.

Corpus liberum, filiforme, simplicissimum, longissimum

verrucis aut papillis polypiferis per series longitudinales instructum. Axis gracilis, corneus vel sublapideus, centralis.

Polypi solitarii ad quemque papillam.

OBSERVATIONS. — Les *Funiculines* sont des Polypes flottans, très voisins des Vérétilles, qui offrent, comme ces dernières, un corps libre, très simple, n'ayant ni crêtes, ni pinnules polypifères; mais les *Funiculines* ayant le corps filiforme, grêle et fort long, et les verrues ou papilles qui portent leurs Polypes se trouvant par rangées longitudinales, ces caractères paraissent suffisans pour autoriser leur distinction d'avec les Vérétilles.

On avait confondu les espèces de ces deux genres parmi les Pennatules; et cependant leur défaut de pinnules latérales polypifères ne devait pas le permettre; il a dû au moins porter à les en séparer, ce que nous avons fait

ESPÈCES.

1. Funiculine cylindrique. *Funiculina cylindrica.*

F. teres, alba, molliuscula; papillis bifariis, alternis; turbinatis, ascendentibus; axe subcapillari.

Pennatula mirabilis. Pall. Zooph. p. 371.

Lin. Mus. Reg. t. 19. f. 4. (* Reproduite dans les Transact. Philos. v. 53. pl. 20. fig. 17; Lamarck cite aussi cette figure de Linnée comme étant sa *Virgularia juncea*.)

* Lamouroux. Encyclop. p. 423.

* *Scripearia mirabilis.* Cuvier. Règne anim. 2. édit. t. 3. p. 319.

* *Scripearia mirabilis.* Ehrenberg. Mém. sur les Polyp. de la Mer-Rouge. p. 64.

Mus. n°.

Habite.... l'Océan américain? Cette espèce, que l'on a confondue par erreur avec la *Pennatula mirabilis*, présente un corps commun très simple, fort allongé, cylindrique, grêle, flexible, et ayant l'aspect d'une petite corde blanche. Ce corps est garni, dans presque toute sa longueur, de verrues ou papilles turbinées, courbées, ascendantes, alternes et disposées sur deux rangées longitudinales. Chaque papille ne soutient qu'un Polype; elle a son sommet obtus, et l'on y voit de petites dents conniventes ou des plis en étoile.

* M. de Blainville a constaté que le Polypier considéré par Lamarck comme étant la *Pinnatula mirabilis* de Pallas et décrit ici, n'est pas un Pennatulien, mais une Gorgone (Man. d'Actin. p. 515). M. Fleming pense du reste que le *P. mirabilis* de Pallas ne diffère pas de la *P. mirabilis* de Linnée et de Muller; mais Cuvier ne partage par cette opinion, et fait de la première le type de son genre *Scripéaire* caractérisé de la manière suivante : « Corps très long et très grêle et Polypes isolés, rangés alternativement le long des deux côtés. »

2. Funiculine tétragone. *Funiculina tetragona.*

F. stirpe lineari, tetragoná, longissimá, uno latere polypiferá.
Pennatula antennina. Soland. et Ell. p. 63.
Pennatula. Boadsch. mar. t. 9. f. 4.
Pennatula quadrangularis. Pall. Zooph. p. 372.
Act. angl. vol. 53. t. 20. f. 8.
* *Funiculina tetragona.* Lamouroux. Encyclop. p. 423.
* *Pavonaria antennina.* Cuvier. Règne anim. 2. édit. t. 3. p. 319. (1)
* *Pavonaria quadrangularis.* Blainville. Man. d'Actin. p. 516. pl. 90. fig. 1.
* Ehrenberg. Mém. sur les Polypes de la Mer-Rouge. p. 54.
Habite la Méditerranée. Cette espèce n'est pas plus une Pennatule que la précédente ; ni l'une ni l'autre ne sont garnies de pinnules ou de crêtes polypifères. Celle-ci a plus de deux pieds de longueur. Quoique ses Polypes ne viennent que d'un seul côté de la tige, ils sont très nombreux, très serrés, et disposés sur trois rangées longitudinales.

3. Funiculine stellifère. *Funiculina stellifera.*

F. stirpe simplici, æquali ; versùs apicem Polypis solitariis.
Pennatula stellifera. Mull. Zool. dan. t. 56. f. 1. 3.
* *Ombellularia stellifera.* Blainville. Man. d'Actin. p. 513.
Habite la mer de Norwège, et vit en partie enfoncée dans le limon. C'est peut-être une Vérétille, mais ses Polypes n'ont que six tentacules.

---

(1) Cuvier a donné le nom générique de PAVONAIRES aux Pennatuliens qui ont le corps allongé et grêle et ne portent de Polypes que d'un seul côté, où ils sont serrés en quinconce. M. de Blainville, en adoptant ce genre, ajoute comme caractère essentiel que l'osselet est quadrangulaire et les Polypes non rétractiles, ce qui en exclut le *Pennatula scripea* de Pall. (Elench. Zooph. p. 372) que Cuvier y rangeait. E.

PENNATULE. (Pennatula.)

Corps libre, charnu, penniforme, ayant une tige nue in-férieurement, ailée dans sa partie supérieure, et contenant un axe cartilagineux ou osseux.

Pinnules distiques, ouvertes, aplaties, plissées, dentées et polypifères en leur bord supérieur.

Polypes ayant des tentacules en rayons.

Corpus liberum, carnosum, penniforme , infernè nudum, supernè pinnatum, axe osseo suffultum.

Pinnæ distichæ patentes, complanatæ, plicatæ, margine superiori dentatæ, polypiferæ.

Polypi tentaculis radiatis.

OBSERVATIONS. — Parmi les conformations singulières qu'of-frent les diverses sortes de Polypes composés connus, on peut citer principalement celle des *Pennatules*, comme étant une des plus remarquables par sa singularité. Il semble, en effet, que la nature, en formant ce corps animal composé, ait voulu copier la forme extérieure d'une plume d'oiseau.

La tige des Pennatules est allongée, cylindracée, charnue et irritable dans l'état vivant, coriace lorsqu'elle est desséchée; elle contient intérieurement un axe allongé, non articulé, d'une nature cartilagineuse ou presque osseuse. Cette tige est nue infé-rieurement, et dans sa partie supérieure elle est garnie de deux rangs opposés de Pinnules ouvertes, aplaties, plissées, très rap-prochées, comme imbriquées, et, en général, dentées et poly-pifères en leur bord supérieur. Les dents, verrues ou papilles du bord des pinnules sont des espèces de calices d'où sortent les Polypes.

La plupart des *Pennatules* répandent la nuit dans la mer, une lumière phosphorique et blanche, qui leur donne beaucoup d'éclat.

D'après les observations d'Ellis, on sait que les *Pennatules* produisent des vésicules dans lesquelles se trouvent des bour-geons oviformes qui s'en séparent et se développent en nou-

velles Pennatules. Ces vésicules disparaissent dès que les bourgeons qu'elles contenaient s'en sont détachés.

Les rapports des *Pennatules* avec les Alcyons sont moins
grands que ne l'a pensé *Pallas*. Les Alcyons, moins avancés en
organisation que les *Pennatules*, se forment encore, ainsi que
les Eponges, un véritable Polypier qui les contient, et qui leur
est conséquemment extérieur. Les *Pennatules* ne sont nullement
dans ce cas; elles ont un axe intérieur à leur corps commun, et
la composition du canal alimentaire de chaque Polype, appro-
chant probablement de celle déjà reconnue des Vérétilles, indique que ces Polypes commencent à avoisiner les *Radiaires*
dans leurs rapports.

Linné et *Pallas* ont gâté et rendu vague le caractère des Pennatules, en leur associant, dans le même genre, des Polypes
composés, qui, quoique de la même famille, doivent en être distingués comme formant autant de genres particuliers. J'ai commencé la réparation de ce tort, en circonscrivant le caractère
des Pennatules aux ailerons polypifères et plus ou moins composés de leur tige.

ESPÈCES.

1. Pennatule luisante. *Pennatula phosphorea.*

*P. stirpe tereti, carnosâ, longiusculâ; rachi subtùs papillis scabrâ,
sulco exaratâ; pinnarum margine, calyculis, dentato-setaceis, pectinato.*

Pennatula phosphorea. Lin. Esper. Supp. 2. t. 3.
Pennatula britannica. Soland. et Ell. p. 61.
Boadsch. t. 8. f. 5.
2. *var. albida.*
* Cuvier. Règne anim. 2. édit. t. 3. p. 318.
* Delonchamps. Encyclop. p. 607.
* Delle Chiaje. anim. senza vert. t. 3. pl. 31. f. 15.
* Blainville. Man. d'Actin. p. 517.
* Fleming. Brit. anim. p. 507.
* Ehrenberg. op. cit. p. 66.
Mus. n°

Habite les mers d'Europe. Ma collection. Cette espèce est commune,
pourpre ou rougeâtre, blanchâtre dans une variété de taille médiocre, et luit avec beaucoup d'éclat la nuit dans la mer. Son pé-

dicule est assez grêle, non bulbeux. Le rachis entre les ailerons est scabre sur le dos, c'est-à-dire, hérissé de petites papilles éparses.

* Cuvier pense que cette espèce n'est qu'une simple variété de la suivante.

2. Pennatule granuleuse. *Pennatula granulosa.*

P. stirpe carnosá; rachi dorso dilatato, ad latera granulato, margine pinnarum, calyculis, dentato-setaceis, pectinato.

Pennatula rubra. Lin. Esper. Supp. 2. t. 2.

Pennatula italica. Soland. et Ell. p. 61.

Boadsch. mar. t. 8. f. 1. 3.

2. *var. albida.*

* Delonchamps. Encyclop. loc. cit.

* Delle Chiaje. op. cit. pl. 31. f. 7. 14.

* Blainville. loc. cit.

Mus. n°.

Habite la Méditerranée. Mon cabinet. Elle est moyenne entre la précédente et celle qui suit. Sa couleur est rouge, blanche dans une variété rapportée au Muséum par M. *Lalande.* Le rachis, entre les pinnules, est large sur le dos, lisse et en canal au milieu, très granuleux de chaque côté. La couleur, dans ce genre, ne peut pas servir à la distinction des espèces.

3. Pennatule grise. *Pennatula grisea.*

P. stirpe carnosá, subbulbosá ; rachi dorso lævi; pinnis limbo tenuiori, subverrucoso ; nervis pinnarum, exsiccatione prominulis, spinæformibus.

Pennatula grisea. Esper. Suppl. 2. t. 1.

* Delonchamps. loc. cit.

* Delle Chiaje Anim. senza vert. di Napoli. t. 3. pl. 31. f. 1. 3.

Mus. n°.

Habite la Méditerranée. *Lalande.* Cette Pennatule a tant de rapports avec la suivante, que peut-être n'en est-elle qu'une variété. Cependant celle-ci a les pinnules moins serrées et plus minces en leur bord polypifère avec des verrues ou des glandes séparées. Le rachis sur le dos est lisse, large et lancéolé.

4. Pennatule épineuse. *Pennatula spinosa.*

P. stirpe carnosá, bulbosa; rachi dorso lævi; pinnis margine incrassato, verrucoso, crispo ; nervis pinnarum, exsiccatione prominulis, spinæformibus.

Pennatula spinosa. Soland. et Ell. p. 62.

Pennatula grisea. Lin. Boadsch. mar. t. 9. f. 1. 3.

Esper. Supp. 2. t. 1. A. Seba. Mus. 3. t. 16. f. 8. *a, b.*

* Delonchamps. loc. cit.

* *Pennatula grisea.* Blainville. Faune française. pl. 1. Man. d'Actin. p. 516. pl. 89. f. 1.

* Delle Chiaje. op. cit. pl. 31. f. 1. 3.

Mus. n°.

Habite la Méditerranée. *Lalande.* Celle-ci n'est ni plus ni moins épineuse que la précédente; et l'une et l'autre ne le sont que lorsque, retirées de l'eau, leurs pinnules en se séchant, subissent un retrait qui fait saillir les nervures cartilagineuses et sétacées des plis. Néanmoins celle dont il s'agit ici, a un aspect particulier ; ses pinnules sont nombreuses, serrées, imbriquées, à bord polypifère épais, charnu, crépu, verruqueux. Cette Pennatule est très brillante dans les eaux pendant la nuit.

5. Pennatule argentée. *Pennatula argentea.*

P. *angusto-lanceolata, prælonga ; stirpe lævi tereti; pinnis creberrimis, imbricatis, dentatis.*

Pennatula argentea. Soland. et Ell. p. 66. t. 8. f. 1. 3.

Esper. Suppl. 2. t. 8.

Shaw. Miscellan. 4. t. 124.

* Delonchamps. loc. cit.

* *Pennatula grandis.* Blainville. Man. d'Actin. p. 517.

Mus. n°.

Habite l'Océan des Grandes-Indes. Cette espèce est fort remarquable par sa forme allongée, et par ses pinnules courtes, très nombreuses. Elle répand la nuit beaucoup de clarté dans la mer.

6. Pennatule-flèche. *Pennatula sagitta.*

P. *stirpe filiformi; rachi brevi, distichè pennata ; pinnis filiformibus; apice nudo.*

Pennatula sagitta. Lin. Amæn. Acad. 4. tab. 3. f. 13.

Soland. et Ell. p. 64. Ellis. act. angl. 53. tab 20. f. 16.

2. *eadem? rachi longiore, apice dilatatá, subemarginatá.*

Pennatula sagitta. Esper. Supp. 2. tab. 5.

Habite.... On dit qu'on l'a trouvée ayant sa base enfoncée dans la peau du *Lophius histrio.* Pallas, doutant de son genre, n'a point voulu mentionner cette espèce. Je ne la cite que pour indiquer les figures publiées par *Esper.*

* Cet animal est une Lernée.

RÉNILLE. (Renilla.)

Corps libre, aplati, réniforme, pédiculé; ayant une de ses faces polypifère, et des stries rayonnantes sur l'autre.

Polypes à 6 rayons. (1)

Corpus liberum, complanatum, reniforme, stipitatum; uno latere polypifero: altero radiatim striato.

Polypi tentaculis senis radiati.

OBSERVATIONS. — Si l'on allonge et soude ensemble toutes les pinnules d'une Pennatule, de manière que de leur réunion résulte une plaque verticale, arrondie, réniforme, et soutenue sur un pédicule, on aura alors la forme très particulière de notre *Rénille*. Cette forme cependant s'éloigne beaucoup de celle des Pennatules; car, dans la Rénille, l'on ne trouve plus de pinnules séparées, polypifères en leur bord supérieur; mais une seule aile verticale, aplatie, réniforme, ayant une de ses faces couverte de Polypes, tandis que l'autre n'offre que des stries fines, serrées et rayonnantes.

La nature n'a sûrement point passé à cette forme isolée pour une seule espèce, et probablement l'on en découvrira d'autres très avoisinantes, qui conformeront la convenance de l'établissement de ce genre.

Voici la seule espèce connue qui appartienne à ce genre.

ESPÈCE.

1. Rénille d'Amérique. *Renilla americana.*

    Pennatula reniformis. Soland. et Ell. p. 65.

    Pall. Zooph. p. 374.

    Shaw. Miscell. 4. t. 139.

    Ellis. Act. Angl. vol. 53. t. 19. f. 6. 10.

    * Delonchamps. Encyclop. p. 668.

    * Schweigger. Beobackhungen. pl. 2. fig. 10 et 11.

    * Blainville. Man. d'Actin. p. 518.

    Habite les mers d'Amérique. Couleur rouge.

    † Ajoutez le *Renilla violacea.* Quoy et Gaym. Voy. de l'Uranie. pl. 86. fig. 6-8.

---

(1) Il paraît bien certain que le nombre des tentacules est de 8 comme chez tous les autres Polypes de cette famille.　　E.

VIRGULAIRE. (Virgularia.)

Corps libre, linéaire ou filiforme, très long, entouré en partie de pinnules embrassantes et polypifères, et contenant un axe subpierreux.

Pinnules nombreuses, petites, distiques, transverses, arquées, embrassant ou entourant le rachis, à bord supérieur polypifère.

Corpus liberum, lineare vel filiforme, longissimum, pinnulis amplexantibus et polypiferis obvallatum ; axe sublapideo.

Pinnæ numerosæ, parvæ, distichæ, transversæ, arcuatæ, rachidem amplexantes vel obvallantes ; margine superiore polypifero.

Observations.— Quoique les *Virgulaires* tiennent de très près aux Pennatules par leurs rapports, elles n'en ont ni la forme générale, ni l'aspect, ni les habitudes, ni le même mode d'existence.

On voit les Pennatules flotter vaguement dans les eaux ; tandis que les *Virgulaires* se trouvent en partie enfoncées dans le limon ou dans le sable, leur partie chargée de pinnules s'élevant dans l'eau pour faciliter la nourriture des Polypes.

La Pennatule, munie dans sa partie supérieure de pinnules étendues, ouvertes et qui s'écartent de la tige, ressemble à une plume à écrire ou à une flèche ; tandis que la *Virgulaire*, offrant un corps grêle, fort allongé, muni de pinnules petites, nombreuses, transverses, embrassant ou entourant la tige, ressemble plus à une verge ou à une baguette qu'à une plume.

ESPÈCES.

1. Virgulaire à ailes lâches. *Virgularia mirabilis.*

> *V. stirpe filiformi ; rachi distichè pennata ; pinnis transversis, arcuatis, laxis, margine polypiferis.*
> Pennatula mirabilis. Mull. Zool. Dan. p. 11. tab. XI.
> * Delonchamps. Encyclop. p. 780.

* Blainville. Man. d'Actin. p. 514. pl. 90. fig. 5.

Habite la mer de la Norvège, dans les anses des côtes. Cette espèce, observée sur le vivant par *Muller*, qui en a donné la description et une belle figure, peut être considérée comme très connue. Or, elle n'a certainement rien de commun avec la *Pennatula mirabilis* de Pallas que nous possédons au Muséum, et dont j'ai fait la première espèce du genre Funiculine.

Quoique voisine de la *Pennatula juncea*, qui fut confondue avec la *Pennatula mirabilis*, cette Virgulaire en paraît très différente, étant moins longue, à pinnules beaucoup plus grandes, plus lâches, et moins nombreuses.

2. Virgulaire juncoïde. *Virgularia juncea.*

V. stirpe filiformi, rectâ, longissimâ: basi vermiformi, crassiore; pinnis rugæformibus, obliquè transversis, minimis; creberrimis rachi adpressis.

An pennatula mirabilis? Lin. Soland. et Ell. p. 63.

Mus. ad. fr. t. 19. f. 4.

Ellis. Act. Angl. 53. t. 20. fr. 17.

Pennatula juncea. Esper. Suppl. 2. t. 4. f. 1. 2. 4. 5. 6.

* Delonchamps. loc. cit.

* Cuvier. Règne anim. 2. édit. t. 3. p. 318.

* Blainville. Man. d'Actin. p. 514.

Mus. n°.

Habite l'Océan européen, etc. Rien n'est plus embrouillé et plus difficile à éclaircir que la synonymie de cette espèce. En ayant sous les yeux plusieurs exemplaires en bon état, je vois qu'elle est très différente de la *Pennatula mirabilis* de Pallas, qu'elle diffère ainsi de la *Pennatula mirabilis* de Muller, et qu'elle n'est réellement point la même que la *Pennatula juncea* de Pallas, qui est néanmoins celle qui s'en approche le plus.

La *Virgulaire* juncoïde a une tige grêle, filiforme, longue de trente à trente-deux centimètres, un peu contournée et épaissie inférieurement. Cette tige est garnie dans les trois quarts de sa longueur, de rides transverses, très nombreuses, en demi-anneaux, serrées contre le rachis, et qui paraissent disposées sur deux rangées longitudinales. Ces rides, noduleuses en leur bord, sont des pinnules polypifères, très petites et embrassantes. Elles laissent à nu un côté de la tige dans toute sa longueur. L'osselet pierreux de cette Virgulaire est atténué aux deux bouts.

3. Virgulaire australe. *Virgularia australis.*

V. osse lapideo, tereti-subulato: extremitate crassiore, truncatâ.

Sagitta marina alba. Rumph. Mus. p. 43. n° 1. et Amb. 6. p. 256.
Seba. Mus. 3. t. 114. f. 2.
* Delonchamps. Encyclop. p. 781.
Mus. n°.

Habite l'Océan des Grandes-Indes. Je ne connais de cette Virgulaire que son axe pierreux, dont le Muséum possède beaucoup
d'exemplaires. Cet axe offre une baguette cylindrique-subulée,
fort longue, blanche, droite, cassante, tronquée à son extrémité la
plus épaisse, et qui présente des stries rayonnantes à sa troncature.

Probablement la tige qui contenait cet axe était garnie à l'extérieur de pinnules transverses, semi-annulaires, serrées contre le
rachis, et analogues à celles de l'espèce ci-dessus : ce sont, en effet,
les franges variées de rouge, de jaune et de blanc, dont parle
Rumphius. Néanmoins l'axe de cette tige étant différent de celui
de la Virgulaire juncoïde autorise à distinguer provisoirement
celle-ci.

On trouve, dit-on, les baguettes de notre espèce en partie enfoncées dans le sable, dans une situation verticale, et ayant la
pointe en bas. Si cela est, *Seba* s'est trompé en les représentant
fixées sur une pierre, la pointe en haut.
* Cuvier assure que la *Virgularia australis* de Lamarck n'est pas
différente du *Juncea.* (Règne anim. 2. édit. t. 3. p. 318.)

ENCRINE. (Encrinus.)

Corps libre, allongé, ayant une tige cylindrique ou
polyèdre, ramifiée en ombelle à son sommet.

Axe intérieur articulé, osseux ou pierreux.

Rameaux de l'ombelle chargés de Polypes disposés par
rangées.

*Corpus liberum, elongatum ; caule tereti S. polyedro,
apice in umbellam ramoso.*

Axis centralis, osseus vel lapideus, articulatus.

Rami umbellæ Polypis seriatìm dispositis onusti.

OBSERVATIONS. — Les *Encrines* sont éminemment distinguées
des Pennatules et des autres genres de l'ordre des Polypes flottans, par l'axe articulé de leur tige et de leurs rameaux; caractère qui leur est exclusivement propre.

On ne saurait maintenant douter que ce que l'on nomme, dans les collections, *Encrinites* ou Palmiers marins, ne soit les restes des animaux composés dont il s'agit, restes qu'on ne trouve communément que dans l'état fossile, dans les terrains d'ancienne formation, et dont on ne rencontre presque toujours que des individus frustres ou incomplets, ou que des parties séparées.

La tige des *Encrines* offre un axe articulé, le plus souvent pierreux, et recouvert d'une chair qui paraît peu épaisse. Ce sont les articulations pierreuses de cet axe, que l'on trouve le plus souvent séparées les unes des autres, qui constituent les *Pierres étoilées*, les *Trochites* et les *Entroques* que l'on voit sous ces noms dans les cabinets d'histoire naturelle, et dont il est fait mention d'une manière fort obscure dans différens ouvrages qui traitent des fossiles.

Non seulement les *Encrines* forment un genre particulier, très distinct des autres Polypes flottans, par leur tige articulée, mais il paraît que ce genre est très nombreux en espèces ; car les colonnes que forment les *Entroques* que l'on voit dans les collections, sont très diversifiées entre elles. Les unes, en effet, sont cylindriques, soit lisses, soit tuberculeuses ; les autres sont anguleuses, à quatre, ou cinq, ou dix pans, et présentent en outre une multitude de particularités qui distinguent les espèces et montrent qu'elles sont nombreuses.

De presque toutes ces espèces, on ne connaît que des portions de la colonne pierreuse et articulée, qui constitue leur axe ; et toutes ces portions sont dans l'état fossile. On fût resté dans l'incertitude sur l'origine des *Pierres étoilées*, des *Entroques*, etc., qui composent ces colonnes pierreuses, si l'on ne fût parvenu à retirer de la mer une *Encrine* vivante et complète ; e quoique celle-ci, que l'on conserve au Muséum, soit une espèce particulière, elle nous a suffisamment éclairés sur la nature et le véritable genre des autres.

On a lieu de penser que les *Encrines* habitent principalement les grandes profondeurs des mers, et quoique ce soient des corps libres, il paraît qu'elles flottent moins dans le sein des eaux, ou du moins qu'elles se rapprochent moins de la surface de la mer que les Pennatules, puisque les occasions de les saisir sont si rares.

Les Encrines se rapprochent de l'Ombellulaire par leur ombelle terminale et polypifère ; mais leur tige et leurs rameaux articulés , enfin la disposition des Polypes qui forment des rangées sur les rameaux de l'ombelle, les en distinguent fortement.

ESPÈCES.

1. Encrine tête de Méduse. *Encrinus caput Medusæ.*

> *E. stirpe pentagoná, articulatá, ramis simplicibus, verticillata ; umbellæ radiis, tripartito-dichotomis.*
>
> *Isis asteria.* Lin.
>
> Ellis. Encr. 1764. tab. 13. f. 14. *Vorticella* Esper. Suppl. tab. 3. 6.
>
> Guett. Act. Paris 1755 (pl. 8. 9 et 10). Act. Angl. 52. t. 14.
>
> * *Palma animal.* Parra. Descripcion de diferentes piezas de Historia natural. tab. 70. p. 191.
>
> * *Pentacrinus caput Medusæ.* Miller. *Crinoïdea.* p. 46 *cum* tab. I. II,
>
> *— Schloh. Nachtr. II. p. 104. tab. xxix. f. 2.
>
> * *Encrinus caput Medusæ.* Blainville. Man. d'Actin. p. 254.
>
> Habite l'Océan des Antilles. Cette belle Encrine , qui fut long-temps la seule connue qui ne soit pas fossile, a été péchée aux environs de la Martinique, et déposée dans le cabinet de madame de Bois-Jourdain, d'où , après avoir passé dans celui de Joubert, enfin dans le mien, elle se trouve maintenant dans la collection du Muséum.
>
> M. Dufresne en a vu une autre à Londres qui, de même , n'est pas fossile.

2. Encrine lys de mer. *Encrinus liliiformis.*

> *E. stirpe tereti, lævigatá , articulata; umbella co-arctata ; radiis bipartitis.*
>
> *Lillium lapideum.* Ellis. Corall. t. 37. *fig.* K.
>
> Knorr. Petref. 1. t. xi. a.
>
> * .Schlotheim. Petref. p. 334.
>
> * *Vorticella rotularis.* Esper. Zooph. Vortic. tab. 8.
>
> * *Lily encrinite.* Parkinson. Orig. remains. 11.
>
> * Tilesius naturhistorische abhundlungen und Erhautergungen besonders die Petrefacten-kunde. pl. 7. fig. 1. 8.
>
> * *Encrinites moniliformis.* Miller. Cren. p. 37. *cum* tab.
>
> * *Pentacrinus Entrocha.* Blainville. Man. d'Actin. p. 257. pl. 28. f.

2. (l'auteur con'on⊢ cette espèce avec le *Pantacrinus caput Me-*
dusæ de Miller qui en es⁺ parfaitement distinct.

* *Encrinites moniliformis.* Goldfuss. Petref. p. 177. tab. LIII. f. 8 et
tab. LIV.

Habite.... Se trouve fossile en Europe, dans les terrains d'ancienne
formation.

———

[Depuis la publication de l'ouvrage de Lamarck les Encrines ont été étudiées avec soin et on s'est assuré que loin d'être des Polypiers rameux, chargés de séries de Polypes, ces animaux sont des espèces d'Astéries ou plutôt de Comatules, dont le disque se prolonge inférieurement en une tige articulée. Ce n'est donc pas ici, mais dans la classe des Radiaires que ces êtres doivent prendre place. La structure d'une Encrine qui vit sur les côtes de l'Irlande a été examinée par M. Thompson; et MM. Miller, Goldfuss, et quelques autres naturalistes ont décrit un nombre fort considérable d'espèces fossiles qui présentent entre elles des différences assez importantes pour motiver la division de ce groupe en plusieurs genres.

M. Miller a proposé de désigner cette famille d'animaux radiaires sous le nom de CRINOIDEA, auquel M. de Blainville a substitué celui d'*Astérencrinides fixes;* quelques naturalistes préfèrent celui d'*Encrinoïdiens.* Quoi qu'il en soit, on peut caractériser ce groupe de la manière suivante.

Animaux radiaires ayant le corps régulier, plus au moins bursiforme, pourvu de cinq rayons articulés et pinnés, d'une bouche centrale, d'une cavité viscérale et d'un anus distinct, et portés sur une tige articulée fixée par sa base.

La distinction des genres repose principalement sur la disposition des diverses pièces solides qui se réunissent entre elles pour former l'enveloppe solide de ces animaux; et, pour introduire de la précision dans les phrases caractéristiques de ces groupes, il a été nécessaire de donner à ces pièces des noms particuliers.

La *tige* est la portion étroite et basilaire qui fixe l'animal au sol et ressemble à un pédoncule ; elle se compose d'une série de disques, nommés quelquefois des trochites, qui s'articulent entre elles et présentent dans leur axe un canal central. Souvent cette tige est garnie d'appendices tentaculiformes et articulés qu'on nomme des *rayons accessoires*.

A l'extrémité supérieure de la tige se trouve une espèce de *cupule* (*Calyx*) qui sert à loger le corps de l'animal, et se compose de plusieurs rangées de pièces juxtaposées. La base de ce réceptacle, formée d'une rangée d'articles dont le nombre varie, suivant les genres, est désignée par Miller et Goldfuss sous le nom de *Bassin* (*pelvis*); les pièces qui forment la partie supérieure de la cupule et qui supportent les rayons sont appelées par les mêmes auteurs les *Pièces scapulaires* (*scapulæ*), et on nomme *Pièces costales* (*costalis*) celles situées entre ces deux rangées extrêmes; quand il s'en trouve deux rangées on les distingue en *Pièces costales primaires* (ou inférieures) et *Pièces costales secondaires* (ou supérieures). Les *rayons ou bras* (*brachia*) sont les appendices qui couronnent les bords de la cupule; on nomme quelquefois *mains* les premières divisions des rayons, doigts les divisions secondaires et tentacules les ramifications terminales de ces appendices.

On peut diviser cette famille en deux tribus principales, d'après le mode de réunion des pièces constituantes de la cupule, qui tantôt sont articulées entre elles à l'aide d'apophyses transversales perforées, d'autres fois sont maintenues en contact par une membrane musculaire qui les recouvre. Les Encrinoïdiens qui présentent la première de ces dispositions et qui sont désignés par Miller sous le nom de *E. articulata* se rencontrent à l'état vivant et se trouvent à l'état fossile dans le lias, le calcaire jurassique et quelques autres terrains secondaires. Les *Encrinoïdiens inarticulés* sont plus anciens et se trouvent dans les terrains

de transition et de sédiment inférieur depuis le grès pourpré jusqu'au grès bigarré.

---

† Genre rhytocrine. *Phytocrinus.*

Corps régulier, circulaire, recouvert ou entouré d'une
sorte de cupule solide, composé d'un bassin indivis, entouré d'une rangée de rayons accessoires, et surmonté de
deux rangées de pièces costales et d'une rangée de pièces
scapulaires, séparées par 5 pièces costales accessoires.

Dix rayons simples, pinnés dans toute leur longueur
et placés par paires.

Tige cylindrique articulée et sans rayons accessoires.

Observations. — La face supérieure de l'espèce de cupule
qui renferme le corps de l'animal est garnie de 5 valves semblables à des pétales autour desquelles s'insèrent les rayons;
ces valves sont susceptibles de s'écarter ou de se rapprocher de
manière à fermer le passage; au-dessous d'elles se trouvent des
tentacules mous, mais d'une structure analogue à celle des
rayons, et au centre de l'espace qu'ils occupent, on voit l'ouverture buccale. Sur les côtes du corps, au-dessous de l'insertion des valves et à la base de l'axe des pièces du bras, il existe
une autre ouverture tubulaire et contractile qui est l'anus. Enfin la tige, de même que les autres parties solides, est revêtue
extérieurement d'une membrane continue délicate et contractile. Dans le jeune âge les rayons n'existent pas encore, et l'a-
nimal ressemble alors à une petite massue fixée par une base
élargie et donnant issue par son sommet à quelques tentacules
transparens. Par les progrès de l'âge les rayons se ramifient
quelquefois.

1. Phytocrine d'Europe. *Phytocrinus Europeus.* Blainv.

> *Pentacrinus Europeus.* Thompson. Mem. on the Pent. *Europ.* (broc.
> in-4° Corke 1827) pl. 1 et 2.
> *Phytocrinus Europeus.* Blainville. Man. d'Actin. p. 255. pl. 27. f. 1.
> 8. (d'après les pl. de Thompson.)

† Genre encrine. *Encrinites.* (Miller.)

Cupule composée de pièces articulées entre elles; bassin de 5 articles alternant avec les 5 pièces costales primaires, qui supportent le même nombre de pièces costales secondaires, surmontées à leur tour par 5 pièces scapulaires et unies latéralement.

Dix rayons portant chacun deux branches tentaculées.

Tige cylindrique, subpentagonale vers le haut, et traversée par un canal cylindrique. Surfaces articulaires des trochites présentant des stries radiaires. Point de rayons accessoires à la tige.

Observations. — Ces Encrinoïdiens ne se trouvent qu'à l'état fossile dans le calcaire coquillier.

ESPÈCE.

Encrine lys de mer *Encrines liliiformis.*

(*Voyez ci-dessus pag.* 651.)

---

† Genre pentacrinite. *Pentacrinites.* (Miller.)

Cupule formée de pièces articulées entre elles; bassin de 5 articles, alternant avec les 5 premières pièces costales; pièces costales secondaires surmontant celles-ci; 5 pièces scapulaires surmontant les pièces costales secondaires et libres latéralement.

Dix rayons binaires, se subdivisant en deux branches portant des rameaux tentaculés.

Tige pentagonale traversée par un canal cylindrique; surface articulaire des trochites marquée d'une empreinte pentapétaloïde, entourée de stries rayonnantes.

Rayons accessoires de la tige verticellés.

Observations. — Ce groupe remarquable d'Encrinoïdiens n'a

pas été détruit en entier par les dernières révolutions du globe on en trouve une espèce de grande taille dans la mer des Antilles. A l'état fossile, on le rencontre dans le lias et le calcaire jurassique.

Les caractères assignés par M. de Blainville à son genre Encrine sont applicables à ce genre, tandis que ceux que ce zoologiste indique comme propres au genre Pentacrine appartiennent au genre Encrine de Miller.

ESPÈCES.

1. **Penta crine tête de Méduse.** *Caput Medusæ.*
   (*Voyez ci-dessus* pag. 561).

2. **Pentacrine briarée.** *Pentacrinites briareus.* Miller.

> P. *Columna acutangula, articulis lævibus alternis minoribus, areis glenoidalibus anguste laneolatis, striis marginalibus subtilissimis abbreviatis.*
>
> Parkinson. Org. remains. II. tab. 7. f. 15. 18. tab. 18. f. 1. 3.
> P. Britannicus. Schloth. Petref. p. 328— Nacht. II. p. 105. tab. xxx. fig. 1.
> P. *Briareus.* Miller. *Crin.* p. 56. *cum* tab. I. II.
> Blainville. Man. d'Actin. p. 257.
> Goldfuss. Petref. p. 168. tab. 41. f. 3. *a. m.* et f. 3.
> Edwards Altos. Règne animal de Cuvier. Zooph. pl. 7. fig. 1.
> Lias d'Angleterre, etc.

3. **Pentacrinite subangulaire.** *Pentacrinites subangularis.* Miller.

> P. *columna subangulata, articulis lævibus alternis minoribus, areis glenoidalibus obovatis.*
>
> Parkinson. Org. rem. II. tab. XIII. f. 48. 51 et 60.
> Miller. Crin. p. 59. *cum* tab. I. et III.
> Schloth. Nachtr. II. p. 166. tav. xxx. f. 2.
> Blainville. Man. d'Actin. p. 258.
> Goldfuss. Petref. p. 171. tav. LII. fig. 1. *a.* 10.
> Lias, de l'Angleterre, du Wurtemberg, etc.

4. **Pentacrine basaltiforme.** *Pentacrines basaltiformus.* Miller.

> P. *columna acute quinquangularis lævi et granulata, articulis æqua-*

libus; areis glenoideis obovatis, angustis; lineis marginalibus grossis remotis, lateralibus longioribus subarcuatis.

Parkinson. Org. rem. II. tab. 13. f. 54.
Miller. Crin. p. 62. cum tab.
Blainville. op. cit. p. 258.
Schloth. Nachtr. II. p. 106. tab. xxx. f. 3.
Goldfuss. Petref. p. 172. tav. LII. f. 2. a. 7.
Lias. Angleterre, etc.

5. Pentacrinite scalaire. *Pentacrinites scalaris.* Goldf.

P. columnâ obtuse quinquangulari vel carinatâ lævi, vel granulatâ; articulis subæqualibus, areis glenoidalibus lanceolatis; lineis marginalibus grossis, rectis.

Parkinson. Org rem. II. tab. 13. f. 57. 64. 66 et tab. 17. f. 6.8.
Goldfuss. Petref. p. 173. tab. LII. fig. 3 et tab. LX. f. 10.
Se trouve avec les précédentes.

6. Pentacrinite sanglée. *Pentacrinites cingulatus.* Münster.

P. columnâ obtusè quinquangulari, articulis costâ transversâ acuta alternè elatiori cinctis; areis glenoidalibus ovalibus, marginis lineis grossis lateralibus mediis elongatis utrinque concurrentibus.

Goldfuss. Petref. p. 174. tab. LIII. f. 1. a. h.
Calcaire jurassique. Baireuth.

7. Pentacrinite pentagonale. *Pentacrinites pentagonalis.* Goldf.

P. columnâ subtereti lævi, articulis æqualibus, areis glenoideis cuneiformibus; lineis marginis lateralibus brevissimis transversis subparallelis, apicalibus longioribus divergentibus.

Goldf. Petref. p. 175. tab. LIII. fig. 2. a g.
Calcaire jurassique; Baireuth, Wurtemberg et France.

8. Pentacrinite monilifère. *Pentacrinites moniliferus.* Münster.

P. columnâ obtuse quinquangulari, articulis æqualibus annulis granulatis cinctis; areis glenoidalibus cuneiformi-obovatis; lineis marginis lateralibus raris grossis continuis transversis apicalibus divergentibus.

Goldf. Petref. p. 175. tab. LIII. f. 3.
Lias de Baireuth.

9. Pentacrinite subcannelée. *Pentacrinites subsulcatus.* Münster.

P. columnâ obtuse quinquangulari, quinque sulcatâ; articulis lævibus

aqualibus; areis glenoidalibus obovatis; lineis marginis lateralibus
raris, grossis, continuis, transversis, apicalibus divergentibus.
Goldf. Petref. p. 175. tab. LIII. f. 4. a. e.
Même localité.

10. **Pentacrinite subcylindrique.** *Pentacrinites subteres.*
Münster.

P. columnâ subtereti lævi, articulis conformibus margine subincras-
satis; areis glenoidalibus cuneiformibus; marginis lineis lateralibus
subtilissimis transversis concurrentibus, apicalibus grossis annulum
radiatum efficientibus.
Goldf. Petref. p. 176. tab. LIII. f. 5. a. g.
Calcaire jurassique, Baireuth, Wurtemberg.
† Ajoutez P. *dubius.* Goldf. op. cit. p. 176. tab. LIII. f. 6. et P. *pris-*
cus. Goldf. p. 176. tab. LIII. f. 7. a. b.

---

† **Genre apiocrinite.** *Apiocrinites.* (Miller.)

Cupule formée de pièces articulées entre elles; bassin
composé de 5 pièces subcunéiformes; pièces costales inférieures au nombre de 5 alternantes avec les précédentes;
5 pièces costales supérieures surmontant les premières,
portant 5 pièces scapulaires.

Tige cylindrique ou ovalaire, grossissant vers le sommet
et traversée par un canal cylindrique. Rayons accessoires
nuls ou épars.

Rayons brachiaux au nombre de dix, réunis deux à
deux à leur base, mais libres, tentaculés, et composés d'une
seule série d'articles dans le reste de leur étendue.

Observations. — Ce genre n'a été trouvé qu'à l'état fossile
et dans des terrains supérieurs au lias.

La plupart des espèces appartiennent à la formation jurassique. M. Defrance, avait antérieurement au travail de M. Miller, distingué ces Encrinoïdiens sous le nom générique d'*As-*
tropoda.

ESPÈCES

1. **Apiocrinite rond.** *Apiocrinites rotundus.*

*A. calyce cum trochitis terminalibus repente incrassatis continuo,
obconico.*

Pear Encrinite. Park. Org. rem. t. 2. pl. 16. f. 11. 14.

Astropoda elegans. Def. Dict. des sc. nat. t. 14. all. pl. 14. fig. 3.
3 a.

Encrinus Parkinsonii. Schlot. Petref. p. 332. Nach. tab. xxiv. f. 2
a. f.

Apiocrinites rotundus. Mill. *Crinoidea.* p. 18. pl. 1. a 7.

Pear Encrinite. Cumberl. Reliquiæ conservatæ. pl. 1, 6 et 12.

Blainv. Man. d'Actin. p. 259.

Goldf. Petref. p. 181. tab. lvi. f. R. z.

Des couches argileuses moyennes et supérieures de la formation jurassique. Allemagne, Alsace et Angleterre.

2. *Apiocrinites elongatus.*

*A. calyce cum columnâ trochitis terminalibus sensim incrassatâ ob-
conoideâ continuo.*

Mill. op. cit. p. 33.

Encrinus orthoceratoides. Schlot. Petref. p. 334. Nachtr. 11. p. 91.
tab. 24. f. 1. a. f.

Apiocrinites elongatus. Goldf. op. cit. p. 183. tab. lvi. f. 2. a. h.

Des couches corallifères supérieures du calcaire jurassique de la
Suisse, de l'Alsace et de la Normandie.

3. Apiocrinite rosace. *Apiocrinites rosaceus.*

A. calyce campanulato columnæ apice modice incrassatæ imposito.

Schlot. Nachtr. 11. p. 90. tab. 23. f. 4.

Goldf. op. cit. p. 183. tab. lvi. f. 3. a. t.

Calcaire jurassique supérieur, Suisse, Wurtemberg et Alsace.

4. Apiocrinite nèfle. *Apiocrinites mespiliformis.*

A. calyce cupulæformi, columnæ apice vix incrassatæ imposito.

Encrinites mespiliformis. Schlot. Petref. p. 332. Nachtr. 2. p. 90.
tab. 23. fig. 3. a. f.

Apiocrinites mespiliformis. Goldf. op. cit. p. 184. tab. lvii. fig. 1.
A S.

Calcaire jurassique supérieur du Wurtemberg.

5. Apiocrinite de Miller. *Apiocrinites Milleri.*

*A. calyce discoideo, obtusè quinquangulari; columnæ apice vix in-
crassatæ imposito.*

Encrinus putus. Schlot. Petref. p. 339.

Encrinus Milleri. Schlot. Nachtr. 11. p. 89. tab. 23. f. 2. a. f.

Apiocrinites Milleri. Goldf. p. 185. tab 57. fig. 2.
Calcaire jurassique supérieur du Wurtemberg.

6. Apiocrinite elliptique. *Apiocrinites ellipticus.*

*A. calyce cum columná apice sensim incrassatá cylindricá vel sub-
clavatá continuo.*

Bottle Encrinite. Parkinson. op. cit. tab. 13. f. 75 et 76.

Strait Encrinite. Park. loc. cit. fig. 34 et 35 (un jeune individu non
développé.)

Staghorn Encrinite. Park. loc. cit. fig. 31. 38. 39 (base de l'Ap.
elliptique).

Apiocrinites ellipticus. Mill. op. cit. p. 33. pl.

Encrinites ellipticus. Schlot. Nachtr. p. 93. tab. 25. pl. 4.

Apiocrinites ellipticus. Goldf. op. cit. p. 186. tab. 57. fig. 32.

Blainv. Man. p. 259.

Craie ; Angleterre, Belgique et Westphalie.

† Ajoutez *A. flexuosus.* Goldf. op. cit. p. 186. pl. 57. fig. 4 ; et *A
obconicus.* Goldf. op. cit. p. 187. pl. 57. fig. 5.

---

† Genre EUGÉNIACRINITE. *Eugeniacrinites.*

Cupule formée de pièces articulées entre elles; bassin
formé par le premier article de la tige élargie ; pièces
costales au nombre de 5, quelquefois de 4 ; pièces scapulaires et rayons inconnus.

Tige cylindrique traversée par un canal central cylindrique, et formée supérieurement par des articles cylindriques, allongés, et élargis vers le haut.

OBSERVATIONS. — Ce genre, encore imparfaitement connu,
a été rangé par M. Miller dans une division particulière de ses
Crinoïdes, caractérisée par la soudure des pièces basilaires de la
cupule avec la tige ; mais M. Goldfuss a constaté que leur
structure ne diffère pas essentiellement de celle des autres Encrinoïdiens articulés. On n'a pas trouvé d'Eugéniacrites à l'état
vivant ; à l'état fossile on les rencontre dans le calcaire jurassique.

ESPÈCES.

1. Eugéniacrinite caryophyllée. *Eugeniacrinites caryophyllatus*. Goldfuss.

> *E. calyce erecto, subturbinato, apice infundibuliformi-excavato, basi plano, columnâ lævi, articulorum facie glenoideâ, margine punctatâ.*
>
> *Caryophyllite.* Knorr. pl. 26. fig. 20.
> *Clave encrinite.* Park. Org. rem. 11. pl. 13. fig. 70.
> *Encrinites caryophyllites.* Schlot. Petref. p. 332 ; Nachtr. p. 86. 11. p. 19. pl. 28. fig. 5.
> *Eugeniacrinites quinquangularis.* Mill. *Crin.* p. 111. *cum.* tab.
> Goldf. Petref. p. 163. pl. 1. fig. 3. *a. r.*
> Edw. Atlas. du Règn. anim. de Cuvier. Zooph. pl. 18. fig. 6.
> Dans le calcaire jurassique de la Suisse, du Wurtemberg.

2. Eugéniacrinite inclinée. *Eugeniacrinites nutans.* Goldfuss.

> *E. calyce nutante pentagono, subturbinato-depresso utrinque infundibuliformi-excavato ; columnâ lævi, trochitarum facie glenoideâ margine radiatâ.*
>
> *Encrinites caryophyllites.* Schlot. Nachtr. 11. p. 102. pl. 28. fig. 6. b. h.
> Goldf. p. 164. pl. 50. fig. 4. *a. s.*
> Edw. Atlas. du Règne anim. de Cuv. Zooph. pl. 8. fig. 5.
> Calcaire jurassique de la Suisse, etc.

3. Eugéniacrinite comprimée. *Eugeniacrinites compressus.* Goldfuss.

> *E. calyce nutante, discoideo, utrinque infundibuliformi-excavato; columnâ subcompressâ lævi vel asperâ; facie trochitarum glenoideâ radiatâ costalium margine crenatâ.*
>
> Goldf. Petref. p. 164. pl. 5. fip. 5.
> Calcaire jurassique du Wurtemberg et de Baireuth.

4. Eugéniacrinite pyriforme. *Eugeniacrinites pyriformis.* Münster.

> *E. calyce pyriformi apice truncato, patellæformi-excavatâ, base subretuso, columnâ tenui.*
>
> Goldf. Petref. p. 165. tab. 1. fig. 6. *a. c.*
> Calcaire jurassique de la Suisse et des environs de Vérone.

5. **Eugéniacrinite moniliforme.** *Engeniacrinites monilifor-*
mis. Münster.

> *E. calyce... columnâ moniliformi, facie trochitarum glenoideâ mar-*
> *gine radiatâ.*
> Scheuchzer. Natur. iv. fig. 154.
> Goldf. Petref. p. 165. tab. lx. fig. 8. a. m.
> Calcaire jurassique de Baireuth et de la Suisse.

6. **Eugéniacrinite de Hofer.** *Eugeniacrinites Hoferi.*
Münster.

> *E. calyce, columnâ moniliformi; facie trochitarum glenoideâ lævi*
> *centrum versus nodulis quinque vel pluribus notatâ.*
> Knorr. tab. 36. fig. 5. 6.
> Goldf. Petref. p. 166. tab. lx. fig. 9. a. m.
> Calcaire jurassique de la Suisse près de Streilberg.

---

† **Genre solanocrinite.** *Solanocrinites.* (Goldfuss.)

Cupule formée de pièces articulées entre elles; bassin
de 5 articles; pièces scapulaires et rayons inconnus.

Tige très courte, pentagonale, traversée par un canal
pentagonal, rugueux, et radiée à sa base, creusée sur les
côtés de petites cavités articulaires pour les rayons accessoires, et formée de trochytes soudées ensemble.

Observations. — Ce genre, établi par M. Goldfuss sur quelques fossiles du calcaire jurassique du Wurtemberg, semble
établir le passage entre les Pentacrines et les Stellerides libres.

ESPÈCES.

1. **Solanocrinite à côtes.** *Solanocrinites costatus.* Goldfuss.

> *S. columnâ turbinatâ, longitudinaliter decem vel quinquedecem cos-*
> *tata; pelvis articulis linearibus.*
> Goldf. Petref. p. 167. tab. l. f. 7. a. f. et tab. li. f. 2. a. b.
> Calcaire jurassique des montagnes du Wurtemberg.

2. **Solanocrinite à fossettes.** *Solanocrinites scrobiculatus.*
Münster.

> *S. columnâ obconicâ supernè quinquangulari infernè subtereti; pelvis*
> *articulis linearibus.*

Scheuchzer. Helv. III. p. 3a8. fig. 167.
Goldf. Petref. p. 167. tab. L. f. 8. a. f.
Calcaire jurassique près de Streilberg et Thurn.

3. Solanocrinite de Jæger. *Solanocrinites Jægeri.* Goldf.

*S. columná... pelvis articulis dilatatis lateraliter conniventibus basi
sulco petaloideo impressis.*
Goldf. Petref. p. 168. tab. L. fig. 9. a. c.
Calcaire jurassique de Baireuth.

---

† GENRE POTÉRIOCRINITE. *Poteriocrinites.* (Miller.)

Cupule semi-articulée; (?) bassin composé de 5 pièces lamelleuses et pentagonales, surmontée de 5 plaques intercostales, hexagonales, formant une rangée au-dessus des
précédentes et alternant avec elles ; enfin une troisième
rangée de 5 pièces scapulaires alternant avec les précédentes, 5 rayons.

Tige cylindrique, grèle, traversée par un canal cylindrique et composée de petites trochisques, dont les surfaces
articulaires offrent des stries rayonnantes.

Rayons accessoires de la tige arrondis et épars.

OBSERVATIONS. — Dans la méthode de M. Miller, ce genre
d'Encrinoïdiens fossiles forme le type d'une division intermédiaire, à ses Crinoïdes articulés et inarticulés. Ici, en effet, les
pièces qui forment la cupule ne s'articulent entre elles que par
des saillies transversales, constituant des espèces de sutures,
tandis que dans les genres précédens ces mêmes pièces sont unies
bien plus solidement, et que dans les genres suivans elles ne sont
unies que par des liens musculaires. Ces fossiles ne se montrent
aussi que dans des terrains de formation antérieure à ceux qui
renferment les Encrinoïdiens articulés.

D'après les observations de M. Philipps, il paraît que les
pièces décrites par Miller et les autres auteurs, comme formant le bassin, sont des pièces costales et que le véritable
bassin était probablement tripartite. Il a également constaté

que le canal central est pentagonal et non arrondi comme le pensait Miller. (1)

ESPÈCES.

1. Potériocrinite épais. *Poteriocrinites crassus.* **Miller.**

> *calyce granulato, marginibus articulorum striis transversalibus magnis notatis.*
>
> Mill. *Crin.* p. 68. *cum tab.*
> Schlot. Nachtr. 11. p. 93. tab. **xxv.** fig. 2.
> Fleming. Brit. anim. p. 495.
> Blainv. Man. d'Actin. p. 260.
> Calcaire de montagne, Angleterre.

2. Potériocrinite grèle. *Poteriocrinites tenuis.* **Miller.**

> *P. calyce levi; marginibus articulorum striis minutis notatis; brachiis dydactylis.*
>
> Mill. *Crin.* p. 71. *cum tab.*
> Schlot. Nachtr. p. 94. tab. **xxv.** fig. 3.
> Fleming op. cit.
> Blainv. Man. d'Actin. p. 260.
> Edw. Atlas du Règn. anim. Zooph. pl. 7. fig. 4.
> Calcaire de montagne.
> † Ajoutez le *Poteriocrinus impressus.* Phill. op. cit. p. 205. pl. 4. fig. 1. — Le *P. conicus.* Phill. pl. 4. fig. 3. 7. — *P. granulosus.* Phill. pl. 4. fig. 2, 4, 8, 9. 10, etc.

---

† **Genre platycrinite.** *Platycrinites.* (Miller.)

Cupule formée de pièces non articulées entre elles, mais adhérentes par des sutures musculaires; bassin formé de 3 pièces inégales, patelliformes et pentagonales, point de pièces costales; 5 grandes pièces scapulaires, 5 rayons.

---

(1) Le second volume du bel ouvrage de M. Phillips sur la géologie du Yorkshire n'étant arrivé à Paris que postérieurement à l'impression des feuilles précédentes, nous n'avons pu mentionner les divers Polypiers fossiles nouveaux ou imparfaitement étudiés que ce savant fait connaître; il les rapporte, pour la plupart aux genres Retepora, Millepora, Calamopora, Syringopora, Cyathophyllum, Lithodendron et Turbinolia.   E.

Tige comprimée ou pentagonale, traversée par un canal cylindrique.

Rayons accessoires de la tige épars et en petit nombre.

OBSERVATIONS. — L'absence des pièces costales placées ordinairement entre la portion basilaire de la cupule (ou bassin), et la rangée des pièces scapulaires auxquelles s'insèrent les rayons, donne à ces Encrinoïdes une forme toute particulière. Ces animaux se trouvent à l'état fossile dans les calcaires de transition.

ESPÈCES.

1. Platycrinite lisse. *Platycrinites lævis.* Miller.

> *P. calyce lævi, basi rotundato, scapulis elongatis, manibus dydactilis, articulis columnâ hinc inde spinosis . facie glenoideâ costâ mediâ divisâ.*
>
> Park. Org. rem. 11. tab. 17. f. 12.
> Mill. *Crin.* p. 74. *cum* tab. 1 et 1.1.
> Schlot. Nachtr. 11. p. 94. tab. xxv. fig. 4.
> Cumb. Trans. of the Géol. soc. v. 5. pl. 5. fig. 8.
> Goldf. Petref. p. 188. tab. lviii. fig. 2. a. e.
> Fleming. Brit. anim. p. 496.
> Bronn. Lethæa geogn. pl. 4. fig. 3.
> Phill. Geol. of Yorkshire. vol. 2. p. 204. pl. 3. fig. 14, 15.
> Edw. Atlas. du Règn. anim. Zooph. pl. 7. fig. 3.
> Calcaire de transition, de la Belgique et d'Angleterre.

2. Platycrinite rugueux. *Platycrinites rugosus.* Miller.

> *P. calyce rugis divergentibus vel nodulis notato, basi plano, manibus tridactylis, columnæ articulis lævibus obliquis, facie glenoideâ costâ mediâ divisâ.*
>
> Mill. *Crin.* p. 79. *cum* tab.
> Schlot. Nachtr. 11. p.   tab. 25. fig. 6. tab. 26. fig. 1.
> Blainv. Man. d'Actin. p. 262.
> Goldf. p. 189. tab. lviii. fig. 3.
> Phill. op. cit. p. 204. pl. 3. fig. 20.
> Calcaire de montagne, Angleterre.

3. Platycrinite déprimé. *Platycrinites depressus.* Goldf.

> *P. calyce lævi, basi convexo, scapulis transversis, manibus.... columnâ...*
>
> Goldf. p. 188. tab. lviii. fig. 1. a. b.
> Calcaire de transition, Dusseldorf.

† Ajoutez *Platycrinites ventricosus*. Goldf. tab. LVIII. fig. 4; — *P. pentangularis*. Mill. *Crin.* p. 83. tab.—; *P. tuberculatus*, Mill. p. 81. tab. Phill. p. 204. pl. 3. — *P. granulatus*. Mill. p. 82. tab. Phill. pl. 3. fig. 16. — *P. striatus*. Mill. p. 82. tab. — *P. microstilus* Phill. p. 204. pl. 3. fig. 14. 15. — *P. ellipticus*. Phill. pl. 3. fig. 19, 21. — *P. lacinatus*. Gilb. Phill. op. cit. pl. 3. fig. 18. — *P. gigas*. Gilb. Phill. fig. 22, 23. — *P. elongatus*. Gilb. Phill. pl. 3. fig. 24. 26. — *P. contractus*. Gilb. Phill. pl. 3. fig. 25.

---

† GENRE CYANTHOCRINITE. *Cyanthocrinites*. (Miller.)

Cupule non articulée ; bassin patelliforme, composé de 5 pièces ; 5 pièces costales dont 4 pentagonales, et une cinquième hexagonale, intercalée entre les 5 pièces scapulaires ; 5 rayons bimanes (ou à 2 divisions primitives.)

Tige cylindrique ou pentagonale, traversée par un canal cylindrique ou quinquélobé.

Rayons accessoires de la tige, nombreux et épars.

OBSERVATIONS. — Ces Encrinoïdes se trouvent à l'état fossile dans les calcaires de transition et ont de l'analogie avec le genre Apiocrinite qui ne se montre que dans des terrains plus récens.

ESPÈCES.

1. Cyanthocrinite plan. *Cyanthocrinites planus*. Miller.

C. *calyce plano, columnâ tereti canali tereti vel pentagonali perforatâ; manibus multidactylis.*

Mill. *Crin.* p. 85. *cum tab.*

Schlot. Nachtr. 11. p. 98. tab. XXVI. fig. 6.

Fleming. Brit. anim. p. 495.

Blainv. Man. d'Actin, p. 260.

Bronn. Lethæa. geogn. pl. 4. fig. 6.

Calcaire de montagne, Angleterre.

2. Cyanthocrinite tuberculeux. *Cyanthocrinites tuberculatus*. Miller.

C. *calyce granulato; columnâ tereti, canali tereti perforato; brachiis auxiliaribus sparsis.*

Mill. *Crin.* p. 88. *cum* tab.
Encrinus armatus. Schlot. Nachtr. 11. p. 98. tab. xxvi. f. 7.
C. tuberculatus. Goldf. p. 190. tab. lviii. fig. 6.
Blainv. Man. d'Actin. p. 260.
Edw. Atlas du Règn. anim. de Cuv. Zooph. pl. 8. fig. 2.
Calcaire de transition, Angleterre.

3. Cyanthocrinite rugueux. *Cyanthocrinites rugosus.* Miller.

*C. calyce costato, costis interruptis irregularibus e basi et costalium
centro radiantibus columná tereti, canali quinquelobo.*
Knorr. Suppl. tab. vii. fig. 5.
Park. Org. rem. 11. tab. 15. fig. 4. 5.
Mill. *Crin.* p. 89. tab.
Encrinus verrucosus. Schlot. Nachtr. p. 98. tab. xxvii. f. 1.
Tortoise Encrinite. Cumb. Reliquiæ conservatæ. p. 17. pl. 8. n° 34.
38.
C. rugosus. Blainv. Man. d'Actin. p. 260.
Goldf. Petref. p. 192. tab. lix. fig. 1.
Calcaire de montagne.

4. Cyanthocrinite géométrique. *Cyanthocrinites geome-tricus.* Miller.

*C. calyce costato, costis latis lanceolatis e basi et costalium radian-
tibus et conniventibus, columná...*
Goldf. Petref. p. 190. tab. lviii. fig. 5.
Edw. Atlas du Règn. anim. Zooph. pl. 18. fig. 3.
Calcaire de transition, près de Blankerham.

5. Cyanthocrinite pinné. *Cyanthocrinites pinnatus.* Goldf.

*C. calyce... columná tereti canali tereti perforatá, brachiis auxilia-
ribus distichis bifidis.*
Plumose encrinites. Park. Org. rem. p. 224.
Actiniocrinites? moniliformis. Mill. *Crin.* p. 116. pl.   suppl.
fig. 9.
C. pinnatus. Goldf. p. 190. tab. lviii. f. 7.
Broon. Lethæa. geogn. pl. 5. fig. 7.
Mountain Limestone. Angleterre.

6. Cyanthocrinite quinquangulaire. *Cyanthocrinites quin-quangularis.* Miller.

*C. calyce plano, columná pentagoná, canali quinquelobo perforatá,
brachiis auxiliaribus raris sparsis.*
Mill. *Crin.* p. 92. *cum* tab.

Encrinus pentacrinoides. Schlot. Nachtr. 11. p. 99. tab. xxvii. f. 2.
  * *Cyathocrinus quinquangularis.* Phill. Geol. of. Yorkshire, v. 2.
     p. 206. pl. 3. fig. 30, 31, 32.
  Mountain Limestone. Angleterre.

7. **Cyanthocrinite pentagone.** *Cyanthocrinites pentagonus.*
   Goldfuss.

> *C. calyce... columná pentagoná, canali latá quinquelobo perforato, bra-*
> *chiis auxilliaribus numerosis columnæ angulis impositis.*
> Goldf. Petref. p. 192. tab. lix. fig. 2.
> Terrain diluvien de Groningue.
> † Ajoutez plusieurs espèces nouvelles, figurées par M. Phillips dans
>   le 2ᵉ vol. de sa Géologie du Yorkshire.

---

† **Genre Caryocrinite.** *Caryocrinites* (Say).

Capsule inarticulée, bassin composé de 4 plaques ; six
pièces costales et six pièces scapulaires.

Tige cylindrique non renflée, traversée par un canal
cylindrique, rayons accessoires de la tige, cylindriques et
épars.

Observations. Ce genre, établi par M. Say, renferme deux
espèces qui diffèrent entre elles par le nombre des pièces inter-
scapulaires et par la forme des pièces costales ; d'après ce naturaliste les rayons ou bras seraient ou nombre de six, mais
M. de Blainville n'en a trouvé que quatre. M. Say regarde ce
genre comme intermédiaire entre les Cyathocrinites et les Actinocrinites de Miller.

1. **Caryocrinite ornée.** *Caryocrinites ornatus.*

> *C. calycis articulis costalibus quatuor pentagonis duobusque hexa-*
> *gonis.*
> Say. Journ. of the acad. of Philad. vol. 14. et zool. Journ. vol. 2.
>   p. 311. pl. xi. fig. 1.
> Blainv. Man. d'Actin. p. 263. pl. 27. fig. 5.
> Fossile trouvé dans l'argile, état de Newyork.

2. **Caryocrinite cuirassée.** *Caryocrinites loricatus.*

> *C. calycis articulis costalibus quinque pentagonis unique hexagono.*

Say. loc. cit.
Blainv. loc. cit.
Fossile de la même localité.

----

† **Genre actinocrinite.** *Actinocrinites.* (Miller.)

Cupule inarticulée; bassin composé de 3 pièces sur lesquelles reposent six pièces intercostales primaires, dont
5 hexagonales et une pentagonale; 11 pièces costales et
intercostales secondaires, surmontées par les pièces scapulaires qui sont dix rayons bifurqués.

Tige cylindrique, traversée par un canal cylindrique.
Rayons accessoires de la tige, épars.

Obs. Se trouve à l'état fossile dans le calcaire de transition.

ESPÈCES.

1. Actinocrinite à trente doigts. *Actinocrinites triacon-
dactylus.* Miller.

> *A. calycis articulis radiato-costatis, manibus tridactylis, trochitis
> vel æqualibus in ambitu planis, vel angustioribus et latioribus al-
> ternis convexis.*
>
> *Neve encrinite.* Park. Org. rem. tab. 17. f. 3.
> *Amphora.* Cumberland Reliquiæ conservatæ. p. 37. pl. 3. fig. 3. 4. et
> pl. A. fig. 1.— Ejusdem. Trans. of the Geol. society. vol. 5. pl. 5.
> fig. 2. 7.
> *Encrinus loricatus.* Schlot. Petref. p. 338; Nachtr. 11. p. 99. tab. 27.
> fig. 3.
> *Actinocrinites triacontadactylus.* Mill. *Crin.* p. 95. *cum* tab. vi.
> Blainv. Man. d'Actin. p. 261.
> Goldf. Petref. p. 194. tab. lix. f. 6.
> Phill. Geol. of Yorkshire. vol. 2. p. 206. pl. 4. fig. 16.
> Edw. Atlas du Règn. anim. Zooph. pl. 8. fig. 1.
> Mountain Limestone. Angleterre.

2. Actinocrinite polydactyle. *Actinocrinites polydactylus.* Miller.

> *A. calycis articulis radiato-costatis, manibus quadri-vel pentadactylis.*

Mill. *Crin.* p. 103. *cum* tab. 11.

Encrinus polydactylus. Schlot. Nachtr. 11. p. 100. tab. 27. f. 4.

Broon. Lethæa. pl. 4. fig. 4.

Phill. op. cit. p. 206. pl. 4. fig. 17, 18.

Mountain Limestone. Angleterre.

3. Actinocrinite lisse. *Actinocrinites lœvis.* Miller.

> *A. calyce articulis lœvibus in margine subplicatis, manibus... trochitis conformibus, in ambitu planis vel convexis aut carinatis.*

Mill. *Crin.* p. 105.

Encrinus dubius. Schlot. Nachtr. 11. p. 100. tab. xxviii. f. 2.

Amphora. Cumb. Reliquiæ conservatæ. p. 36. pl. C. fig. 5.

Actinocrinites lœvis. Goldf. p. 193. tab. lix. f. 3.

4. Actinocrinite granuleux. *Actinocrinites granulatus.* Goldfuss.

> *A. calycis articulis granulatis, manibus..... trochitis æqualibus vel majoribus alternis in ambitu convexis.*

Goldf. Petref. p. 193. tab. lix. fig. 4.

Calcaire de transition. Baireuth, Bonessicæ.

† Ajoutez *A. tesseracontadactylus.* Goldf. (p. 194. tab. lix. fig. 5); *A. cingulatus.* Goldf. (p. 195. tab. lix. f. 7); *A. muricatus.* Goldf. (p. 195. tab. lix. fig. 8); *A. nodulus.* Goldf. (p. 195. tab. lix. fig. 9). etc.

A. Gilbertsoniic. Phill. op. cit. p. 206. pl. 4. fig. 19.—*A. tessellatus,* Phill. pl. 4. fig. 21. — *A. globosus.* Phill. pl. 4. fig. 26. 29.

---

† Genre mélocrinite. *Melocrinites.* (Goldfuss.)

Cupule inarticulée; bassin formé de 4 pièces; 5 pièces costales primaires hexagonales, surmontées de 5 pièces costales secondaires de même forme, entre lesquelles se trouvent 5 pièces intercostales hexagonales; 5 pièces scapulaires hexagonales; 5 rayons.

Tige cylindrique, traversée par un canal cylindrique ou quinquélobé.

OBSERVATIONS. — Les fossiles qui forment ce genre ont beaucoup d'analogie avec les Actinocrinites ; la partie supérieure de la cupule s'élève beaucoup au-dessus des rayons et est couverte de plaques pentagonales nombreuses ; mais l'ouverture buccale, au lieu d'occuper le sommet de cette élévation, est en général située sur le côté.

ESPÈCES.

1. **Mélanocrinite hiéroglyphique.** *Melanocrinites hierogly- phicus.* **Goldfuss.**

> *M. articulis calycis nodulosis.*
> Goldf. Petref. p. 197. tab. LX. fig. 1.
> Broon. Lethæa. pl. 4. fig. 10.
> Calcaire de transition de l'Eifel.

2. **Mélanocrinite lisse.** *Melanocrinites lævis.* **Goldfuss.**

> *M. articulis calycis lævibus.*
> Goldf. Petref. p. 197. tab. LX. fig. 2.
> Calcaire de transition des montagnes de Baireuth.

3. **Mélocrinite bossu.** *Melocrinites gibbosus.* **Goldfuss.**

> *M. articulis calycis gibbis, ore centrali.*
> Goldf. Petref. p. 211. tab. LXIV. fig. 2.

---

† GENRE SCYPHOCRINITE. *Scyphocrinites.*

Bassin formé de pièces pentagonales, 4 rangées de pièces costales et intercostales subhégonales.

Tige cylindrique à articles subé g a

OBSERVATIONS. Ce genre, établi par Zenker, a de l'analogie avec le précédent et appartient également au calcaire de transition. On ne connaît qu'une espèce.

1. **Scyphocrinite élégante.** *Scyphocrinites elegans.*

> Zenker. Betrage zur naturgeschichte des Urwelt. pl. 4. fig. A. D.
> Broon. Lethæa. geogn. pl. 4 fig. 5.
> Du calcaire de transition de la Bohême.

† **Genre rhodocrinite.** *Rhodocrinites.* (Miller.)

Cupule inarticulée ; bassin formé de 3 articles ; 5 pièces costales primaires quadrangulaires, et élargies inférieurement ; 5 pièces costales secondaires hexagonales, surmontant les précédentes et séparées entre elles par 5 pièces intercostales septangulaires ; rayons bifides.

Tige cylindrique ou subpentagonale, traversée par un canal cylindrique ou quinquélobé.

Rayons accessoires de la tige, épars ou verticillés.

OBSERVATIONS.

ESPÈCES.

1. Rhodocrinite vrai. *Rhodocrinites verus.* Miller.

> *R. columná tereti, canali quinquelobo, radiis glenoidalibus rectis profundis.*
>
> Mill. *Crin.* p. 106. *cum* tab. 1. 11.
> Schlot. 11. p. 101. tab. 28. fig. 3.
> Goldf. Petref. p. 198. tab. lx. fig. 3.
> Broon. Lethæa. pl. 4. fig. 2.
> Edw. Atlas du Règn. anim. de Cuv. Zooph. pl. 8. fig. 4.
> Mountain Limestone et transition Limestone, Angleterre.

2. Rhodocrinite arrondi. *Rhodocrinites gyratus.* Goldf.

> *R. columná tereti, canali quinquelobo, radiis glenoidalibus oblique arcuatis subtilissimis.*
>
> Goldf. Petref. p. 198. tab. lx. fig. 4.
> Calcaire de transition, Eifel.

3. Rhodocrinite quinquépartite. *Rhodocrinites quinquepartitus.* Goldfuss.

> *R. columná subpentagoná, canali centrali cylindrico canalibus quinis horizontalibus per singulos articulos radiantibus pervio, radiis glenoidalibus rectis subtilissimis.*
>
> Goldf. Petref. p. 199. tab. lx. fig. 5.
> Même localité.

4. Rhodocrinite canaliculé. *Rhodocrinites canaliculatus.* Goldfuss.

R. columnâ pentagonâ, uno latere canaliculatâ, canali alimentario didymo, radiis glenoidalibus inæqualibus, clavatis.

Goldf. Petref. p. 199. tab. LX. f. 6.

Calcaire de transition de l'Eifel.

5. Rhodocrinite hérissé. *Rhodocrinites echinatus.* Schloth.

R. columnâ tereti vel quinquetrâ tuberculis echinatâ, canali in singulis articulis infundibuliformi supernè quinque radiato infernè tereti, radiis glenoidalibus grossis.

Encrinus echinatus. Schlot. Petref. p. 331.

Rhodocrinites echinatus. Goldf. Petref. p. 199. tab. LX. f. 7.

Calcaire jurassique, Bavière, Suisse et Bourgogne.

6. Rhodocrinite crénelé. *Rhodocrinites crenatus.* Goldf.

R. calycis articulis margine crenatis.

Goldf. p. 212. tab. LXIV. fig. 3.

Calcaire de transition, Eifel.

† Ajoutez *R. quinquangularis.* Mill. *Crin.* p. 109.

M. Phillips a établi récemment sous le nom de GILBERTSOCRINUS une nouvelle division générique comprenant quelques Encrinoïdes confondus jusqu'alors avec les Rhodocrinites et auxquels il a reconnu les caractères suivans : « Cinq pièces basilaires forment un pentagone, cinq pièces surbasilaires, hexagonales formant un décagone avec cinq angles rentrans d'où sortent 5 pièces costales inférieures heptagonales et 5 pièces costales secondaires hexagonales, qui portent une pièce scapulaire pentagonale soutenant d'autres pièces perforées au centre et formant par leur réunion des bras; premières pièces intercostales pentagonales. » Il décrit trois espèces nouvelles appartenant à ce genre, savoir : *Gilbertsocrinus calcaratus.* Philipps Geol. of Yorkshire. v. 2. p. 207. pl. 4. fig. 22; *G. mammillaris.* P. op. cit. pl. 4. fig. 23 et le *G. bursa.* op. cit. pl. 4. fig. 24. 25.

---

† GENRE CUPRESSOCRINITE. *Cupressocrinites.* (Goldf.)

Cupule semi-articulée (?); bassin formé de 5 articles

pentagonaux ; 5 articles costaux pentagonaux , alternant avec les précédens ; 5 pièces scapulaires linéaires.

Tige subcylindrique ou tétragonale, traversée par un canal quadrilobé.

Rayons accessoires de la tige épars.

OBSERVATIONS. — Ce genre, qui a été trouvé à l'état fossile dans les calcaires de transition, diffère beaucoup des autres Encrinoïdiens, et ressemble à une Astérie pédonculée plutôt qu'à une Comatule portée sur une tige ; les rayons, en effet, au lieu d'être rameux sont simples et triangulaires.

ESPÈCES.

1. Cupressocrinite épais. *Cupressocrinites crassus.* Goldf.

> *C. columnâ subtereti, canali quadrilobo, articulis majoribus minoribusque subalternis.*
> Goldf. Petref. p. 212. tab. LXIV. fig. 4.
> Broon. Lethæa. geogn. pl. 4 fig. 9.
> Calcaire de transition, Eifel.

2. Cupressocrinite grèle. *Cupressocrinites gracilis.* Goldf.

> *C. columnâ obtusè quadrangulari, canali quinato, articulis æqualibus.*
> Goldf. Petref. p. 213. tab. LXIV. f. 5.
> Même localité.

3. Cupressocrinite marqueté. *Cupressocrinites tesseratus.* Goldfuss.

> *C. columnâ tetragonâ, canali quinato, articulis gracilibus æqualibus.*
> Goldf. Petref. p. 213. Confer. p. 196. tab. 59. fig. 11.

GENRE EUCALYPTOCRINITE. *Eucalyptocrinites.* (Goldf.)

Cupule inarticulée ; bassin formé de 5 articles recourbés, supportant 5 pièces costales primaires, surmontées de 5 pièces scapulaires ; 5 pièces intercostales.

Dix rayons bifides.

Tige nulle.

Observations. — La partie inférieure de la cupule présente un grand trou circulaire qui paraît avoir servi à l'insertion d'une tige qui ne s'est pas conservée et qui probablement n'était pas dure comme chez les Encrinoïdiens ordinaires.

ESPÈCE.

1. **Eucalyptocrinite rose.** *Eucalyptocrinites rosaceus.* Goldf.

Goldf. Petref. p. 214. tab. lxiv. f. 7.

Ce genre semble établir le passage entre les Encrinoïdes et les **Marsupites** qui, pour la forme de la cupule, ressemblent beaucoup aux Carythocrinites, mais n'ont ni tige ni ouverture inférieure qui permettent de leur supposer un pied charnu. Le corps de ces radiaires fossiles a été comparé avec raison à une bourse dont les bords porteraient les rayons ; le test solide ou cupule est composé de grandes plaques qui se touchent par tous les points de leur circonférence ; l'un de ces articles de forme pentagonale occupe le centre de la base de la cupule et s'articule avec 5 autres pièces également pentagonales qui sont surmontées d'un autre rangée de pièces alternant avec elles ; enfin une troisième rangée de cinq pièces scapulaires, alternant également avec les précédentes, supporte les rayons qui, à leur base, au moins, sont simples. La bouche est située au milieu des quatre pièces squamiformes.

ESPÈCE.

Marsupite ornée. *Marsupites ornata.* Miller.

Mill. Crin. p. 136. *cum* tab.
Schlot. Nachtr. 11. p. 103. tab. xxix. f. 1.
Park. Org. rem. 11. tab. xiii. fig. 24.
Defr. Dict. des Sc. nat. atlas pl. 28, fig. 5.
Blainv. Man. d'Actin. p. 263.

Situraria trianguliformis. Cumberland. Reliquiæ conservatæ. p. 21
pl. 7. fig. 30. 32.
Craie. Angleterre.

M. Phillips a décrit, sous le nom d'ENCRYOCRINUS CON-
CAVUS (op. cit. pl. 4. fig. 14. 15), un fossile du calcaire
de montagne de Balland qui doit former le type d'un genre
nouveau; voici du reste tout ce que cet auteur en dit :
« ouverture pelvienne pentagonale, arrangement de plaques comme chez l'Encrine, cavité intérieure très grande. »
M. Phillips a aussi donné le nouveau nom générique de.
SYNBATHOCRINUS a un Encrinoïde dont le bassin paraît
être ankylosé. (op. cit. p. 206. pl. 4, fig. 12. 13.)

M. de Blainville rapproche aussi des Encrinoïdiens le
genre PENTREMITE de Say, mais il paraîtrait que les fossiles
dont ce groupe se compose, étaient des sortes d'Oursins
pédonculés, plutôt que des Stéllerides à tige. Nous en
parlerons en traitant des échinodermes.　　　　E.]

OMBELLULAIRE. (Ombellularia.)

Corps libre, constitué par une tige simple, très longue,
polypifère au sommet, ayant un axe osseux, inarticulé,
tétragone, enveloppé d'une membrane charnue.

Polypes très grands, réunis en ombelle, ayant chacun
huit tentacules ciliés.

*Corpus liberum, stirpe simplici, prælongo, apice polypi-
fero sistens ; axe osseo, inarticulato, tetragono, membranâ-
que carnosâ vestito.*

*Polypi maximi terminales, umbellatìm congesti ; tenta-
culis octo ciliatis.*

OBSERVATIONS. — L'*Ombellulaire*, que je ne connais que par
Ellis, appartient évidemment à un genre particulier de la division des Polypes flottans, et que l'on doit distinguer des Penna-

tules. Les Polypes de cet animal composé sont terminaux, et ne naissent point sur des crêtes latérales, comme ceux des Pennatules. Il serait plus inconvenable encore d'associer l'*Ombellulaire* avec les Encrines, la disposition de ses Polypes et son axe inarticulé offrant des différences trop considérables pour permettre une pareille association.

Quoiqu'on ait lieu de penser que l'Ombellulaire habite les grandes profondeurs des mers comme les Encrines, il paraît qu'elle flotte et s'élève davantage dans le sein des eaux ; la membrane charnue qui enveloppe l'axe de sa tige, ayant paru vésiculaire et susceptible de varier ses gonflemens, doit faciliter sa natation.

On ne connaît encore qu'une seule espèce de ce genre : c'est la suivante.

ESPÈCES.

1. Ombellulaire du Groenland. *Umbellularia groenlandica.*

> *O. stirpe longissimâ, supernè attenuatâ ; Polypis apice in umbellam congestis.*
>
> Ell. Corall. t. 37. *fig. a, b, c.*
>
> *Pennatula encrinus.* Lin. Soland. et Ell. p. 67.
>
> * Cuv. Règn. anim.
>
> * Blainv. Man. d'Actin. p. 513. pl. 90. fig. 2.
>
> Habite l'Océan-Boréal, la mer du Groenland. Sa tige a jusqu'à six pieds de longueur.

FIN DU DEUXIÈME VOLUME.

TABLE

DES

MATIERES CONTENUES DANS CE VOLUME.

FIN DE LA TABLE DES MATIÈRES.

ERRATA.

Page 342, ligne 7, pl. 21. fig. 12. et 23, fig. 2, *lisez* : pl. 24. fig. 12. et pl. 25. fig. 2.

Page 363, *ajoutez* le signe + au numéros 13 et 14.

Page 364, ligne 14, pl. 5, *lisez* : pl. 15.

Page 479, *ajoutez* ligne 15 :

C'est à tort que dans une publication récente (Mém. sur les Polyp. de la mer Rouge) M. Ehrenberg place le genre Antipate dans la division des Bryozoaires ; l'organisation des Polypes étant essentiellement la même que celle des Gorgones, ainsi que l'a constaté M. Gray, il paraitrait seulement que le nombre des tentacules n'est que de six au lieu de huit. (Voy. Proceedings of the zool. society. 1832. p. 41.)